U0397622

总主编

阿兰·科尔班（Alain Corbin）

让-雅克·库尔第纳（Jean-Jacques Courtine）

乔治·维加埃罗（Georges Vigarello）

身体的历史

目光的转变：20世纪

让－雅克·库尔第纳（Jean-Jacques Courtine）◎主编

孙圣英　赵济鸿　吴　娟◎译

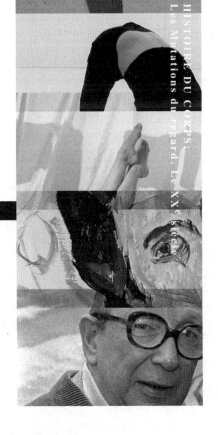

修订版

卷三

华东师范大学出版社

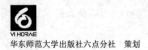

华东师范大学出版社六点分社　策划

关于身体"造反有理"的历史(代序)

倪为国

1

摆在我们面前的三大卷《身体的历史》是法国人为我们讲述身体的那些事儿。

这部洋洋洒洒百万字的身体史书,作者均为法国史学界各个领域的顶级专家学人,他们各有专攻又协同作战,打造了有史以来第一部身体史的巨著。

全书围绕着人们所关注的"身体的问题意识",把身体史铺陈为一个个问题,由一篇篇精湛史论统摄应答,独立成章。时间序列不是本书历史叙述的主线,作者依托现代学术的分类,用打井的方式,每一个专家在自己的领域打一口深井,深入挖掘身体史的"墙脚",细微描述身体史的"细节"。这些专家学人自觉地秉承法国年鉴派史学的原则,不仅仅详细地占有史料,也注意图像、考古、口述、统计等资料的运用,彰显了法国年鉴学派跨学科研究的综合能力。

全书的思考主线可以这样概括:文艺复兴到启蒙运动(卷一),叙述"身体"问题意识的苏醒,身体进入了现代意义上的认知视野;从法国大革命到第一次世界大战(卷二),描述了"身体"问题意识的觉醒,身体进入科学意义上的认知视域;二十世纪:目光的转变(卷三),揭示了"身体"问题意识的自觉,身体自觉地与现代技术联姻,使身体问题步入了日常生活场景。作为一部专题史,作者举重若轻,详略得当,论述精到,文笔轻松,且图文并茂。真可谓是法国年鉴派史学的又一经典文本。

不过,法国年鉴派史学的缺陷也在本书中得到了印证:即轻视政治因素在身体史研究中的主导作用,过分追求叙述方法的标新,甚至对史料甄别屈从于方法。整体叙述过程关注史实细节,导致身体的历史呈现出碎片化的倾向。当然,这是法国史家津津乐道之处。自然,读者也会津津有味。

有人放言当今世界史学界历史虚无主义盛行,法国年鉴派史学当负其责。此话我不敢妄评。但中国史学界的历史虚无主义之风也同样盛况空前,此风是从法国吹来的,还是美国吹来的?

当不属我可非议的。

2

身体,我们每个人朝夕相处,但几乎是"熟悉的陌生人"——为什么不讲人的故事而要讲身体的故事呢?

不错,身体是人的身体。打个蹩脚的比喻:人与身体的关系犹如一枚硬币,币值代表人的精神的话,硬币就是身体。在西语中常言:身体与灵魂(精神);在汉语中常道:身与心。虽说今天谈论精神有点奢侈,但议论身体又颇为尴尬。

一部身体的历史,就是一部身体的"造反"历史,确切地说,或从根子上说,就是身体造"精神"反的历史。此话怎说?

从西语思想史看,可以作这样的概述:在希腊和希伯莱的文明中,身体和精神,或身与心,充满着冲突和紧张的张力,处于一种二元对立。晚近以来,笛卡尔用"我思故我在"终结了身体与精神的约会,用精神"革"了身体的命!在理性和"我思"至上的笛卡尔那里:身体和精神被两分了。身体代表着感性、偶在性;精神意指着理性、确切性。身体因无关紧要被悬置起来,被锁进了理性的抽屉里。从此,身体开始了造反的历史。直到马克思·韦伯和福柯发现了,资本主义精神和现代性是怎样居心叵测地利用身体的造反,而身体又是如何变成既自主又驯服的生产工具时,"身体"才作为一个问题被放上理性桌面。

从汉语思想史看,身与心的关系不紧张,不对立。修身则可养心。中国古人眼里：身体就是世界的图解，即由身体的内在逻辑外化推导世界的图式模样（《易传》就是这样经典的文本）。身与心的关系不是理性与感性的问题，而是实践问题。所以，身体造反缘起有两种：禁与纵。西方人因禁而身体造反，中国人则因纵而身体造反。中国人对于"身体造反"的"规训"，不是源于知识理性，而是来自伦理纲常。

据说，汉语学界有一种日趋认同的说法：西方哲学系意识哲学，中国哲学属身体哲学。这种说法听似颇有新意，但实为西方主宰下的"反射东方主义"。搞哲学这玩艺，有点像玩收藏，要眼力，古的、祖宗的，靠谱些。

3

身体造反，造谁的反，理由何在？这里有三个伟人不得不一提：马克思、尼采、弗洛伊德。

马克思从身体的劳动入手，有一重大发现：身体是可标价的，即劳动力。没有"身体"的劳动，就没有财富。劳动产生了财富，劳动力创造了价值。马克思颠覆了整个西方社会思想的思考进路，揭示了身体的劳动所带来的最终秘密：孕育了资本。资本是财富的变异，是劳动异化的果实。马克思也称之为：一切罪恶的秘密。马克思从人的"身体"所建构且依附的社会关系中揭示了身体的"劳动"异化，劳动的异化本质上是身体的异化。这是身体造反的根本动因。

今日所谓"身价"（或美其名曰：财富排行榜）：就是对身体的明码标价，让一切止步于身体。从来没有像今天这样，"致富"成了这个世界的唯一目的和意义，没有人再相信一个社会的进步、财富的累积需要时间的长度，而这与身体的有限时间无法同步，充满冲突和张力。于是身体只能选择造反，以博取身价。

尼采拨开了形而上学的迷雾，提出了自己的道德谱系，直言："身体是唯一的准绳。"尼采点明了所谓思想、精神、灵魂都是身体的产物。身体是第一性的，尼采用身体夺回了灵魂的领导权，造了精神的反。

当然，尼采的微言大义向来是被人误读和放大的，其恶果是他的话成了后现代大师们高扬的一面大旗：身体"造反有理"变成了身体造反总是有理了。那么，尼采的话究竟是什么意思？我以为，尼采洞察到了：启蒙运动以后,在工业文明和技术至上的时代里,上帝死了,被人谋杀了,人替代了上帝,人似乎无所不能,且不断地制造出形形色色的所谓思想、所谓理论、所谓精神技术食粮,似乎人人可以追求灵魂的不朽,个个手中握有真理了,却遗忘了"身体"的原罪,忘记了"身体"是人唯一的有限性。"身体是唯一的准绳",尼采是在说,全知全能的人比全知全能的上帝更可怕。我们相信人的所谓"精神",不如确信人的"身体"。在尼采眼里,现代社会形形色色的精神食粮只是在邀请我们身体"受孕"而已,人的所谓精神,乃是身体受邀所孕育形成的一种更高级的形态而已。

弗洛伊德干脆撕下了文明遮蔽身体的所有装饰,第一次将"身体"置于社会历史文明的高度,让身体摆脱了肉欲、低贱、附属的地位,进入了社会思想论域,并在社会人文学科中立足。弗洛伊德用"无意识"的理论,强摁下人的脑袋,提出了身体造反的内在动因;用"本能"理念,让人的身体的自觉让位于身体本身;用"本我"、"自我"、"超我"的概念来表述身体的人和人的身体的区隔。弗洛伊德残酷地揭开了人类身体能量的秘密内核。弗洛伊德的很直白结论,"幸福绝不是文化的价值标准"。

用今人时髦的话总结:马克思眼里,身体是正能量,身体造反的旗号是革命;尼采则把身体视为负能量,身体造反的旗号是虚无主义;弗洛伊德则把"身体"能量视为身体造反的唯一理由。

顺便说一句。法国有个思想家叫福柯,自诩尼采思想的传人,他把身体问题推向极致,他发现了一个秘密:一个人的变坏,社会对其惩戒,只有一个方法,即对这个人的"身体"进行处置:或坐牢,限制身体的自由,或杀戮,消灭身体的存在。精神是虚无的。福柯让身体问题在法国学界成为热门显学,德勒兹、拉康、梅洛-庞蒂、阿尔多塞等法国思想家集体出动,争夺对身体问题解释话语权,其实,他们各自从不同角度解释同一个问题,显白说,身体该不该造反?为何造反?造反的理由又何在?《身体的历史》这洋洋洒洒三大卷的字里行间,我们处处可以看到这些法国思想家的影子。理解这一点,对于阅读这部《身体的历史》是颇有意味且颇为重要的。

4

当下有句深入人心的话:科技改变我们生活(其变种广告曰:移动改

变我们生活）。这话既是一种事实的描述，又是一种励志的张扬。

其实，这句话的实质含义是：科技发展总是以满足人们日益膨胀的欲望，助长人们对欲望的想象，满足人们对欲望的宣泄为目标的。这种欲望根植于人的"身体"。

人类的每一次发明创造无不归于理性的胜利，其实，身体才是创造的真正动因。说句大白话，人类的每一次伟大创造，都是头脑依靠身体的好奇而发热所致。恰恰是这种身体的好奇，让人打开一个又一个"潘多拉"的盒子，把人类自身一次又一次逼入一个又一个死胡同。人类只能选择屈服于"身体"。一部科技史，从某种意义上说，既是身体好奇的偶在史，又是一部将错就错史。"环保"，时髦的口号，只是今日人类将错就错，屈服于科技的一个代名词而已。人们用新的技术弥补技术的灾难，这个"错"，源于身体的造反。

我想特别说一句，迄今为止，人类打开的最大的、最激动人心、也是最无法估量的"潘多拉"盒子：互联网的发明。

对人的"身体"而言，这是一场马克思所言的"资本"力量革了"身体"命的大革命。因为互联网这个盒子里呈现出无限的可能性：惊奇不已、惊心动魄、惊恐万状。让人的"身体"在时间和空间上得以虚拟地扩大，爽；身体的欲望可以无时无刻地袒露，很爽；"身体"欲望的边界得到了无限的延伸，更爽。

于是，在互联网的"黑洞"里，培养了一批黑客。精神（知识）的价值（产权）有可能被终结了，法律作为人类最后的一个神话（阿多诺语），已无法阻挡"身体"的造反。精神、灵魂、道德在"身体"的造反中显得如此无力苍白。

这话有些骇人听闻吗？否。我想到了当今科技牛人、苹果的创始人乔布斯在自己的身体消亡前曾规劝年轻人的一句话："我愿意用我全部的技术换取与苏格拉底喝一次午茶的机会。"这话不是励志，被常人忽视。我以为：这是逝者的绝唱。

柏拉图在《斐多》（详见 65d—66e）中虚构了一幕苏格拉底的临终谈话，主题就是关于"精神与身体"问题，苏格拉底总结道：

……

苏格拉底说，"所以一个人必须靠理智，在运思时，不夹杂视觉,不牵扯其他任何感觉,尽可能接近那每一个事物,才能最完美地做到这一点,是不是?他必须运用纯粹的,绝对的理智去发现纯粹的,绝对的事物本质,他必须尽可能使自己从眼睛,耳朵,以至整个肉体游离出去,因为他觉得和肉体结伴会干扰他的灵魂,妨碍他取得真理和智能,是不是?西米阿斯,这样一个人——如果确有这样一个人的话——才能达到事物的真知,是不是?"

西米阿斯说,"你说得太好了,苏格拉底。"

苏格拉底说,"这个道理启发了真正的哲人,于是他们便彼此劝告说,我们有一个快捷方式,使我们的讨论得出一个结论,那就是当我们还有肉体的时候,当我们的灵魂受肉体的邪恶所污染的时候,我们永远无法完全得到我们所追求的东西——真理。因为肉体需要供养,使我们忙个没完没了,要是一旦生病,更妨碍我们追求真理。肉体又使我们充满爱情、欲望、恐惧,以及种种幻想和愚妄的念头,所以他们说,这使我们完全不可能去进行思考。肉体和肉体的欲望是引起战争、政争和私争的根本原因,并且一切斗争都是因为钱财,也就是说我们不得不为了肉体而去捞钱。我们成了供养肉体的奴隶。因为有这些事要做,我们也就无暇料理哲学。最糟糕的是每当我们稍有一点时间,用来研究哲学,肉体总是打断我们的研究,用一片喧嚣混乱的声音来干扰我们,使我们无法看见真理。这种现实告诉我们,如果想要认清任何事物,我们就得摆脱肉体,单用灵魂去观看事物的本身。"(水健馥译文)

我不知道乔布斯在天堂里是否与苏格拉底共饮午茶,但乔布斯内心明明白白,"苹果"二字就是象征着诱惑。所谓诱惑,就是让一个人无时无刻惦记着。如今在街头、地铁、餐厅……随处可见的是:一个个惦记着做同一件事的人,拨弄 iPad,哪怕只有片刻。让所有咬了一口"苹果"的人,在不同的时间,不同的地点,却用同一个标准化的动作做着同一件事。你的精神想拒绝也不行,身体不由自主地造反。真是一件又怕又爱的事情:网络已经成为我们日常生活最重要的情人。

科学技术是让人向前看，人文学科是教人向后看。科技的种种预言，是在预售未来。这种"预售"就是在透支我们身体的欲望，侵蚀我们生存的自然，直至危及身体本身（如转基因食品的发明）。科技预售未来的恶果是让我们一代又一代人居然学会忘记过去了！没有了过去，就意味取消了未来，止于现在，就止于身体了。

所谓科技改变生活，其实是改变了苏格拉底所企盼的"过有德性的生活"。换言之，在苏格拉底眼里，人的幸福只能通过身体成为灵魂的居所方可获得。也许这是乔布斯自己也没有想到的：苹果一旦被咬了一口，打开的是潘多拉的盒子。

听听伟人卢梭早在几百年前就直言不讳发出的警告："我们的科学和我们的文艺越奔赴完美，我们的灵魂就变得越坏。"这话是什么意思？答曰：灵魂之轻何以承受身体之重。科技和文艺日趋发达的今日，科技和文艺早已成为一桩可以获奖的"买卖"，背后的支配力量是人吗？是人的思想精神吗？当然不是！是资本的力量。也许我们真的应该这样说，人类每一次为自己创造力的嘉奖庆典举杯，酒杯里盛满的是"身体"的血。

诺贝尔如此，比尔·盖茨如此，乔布斯也不例外。

5

亚当与夏娃逃离伊甸园那一刻，预示着人类的"身体"与生俱来渴望自由。自由意味着一种权利，这种权利让身体"造反"有了依靠。

自由，残酷的字眼。无怪乎，亚里士多德说，人天生就是政治动物。这话道出了政治与"身体"的原初关系。以后的政治家马基雅维利、霍布斯、洛克、卢梭都在"动物"前加了两个字：自利，即自利的动物。

当抽象的自由转化为身体的自由时，那身体的"干净"与否自然变得格外重要。小则关系健康，大则关乎自由。于是，有了关系身体健康的洗头、洗手、洗澡、洗衣之术。也有了关乎身体自由的洗冤、洗心革面之说。其中最为重要当属：洗脑。

洗脑是一门大学问。古人曰：教化；现代人称之为：教育学。因为身体有其头脑，头脑通过语言传达使其成为"那个人"具体的"身体"。所以，洗脑本质上是对"身体"的规训。如果说，一个人终究无法阻挡或无力克服身体对自己的造反，那么，对身体的规训，就是克服、忍耐、阻遏、抵御、反抗身体的造反，或是寻找身体造反的正当性。造反要有理呀！

其实，人的一生都在洗脑或被洗脑，或主动洗，或被动洗。网络是如今最大的洗脑场所。洗脑，是身体的一种自觉。西方人的婴儿受洗礼，中国人的"满月酒"，象征着对婴孩——最干净的身体的祈愿。成年礼是人洗脑的开始，葬礼是洗脑的终结。

对于智者来说，洗脑是一生的自觉；对于大众而言，洗脑是终身的自便。也许我们永远需要怀疑或警惕那些自诩独立思考或判断的人，因为这个世界绝大多数的所谓独立思考或判断的人，也是被洗脑洗出来的，他们挂着各种教授、学者、专家、官职乃至院士的名号，他们的思想免疫力往往挡不住身体的诱惑和造反。洗脑，就是提高精神的免疫力，但精神的免疫力和身体的免疫力不是一回事。所以，灵魂的高尚是一回事，身体的卑鄙是另一回事。最聪明、最智慧、最卑鄙的人往往是同一人，弗朗西斯·培根就是经典一例。

自由之轻，身体之重。自由像风筝，身体永远拉扯着它，身体就是自由的限度。自由这种权利，在人类历史上的一场场革命、一次次战争，还有一场场法律的审判中，得到了加码和放大。但再高贵的灵魂都藏匿在卑微的身体里。所以，向往真理是所有人的愿望，却永远只是少数人的游戏。因为绝大多数人是无法克服或阻挡身体的"造反"的。

法国人所书写的这部身体的历史，我们可以视为一种对身体的"七宗罪"：傲慢（Pride）、愤怒（Wrath）、淫欲（Lust）、贪婪（Greed）、妒忌（Envy）、懒惰（Sloth）、贪食（Gluttony）的描述或状告。洗脑，可以阻遏、克制、忍耐乃至放弃身体的造反，但无法根除身体固有的这种"原罪"。

这个世界的不干净，缘于身体的躁动而不干净。这个世界的不安宁，缘于身体的造反而不太平。

顺便说一句。当今世界，洗脑洗得最出色、最干净的当属美国，几乎让所有人的身体只有一杆秤计量"身高体重"，即所谓普世价值。功劳自然归于美国的教育。倘若我们以为，美国是世界上最自由的，那只说对了一半。另一半那是美国人洗脑的功劳。当然，美国人以为：自家人已经洗脑不错，洗脑要洗到他国了，自然到处碰壁……

顺便再说一句，近代以来，中国人的洗脑基本上是失败的。有时放纵洗脑，有时放任被洗脑。其实，衡量一个国家安定、社会健康的标准之一，是看这个社会共同体的成员在对国家、历史、民族、个体意识上的价值偏好有无共识。而这个共识不是从天上掉下来的，是要靠洗脑"洗"出来的。身体的历史已经明明白白告诉我们：对绝大多数人而言，不是头脑在指挥身体，而是身体一直在造头脑的反。

"洗脑"，在中国成了一个贬义词，无怪乎有人疾呼：这三十多年最大的失败是教育。中国的教育忘却了教化人的灵魂是教育最大的要义，学校成了仅仅贩卖知识、技术的超市。有知识、有技术而无德性的人，他们的身体一旦造反，自然是更可怕、更危险了。

6

环顾今日之世界的每个角角落落，身体是我们这个世界的基本图景，这个图景的主题就是消费，消费的实质就是身体的消费：理发、美容、护肤、减肥、健身、美食、时装、影院、足疗，乃至医院、妓院。从头到脚，从吃到拉，从绿色环保到食品安全无不关乎身体的需求或欲望。现代女性主义的兴起，本质上，是由男性对女性"身体"的过度消费转化为女性对自己身体的自觉消费。

所谓民生，实质就是关心身体消费的能力，身体消费如何适度又带来幸福感。适度的身体消费就是对身体造反的边界控制。

身体"造反"历史的背后——向我们传达这样一个令人震惊的事实：在今日之世界，资本的眼睛紧紧盯住身体的消费的每个环节，从生到死，从少到老。资本的嘴像祥林嫂一般，在电视、网络、广播、报刊不停不断地鼓动身体的消费，时时刻刻，无处不在提醒和唤起我们身体的欲望。人类的"身体"成就了这个地球的最大的肿瘤，其繁殖力和破坏力是惊人的，这种破坏力远远超过了人类的创造力。人类借助"身体"繁殖了自身，装点了生活，而身体的欲望又正在掏空这个世界。难怪福柯放言，这个世界"身体"造反的最终出口处有两个：监狱和医院。

身体是人有限性的尺度。身体是所有人无法跨越的高墙。这就是所谓身体的政治。

其实,让精神克服身体,让灵魂摆脱肉体,这是古往今来,圣人贤者所终身关怀的。佛教里的"念经",基督教里的"祷告",伊斯兰教里的"斋戒"都在做同一件事:让人有忘记"身体"的片刻而冥想,让"身体"有片刻的宁静而不再造反。

7

耶稣被钉十字架上的是:身体。

作为一种"启示":道成肉身,这是对身体的微言大义。

身体,作为世界上最精致、最完美、最脆弱的艺术品,在不同的时代、不同的社会、不同的地域、不同的族群和性别呈现出不同的样态,述说着不同的故事。身体,既是这个世界精彩奇迹的基因,又是这个世界苦难悲愤的动因。

如果说你有灵魂(思想),身体就是你一生突围的城墙;如果说你想自由,身体就是你一生挣扎的枷锁。当然,如果说你很美丽,身体就是你唯一的谱系⋯⋯

人的一生行程,身体就是唯一的脚本。

《身体的历史》付梓之际,我想起了国人一句老少皆知的话:身体是革命的本钱。这句话的弦外之音:死是身体的最终作业。不错,惧怕死的欲念,使身体的造反成为一道很正当的练习题。于是,我写下这些关于身体且又是身体之外的文字,以聊补法国年鉴派史学回避或模糊的一个问题:身体的造反也许在日常生活中是非暴力的,但身体史背后毕竟是鲜活血滴的政治史。

我有些悲观,但不绝望。因为身体渴望逍遥,但灵魂或许可以拯救。

是为序。

作者简介

斯特凡纳·奥杜安-鲁佐(Stéphane AUDOIN-ROUZEAU),毕业于巴黎政治学院,具有历史教师资格证。曾在克莱蒙-费朗和亚眠的大学任教,目前在法国社会科学高等研究院任研究主任。从 1989 年开始,他和安妮特·贝克便成为第一次世界大战历史博物馆研究中心的共同管理者(佩罗讷,索姆省)。近期发表的主要著作有:《14—18:重新发现大战》(与安妮特·贝克合著)(伽利玛出版社,2000 年);《战争的五大哀伤:1914—1918》(诺埃斯出版社,2001 年);《第一次世界大战百科全书:1914—1918》(与让-雅克·贝克合著)(巴亚尔出版社,2004 年)。

安托万·德·巴克(Antoine de BAECQUE),批评家和历史学家。他曾致力于研究法国启蒙运动与法国大革命时期的文化,著有《历史的大汇编:隐喻与政治》(卡勒曼-勒维出版社,1993 年),《荣耀与恐惧:恐怖时代的尸体》(格拉塞出版社,1996 年),《爆笑声:18 世纪嬉笑者的文化》(卡勒曼-勒维出版社,2000 年);并且还撰写了《法国文化史》一书中 1715—1815 年的部分(瑟伊出版社,"观点"丛书,2005 年)。同时他亦专攻有关法国电影、新浪潮以及电影爱好者方面的历史研究,并先后发表《电影手册历史》(星星出版社,1991 年),一本弗朗索瓦·特吕弗传记(伽利玛出版社,1996 年,与塞尔日·图比亚纳合著),两篇散文:《新浪潮:一个年轻人的肖像》(弗拉马里翁出版社,1997 年),《电影爱好者:目光的发明,一种文化的历史》(法亚尔出版社,2003 年,阿谢特-普吕里埃尔集团取得再版权);近期还主编了《特吕弗字典》(拉马蒂尼埃出版社,2004 年)。他在圣康坦-昂伊夫林大学教授影像史,曾担任《电影手册》主编,从 2001 年起还主持了《解放》一书中《文化》章节部分的编写。2005 年 11 月,发表了关于蒂姆·伯顿电影的评论文章(《电影手册》出版社)。

安妮特·贝克(Annette BECKER),巴黎第十大学——楠泰尔大学当代史教授,皮埃尔·弗朗卡斯泰尔中心主任,第一次世界大战历史博物馆研究中心的共同管理者。她先是致力于在与祖国、死亡、暴力、哀丧相关的强烈情感范围内研究对第一次世界大战的回忆。著有《亡者纪念碑——第一次世界大战回忆录》(埃朗斯出版社,1988 年)、《战争与信仰——从死亡到回忆,1914—1930》(阿尔芒·科兰出版社,1994 年)和《信任》(第一次世界大战历史博物馆/国家教育学文献中心,1996 年)。

安妮特·贝克与斯特凡纳·奥杜安-鲁佐合作发表了两篇文章:《第一次世界大战》(伽利玛出版社,"发现"丛书,1998 年);《14—18:重新发现大战》(伽利玛出版社,"历史图书馆"丛书,2000 年)。她还将其自身的研究定为两个方向,一个关于平民与使平民成为其牺牲品的特殊暴力手段,尤其是在集中营里的部分(《第一次大战的那些遗忘:人道主义者与战争文化、被占领的群体、关押在集中营的平民、战犯》,诺埃斯出版社,1998 年),另一个关于战争的文学或艺术再现。此后她把两次世界大战联系起来进行思考:《莫利斯·哈布瓦赫:一位研究世界大战的知识分子,1914—1945》(阿涅斯·维耶诺 / 诺埃斯出版社,2003 年)。

让-雅克·库尔第纳(Jean-Jacques COURTINE),巴黎第三大学——新索邦大学文化人类学教授,刚刚结束在美国特别是加利福尼亚大学圣塔芭芭拉分校十五年的教学生涯。他出版了许多语言学和话语分析的著作,其中有《政治话语分析》(拉鲁斯出版社,1981 年),还有一些关于身体的历史人类学著作(《面孔的历史:16 到 19 世纪初人们如何表达和压制自己的情绪》,与克洛迪娜·阿罗什合著,帕约-海岸出版社,1988 年,第二版,1994 年)。目前他致力于畸形人表演的研究:他新近重编了厄内斯特·马丁的《畸胎史》(1880 年)(热罗姆·米庸出版社,2002 年),并即将在瑟伊出版社出版《日薄西山的畸形人行业:学者、窥淫癖者以及好奇者(16 到 20 世纪)》。

弗里德里克·凯克(Frédéric KECK),曾是位于巴黎乌尔姆路的巴黎高等师范学院学生,具有哲学教师资格证,在伯克利大学研究过人类学,并将保罗·拉比诺的著作《法国 DNA》译成法语,书名为《染色体的解读——法国的冒险之旅》(奥迪尔·雅各布出版社,2000 年)。他撰写了关于法国人类学历史的哲学博士论文,并以《吕西安·列维-布留尔:在哲学与人类学之间,矛盾与参与》为名出版(国家科研中心出版社,2008 年)。他还出版了《列维-斯特劳斯与野性的思维》(法国大学出版社,2006 年)和《克洛德·列维-斯特劳斯:导论》(发现出版社,2005 年)。作为国家科研中心的副研究员,他正着手进行一份关于饮食安全的人种志调查。

伊夫·米肖(Yves MICHAUD),法国大学研究院成员,鲁昂大学哲学教授。1989 年至 1996 年曾任巴黎国家艺术高等学校负责人。最近出版了《气态的艺术——论美学的胜利》(斯托克出版社,2003 年,口袋书,2004 年)、《美学标准和趣味的评断》(尚邦出版社,1999 年和 2002 年)、《当代艺术的危机》(法国大学出版社,1997 年,“四马二轮战车”丛书,2005 年)、《1945 年以来的当代艺术》(法国文献出版社,1998 年)以及一些关于当代政治哲学的著作。

安娜·玛丽·穆兰(Anne Marie MOULIN),曾是巴黎高等师范学院学生,具有哲学教师资格证,在法国、德国、瑞士、美国以及阿拉伯国家有过医学执业经历,并同时进行科学史研究。她出版过《医学的最后语言》(法国大学出版社,1991 年)、《疫苗接种的意外事件》(法亚尔出版社,1996 年),以及与人合作出版了《给女性带来风险的伊斯兰教》、《科学与帝国》、《医学与健康》、《奇异的自我》等著作。她曾任管理发展研究学院(IRD)研究室负责人,专攻热带医学,是公共健康方面的专家,目前在开罗社会经济法律文献研究中心(CEDEJ)任国家科研中心(CNRS)研究员,艾滋研究所(ANRS)行政委员会主席。

帕斯卡·奥利(Pascal ORY),巴黎第一大学——索邦大学当代史教授。他撰写了三十多部关于当代西方社会政治和文化史的著作:《合作者》(瑟伊出版社,1976 年,“观点”丛书再版);《从德雷福斯事件到今天的法国知识分子》(与 J.-F.西里内利合著)(阿尔芒·科兰出版社,1986 年,“时间”丛书再版);《美丽的幻景:人民阵线影响下的文化与政治》(普隆出版社,1994 年);《法兰西的文化历险,1945—1989》(弗拉马里翁出版社,1989 年);《法西斯主义》(佩兰出版社,2003 年);《文化史》(法国大学出版社,2004 年)。他还出版了《日光浴的发明》,载尼古拉·切克斯基和韦罗妮克·纳乌姆-格拉普主编的《致命的美丽》(欧特蒙出版社,n°91,1987 年)。

保罗·拉比诺(Paul RABINOW),加州大学伯克利分校人类学教授。他在美国担任米歇尔·福柯著作翻译的编辑工作,尤其是和于贝尔·德雷福斯合作出版了用法语撰写的著作《米歇尔·福柯:哲学历程》(伽利玛出版社,1984年)。目前他继续从事当代人类学研究工作,尤其是关于生物技术学和基因学,他已出版了《论理性人类学》(普林斯顿大学出版社,1996年)、《制造PCR:一则生物技术学的故事》(芝加哥大学出版社,1996年)、《法国的DNA:炼狱里的麻烦》(芝加哥大学出版社,1999年)和《人类学的今天:关于现代素养的思考》(普林斯顿大学出版社,2003年)。

安娜-玛丽·宋(Anne-Marie SOHN),里昂高等师范学院人文学院当代史教授。作为女性史与私生活史方面的专家,她出版过《蚕蛹:私生活中的女性(19—20世纪)》(索邦大学出版社,1996年)、《从第一个吻到房事生活:日常生活中的法国人之性事(1850—1950)》(奥比埃出版社,1996年)、《温柔的年纪与榆木脑袋:1960年代年轻人的历史》(阿歇特出版社,2001年)和《魅力百年:爱情故事史》(拉鲁斯出版社,2003年)。

安妮·叙凯(Annie SUQUET),舞蹈史学家。曾在纽约摩斯·康宁汉舞蹈基金会作为"常驻研究员"工作三年,并与RES杂志合作了《人类学与审美观》(哈佛大学)。之后她曾在日内瓦美术学校执教,教授与视觉艺术有关的当代舞蹈美学,还在巴黎第八大学教授美国现代舞和后现代舞的历史和美学。目前她是独立研究员,并与庞坦国家舞蹈中心舞蹈研究发展研究室保持常规性合作关系。

乔治·维加埃罗(Georges VIGARELLO),法国大学研究院成员,巴黎第五大学历史学教授,法国社会科学高等研究院研究主任。他曾撰写了许多有关人体描述的著作,其中有:《被矫正过的人体》(瑟伊出版社,1978年);《洁净与肮脏:中世纪以来人体的卫生》(瑟伊出版社,1985年;"历史要点"丛书,1987年);《健康与病态:中世纪以来的健康与健康的改善》(瑟伊出版社,1993年);《强奸的历史:16—20世纪》(瑟伊出版社,1998年,"历史要点"丛书,2000年);《从旧式游戏到体育表演》(瑟伊出版社,2002年);《美的历史》(瑟伊出版社,2004年)。

目　录

第一部分　肌体与知识

第二部分 欲望与标准

第三部分　异常与危险性

第四部分　苦难与暴力

第五部分　目光与表演

引　言

在这项浩大的历史性调查行将结束之际,一个问题随之浮现出来,我们必须对此作出判断。

该问题属于认识论范畴,也涉及到调查计划本身的基础:今天,身体如何变成一项历史研究的对象? 因为在笛卡尔主义占主导地位的哲学传统中,一切都推动着赋予身体以不重要的地位,至少一直到 19 世纪都是如此。有鉴于此,这一问题的提出就显得更加合乎情理。然而在世纪之交,人们开始以别样的话语定义主体与其身体之间的关系:"我们的世纪抹杀了'身体'与'精神'的界限,认为人类的整个生活既是精神的,也是身体的,而且一直以身体为依托⋯⋯在 19 世纪末,对很多思想家来说,身体不过是一块物质,一组机体而已。20 世纪重新提出并且加深了关于肉身,即'活的身体'的问题。"[①]

20 世纪在理论上创造了身体。这一创新首先在心理分析中凸显出来。弗洛伊德参观沙尔科在萨尔贝德利埃举办的人体展后,发现了"歇斯底里"现象,由此改变信仰,并且理解了构成未来众多问题的关键所在:无意识透过身体进行言说。这个第一步具有决定性意义,它开启了精神因素转化为生理病变的问题,并且引导人们思考在主体形成过程中身体的形象问题,即到底是什么变成了"皮相之我"。紧随其后的第二步,我们可以认为是埃德蒙·胡塞尔的观点"身体是所有意义最初的摇篮"。他的思

---

① 　莫里斯·梅洛-庞蒂:《符号》,巴黎,伽利玛出版社,1960 年,第 287 页。

想在法国影响深远,并且使现象学衍生出存在主义,衍生出莫里斯·梅洛-庞蒂"身体是意识之化身"的思想,以及"身体在时空中的展开是世界之轴"[1]的观点。

第一次世界大战期间,马塞尔·莫斯发现英国步兵在前进时与法国人的步伐有所不同,他们挖坑的方式也别具一格,人类学领域由此进入发现身体的第三个阶段。为了表达自己的惊讶之感,莫斯创造了"身体的技术"一词,意即"在每个社会,人类通过传统获取的支配身体的方式"[2]。这一概念从深层孕育了当代对于这一问题的历史性和人类学角度的全部思考。可以说,莫斯对后世的影响之深远怎样形容都不为过。

身体由此与无意识联系起来,为主体所承载,并且成为文化的一种社会形式。现在还剩最后一个障碍需要跨越,那就是结构主义语言学的困扰。事实上,从一战结束之初到 1960 年代,这种困扰用主体以及它的幻象掩盖了身体的问题。1960 年代末,局势开始改变:在个人主义、平均主义反对承袭过去的文化等级、政治等级以及社会等级的抗议活动中,身体开始初步发挥作用。但与人们普遍的想法相悖的是,在这一转变的过程中,思想家们的倡导和发起实际上并没有发挥那么大的影响力。

"我们的身体属于我们自己!"这是 1970 年代初女性在抗议禁止堕胎的法律时发出的呐喊,稍后的同性恋运动也采用了同样的口号。当时的言论与社会结构部分地同权力相关联,而身体就属于社会中被压迫、被边缘化的一类对象:少数族裔、少数阶层或者少数类别的人认为只能用自己的身体来对抗权力的言论,对抗充当令身体沉默之工具的话语。MLF[3] 的创始人之一安托瓦内特·福克曾经说过,"据说妇女运动是由女性知识分子发起的,但其实真正的妇女运动最早就是一声呐喊,以及伴随着这一呐喊的身体:在 1960 年代遭到社会粗暴侮辱的身体,被当时的新派人和当代的思想家们所强烈排斥的身体。"[4] 在 1970

---

[1]　梅洛-庞蒂,《感知现象学》,巴黎,伽利玛出版社,1945 年,第 97 页。

[2]　马塞尔·莫斯:《身体的技术》,见《社会学与人类学》,巴黎,法国大学出版社,1950 年,第 365 页。1934 年 5 月 17 日,莫斯曾经在心理学会做过有关报告。

[3]　[译注]MLF:Mouvement de Libération des Femmes(妇女解放运动)的简称。受美国妇女解放运动的影响,1968 年 5 月之后法国也出现了妇女解放运动,主张普及避孕、自由堕胎,反对强暴以及寻求男女之间的真正平等。

[4]　《运动中的女性:昨天,今天,明天》,见《争鸣》,1990 年 3—5 月,第 59 期,第 126 页。

年代,身体由此卷入了少数人争取权利的斗争:它成为一处主要的镇压
场所,一把解放的利器,一场革命的诺言。"当时我曾经说过,妇女解放
运动将要实现的革命就在于像弗洛伊德揭开对无意识的压抑一样揭露
对身体的压制。"①

梦想已经过去。无论如何,政治斗争与个人的渴望已经把身体置
于文化争端的中心,并深刻地改变了它作为思想对象的存在:身体由此
带上了性别、阶层或者族裔这些可能无法被抹去的烙印。最后,在理论
层面上,可能还必须要经过尼采式的身体与主体关系的颠覆,尼采在
《反俄狄浦斯》中对这一思想有过最鲜明的阐述。它在米歇尔·福柯的
作品中也得到了非常经典的表述。这一思想贯穿一系列的研究,尽管
它的出现有时清晰,有时隐讳,有时是依据,有时却被批评。福柯的贡
献,无论人们是否赞同他关于权力施加于肉体之上的观点,都在于他把
肉体牢牢地嵌入了长时段的历史视野之中。身体成为思想史的对象,
成为文明进程重要性的再度发现(诺贝特·埃利亚斯曾经对这一点作
过清晰的阐释)。现在的历史研究中,对姿势、方式、感觉、私密感的关
注无疑都是福柯思想的回响。

这就是此处提出的问题。现在还欠缺对它的论证,即对"骚动"的证
明:人类的身体从未经历过它在刚刚结束的那个世纪里所经历的那样广
泛、深刻的变革。有鉴于此,本书作为继前两卷之后的第三卷也就具有了
独特的地位。各卷之间的连续性在于本书不但继续关注使身体成为一个
文化对象的故事、图像与言论,而且同时完整地保留了勾勒物质性身体的
部分:器质性的身体,血肉之躯,作为社会活动执行者与工具的身体,主体
性的身体,以及皮相之我,即作为意识形式和无意识冲动之物质外壳的身
体。本卷还重新提及第二卷遗留下来的关于世纪之交到一战期间的很多
问题,也探讨了从未涉及过的方面,如魔鬼的身体,等待中的身体(士兵或
者罪犯的身体),这些新问题有时会使本卷深入探讨 19 世纪下半叶。最
后,本书力图通过关注投射在身体上的目光的变迁恢复 20 世纪身体的独
特性,因为很多目光的变迁是前所未有的:人体从未如此深入地被医学视

① 《运动中的女性:昨天,今天,明天》,见《争鸣》,1990 年 3—5 月,第 59 期,第 127 页。

觉技术洞察;私密的性别身体从未经历如此高密度的曝光;表现身体所遭受的战争和集中营暴行的影像在我们的视觉文化中达到了无与伦比的程度;以身体为对象的表演也从未如此接近身体的骚动,当代的绘画、摄影、电影都呈现出这种骚动,并由此构建身体的形象。

　　基于这样的目的,本书先后审视了身体的医学和基因知识的构成,性别身体的欲望与社会控制准则之间的张力,关于非正常身体的观念演变以及确定危险个体的必要性,上世纪暴力造成的血腥悲剧对身体施加的无尽痛苦,最后还有图像、屏幕、场景以及能够观察到身体实时变化的看台给人们的目光提供的乐趣。本书涉及整个西方世界,力图做到既呈现细节,又把握整体:身体的历史极少在意疆界问题,无论是国家的疆界还是学科的疆界。

　　我们在此审视的每一阶段都部分地解释了历史演变的复杂进程。当代主体与其身体之间的关系就在这种演变中形成:健康与病态、正常与非正常的身体的区别,以及在一个完全医学化的社会中生与死的关系;继承自过去的戒律和禁忌有所松懈,快感被赋予了合法性,同时出现生物学以及政治上的新权力的新准则;健康成为一项权利,面对危险时的焦虑,对个人福祉的追寻以及群体性的极端暴力,私密生活中肢体的接触,以及充斥公共场所的冷漠的性幻象。这就是构成二十世纪身体历史的一些悖论和矛盾。

　　当然这里还有另一重意义:事实上,谁会把质询这个幸福而又悲惨的世纪中的身体看成是提出属于人类的人类学问题的一种方式呢?"我的身体不再是我的身体",普里莫·勒维在回顾以前"什么是非人"①的演讲中一针见血地说道。在这样一个虚拟身体激增,对活体的视觉探索日益深入,血液和器官相互交换,生命的复制能够被编程,以及随着移植物的丰富,机械与身体的界限变得模糊,遗传学与个体的复制距离更近的时代,质询、证明人的局限显得比以往任何时候都更加必要:"我的身体还一直是我的身体吗?"身体的历史才刚刚开始。

让-雅克·库尔第纳

────────────

① 　普里莫·勒维:《如果是男性》(1947),巴黎,朱利亚/袖珍本出版社,1987年,第37页。

第一部分

肌体与知识

第一章　医学的身体

安娜·玛丽·穆兰（Anne Marie Moulin）

19 世纪承认了生病的权利，这一权利由国家福利加以保障。20 世纪则迎来了人的一项新权利——健康权，它被认为是人充分发展的一部分，事实上它主要被理解为接受医学治疗的权利。

20 世纪身体的历史就是前所未有的医学化过程。西方医学将超出从前想象范围的一些日常生活行为也囊括其中，并纳入研究领域。它已经不仅仅是人们生病时主要的求助对象，而且也变成能够与传统意识方向相抗衡的一种生活导向。它制定行为规范，审查人们的乐趣，把日常生活紧紧地束缚在医嘱之网中。它合理的依据在于人们在身体机能方面的知识的进步，以及它在疾病方面取得的史无前例的胜利。人类寿命的不断延长就是这种医学胜利的一个证明。

医学影响的边界在于人类对放弃自主权的抵抗。医学干预已经出现减缓现象，其中有些干预行为涉及人的完整性，有些涉及人类的繁衍方式和死亡方式。这种减缓现象已经引起业内的忧虑，并且同意在此问题上给予世俗社会、政治和宗教组织以一席之地。20 世纪身体的历史就是一部关于剥夺和重新占有的历史。也许有一天，每个人都会成为自己的医生，自己掌握主动权，自己做出决定。这一梦想来自于将身体透明化的观念，即身体应该大白于天下、应该被深入探索并最终可以被主体直接理解。

1

20 世纪的身体：非病非康

我们的 20 世纪对自己战胜疾病取得的胜利颇感自豪。事实上，与其说它消灭了疾病，还不如说它稀释了疾病，而且完全改变了人们关于生病的体验。

"人们再也不知道生病为何物。"哲学家让-克洛德·博纳在最近出版的一部著作中如是说。以前，疾病总是在当下发生，身体随之成为上演一部壮观戏剧的舞台。延续数日的仪式展开，整个家庭都沉浸在焦虑以及治愈疾病的希望之中①。其中的重头戏就是"病危"，它是希波克拉底派医学著作偏爱的主题，它是决定病人命运的关键时刻。如果一切顺利，在很快退烧之后，病人会汗、尿皆如雨下，危机由此得到解决。"精疲力竭的病人终于愉快地睡着了。"书上常常这样写道。

过去，人们对疾病和让人望而生畏的死亡的体验常常伴随着一种再生感和对大自然甚至医生的感激之情。但是，随着 20 世纪末的临近，这种体验出现的频率越来越低，而且它也不再意味着病愈时的幸福时光了。

时至今日，为了尽快恢复工作而被系统实施的抗菌素疗法缩短了人体痊愈的时间。抗菌素会让人体疲软，这是人们常常相信的说法。这种说法再不愿意承认疾病会使肌体的力量面临挑战。医生们认为在当今社会焦虑感一直存在，他们对此忧心忡忡，建议进行更加强有力的治疗以缩短病痛时间，并以更快的速度把病人送回前线、学校、工厂或者办公室。②

关于疾病的体验在童年时期变得更加罕见。今天的小孩子不知道什么是麻疹、百日咳，或者疖腮，他们已经得到了系统的、强制性的疫苗注射的保护。母亲们陪伴在他们床侧的时间也大大减少。对疾病的体验由此在人的生命历程中被推迟，被面对不可知病痛的焦虑稀释了，并且一直推

① 让-克洛德·博纳：《开放：懂得生病》，见《吉列城市手册》，"疾病与疾病形象，1790—1990"专刊，里昂，希尔塞出版社，1995 年，第 6 页。

② 马克·费罗：《病于进步的社会》，巴黎，普隆出版社，1998 年。

迟到生命的终点。

疾病本身也会稀释在空间中。城市中的医院已经逐渐不再是潜在感染源的代名词了。住院病人的数量也在减少。昔日的高墙使医院与世隔绝,今天的医院已经对城市开放,常常建在商业街的周围,医生与病人就在街上并肩而行。在距人们提出取消医院的革命性要求两百年之后,只在白天住院,以及在家中接受治疗的尝试更加坚定了关于病人与健康人之间友好共处,甚至地位平等的思想。

健康与疾病并非对立的两极,它们在每个个体内部以不同程度结合起来。或者说疾病只是健康所经历的一次沧桑,抑或是健康的一个构成因素。乔治·康吉杨是一名当代认识论专家,1943 年他在《正常与病态》一文中所表达的,并且在去世不久前又加以强调的主要思想①,即疾病其实是一次无法避免的考验,其主要目的是为了测试和强化肌体的防卫能力。疾病不会给人留下伤痕,相反,它只是以某种方式让生者更加有特点而已。

与此同时,对健康的关注在策略上已经超过了对疾病的关注。如果说 18 世纪的关键词是幸福,19 世纪的关键词是自由,那么 20 世纪的关键词就是健康。1949 年,世界卫生组织已将健康权列为全世界人民的一项权利,由此赋予人类一项新的权利。今天它已经被写进大多数国家的宪法之中。世界卫生组织对健康的定义涉及身体、精神和社会的完整状态,上述几点成为不可回避的参考指标。它认为,人如果没有疾病或已知的残疾就是健康的。它同时也提出了一个新的理想,一个难以企及的理想②。对健康的定义延展至整个生物学、社会学领域实际上使得拥有这种幸福的状态,这种难以把握的权利成为一件希望渺茫的事:因为健康不仅仅是生理学家兼外科医生勒里什提出的最低定义,即各个器官处于顺从、安静状态的健康,还包括广泛的健康,即尼采所说的大健康。健康成为真理和身体的乌托邦,成为保障社会秩序以及未来更加平衡、更加公正的国际秩序之关键所在。

---

① 乔治·康吉杨:《健康,身体的真相》,见《人与健康》,巴黎,瑟伊出版社,1992 年,第 99—108 页。

② 伊罗纳·吉尔布什:《世界卫生组织关于健康概念的五十年变迁:从定义到重新形成》,见《预知》第 30 期,1996 年,第 43—54 页。

　　这样的定义将健康置于超出医学学科的轨道之上。但是健康权事实上已经被唯一清楚其含义的业界所垄断。医疗事业的普及开始于19世纪中期，[①]伴随着重要的社会化事件——入学、入伍、旅行、选择职业，身体落入强制之网。公共权力的支持使医生成为管理身体所必需的中间人。法国1902年通过的法律规定法国人之后必须注射预防天花的疫苗，而且发现某些疾病之后必须汇报，由此开始了一个新的世纪。为保护公众健康，国家成立了一个机构，这个机构可以暂停某些私人的自由（如注射疫苗）。我们把身体的全部束缚像对待一项过去的可耻遗产一样弃之不顾时，却不知我们对这些束缚早已习以为常，以至于没有立刻意识到这是对身体的侵犯。

　　医疗的普及是否也意味着儒勒·罗曼在《克诺克医生》[②]中诙谐地搬上舞台的那种现象会成为现实？如果医生在所有的公共和私人事务中都被当成专家，那么所有的健康人都是有病而不自知的病人了。[③]过去，病人需要将医生的注意力吸引到他不知道、不了解原因却在承受恶果的病痛上去。今后，医学知识将远远超出把器官及其沉默的运行都包括在内的症状。再说什么标准化就是不适宜的了，最多可以谈谈平均值以及它可被信任的时间段，而且数据都倾向于定义一种风险而不是一种病理。我们怀有新的原罪，一种发端于我们的基因，形式多样的风险，它受自然、社会文化环境以及我们生活方式的影响而改变。从此之后，等在候诊室里的就会是50亿人了。

　　这里出现了关于20世纪身体大冒险的悖论。受制于追求体面的理想，展示疾病不再合乎时宜。身体是一处人们必须努力显得健康的场所。然而任何领域的医学，尤其是预防医学，都坚持打破这种宁静，并宣称在每一个人的体内都存在这种秘密的混乱。医学强调预警信号，发明了普

① 奥利维埃·富尔：《医生的目光》，见阿兰·科尔班、让-雅克·库尔第纳以及乔治·维加埃罗主编的《身体的历史》（第2卷），巴黎，瑟伊出版社，2005年。

② 皮埃尔·科尔韦和尼古拉·普斯戴尔-维奈：《克诺克医生归来——论心脏透视的风险》，巴黎，奥迪尔·雅各布出版社，1999年。

③ 马克·扎弗朗：《书写，照料》，见《广场》第34期，1995年，第74页；米歇尔·福柯等：《医疗机器——论现代医院的起源》，布鲁塞尔，皮埃尔·马尔达伽出版社，1979年；让-皮埃尔·古贝尔：《对水的征服——工业时代健康的到来》，巴黎，罗贝尔·拉丰出版社，1986年；莱昂纳尔·雅克：《身体档案——20世纪的健康》，雷恩，法国西部出版社，1986年。

查以及定时体检的方法,如果有家族病史,那么检查的频率还要更高。

预防医学的发展使得疾病的体验跳过了某些程序,它的最新形式即研究基因的预诊医学更加扩大了这项运动。现在,医生不仅在努力揭示接下来几天的发展情况,而且还能预言未来。是否应该限制使用抗生素,是否应该接受转基因食品,促进组织与器官的传播? 是否应该救活更低体重的早产儿,是否要承认胚胎繁殖作为保存器官(医疗克隆)的合法性,禁止抽烟喝酒? 策略毫无过渡地从预防跳到了预言再到预警,或者说把所有这些时间方式结合起来,它将取消健康与生病之间的区别,而选择的多样性使策略的定义显得急迫而且难以确定。

20世纪的流行病学为瓦解健康与生病之间的区别作出了很多贡献。疾病在"同期人口"中的可能性具有抽象的形式:"同期人口"这一专业词汇来自古罗马军团,指流行病学家追踪调查的人群。在数千名医生接受十年以上的跟踪调查之后,英国医生理查德·杜尔才于1954年得出结论:吸烟会导致肺癌。烟草在过去被当成万灵药,尤其是在病人失去知觉的时候使用,此后被列为主要的致癌源之一。当然,一些百岁老人也抽烟。但是数学公式可以计算出与香烟的数量、吸烟的时间以及吸入烟雾方式有关的致癌的相对风险。关于烟草与癌症关系的调查已经成为一个样板,促使人们重新思考所有的病理学[1]。笼罩在特定人群或者普罗大众头上的风险的概念,即使分布不均,也有助于减少疾病的发生。根据英国人的经验,医生们由此开始探寻疾病的因素而不再是原因。导致疾病出现的正是个人先天的基因结构,以及与自然、社会文化或者职业环境有关的因素的共同作用。

一种概率论正摆在当代诚实的人面前,号召他像以前审视自己的灵魂那样盘点自己的身体。西方国家已经建立起关于身体的秩序。这种概率论计算身体的能量和能力,力求优化它的运转。如果说在公共健康方面,权力的介入见证了米歇尔·福柯所谓"生活的政府性"问题,那么它同样也刺激了自我的忧虑。品行良好的公民难道不应该根据科学的强制性规定改变自己的行为吗?

---

[1]　吕克·贝尔利维:《错乱与流行病学——医学统计数据的产生与流通》,雷恩,MIRE报告出版社,1995年,第24页。

疾病稀释在身体的无限空间里,个体在面对他们不能自如谈论的东西,即疾病和疾病蕴含的死亡能量时会感到孤独,而现代性正是以个体的孤独为特点的。人类学家们已经意识到这一点,并把疾病列入研究的新章节。身体的不幸①创建了在这一扩大的领域里进行文化比较的里程碑。

由此看来,20 世纪对疾病的胜利,人们争先恐后庆祝过的胜利,从某种意义上说,其实只是一场代价惨重的胜利而已。

2

身体的可计算性

上述提到的胜利在于过往流行病的撤退。1983 年,历史学家威廉·奥尼尔出版了一部关于疫病的名作《瘟疫与人》。著作是这样开始的:"把我们和我们的祖先分开,并且使得当代的经验与过去时代的经验截然不同的原因之一,就是那些严重危及生命的疫病的消失。"②奥尼尔由此表达了一种广为流传的观点,即至少在工业化国家中,流行病已经成为令人匪夷所思的东西了。在 1983 年以前,仅有的一次大规模的流行病(即1918 年的西班牙流感,它导致的死亡数量甚至超过了世界大战)具备了过去疫病的灾难性影响。然而奇怪的是,这次流行病在人们的集体记忆中并没有留下多少痕迹,或许是因为在战争的大屠杀之后,它并没有触及到人们的心灵。

从 1895 年起,欧洲国家中疫病的致死率就开始有规律地递减。这种下降经常被归因于法语国家中称为"巴斯德革命"的事件。但是从严格意义上讲,巴斯德的两次大发现,即发现狂犬疫苗(1885 年)和抗白喉血清疗法(1894 年)并没有发挥很大的作用。这种进步更应该用外科手术中对防腐法、无菌法的遵守,尤其是受巴斯德思想启发或者强化的一些普通措施来解释。比如从第二帝国时期就开始实施的可饮用水的推广,垃圾

① 马克·奥热和克里斯蒂纳·埃泽利克:《疼痛的感觉——疾病的人类学,历史,社会学》,巴黎,当代文献出版社,1990 年。

② 威廉·奥尼尔,由苏珊·桑塔格引用,《作为隐喻的疾病——艾滋病及其隐喻》,巴黎,克里斯蒂安·布儒瓦出版社,1989 年,第 189 页。

场以及下水道系统的改善。

20 世纪应该是人口数量快速增长的世纪,无论是在欧洲还是在全世界都是如此。这种增长与三个相互协调的主要因素有关:整体的死亡率、寿命以及婴儿夭折率。[①]

整体的死亡率从这个世纪初开始就在不断下降,但是在世界性的争端爆发时伴有急剧的中断。从整体来看,死亡率可以分为两个阶段。除了东欧国家以外,死亡曲线在整个欧洲逐渐达到了一致,现在的比率是 10‰。

同样,欧洲人的寿命也从男性 46 岁变成 70 岁,女性 49 岁变成了 77 岁。这一变化源于婴儿夭折率以及传染性疾病比率的降低。在这方面,北部国家又一次名列前茅,欧洲南部国家则在一代人之后出现同样的变化。

婴儿夭折率降低影响的主要是超过一岁的婴儿,这归功于发疹的感染性疾病("出痘型")、腹泻以及呼吸系统感染的发病率骤降。事实上,新生儿的死亡原因很复杂,尤其是基因和产科方面的原因,对此医学的进步目前还鞭长莫及。

至于传染性疾病的减少则应该具体病例具体分析。有一些疾病的发病曲线雄辩地说明了注射疫苗的决定性影响。[②]脊髓性小儿麻痹症就是这种情况:1956 年开始推广相关疫苗,并很快成为强制采取的措施,之后发病率急剧下降。流感也是如此,这种疾病每年都要在全世界肆虐,1918年到 1975 年间发病率一直居高不下,直到流感疫苗的推行才让统计曲线的发展戛然而止。麻疹的情况就更值得探讨了,从 1939 年开始,麻疹的死亡率开始下降,可能是因为营养不良的情况得到了改善,还可能因为居住条件的改变和出生率下降导致传染率降低。

腹泻的发病率降低则源于食品卫生状况的改善以及"致死性奶瓶"(即那些不得不到外面工作的母亲留在摇篮中的带短管的奶瓶)的消失。显而易见,这种奶瓶是细菌迅猛繁殖的来源:人工喂养的改善起到了决定性的作用。在北部欧洲,不太适合细菌繁衍的气候也起到了推动作用,其

---

① 格拉齐埃拉·卡色利、法郎斯·麦斯莱、雅克·瓦兰:《医学的胜利——论本世纪初以来欧洲死亡率的变化》,巴黎,人口研究学院,1995 年。

② 安娜·玛丽·穆兰:《种痘的历险》,巴黎,法亚尔出版社,1994 年。

他国家紧随其后,也有了改善。

至于 20 世纪的一个主要杀手结核病,它的死亡率从本世纪之初就开始下降。可能是由于采取隔离病人的措施以及某些治疗手段(如人工气胸法,停止被人为置于休息状态的肺部的感染进程)。1921 年,卡尔梅特和盖兰在巴黎对一些被传染的婴儿进行了第一次 BCG① 试验,但是这次试验似乎并没有对肺结核的发展产生根本性的影响。在两次大战期间,卡介苗在欧洲缓慢传播,尤其是在殖民地得到了试用。1943 年,瑟尔曼·维克斯曼在美国发现了链霉素,这一发现成为重大事件。但是也可能是这种抗生素与卡介苗(在出生时注射)被推迟的影响共同发生了作用,从而影响了这一灾害的主要目标——年轻人的死亡率。

时至今日,我们已经从所有年龄层的死亡率相差无几的时代,过渡到了死亡率集中于生命终点阶段的时代:在 80% 的情况下,死亡发生在七十岁以后的人身上。我们所处的文明时代死亡率的降低并非是我们无意识的希望单方面造成的,它还出于主观偏移的原因。现在儿童或者青少年的死亡经常是因为事故。这种死亡被认为是丑闻,一种无法接受的事件,只会招来亲人们的愤慨。②20 世纪于是创造了一种"婴幼儿死亡"③的新类别,指在没有可预见或者尸检能检测到病理原因的情况下婴儿呼吸突然停止而导致的死亡。对关注解释的现代人来说,这种空泛的死亡类型的存在是令人震惊的,也是人们一直调查和思考的对象。

在今天的法国社会中,婴儿的死亡率不超过 8‰。女性的平均寿命为八十岁,男性则为七十二岁。而且通过对心血管疾病和癌症的治疗,死亡率似乎还可以再降低。但是生命的质量问题已经被强有力地提出来。目前,在针对老年性痴呆的恶化和涉及四分之一老年人的阿兹海默症的治疗方面还没有发现真正有效的进步。在斯威福特的《居里韦故事》中,我们的祖先是否可能已经理解了这些耳不能听、眼不能看也因此求死不能的不幸的不死者们的悲惨命运呢?

与之相对,猝死(战争除外)的比率处于增长之中,而且在质的方面也

① [译注]BCG:Bacille calmette-guérin 的缩写,即卡介苗。

② 如参见安德烈·米盖尔:《生命被打断的儿子》,巴黎,弗拉马里翁出版社,1971 年。

③ 阿兰·德·布洛卡:《婴儿猝死》,见多米尼克·勒库主编:《医学思想词典》,巴黎,法国大学出版社,2004 年,第 757—762 页。

发生了变化。本世纪初，猝死主要来自溺亡以及工作事故。后来又与车祸以及驾驶速度暴增产生了联系。1960 年代初，《活着的狂热》随着詹姆斯·丁因车祸死亡而成为风靡一时的电影。道路死亡曾经是年轻人的首要死亡原因，它因对超速以及醉酒驾车的限制而有所下降，但是轮滑、滑板以及极限运动等事故又填补了它的数量。极限运动属于自愿增加风险的举动，与社会上标榜的安全需要的氛围相冲突。自杀也是导致年轻人死亡的一项不可忽视的原因：自杀的企图表明青少年中间的绝望倾向，这种倾向的范围今天已经达到了闻所未闻的程度。

在上世纪，旅行曾经受到高死亡率的极大限制。到 20 世纪，旅游业大发展，成为拥有发达国家十分之一劳动力的产业。各个年龄层的游客分散到世界的各个角落。与此同时，专门性保险和一种新的职业——伴游的发展也说明，现代人追求异国情调的梦想之中也包含对安全的顾虑。勒内·迦利耶回到巴黎时已经像图布人①那样骨瘦如柴，很少有游客受得了他（以及很多其他人）那种苦行式的旅行。如果说发热一直是困扰旅行者的噩梦——从安德烈·纪德②到安德烈·马尔罗令人难忘的《皇家大道》等文学作品都对此进行了渲染——其实传染病只是十种旅游者死亡原因之外的原因，③其中有一半是因为疟疾。道路事故中导致的外伤是游客致病的首要原因。其次是突发的血管问题以及精神疾病导致的代偿失调。环游世界的人很少会想到这些事情，但是这样的事故一旦发生，游客都需要紧急回国接受治疗。

这种世纪性的变化是否都能被认为是医学的胜利？这样的论断成为公共健康专家、英国人托马斯·麦奎恩和哲学家伊万·伊利克在一次辩论中激烈辩驳的主题。这次辩论至今仍余音未了。④讨论是开放式的，他们先后探讨了生活方式、饮食卫生、新疗法的影响、临床和生物学监护等问题。我们以心肌梗塞为例，这种疾病经常被认为是与久坐不动和紧张

---

① ［译注］图布人：生活在马里共和国北部图布地区的人。图布：法语中写作 Tombouctou，原文为 Timbuktu。

② 安德烈·纪德：《刚果行记》，巴黎，伽利玛出版社，1927 年。

③ 安娜·玛丽·穆兰：《健康百年史——旅行者与驻外者的健康》，见《异国病理学协会公报》，第 90 卷，第 4 期，1997 年。

④ 伊万·伊利克：《医学复仇女神》，巴黎，瑟伊出版社，1975 年；托马斯·麦奎恩：《医学的作用：梦想，奇迹还是复仇女神？》，牛津，布莱克威尔出版社，1979 年。

有关的世纪疾病。伴随高血压的预防性治疗,烟草消费的剧减以及更加均衡的生活方式(慢跑与节制饮食),最近几年,心肌梗塞的发病率大大降低。同时,因常规药品的采用,病人和医生对它的了解以及外科手术方法的精细化(如冠状动脉的阻塞解除术,人们一旦发现危险症状就会马上实行这样的手术),它的致死率也已经降低。

一个令人不安的现象直接影响了 20 世纪关于身体的观点,那就是在一片积极的背景下,仍顽固存在两种不平等,即性别的不平等和社会的不平等。

第一种有利于女性的不平等是一种普遍的特点,至少在欧洲是如此。在数代时间里,女性在生殖过程中曾经付出过生命的代价。在 20 世纪,她们享受到了怀孕负担减轻、产科医术进步、饮食改善以及女童可以上学的好处。老年女性在社会总人口中比率的增加也许预示着未来社会有可能成为母系社会。

第二种不平等是令人惊讶的。因为在欧洲,大多数国家社会保障制度已经得到实行,而且所有社会阶层的人都能到医院看病。但在巴黎,不同职业的人群中,甚至是不同街区的人群中婴儿的死亡率仍然有一至两倍的差异。在英国,在免费的、惠及所有社会阶层的医疗保障实行二十年之后,被称为"黑色报告"(只是因为作者的名字叫黑色,[①]并不是因为调查结论的黑暗!)的官方报告的结论仍然令人震惊。所谓低等级的人仍然生活在公共卫生的努力范围之外,后者保障的首先是富裕阶层。这个结论引发了在两种政策间进行选择的讨论,一种是以风险人群为对象的政策,一种是寄希望于从普通人群到边缘人群的联动效果的整体性政策。在法国,面对失去或者从未得到过健康权利的病人数量不断增加,开展了以那些不因循守旧的艺术家(如波德莱尔或《乞丐之歌》的作者里什潘)之名命名的"补贴性"接诊活动。但是众多公共卫生的宣传者都不同意某些特殊政策重新筑起 19 世纪的阶级屏障,而是更希望现有的医疗体系能够让更多的人受益。

在 2000 年即将来临之际,另一个因素加剧了残存的不平等现象,并且让当代的乐观主义情绪有所减缓。

---

① ［译注］《黑色报告》:原文为 *Black Report*,Black(黑色)是作者的姓。

3————————

传染病卷土重来

在 1970 年代，很多善意的人士都宣称历史周期已经完成，这不仅仅意味着疫病的结束，而且还意味着传染病的结束，至少在工业化国家是如此。已经不再有人提及鼠疫，曾经肆虐全球的天花也正在消失。但那是因为人们为此付出了相应的代价。的确，自从人们开始探究这几项病例，相关的投入令人难以置信地增长。世界卫生组织也积极参与此项事业，并于 1979 年宣布天花已经被根除。

这一事件事实上是几乎延续了上千年的斗争和两个世纪以来牛痘接种的结果，但在当时却被认为是巴斯德式革命中战胜传染病的典范。似乎只要布好理论武器，即关于"原因"的知识以及预防的武器——疫苗，就可以随心所欲地复制这种胜利了。于是"根除"一词被熠熠生辉地写入世界卫生组织的计划中，经济繁荣使这些计划在财政上也变得可行，这进一步推进了这些计划的实行。

但是随后针对疟疾的斗争失败[1]——本来人们预计在 2000 年左右就能根除这种疾病——为这一蓝图蒙上了一层阴影。原先，人们寄希望于大量使用杀虫剂。最初，科西嘉(1944)、阿尔及利亚(1960)、印度、委内瑞拉等一些地区从疟疾中解放的事实确认了杀虫剂的效果，但是蚊子对这些产品产生了抗药性，而且人们也意识到了杀虫剂的危害，于是希望破灭了。同时寄生虫对常规处理方式的抗药性也在蔓延。当艾滋病的出现导致情势重组时，公共健康方面的专家们似乎都在专心研究遗传病、癌症以及退化疾病，艾滋病的出现与天花的衰落，两者之间的巧合经常被人一再提及。

艾滋病的到来以及一些新病毒的"突现"[2]对我们认为已经战胜或者几乎已经战胜传染病的肯定态度重新提出了质疑。艾滋病已经回到了人

————————

[1] 马里奥·高吕齐和大卫·布拉德利主编：《疟疾学产生百年后的疟疾挑战》，见《寄生虫学》第 41 卷，第 1—3 期，1999 年。

[2] 斯蒂芬·莫尔斯：《正在出现的病毒》，纽约，牛津大学出版社，1993 年。

们的想象或者现实之中：在工业化国家，因传染病而死亡的比率过去在8％左右，目前也只是增长了1％。但是很多特点扩大了疾病的后果：它在五个大洲快速、广泛地蔓延；它对所有抗生素疗法有了抵抗性；在无法做预后判断的阶段之后开始发展出致死性。在1980年代，关于艾滋病的见证实录和小说①大量出现说明病人们需要交流他们的个人体验，并且表达对流行病死灰复燃以及医疗无能为力的愤慨。从科拉的电影《野兽之夜》到为了预防而发放的漫画，到松下（Matsushita）的绘画，各种形式的艺术都证明了将流行病风格化的需要。

作为通过性行为传播的疾病，艾滋病成为1960年代风俗解放运动的逆流。和以前的流行病一样，艾滋病也被认为是一种天谴，并引发了不宽容的情绪，甚至引发寻找替罪羊的行为。一些流行病学家认为，病毒的繁殖发生在同性恋者的房间或者交换性伴的行为中，这些行为把来自森林深处的病毒从潜伏期引出来。认为它来自于非洲的假设②引发了居住在这个大陆上的居民的愤怒。他们把球踢回第一世界，揭露专家们在军事实验室里进行的秘密试验，认为他们将非洲人和猴子相提并论，其科学逻辑以黑人欲壑难填的传说为根据，体现了残存的种族主义思想。自从约瑟夫·康拉德的那本著名的小说《黑暗之心》发表之后，认为非洲是一处可怕的疫病之源的观点几乎没有丝毫改变，这部小说描写的正是疫病的一个发源地——刚果河的故事。

埃博拉病毒③就出现在非洲，这种病毒会导致出血性高烧，然后迅速

---

① 伊夫·纳瓦尔：《风带走的是朋友》，巴黎，弗拉马里翁出版社，1991年；让-诺埃尔·庞克拉齐：《冬天的街区》，巴黎，伽利玛出版社，1990年；吉尔·巴伯代特：《一个变老的男人的回忆》，巴黎，伽利玛出版社，1993年；阿兰-艾玛努埃尔·德勒伊：《从身体到身体——艾滋病日记》，巴黎，伽利玛出版社，1987年；帕斯卡·德·迪夫：《货轮生活》，巴黎，让-克洛德·拉岱出版社，1992年；孔拉·德泰：《窥视者的伤感》，巴黎，德诺埃尔出版社，1986年；雷诺·加缪：《为了某些人的哀歌》，巴黎，P.O.L.出版社，1988年；当然还有埃尔韦·吉贝尔的《给没有救我性命的朋友》，巴黎，伽利玛出版社，1990年；《同情协议》，巴黎，伽利玛出版社，1991年；《百万病毒细胞》，巴黎，瑟伊出版社，1992年；《戴红帽子的男人》以及《天堂》，巴黎，伽利玛出版社，1992年。见约瑟夫·莱维与阿莱克西·努斯著《艾滋病—神话——论小说人类学》，里昂大学出版社，1994年。

② 关于非洲艾滋病起源的研究，参见安德鲁·康宁汉与布雷迪·安德鲁斯主编的《受质疑的知识——西方医学》，纽约，曼彻斯特大学出版社，1997年。

③ 洛里·加雷：《正在来临的瘟疫：在失去平衡的世界上新出现的疾病》，纽约，法拉、施特劳斯与吉鲁出版社，1994年。

变成致死性高烧,由此造成大量病人死亡。埃博拉病毒不太可能在欧洲传播,因为这种病毒在外界环境中非常脆弱。但是在电影《世界末日》中,它导致的灾难性场景使人们意识到,20世纪人类在面对病毒蓬勃发展时是非常脆弱的。斯蒂芬·莫尔斯于1993年出版了《正在出现的病毒》一书以及一本同名杂志,广泛宣传因为生态上的轻率行为引发潜在病毒威胁的思想。在欧洲,一些秘密培养病毒的实验室采取了异常严格、可以称为"P4"级的预防措施,以便保护整个欧洲不受无处不在的病菌的侵害。虽然流行病学家们曾经有一段时间被认为是麻烦制造者,只揭露问题,不提供解决方法,他们的研究机构还是被提升为"现代健康堡垒"或者"新的身体长城"。亚特兰大的CDC(疾病控制中心)就是一个例证。2000年印度发生鼠疫时[1],那些富裕国家完全忘记了人道主义的良好礼仪,而且重拾过去检疫隔离式的反应:货物禁运,对印度旅客进行粗暴检查。[2]可是实际上,鼠疫只需一支抗生素就能够治愈……

"卷土重来"的疾病加速了人们美梦的破灭。肺结核是一种城市病,有损健康的居住环境和不卫生的生活条件加速了它的传播。在人类采取包括卡介苗、肺部X光透视确诊以及结核菌检测在内的一系列措施之后,它似乎一度销声匿迹了。浪漫的"肺病"也已经从文学作品和电影中绝迹。和对待梅毒的态度一样,很多法国人都怀疑时至今日,肺结核是否依然存在。人们以为它是一种热带病,只出现在遥远的穷乡僻壤,或者降临到某个不幸的移民身上。事实上,在数字上它也的确没有什么引人注目的回升。这种疾病的衰落在欧洲曾经仿佛已经不可逆转了,实际上它只是暂时偃旗息鼓而已。1922年,在法国,肺结核的偶发率达到了有史以来的最低,此后又出现缓慢的回升(1986年之后,美国也出现了同样的变化)。

肺结核在过去被谴责为社会疾病,今天又成为"损害穷人"的笼统的灾难符号。它再度激起一种社会性的恐惧,其荒谬程度不亚于结核病患者在公共交通或者公共场所不容易被认出的想法。关于肺结核病的根源在移民身上,在移民目的国的传染程度降低,某种偷渡带来的疾病而使得

---

① 帕特里斯·毕奈主编:《一场政治疫病——1981—1996年法国抵抗艾滋病的斗争》,巴黎,法国大学出版社,2002年。

② 洛里·加雷:《信任的背叛:全球公共健康的崩溃》,纽约,哈泊里翁出版社,2000年。

此病的传染情况变本加厉的争论就反映出当贫穷的海洋令欧洲的藩篱岌岌可危之时人们的忧虑之情。

由于人们不遵守治疗规定，旧疾复发的现象增多，并且导致难以医治的细菌抗体出现。面对贫困人口中对抗生素产生抗体的结核病例上升，美国毫不犹豫地在纽约采取强制措施来治疗病人。

至于卡介苗，一些人对它百般诋毁，另一些又把它捧上了天。在法国，它仍然是进入某个集体前必须进行的检测，而且基本上婴儿一出生就要注射疫苗。但是在一些国家却并没有这样的措施。它一直是最受争议的疫苗。如果说卡介苗使得儿童肺结核型脑膜炎消失，它却并没有在治疗成年人的普通肺结核方面完成使命。要不是经济危机重新使得人们的寿命缩短，也许这种疫苗在工业化国家早就被弃之不用了。关于强制注射疫苗的争论说明人们对疾病的自然史了解还不够充分。人体如何产生某种特别的抗体？个体的差异又会造成什么样的后果？先天带来与后天获得的悖论，借助最时髦的科学概念和当下的技术表述，不时被用来表达人们面对生物学命运的多样性和公共卫生的普遍性政策实施困难时错综复杂的情感。

因此就有了两部对立的历史：一部是通过统计数字，以人类寿命的延长和传染性疾病的逐渐消失表现出来的持续进步的历史；另一部则是远没有成为"胜利魔法师"的人类在癌症数量增加、传染性疾病卷土重来时，在处于不稳定的平衡、其复杂性不为人所知的病菌麇集的世界中进行斗争的历史。

4

艾滋病

在20世纪身体的历史中，艾滋病的地位非常特别，尽管它只涉及20世纪的最后二十年。正如梅毒与探索新大陆，霍乱与交通的快速进步、殖民地的扩展息息相关一样，艾滋病辛辣地揭穿了一个号称消灭了传染病的世纪谎言。它为性自由蒙上一层阴影，打乱了学者和普通人的老生常谈，凸显出科学的伟大和局限。

艾滋病在身体的历史上占有独特的地位。它确认了社会不断增长的医学化,同时也标志着一个关键性的转变。曾经有人建议创办只对专业人士开放的医学电视频道,在节目中对人们眼中最难以理解的科学进行公开辩论。在几个年轻人的死亡引起的一片恐慌中,传统的界限分崩离析。各种协会促使医生们知无不言,言无不尽,并且竭尽所能。他们提出问题,并要求得到答复。如果说 1984 年死于艾滋病泛滥之初的米歇尔·福柯其病情曾经在一段时间内不为大众所知,那么能够直接观察到的艾滋病和死亡则充斥着电视屏幕。明星因此病去世,知名艺术家与运动员也牵涉其中(如篮球运动员"魔术师"约翰逊),这进一步加速艾滋病私密性的降低。

艾滋病的发现说明科学无谬误的论断是错误的,它本身也是这种论断的成果。艾滋病名称中的"I"来源于 20 世纪出现的一门生物科学——免疫学(免疫性即天生拥有的对抗病毒的抵抗能力)。流行病学家们并没有观察到这一尚不为人所知的疾病的最初病例,却从统计数据中推断出它的存在。1970 年代末,美国亚特兰大的疾病控制中心注意到一种专门应用于抵抗力弱的早产儿或正接受强烈化学疗法的成年人的特别疗法使用量出现直线上升。研究人员假设这些原因不明的"免疫力减弱者"出现了"重大"的免疫抑制,由此导致发烧、消瘦、腹泻。这种疾病被命名为"获得性免疫缺损综合症",即 SIDA(艾滋)。该词由此与疾病一起传播到全世界。

当这种新的疾病开始具体表现于免疫系统的时候,作为身体完整性之保证的免疫系统还只是专业领域的一个抽象概念。艾滋病的危害彰显了免疫崩溃的含义。照片上消瘦的侧影已经成为预防广告上艾滋病症状的同义词了。除了麻风和梅毒(它们都以损害人的面容著称),还没有哪种病以如此公开的方式影响到人的身体。艾滋病最初是一种皮肤病。在电影《野兽之夜》中,演员的脸从始至终都完好无损,只用前臂上一处小小的病变表示艾滋病的体征。表现皮肤是强调身体内部免疫系统紊乱的一种方式。

世界上最大的实验室正在搜寻艾滋病病菌体 VIH(人体免疫缺陷病毒)。艾滋病不仅引发人们对这一疾病本身的恐惧,还有对经由性传播疾病的忧虑。由于害怕感染,医护人员拒绝提供治疗,一些家庭抛弃了患病的家人,装有被感染血液的注射器成了实施敲诈或者自杀的武器。①在 1980 年代的恐慌中,奋起斗争的人士试图重新制定一种流行病体的现代

---

① 莫妮卡·马斯托拉齐:《不漂亮的扎齐》,作者的报告手稿,1997 年。

管理模式,①不是隔离制度,不是艾滋病患者收容所,也不是寻找替罪羊,而是力图实行所有人都参与进来的合理的预防措施。

在艾滋病的推动下,面对畏首畏尾或者墨守成规的医学权力,出现了史无前例的社会总动员现象。新的合作伙伴、各种协会积极参加官方讨论和科学会议,并且同媒体进行交流。在各大首都举行的会议总能吸引数千人参加。会议过程中,性生活场景在大银幕上放映,人们对"安全的性"进行细致的讨论。病患的身体现状以前所未有的程度频频出现在科学讨论中,关于艾滋病的经验也涉及到其他疾病,相关的代表今后也将更好地组织起来,再度质疑人们对医学化身体的依赖。②

最近几年,新的抗病毒疗法取代了 AZT③ 疗法,将艾滋病变成一种发作日期延后的严重的慢性病。如果说艾滋病在第三世界仍然意味着一出悲剧,令人口减少,甚至使整片整片的地区遭到破坏,那么在工业化国家中,它正在变成一种寻常的传染病。身体不再是不设防的城市:借助于新的抗病毒疗法,人们即使不能完全治愈,至少也能采取主动,积极地将病毒数量控制在实验室检测不到的程度。阿尔贝・加缪在《鼠疫》中说:"每个人都或多或少地染有鼠疫,我们都是鼠疫患者,但是需要很强的意志才能不传播这种疾病。一旦我们松懈了,鼠疫就来了。"从这种致死性流行病的发现开始,我们重新回到对慢性病的了解上。在这方面,主体占有首要地位。

5

慢性病的发现

慢性病是传染性疾病衰落后,引发研究机构和公共权力机构关注的

① 威利・罗桑堡:《艾滋:现实与幻觉》,巴黎,P.O.L.出版社,1984 年。
② 斯蒂文・爱泼斯坦:《不纯的科学:艾滋,积极主义以及科学的政治》,博士论文,伯克利,加利福尼亚大学,1993 年。
③ [译注]AZT:一种治疗艾滋病的药物,由美国葛兰素-威康公司于 1986 年开发成功,其研制者为此获得了 1988 年诺贝尔生理学或医学奖。AZT 能够减少艾滋病病毒对人体免疫系统的破坏,延长艾滋病人的生命。它能够抑制病毒的繁殖、扩散,但不能消除病毒,已被病毒破坏的细胞也无法逆转,同时它也可能破坏服用者的骨髓,并引起肺部并发症、严重贫血等副作用,病毒也很快产生变异和抗药性。

新类型。在二战之后,流行病学已经开始抛弃传染性疾病了,从名称上来说,流行病学主要指慢性病:心血管疾病(高血压,动脉炎,心率紊乱),风湿,内分泌疾病,癌症。但是上几个世纪的人对慢性病也并非一无所知:丰特奈尔、伏尔泰以及其他很多人就是著名的病秧子,供养着他们的医生。但还是医学知识使得这些疾病得到大规模的宣传。即使在黑市的草药铺和配药室里,疾病的分类尽管糟糕,尽管是折中主义的,也还是让我们想到后来的一些概念,如:尿路感染,糖尿病,或者高血压,还有一些既有劳累也有头疼,甚或风湿(本来是一个学术名词,它已经有很长时间沦落为公共领域的词汇了)疼的共有名称。

慢性病意味着病人要与身体的缺陷①共处很长时间。病人被认为是有缺陷的人,并被排斥在界限越来越模糊的正常状态之外,这使其与医学产生了从未有过的紧密关系。不管是在婴儿出生之前就已经被检测出的疾病如血友病②,还是儿童时期确诊的先天性黏液稠厚症或者大多数的进行性肌肉萎缩症,或者之后诊断出的高血压和糖尿病,疾病一旦被确诊,就会促使病人重新安排日常生活,经常服药,至少也要进行定时检查。病人逐渐学会如何把自己的特别之处变成生活规划和自己形象的一部分。

一些患有致死性疾病的病人能够以依赖某些特别技术和药品这样的生活方式存活下来。举两个例子:末期肾机能不全和血友病。后者是一种凝血紊乱缺陷,会导致有碍日常生活的习惯性出血,可能使病人夭折。在 20 世纪以前,很少有血友病人能够活到成年。治疗的唯一方法就是过慢节奏的生活,避免哪怕最微小的创伤。只要没有血液感染造成的严重事故,注射抗凝血因子就已经能够改变他们的生存状态了。

末期肾机能不全的特点是肾脏被彻底摧毁,它代表了另一种对医药的依赖。恶性高血压很快会导致末期肾功能不全,这是急性中毒的结果或者肾脏先天畸形表现出来的后果。1940 年高尔夫在荷兰发明血液透析仪器之前,这种疾病都相当于死亡判决。从 1958 年开始,慢性血液透析疗法在美国以及其他地方发展起来。

---

① 皮埃尔·阿伊阿齐、阿利西亚·考夫曼、雷奈·魏斯曼:《生重病》,巴黎,子午线-克兰克西耶克出版社,1989 年。

② 达尼埃尔·卡里卡布儒:《危及医学的血友病》,巴黎,人类出版社,2000 年。

不同的疾病有一个共同点,那就是不得不进行挽救生命的疗程。于是病人成了专家的伙伴,病人个人的实际经验可以补充书本上的知识:血友病患者比医护人员更早知道如何判断血管中出现了积血,肾机能不全的患者知道怎样在两次透析之间进食含钾量少的食品。观察处于极限状态下的身体是一种探险:人体内正常的血红蛋白的数量是 14 到 15 克,而接受血液透析的患者体内只有 5 克也能存活,只是呼吸有点困难而已。独特的生命体验伴随着和普通人一样的渴望。参与影响了 20 世纪美学的竞技体育活动使得他们的社会化过程更加完美。残奥会上,双腿残疾的人士在本来为普通人设计的赛跑中奋力拼搏,接受过心脏移植的病人参加马拉松,血友病患者参加以前严禁他们进行的跳水或者跳伞运动,这些都表现了他们通过运动方面的成就实现正常化的愿望。

身体已经成为与医学权威所宣布的正常数值进行无休止谈判的对象。有些定期接受透析的病人在透析期间干脆以睡觉的方式解决自主的问题,把检测的任务整个交给医疗团队来做。另一些人则采取了截然相反的态度:监督护士的动作,随时准备一旦出错就进行干预;非常担心他们的生物学检测等等。选择自己给自己扎针,让血液流到机器中进行体外透析就是这类人的表现之一。

在大多数国家都已实行的在家住院的方式也表现出追求自主的态度。在家透析出现于 1960 年,对普通的公民来说,意味着尽管他们大都很胆怯,也要学习了解复杂的仪器设备和血液操作步骤。尽管技术条件很简陋,还是有越来越多种疾病的患者在希望减少开支的医疗机构的鼓励下在家治疗,比如患先天性黏液稠厚症,需要注射抗生素的病人。①

6

身体与机器

在 20 世纪,人体与机器、类人的机器人之间的关系比以前更加密切。

---

① 加尼纳·巴西蒙:《在特护与一般护理之间——如何在家庭中护理儿童慢性病:以先天性黏液稠厚症为例》,北方大学出版社,2002 年。

在 17 世纪,笛卡尔这样断言:"我认为身体不是别的,只是上帝特意造出来的黏土像或者机器而已。"[1]20 世纪在使用机器人治疗身体某些单独功能的缺陷方面实现了前所未有的进步,只是需要渡过一个难关:肾功能不全或急性呼吸衰竭,各种原因的昏迷,不出现排异现象。一种新的医学专业人员——医学工程师产生了,专门负责发明和改进机器设备。机器本身也符合病理学规律,因为它们会出故障,会老化,还会脱轨。

20 世纪中叶,重症监护的基本原则就已经明确了。当然人们很早就已经了解主要的生命功能特征以及它们的主要参数,比如氧气或者二氧化碳在血液中的含量。根据克洛德·贝尔纳的说法,人体的"内环境"构成所依据的规律。生理学家们早已在动物身上学会了控制人工呼吸和循环,但是他们在把人体当成机器看待一事上一直犹豫不决。如果呼吸衰竭、心脏衰竭或肾衰竭的原因要么不得而知,要么知道了也无能为力,那么干预还有什么用呢? 机器至上主义首先在可逆情景下的应用中找到了道德和科学论证,如患脊髓灰质炎后肌肉瘫痪(有可能造成肌肉退化)引起的呼吸缺陷。

尽管含义模糊,人们仍然更喜欢使用"重症监护"一词而不是复活,因为后者的宗教意味太浓了。人们究竟该如何理解下列说法:销住呼吸(animus)或者唤回暂离的灵魂(anima)? 重症监护包括所有针对需要依赖机器和药品来保持血压,并通过血管为身体输送营养等步骤的病人所进行的辅助治疗方法。其依据在于下列发现:各种不同的原因(感染性的、创伤性的、肿瘤性的)会导致同样的结果,即主要机能的暂时性或深度停止。在重症监护领域里,不再有疾病。在这里,疾病只是肌体本身为解决问题或者矛盾而作出的努力,只是这种努力现在由机器接力进行,并引导接受治疗的身体共同努力而已。

尽管医学上的努力有着良好的意愿,重症监护室的病床与令身体承受最后侮辱的十字架还是很有可比性的:在一片强光中,身体暴露在他人的目光注视之下。病人赤身裸体,手脚被绑住,嘴里插着管子,忍受着插管和引流管的折磨。这种丧失意识和自由的处境使得一些团体奋起反对。他们认为这是侮辱性的治疗。在一次作报告时,诺贝尔奖得主彼

---

[1]　雷奈·笛卡尔:《论人》,见《笛卡尔全集》(第十一卷),查理·亚当与保罗·达纳利编,巴黎,雄鹿出版社,1910 年,第 119 页。

得·梅达瓦患上严重的偏瘫并接受了重症监护。他根据自己的亲身体会说，他当时失语，无法与周围的人进行交流，①但是却不无感激地倾听着那些帮助他与死神作斗争的人们发出的一片嘈杂声。

机器先是被归为人工器官（就像 1960 年代的"铁肺"），现在又变得更加抽象，而且信息技术和程序开始占据越来越大的空间。随着在很大程度上建立在大脑与计算机相似性之上的人工智能快速发展，机器的性能也在不断改进。移植在神经系统中的"跳蚤"也许能够让瘫痪的人重新行走。医疗器械日益增强的干预意味着医学实验室延伸到了整个社会。

7

作为实验目标的人体暨社会—实验室②

被当成新出现的必要措施加以介绍的人体实验其实在医学上早有传统。早在 16 世纪，安布卢瓦兹·帕雷在同崇古派的交锋中就曾呼吁进行治疗方法的革新，因为面对一些闻所未闻的灾祸，人们有必要发明新的方法。在 1847 年发表的宣言中，克洛德·贝尔纳把实验看成医学进步的同义词。当然专家、学者们的实验室里有一个完整的动物园，包括猴子等和人类很接近的物种。但是尽管如此，还是应该跨越这一步，将实验过渡到人身上。

在 20 世纪初，医生们认为进行某项人体实验计划——这样的说法在今天会引起诸多不妥——几乎就是权力的同义词，而不是对这项权力的滥用，以至于他们认识不到得到病人首肯的重要性。医生们自己组织起来，讨论如何处置他们的对话者的身体，这种讨论是禁止旁听的。他们既不信任政治权力，也不相信什么法官，他们认为后者有可能会破坏学者的自由，而且也不能理解进行人体实验的科学和人道意义。因此人体实验大行其道。为此付出代价的常常是穷人、少数族裔③、殖民地原住民、妇

---

① 皮特·麦德沃：《对思考的拉迪什的回忆——自传》，牛津大学出版社，1986 年。

② 苏珊·利德若：《关于科学——第二次世界大战之前在美洲的人体试验》，约翰·霍普金斯大学出版社，1995 年。

③ 苏珊·利德若：《美国医学研究背景下的塔斯克吉梅毒研究》，《西格里斯新闻通报》第 6 期，1994 年，第 2—4 页。

孺、军人，总之是那些最容易被支配的人。关于 1929 年事件（大约上百名
儿童在接受 BCG 疗法之后死亡）的调查表明，那些负责推广疫苗的医生
由于小资产阶层的迟疑态度，是先从贫穷家庭开始疫苗注射的，一笔数量
微薄的金钱就足以让这些家庭对接种的药品不那么好奇了。①

当时连普通执业医生的诊所中都存在的实验热潮在疾病资源得天独
厚的实验室和医院更是得到了充分的发展，医院接收的研究生数量不断
上升，而且在两次世界大战之间，医院只对有闲阶层开放。医生同样也进
行自我人体实验。寄生虫学家把他们研究的寄生虫吞进肚里，或者让虫
子叮咬自己。巴斯德研究所的研究人员在这方面作出了表率，他们把细
菌的"汁液"注入自己体内，历经各种大胆的治疗方式而幸免于难，这种牺
牲无疑增强了他们面对病人时在实验方面的说服力。时至今日，仍然还
有生物学家给自己注射他们研制的药品。

然而文学作品却见证了抵触医生进行实验的一种社会性情绪。曾学
过医的人的揭发更加剧了公众的恐惧感和幻想，如莱昂·都德在《庸医》
（1894）中描述了医生进行谋杀的疯狂。一直到第二次世界大战为止，发
疯的学者都是木偶戏中很受欢迎的主题，这种表演尤其擅长表现血流成
河的恐怖场面。在安德烈·德·洛尔德的《在硝石场的一课》（1908）中，
一名住院医生利用催眠术刺激一名年轻女性的大脑，在一场车祸之后，她
的颅骨上就出现了一扇开着的窗户。她苏醒时全身瘫痪，为了复仇而把
硫酸泼向这名医生。阿尔弗雷德·毕奈，即测算 IQ（智商）的毕奈-西蒙
测试的发明人，也塑造了一个幻想用电流使死人复活的神经病学家。在
女儿去世后，他企图给女儿的心脏接通电极，结果由于条件反射性的痉
挛，她的胳膊突然合上，这位神经病学家就这样被掐死了。②

法学家们针对医生过度干预整个社会的"身体"的行为作出反应，他
们一直用法律来对抗科学的神秘主义：民法，尽管与研究没有任何关系，
却可以用来确定某一职业（比如医学界）的特别履职或者平常履职状况导

---

① 历史证明种痘可能由于结核杆菌造成感染，而不是阶级不公造成感染。见克里斯蒂安·博
　纳、艾蒂安·勒皮卡以及沃克·霍勒克主编：《审判台上的实验医学》，巴黎，当代文献出版
　社，2004 年。
② 安德烈·德·洛尔德和阿尔弗雷德·毕奈：《恐怖的经历》（巴黎，大木偶剧，1909 年 11 月
　29 日），巴黎，翁代与维特堡出版社，1910 年。

致的责任。

矛盾的是在 20 世纪,治疗方法上的不断创新鼓舞了人们的希望:1900 年左右发现疫苗和血清,1920 年之后可以进行器官的切除,发现胰岛素和荷尔蒙,发明抗感染药品——从驱梅剂(治疗梅毒)到磺胺类药物(1930 年)再到抗生素(盘尼西林,1942 年;链霉素,1947 年),医生们反而成功地使"治疗的责任"而不是结果成为正式的法律条文。他们由此也强调存在知识无法确定的空白点以及行医标准化的困难,尤其是考虑到不同个体器官反应的多样化。

自从 1830 年[①]皮埃尔·路易试图在医学上引入数值计算以来,实践者们就一直用符合定义的数量庞大的数据来反对个体理想化独特经验的至尊地位。在 19 世纪下半叶,对"理想的病人"或曰优势病例的推崇终于让位给按照"人群"分类实施的计算以及模型化、数字化的流行病学。今天,医生们终于可以庆祝经验主义噩梦已经结束,真正建立在显而易见的证据之上的科学到来了。

人体实验的必要性得到了前所未有的重视,而且此后都在临床实验的范围内进行。临床试验被认为是把人体物化的漫长进程中的最高峰。[②]这些实验的特点是随机分配病人接受不同的治疗方案,以及双向盲点或者双向无知,即病人和医生对所开的药品、剂量以及性质(因为在监控的样品中经常使用安慰剂)是一无所知的。这样一来,医生就可以以客观性的名义避开这种在医治病人过程中居于核心位置的特别地位了。

为了证明效果,统计数据必须有一些要求严格的标准:临床试验需要的人体数量很大,而且已经越过了医患的界限。在社会—实验室中,那些负责监督准备参加实验之人的组织构成了立法者设想的一种抗衡力量。所谓清晰的同意准则,倾向于重建医生—病人之间的某种对称和相互关系。1947 年,同业公会委员会主席路易·波尔特曾经把这种关系定义为信任与另一种良知的相遇(病人被认为是盲目的、被动的以及患病的)。合同代替了信任,知识得到分享,责任有了更好的界定。在法国,1996 年

① 阿兰·德罗西埃:《大数字的政治学——关于统计理由的历史》,巴黎,发现出版社,1993 年。
② 哈里·马科斯:《证据的医学——临床实验的历史和人类学》,勒·普莱斯-罗宾逊,圣德拉堡集团,"自由思想者"丛书,1999 年;路易·波尔特:《追寻医疗美学》,巴黎,马松出版社,1954 年。

最高法院颁布的一条法令彻底颠覆了已延续上百年的医疗错误只需要病人举证的做法。从此之后,需要医生提供他已经给予病人所有必要信息的证据!这一法令为医生的豁免权画上了句号,但是这种豁免权仍然可能因为各种表格的庇护以及病人在选择最新科学时的茫然无助而多少存在。

清晰的同意书不仅仅意味着就连医生也远不能完全掌握的知识得到了传递,而且还说明一个主体(即病人),对另一个主体(即医生)的承认。面对日益强化的客体化过程、诊断的机械化以及治疗的复杂化,真正属于身体的现代空间还有待建构。这并非是为以前的不对称关系平反,随着信息的传播和普罗大众在医学方面的文盲状态的结束,这种关系已经显得陈腐不堪了。需要为被实验纠缠的人类发明一些新的契约性词汇。"医生……治疗,也就是……实验……",康吉杨这样说。

8

孤独的身体:个体与疼痛

医治疼痛的历史为寻求提供帮助与分享信息之平衡的艰难对话提供了一个有趣的例子。

对疼痛的治疗并非一段线性的历史进程。古代医学并没有忽视一些植物在镇痛上的作用:天仙子,颠茄,曼德拉草。鸦片制剂在阿拉伯医药中有着广泛的应用。与此相反的是,在不远的过去,人们对疼痛的治疗显得比较漠然。外科学,不仅仅是战争的外科学,在发展过程中一直要求接受手术的人要有坚忍精神,直到 20 世纪初仍然如此。"面对如此巨大的痛苦之盛宴,我好似一名贫穷的侍者!"乔治·杜阿梅尔①在一战结束时这样喟叹。

由于身体的疼痛是如此顽强,以至于在很长时间里,完全取消意识似乎一直是坚持到底的最简单的方式。19 世纪中叶,人们发现了醚麻醉术。随后,新的挥发性麻醉产品的出现(氯仿、氧化氮、氯化乙烷以及与我

---

① 乔治·杜阿梅尔:《灵魂之重》,巴黎,法兰西信使出版社,1949 年,第 47 页。

们关系更密切的环丙烷和碘家族的不同产品）引发了一直持续到20世纪中叶的关于这些产品好处、适应症和危险性的讨论。醚麻醉法会造成呼吸困难的不适感，病人会在苏醒时呕吐。氯仿的气味还可以接受，但是很难让病人有均匀的睡眠，而且操作不当很容易造成病人突然惊醒和真正昏迷！

对方便管理的设施的需求刺激了大量用途短暂、种类繁多的设备的发展，发明者的名字也很快被人遗忘。只有一个例外，那就是翁布雷达纳设备，它得名于1905年设计和发明这一设备的外科医生。这种设备安放在病人的嘴巴和鼻子前面，随着病人的呼吸传送麻醉药品（通常是醚），它操作简单，即使是对不熟练的人来说风险也很小。这一设备在欧洲应用的历史很长，一直延续到第二次世界大战爆发之后。

在本世纪初，无菌式麻醉术令外科学实现了长足进展。外科医生们面对自己的成功志得意满，以为超人真的存在。"手术室里处处高温，空气中蒸腾着麻痹人的麻醉蒸汽，再加上其他原因的共同作用，某些实行手术的上午时光变得令人疲惫不堪。外科医生们拥有显而易见的优势，身体的抵抗力让他在数小时的时间内从事一项工作，表面上看不出是否疲倦，但是很多其他人在结束时都已经筋疲力尽了。"[1]当时，麻醉被认为是帮助外科手术顺利进行的一项技术，仅此而已。至于病人在睡着前的忧虑，他们的睡眠情况，还有提前或延后苏醒的情况，我们都知之甚少。有关麻醉的文件，埋没在外科手术报告里，鲜有能说明问题的。

除了被视为"自然"的、普通的呼吸式麻醉，其他麻醉方式出现于20世纪初期，如主要在德国推行静脉注射的拜尔公司使用巴比妥类药品。利用溴化物进行直肠式麻醉的方式经历了短暂的风潮。这种方式还没实施就被淘汰了：问题出在麻醉椅上，它的麻醉姿势让病人难以安然入睡。在技术和药品的选择上，文化因素与科学因素发挥了同样的作用。至于局部麻醉，眼科医生卡尔·科勒于1884年率先开始使用可卡因，这种药品后来被其衍生物苦息乐卡因取而代之。时至今日，后者仍然广泛应用于牙科的短期麻醉中。

战后的变革来自于麻醉概念天翻地覆的变化。在此之前，对大多数

---

[1]　让-路易·弗尔：《外科医生的灵魂》，巴黎，让·克莱出版社，1935年，第57页。

麻醉而言,都是同一种物质既让意识和感觉(痛觉)消失,又使肌肉放松。二战之后,这些功能开始来自于不同的药品:吗啡及其衍生物用于镇痛;巴比妥类药物(1934 年发现了戊硫巴比妥)保证催眠效果;而箭毒是一种非常著名的毒药,它或者是天然的,或者是合成的,功能是使肌肉放松。本世纪初以来,人们已经了解了三类麻醉药品,有些药品的历史甚至还要更悠久! 麻醉也根据不同情况规范药品的用法:疼痛的包扎不一定要采取和助消化手术同样的模式。

后来,麻醉的三大家族中又增加了安定神经麻醉法(1939 年氯丙嗪被发现),用于保证脉搏和血压的稳定性。为了使器官免受手术的影响,人们又推出了人工冬眠术;冷冻法在一段时间内成为流行的做法,表明人体已经进入了科幻医学的范畴。在多种药品科学混合的作用之下,所有介于睡眠和清醒状态的中间状态都成为可能,麻而不醉——即保持意识清醒但却感受不到痛苦的状态——的目标拉开了序幕。

在两次大战期间,当病人拒绝接受手术而外科医生们又认为症状紧急的情况下,他们会毫不犹豫地对病人强行施行麻醉,使他们不情愿地陷入睡眠。即使病人自愿接受,丧失意识也是有创伤的,病人会感觉自己手脚被捆、毫无抵抗地被交给外科医生处置。有些接受麻醉的病人害怕药物作用会让他们吐露秘密。曾经被控谋杀妻子的一名病人在即将入睡的时候突然问麻醉医生:"喂,医生,这是让人说真话的血清对吗?"

针对麻醉进行的为数不多的研究声称麻醉是一种非正常的睡眠,是不做梦的睡眠状态。然而最早接受醚麻醉的病人中却有人抱怨感觉自己"被唤回到人间,她认为在睡梦中和上帝在一起,而且看见天使们就在她的身旁。"[1]被麻醉的人在苏醒时有时会有幻觉,这种幻觉可能只是在平常的苏醒过程中体会到的转瞬即逝的模糊感觉的放大而已。因此被人用大水冲洗脸部以除去沥青的受伤者在苏醒时会大喊有人要淹死他。大多数情况下,睡眠就像是拜访另一个世界。自然,病人醒来时麻醉医生就会被当成圣彼得[2]了。

---

[1] 《伯容的外科医生劳日埃先生手记,记录如何利用乙醚为一位年轻女子截肢》,《医学科学院公报》,1847 年 1 月 25 日。

[2] [译注]圣彼得:基督教的一个圣人,具有掌管天堂之门的能力,其形象经常持有两把钥匙,一把金色的,代表上天;一把银色的,代表大地。

在 20 世纪,麻醉的经验得到普及。小手术中采用麻醉的情况越来越多,而且病人无需住院。对麻醉的熟悉更强化了对疼痛的拒绝。人们一下子忘记了麻醉的风险,但这种风险并非可以忽略不计:8000 例中即有 1 例死亡。过去,在很长的时间内,外科医生们曾经倾向于把病人的痛苦降到最低或者逃避疼痛。尤其是产妇的疼痛,它被认为不是来自圣经的诅咒,就是一种生理性的痛苦。1847 年,马让蒂就这样宣称:"疼痛总是有它的作用的。如果您取消了女人在生产时必要的疼痛,那么工作中的女人会变成什么样子呢?"①尽管有著名的维多利亚女王麻醉术,产科学仍然少有改变。直到 20 世纪中叶,所谓的无痛分娩术才标志着疼痛与生产分离。无痛分娩是在儿童心理教育学发展的基础上形成的,引导女性在不使用药物的情况下把自己的痛苦概念化并控制住。这种方法首创于苏维埃共和国,吸收了伊凡·巴甫洛夫关于条件反射的研究成果,并被当成政治和意识形态宣传的一种工具得以推广:产妇承受的痛苦取决于她支持左派还是右派。女权主义斗士们对此心醉神迷,另一些人则对能够减少"美好之痛苦"的可能性抱怀疑态度。尽管如此,运动还是开始了。

在最近 20 年中,人们自第一次大战开始就已经掌握的硬膜外麻醉法一直被用来消除生产带来的疼痛。这种方法就是将一种麻醉药物注射到两节脊椎骨之间的脊髓液中,使身体内部实现选择性感觉丧失。作为一种目的纯粹只是消除疼痛的干预方法,它曾经在合法性方面引发激烈的争议,显示出社会在作决定时面临的深层选择。时至今日,尽管有些产妇仍然宣称支持传统的英雄式生产,但是这种方法早已广为推行,并且到了使分娩"现代化"的程度。

我们的世纪在治疗疾病性疼痛——如偏头痛或者某些神经痛——方面进展迟缓,而且在探索减轻疼痛的所有方法方面同样进展缓慢。②在过去的二十年中,治疗疼痛已经成为学校最受关注的教学目标。一些专门治疗顽固性疼痛的中心给出了一系列反映各种理论的治疗方法。其中一些疗法认为疼痛首先要服用各种剂量和各种药物搭配的鸡尾酒式药物。

---

① 弗朗索瓦·马让蒂于 1847 年 2 月 1 日在科学院的讲话,见《巴黎医学小报》1847 年第 3 系列,第 2 卷第 6 期,1847 年 2 月 6 日,第 111 页。

② 伊沙贝拉·巴桑热:《痛苦与医学——遗忘的结束》,巴黎,瑟伊出版社,1995 年。

另一些则要求进行身体—精神不可分割的复合式整体疗法,病人要积极参与对自身痛苦的控制。

对疼痛的管理完备了医学化的选择面,并扩展了人们在一个非常私密的、疼痛或具有或不具有意义的技艺领域的知识与技能。1897 年,泰蕾兹·马丁在利兹耶的加尔默罗会①死于肺结核。1950 年,她被天主教会封为圣人,并被宣布为神学博士,因为她宣扬通过承受日常生活中的疼痛可以累积美德,即"微品"。然而四年之后,在罗马的一次会议中,教皇保罗十二世在向麻醉医生们讲话时承认了服用镇痛药的合法性,他正因为小小的头疼而取消了一个主张痛苦有益论的教派,开启了治疗疼痛的专业人士之间的合作道路。但是基督教派的发展以及疼痛治疗方法的多样化让人以为,时至今日,大众仍然为了减轻疼痛而求助于各种不乏宗教色彩的机构。

目前为止,临终的痛苦更多地见于文学和绘画中而不是医学记录里,它与疾病性疼痛一样经历了再发现的过程。旨在为临终病人服务的姑息治疗的医疗中心与治疗性临终医学的目的殊途同归。对"有尊严地去世"的呼声标志着个人对身体作重新评价的时代到来。专业人士同意忽略重症监护,使生命的最后时刻从容而丰富,可能也准备从中发现潜在的可能性。目前为止,处在意识消失一刻的病人与医生之间的短暂对话还处在探索的过程中。

9

科学承认的身体独特性

对疼痛的个人化处理表明个人"合法的奇异性"(勒内·沙尔)。每个人都会经历一种独特的、与他人不同的命运。身体也参与了这一历程。正如社会学家埃米莉·涂尔干对亚里士多德思想的发挥,身体不仅仅是"个人化的原则"②,而且是表达、行动、夸张、诱惑以及抛弃的唯

① [译注]加尔默罗会:基督教的一个修会,又名圣衣会。12 世纪中叶由意大利人贝托尔德 (Bertold)创建于巴勒斯坦的加尔默罗山,故名。会规严格,主张听命、神贫、贞洁、静默、斋戒等。
② 埃米莉·涂尔干:《宗教生活的初级形式》,巴黎,法国大学出版社,1968 年,第 386 页。

一方式,也是我们存在于世的基本因素。笛卡尔曾经说过,我们的灵魂并不是像船长呆在船上那样蛰居于我们的身体,而是与身体有着密切的联系,由此区开"我的身体"与"他人的身体"。1935 年,在见证了欧洲思想危机之后,胡塞尔①倡导一种包括身体与思想一致在内的理性化,并在具体的行动中探索理性化。当代的现象学家们发展了"身体自身"这一概念,以与物体化、匿名化的科学上的身体相对。人种学家莫里斯·利恩哈特在《杜·卡莫》一书中记载过,当他询问一位美拉尼西亚②老者西方价值观对他所在社会的冲击时,他得到了预言式的回答:你们给我们带来的是身体。③突出身体真的是西方文化的必然结果吗?

肤色作为身体特征之一早已引起了人们的关注,甚至让人们承认人类种族的存在,尽管这不合乎逻辑。事实上,这只是身体无穷无尽的多样性的偶然表现之一。克洛德·贝尔纳倡导的生物与医学相结合已有了结果:20 世纪的生物学在很长一段时间内被动物学引向物种和种族的研究,已经为医生们从希波克拉底和阿维森纳时就早已了解的病人的独特性提供了物质基础。

1900 年,奥地利医生卡尔·朗斯特纳在试管中将一些人的红血球和另一些人的血清加以混合,产生了血清与微生物混合时类似的凝结现象,这表明人的红血球各有不同。据此可分出不同血型的人,而血型与人的肤色、地理来源毫无关系。随后人们又发现,将一个人的血液输送到另一个人体内只可能在同种血型的人之间进行。对 A、B、O 型血的描述只是一项其丰富性前所未有的研究的起点。1954 年诺贝尔奖获得者皮特·梅达瓦将其称为"个体的独特性"。

19 世纪末开始,指纹为人所知,当时警方经常使用指纹技术。人体的血液、组织、细胞膜中存在着无数和指纹一样互不相同的分子。没有完

① 埃德蒙·胡塞尔:《欧洲科学的危机与先验现象学》(1954),巴黎,伽利玛出版社,1976 年。

② [译注]美拉尼西亚人:世界九大地理人种之一。分布于太平洋最西南缘的美拉尼西亚群岛,包括斐济、新赫布里底群岛、所罗门群岛、俾斯麦群岛及圣克鲁斯及新几内亚等。过去曾划归澳大利亚人种。美拉尼西亚人肤色浓黑、波发甚至鬈发。下颌粗壮、白齿硕大、容貌粗犷。铲形门齿出现率高,接近蒙古人种。

③ 莫里斯·利恩哈特:《杜·卡莫:美拉尼西亚世界中的人与神话》,巴黎,伽利玛出版社,1947 年。

全一样的两个人，真正的孪生人除外。这种现象在大多数文明中都受到特别关注，或者被赞颂或者被羞辱。现在提到生殖性克隆时，人们会表现出两种态度，克隆被错误地认为是对个体的原样复制。

如果说遗传学同样体现了个体的独特性，那么免疫学则通过描述胚胎时期，"我"如何在成长过程中，慢慢从非我中诞生出来，探索个体独特性的起源。一旦过了这个阶段，相同物种的个体之间所有器官的转移都不可能了。第二次世界大战期间为治疗重度烧伤病人而进行的皮肤移植中发生的排异反应以惊人的事实说明了这一点。

20世纪，单独的身体已经跨入科学和法律的范畴。当时，只有刑法针对真正意义上的人体，民法完全忽略了人体的概念，只知道抽象的人。此后，人的个体性与身体的完整性联系起来，法律对人体的完整性加以定义、规范和保护。身体被认为是遗产之外不可剥夺的存在，即使对它的所有者来说也是如此。与可以开发新用途的技术相对应，身体作为权利和义务的主体地位得到了承认。

在这些新用途中，就包括改善甚至改变外貌的可能性。由于发现身体在美容外科发展中的相对可塑性，人们先是想到了改善轮廓，后来又想到了重塑面容，甚至变性，对身体的形象是否与个人之真实相符的追求越来越高。以前，大多数西方法庭都捍卫不可触犯的秩序，将由染色体决定的性别视为不可逾越的屏障，现在它们都已经开始思考个人按照自己的方式重塑身体的权利了。

20世纪特别关注肉身的独特性，深化了它的自主性和骄傲的孤独。同时可能关注身体的孤独，并重新建立起生物学意义上的身体与身体之间的社会联系，使器官在活人与死人，甚至活人之间流通。

10

身体的社会空间

文艺复兴使个体出现。面对传统，文艺复兴以其批判理性打破了社团和行业的壁垒。启蒙时代则为这种新兴力量提供了平等的诉求。二十世纪为自主的个人提供了独特的身体。这一系列变化付出的代价就是孤独日益增长。孤独是世纪之病，病人、接受手术的人、临终的人①以及那些必须决定身体独特性之人的孤独。一切都在加重这种孤独。医院打着现代化的旗号，取消了公共大厅。自动监护也取代了守护一旁的护士。

在光荣的三十年②的经济增长过程中，政府施行庞大工程以取代以前的社团：个人的身体就是一张向政府发出的汇票，政府应该提供必要的措施改善身体的生存状况并延长它的寿命（就像"债权"）。这些措施中就包括医学革新，它们使社会空间中的身体发生联系，并重新对"与他者一样的自我"（保罗·利科）的定义提出质疑。

输血就是一个很好的例子，除去过去几个阶段，其历史可以说贯穿整个 20 世纪。在很多国家，建立在血型发现基础上的输血都被当成重新唤起身体与人之间凝聚力的有效方式，以至于社会学家理查德·蒂特缪斯在 1971 年发表的著名文章《礼物关系》中把整个输血活动当成社会民主与进步特征的试金石。③

关于被感染血液的诉讼打破了公民们对这一项利他主义医疗技术的眷恋，并且令他们开始期盼新的方法，比如个人可以储蓄血液，把血液存放到"银行"中，以备不时之需。这一提议得到了一定程度的实现。但是政府为了保卫所谓团结的象征，提供了万无一失的安全保证：一旦造成损失，即使服务方显然没有任何过错，也要提供赔偿。由此保住被撼动的输血大厦。

器官移植是 20 世纪身体历史上的另一章，它同样在身体之间建立起实质的、象征性的交换关系。让我们来回顾一下器官移植的伟大历程。在本世纪初，很多外科医生都曾经尝试过颇为超现实主义的移植，如把肾安在脖子或者大腿上，输尿管直接接到皮肤上。器官移植在技术上似乎是可能的，但是移植后的运行却为时短暂。根据外科医生亚力克西·卡雷尔的说法，他碰到了一个无法逾越的障碍，那就是个体在生物学上的独特性。免疫系统会动用它的抗体和细胞来摧毁由医学技术引入的外来

① 诺贝特·艾利亚斯：《临终者的孤独》，巴黎，克里斯蒂安·布尔热出版社，1987 年（德文第一版出版于 1982 年）。
② ［译注］光荣的三十年：指二战结束之后的 1945 年到石油危机爆发之前的 1973 年这一段时期，其间，大多数战后国家经济迅速增长，尤其是欧洲国家。
③ 玛丽-安热尔·埃尔米特：《鲜血与权利》，巴黎，瑟伊出版社，1996 年。

器官。

最早真正取得持久性成功的肾移植于 1954 年在波士顿一对双胞胎之间进行。为了避免排异反应,对没有双胞胎兄弟姐妹的大部分人来说,有两种方法可以选择:用 X 射线或者化疗延迟排异反应,并且尽可能在组织结构相同的基础上进行捐赠者与接受者的配对(就像输血一样)。

在法国,关于这些小组的研究还引发了一次集体实验活动,这一活动表明社会空间实验延伸的最高境界。1955 年,志愿献血者们汇集在鲁瓦扬俱乐部,生物学家让·多塞为了研究而暂时借用他们的身体,目的就是找出一些人在生物学上更接近另一些人的原因。移植组织出现排异的不同时间让人们认为它根本没有任何规律可循,由此开始对捐献者进行筛选,以便更接近所谓无法找到的"同一性"。在受试者之间进行的邮票大小的皮肤移植让人们能够观察活体的各种排异反应。在输血史上影响很大的铁路员工是接受实验的主体。捐献血液和需要在上臂留下小块伤痕的捐献皮肤的行为都具有一种神圣的仪式意味,从而使得社团更加团结。多塞将"无名的捐献者"也写进了历史,并在受到诺贝尔奖委员会邀请时将这个称呼一起带到了斯德哥尔摩。①

和输血一样在捐献者和接受者之间进行配型早已经成为可能。但是到哪里去寻找器官呢?最早被移植的肾脏属于病人的亲属,因为人仅有一个肾也可以存活。但是即使不考虑使用活体捐献者的各种困难,器官移植本身显然也受到诸多限制。于是诞生了与"致死性昏迷"有关的潜在器官库的概念。这一词汇②是两名神经学家③在 1958 年发明的,用来指将已经没有意识,没有自主调节能力,而且已经没有希望抢救过来的人体保持在存活的状态:也就是现代俄耳甫斯也回天乏术的"坠落地域"的状态。④这样的身体从社会关系角度来看已经死亡,但是从生物学角度看还处于活的状态,很适合进行器官移植。

① 洛朗·德高:《收到的馈赠——器官移植与兼容性》,巴黎,普隆出版社,1990 年,第 40 页。

② 菲利普·埃尔尼和查理·布尔达赖-巴迪:《一种医疗技术的出现,利用机械供氧》,见《技术文化》第 15 期,1985 年,第 321—329 页。

③ 皮埃尔·莫拉莱和莫里斯·古隆:《被战胜的昏迷》,见《神经学杂志》第 11 期,1959 年,第 3—15 页。

④ 埃莱娜·奥本海姆-格卢克曼、让·费尔马尼昂和克里斯蒂安·德鲁埃内:《昏迷与无意识的精神世界》,见《神经病理学国际杂志》第 11 期,1993 年,第 425—450 页。

对病患的亲人们来说，温热的身体仍然保留着生命的迹象：他的心脏还在跳动，胸部在人工呼吸的帮助下还在起伏，好像马上就要醒过来一样。在这种悬而未决的时刻，法律上要求有一个界限将死亡定义为合法的终止，这就又不得不让医学来下这样的定义。第二次世界大战之后，死亡被定义为进行充分的自主呼吸和血液流通能力的丧失以及意识的消亡。死亡性昏迷的提出使问题更加深入。1968年，美国哈佛大学医学系提到了脑死亡的标准，就是脑电波变平，但是仍然能测到身体心跳的状态，这就是所谓"温热的尸体"①的概念。法国于同一年以通报的形式接受了这一概念，而且三天之后，外科医生克里斯蒂安·卡布罗尔就为多米尼加神父布洛涅施行了心脏移植手术。

后来，在这些最早的标准之上又增加了其他的一些标准，比如脑主干活动停止，轻触病人眼角膜时眼睛不再眨动，瞳孔在射入光线时不再收缩，不再抽搐或者不再有针刺反应等。

长期以来，器官提取的普及使人们产生了新的忧虑。医生们继承了悠久的历史，使得他们自文艺复兴以来就是公共行刑人的受益者。他们曾经是盗尸者，喜欢绞刑架；他们曾经是尸体抢劫犯，像对待普通收藏品一样从全欧洲购买甚至搜罗尸体。②为避免任何嫌疑，法律将提取器官的人员与实施移植手术的人员分开。提取器官的人会不乏苦涩地觉得自己被抛向死亡的一方，抛向"肮脏"的工作，③这一想法并不令人吃惊。对他们来说，阴影、亡灵经常会在夜晚光顾器官提取室。关于死亡的学术定义同样也不能让公众满意，他们害怕看到死亡的诊断书。疯狂的学者和活死人的主题重新出现在他的想象中。尽管有法律的防线，把尸体交给医生任意处置的恐惧还是挥之不去地萦绕在他们的心头。

从尸体身上提取器官让人想到分尸。在1960年代，维也纳的"行动"画派就钟爱表现关于身体的野蛮行径（捆扎，排便，弄脏）。医学革命在人类学方面的发展影响了弗朗西斯·培根的绘画技巧："当然了，我们是血

① 哈佛医学院专门委员会：《关于不可逆转的昏迷的定义》，JAMA，第205期，1968年，第337页。

② 路特·理查德森：《死亡、解剖以及丧失》，纽约，劳特利奇和克冈·保罗出版社，1987年。

③ 玛丽-克里斯蒂娜·普舍尔：《医院的运输，灵魂的超级漫游》，见弗朗索瓦兹·罗特曼与雅克·麦特主编：《对健康的宗教式管理》，巴黎，干旱风出版社，1995年。

肉之躯,我们是潜在的骨架。如果我到肉店,我总是觉得惊讶,为什么我不是那个动物。"①器官移植的快速发展一开始备受称颂,后来却揭示出人们尊重尸体与信仰往生的不懈坚持,正如历史学家菲利普·阿里耶斯所说:"死亡已被排除在 20 世纪之外了。"②

现在在欧洲存在两套从尸体身上提取器官的系统,视同意是暗含的还是明示的而定。在瑞典,议员们一开始就选择了个人明示的系统。③在法国,1976 年卡耶维法规定只要捐献者在生前没有表示反对就可以提取器官。法律由此背离了建立在契约基础上的罗马法典,并突出社团的权利。正如法学家们所预言的那样,④病人家属反对的案例倍增。在血液污染的悲剧中,人们发现无偿捐献的血液实际上经过了与工业加工有关的商业环节,这让三代人以来一直怀有交换血液是民主和社会团结信念的大众异常震惊,它的后果至今还在影响着器官移植的发展。

然而在 1980 年代,导致病人无法治愈的感染的适应症剧增,受影响的人越来越多,对器官的需求也增加了。年龄不再是障碍,移植的对象也已经从肾脏延伸到肝脏、肺、胰腺、肠,甚至某些"整体性的"组织,比如心肺。技术的进步使移植成为不知疲倦的器官吞噬者。现在只有大脑是完全不能移植的了。

和消费社会内部的珍稀物品同命运,"器官枯竭"的现象由此产生,这一词汇可能显得很阴暗,就像一个家庭听到有了"捐献者"时的喜悦,这种喜悦也意味着另一个家庭的一场丧事。事实上,器官枯竭是交通事故逐渐下降、拒绝捐献特别是器官需求增加导致的结果。

器官移植以捐献者和接受者的组织配型之间的生物相容性为基础,这同时显露出它的弱点,那就是文化相容性。器官转移打破了一种文化所坚守的沉默,这种文化号称将与死亡作斗争,同时却在躲避着死亡的影子。它也体现出当代医学的一个特点,即所有在身体上可能的东西都应

---

① 弗朗西斯·培根:《不可能的艺术——大卫·希尔维斯特访谈》,日内瓦,斯齐拉出版社,1976 年,第 52 页。

② 菲利普·阿里耶斯:《面对死亡的人》,巴黎,瑟伊出版社,1977 年。

③ 诺拉·马沙多:《瑞典移植记录——关于身体和供体的社会学考量》,见《社会科学与医学》第 42 期,1996 年,第 159—168 页。

④ 安娜·玛丽·穆兰:《器官移植的美学危机——对文化兼容的追求》,见《迪奥热纳》第 172 期,1995 年,第 76—96 页。

该马上付诸实施,并没有仔细考虑由此带来的后果。器官移植的经验也表明,在个体竭尽所能延长生存的欲望之外,还存有在社会躯体内部满足这种欲望的困难之处。鼓励捐献的组织很直白地把它们所看到的内容宣传为共同的生命能量在社会肌体内的再分配。但是在将政府推向管理类似于共同遗产的尸体之获取、器官和组织之回收等方面,人们究竟能够走到什么地步呢?[1]

器官枯竭引发了对新供体的积极寻求,如刚出生的无脑儿(在美国的比例为千分之一)。美国医学会于1995年准许使用无脑儿。但是无脑儿毕竟是一具人类的躯体,根据需求来制造新的捐献者是否存在很大的风险?暂且不谈这种现象更加明显的其他社会,即使在西方社会,人们的缄默也部分地解释了目前"向活体捐献者回归"的原因。[2]

正当重症监护方面的进步使得从尸体上提取移植器官成为可能之时,损伤活体捐献者身体的行为在很多国家却已经衰落。医疗人员说他们对无需再处理最后决定时刻以及后续移植过程中双方亲属间的关系感到宽慰。但是在挪威这个家庭凝聚力极强的小国,器官移植却在继续进行,而且大部分捐献者都是活体(就肾脏移植而言)。出于一些与挪威相反的理由(保障系统的薄弱,众多价值观中对风险的认同),美国社会也未禁止过活体捐献。1986年,活体移植满腔热情地接纳了一种新药——环孢菌素,这种药对排异反应特别有效,降低了捐献者和接受者之间基因相近性的重要程度,而且肾移植的费用比做透析低多了,病人恢复得更彻底,甚至能重返工作岗位。经济还有科技都在为活体移植提供理由。

由此,身体的命运涉及到社会、经济和科技三方面论据的博弈。最近的一次波折就是人们发现肝脏就像希腊神话中的普罗米修斯一样能够再生;那么一个人就有可能"与人分享他的肝脏",甚至捐献出最肥大的右侧的肝片,当然这样做也不是没有风险的。生物学家们非常及时地重新检测了生命的曲线图,并且发现"活体"的器官与保存的器官相比,无论后者运送的速度有多快,还是活体具有最好的品质。如果组织配型的要求不

---

[1] 弗朗索瓦·达高涅:《反思的身体》,巴黎,奥迪尔·雅各布出版社,1989年,第84—85页。

[2] 马蒂娜·加伯德和安娜·玛丽·穆兰:《法国对"革新"的回应——器官移植中活人供体的回归》,见珍妮弗·斯坦东主编:《健康与医学上的革新》,伦敦,劳特利奇出版社,2002年,第188—208页。

那么苛刻,那么何不马上使用某个并非在基因上而是在感情上与病人接近的某个人的器官呢? 比如配偶、伴侣或者朋友? 法律或多或少地抵制近亲之间的活体捐献,排除以此为借口贩卖器官的可能性。科学的进步和风俗的变革都在要求这项法律有更多的灵活性。但是法学家们仍然在犹豫不决,尤其是在目睹了第三世界的混乱之后。在第三世界,贩卖穷人和难民器官的现象造就了现代社会的奴隶制。

从尸体身上移植器官并非一种无足轻重的体验。有些接受移植器官的病人无法使器官继续存活,甚至不得不自杀。在小说《奥拉克的手》[1]中,主人公是位钢琴天才,移植了杀人犯的一双手。当他发现杀人犯是被冤枉的,他的双手是无辜的时候,他不再弹琴,而且再也找不到心灵的宁静。活体器官由于承载了更多的感情因素,它的天赋也许更能扰乱人的内心。在西方,最常见的天赋都是父母一代代传给孩子的;在中国,年轻人把祖先传给他们的天赋再还给祖先也是很正常的;对日本人来说,天赋或者说 giri[2] 是整个文化的基础,他们自认为受到这种不能互惠的天赋的困扰,这种天赋是应该受到责备的,它造成了难以忍受的心理负担,并且扰乱了社会秩序。

在 2000 年,器官移植体现了人们对医学的未来主义的期望。接受移植的人让他们的同胞看到了重新进行第二次甚至第三次生命的可能。这还不是长生不老,但是通向永生的大道似乎已经展开。在移植者对政府的质询声中,也掺杂着病人与受移植者组织的声音,他们揭露个人的自私,请求政府介入以促进器官在社会内部的流通。经常被拿来指代人权家族中的第二代权利的“生命权”也开始讨论,选择这样昂贵的治疗方案是以牺牲公共卫生机构其他方面的努力为代价的,而后者或许能够挽救更多的生命。

除了器官移植,移植“根细胞”也同样能激起人们随心所欲地修复身体缺陷的希望。这些根细胞提取自胚胎或者脐带,能够根据要求重新生成组织。

器官移植的结果有时不那么光荣,盗窃器官的传言也说明了它“在文化上造成的不适感”,而且在贫穷国家的确存在类似的令人震惊的事件。

---

① 玛丽·列那:《奥拉克的手》,巴黎,尼尔森出版社,1920 年。

② [译注]Giri:即义理,原为日语中的一个词,指道德上的义务。

二十世纪就这样谢幕了,用长生不老的梦想欺骗自己,但是在对不可抗拒的衰老的理解、预防和治疗方面却并没有取得显著的进步。

衰老,作为寿命延长的直接后果,业已成为工业化国家的主要负担。第四年龄层的人以前很少,并且备受尊重,现在却很可能堵塞后人的社会空间,导致他们无事可做,生活品质降低。只有保险业者从中获益,他们很有先见之明地把老人们安置在安全设施良好,全程有人监护,且有数额惊人的补贴资助的公寓里。

长生不老的这一恶果还有另一个如影随形的后果,那就是身体将在吐露全部的秘密之后变得透明。医学照相术今天已经进入流行文化的范围,催生出关于它的神话。

11

透视身体:照相术的历史

解剖学的历史在身体的历史上占有显著的地位。解剖学不仅是学习所有医学知识的先决条件,甚至还是知识的样板:解剖即描述。在以前的世纪,以教学为目的的尸体解剖其作用就在于解除医生们的禁忌,即观察人体内部的禁忌。外科医生塞尔泽在他的《回忆录》中写道:"我理解你,今天仍然如此。在经历了那么多次去往内部的旅程之后,在审视人体的内部时,我仍然有穿越禁区的感觉,与我因为做坏事将要受到惩罚的恐惧一样,我毫无理由地感到恐惧。"①

在巴黎医学院,一名女性袒胸露乳地站在入口大厅。从雕像前经过的学生从未发现其中的寓意:在医生面前暴露身体的强制性规律。它还代表了病人在接受检查时的赤裸状态。以前人们认为这是进行诊断的必然条件。②脱去衣服可以让医生全面检查病人或孱弱或强壮的身体,迅速记下皮肤的颜色、畸形之处、可怜的妊娠纹,以及手术后留下的面部疤痕。这些信息会被立刻记录在案,得到分析,帮助医术高明的医生们做出清晰的诊断。

---

① 里夏尔・塞尔泽:《肉与刀——一个外科医生的困惑》,巴黎,瑟伊出版社,1987年,第17页。
② 贝尔纳・奥尼:《临床考试的历史——从希波克拉底至今》,巴黎,伊莫代普出版社,1996年。

医 学 的 身 体

1．阿美德·鲍奇（1883－1976）：康复，佛罗伦萨，现代艺术画廊。

　　某段时间的萎靡与掩藏的乐趣。可是到底什么时候才能真正恢复活力呢？三个人物深邃的目光仿佛在这样诉说。

2．阿美德·伽如费：大理石浮雕，表现的是被封为圣人的医生圣朱塞佩·莫斯卡第（1880－1927），浮雕安放在那不勒斯的耶稣教堂，医生就葬在这里并接受人们的朝拜，世界医学联合会（AMM）收藏品。

　　尽管痊愈是神（在发出照耀着病人的光的地方）带来的，带着听诊器的医生今后也是必需的媒介了。

３．1948年大规模运动中维也纳一家诊所内进行的结核病菌皮肤测试。

注射的液体必须变干才行。面对检测结核病的注射，小女孩与严肃的男孩们的表情非常默契。

4．1950年左右登陆阿尔及利亚之前，应征加入外籍军团的士兵在马赛进行严格的全裸军事体检。

医生目光的绝对至尊：最终挑选未来战士的实际上是医生。

5．1980年左右卫生部发行的为预防三种儿童传染病而注射疫苗的宣传明信片，世界医学联合会（AMM）收藏品。

　　医学式的提醒。这样的口号今天已经远不能满足公众对信息的需求了。（图片中文字意为：麻疹、流行性腮腺炎、风疹，不能犹豫，马上注射疫苗。）

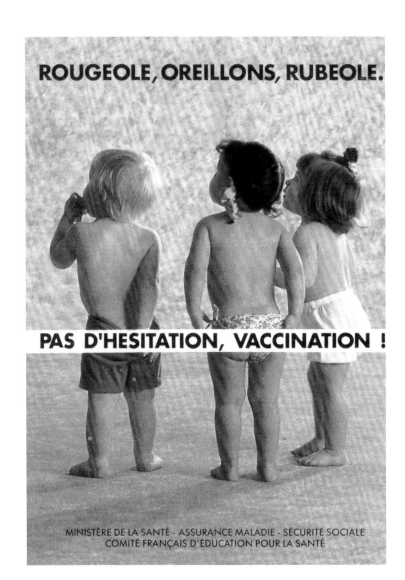

6．1986年，大学城国际医院内的一名老者与护士，巴黎。

短暂的握手。在高度技术化的护理时代，触摸仍然是最重要的一种交流方式。

7．马赛北部医院的重症监护室，2005年。

受到保护免受细菌侵害还是已经与生者隔绝？一间病房内病人的孤独。

8. 亚利桑那凤凰城特护病房内的一个早产儿。

极度医学化的诞生。在技术面前，父母消失了。

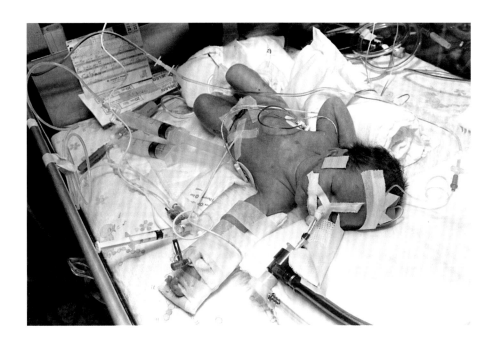

9. 2004年，柏林一家医院里利用内窥镜检查法进行的外科手术。

医生将内窥镜置入肚脐部位的一个切口，在这个内置管的光线下通过电视屏幕移动钳子。有一天他也将会被机器人取代。

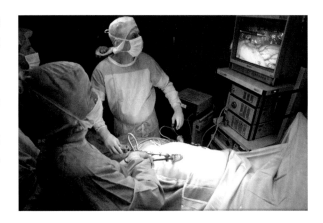

10．1939年左右，钢肺或者脊髓灰质炎患者呼吸器的原型之一，世界医学联合会（AMM）收藏品。

在工程师专门为他设计的设备（可以保证胸腔的运动的机器）顶端，一名年轻的美国亿万富翁在环游世界。他通过安放在面前的一面镜子欣赏风景。他每天从钢肺里出来一小时。

11．德国一家医院内治疗肾衰竭的透析疗程，2003年。

血液净化（右边的透析仪）和健身（近景中的踏板）已经不再是不可兼顾的了。这是一种令人满意的治疗慢性病的非常吸引人的形式，当然可能也是非常乐观的形式。

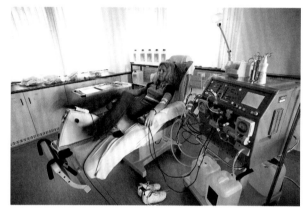

13．一名残奥会冠军在冲过终点的瞬间。

成就冲淡了残疾，并最终抹去了残疾人与正常人的区别。

12. 接受了双手移植的德尼斯·沙特利埃，2003年，法国。

成功的移植（2000年1月）：这对来自他人的、交叉在一起的手与它们的新主人似乎还是分离的。

14. 杰斯·苏利文的"仿生胳膊"：根据芝加哥再教育学院的观点，这是"第一次成功"，2005年。

在双臂切除的病人身上的一次试验，安装的义肢由植入胸部肌肉中的肩部神经控制。什么时候会把电子晶片（模块）植入大脑或者脊髓来控制人身上的机械装置？

15. 数代同堂，1999年，法国。

　　一、二、三、四、五。走在长生不老的道路上。在20世纪，五世同堂的记录层出不穷。

16. 世界卫生组织为世界无烟日发起的宣传中的广告画，2004年。

　　新夏娃的崭新的肺。蜡像博物馆中解剖学上的维纳斯的奇异后代。（图片下方的文字：将我们的身体变成无烟的空间。）

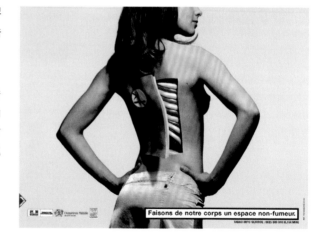

17．年仅七岁的艾滋病儿童，2001年，泰国曼谷。

以前皮肤病患者的图片都只能保存在图书馆的禁书处。尽管这幅图也涉及皮肤病，但重要的却是这个孤女能够感染观众加入艾滋病抗争的眼神。

18．费迪南德·霍德勒尔：病榻上的瓦伦蒂娜·高黛－达埃尔，1915年，巴塞尔，艺术博物馆。

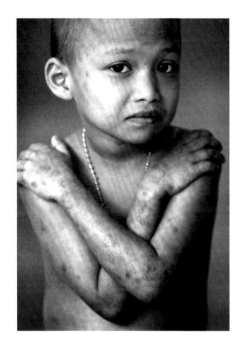

19．费迪南德·霍德勒尔：垂死的瓦伦蒂娜·高黛－达埃尔歪到一侧的脑袋，1915年，巴塞尔，F.梅耶博士的私人收藏。

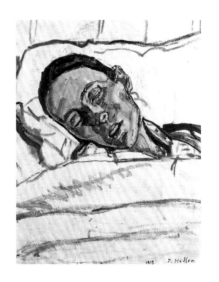

20. 费迪南德·霍德勒尔:死去的瓦伦蒂娜·高黛－达埃尔，1915年，巴塞尔，艺术博物馆。

在妻子弥留之际，画家在床头为她所做的系列画像。画家通过色彩的逐渐消失与目光的黯淡捕捉到了身体从生到死的过程。和他一样，参与治疗临终病人的医生也兼有观察的能力与对彼世的好奇。

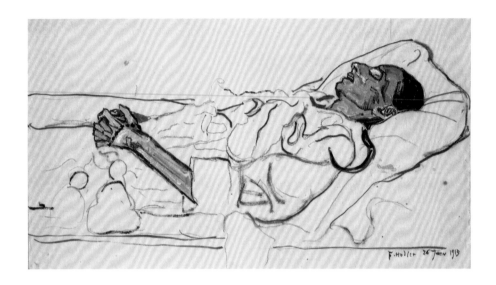

21. 《X射线透视》，选自《欧也妮－H.魏斯:科学与工业奇迹》，巴黎，1926年。

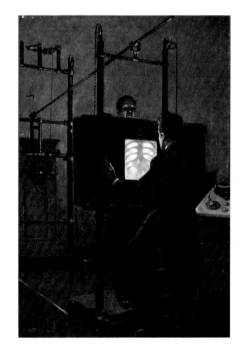

对科学的惊叹：X射线透视的初学者把为避免辐射应该采取的谨慎措施完全忘在脑后。

关于人体的医学照相术的发展是20世纪的一项重大科学探索。它满足了病人要拿到无可辩驳的资料才能放心的愿望。然而图像的拍摄一直是一项技术含量很高的工作，而且对非专业人士来说辨认起来也很困难。

22. 骨头闪烁造影术，1995年。

　　一张检查肿瘤（颜色比较深的区域）的闪烁造影片的正反面。

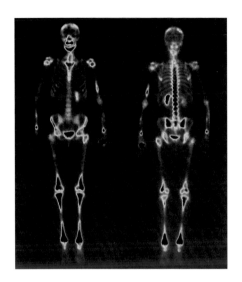

23. 产科超声波检查（怀孕第四个月），2005年。

　　一次文化革命。胚胎在家庭相册中开始占有一席之地。

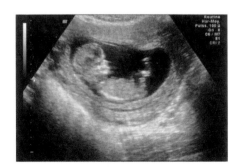

24. 通过核磁共振（RMN）拍摄到的完整的身体图片，1997年。

　　通过全身扫描和对不同侧面的数字化合成得到的高科技图片。"CT机"以身体图像的完整性与真实照相术的类似性让使用者感到满意。

25. 名为《看得见的人》的研究计划，1986年，科罗拉多大学，国家健康学院。

　　学医的学生今后可以在自己家的计算机上进行解剖了。但是这项舒适的解剖学习就无法让他了解真实的病人身体了。

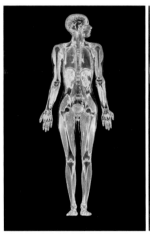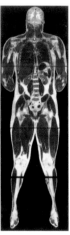

遗 传 性 身 体 的 创 新 与 实 现

1. DNA的序列。

    基因组的序列产生了一张卡片，可以确定编码蛋白质的基因的位置。这张卡片可以使某个器官的基因结构现形。但是很大一部分基因组（大约80%）的功能仍然无法确定：这就是人们常说的垃圾DNA。

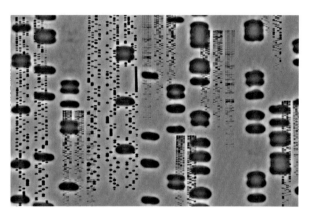

2. DNA的分子。

    1953年，沃森和克里克证明染色体是由一个脱氧核糖核酸的蛋白质（DNA）构成的，DNA的双螺旋结构可以让它根据身体的各种蛋白质对应的各种可变化的模式结成四种氨基酸（A,C,T,G）。由此，人体的多样性就被简化为一个小小的蛋白质了。

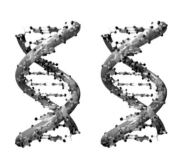

3. 埃堂·霍克在安德鲁·尼克尔的电影《变种异煞》中，1997年，美国。

    在电影《变种异煞》中，基因身份证在一个优生学统治下的社会中成为真正的身份证件，这样的社会是建立在对人的基因质量的歧视之上的。但是尽管有基因上的弱点，主人公还是成功地欺骗了监测系统，过上了"上等人"的生活。

随后是听诊时代。医生们寻找病人呼吸时或者心脏跳动的不正常声音,而且要用固定的用语记录下来,这些说法超乎人们的想象,而且在紧急情况下就会从人们的记忆深处浮现出来。盆中猪油的劈啪声用来表示发炎的肺泡吸气时的声音。湿啰音的涨潮就代表心脏虚弱导致的肺积水,即水渗入到血管内膜中造成的积水。

但是时至今日,把听诊器放在病人胸脯上听到的喘息声,以及它与心脏的第一声或者第二声之间微小的差距已经不重要了,因为比人的听力更加精确的心音描述器能完全分析接收到的声音讯息!新的探索技术也逐渐使临床医学学习的知识退居二线,如根据物理的近似感,用目光来确定五种感觉方面的信息,在触手可及或者呼吸相闻的距离内面对面地诊断。"他根本没有碰我。"一个生病的小孩在走出一位著名医生的办公室时遗憾地说。①外科医生的技能还有他们特别的感知能力简直可以和其他手工知识,比如制造木鞋的工人或者制锅匠灵活的手艺一样列入传统博物馆了。病人的身体在仪器之间流动,沉默的操作者们眼睛紧盯着仪表。安静,正在操作呢……这是否就是福柯庆祝"诞生"②的临床的"死亡"?

这些新技术带来的首先是对活人视觉的探索,这意味着现代物理和化学的一次重要应用。它改变了医学的现状并告诉每个人,自己的形象可以与太空或者深海探索相提并论。它还揭开了管理身体的潜在时代的帷幕。照相术这个亲切的名字非常适合一种公众已经熟悉到自己主动要求来做的技术。过去源自死亡的解剖学知识,总是带着一轮骇人的光环。20 世纪人体照相术的第一个特点就是它是给生者使用的,而且给所有人提供了不用受伤害就可以查看身体内部的机会。

12

透过皮影看身体

20 世纪初的 X 光照相就是第一个身体照相术的例子,它建立在基础

---

① 吉奈特·兰波和哈德米拉·齐古黑:《痛苦中的身体——知识的身体》,洛桑,成年出版社,1976 年。

② 米歇尔·福柯:《临床医学的诞生》,巴黎,法国大学出版社,1960 年。

学科之上的一些物理、化学方法之上。在 1895 年魏尔姆·伦琴发现 X 射线之后,医学 X 光照相(一开始它有各种名称:伦琴射线照相术,明暗照相术,比重透视术)就迅速发展起来,不但让医生着迷,也让公众着迷。

第一张 X 光照片拍的是贝塔·伦琴的手骨,一只硕大的戒指帮助人们确定了它的身份:浪漫的人情愿在这只手上看出夫妇两人对科学的共同激情。外科学马上把新技术用来分辨异物、散落的弹片、小孩吞下去或吸入的东西,这些物体经常是金属的,因此就不能穿过 X 射线。身体的断裂之处也能看得很清晰,因为骨头比内脏更容易看见。[①]在大战期间,居里夫人毫不费力就说服了军队的健康医疗部门,让它们配备了 X 光机,用来诊断伤情。射线能够确定散落的弹片在身体深处甚至是头部的位置,就像阿努伊的戏剧《没有行李的旅客》中得了失忆症的士兵那样。

这个世纪发明了电影。在 X 光机上连上一个荧光屏幕,就可以随意观察胸腔的活动,吸气、咳嗽时肺部的情况,总之就是可以窥视身体内脏的运行。

但是在一段时间内,人们的参考知识仍然仅限于尸体。画家希科多想要表达 1900 年医学的进步吗?一名年轻女性摆着肖像画的姿势,X 光机上显现出一具躯体的胸腔部分,处在脑袋和柔软的躯体的其他部分之间,宛如一幅装在画框里的画。本世纪初幽默画关注的还是骨架,比如用海滨浴场中令人毛骨悚然的骨架之舞表现的"伦琴式的海滩牧歌"。以死亡为主题的游戏成为"中国皮影形象"魅力的一部分,伦琴也说自己对此很关注。[②]X 光照相成为一种新的肖像,托马斯·曼的《魔山》中年轻的汉斯·卡斯托普把它当成了恋物癖的对象,总是长久地凝视着他的朋友、美丽的克劳蒂娅留给他的肺部 X 光照片。

最初,对 X 光照相的描述是巴尔扎克式的:"(一只患有肢端肥大症的手[③])的中节骨指和末节骨指是最应该细致观察的奇怪的东西。在像'滴腊'一样渗出的骨质小滴或者钟乳石样水滴的作用下,手指的末端完全是

① 贝尼克·帕斯维:《关于阴影的知识——X 射线在医学中的引入》,见《健康与疾病社会学》第 11 期,1989 年,第 360—381 页。
② 魏尔姆·康拉德·伦琴:《一种新的射线艺术》,维尔茨堡,斯塔尔出版社,1896 年。
③ 由于大脑肿瘤而患巨人症的患者的手非常吓人。

不规则的而且变化莫测的。"①X光照片要求它的信徒们自己创造解读的方法："X光照片从不骗人，是我们自己弄错了。错误地理解了它们的话语或者对它们的要求超出了它们能够给我们的部分。"②什么都要创造，X射线光源与对象之间的最佳距离，接近的角度，尤其是在那个没有相关测量方法的时代，人们还要判断正确的辐射量。

今天，放射学已俨然是非触摸式检查的典范：人们利用安装在一定距离之外的操作台来控制设备。操作人员有屏幕的保护，经常是看不见的，而且很少和病人交流。在本世纪初，放射科医生都伸直胳膊拿着屏幕，离病人只有几公分的距离，由他来调整后者在椅子或者床上的位置，这样就延长了暴露在射线下的时间，而且同病人一起承担受到危险辐射的风险。

分辨照片的方法经历了连续几个阶段的改变。第一种方法是比较从活人身上拍的照片和死人的片子，关于尸体的解剖知识已经明确或者确认了诊断方法。随后，X光照片的数据又被用来和临床检查的数据相比较。最后分辨实现了自动化，X光照片只和自身比较就好了，人们逐渐绘出一套专门的符号，列出集中的或者分散的，正常的或者病理的"清晰"和"阻光"的项目。明暗照相术一词（skia，希腊语"阴影"）一开始被推荐使用，后来就让位给不那么含糊的词汇。阴影的世界逐渐接近表现身体的尊严，标志着视觉与其他感觉方面相比获得越来越大的优势。

肺结核是第一种确诊的目标。自1900年开始，安托万·贝克莱尔就向所有住院病人推荐一种系统的X光透视术③，希望肺膈膜活动性的不正常之处能够提前给出预警。结果却令人失望，于是X光照相术就被用来检查。这是一种能够与否认症状相抗衡的客观化的工具，能清晰地呈现一段被病人遗忘的历史。这就是汉斯·卡斯托普的"湿润的斑点"，他是在看望一个得了肺结核的表兄弟时偶然发现的，这一发现于是成为原

---

① 让-达尼埃尔·皮卡：《贝塔·伦琴或手的透明》，见《医学科学院公报》第180期，1996年，第36页。

② 安托万·贝克莱尔：《放射学的伟大与束缚》，见《放射学报》，1936年。

③ 克洛德·拉拉纳和阿兰·古斯曼：《放射诊断的历史》，见雅克·布莱、让-查理·苏尼亚和马塞尔·马蒂尼主编：《医学、医药，牙科以及兽医学的历史》（第6卷），巴黎，阿尔班·米歇尔-罗贝尔·拉丰-畸出版社，1979年，第202—226页。

告的证据,也是导致他留在魔山的控诉要点。

在 1914 年,达沃斯的结核病疗养院还是一个奢华的机构。[①]在美国,X 光透视被保险公司推广开来,它们要求顾客必须做 X 光检查。在法国,借助 1945 年 10 月法令,X 光诊断被系统地应用于抗击肺结核的斗争当中。它成为大众体检的样板。必须进行 X 光检查的对象有怀孕的女性、即将结婚的夫妇、学生以及工作体检时所有的职员。它差一点令有效的治疗手段提早出现:链霉素在 1942 年就已被发现,但是直到战后才被用于治疗肺结核。

在缺乏有效治疗手段的情况下,系统诊断的原则受到了一些人的质疑。抗结核病方法的出现巩固了一项在半个世纪的时间里作为全国范围内对抗社会灾祸的斗争模式的措施。然而一些无视传统的人早就指出,通常贴在数千张照片基础上的"ITN(正常胸部图片)"三言两语的评价远远不能作为肺结核绝对不存在的保证。[②]和强制注射疫苗一样,很显然 X 光照相还有除了医疗作用之外的其他功能,它能象征性地唤起人们在面对超越阶层与年龄界限的患病可能时身体与精神的团结。普遍的方法与针对性措施相互矛盾,导致身体出现伤痕。

13

放射性身体

其他种类的射线将填补身体照相术历史的下一篇章。[③]克洛德·贝尔纳曾说过,当我们能够追踪一个碳分子或氮分子,弄清它的历史,叙述它进出身体的旅程时,就能够洞悉身体运行的秘密了。[④]1935 年,弗里德

---

① 阿尔莱特·穆海:《一种预防模式的兴起与衰落——法国的系统性肺部放射检查(1897—1984)》,见《技术文化》第 15 期,1985 年,第 260—273 页。

② 莫里斯·巴利耶蒂和查理·库里:《关于肺结核的系统性放射首次检查的医学回报》,见《医院周刊》,1950 年 12 月 6 日,第 4649—4659 页。

③ 利奥纳·弗雷曼和多纳德·布劳福克斯主编:《放射性的一百年(1896—1996)》,见《核医学论坛》第 26 期,1990 年,第 3—5 页。

④ 泰雷兹·普拉尼奥尔:《核医学:一部漫长历史的回忆》,见《核医学与生物物理学报》第 14 期,1990 年,第 3—5 页。

里克·若里奥-居里在获得诺贝尔奖之后，建议在活的肌体中植入放射性物质进行这种著名的旅行，并且对当时还难以可视化的肝脏和胰腺等内脏进行探索。

使用中子轰击目标时得到的同位素构成了原子在体内的对应物，但是不稳定的核裂变产生的辐射可以追踪中子在蜿蜒曲折的器官深处的轨迹，从而让中子现形。为达到医学上可用的程度，这种辐射必须既可以探测到中子，又对人体无害，碘 128 就是如此。

甲状腺位于颈部，在透视时无法看到。甲状腺的功能是固定制造生长过程涉及的激素所必不可少的碘的位置。碘 128 的半衰期是 25 分钟，过去勉强可以支撑半小时的时间来记录分子发射的情况。病人自己手持一个安在脖子上的计算器，医生就可以跟踪碘在甲状腺中的位置。但是得到的曲线还不足以构成图像。1940 年，第一个医用回旋加速器帮助医生获取了碘停留时间不那么短暂的同位素。1949 年，一种新的计算器投入使用，其原理是人体发出的辐射让水晶闪烁出光芒，由此得名"闪烁造影"。操作者用手将配有平行光管的仪器安放在甲状腺周围，就可以一点一点地绘出图像了。为了在四百个计数的表格上绘出甲状腺"蝶形体"，即被一块峡状物分开的两个裂片的图像，至少需要不少于两个小时的时间。

利用不同的同位素，这一方法被应用到其他器官的检查上，但是在很长时间内，所得到的图像都极其粗糙。从 1954 年开始，出现了一种摄像机，它可以在全部范围内快速移动，也可以停留在人们希望停留的区域。就像电影一样，人们可以观察一个不断变化的图像，从而见证某个器官的运行情况。与 X 光透视还有以后的 CT 机不同，闪烁造影无法应用于尸体，因为这种方法要求有能够确定放射性失踪原子位置的活的细胞组织。因此闪烁造影的图像必须是活人的图像，尽管这些图像有可能是使用对人体有潜在危害性的分子才得到的，这是个矛盾。

更清晰的图像是关于肝脏、大脑、肾脏以及肺的图像。这种仪器能够帮助确定物理检查无法发现的深藏在身体中的脓肿或者肿瘤。让它围绕病人旋转，就可以得到大量病人身体的剖面图，并重新绘出三维的器官图像。

传统上，在表现圣人们因神迹而医治好病人的还愿图中出现的都是一条胳膊，一条腿，少数情况下是乳房或眼睛。大众早已了解心脏和肝脏，而且自发地认为肝脏是有四片叶的三叶草，与解剖学者们发现的肝脏叶片相距甚远。但是其他的器官，比如甲状腺，在过去几乎不为大众所知。20世纪，现代圣人们接受了反映新知识的馈赠。在那不勒斯的一座教堂里，一位医生的雕像矗立在银质的还愿盘中间，这些还愿盘显然受到了普及到常识领域的医学形象的启发：人们能清晰地看到这位医生的甲状腺。

由于对核能的妖魔化，今天与此相关的医学都造成人们的不安。接受放射性物质治疗的病人被"秘密地"隔离到铅屋子里，而且这种屋子还有专门的渠道，来排放接受辐射的身体自身器官产生的残渣。病人们怀疑自己在出院后会对周围的人带来感染的危险。孕妇在接受闪烁造影之后要求流产的情况并不罕见。在大众心目中，骨头闪烁造影已变成检查癌症的同义词。[1]核可以致癌的形象与确诊出的癌症在死亡的语义学上是相互影响的，尽管今天接受闪烁造影已经被列入环境中的自然辐射之列（千分之五西弗特[2]级别）。

骨头的闪烁造影使用非肌体组织的人工分子（technitium）。公众恐慌的原因部分是由于使用定位物质造成的，这些东西就像身体中的氧和葡萄糖一样无处不在。而且它们存活期短也是出于非常短暂的观察的要求，如大量失血时的情况。

核医学的影响没有局限于对难以观察的器官的生理探索，它还发明了进入身体内部的新方式。一个分子的轨迹通过它的辐射反映出来并呈现在专门的接收仪上，从而在人体中画出不同的"分隔"，这些分隔与维萨尔的解剖完全不同。采用了多少示综物，就能显现出多少幅人体图像，这揭示了身体各部分之间关系的复杂性，以及它们之间与介质、与接收仪相关的一种"语言"的存在。

身体的"化学语言"的概念被引入关于大脑和神经系统的宏伟研究计划。人们可以为一个神经系统活动的间接指数控制大脑的血液流量。显示的葡萄糖让大脑的活跃区域呈现为彩色（此后闪烁造影才摆脱了黑白的色调），即使不能让人们理解人是如何思想的，也至少能让人们"看见"活动中的大脑，不仅是主体进行某项活动的时候，而是这项活动自己呈现

---

① 没有人知道其他的线索，就像诊断儿童遭到殴打导致的多处骨折一样。

② ［译注］千分之一西弗特（millisieverts）：离子射线剂量当量的单位，符号为 Sv。

出来的时候：例如大脑的各个区域会根据思想的内容与头部还是腿部相关而相应变亮。因此，闪烁造影通过凸显这种联系让人们看清与身体之间的联系一直保持着神秘色彩的东西——思想。"大脑思考"的说法成了一种有意思的简捷表达，"在语义学上不能容忍，但实际上却是可以接受的"。①神经系统科学总是希望更加细化这些光的游戏，并将人类在不同情绪下的反应图像与其他物种的反应进行比较。为实现这一目标，人们使用了种类繁多的药品，从镇静剂到致幻药都有。艺术家、诗人和抽鸦片、大麻或者消费仙人球的人所提供的数个世纪的经验也反映在图像上。但是，如果说所有这些知识让我们看到了人体运行的某些东西，实际上我们还远远没有破译我们的思考、爱情、意志以及灵魂中的所有激情。

然而在发现了彩色的大脑地理这一运动与智力功能的大脑定位理论的新变体之后，定位摄像②已经成为认知科学的一件利器。照相术这一字眼导致关于大脑图像的词汇悄然重现。以前，这些词汇都是与现象学家们所不齿的心理、生理平行论联系在一起的。

医学照相术表明了图像模棱两可的性质，既有作为信息承载者的现实的、根本性的诱惑力，又有所给目标与所构建目标的含混不清。所给目标对所构建目标的遗忘，与普罗米修斯式的医学与公众幻想一起，使得这些图像倾向于把自己当成不可辩驳的数据，而不是提供可以加入其他知识的观点；某些神经生理学家就认为，这些新技术是探寻谎言的可靠方式。在造成、忍受或者改变痛苦的能力方面非常容易受到影响的身体最终仍被交付给用任何阐释学都无法解释的一堆程序！这种做法反映出的想法其实还是在大脑上开一扇窗户，向观察者展示思想，或者可能会有的下意识……

14

透过雷达看身体

超声波检查迥异于核医学，尽管前者也是在同样的领域，即放射学家的

---

① 保罗·利科和让-皮埃尔·尚热：《自然与规则》，巴黎，瑟伊出版社，1998年，第31页。
② 这台摄像机可以发射出正电子，就是以"反物质"为特点的阳性电子。第一批电子在体内相遇后会消失，但是会产生相反方向的光子，而后者可以利用传统的仪器测出。

研究领域内快速发展起来的。1950年代初,超声波检查开始把超声波的特性(战争期间开始利用)应用于医学目的。超声波的形式和雷达一样,都是根据所遇物体密度的差异以不同的速度进行反射,由此提供某种身体的图像。不知是否有必要重提一下俗语中"雷达式前进"的说法?它的意思是人们在早晨的雾霭中更多地依据碰撞而非真正的感觉来引导自己前进。

这一新技术确定的"障碍物"显然是肿瘤、囊肿或者脓肿。最早的超声波图片什么都不像[①]:不同组织间的过渡区发出一些扰乱外形的干扰性回波。还需要发明针对与传统解剖图像无法重叠的图像的符号系统。由此,超声波检查有了"难做之职业"的名声,只有那些专业的技术人员才能操作,而且他们几乎无法把自己的知识传给别人,或者理性地证明他们认为在身体的深处存在一项可疑过程的印象。

但是超声波检查还是很快流行起来,因为它可以应用于诊断和跟踪怀孕的过程。以前宫外孕(受精的卵子没有正常着床)通常发现得太晚,人们直到出现破裂或者出血时才知道。现在,如果子宫外出现了异常的阻光现象,那么在任何症状都还没出现之前就可以进行干预了,再通过外科手术把畸形的胚胎取出来。

但是在事实或者法律上,超声波检查主要还是被看作怀有胚胎的母亲与胚胎的第一次接触,即让她们在分娩之前作为旁观者看到自己身体内部的孩子。这种接触被赋予感情,图片也很快被放到家庭相册中。看到这样的照片,孩子们将惊叹不已,并且努力回想自己的前生。这种方法无害,使用简便,令新技术变得亲切,而且可以无限复制。"人工授精致孕"和怀有"来之不易的孩子"的情况下,需要每两天进行一次超声波检查,法国的社会保险已经规定限制三种孕期标准检查。民众的追捧表明女性参与一项科学探险的热情,与飞行以及生一个完美宝宝的梦想相比,这种探险实现起来要容易得多,而且还可以看到图像。

超声波检查不仅可以告诉未来的妈妈孕情是否良好,而且还可以告诉她们胎儿的性别。对后者的掌握、选择造成恶劣的后果。在中国,法律规定一对夫妇只能生一个孩子,结果超声波检查以爆炸般的速度发展起来,因为

---

① 艾伦·B.寇什:《科学的形象?关于外科和放射科文化中超声波诊断的发展的探讨》,见《技术与文化》第34期,1993年,第858页。

它可以造成有针对性的堕胎，以便确保得到一个千方百计想要的男孩。

在很长的一段时间内，怀孕的时间一度是不明确的，流产的时间段难以界定，堕胎药品的地位也不确定。在女性感觉到腹中的胎动之前，胎儿的发育过程也一直是神秘的。为了实现比过去更加严格的道德和神学控制，为反对堕胎和避孕进行的斗争而引发的关于胚胎发育的生理学与医学知识为 19 世纪带来了光明。在此之前，胚胎一词既可以指农作物的生产，也可以指动物的繁衍，它专门指代人类的种子就是从这个时候开始的。超声波图片还彻底颠覆了人们对怀孕的理解。女权主义者曾经把这一事件描述为以前一直沉浸在蒙昧与受孕子宫的一片安静中的公共生活的开端。有些人则从这种有所失礼的可视性中看到了一种新的剥夺，由此她们把胚胎定义为"生命"，教会和国家的法律中也是这样定义的。实际上，生命权之所以能确立，是因为作为"生命开端"的合子（受精后产生的物质）以有形的方式（用图像对其进行展示并直接记录下来）体现出来后显得更有活力。[1] 在大多数国家的法律中，堕胎都是被允许的，超声波检查使大众对胚胎的独特命运有了深切的体会，在此之前，它都被视为一张安安静静的乐透彩票。最后，试管授精中多余的胚胎，剩余下来的商品引发人们开始考虑这些尚未成人之物是否也可以被当成法律主体存在。按照法学家们新划分的类别，它们可以被看成是"潜在的人"。欧洲大部分国家的法律都喜欢逃避定义以及具体的限定，以免陷入堕胎权与生命保护间无法调和的矛盾之中。

照相术呈现了身体的前生，这使得人们更倾向于视胚胎为一个个体。全社会和作为监护人的父母需要负责的也正是这一存在。美国的法律已经开始接受对那些胎儿有残疾但却拒绝进行治疗性堕胎的母亲采取措施，这些诉讼提出了赔偿要求，其依据就是这样的胎儿根本不应该生存的法律。[2]因为诉讼者能够了解一个虚拟的过去：照相术为他们指明了道路。面对本可以补救的"生命缺陷"造成的可以预测的后果，2000 年受美国先例启发而制定的佩吕什法令曾经引发民众的情绪波动以及法官们的态度转向。

---

① 芭芭拉·杜登：《视觉"生活"》，《作为文化的科学》第 3 期，1989 年，第 562—599 页。

② 马塞拉·亚库：《生育权随想》，巴黎，法国大学出版社，2002 年。

15

影像下的社会化身体

除了 X 射线透视和闪烁造影,借助信息技术的进步,历史上还出现过其他类型的数字化绘图方式,如诞生于 1970 年代,俗称 CT 机的 X 射线扫描诊断仪以及核磁共振仪。尽管 CT 机会将病人置于不可忽视的辐射之下,它仍然受到了民众的热烈欢迎,原因有以下两点:它无需注射,尤其是它比闪烁造影的图片要清楚,因此被看成一种特别忠实、让人放心的超级照相术。"全身"CT 机提供完整的身体图片,可以满足了解全身健康状况的需要,这一点强化了人们想要全景式地了解所有器官的想法。人们相信器官能毫无例外地吐露自己的秘密。

鉴于科学以及图片力量的进步,新的图像由此扎根于人们的集体潜意识,并参与新一轮展露与审视身体的文化热潮。它改变了人们已有的观点和实际经验,而且显得比真实还要自然。在这场全社会的图像化过程中,政府有不同程度的介入:或者为预防癌症而采取鼓励态度(X 线乳腺造影术);或者与此相反,担心它造成恶果。超声波检查就是这样的例子。公众的态度也迥然不同。那些忧心忡忡的人主动进行各种检查,而且还竞相提出进行定期的"全身扫描",一些最赶潮流的人甚至主动要求做核磁共振检查,以便像每天照镜子一样确保自己身体的完整性。尽管一般说来,一部分民众热衷于通过图像进行身体检查(以及安全检查),但是一些调查(比如对女性是否接受系统的 X 线乳腺造影术的调查)的结果却说明,另一部分人仍然抗拒这种强加于人的真相揭示。这些人既担心这样的检查无法查出所怀疑的疾病,也害怕探究自己的身体,他们认为这是危险的僭越行为。一些女性明确表示,如果身体没有什么症状就不应该去"动"它,以免由于不走运而造成无法控制的后果。①

其实,身体是通透的这一说法是个谎言。图像表面的现实性并没有

---

① 克里斯蒂纳·杜里弗:《公众对医学信息的抵抗——乳腺癌 20 年的进步》,巴黎,国际医学出版社,1994 年,第 19 页。

什么相应的阐释学。随着造影方法的多样化以及检查的泛滥,假象的问题也达到了从未有过的程度:探究身体的系统检查的增加导致对含义不明的异常现象进行揭示的图像出现。它们有时只是身体多样性的解剖学变体形式,或者是与人类历史有关的原始胚胎的遗留。有时,面对一幅无法下判断的图像,人们只能搁置解读,它就像是悬在病人头上的达摩克利斯之剑。

16

网络上的身体

尽管造影术与造影术的仪器和启发仪器发明的生理学规律一样深奥难懂,它还是将身体的奇妙之处呈现在大众眼前,而且激发出医学万能的观点。它还获得了额外的维度,即造影术—权威的维度。伴随光学仪器的进步(超级柔软的光学纤维)——日本在这方面的成就尤其突出——器官内部的洞穴学使得一些闻所未闻的手术成为可能。利用适合空心形器官(膀胱,胃)的内窥镜施行外科手术似乎已经没有限制,而且也几乎没有危险,因为手术是从人体的自然开口进入操作的,不会对身体造成损伤。瓦莱里在诗句"先生们,你们中止了我们对自身根本性的无知"[1]中所颂扬的外科学已经把伤口限定在一个镜头的范围之内。很多种疾病都已不再用开腹的方式手术了。医生可以从尿道进入体内摘除前列腺,利用从肚脐放入内窥镜的狭小创口来着手切除卵巢的囊肿。有时他甚至不是在做手术,而仅仅是让管子在病人的肠腔间游走,管子会顺便摘除肿瘤或囊肿。从阴道进入切除子宫的手术也不会留下不雅的疤痕。只有在紧急情况下,传统的外科医生才会再度现身,不考虑外观的问题而直接在病人下腹部的上方中间划一个口子。

因此,图像的一统天下使"身体在受苦"的观点变得不那么现实了。今天的医学不再让人想到电影和文学作品所钟爱的血淋淋的场景,而是一种脱离了肉体的数字化合作过程,甚至可以通过电子邮件传送。今后

---

① 保罗·瓦莱里,国家外科大会开幕式,1938 年 10 月 17 日。

外科医生可以与互联网上的团队一起合作,借助机器人或者他的中间人进行手术。①加入虚拟世界的身体成为科学成就的基础。

为了取代通过解剖尸体进行的过时的、令人倒胃口的学习方式,美国的信息技术人员建立了一种新的模式,这种模式通过图像提供一种人类身体的数字化模拟对象:一个既有纵切面也有横切面的整体,不能说让人喜欢,但却是互动性的,而且做好了标签与编号,只要有台电脑,数百名学生都可以坐在椅子上随便解剖和切除器官。②

这一项目名为"看得见的人"(*The Visible Man*),其实它并非完全脱离了血肉之躯。这个即将掌握在所有人手中的男子,其背后有一个结合了前卫技术与忧虑和死亡的悠久传统,即刑罚传统的故事。这个模特不是凭空想象出来的,而是根据真人设计的。他是一名美国囚犯,在死刑等待室里待了数年之后才被一针氰化物送到了彼世。这个 35 岁的男子在这段时间里已经思考过其死亡方式的最后结果。尽管他已经提前答应将遗体捐献给科学研究,但是在坐牢的日子里却从没有一天停止过到当地的体育场锻炼。因此他捐献给 21 世纪解剖人的是一具完美的尸体,浑身肌肉,没有一丝赘肉。

他是男性,男性是否又一次占了上风? 女性主义者们大可以放心了!"看得见的女人"(*The Visible Woman*)也将很快以同样的方式出现在屏幕上。但是她的情况不同,是一位由于心脏衰竭而死的病人,而且远不具备她的同事那样的身体美学特征。

结论:

21 世纪初,"了解你自己"。

20 世纪身体的历史就是医学不断干预身体的历史:它既涵盖生命中的普通事件,也包括改变人的大限,减少潜在的生病可能。在 20 世纪前

---

① 雅克·马索和迪迪埃·缪岱:《远程医学》,见多米尼克·勒库主编:《医学思想词典》,前揭,第 1122—1126 页。

② 维尔吉利奥·梅内盖利、卡尔洛·马基、焦万纳·卢皮和弗朗切斯科·皮耶拉佐利:《从手术台到图像化的解剖学》,载《意大利医史杂志》,1997 年第 9 期,第 121—139 页。

三分之二的时间内,凭借在探索身体和延长寿命方面的成功,医学似乎正在健康保养和揭示它的秘密方面取得独尊的权力。随着干预向非严格意义上的疾病领域延伸,医学的影响被进一步强化。可以说不再有男性不育症了,已经绝经的女性也可以生育,损耗殆尽的器官可以更换,基因似乎完全在我们掌握之中。医学知识也渗透到公共想象中,已经具体展现出新能力的强大的造影术正说明了这一点。身体本身经历了医学的深刻重塑。残疾人使用新的义肢,从外观上往往看不出来。也许明天人们就可以用移植物取代毛细血管,使血液不会在体内凝结;用合成血液为移植到人体的动物器官或人造器官供血;阿莱克西·卡雷尔提出的机器心脏也将研制成功。集成电路卡将会帮助四肢瘫痪的病人移动胳膊和腿。

不断积累的信息学知识,做决定的重要性,个人行为对所涉风险的影响,个人对遗传敏感性重要程度的认识,再加上公众对知情权的要求以及公民对医学保护①的期盼,这些因素反而促使普通人意识到身体的命运就掌握在自己手上。医学知识权利的增加同时在医学行业以及大众之间引发了忧虑,人们还由此要求个人应该更多地参与与自己有关的决定。这传达出的是双重透明的理想:身体对个体本身的透明与社会决策上的透明。

但是在这方面,过去一直存在某种困境,即民众在理解与他人眼中的表面内容不同的内在时的困惑:他人眼中的我其实是一个皮相之我,②是真正的个性承载者。苏格拉底曾邀请人们进行内在旅行,"了解你自己"在西方哲学中占有重要地位。它不仅将身体作为偶然性,甚至还把它当成进行自省的障碍而排除在外。19 世纪到 20 世纪的转折时刻,弗洛伊德对潜意识的探索代表了把人重新注入自己身体的一种尝试。今天,整个身体都显得更加容易接近,而且与"我"的表达方式结合起来。③

如果说众多医学造影技术仍然是专家的特长,实际上有一些已经摆脱了医院的可怕阴影,进入与其他消费场所类似的一些小机构,比如药店和摄影室。我们可以设想将来还可能出现像性用品商店一样的一些隐蔽

---

① 多米尼克·杜沃南:《医学的秘密以及病人的信息》,里昂大学出版社,1982 年。

② 迪迪埃·安齐厄:《皮相之我》,巴黎,杜诺出版社,1985 年。

③ 朱利埃·科尔班和安塞姆·施特劳斯:《临床疾病的伴随现象:身体的变化、自我、传记以及传记时间》,见《健康护理研究与社会学》第 6 期,1987 年,第 249—281 页。

场所,在这些场所,每个人都可以自行检查身体,无需他人在场。于是专业知识与世俗知识开始重新建立关系,医生与潜在的病人,即全体人类之间也要就角色的分配重新展开讨论了。

医学的进步发动了一次探险,它不如星际旅行那么壮观,却对需要保护和预见的未来充满疑问。理想的情况下,也许有朝一日每个人对自己基因潜能的具体了解将能够帮助他改变自己的生活风格,并且改造自己的命运。于是个人对自己身体的责任随之加大。也许在人类发展的极为后现代的最后阶段,每个人都能细致入微地了解自己的身体,人类就可以完全担负起管理自己身体的工作,并且实现笛卡尔"做自己的医生"的乌托邦式的宏愿了。①

---

① 埃弗利娜·阿齐扎-儒斯特:《以己为医》,巴黎,法国大学出版社,1972年。

第二章　遗传性身体的创新与实现

弗里德里克·凯克（Frédéric Keck）

保罗·拉比诺（Paul Rabinow）

1997年，在国际生物学、伦理学会的提议之下，联合国教科文组织大会采纳了《关于人类基因组与人权的世界宣言》，其原则就是："人类基因组是人类家庭所有成员团结一致的根本性基础，也是他们固有的尊严和多元化的基础。从象征的意义上看，它是整个人类的遗产。"①在人类基因组计划发起九年之后、基因组的完整序列宣布三年之前，这一宣言语义含糊地传达了身体的新形象所包含的主要因素，这一新形象是由新遗传学涉及的全部因素（科学因素、病人联盟、法官、伦理委员会、国家以及私人企业）共同塑造而成的。②是否可以认为基因组以看不见的方式在"人类大家庭"所有成员的行为中起着隐秘的结构性作用？如果说身体的新形象就是从这种新的知识中产生的，那么它又允许我们知道多少把所有人类的身体联系到一起的东西呢？简单点说，就是如果最新的科学发现向我们展现了"我们的基因组"，那么"我们的基因组"中的"我们"又是怎样的呢？换句话说，遗传学究竟是以何种方式让我们认清"我们的身体"的一致性并让我们认为自己与此相关呢？说得不客气一点：遗传学与我们何干？

---

① 转引自查理·奥弗莱：《人类基因组》，巴黎，弗拉马里翁出版社，1996年，第11页。

② 保罗·拉比诺在《基因组测绘——法国的历险》一书中描述了这些因素。此书于2000年在巴黎由奥迪尔·雅各布出版社出版。

在过去的十年间,人们就这些问题给出了很多答案,这也是我们研究的范围。对参与的科学家们以及通过媒体知道结果的大部分公众来说,遗传学的发展目的就是绘制出一幅决定身体发展的隐秘结构的图谱。根据一种部分代表同一层面上的整体的隐喻关系,DNA 图谱将让我们从一个压缩的模型上看出我们的最深处到底是什么。[1]人体的多样性就可以记录在一本独一无二的书中,身体各自的历史就是这本书的产物。[2]另一方面,对那些积极寻找导致他们生病的基因之踪迹的病人联盟来说,遗传学是希望之地,也经常是失望之地。在这一领域,个人的命运也许就是一个有迹可循的基因形式。于是众多身体向科学研究敞开大门,倾诉它们隐秘的病痛,将它们的谱系公之于众。最后,对那些准备或者质疑人类基因组知识的法律和商业后果的人来说,遗传学就是能够帮助我们预测到表面上健康、正常的个人将来行为的各种禀赋与可能性的整体。遗传性的身体其实就是民众分而治之的身体,贯穿着各种标准与规范的身体,也是自我控制与形成的场地。至少在这三个意义上,遗传学与其他的变化一起改变了,或者说帮助改变了我们看待身体的目光:普通人类数字化、程序化的身体,病人们承受痛苦的、外露但活跃的身体,大众分而治之的、正常化的身体。所有这些身体都必须经过遗传学才能为人所知,才能知道是什么在这些身体中发挥作用。其实基因组就像是一个舞台,各不相同的、经常是势不两立的演员们在人道主义合唱团专注而忧虑的目光注视下,在舞台上演绎着或者喜剧或者悲剧。

因此,遗传学的新发现已经对身体的三种形象提出了质疑。人类基因组图谱远远没有揭露人之所以为人的秘密,反而说明人类与其他物种之间存在着密切的联系:人们经常在苍蝇、虫子或者老鼠身上发现人类基因。此外,在发明了一些能够很准确地发现几种遗传过程早已为人所熟知的疾病的测试之后,科学家们现在转而对疾病的全部形式或者可能的

---

[1] 乔治·康吉杨:《生物思想中的全部和部分》,见《有关生者、生命的科学哲学与历史的研究》,巴黎,弗兰出版社,1994 年。

[2] 沃尔特·吉贝尔:《格拉伊之观点》,载丹尼尔·J. 凯沃斯与勒鲁瓦·胡德的《密码的密码——人类基因组计划中的科学与社会话题》,哈佛大学出版社,1992 年,第 84 页:三百万组基因组可以放在一张 CD 上,人们可以从口袋里拿出一张 CD 说:"这就是人类,这就是我!"

麻烦感兴趣。在人类基因组排序之后,民众所知的遗传学的形式已经与1950年代更关注个体特异性的遗传学截然不同了。遗传学的舞台一直处在重塑的过程中,其中一些新的演员加入了,角色也发生了改变:这是一个活的舞台。

那么我们在观察DNA双螺旋分子时究竟看到了什么? 基因测试的结果,抑或我们的基因组的一部分? 它是我们身体的复制品,就像借助一直伴随着我们的影子或者镜中的反射一样让我们终于看清自己到底是什么? 还是一直萦绕在我们心头的鬼魂,混杂了理性与想象、科学技术的成果以及来自时光深处的幻影? 真相很可能是这样的:尽管我们已透过投射在细胞最终成分之上的科学目光制造出基因,但是经由一种奇特的一分为二的戏法,基因在看着我们,给予我们本属于我们自己的图像,并且以主体的身份强迫我们担负起自己身体的生命之责。

1

从遗传学到人类基因组图谱

孟德尔在1865年发现了生物显性特征的遗传规律,但是这一发现在半个世纪里一直被人们忽视。直到1903年,威廉·巴特松才引入"遗传学"一词。"基因"一词则是在1909年由威廉姆·乔纳森发明的:当时这个词指生命的最终成分,这种成分的组合引发了所有生物学现象,相当于化学上的原子在生物学领域的对应物。[1]1910年托马斯·摩根第一次在实验室中发现基因。赫尔曼·缪莱通过使用X射线,完成了最早的基因转移,并建立起基因与蛋白质之间的密切关系。当1953年詹姆斯·沃森和弗朗西斯·克里克发现DNA的双螺旋结构时,人们理解了DNA是如何充当模型复制自己以及代代相传。随后,关于遗传密码的根本性工作于1960和1970年代展开。1959年,弗朗索瓦·雅各布和雅克·莫诺发现了调节基因的作用;1968年,人们又发现了第一个与有性生殖无关的基因;1970年代末期,众多处理DNA的工具问世:干细胞培养、紧缩与

---

① 埃弗兰·福克斯-凯勒:《基因的世纪》,巴黎,伽利玛出版社,2002年。

修补 DNA 的酶、DNA 转化为 RNA 的工具、将 DNA 片段运送到细胞中的细菌或病毒性载体。在 1980 年代,分子生物学家们大大发展了 DNA 的批量生产技术:DNA 的合成与排序、电泳凝胶、使用细胞的人工染色体(Yeast Artificial Chromosomes)、聚合物连锁反应(Polymerase Chain Reaction)。今天,通过在实验室使用一个非正常复制品取代正常复制品,"基因剔除"技术已经能够确定基因的功能。

基因源自于科学技术发现,它与孟德尔及其早期追随者们所设计的编码单位大相径庭。今天,生物学家们谈论的不再是实体越来越模糊的"基因",而是"基因组",即某个生命体成对的染色体中蕴含的代代相传的分子物质整体。这个概念的优势在于它包含了其功能尚不为人所知的染色体分子物质。人类基因组由 30 亿个碱基对构成,但是生物学家们认为98%的人类基因组的功能还没有明确。这种额外的 DNA(又称 Junk DNA)①可能是保存下来备用,或者起着结构性的作用,或者是一次事故造成的,或者根本就是多余的。所以基因组比基因要多:它是基因组织起来的整体,它们的组合会对单个基因产生影响。基因就是已经为蛋白质做好编码的 DNA 中2%的部分,它们的功能已经确定了。一个基因的大小介于 1 万到 2 万个碱基对之间,但是经常难以确定一个基因到底从哪里开始以及在哪里结束。它不是一个连续的空间单位,而是被很多无意义的部分(内含子)隔开的一个带有编码或者起到调节作用(编码顺序)的部分序列。

在分子生物学春风得意的年代,基因似乎指明了通向看不见的身体结构的大门。②但是在今天看来,这种结构的很大一部分都显得很模糊。③为了把这种结构性的不确定转化为研究与实验的领域,人们在 1989 年推出了一项科研计划,其广度是生物学研究史上前所未有的,这就是人类基因组计划(Human Genome Initiative)。生物学家们给出了下列理由:既然

---

① [译注]Junk DNA:指在庞大的基因组序列中数量占绝对优势的序列,因为是不编码蛋白质或 RNA 产物,以前被称为垃圾 DNA,但是近几年的研究表明它们也有某些功能。

② 弗朗索瓦·雅各布:《生者的逻辑——一部遗传的历史》,巴黎,伽利玛出版社,2002 年。

③ 西德尼·布莱纳:《开始的结束》,载《科学》杂志第 287 期,第 2173 页:"如果有人问制造一个噬菌体、一个细菌、一只苍蝇或者一只老鼠需要多少基因,不会有任何答案。"因此,布莱纳建议用"基因图谱的场所"(genetic locus)代替"基因"一词。

每个基因的功能难以确定,那最好就绘制全部人类基因组的图谱,然后再根据基因在整个结构中的位置找出基因的表达方式。这项计划于1980年代中期在美国提出,在对该计划的费用、效用、科学重要性以及社会风险进行多次讨论之后,美国国会终于采纳。第一年投入了数亿美元,分别拨给了美国国家卫生研究院和能源部。随后的举措就是根据科学竞争的原则,成立很多家不同的染色体图谱测绘研究中心。有一些私人企业参与,其中最著名的当属塞莱拉基因公司,它于1990年代进入这一领域。之后又有大笔经费投入到测序技术产生的无数遗传物质上。2001年,美国政府、英国魏卡姆信托基金与生物技术方面的企业塞莱拉基因公司共同宣布人类基因组绘制草图完成。

这一图谱打乱了以前对人与其他动物之区别的理解。科学家们发现人类基因组与果蝇拥有一样的碱基对数量,而玉米和蝾螈的碱基对数量则超过人类碱基对数量三十多倍。在人类的进化过程中,“基因密码”并没有改变,最简单的生命体中与人类身体中的很多基因基本上是一样的。出于伦理和科学上的理由,这些简单的生命体是最容易研究的,我们关于人类基因组的知识很大一部分都来源于苍蝇(T.摩根的果蝇,选择果蝇是因为它们的繁殖速度很快)、虫(为理解神经系统的发展,S.布莱纳采用C.埃尔冈线虫)、酵母或老鼠(与其他生物体相比,老鼠的基因与人类的最为接近)实验。现在人们认为,同源盒基因(Homebox)的功能主要在于调节胚胎的发育,它最初就是在果蝇身上进行研究的。[1]人类身体看得见的外表与看不见的结构就这样联系起来,结构上微不足道的变化会产生完全不同的身体:不同的表现型,类似的基因型。再也没有魔鬼与法律:同样的结构既证明了标准,也证明了看上去像标准的偏差之物——由此打开分析偏差原因的领域。[2]为了研究一个基因的运行规律或者制造必要的分子物质而将它从一个复杂的生物体转移到一个简单的生物体中是可以实现的。[3]这样一来,动物是否就能为我们指明人类所患疾病的知识与痊愈的关键所在呢?

---

[1] 阿兰·普罗希昂兹:《胚胎的策略》,巴黎,法国大学出版社,1988年。

[2] 弗朗索瓦·雅各布:《老鼠、苍蝇与人》,巴黎,奥迪尔·雅各布出版社,1997年。

[3] 关于转基因动物的政治和美学表现,参见多纳·哈若维:《Modest_Witness@Second_Millenium—FemaleMan_Meets_OncoMouse™》,纽约,劳特利奇出版社,1997年。

2

基因性疾病与患者联盟

　　绘制人类基因组图谱的目的之一就在于找出导致疾病发生的基因。人们知道这些疾病能够代际遗传但却无计可施。发现某些疾病的基因源头令医学领域产生很大的波动，因为这一发现把"疾病"锁定在身体的最终决定因素上，同时又给出了干预疾病的可能性。对出于各种原因而与疾病有关联的人来说，迄今为止一直被当成世代命运的东西一下变成了基因组的潜在动力场：悲剧变成了正剧，悲悯让位给铭刻在个体行动之中的新的逻各斯。

　　分子生物学的发现让人们更加清楚地理解疾病是如何在不同代人之间传播的。19世纪，关于原罪的思想曾经披着科学的外衣卷土重来，这种思想认为一种恶因通过受孕由一个人传给另一个人，但是现在遗传学的研究表明，导致疾病代际遗传的原因是 DNA 的一部分在复制过程中出现了偶然的突变。如果这种突变是显性的，它就一定会遗传；如果是隐性的，当遇到了另一种类似的突变，就会遗传。因此先天性黏液稠厚症是欧洲人中最常见的单基因疾病，这种疾病就是用于防止呼吸道和胰腺腺管黏液过于黏稠的基因出现突变造成的。①在大多数情况下，寻找致病基因其实就是利用链接技术建立这种基因与其他已知基因的联系，以便确定它在基因组图谱中的位置。如果可能的话，再通过测试找出它的踪迹。

　　发现一种基因疾病也就意味着发现与身体的新联系，因为病人有可能会患上症状尚未显露的疾病。最悲惨的例子就是亨廷顿舞蹈病，这种病一般在病人四十岁之后才发作，会在几年的时间内造成病人运动机能紊乱，出现癫痫、情绪抑郁、精神错乱等症状，最后死亡。这种基因病是显性的，因为它的致病原因是相关基因的两个复制品其中一个发生了变异，从而导致生成一种对神经系统有毒的蛋白质。它通过基因传播，概率是二分之一。病人一旦成年而且身体健康，就很有可能已经患病，随后病人

---

① 米歇尔·莫朗日：《基因的部分》，巴黎，奥迪尔·雅各布出版社，1998年，第61页。

就会出现这种在出生二十年之后才会发作的疾病的不可避免的症状。基因测试就像是一幅黑白两色的人体图画:它用是或否来回答每个人的问题,并且清楚地显示出所患疾病或者未患疾病的状态。有一名 35 岁的女性,她的祖母、母亲以及姨妈都死于亨廷顿舞蹈病,在得知她的亨廷顿舞蹈病测试结果为阴性时,她吐露了自己的心声:"这种病几乎与我如影随形。一个测试结果让我从有病到没病。那我到底是谁?"[1]当一种疾病在基因组的舞台上再次上演时,与它共同生活就具有了不同的意义:对疾病的认同和对家庭命运的认同导致身体出现重影,而基因测试的结果则用于证实这种重影究竟是真实还是幻觉。

基因诊断在医生与病人之间建立起一种独特的关系,因为后者会有相当长的时间来参与与根除自己所患疾病有关的研究。病人的身体成为未来疾病投射的场地,也是现在的研究进行的场所:它就像是显微镜的两边,一边是对象,一边是主体。在美国,南希·威克斯勒与她的父亲密尔顿·威克斯勒为推动和支持关于亨廷顿舞蹈病的基因研究做出了巨大贡献。在他们的帮助下,科学家发现南希的母亲(即密尔顿的配偶)也患有这种疾病,并终于在 1993 年确定了致病基因的位置。[2]面对这种其结局似乎已经被预定的疾病的不可抗拒性,患者联盟促使科学研究意识到治疗基因密码表面上不可更改的形式结构十分紧迫。研究亨廷顿舞蹈病的科学家们把病人身体表现出来的病情进展与显性基因的实验室研究结合起来,而且这一研究又可能与距离这种病很远的其他遗传学部分交叉。

确定致病基因曾经是基因组研究的一个强大动力。法国的人类多态性研究中心(CEPH)与法兰西进行性肌肉萎缩抗击联盟(AFM)的联合就证明了这一点。CEPH 成立于 1984 年,创建者是让·多塞,他是法兰西公学院的教授,凭借在人类白细胞抗原系统(HLA)[3]免疫功能方面的研

---

① 《亨廷顿之病——胜利笔记》,《解放报》,2002 年 11 月 30 日,第 7 页。

② 艾丽斯·威克斯勒:《展开的命运——一个家庭的回忆,风险与基因研究》,伯克利,加利福尼亚大学出版社,1996 年。

③ 〔译注〕人类白细胞抗原系统(HLA):全称 Human Leukocyte Antigen,它是人体生物学的"身份证",由父母遗传,能识别"自己"与"非己",并通过免疫反应排除异己,从而保持个体完整性。

究获得诺贝尔医学奖,其研究目的是根据犹他州患有亨廷顿舞蹈病的摩门教家庭的信息绘制人类基因组的家庭谱系图。[1]他研究的对象多达四十个家庭,可以开展广泛的家族谱系研究,这些研究对象构成一种天然的实验室。AFM的创建者贝尔纳·巴拉多曾经参观过让·多塞的实验室,这次参观带来了一种决定性的改变。巴拉多在儿子因为杜兴氏肌肉萎缩症或者肌肉衰退病去世后积极支持基因研究,以此抗议他当初接触到的医生们的傲慢与愚昧。他以令人动容的方式叙述自己得知儿子所患疾病基因源的那一刻:"突然,有人告诉了我结果,一个令人震惊的、完全没有预料到的消息。'AFM的全体成员3分钟之后到阶梯教室集合。'26岁的美国人安东尼·摩纳哥待在阶梯教室里。猛然间,绝对的安静变成了魔法。墙上显示的是淡蓝色的幻灯片,就算不懂英文,也能知道这个美国人在宣布一项发现:染色体X,杜兴氏肌肉萎缩症(Duchenne Muscular Dystrophy)的基因就位于XP21上。那个基因,阿兰得病的根源,就在我面前。这个恶魔第一次现形了。"[2]基因研究可以让隐藏在身体最深处的病痛现形,但是研究并非强迫人们悲怆地面对面观察它,而是为了推动采取干预身体的行动。

通过远程捐赠系统(Téléthon),[3]AFM在帮助大众了解基因研究方面发挥了关键的作用。按照杰瑞·刘易斯在美国建立的模式,巴拉多掀起了一场波及面很广的团结运动,目的是促进被称之为"孤儿病"的疾病研究,因为这些疾病影响到的人口相对来说比较有限。[4]饱受疾病之苦的患者身体暴露在电视屏幕上,与那些帮助病人之人充满活力的身体形成反差,成为传媒同情策略的壮观一刻。[5]此外,这种行动还造成了直接的

① 见安娜·玛丽·穆兰:《最后的医学语言——从巴斯德免疫学到艾滋病》,巴黎,法国大学出版社,1991年。
② 贝尔纳·巴拉多:《以我们的孩子的名义》,巴黎,第一出版社,1992年。
③ 米歇尔·加隆和沃洛罗纳·拉伯拉佐阿:《病人的能力——法国抵抗进行性肌萎缩联合会与研究》,巴黎,矿业学校出版社,1999年。
④ 弗朗索瓦·德拉堡特和帕特里斯·毕奈:《进行性肌萎缩的历史》,巴黎,帕约出版社,1998年。
⑤ 迪迪埃·法斯:《暴露的身体——关于非法性的道德经济学散论》,载迪迪埃·法斯和多米尼克·马米:《身体的管理》,巴黎,法国社会科学高等研究院出版社,2004年,第240页:"自我暴露,不论是一种叙述练习或者身体上的展示(而且两者互不排斥),都属于当代政府的形象……当其他合法性的基础似乎已经被耗尽的时候,生病或者承受痛苦的身体实际上都在最后一刻投射了一种社会认同。"

科学影响,在热纳波尔·吉乌利的 CEPH 实验室的基础上,推动成立了致孤性基因疾病生物技术革新中心(Généthon)这一尖端的研究中心。致孤性基因疾病生物技术革新中心的建立者之一达尼埃尔·科昂认为它是"为了找到与代际遗传疾病有关的基因工厂,能够为所有的科学团体服务"。①它有 70% 的经费来自于 AFM。它聘用了数百名研究人员,还有一些患有进行性肌肉萎缩症的儿童和成年的年轻人,他们通过电话回答问题,或者在一起喝咖啡时接受调查。致孤性基因疾病生物技术革新中心可以视为远程捐赠系统的技术版:一边是患病的身体,一边是 DNA 测序的完善仪器。巴拉多的一腔热情催生了一个与医生的无能为力相对抗的既有身体也有技术的综合体。它不是一个技术化实体,而是希望能够痊愈的身体与技术的创新的组合体。巴拉多这样写道:"不是我选择的立场。而是偶然性以自然的众多错误之一的形式强加给我的。因为所有的能力都把我们抛弃了,我们没有别的办法,只有尝试进行突破。于是我们就成立了远程捐赠系统。但是只要基因研究没有进展,想要解决进行性肌肉萎缩病的愿望就无济于事。于是我们就建立了致孤性基因疾病生物技术革新中心实验室。"②1993 年,CEPH 完成了第一幅人类基因组的物理图谱,超越了美国的人类基因组计划的进展。

巴拉多和 AFM 希望把远程捐赠系统的钱投入到治疗遗传性疾病的研究上,但是这个目标实际上并没有实现。事实上,如果说基因组图谱的资助肯定能通过数据的归纳式积累产生一定的结果,但是在基因治疗方面就不一样了,人们已经证明它的运行情况要更加复杂。2000 年,乃克医院的医生阿兰·菲舍尔在由 AFM 部分资助的项目研究中,成功地将一个可修正变异基因影响的抗"儿童水疱"病的基因植入到一个细胞中。这项技术将孩子们从必死的疾病中挽救出来,但却引发了白血病的发展。因为引入基因会造成期望之外的后果,基因与生物体之间的整个关系都要被重新审视,从而背离了一个基因只产生一种后果的模式。

如果说基因疗法对人体来说还过于敏感,那么它在一些更简单的生

---

① 达尼埃尔·科昂:《希望的基因——发现人类基因》,巴黎,罗贝尔·拉丰出版社,1993 年,第 19 页。

② 贝尔纳·巴拉多:《以我们的孩子的名义》,前揭,第 9 页。

物体身上的尝试却取得了更多的成功。第二代基因疗法的原则是直接介入变异基因自我复制的过程,针对它的核(中心)采取措施。2002年,剑桥(马萨诸塞)鲁道夫·吉尼斯领导的团队就在老鼠身上进行了免疫缺陷的实验,实验中用到了三种技术:胚胎干细胞的培育,基因的同源重组以及将细胞核移植到卵母细胞中的克隆繁殖。①这项技术尚未应用在人类身上:1997年,伊恩·威尔穆特克隆出小母羊"多利",这一事件招致了很多抗议,治疗性的克隆繁殖在大多数国家仍然被禁止进行。出现两个一模一样身体的梦魇(这种想法在很大程度上是没有根据的,因为只有细胞核被移植到母卵细胞中,基因信息还是通过线粒体传递)把利用基因疗法治愈身体疾病的想象推入了阴影之中,也许这种想象更具有幻想色彩,但却是更加积极的。

除了这些关于未来的形象,AFM还为绘制第一幅人类基因组图谱作出了重要贡献:定位遗传性疾病曾经是绘制基因组全体图谱的动力。病理学由此成为通向正常的必经之路:那些患病的自救者推动了人们对人体基因结构的了解。与艾滋病或癌症等其他世纪绝症相比,这一次医学知识通过将人们联合在某种独特的生物特性周围这一生物社会学形式而成为社会性话题。②在这次运动中,一些团体以创造性的方式承担起与自己相关的疾病研究。在此运动过程中,遗传性身体成为研究的问题。这一段生物社会学的史实,为争取"美好的生活",将身体与遗传技术创新性地结合在一起,足以与社会生物学的意识形态理论相对抗。根据后者的观点,人类的身体只是基因进行优化复制的手段而已。③社会生物学实际上重弹了19世纪优生学派的老调,他们认为遗传学是成功实现理性秩序再现的政治身体的一个隐喻。然而20世纪遗传学知识采取的形式打破了这个梦想,因为它公布出基因组的特别之处,围绕这些特别之处,单独的组织就可以自行构建。如果优生学的幽灵会再度光临,那么它一定是采用遗传性身体的另一种形象:大众的遗传性身体。

---

① 帕斯卡·努维尔:《基因疗法》,载克洛德·德布鲁(帕斯卡·努维尔系列):《可能性与生物技术》,巴黎,法国大学出版社,2003年。

② 保罗·拉比诺:《人工性与光明:从社会学到生物社会学》,见《理性人类学散论》,普林斯顿大学出版社,1994年。

③ 里夏尔·达金斯:《自私的基因》(1976),巴黎,奥迪尔·雅各布出版社,1996年。

3

大众遗传学与风险预防

　　在第一个十年，一些单基因疾病成为推动基因组测序工作的遗传性疾病。在测序完成之后，推动力就主要是涉及众多基因的疾病了，它们成为新的研究对象。根据追踪测试的模式，单基因疾病可以很确定地预测到，但人们只能根据不同基因之间的相互关系在一定概率内了解多基因疾病。从这个角度来看，所有的疾病可能都是基因性的疾病：代际遗传的频率记录促使人们寻找相关基因的位置，但是人们并不了解该基因的作用：阿兹海默症，某些心血管病，还有某些癌症就是如此。对基因的了解可以帮助我们找出病人的倾向，并且根据对这些倾向的了解纠正他的行为：如果确定有心血管病的倾向就要改变食谱；如果发现有患肺癌的倾向就要戒烟；如果胚胎中很有可能出现严重的疾病就要决定堕胎。人们甚至可以设想——一些学者就是这样做的，而且努力实现这一场景——研究会发现身体肌肉结实或者耳朵对音乐敏感的倾向，这将帮助每个人"培养自己的天赋"。遗传学研究的前景不再只是治疗疾病，还包括强化：遗传学不再只是保护身体不受疾病的伤害，还意味着使身体更强壮、更美丽、更聪明。

　　这样形成的身体不再是与现在确定已知的某种疾病作斗争的某个人的身体，而是一个集合性的身体，体现各种评价标准和统计学的规范：这就是民众的身体。事实上人们见证了分子生物学（基因组图谱就是它现在最新最壮观的发展成果）与大众遗传学（1930 年出现的与分子模式完全不同的学科，属于新达尔文主义的范围）的交叉。T. 杜布赞斯基关于果蝇的研究工作与摩根的工作相似，其成果以《自然人口的基因》（1938—1976）为标题发表，说明在不同的生态环境中同一个基因的多样性（"等位基因"）。为了强调偶然性在某一个基因组的形成过程中的作用，并解释那些大量悄然出现的功能尚未明确的转基因现象的成因，他们都倾向于质疑某一个基因的自然选择。人口遗传学表明，在疾病发生的生态环境中，它是相对的。最著名的例子是镰状红细胞性贫血病，又被称为

sicklémie(英文为 sickle cell)，由于红血球呈镰状，故而得名。其特点是红血球数量不足，致病原因是掌管血红蛋白的基因出现突变。这种疾病如果遗传自父母双方的话经常是致命性的；如果只是遗传自一方，就能部分地抵抗疟疾。1958 年，利文斯通从这一事实出发，将疟疾基因抗体与由于土地开垦造成蚊虫聚集的沼泽相联系，从而理清了西部非洲地区镰状细胞贫血病的基因、疟疾发生率以及农业的出现三者之间的关系。于是，一种遗传性疾病反而保护人类免受某些生态变化的侵害，并由此成为显示某种人口迁移活动的一个指数。

在显示对象的可变性特点的同时，人口遗传学还引入了一套数学测量方法：对人口的研究可以根据计算机的运行模式，把全部人类形式压缩为一小部分遗传学构造。在这一前景下，转基因就有被视为与标准不符的危险，这与一开始发现的变异性原则背道而驰。大众的身体是不断运动着的身体，相关的知识应该借助数学测量将它解读为少数的几个变量。于是，社会监控被引入身体的生物学多样性领域。电影《变种异煞》展现的就是这样的社会景象：它以赫胥黎的《美丽新世界》为蓝本，只不过把剧本放在了基因组的研究领域。电影的主人公一出生就因为基因的问题被贬为劳动力中的低下阶层，他发现可以利用自己的外表骗过基因测试，由此进入"上等人"的劳动场所。社会监控把最弱的那些人发配到低下的阶层，强制他们进行经常性的自我监控，反而使得主人公得以实现目标。于是一个优生学社会的悲观前景得到了个人角色的乐观主义前景的补偿。

这种经常是科幻小说虚构出来的人口监控在西方社会的真实演变过程中却更可能发生，罗贝尔·卡斯特曾经称之为"风险管理"。[1]它用人口管理以及主体监控形式的整体化方法取代了医生—患者关系框架内的疾病诊断方法（心理分析已经建立了精神病的专门模式），并产生出顺从而且适合的个体。它使研究从疾病的直接治疗，经过整体环境的掌握，过渡到疾病风险的统计学评估。风险并不是透过对身体的分区监控发现的即时性危险，而是非正常、偏差性表现出来的可计算的概率。个人的身体就不再是这些统计学倾向的载体——身体常常超越这些倾向——个人应该以合适的行为向这些倾向妥协的规律也不复存在了。于是身体就处在危

---

① 罗贝尔·卡斯特：《风险管理：从反精神病学到后精神分析》，巴黎，子夜出版社，1981 年。

险性与通过计算机和生物学模式能够发现的统计学相关性的相交之处。

卡斯特把这种管理命名为"区别的唯技术式管理",这是一种远离主观维度影响的客观化疾病诊断方式。对精神分裂症基因的研究开始于1970 年代,研究对针对这种精神疾病的精神分析观点提出了质疑,根据症状与遗传决定性的关系,对其相关症状进行了重新分配。但是人们还远没有发现所谓的"精神分裂症基因"。确切地说,最近的研究只是发现了那些表现在症状中的先天因素(迄今为止,这些症状都根据与其相对应的神经递质而被归在统称为"精神分裂症"的疾病名下)以及导致先天致病因素出现的蛋白质,还有为这些蛋白质编码的基因。由此,遗传学对显性与隐性部分之间的关系进行了重新组合:目前为止,根据所有与之有关的主体性特征而被认为是显性的疾病,应该通过基因组的隐性结构重新编码,并产生新的确认模式。

这种"风险管理"催生了建立预防性医学的主张,这种医学的作用不再是治疗,而是通过一定的概率提前预测疾病。医生们进行的预防性医术可以根据病人的先天性因素估计疾病对病人的影响。然而主体的适应力与生病时的投射力,却依赖于主体从社会中获得的、有别于他人的基本素质。[①]关于保险公司和人事部门如获得这样的知识会产生怎样的后果,人们已经进行了多次争论,尽管这样的可能性尚未成为现实。但不管怎样,可以确定的是遗传学知识被全体社会了解的程度因社会阶层、性别或者年龄的区别而有所不同,而且这种不同正在并将要产生波及全社会的影响。

围绕"人类遗传多样性计划"的形成,国际上也产生过类似的争论。这一计划 1991 年由一些生物学家和人类学家提出,其目的是研究地球上尽可能多样化的人群中的 1 万到 10 万个个体的基因特点。计划的鼓吹者希望由此增加对人类起源的了解,丰富关于遗传性疾病的碱基以及它们在不同环境之表现的知识。这一计划的初衷是要同似乎一开始就与遗

---

① 吕克·伯坦斯基:《身体的社会使用》,载《经济·社会·文明年鉴》第 26 卷第 1 期,1971 年,第 221 页:"个人应该遵守的行为规范汇合起来就构成了人们习惯上称为'预防医学'的东西。这些规范都暗含了一种哲学,并且要求实现它们的人面对生命,尤其是面对时间时要具有整体化的态度。预防医学要求社会主体在面对疾病时采取一种理性的行为,而疾病作为嵌入生活计划中的一种可能性,有可能通过长期的预测得到控制或者克服。"

传学有关的种族主义作斗争,实际上它却招致了强烈的反对:一方面,发现致病碱基对很多族群来说并非最要紧的事情,他们首先要面对的是致病原因已经被人们了解的最紧迫的疾病;另一方面,使用这些族群的遗传物质会导致西方世界将土著的身体据为己有,尤其是借助特许证系统,重弹殖民地人类学的帝国主义论调。根据这种论调,在那些"纯洁"的种族消失之前,人们应该研究并把他们保存好。①

类似的争论使得新的政治身体成为研究的问题。冰岛的30万人口是最同质的族群了,而且人们拥有最确切的遗传谱系资料,1998年冰岛议会通过一次投票授权一家生物技术企业Decode Genetics独家购买对冰岛人口十二年的遗传谱系档案的权利,以供参加人类基因组图谱绘制的国际研究之用。②冰岛的民主传统为新的人口遗传学提出的问题给出了一个创造性的回答:人体的遗传客观化如何能够被相关的人群主观地接受呢?过去这一问题曾经引发下面这种复杂的法律与伦理问题:谁应该拥有人体的遗传信息?

4

关于基因组产权的法律与伦理之争

围绕人类基因组计划的争论将对身体产权的其他问题——人类克隆,代孕母亲,器官移植,堕胎……感兴趣的人分成不同的阵营。③一旦涉及基因,这些争论就比人类身体的所有权是否延伸到作为基因物质的身体的细微部分的问题更加尖锐。生物技术企业曾要求建立关于已排序基因组的特许证制度,于是这一问题被专门提出来。18世纪末创立的特许证是为了保护机械发明,自巴斯德和微生物研究大发展之后,特许证也开

---

① 马伽莱·洛克:《人体组织的异化与去道德化的细胞生物政治学》,载南希·塞泊-胡格和罗伊克·瓦冈:《共同改变身体》,伦敦,塞奇出版社,2002年,第63—91页。(2001年《身体与社会》第7卷第2—3期转载)

② 吉斯利·帕尔松和保罗·拉比诺:《冰岛:一个国家人类基因计划的案例》,载《今日人类学》,第15卷,第5期,第14—18页。

③ 克莱尔·克里农-德·奥利维拉和玛丽·盖尔-尼克迪莫娃:《人类的身体属于谁?——医学、政治与法律》,巴黎,美文出版社,2004年。

始被应用于人类活体研究。1970 和 1980 年代也发放了一些关于分子生物技术(如 PCR 的反应)和在 DNA 测序中使用荧光示踪剂的特许证。后来又应用于使用了这些技术的肌体,如 1988 和 1992 年的转基因老鼠。[1]当身体进入商业技术程序,它就不再是个体的所有物,而开始出现在经济和法律的舞台上。

关于这些法律问题的思考有一个范例,那就是 1990 年美国最高法院对约翰·莫尔起诉加利福尼亚大学管理者案件的宣判。1984 年,加利福尼亚大学利用为约翰·莫尔成功治疗癌症时提取到的细胞生产出不死细胞并申请了特许权。后来,约翰·莫尔将加利福尼亚大学告上法庭。最高法院裁定约翰·莫尔无权要求已获得特许证保护的细胞的所有权,但他有权利要求因医患关系外泄而得到补偿。其实在这一案件中,最高法院遵循了 1980 年夏克拉巴提(Chakrabarty)案件以来的一贯立场,这起案件事关一种能够破坏石油的细菌的特许权:对细胞的遗传修改产生了一种不属于自然的生物,但是如果这一生物是有用的而且是新出现的,那么它就完全归发明者所有。在里根年代的背景之下,这一判决标志着生物技术进入了商业化阶段,同时它的共同声明也成为人体之间进行交易的唯一法律规则:人体的所有权应该通过利益公平分配的系统进行调整。保守的法官们以互相矛盾的方式把旨在保护科学研究的论据(包括商业化的可能性),还有对神圣不可侵犯的人类身体的尊敬混为一谈。其中的一名法官曾经这样说:"原告要求我们承认并且规定以出售自己的细胞组织谋利的权利。他要求我们把人类的身体——在任何文明社会都是最受尊重、最受保护的主体——视同最底层的商品。他鼓动我们将神圣与凡俗相混杂。"于是身体的商业化产生了局部的身体商品,并从一个身体流向另一个身体。但是传统观念仍然认为身体应该统一,就像从身体的碎片中产生的凤凰:认为从约翰·莫尔的身体中提取的细胞是不死的观点令人震惊,就像一个完整的活体单靠自己的 DNA 就可以得到重生一样。[2]同一件司法判决中出现了两种相互矛盾的身体观,这正说明这是一

---

① 玛丽-安热尔·埃尔米特和贝尔纳·埃德曼:《人、自然与权利》,巴黎,克里斯蒂安·布尔热出版社,1988 年。

② 保罗·拉比诺:《解结——后现代的碎片与救赎》,载《理性人类学散论》,前揭,第 129—152 页。

个表述不清的话题。

在法国,身体器官的移植在很长时间内都被认为是毋庸置疑的:1949年7月7日颁布的法规认定器官捐献——当时指的是捐献眼睛——是合法的,而且并没有引起大的争论;1952年7月21日颁布的法律将献血纳入致力于无偿、无私地援助他人的行为之列;1976年12月22日颁布的法令规定从尸体身上提取器官是合法的,除非死者生前明确表示反对。但是政府在科学与技术研究总部(DGRST)范围内加以鼓励的生物技术工业的发展引发了人们越来越强烈的忧虑。这种忧虑的表现之一,就是1983年弗朗索瓦·密特朗创建的国家生命与健康科学伦理咨询委员会,其作用是就活体科学研究项目提出意见。根据曾经整理该委员会历史的让-皮埃尔·博的观点,伦理委员会的法律原则"在于公理的简明和使命的宏愿:身体即人。法国永恒文明使命的现代表现之一,就在于让这种思想战胜工业社会的唯利是图"。[1]多米尼克·马米曾经研究过伦理委员会内部出现的不同科学、政治与宗教团体,他评论道:"遗传调查或者单纯的医学调查被看成一种人工的、强迫的僭越,后来被人们接受,现在却反而被视作比自然(发育畸形或者疾病)带给全部人体的打击更有威胁性。"[2]

国际上提出了第三种解决办法:将人类基因组当成人类的共同遗产,同时把基因组图谱交由大众使用。[3]因此在1995年,人类基因组织发布通告,将已经完成的人类基因组排序排除在特许权的范围之外,并由此调整了正在进行的研究工作。在这个框架之下,联合国教科文组织的国际生物伦理学委员会起草了《关于人类基因组以及人权的声明》。在这一方面,其实大幕早已经拉开,我们现在不过是更清楚地理解了研究遗传的身体以及指导这一研究的特许权政策的意义。遗产概念的作用在于模糊物与人之间的界限:它指的是传承一件属于人格一部分的物品。人类文化遗产的观点在关于海洋、星星以及文化财富的国际法框架内有过表述,它

① 让-皮埃尔·博:《手的失窃案:肉体的法制史》,巴黎,瑟伊出版社,1993年,第20页。(此书中译本由华东师范大学出版社于2014年出版)

② 多米尼克·马米:《身体的护卫:生物伦理学的十年》,巴黎,法国社会科学高等研究院出版社,1996年,第18页。

③ 弗洛朗斯·贝利维埃和洛朗斯·布杜瓦-布吕奈:《基因资源与文化遗产的法律概念》,载卡特琳娜·拉布鲁斯-里约主编:《生物的权利:实验室里的法学家》,巴黎,LGDJ出版社,"私法图书馆"丛书,第259卷,1996年。

超越了个人或者家庭遗产——在私法中有定义——的范围，延伸到人类共同利益领域。①因此在这个仍然虚幻的领域，问题还是在于弄清楚谁是这一遗产的所有人和管理者：是某个国家或者国际组织吗？

无论是通过明确个人的自主权，明确人之为人的尊严，还是承认人类遗产，这些法律与伦理概念都解决不了身体与既属于所有身体、但却又能够与之分离的基因组之间的关系。也许应该从历史以及人类学的角度以另外的方式提出问题，并试图理解人体在登上基因组的舞台时是如何以新的方式为全社会所关注，而不是画出一个不可侵犯的人的疆界。这样的研究可能更接近莫斯所做的人的定义②：人是社会给自己的一副面具，其边界依赖于社会组织起来的整体表现。基因组可能是这样一个舞台，在这个舞台上，身体借助面具变得可见，面具又把身体改造成人。如此一来，人们就应该放弃对基因组到底是物还是人的探究。或许应该这样提问：基因组——真实的人可以根据基因组的无名结构进行自我建构——究竟是不是人？我们是否准备好接受注视了？如果今天答案是否定的，那就要看看新演员们在遗传研究的舞台上将创造出怎样的目光。台本尚未写就：仍有其他场景在等待上演。

---

① 弗朗索瓦·奥斯特：《法外自然：法律考验下的生态学》，巴黎，发现出版社，1995 年。

② 马歇尔·莫斯：《人类精神的一种：人的概念，自我的概念》，载《社会学与人类学》，巴黎，法国大学出版社，1950 年。概念出自 J. C. 伽鲁的《论基因材料的法律地位的定义》，博士论文，波尔多，1988 年，第 54 页："基因材料塑造了社会和法律认识个人的面具：这个面具不再具有家庭特征，受时光的控制，而是一个恒定的面具，一个忠实的、不可改变的、内在的印记。"但是人们还是可以质疑这个面具的"恒定性"。见 Y. 托马斯：《法律的主体，人与自然——关于法律主体的当代评论》，载《争鸣》第 100 卷，1998 年 4—5 月，第 85—107 页。

第二部分

欲望与标准

第三章　性别化身体

安娜-玛丽·宋（Anne-Marie Sohn）

在 20 世纪以前,性别化身体从未得到如此专注的关照。今天,每个人都在展示着性别化身体,它在可视的空间里无处不在,无论在科学研究还是媒体形象中,它的影响都与日俱增,甚至已经成为医学和商业上的关键一环。在 20 世纪最后二十五年,它一直占据着中心地位,甚至几乎让人们忘记了直到 1968 年还处于地下状态的欲望解放的历史。在 1968 年,关于性的行为与言论第一次公开为解放而努力,并导致私生活在政治话题中的泛滥。但是所有人追求快乐的权利还是经历了一个漫长的过程才得以实现,随之而来的还有相应的后果:人们拒绝受到压制的性。从此之后,一方面的自由与另一方面的透明就紧紧束缚着性别化身体的日常生活。

1

展示身体

时至今日,裸露的身体已经成为我们日常生活的一部分,这是羞耻感不断削弱所导致的。在很长一段时间内,从人类的幼年时期开始,羞耻感就被当成美德加以灌输,对青春期女孩的教育更是变本加厉。羞耻感的退步本身与因爱而生的婚姻所必备的诱惑有关。事实上,在以前,家庭和各种关系会为个体寻觅伴侣，但是现在的男、女为了独自找到一个伴侣，不得不发挥他们个人的优势，其中第一个优势就是外貌。

1）个人羞耻感的削弱

身体羞耻感的减退始于美好年代①，在两次大战期间加速发展，在光荣的三十年时期更是进展迅猛。为此人们需要摆脱数个世纪以来的传统：禁止女性暴露腿肚子，甚至连脚踝也不行；禁止男性在公共场合小便，连小男孩也不行；产妇和分娩中的女性必须遮盖身体；如厕时不得脱衣，以免引发宗教道德认为的犯罪思想。我们可以回想一下，直到 19 世纪末，人们做爱时还要"保持只穿一件衬衣的裸体状态"，而且闺房仍然与光亮势同水火。这些禁忌来自于基督教关于性的观点，认为性仅限于合法夫妻，而且主要用于繁衍后代，与欲望势不两立。

但是在时尚与海滨旅游业发展的双重作用下，身体还是逐渐暴露出来。单单泳装的发展就说明了身体解放取得的成就。在第二帝国时期，分开的男男女女身着浴衣走向沙滩，穿着包裹得相当严实的泳装跳进冷水中洗一个清爽的冷水浴：长裤，长袖上衣，用来掩盖女性圆润身体的裙套，这样的穿着打扮使得海滩与端庄联系在一起。1900 年的时尚是体育休闲服和针织紧身衣。为了掩盖身体的形状，这些服装先是深色的，后来又出现了浅色和带条纹的，而且一定是蓝色或者红色条纹，因为其功能仍然是掩盖身体。与此同时，泳装也变得轻盈：先是露出小腿，然后是膝盖，胸部开口变低，长袖变成短袖。第一次世界大战之后，男性的短裤、女性的一件式泳装占了上风。高腰的两件式泳衣在蓝色海岸地区得到了突破式发展。1930 年代，海滩变成休闲娱乐的场所，更加诱惑人们展露自己的裸体，以便露出完美的晒成古铜色的皮肤。从此之后，古铜色的皮肤成为成功假期的象征。②

---

① ［译注］美好年代：第一次世界大战结束之后出现的一种说法，指法兰西第二帝国已经结束但是大战尚未开始的一段时期，大约相当于 1870—1914 年。

② 可参见伽布里埃尔·德塞：《从第二帝国到疯狂年代的诺曼底海滩日常生活》，巴黎，阿歇特出版社，1983 年；让-迪迪埃·于尔班：《在海滩上——19—20 世纪海滨浴场风俗志》，巴黎，帕约出版社，1994 年。

在此期间,女性已经缩短了衣服长度,并且毫无杂念地露出了身体。她们还用乳罩取代了紧身胸衣,并且把衣服简化为最简单的形式。这种新内衣形状更加自然,而且设计师普瓦雷 1914 年之前就开始为它宣传。当然老人和一本正经的人对此不屑一顾,而且拒绝接受这种被认为是伤风败俗、有违女性矜持的时尚。但这不过是明知会失败却仍然进行的抵抗罢了。在 1930 年代,自行车运动员们穿上了短裙裤,远足者穿上了长短裤,想要诱惑他人的人则穿上了超短裤。女性身体在公共空间的暴露马上对私人生活产生了影响。这种被舆论默认的无伤大雅的场景为身体在性别空间的地位平反。由此开始,裸露在私人关系中自然地发展起来。谨慎的夫妻仍然反感在过于明亮的环境下嬉戏,一方面是出于残存的羞耻感,另一方面——这是一种新现象——是因为他们害怕无法展示出无可挑剔的形体。事实上,此后男性与女性再也不能在身体上搞什么欺骗了,必须达到形体美的标准才行。从美好时代开始,修长瘦削的身体模式就一直占据着统治地位。人们在夏天裸露身体,还必须能够展示结实的身材。于是羞耻感的退步催生了一项介于锻炼肌肉和新出现的节食之间的关于身体的新工作。直到 1960 年代,节食才成为一项全民关心的大事,根据吕克·伯坦斯基的说法,在法国,四分之三的富裕人群以及 40% 的工人都认为自己太胖了。[①]与此相反,消瘦的年轻人则遗憾不已,并把全部的希望寄托在肌肉强化锻炼上;身材扁平的年轻女孩们则被“胸部保健(Oufiri)”式疗法的美好宣传所蒙蔽。出现于 1930 年代的整容外科学在光荣的三十年时期逐渐确立,它的主要服务对象就是女性。直到 20 世纪末,男性才开始求助于整形外科,其目的主要是为了改善秃顶造成的不美观。

在 20 世纪,人们的大胆尝试从未停止增长。1946 年,比基尼群岛的原子弹爆炸 6 天之后,路易·雷亚尔就推出了一种能装进火柴盒里的两件式小泳衣“比基尼”。这种衣服让人们大为震惊,巴黎一家赌场的一名舞女把它介绍给德利尼游泳馆,模特们都认为穿这种泳衣是犯罪行为。但是在不到二十年之后的 1964 年,在圣特罗佩,来自潘普洛纳的游泳者

---

① 吕克·伯坦斯基:《身体的社会使用》,载《经济·社会·文明年鉴》,第 26 卷第 1 期,1971 年。

干脆"去掉了上装"。这些事件造成了轩然大波，但是凭着身体自由以及与毁了日光浴的讨厌的泳衣"白印"作斗争的名义，这一榜样还是引发了效仿效应。但是"穿衣服的"与"暴露胸部的"人混杂在一起，却提出了两种羞耻标准共存以及年龄与性别共存的问题。因此需要实行新的礼仪规则：在一些海滩上，女性动作保守，仪态优雅，男性目光谨慎，不会被当作窥视者，人们可以选择去这样的海滩。①同样，如果选择可以露胸的海滩，也没有任何不自然和别扭之处。这种巴西泳衣也为瓦解人们最后的抵抗作出了贡献。除了始于两战期间，只在某些独立海滩进行的全身裸露，海滩上已经没有什么是遮遮掩掩的了。我们知道，裸露已经在图像领域全面开花，而且形式越来越大胆。

2）被抛诸脑后的公共场合得体规则

直到 1950 年代，真正的羞耻感都服从于严格的规定。法律成为羞耻的守护者，自我检点的行为盛行一时。但是后者却骗不了任何人，因为很多人都在隐密却通透的语言上做文章。

广告首先得到解放。从 1900 年开始，广告中就经常出现穿着诱人紧身胸衣洗漱的女性。这些广告除了招徕效果之外，也为女性身体的非神圣化作出了贡献。直到 1940 年，明信片一直都是大众文化的载体之一，它们也一窝蜂地涌进了这个展现身体的突破口。先是出现轻浮的影射，根据被英勇的士兵"攻占要塞"的比喻，谨慎地表现激情的"事前"或者疲惫的"事后"，甚至凌乱的床铺。从战争爆发开始，明信片就向电影看齐。电影为爱情态度与行为的正常化作出了极大的贡献。在 1930 年代，不管是电影还是海报，性都不再只是暗示，而是直接登上了舞台：身着连身衣与吊袜带的引诱者，横陈榻上晕倒的情妇，充满激情的吻等等，既表现了欲望，也表现了快乐。

在 1956 年，虚伪不再合乎时宜。罗杰·瓦迪姆的《上帝创造女人》是一个转折点，并不是因为他描绘了一个自由女人的爱情（1953 年，伯格曼在《莫妮卡》中也进行过有关的尝试而且没有引起争论），而是因为主人公

---

① 让-克洛德·考夫曼：《女性的身体，男性的目光——祖胸露乳的社会学》，巴黎，纳唐出版社，1995 年。

碧姬·巴铎全身仅着肉色紧身长筒丝袜。路易·马莱在 1958 年的《情人》中呈现人物云雨后的沐浴场景则引发了争论,因为它暗示了身体之爱。1960 年代开始,随着埃里克·霍梅的《收集者》(1967)(这部电影表现的是一个普通女孩的夫妻之爱)的放映,在银幕上表现性的权利得以确认。安托万·杜瓦内尔的《夫妇之家》(1970)表现的则是没有造成悲剧的背叛。随之而来的是身体沉醉在爱欲中,赤裸相对的时代。从 1986 年贝鲁奇《上帝附身》中马鲁斯卡·迪特马斯的口交行为,到斯蒂芬·费尔斯在 1987 年的《抬起你的眼睛》中毫不掩饰的、短暂的同性做爱场景,羞耻的界限在逐渐后退。

今天色情电影与 X 级电影的区别已经减弱。但是色情发展的原因却在于一个更广泛的现象,即性别化身体的商业化。①

3) 色情业与身体的商品化

在 20 世纪上半叶,只有小说依然是色情的主要载体,其传播也遮遮掩掩地仅限于国家图书馆的"禁书处",但是歌曲、小册子、辅助医学性质的著作助长了色情的传播。②审查者们嫉妒地关注着风气的纯洁。《假小子》描绘了一个思想解放的年轻女士的数段爱情,包括同性爱情,但是并没有着力渲染性行为。这本书使得作者维克多·玛格丽特于 1922 年被清除出荣誉勋位得主之列。还有某些作家在他们堂堂正正的著作之外,也写了一些色情淫秽的文字,而且一直隐藏着这些无法承认的作品。吉约姆·阿波利奈尔就曾暗中出版过《一万一千个处女》,路易·阿拉贡也隐身在笔名之下。至于 D. H. 劳伦斯,1928 年出版的《查泰莱夫人的情人》让他声名狼藉。但是在 1950 年代,宽容的门槛变化得非常快。《O 的故事》描写了一些性虐恋的场景,所以尽管小说的文笔优雅,还是在 1954 年甫一面世就被认为是一部淫秽小说。《艾玛努艾尔》叙述了发生在曼谷

---

① 这个词汇直到 1830 年才被正式列入词汇表。

② 阿尼·斯多拉-拉马尔:《第三共和国时期禁书处——1881—1914 年间的检查官与色情书作者》,巴黎,伊玛格出版社,1989 年;多尔利·克拉克曼:《西欧文化中的色情》,载弗朗兹·埃德、莱斯利·霍尔、杰特·海克马主编:《欧洲的文化——性主题(1700—1996)》,曼彻斯特大学出版社,1999 年。

的色情学习故事,但是却逃脱了被遣责的命运。现在,淫秽的文学作品已经日薄西山,气息奄奄。自美好年代以来,推动淫秽文学发展,从18世纪开始就对既定社会秩序进行质疑的力量已经衰落了,尽管1960年代出现过短暂的复兴,当时一些颠覆性的作家希望从性的角度质疑资产阶级社会。事实上,图像已经成为淫秽的第一大载体。

第一批淫秽电影拍摄于1900年代。这些电影都在封闭的屋子、小巷或者咖啡馆放映。淫秽电影获得成功的一个证据,就是从1920年开始,美国政府要求威廉·海斯制定风化规则,要求所有的电影都必须符合这些规则。但是导演们大显神通,他们利用暗示的艺术使得性场景尽管经过了审查却显得更加吸引人。在1950年代,随着"魅力媒体"的出现,禁忌一下子跃进了一大步。1959年,《花花公子》的发行量就已经达到了40万份。从1960年代开始,在风俗解放的大风气之下,色情电影开始发展,同时还生产了一些"软色情"的作品,如《校园女孩报告》。在1970年代,一些对占统治地位的风尚持怀疑态度并且希望能够撼动性禁忌的电影人在电影风格上倾注了自己的才华,但是它很快转向了大众型生产。1975年是一个转折点,因为色情电影的票房占据了总票房的四分之一。法国第一部色情电影《暴露》以60万名观众的成绩位列十大最卖座电影之列。至于《艾玛努艾尔》,从1975年6月到1976年7月一共有200万人次观看。与此同时,1975年12月30日颁布的法令还试图限制这种发展迅猛的电影的传播。根据分级委员会的裁决,"X"级的电影只能在专门的放映室放映,禁止发布广告,而且还被课以重税。但是色情电影的发展并没有因此止步。被逐出放映室之后,它又以一种新的载体出现了,那就是录像带。有了录像带,电影就可以进入家庭并且变得日益普及。1992年,一项针对法国人性行为的调查显示,在25到49岁之间的人群中,有52%的男性和29%的女性观看过色情电影。

淫秽电影在性和身体的影像中造成了深刻的断裂。它第一次重现了赤裸裸的、由一些没有任何感情和私人关系的专业人士以标准方式进行的性行为。现实感丧失的同时,还伴随着对器官和性生理学的聚焦。[1]此

---

[1] 帕特里克·堡德利:《色情及其形象》,巴黎,阿尔芒·科兰出版社,1997年;《色情表演》,载《法国人种学》,第2期,1996年。

外,从质疑过渡到商业阶段的色情电影已经变成大众消费品。因此提供的选择变得多样化,并进一步推动了可接受的限度。口交以前被认为是大胆行为,今天它已经成为一个必需的步骤了。肛交和异常的、冒犯性的体位已经常规化。最后,色情电影已经偏向了变态色情,包括肮脏、恐怖以及兽性。在此基础上,根据巴特里克·博德里的说法,它已经俨然成为一个“世界”,有自己的“金热奖”①,自己的电影节,自己的“色情明星”。突然之间,后者从妓女的身份跨到了艺术家的行列。这是迈向 X 级电影合法化的又一步。1993 年,《电影手册》把《肌肤之梦》(1991)列为“录像厅百部电影”之一,这一事实见证了同样的进步。这种转变也蔓延到其他形式的载体。《他》和《花花公子》早已将赤裸的女性身体变得见怪不怪,但仍然禁止刊登性行为和性器官的图片。不过在需求的压力之下也不得不让步,转向淫秽风格。即便最大胆的杂志《阁楼》在 1980 年代也不刊登口交和肛交的图片,但是从 1993 年开始突变,以至于到了装在塑料套封中出售的程度。女性媒体的标题和文章也逐渐向当时的风气靠拢。至于广告,从 1990 年代开始就已经偏向迪奥或维斯通式的“时尚色情”。色情不再有冒犯人们的感觉,也不再遮遮掩掩了。它大方现身,并为人们提供参考。即使在最传统的商业流通领域,它也促进了销售。色情物品已经不像 1960 年代末那样仅限于欧洲的性商店里。“三个瑞士人”(Trois Suisses)或内克曼(Neckermann)的目录现在也同样推荐振动按摩器和录影带。Canal ＋电视台从 1985 年开始提供“色情”月刊,而且它一家的定购量就占了 2002 年色情杂志总定购量的四分之一。

　　历史学家和社会学家都难以衡量 20 世纪后二十五年发生的转变将要造成的影响。他们在很大程度上忽略了 X 级电影的影响,这些电影把年轻的、完美的身体激情四射地展现在荧幕上,它们谈的是“性”而非性欲。一些罕见的调查似乎根据电影的多样用途将观众进行了区分:对年轻人来说它们是性的代用品,对超过四十岁的男性来说则是迷人的刺激。同样,就女性既服从男性欲望、同时也是愉悦组织者的地位展开的讨论也尚未有结果。1970 年代的女权主义者曾经反对那些看来主要表现性别

---

① ［译注］金热奖(Hots d'or):由法国录像带杂志 Hot Video 设立的专门奖励欧洲境内色情电影的奖项。

歧视的色情电影。但是有些女性也接受了这种态度,因此 2001 年的《卡特琳娜·M 的性生活》以及在 2000 年遭受审查的根据维尔日妮·德斯旁特同名小说拍摄的电影《操我》,才引发讨论。另一方面,在性活动中引入色情形象,尤其是其对儿童想象的影响仍然是一个开放的、令人担心的问题。关于这一主题,2002 年完成的布朗迪纳·克里格尔报告作了说明。①

每个阶段,关于性的羞耻感与视觉禁忌的退步都会引发关于社会与道德将变成怎样的争议。简单地说,关于身体的探讨也会导致对圣经与行为的质疑。

2

关于性别化身体的研究与干预

20 世纪的特点就是关于性、性别以及性欲的言论出现了百花齐放的局面,医学对性别化身体的干涉也越来越多。20 世纪下半叶,科学的进步已经使得后者成为可能。

1) 学术思想的百花齐放:原始性学与"性科学"

出于"求知欲"和想控制身体的愿望,19 世纪的资产阶级定义了一种生物政治学,这门学科的目的在于试图通过控制女性、儿童和非繁殖目的的性②将私人行为正常化。这一计划将性列为研究的目标。但是相关的分析却仍然停留在道德层面上,而且尤其关注那些威胁到正常之性的现象:手淫、性疾病、性"变态"③……这种"原始性学"反对超越性高潮的过

---

① 弗里德里克·巴斯和奥比纳·热尔曼:《请指出人们看不见的性——性考验之下的法国电影(1992—2002)》,《媒体时代》第 1 期,2003 年秋季刊。

② 米歇尔·福柯:《性史》,第 1 卷《求知欲》,巴黎,伽利玛出版社,"历史图书馆"丛书,1976 年;阿兰·科尔班:《身体接触》,载阿兰·科尔班、让-雅克·库尔第纳、乔治·维加埃罗主编:《身体的历史》(第 2 卷),巴黎,瑟伊出版社,2005 年。

③ 存在一些例外,如稍早前安布卢瓦兹·塔迪厄针对猥亵行为和堕胎进行的研究。见安布卢瓦兹·塔迪厄:《风化罪的医学与法律研究》,巴黎,J. B. 贝利埃出版社,1857 年。再版时名为《风化罪行》,乔治·维加埃罗为其作序,格勒诺布尔,热罗姆·米庸出版社,1995 年。

度性行为,并建议合理处置精液,但是治疗并不在它的目标之列。直到19世纪末,随着理查德·冯·卡福特-埃宾出版了《病态性心理》,哈沃洛克·埃利斯出版了《性心理学研究》,以及玛格努斯·伊斯菲尔德[1]所做的工作,在德国和英国的医学和精神病学领域才第一次出现了"性科学"。它建立在病例研究的基础上,试图提出一种性行为和性倒错的"科学"拓扑学,这一拓扑学不再以罪恶为基础,而是以正常和非正常的标准为准则。于是受到《圣经》严厉抨击的鸡奸者悄无声息地进入了病人的行列。违反了传统传教士姿势的性行为也不再被视作对宗教信条的侵犯,而是被当成女性性虐待、同性恋行为或者男性受虐狂的表现。因此男性和女性都扮演了性行为当中某个明确的角色和获得许可的形象。但是相比男性,女性更多地将科学的言论集中在她们的母性功能上。弗洛伊德的理论第一次得到阐发是在1905年的《性欲三论》,他认为快乐是性行为的动机。他的理论与前人的理论之间有着很大的差距,因为其观点从生殖目的的性一下过渡到了享乐主义的性。分析的类型也被颠覆,他提出了关于性倒错的一种新的定义,认为为了达到正常的性,应该以一种和谐的生理发展超越正常的性,即异性的和生殖性的性。但是这种理论在科学上并没有立竿见影的效果。

另外,在1914年战争开始之前,一些女性主义者和社会学家,如斯岱拉·布朗和乔治·伊夫,在一些知识分子如贝尔纳·肖、贝特朗·鲁塞尔的支持下,建立了英国心理学研究会。同样在英国,玛丽·斯多普出版了《婚姻之爱》,这本书大受欢迎,仅在1950年代就售出了超过一百万册,她在书中捍卫已婚女性获得性快乐的权利。此书给她带来了大量信件,她由此成为现代第一位女士甚至男士们的夫妻生活顾问。[2]了解到女性因为害怕"意外怀孕"所引发的焦虑,她在1921年开设了欧洲第一家"生育

---

[1]　卡福特-埃宾的著作直到1931年才引进到法国,皮埃尔·伽内为其作序。另一方面,哈沃洛克·埃利斯的作品热潮从1904年开始出现在法兰西信使出版社。玛格努斯·伊斯菲尔德从1896年开始一共出版了三十多部著作,但是一直到1908年,他的一部作品才被译成法语。这就是《柏林的同性恋——第三性》(里尔,快乐-低俗-阵营出版社再版,1990年)。参见阿兰·科尔班《身体接触》,前揭。

[2]　玛丽·斯多普收到的信件(60幅图片)、她的回复以及在信件中的注释都保存于维尔康医史研究所,并且被莱斯利·霍尔用于男性性别研究,见《隐藏的焦虑——男性的性(1900—1950)》,剑桥,波利提出版社,1991年。

控制诊所"。至于玛格努斯·伊斯菲尔德,德国同性性行为非罪化的先驱,则在 1919 年成立了性学研究所,并且与哈沃洛克·埃利斯、奥古斯特·弗海尔一起于 1921 年共同创办了"性改革世界同盟",其宗旨包括发展性教育和自觉生育、预防卖淫和性病、反对针对边缘性行为的谴责以及促进性别平等。处于起步阶段的法国性学研究加入了同盟,也创办了几本杂志和组织,如爱德华·图卢兹医生于 1931 年成立的性学研究协会和阿夏尔教授主持的性学协会。1932 年,意大利人出版了《性学词典》。①两次大战期间,性学得到了发展,"性学"这一词汇也进入了普通用语的范围。②然而这些先行者们的或然判断仍然忠实于上个世纪业已形成的"两种类型的模式"。③无论涉及的主题如何,这些作者仍然通过女性/男性夫妻关系和一些相关但不明确的补充方式进行研究:被动/主动,学习者/启蒙者,被征服者/征服者。女性的性成为这种歪曲解读的最大受害者。阴蒂被当成一种"男性化"的畸形之物,由此被极度贬低,尤其是被那些信奉精神分析的人。事实上,弗洛伊德将性欲定义为男性的,认为男孩和女孩都应该围绕阴茎来组织他们的性。由于缺少阴茎,小女孩最先采取的是阴蒂手淫,这和男孩们的行为是相同的。然而成年后的女性就应该拒绝这种儿时的乐趣,这种行为甚至被某些人认为是性冷淡的征兆。她应该优先考虑阴道性交,并且出于牺牲和受虐而投身其中,最终使得儿时的阴茎欲望升华。精神分析以改头换面的形式证明了社会强加给女性的角色。事实上,在 1930 年代,弗洛伊德社团内部就爆发了一场争论。英国学派,如麦拉尼·科兰、厄内斯特·琼斯以及凯瑞·霍尼将作为阴茎欲望的阴道快感相对化,并且提出了女性性欲的观点。但是在法国,玛丽·波拿巴和埃莱娜·多伊奇仍然坚持传统的严格立场。只有魏尔姆·莱彻与主导思想决裂。实际上他是强调"性高潮能力"④的第一人。尽管他在 1927 到 1935 年间进行了很有独创性的研究,但是其影响仍然比较有限,

---

① 布鲁诺·汪儒吉:《羞涩的故事——意大利的性问题(1860—1940)》,威尼斯,马西利奥出版社,1990 年。

② 英文 sexology 第一次出现于 1867 年。伊丽莎白·奥斯高德·高德锐·维拉德在其著作《作为生命哲学的性学》中第一次使用该词汇。参见安德烈·贝基:《性的新气象——论性的合理化与民主化》,巴黎,吉麦出版社,1990 年。

③ 托马·拉科:《性工厂——论西方的身体与性别(1990)》,巴黎,伽利玛出版社,1992 年。

④ 《性高潮的作用》出版于 1942 年,但是直到 1970 年才在法国面世。

尤其是在法国,他的著作只有一本,即《性的危机》,并在 1934 年被翻译
出版。

性学家最初的言论很少为人所知。但毋庸置疑的是,他们为将性从
沉默和羞耻中摆脱出来作出了贡献,而且逐渐将快感合法化。他们为 20
世纪后半叶的性科学领域奠定了路标。由金赛报告开始,性学进入了二
十世纪。①

2) 现代性学以及它对身体的干预

阿尔弗雷德·金赛,原为动物学家,他的团队在印第安纳大学性学研
究所内的工作处在与前辈们截然不同的领域。他们的目的不在于将性行
为分为正常和异常,只是借助涉及 1 万个个体的样本调查描绘同代人的
性行为图表。他们的第一部著作于 1948 年出版,主要讲述男性性行为。
第二部著作于 1953 年出版,主题是女性性行为,希望最广大的大众阶层
都能读懂。②美国人立刻意识到了这一事业的崭新之处以及它的颠覆性
影响。除了夫妻生活和繁衍,调查只关注快感、高潮的产生以及达到高潮
的方式:春梦、夫妻外性关系以及同性性关系、兽交等等。在科学的严谨
之下,调查也流露出一种与当时美国仍然流行的压抑性思想相悖的性自
由。③似乎全世界 12 岁以上的男孩都会手淫,金赛强调说手淫不会对身体
造成任何伤害。婚前性行为也很平常。对已婚男性来说,他们的性行为
形式多样,有夫妻性关系、手淫、嫖妓以及通奸。④金赛由此摧毁了贞洁和
夫妻异性性关系的道德规范。他提出了一种截然不同的同性性关系的看
法,认为这是一种常见的体验,但是有从 0 到 6 的不同的等级程度之分。

---

① 菲利普·布勒诺:《性学》,巴黎,法国大学出版社,"我知道什么"丛书,1994 年;安德烈·贝
基:《性的新气象》,前揭;阿兰·伽米:《从金赛到艾滋病:数量调查中性行为的演变》,载《社
会科学与健康》第 4 期,"性与健康"专刊,1991 年。

② 和最初的性学著作不同,这两本书很快就被翻译到法国。阿尔弗雷德·C.金赛的《人类的
性行为》在 1948 年出版时就被巴勿瓦出版社引入法国。《女性的性行为》于 1954 年由当代
图书出版社在法国出版。至于法国的反应,参见西尔维·夏普隆:《金赛:争鸣中的男性与
女性性行为》,载《社会运动》第 198 期,"女/男"专刊,2002 年 1—2 月。

③ 在某些国家,婚外性行为会受到坐牢 20 年的惩罚。

④ 通奸是一项轻罪,但在四个国家除外。

他强调有 37％的男性至少有过一次同性性体验，只有 4％的男性只和同性发生关系。①因此大多数人其实是在异性性行为和同性性行为之间摇摆，这一点无法从病理学或者性异常的角度解释。金赛尤其对不加区分的性行为进行了论证，他对弗洛伊德的女性性关系理论进行了驳斥。他第一个否认了女性性高潮的等级之说，为阴蒂快感正名，并得出结论，认为只有极少数的女性从未有过高潮。金赛认为女性的性和男性的性非常相似。生理阶段（兴奋、高潮、消退）对两种性别的人来说是一样的。他同时认为行为的差异也不能仅仅归结为不同的社会化过程。他支持性快感的平等，以自己的方式认同了《第二性》。金赛报告开创了调查的时代。然而直到 1972 年，西蒙医生才发表了法国人的第一份性报告。②1977 年，性学家哈特·施尔的研究工作以对 3000 名女性的调查为基础，重新对弗洛伊德的学说提出了质疑。她认为女性极少通过单纯的性交获得高潮，而是需要阴蒂刺激。阴蒂由此得以正名，认为女性需要服从阴道性交和繁衍性性行为的观点受到了质疑。

从 1960 年代开始，性学也开始以治疗为目标。两个美国人，医生威廉·马斯特和心理学家维吉尼亚·约翰逊提出了一种建立在对性反应进行实验室观察之上的治疗方案。③他们对性高潮的描述（刺激、平台期、高潮和消退）成为经典描述，以此为依据，他们可以轻松发现病人的机能障碍并对他们进行治疗。他们一方面将性与生殖分开，另一方面致力于修复色情功能，以实现夫妻生活的圆满。他们认为色情功能是所有交合成功的基础。在位于圣路易（密苏里）的诊所，他们向夫妻建议进行非常直接的行为疗法。治疗为期两周，由一男一女两位医生主持，包括四个阶段：信息的收集，治疗方案的确立，通过探索身体进行的感官再教育以及随后进行的以性交为结果的深度再教育，但是禁止过早追求性高潮。建立在快感基础之上并以异性夫妻性行为为中心的疗法，其吸引人之处就是审慎和对快感的承诺。

这一疗法同样催生出一个专家群体：性学家。1974 年，法国临床性

---

① 女性的数字更低：只有 6％到 14％的人有同性性经验。

② 《关于法国人性行为的西蒙报告》，巴黎，沙拉和朱利亚尔出版社，1972 年。

③ 威廉·马斯特和维吉尼亚·约翰逊：《性反应》(1966)，巴黎，罗贝尔·拉丰出版社，1967 年；《性的不和谐及其处理》，巴黎，罗贝尔·拉丰出版社，1971 年。

学会成立。1975年,医生雅克琳娜·康-纳唐和阿尔贝·奈特组织了第一届世界性学大会,并在1978年成立了世界性学协会。这些先驱大部分都是医生,他们和吉贝尔·托德曼一样,都是性教育的热诚拥护者。在法国,性学家构成一个稳固、统一的群体,其中90％的人都受过扎实的性学教育,性学教育1980年代以来就开始在大学设立。另外,有68％的性学家是医生,12％的人是科班出身的心理学家。性学家们治疗的不是性反常,而是高潮失调。他们提供多样的疗法,其根本目的是帮助病人摆脱旧的习惯并且进行调节:首先进行心理疗法,然后是心理身体的治疗,尤其是放松和自我修炼,并根据马斯特和约翰逊的思想进行行为和性治疗。[①]他们的治疗很快奏效,并取得了令人瞩目的成功,导致心理分析疗法受到冷落。后者的治疗时间太长(五到六年),而且没有什么明确的效果,让很多病人望而却步。

　　求助于性学家(即快感医生)的行为本身主要源于人们的需求的确能够解决以及教育水平不断增长、科普知识得以传播。以《她》(Elle)为代表的女性杂志对很多人来说就像无线电节目。在这方面,麦尼·格雷瓜尔在RTL[②]发挥了先锋的作用。从1967年到1981年,她一直在听取听众尤其是女听众们的倾诉,他们通过写信或者打电话的方式诉说"问题"。她给他们建议,并向每个人提出一个解决方案或者意见。涉及到的情况基本上都是关于私人、家庭方面的话题。于是性通过意外怀孕的话题大量出现在广播中。另外,婚外性关系和性冷淡也第一次成为社会主题。希望讨论这个主题的听众数量非常多,以至于麦尼·格雷瓜尔在1973年又推出了第二个节目"性责任"。她和一些"专家"、神父、精神分析学家以及性学家们一起主持节目。医生米歇尔·梅尼昂发挥了关键作用,他推动节目向分析治疗的方向发展,与美国式的性疗法相比,这一方法得到麦尼·格雷瓜尔的大力支持。[③]此后,公开谈论性以及性方面的不和谐成为合法行为。与此同时,一个新的目标也摆在了所有人面前:性高潮作为身

---

① 阿兰·伽米和帕特里克·德·高隆毕:《性学家的职业?》,载《当代社会》第41—42期,"性别的社会框架"专刊,2001年。他们在1999年进行过一项涉及1 000名性学家的调查。

② [译注]RTL:即RTL Television,是德国RTL集团旗下的一家德育电视台,提供免费频道。现在总部设在科隆,除德国本土之外,也在法国、卢森堡及瑞士设立免费法语频道。

③ 梅尼昂博士对翻译马斯特和约翰逊的作品也作出了贡献。

体健康以及心理均衡的条件从此成为必须。很多广播和电视节目对这一话题进行了广泛探讨。但是 1968 年代的 RTL 节目成为划时代的事件，它通过成功进行性活动的要求引入一套新的行为准则。[①]

3) 医学以及对性别化身体的管理

随着整个社会医学化程度的不断增加，性的医学化也变得多样。[②]它既涉及繁衍和生育控制，也与现实或者想象的个人性幻想和性场景得到实现的"性剧本"有关。各种专家参与其中，一系列的诊断和治疗也伴随进行。它可以直接影响公共健康政策。但是对男性和女性来说，它发挥作用的方式却并不相同。

对母性的关注使得女性很早就被医学药方所包围。有妇科医生，却没有专为男性设立的相应的医生。对医生来说，女性的身体首先是一个怀孕的身体，他应该指导它进行没有危险的生产，然后指导它为新生儿哺乳。于是 20 世纪的上半叶主要以对母亲和婴儿的保护为轴心。医生应该抵制堕胎，要求母乳喂养而不是用奶瓶喂养。同时还开始了对不育症的最初治疗。研究人员紧紧围绕为他们的工作提供必须的胎盘提取物的产科学进行研究。关于女性激素的知识更加细致，但因此忽视了男性的激素系统。在这样的条件下，化学避孕的唯一目标是女性也就合乎逻辑了。[③]

1957 年，避孕药在美国取得了合法地位；1967 年新价值法案（New worth）在法国确定了合法性。此后，女性就开始承受比以前严重得多的医学后遗症。[④]激素避孕法使得繁育能力向第二性摇摆。有意义的是激素避孕的发明被严格用于生育控制。格里高利·潘库斯从 1930 年代开

---

① 多米尼克·伽尔东：《梅尼·格雷瓜尔的节目中追求快感的权利和高潮的义务》，载《媒体时代》第 1 期，2003 年。

② 阿兰·伽米：《社会的医学化——社会学与历史方面》，载《男科学》第 4 期，1998 年；阿兰·伽米：《性别的医学化与社会的医学化》，载安德烈·雅尔丹·帕特里斯·格诺·佛朗索瓦·圭拉诺主编：《疗法的进步——性方面的医学化》，巴黎，约翰·利比欧洲文本出版社，2000 年。

③ 德尔菲娜·加尔岱和伊拉纳·洛维：《自然的创造——科学与女性和男性的制造》，巴黎，当代文献出版社，2000 年。

④ 雅克·冈萨雷斯：《生殖的自然与人工历史》，巴黎，博尔达出版社，1996 年。

始就在合成激素领域工作,他观察到排卵的过程有可能受到药物阻塞,但是并没有由此得出有关避孕的结论。从 1913 年开始,美国人玛格丽特·桑杰开始信奉艾玛·古尔德曼的生育控制理论,并在 1950 年第一个预见了其工作的革命性影响,并且获得了一名富有的、坚定的女性主义者凯瑟琳·马克科米克对研究工作的资助。1951 年,潘库斯发现黄体酮能够阻碍排卵。在波尔多·瑞戈身上进行试验之后,黄体酮药片从 1960 年代开始商业化,它完全颠覆了女性的生活,但是仍然需要进一步的医学观察。第一次看妇产科医生以及避孕药药方经常标志着一个年轻女性性生活的开始。偶尔看产科的行为被一种延续一生的管理行为所代替,从避孕到堕胎,还有怀孕时的超声波检查,它完全改变了对怀孕身体的了解并替代激素治疗。①后面几项在最近二十年内有了突破性进展,显示出人们既保持生活质量又保持女性特点的新愿望。另外,战胜不孕症的愿望则把女性的身体变成了科学试验的场地。1970 年开始,随着 CECOS(精子研究和保存中心)的成立,通过捐献者的精子进行体外授精的研究开始进行,1978 年路易丝·布朗在曼彻斯特诞生,此后试管授精进行了一些重要的研究:卵巢刺激,提取卵子,植入多个胚胎,这些干预都会导致多胎怀孕和病态怀孕。这些技术上的成就却提出了一些人们从未想到的问题:死后授精,独身者和同性恋者接受医学辅助怀孕的权力,代孕母亲以及自然亲子和法律亲子分离的问题。依照克隆技术的前景,将来有可能进行没有男性、但是不能没有繁殖细胞和女性子宫的繁殖。对人类的复制和对女性身体的奴役将由此联系到一起。

但是在很早之前,医生们曾经毫不犹豫地改变病人的性身份。当然,20 世纪初想要改变性别的人还不是很多,但是他们要求进行的外科医学手术影响重大,而且不可逆转。法律上在很长一段时间内都把这种手术等同于阉割。这一历史性转折源自把精神病学、内分泌学以及遗传学结合起来的复杂过程。在美好年代,②德国和盎格鲁-撒克逊的精神病医生

---

① 关于怀孕和超声波检查,参见本书第一部分第一章。

② 《易性的女性——一个"坏的性别"?》,《克丽奥》,第 10 期,1999 年;柯莱特·希拉《变性》,巴黎,奥迪尔·雅各布出版社,1997 年;帕特里夏·麦卡特《变性的幻影》,巴黎,干旱风出版社,1994 年;皮埃尔-亨利·卡斯特《不可想象的改变——论变性与个人身份》,巴黎,伽利玛出版社,2003 年。这些书构成了非常详尽的书目和时间表。

开始对易装癖(该词 1910 年由玛格努斯·伊斯菲尔德发明)以及易性癖感兴趣。卡福特·埃宾把它定义为"一种偏执性的性变态",但是哈沃洛克·埃利斯却认为这是异性恋者的一种身份倒错。两次大战之间开始,精神病医生们开始将生物学的进步纳入考量范围。随着染色体和性激素的发现,生物学的进步使得人们能够更好地理解性取向以及性失调的基础。另外,面对病人的痛苦,有些医生很想帮助他们缓解痛苦,开始求助于外科学,以便使病人的身体和性别能够一致。1912 年,医生为一位自杀未遂的女孩施行了第一例乳房切除手术。1921 年,通过伊斯菲尔德的学生费利克斯·亚伯拉罕实施的手术,"罗道尔弗"变成了"朵拉",他是第一例通过外科手术由男性变成女性的人。在完成人造阴道再造术之后,他又进行了阴茎切除手术。但是将这个在当时仅限于专家圈子的话题推向公众的却是埃纳·魏格纳的传记。柏林的医生埃尔文·高邦德为他施行了睾丸切除和卵巢植入手术。1933 年,以笔名翻译出版的《男人变女人——真实的变性实录》成为变性人的经典读物。1946 年以劳拉和米盖尔·蒂庸为笔名的《自我,一项对伦理学和内分泌学的研究》出版。一位英国外科医生为劳拉进行了男性生殖器官摘除,随后又进行了乳房再造术。劳拉在书中以挑衅的方式为性别的自由选择和以外科手术修正"大自然的错误"①的行为作了辩护。与此同时,在 1950 年代激素处方可以合法开具之前,②内分泌学的进步以及激素合成,尤其是 1936 年激情素(oestral)的合成,可以帮助变性人能够部分地自我分泌雌性激素。之后,相关的治疗,不论是外科的还是药品的治疗都成倍增加,而且逐渐变得非罪化:阉割,从 1935 年起在丹麦,1967 年在大不列颠,1969 年在 RFA③ 都成为合法行为。在荷兰,从 1972 年起,相应的治疗甚至能够获得社会保险的报销。也是从这一年开始,美国医学会开始倡导把外科手术当成治疗性倒错的常规方法。另一方面,在法国,直到 1970 年才进行第一例变性手术,直到 1979 年,变性才取得合法地位。事实上,当阿蒂尔夜总会的

---

① 最早的阴茎整形术是一名英国医生 1916 年为一些在战争中截肢的人进行的。

② 从两次大战之间开始,男性荷尔蒙被用来治疗精神紊乱以及"治疗"同性恋。女性避孕药也被用来为男性的变性补充女性激素。

③ [译注]RFA,La République Fédérale d'Allemagne 的缩写,即德意志联邦共和国,也就是德国统一前的西德。

歌手兼脱衣舞女雅克·迪凯努瓦通过在卡萨布兰卡的一次手术变成"戈萨谢尔"，并且在 1962 年获得塞纳河地区的合法户籍并结婚的事件曝光时，医生圈里的人都认为这是一桩丑闻。然而在 1980 年代前夕，美国已经拥有二十家性别身份诊所，已经为 3000 到 6000 名病人进行了变性手术，潜在的病人更是数以万计。对后来者来说，只有打赢关于社会性别和户籍的战役一途了。在 1991 年，因为不恰当地拒绝更改户籍，法国被欧洲人权法庭宣布败诉。之后，更改户籍在欧洲成为事实。变性已经从美好年代的疾病和痛苦，变成一项可以要求收回的权利，并且推动性别分配的争论扩展到生物学领域，为社会标准的内在化以及性别化身体的彻底改变作出了贡献。

　　然而医学开始倾向男性性功能的研究还是不久之前的事。1997 年伟哥的商业化是工业策略的结果。如果没有一种治疗性无能的新疗法，这一策略就不会成为可能。[①]性无能一直困扰着男性，以至于很长时间以来，他们都认为这是巫师的法术，后来又被认为是单纯的勃起功能障碍。心理病理学疗法被很快得到广泛传播的一种纯属器官问题的解释取代。那么，就只需制药产业推出独一无二的灵丹妙药了，口服的方式使得它进入普通药品的范围，并且扩大了潜在的顾客群。对这种药品的需求使得性功能失调的问题成倍显现。人们越来越不接受因年龄导致性活动衰退的事实，就像其他改变了身体舒适度的事情一样。伟哥最终引发了一种关于身体的新概念。性活动被认为是机械性的，并与性伙伴分开。夫妻共同治疗的时代已经不再，取而代之的是个人快感以及享受好处的时代。

　　1981 年，随着一种致死性疾病——艾滋病的出现，性重新成为一个公共卫生问题，并推动医生们尝试改变性行为。当然，我们要强调一点，那就是与性病进行的斗争在 19 世纪和 20 世纪从未让大众阶层感到担忧，它总是将预防、监控传染"携带者"以及治疗联系在一起。利用抗生素彻底根治梅毒，终于终结了困扰中产阶级的噩梦，另一方面也让人放松了警惕。随着艾滋病的出现，流行病学家们站在了最前沿。当时推出的关于危险行为的大型调查改变了人们关于性的观点，性从享乐主义重新成为关于健康的

――――――――――

① 　尼古拉·巴柔和米歇尔·博宗：《医学化考验下的性：伟哥》，载《社会科学研究笔记》，1999年 7 月；米歇尔·博宗：《性的社会学》，巴黎，纳唐出版社，2002 年。

话题。面对新的灾祸，每个社会都以自己的方式做出了反应，并根据病情的严重程度调整了预防政策。在法国，推广安全套的第一波运动是在 1980 年代后半期进行的。该项运动针对的主要是最易受到威胁的人群——年轻人、吸毒者以及同性恋，它并不主张禁欲，而梵蒂冈则认为禁欲是唯一的解决办法。从 1990 年代开始，这些建议取得了部分成效：安全套开始在年轻人、多性伴侣的异性恋者以及经常发生临时性行为的同性恋者中普及。但是夫妻关系，不论是同性的还是异性的，却仍然以信任为基础，并没有像医生们希望的那样受到保护。1996 年三重疗法①的出现使得艾滋病似乎成为一种慢性病，于是人们的警惕性有所降低。在民主社会，关于亲密伙伴的医学禁令实际上已经妨害了个人的自由。

世界在经历避孕药和艾滋病之时，还体验了与生育自由联系在一起的追求快乐的权力。然而性的光荣三十年，却是自十九世纪末以来就已开始，但是直到 1968 年代人们才正式提出要求的性解放长期发展的结果。

3

身体与性的解放

根据人们在 20 世纪上半叶的说法，"风化的自由"是同时通过言论和姿态的解放、传统夫妻道德的违反和禁忌的解除进行的。但是对快感的追求却有它的另一面：那就是拒绝性暴力以及毫无顾忌的性。

1）解放言论和姿态

长期以来，性被禁言，或者被归为肮脏和罪恶之列。20 世纪的前三十年与这些避而不谈和限制的策略决裂，先是采用了一些平庸但明确的说法：关系、私密部分以及性的部分。另外，解剖学的语言在两次大战期间也有了突破，因为极为精确而显得科学化、无性化。有两个词特别突出："阴茎"和"阴道"。但是更技术化的词汇，如勃起、射精或者同父异母

---

① ［译注］三重疗法：即鸡尾酒疗法。

关系,大众了解的程度就没那么好了。另外,在两次大战期间,一些警察或者宪兵的诉讼笔录写得活色生香,充斥着 vasin① 和 pénisse② 这样的字眼。生理学词汇的成功,在很大程度上要归功于社会的医药化以及堕胎的快速发展。女性因为解剖学词汇具有中性化的特点而非常欣赏它们,它们的突破促成了一项新的进步,即以保持距离的方式来命名器官和姿势。这些语言学上的变化使性摆脱秘密状态,并激发出私生活中不断升级的大胆尝试行为。

即使是因为爱情而缔结的婚姻也一样。事实上爱情是与身体之爱和谐一致的。从此之后,羞涩就退居闺房——但并非没有反抗和不理解。世纪之交时,一位已婚女性就曾隐讳地表明,神甫提出的问题让她感到很震惊:"人们跟我提到的那些下流事永远不会在已婚的人身上发生,否则据我所知就是犯下了最下流的放纵行径。对我来说,我只知道自然。"③由于 1970 年以前缺少统计学的调查,这方面的进步是很缓慢的,而且难以衡量。从两次大战期间开始,人们的身体开始裸露,我们已经强调过这一点,但是在光天化日之下做爱还尚未普及。教会和医学界的禁忌却很快被废除。怀孕和月经期间的性关系就是如此,之后它们就只受卫生和健康的约束了。传教士体位肯定还是占大多数的体位,但是爱人和夫妻却越来越不齿于尝试新的体位。

同样,抚摸也变得更加有创意,有些以前只适用于有经验的女性和妓女的抚摸也得以普及。以吻唇为例,在 1881 年,仅此一项就足以构成意图破坏女人贞操的罪行,但是借助明信片和电影的宣传,在 1920 年,吻唇却成为爱的激情的必备表达方式。从 1950 年代起,调情就是青少年身份和文化的组成部分,它有助于青少年进行提前的、渐进式的学习。④大众阶层对蒂索医生的警告无动于衷,一直毫无愧意地进行手淫,而且人们认为这只是取乐

---

① ［译注］Vasin:vagin 的旧式写法,意为"阴道"。
② ［译注］Pénisse:pénis 的旧式写法,意为"阴茎"。
③ 一位已婚女士写的信(1899—1903),她以前是南锡好牧人寄宿学校的寄宿生;保存在主教府的信件(省档案,Meurthe-et-Moselle,50J 65/32)由洛朗斯·大卫公之于众,她的硕士论文就是关于好牧人的(巴黎一大,1994 年)。
④ 关于法国人的调情,参见安娜-玛丽·宋:《温柔的年纪与榆木脑袋——1960 年代年轻人的历史》,巴黎,阿歇特出版社,2001 年;法比亚纳·卡斯塔-洛扎:《调情的历史》,格拉塞出版社,2000 年。

的方式而已,并没有为此担忧。1917 年,在玛格努斯·伊斯菲尔德以及弗洛伊德的弟子威廉·斯岱科勒的推动下,手淫终于摆脱了认知上的屈辱地位。尽管这种变革有些混乱,不断出现顽固的抵抗、后悔与抵触,它仍然是令人瞩目的。在三十年的时间里,手淫已经从危险的罪恶变成了一项"没有严重不便"的青少年习惯,而且人们应该努力把这件事情平常化,以避免孩子感到羞耻和有犯罪感。[1]于是对所有人来说,手淫成为一件可以承认的事情,但也仅仅在 20 世纪下半叶才如此。从 1970 年代开始,性学家们甚至认为手淫是达到高潮的必经阶段。[2]与此同时,从两次大战之间开始,吻唇也在进步。但是在当时,女性和规矩的年轻女孩更多的是被吻而不是采取主动。一直到 1950 年以后,口交才失去了它的地狱式头衔,因为 1922 和 1936年间出生的女性、1958 到 1967 年间出生的女性分别有 75% 和 90% 的人已经尝试过口交。另一方面,在很长一段时间内,女性对"性虐"(一直到 1940年代人们还这样称呼)仍然抱有根深蒂固的保守态度,一些丈夫也是如此,对他们来说,性虐仍然是一种粗暴的,甚至会变成强暴的征服程序。后来人们可以接受性虐了,但只有少数人能够做到,因为在 1922 年,只有 30% 的男性和 19% 的女性有过性虐行为,3% 的人经常实施。[3]但是欣赏的标准已经改变。道德不再禁止采取某些曾经在很长时间内被认为是"最猥亵"的姿势。这些姿势已经从痛苦和身体厌恶转变为快感的标尺。

2) 性与生殖的分离

在性的历史上,20 世纪同样进行了前所未有的变革:那就是性与生殖的明确分离。两次大战期间,欧洲的人口出现了革命,出生率骤降。但是这种转变在法国的历史要更加悠久。[4]从 18 世纪开始,越来越多的农民就已经选择限制生育。在 20 世纪,人们限制后代数量的愿望已经变成显

---

① 出自 1924 年的拉鲁斯词典,让·斯坦若和安娜·冯·耐科在《大恐惧——手淫的历史》(1984)一书中引用。

② 1970 年,73% 的男性和 19% 的女性承认手淫。1992 年,这一数据变成男性 84%,女性42%。

③ 1970 年,19% 的男性和 14% 的女性曾经尝试过肛交。

④ 让-皮埃尔·巴尔代和雅克·迪帕基耶:《避孕,法国人,先驱,为什么?》,载《交流》杂志第 44期,1986 年。

而易见的事实,这让持各种观点的繁衍主义者大失所望。还好男女双方意见一致,新马尔萨斯主义[1]的宣传只不过加深了人们的共识[2]而已。在1930 年代,法国有六分之一的夫妇没有孩子。男性并没有以大男子主义的借口强迫配偶生育,他们有时反而比配偶更马尔萨斯。于是丈夫和妻子就想生孩子的数量达成了共识——"一对"孩子成为家庭的典范。但是有些夫妇,如在西南地区,从美好年代开始就坚持只生一个孩子,而且认为即使这个孩子是女孩也没必要非得再生一个男孩。人们希望将数量不多的孩子抚养得更好,大众阶层的人期望过上小康生活,女性拒绝经常生育,这些因素构成普遍生育态度形成的成因。我们还要补充一点,那就是从 1900 年开始,舆论对多产的夫妇不再客气。在两次大战期间,"兔子式家庭"也让人有种动物式的厌恶。在法国人中,只有一小部分虔诚的天主教徒或者出身贫寒的人才继续保持高生育率。[3]

虽然"避孕"方式仍然简陋,但是其效果已经不容置疑。从 19 世纪开始,性交中断是主要的避孕方式,以至于在乡村文化中甚至引发了一种乡土气息浓厚的形象说辞:阴茎退出就是"磨坊主的一下",就是"谷仓打谷,门前扬场"。[4]在二十世纪初,有三分之二的性交都是采用性交终止来避孕,其次才是安全套避孕,但是两者的数量相距甚远,只有 10％的夫妻喜欢使用安全套。[5]

---

① ［译注］马尔萨斯:即托马斯·罗伯特·马尔萨斯(Thomas Robert Malthus,1766—1834),英国人口学家和政治经济学家,《人口论》的作者。他认为人口增殖力比土地生产人类生活资料力更为强大,当人口增加超过生活资料的增加时,就会发生贫困和罪恶,从而限制人口增长,使二者保持平衡。马尔萨斯认为,避免人口过剩的较好办法是"道德限制"。英国改革家弗朗西斯·普莱斯深受其影响,于 1822 年写了一本提倡避孕的书,还在工人阶级当中宣传节育知识,第一个"马尔萨斯同盟会"于 19 世纪 60 年代成立,大力倡导计划生育。由于马尔萨斯本人以道德为依据不赞成使用避孕方法,因此主张用避孕手段来控制人口的人士通常被称为新马尔萨斯主义者。

② 弗朗西斯·隆桑:《肚腹罢工——新马尔萨斯主义的宣传以及法国出生率的降低(19—20世纪)》,巴黎,奥比埃出版社,1980 年。

③ 关于在英国的情况以及出生率控制,参见安娜-玛丽·宋:《两次大战期间女性在英、法两国的作用》,载乔治·杜比、米歇尔·佩罗主编:《女性的历史》(第 5 卷),巴黎,普隆出版社,1992 年;昂古斯·麦克拉让:《避孕的历史》,巴黎,诺埃斯出版社,1996 年。

④ 让·斯坦若:《十九和二十世纪婚姻中的避孕行为》,载《比利时文献学与历史杂志》,第 2 和第 4 期,1971 年。

⑤ 根据贝迪庸医生提供的信息(《法国人口的减少——后果,原因,应采取的相应措施》,巴黎,F. 阿尔康出版社,1911 年)和我在国家博士论文(《蚕蛹:私生活中的女性(19—20 世纪)》,巴黎,索邦大学出版社,1996 年)中的数据比较。

在 1930 年代的英国也是如此。在 20 世纪上半叶,避孕还只是男性的事。但是避孕的方式越来越多,尤其是在第一次世界大战之后,女性越来越多地开始尝试控制生育,她们清洗阴道、使用子宫内置海绵以及比较少见的子宫托,在新马尔萨斯主义者们的宣传之下,后者在法国开始得到应用。在英国,阴道隔膜受到青睐,玛丽·斯多普在英国和美国都为其做过推广,使它于 1930 年代在美国实现了突破。同样是在美国,杀精浆和杀精霜也都取得了巨大的成功,尽管当时这些商品的质量还有很大的改善空间。[①]1929 年发现的安全期避孕法(Ogino-Knaus)主要依赖于排卵周期的禁欲行为,因失败率极高,尽管不同寻常地得到了天主教会的容忍,影响却很有限。

女性主要以堕胎的方式采取主动。这并不是因为堕胎在法国被认为是调节生育率的一种方式,正相反,它只是在男性的"谨慎"出现问题时的一个补救办法。一直到美好年代,有关人口减少的论战才使医生、道德家以及政客们痛苦地发现问题的严重性。事实上,当时人们已经统计到 3 万例堕胎,但是在 1900 到 1914 年间,这一数字出现了翻番。可能在两次大战期间也出现了翻番,但是应该不超过 20 万例,这是根据当时医疗人员的数量进行的较低推测,这一数字接近自 1975 年堕胎合法化以来自愿终止妊娠的平均数量。[②]堕胎变得普通化,与此同时对它的谴责也变得越来越严厉。某些"邪恶"法令的失败也表明堕胎已经成为一种社会现象。它涉及到所有的女性,无论城乡,首先是未婚女性,但是已婚女性也占三分之一,还有寡妇、离婚女性以及与他人同居者。[③]诚然,只有信息最灵通的那些人才有机会堕胎,疏忽大意一直是采取措施的主要障碍,但是很多人知道向日常社交圈的人咨询,如家人、朋友以及工作伙伴,更不用说人们之间的流言或者那些"黑堕胎婆"们的热情建议了。在 20 世纪上半叶出现了合理堕胎的现象。如果说女性受到现代药物的诱惑,尤其是 1900

---

① 杀精剂的营业额在 1930 年代上升到每年 2 亿 5 千万美元。

② 雅克·迪帕基耶:《1914 年前法国一共有多少例堕胎?》,载《交流》第 44 期,1986 年,以及安娜-玛丽·宋:《蚕蛹》,前揭。

③ 44.1% 的堕胎女性都是单身,37% 的人已婚,11.2% 的人守寡,3.8% 的人离异,2.4% 的人与他人同居。34.4% 的人住在农村,44% 的人住在中小城市,21.6% 的人住在大城市。这些数据来自第三帝国时期的 778 例堕胎案例,其中 81.4% 的案例发生在 1890 年之后。关于堕胎,参见安娜-玛丽·宋:《蚕蛹》,前揭,第 12 章,第 828—908 页。

年以来非常流行的通经剂,那么另一方面她们却越来越不相信大众医学、薄荷、苦艾或者亚麻粉糊的效果了。她们选择了被证明非常有效的子宫内避孕措施:26%的人在子宫内膜穿孔后堕胎,三分之一的人借助注射堕胎,这种方法在1914年以后进展很快。但是在80%的情况下,这些方法都要求得到第三者的现场帮助,或者是健康专业人士,或者是"黑堕胎婆"。[1]有了这些专家,女性跨入了无危险堕胎的时代:手术进行的越来越早,很少是在怀孕三个月之后才进行,钩子让位给细致的探测,英式针管使注射更容易,而且为了避免因为感染而死亡,器具消毒也越来越彻底。如果说堕胎是女性的事,男性往往处于被告知的地位,但是他们却任由配偶面对即使不是致命、但却仍然痛苦的考验。对孩子的恐惧比承受痛苦或者生病的恐惧更甚。如果不像昂古斯·麦克拉伦那样从堕胎中看出日常生活中的女权主义,那么堕胎的女性其实是承认她们放弃了在无论是夫妻生活方面、医学方面还是宗教方面对自己身体的监管。[2]在法国,1923年3月23日颁布的法案,1939年通过的家庭法以及维希时期1942年2月15日法案都将堕胎列为危害国家安全的罪行,甚至有可能会判死刑,但是这些法规不断遭到反对;与此相反,英国意识到了堕胎不可逆转的传播,选择了宽容的态度,并在1939年宣布允许女性在"生理和精神受损"的情况下进行堕胎。

如果说在两次大战期间性和生殖已经分离,但是怀孕的危险却始终困扰着爱人们的生活。女性随着月经周期的节奏,生活在忧虑和解脱之间。男性如果知道自己有可能当上父亲,就会吵吵嚷嚷地表达自己的不快。一时的冲动戴上了枷锁。至于婚外情,它们承受的生殖风险之苦就更多了。避孕药的出现即使没有改变希望控制生育的古老愿望,也消除了可能发生的事故,而且今天这种事故也可以用自愿终止妊娠(IVG)进行修正。[3]它首先为女性带来了福音,女性可以没有恐惧地享受更加充分

---

① 在45.1%的情况下,由专业医务人员提供帮助,其中占第一位的是(三分之二的情况)接生婆;其次是堕胎师(三分之一的情况)以及家人(16.4%)。

② 昂古斯·麦克拉伦:《性与社会秩序——关于女性与工人生育率的讨论》,纽约-伦敦,霍麦斯与梅耶出版社,1983年。

③ 关于IVG在法国的合法化过程,参见加尼纳·莫苏-拉沃:《爱情的法则——法国的性政治学(1950—1990)》,巴黎,帕约出版社,1991年。

的性生活。"想要的时候才要孩子"这句话反映出生育牌的翻转。尽管男性从未滥用过他们对女性生育的影响力,但是今天他们还是失去了在这方面的控制。但他们也同样从控制身体的必须中解放了出来。即使有些女权主义者认为化学避孕对女性是一种威胁,认为女性从此以后就要受到男性欲望的奴役,因为它们总是可以使用的,但是对男女双方来说,避孕仍然是一种决定性的进步。

3) 趋势:所有人的性和追求快感的权利

20世纪的性不再拘泥于婚姻的狭小范围内。这种转变在很长一段时间内都是秘密的。同样,在1968年之后的影响下,同性恋的斗士们和同性恋革命行动阵线(FHAR)宣布:"让我们无拘无束地享乐!"这种要求象征着一种决裂,其实它只不过使得一种事实浮出水面并为人所知而已。事实上,法国人已经懂得如何悄悄地得到他们不敢公开捍卫的自由。在六十年的时间里,所有官方的言论和文件都众口一词地称赞女性的贞洁和规规矩矩的夫妻性生活。因此追求性快乐需要违反宗教道德、医学信条以及政客们的胆怯,后者总是小心翼翼地不让选民感到震惊,尤其是不能让选民的代表们感到吃惊。

不忠的女性第一个享受到这种叛逆带来的好处。长久以来,在双重道德之下,偷人的丈夫一直受到公众的宽容。[1]当时刑法受到公开的嘲弄,因为它对通奸的女性处罚更严厉。[2]法律变得越来越人性化,因为1890年之后,时代已不再是一个敢于监禁女性的时代了。处于非罪化过程中的通奸最后经常只需要缴纳原告提出的象征性罚款以支持离婚手续即可。1884年的法令恢复了男女之间的平等,因为通奸对双方的配偶来说都是一项严重的错误。舆论的态度也在改变。1900年以前常用的说法,如"有罪的关系"或者"不正当关系"具有道德谴责的意味。通过流言蜚语、检举信,间或还会通过大闹式的公开指责——尽管这种情况极

---

① 关于通奸的问题,参见安娜-玛丽·宋:《蚕蛹》,前揭;《男性通奸的黄金年代:第三帝国》,载《社会史杂志》第28卷第3期,1995年,第469页。

② 最初为女性设立了三个月到三年不等的刑期。

少——揭发不正当关系的现象主要出现在法国乡村或者小城市。这种社会监控在本世纪初开始崩溃,尽管诽谤依旧存在。好在舆论会原谅"不幸"的女性,她们受到虐待或者欺骗,于是寻找家庭之外的安慰。丈夫们也不再像在 19 世纪那样诉诸暴力,当时的刑法对这种暴力持宽容态度。[1]在 1840—1860 年间,有五分之一的谋杀案与通奸有关,这一数字从 1880年开始就一直稳定在 5%。与此同时,丈夫和妻子也越来越倾向于采取同样的态度。为了自我原谅,他们都说共同生活已经结束,或者对对方有严重的不满,比如对方酗酒、虐待女性。在争吵、感情破裂和夫妻感情消退之外,他们越来越重视"夫妻生活不和谐"的理由。然而在正当理由背后也透出通奸的享乐主义理由。64% 的不忠妻子找的情人要比丈夫年轻,甚至有 39% 的人挑选的情人比自己还要年轻!同样,80% 的情况都是不忠丈夫的情妇比妻子年轻。总之——但是直到 1960 年代,人们还是不敢承认这一点——在婚外关系中,很多人其实都是为了快感。

在他们的前辈之后,年轻人也在一点点享受着婚外性关系。[2]父母监护责任的减轻和因爱情而结婚的胜利加速了自美好年代以来的这一过程。应该诱惑他或者她的未来伴侣,而且性关系中的甜言蜜语也变得必不可少。从 1914 年之前开始,有 15% 到 20% 的夫妻就不再等到婚礼才"消费"他们之间的结合了。两次大战期间,已经有超过三分之一的夫妻符合这种情况,因为 20% 的新嫁娘都已经怀孕,12% 的人已经是一个孩子的母亲了。1959 年,30% 的女性承认有婚前性行为,还有 12% 的人拒绝回答!从 1960 年代开始,只要有了爱情一切行为都可以被原谅,此后甚至连不以婚姻为目的的关系也是如此。从 1972 年开始,90% 的年轻女孩在 18 岁时就不再是处女了。[3]此后,性教育的条件被颠覆,年轻人之间相互学习。1970 年,25% 的年轻人在发生第一次性关系的时候,彼此都是第一次,但是有 43% 的男孩和 51% 的女孩已经得到过更有经验、但是和他

---

[1]　杀死通奸女性及其共犯的人,只要丈夫当场抓获通奸双方,就可以获得宽大处理。

[2]　显然,婚前性行为在 18 和 19 世纪已经有所发展,因为作为间接参数的婚外生产数量在1760 年到 1860 年之间增长了 5 倍,在法国从 1760—1769 年的 1.8% 增加到 1860 年的 7%。参见安娜-玛丽·宋:《姘居与不合法性》,载皮特·斯汀主编:《欧洲社会历史百科全书》,纽约,查理·斯科伯纳之子出版社,2001 年。

[3]　数据源于 1972 年进行的第一次调查,加尼纳·莫苏-拉沃在《爱情的法则——法国的性政治学(1950—1990)》(前揭)中引用。

们同龄的性伙伴的指点。卖淫也是如此,它在很长时间内曾经为人们的社交和男性的幻想提供了素材,但是后来却迅速衰退。在 1970 年,只有 9％的年轻男子是在专业性工作者的帮助下初懂人事的,但是在他们的前一代人中,这个比例则是 25％。1992 年,这一数字更降至 5％。[①]风气的解放使得人们可以享有酣畅的性生活,从而减少了买春的空间。另外,当代人敢于捍卫男女双方的婚外性关系。在很长时间内,人们的言行并不一致。在 1961 年,16—24 岁的人中还有 66％的人认为婚前性关系对男孩来说是"正常"的,甚至"有用"的,但是 83％的人认为对女孩来说婚前性关系就是"危险"的或者"应受谴责"的。[②]但是在 1970 年,不到 30 岁的人中有 80％的男性和 74％的女性都认为这是正常的。在这方面,英国和法国经历了同样的历程。婚前性关系发展迅速:在 1904 年出生的女性中,只有 16％的人有过婚前性关系的经历;出生于 1904—1914 年间的女性则有 36％的人有过这样的经历。[③]但是在那些宗教影响尚存的国家,情况就大不相同了。在荷兰,宗教党派的地位非常重要,在政府制定的措施的配合之下,他们的影响进一步加深,一本正经的环境限制了风气的解放,以至于在 1955 年,荷兰的犯罪率达到了最低程度。但是从 1965 到 1980 年,这个国家在宽容性方面的变化巨大。在爱尔兰这个天主教国家,犯罪率停滞在 2％左右,在 1961 年甚至降到了 1.6％的最低程度。避孕仍然是忌讳的话题。

但是也有例外。事实上,不但婚外性关系变得非罪化,就连它的风险也迅速降低。意外怀孕的风险随着避孕药的出现消失无踪。在法国,年轻女孩们早就学会用性交中断或者最后的解决办法——堕胎来控制"事故"的发生了。思想正统的资产阶级认为是大众阶层首先开拓了这条道路。一项针对第三帝国的调查表明,已经有过非婚性关系的女孩中,有 35％是工人,29％是女佣,22.7％是农业短工或者农场工人。从 1960 年

---

① 数据来源于《关于法国人性行为的西蒙报告》,前揭;完成于 1992 年的《法国人的性行为分析》(ACSE)。参见尼古拉·巴柔、米歇尔·博宗、阿莱克西·费朗、阿兰·伽米以及阿兰·施皮拉,《艾滋时代的性》,巴黎,法国大学出版社,1998 年。

② 《16—24 岁人的所是与所思——一份 IFOP 调查的分析》,里昂,百人队长出版社,1961 年。

③ 如果说私生的比率在 1840—1960 年间比较稳定(大约 3.4％—5.4％),那么婚前怀孕的比率在法国上升了许多:从未低于 16％。

代开始,中学生尤其是大学生表现前卫,是年轻人中首先将性自由理论化的人。他们不再满足于以夫妻生活和谐的名义捍卫性经验,还要求能够满足毫无内疚感,不涉及感情的性的欲望和冲动。①

此后,性与婚姻开始渐行渐远。从 1970 年代开始,同居成为迈向夫妻生活的正常方式。在法国,1965 年有 12% 的未来夫妻在举行婚礼时早已经生活在一起,1968 年为 17%,1977 年为 44%,1997 年为 87%。共同生活为婚前性关系提供了保障,婚礼不再是必须的社会性过程,人们经常在第一个孩子出生之后再举行婚礼。丹麦和瑞典走在了这一运动的前列,其次是大不列颠以及法国。在法国,这种决裂力度非常大:在 1991年,25% 的孩子是非婚生的,1997 年则有 37.6%,2000 年之后,有一半的孩子都是非婚生的。另一方面,法律也起了推波助澜的作用,因为非婚生儿童与婚生儿童的地位完全平等,同居伴侣也一样能够享受到社会保障。法国一共有两百万对夫妻,即六分之一共同生活的夫妻是没有法律关系的。

如果说年轻人的性得到承认,那么老年人的性在很长的时间内都处于遮遮掩掩的状态。人们寿命的延长和身体健康的改善都需要提出一个新的与对性活动的限制逐步减少相适应的解决之道。在《幽谷百合》②时代,女人三十岁就不再谈情说爱了。在美好年代,女人们的引退期推迟到四十几岁。在两次大战期间,欧莱雅建议四十几岁的女人们染发,因为只要染了头发,她们一样能够诱惑男性!男性也是如此,他们被认为应该过了五十岁再开始控制冲动。但是禁忌的力量仍然非常强大,尤其是对第二性别来说。因为在 1970 年,超过五十岁的女性中只有 25% 的人宣称在最近十二个月中仍然有性关系,男性的数字则为 55%。到了 1992 年,她们中间有 50% 的人宣称自己有活跃的性生活。对丈夫健在的妻子来说,这一数字甚至达到了 80%,男性的则为 89%。③男女之间的差异已经大大缩小。然而女性在守寡之后经常拒绝开始一段新的关系,倾向于为自己的性生活画上句号。与此相反的是,能够让男性保持雄风的伟哥大获成

---

① 安娜-玛丽·宋:《温柔的年纪与榆木脑袋》,前揭。

② [译注]《幽谷百合》:巴尔扎克的一部爱情悲剧小说。

③ 克里斯蒂安·戴尔贝和若埃尔·盖缪:《爱情的秋天——五十岁之后的性生活》,载《人口》
第 6 期,1997 年。

功,这一点最清楚不过地表明了男性拒不放弃性生活的态度。

在本世纪的最后二十五年,人们违反的最后的禁忌就是偷窥和交换性伴了。当然,"两王两后"式的活动并不是直到粉色电视网(Minitel rose)①和小广告出现之后才有的,但是它们仅限于参与者的小圈子。这种被达尼埃尔·维尔泽-朗称为"商业性的多人性行为"的活动人人皆知,在一些公开的并且收费的场所进行:俱乐部、餐馆、桑拿浴室。它导致男性买春需求的重组,因为男性更喜欢以放浪形骸者而不是顾客的形象出现,同时使夫妻涉入其中。在此情况下,这种做法经常是出于男性的要求,会引发女性的抵制,尽管后者试图限制游戏的底线,而且主要目的总是让男性通过交换伴侣而得到新的性伙伴。在性自由的表面之下,实际上掩盖着一种新的男性统治形式。②

4) 从所有人的性到所有的性?

同性性行为同样得益于风气的解放以及婚姻所强加的异性恋标准的消退。同性恋的历史并不是线性的,它经历过前进和后退。与此同时,对同性恋的谴责一直贯穿着整个 20 世纪。德国和英国的法律允许人们逮捕成年同性恋者和接受同性恋者的人,即使他们是在私人场所也一样。魏玛共和国时期,同性恋运动的第一要求,就是取消德国的第 175 条法令。在 1930 年代和 1940 年代,美国的很多城市和州也采取了镇压性的举措,甚至把同性恋者监禁以及逐出公共机构。法国却是一片乐土。除了维希时代,同性恋并没有怎么受到谴责,对性犯罪的斗争也对同性恋和异性恋一视同仁。但是在任何地方,女性的同性恋行为都不受惩罚。社会对女同性恋睁一直眼闭一只眼。20 世纪上半叶,除德国以外,指称同性恋者,不用 misogyne(厌恶女性的人),而代之以 Homosexuel,后者常常也指女同性恋者。抑制女同性恋反而越发意味着人们承认女性可以拥有自主的性,而且她们的生殖功能并没有改变,人们认为她们还是能够被教

---

① [译注]Minitel:法国邮政通讯部推荐的对话式电视传真询问系统,其作用相当于现在的局域网。

② 达尼埃尔·维尔泽-朗:《交换——一种男性占统治地位的商业性多性伴行为》,《当代社会》第 41—42 期,2001 年。

育好。

1920 年代开始,同性恋开始拥有前所未有的显性地位。文学为此作出了一定贡献。马塞尔·普鲁斯特死后,他的两卷本小说《索多姆与科摩拉》出版;安德烈·纪德在《田园牧人》中坦陈自己是同性恋者;英国也出版了一部女同性恋的情感教育小说——霍尔·拉德克利夫的《孤独之井》。此外,同性恋者们组织起来,在伦敦、巴黎、纽约都出现了同性恋"场所",尤其是在柏林,它的酒吧、俱乐部、协会、媒体都让同性恋者能够相识、娱乐以及生活在光天化日之下。[①]其实每个国家都有自己的同性恋文化。在英国是精英主义的,在法国是个人主义的,在德国是共同体和充满斗争精神的。德国是第一个捍卫同性恋运动的国家,WhK,即"科学与人道主义委员会",由伊斯菲尔德 1897 创建。在 1920 年代的英国,同性恋甚至是一种时尚。当然,这种时尚仅存于一个狭窄的圈子里,主要是艺术家和知识分子组成的受过良好教育的富裕精英阶层。在这个同质性的圈子里,同性恋时尚反映出一种很自然的态度。实际上,它依托于以绝对男性特质为基础的两种体系:公立学校和大学。在橄榄球队重组以及 1840年住宿生大量增加之后,公立学校成为 10 到 18 岁男孩升入高年级的必经教育场所。在年长学生遵循完美原则,统帅年幼学生的性禁闭场所,针对新生的恶作剧和虐待现象很常见,但浪漫的友谊和同性恋行为也屡见不鲜。此外,同性恋现象虽然不时遭到管理人的斥责,但实际上是被默许的。公立学校的首要职责是培养领导精英,这一精英阶层因共同价值观和对同性恋具有高度认同感、忠诚度而团结在一起。于是,同性恋现象得以普及,而且被视作一种青少年时期的行为,不会对将来的性取向产生任何偏见。大多数学生还是会结婚,但是对那些出柜的同性恋者来说,注册结婚也不会带来负罪感。大学只是进一步强化了公立学校的传统。在两次大战期间,剑桥和哈佛都是学生以及教师之间的同性恋大行其道的地方。以友谊、家庭关系以及大学经历为特点的布卢姆斯伯瑞(Bloomsbury)的小圈子在这方面堪称典范。在德国和法国,19 世纪以来走读学校不断发展,因此没有公立学校的类似机构。可能这里还有法国特色的原因,

---

① 弗洛朗斯·塔马涅:《欧洲同性恋的历史——柏林,伦敦,巴黎(1919—1939)》,巴黎,瑟伊出版社,2000 年;乔治·尚塞:《纽约基佬(1890—1940)》,巴黎,法亚尔出版社,2003 年。

因为在法国,同性恋并不成规模,而是分散的。一个共同生活的"舞台"会促进最初的同性恋身份的确认。在两次大战期间,英国著名的同性恋人物之一克里斯托弗·埃瑟伍德于 1970 年代在美国同性恋运动组织内部发起的呼吁有着重大意义,它保证了同性恋运动的发展。

从 1920 年代开始,人们对同性恋的宽容态度似乎在不断进步。这种宽容甚至成为现代性的一种标志。一些异性恋的画家,如奥托·迪克斯还有乔治·格罗斯都被柏林以及那些戴单片眼睛的假小子们迷住了。当然涉及的还只是一小部分知识分子,但是媒体在总体上对这些作品是持肯定态度的。尽管如此,在没有调查的情况下,舆论的态度还是很难衡量的。在中小资产阶级以及大众阶层内部,反对同性恋的呼声似乎依然很高。但是对工人阶层倒是应该有所质疑,他们构成了妓女和被追求的同性恋者的绝大部分,其不断增长的数量的确与社会危机有很大的关系。拥有一名工人情人甚至成为很多英国人的理想,他们将强壮男性的吸引力与被压迫阶层的反抗联系起来。如果说人们在 1914 年以前对同性恋更加宽容,但还是不应夸大舆论的变化速度,德国就是一个例子。同性恋们已经获得的宽容仍然十分脆弱,1933 年以来针对同性恋的镇压就说明了这一点。国家社会主义的意识形态将同性恋者视为国家的"敌人",这种意识形态起了决定性的作用,但是舆论对他们的命运同样表现得漠不关心。专制由此发动了阉割同性恋者的行动,后来又不经审判就将他们关押在集中营。最后,从长刀之夜①开始,对他们实行身体上的消灭。具有特别意义的一点是,直到很长时间之后,历史学家才对他们遭受的迫害感兴趣。

在第二次世界大战之后,歧视变得有知识含量了。法国于 1968 年开始正式采用世界卫生组织的分类,其中同性恋被认为是一种疾病,精神病科医生试图利用最粗鲁的手段进行治疗:电击,甚至切开他们的脑叶。另外,在 1954 年,受到宣传的毒害,36% 的同性恋者都自认为是病人。在这样的境遇之下,同性恋转入地下。在法文杂志《阿卡迪》(*Arcadie*)(1954)捍卫集体意识的觉醒时,同性恋者们仍然保持谨慎的态度,拘于自己的小

---

① [译注]长刀之夜:纳粹时期德国的一起政治事件。1934 年 6 月 30 日希特勒上台后,由于害怕冲锋队(SA)成为过于强大的力量,害怕因政变而失势,他命令他的党卫队(SS)清除冲锋队员的领导人。当晚,数百名冲锋队员被 100 名效忠希特勒的党卫队杀害。

性 别 化 身 体

1. 《海水浴》，《极简主义》，1907年8月，德国。

　　《极简主义》是德国最大的讽刺杂志，习惯于在扉页刊登一幅讽刺画，但是1907年8月，这期杂志选择了一张表现一种新"趣闻"的照片：海滨度假。照片突出了海滨的社交特点以及条纹的中性紧身衣。它说明了在展露身体的过程中已经取得的成就：大腿、胳膊，甚至穿着最早的吊带的肩膀都是赤裸的。但是两个年轻女性还是戴着帽子，以保持上层社会所看重的白皙的脸色。

2. 长岛的沙滩，1969年，纽约。

　　在1969年的沙滩上，一切皆有可能：一件式泳衣，两件式泳衣，男性的运动短裤。裸露胸部的现象最早于1964年出现在圣特罗佩，当时一些美国的海水浴场仍然禁止穿比基尼。

3. 1974年路易·雷亚尔在其位于剧院大道的比基尼商店中。

　　原子弹在比基尼群岛爆炸6天后，比基尼泳衣出现了。随着羞耻感的退步与对全身晒成古铜色的向往，它在面世30年之后统治了海滩和市场。1946年，这种泳衣还曾引发轩然大波，把它介绍给德利尼游泳馆的人并不是模特，而是巴黎赌场的一位舞女。

4. 色情电影海报前的老年男性，1976年，巴格里亚，西西里。

在1970年代，色情首先通过电影海报闯入公共空间，它们贴在墙上，暴露在所有人面前，无论是孩子还是成年人。由此造成了不同道德世界的冲突。

这张照片上的两个西西里农夫与供所有人观看的女性所代表的性解放是完全对立的。

5. 色情电影柜台。

色情电影首先在专门的电影院中播放。随后出现在一些加密电视频道中，甚至一些较晚时段的电台频道中。盒式录像机的发展调整了它们的传播方向，录像带更多地在性用品商店以及后来的音像租赁商店中出售。观看录像带主要在家庭内部（某些俱乐部）进行，后来又扩散到女性观众甚至青少年。

6. 露易丝·布朗：多纳休秀，1979年9月8日。

露易丝·布朗是第一个试管婴儿。她坐在父亲膝盖上与公众见面。在法国，第一个利用试管授精技术诞生的孩子阿芒蒂娜出生于1982年。此后每年都有四千到五千例体外受精手术。

8. 南·戈尔丹：浴室中的吉米·波莱特与禁忌！，1991年，纽约。

南·戈尔丹是美国最著名的摄影师之一，她的作品经常是挑战性的，其风格介于社会纪录片与隐秘生活之间。她以自己的生活、她的情人、她的大家族成员为研究对象，不管他们是异性恋者、同性恋者、易装癖还是变性人。她发展了对美和性的新的解读方法，就像这张照片表现的一样：注重性别的内在，以及对性别藩篱、性的身份和"种族"的违反。

7. 奥林匹亚的瓢虫，1964年。

"瓢虫"是一个艺名，来自现代希伯来语中对变性人的称呼。他出生于1931年，1953年开始在巴黎的一家以滑稽便装为特点的夜总会阿蒂尔夫人登台表演。1958年，他在卡萨布兰卡接受手术，是第一位媒体报道的变性人，他的生活和两次婚姻都曾轰动一时。其艺术生涯在1964年达到顶峰，一家杂志刊登了题为《寻找女人》的一篇文章。在报道中，瓢虫身着袒胸露乳的礼服和皮草，梳着淡金黄色的发髻，展现了浓郁的女性气质。

9. 福斯特一家，约1900年，德国。

这张照片表现了一个发展到全欧洲的完美的马尔萨斯式家庭。父母是优雅的资产阶级，围绕在独生女儿身旁，女儿则是万千宠爱集于一身，她考究的服饰证明了这一点：窄边软帽，围脖，以及皮草手笼。

10. 吉耶尔曼一家，科尼亚克－热奖的得主，1936年，巴黎。

科尼亚克－热奖由乐施会的创立者埃内斯特·科尼亚克与妻子玛丽－路易丝·热于1920年成立，目的是褒奖每个省至少有九个小孩的家庭。从房间的装饰可以看出，这个得奖的家庭显然很寒酸。这个家中有十二个孩子，除了夫妻两人，还有一位老奶奶和一个大女儿帮助他们照顾两个小女孩。

11. 明信片《新年好》，1930年，法国。

自美好时代以来，明信片就是大众文化青睐的载体，经常表现亲切的父母以及受到宠爱的孩子。如果说那对"伴侣"的生活是自19世纪以来无数法国人的梦想，这张明信片还表现了一个新的事实：它是女性化的。慈爱的父亲不再必须有男孩，而且表现得心平气和，但是在很长一段时间里，男性都认为男孩才是他们阳刚之气的证明。

12. 科费农医生：事前，事中，事后——卫生与预防，后附关于男性性器官紊乱与功能的研究，巴黎，1934年版的封面。

极少有医生能够像科费农医生那样涉及一些禁忌的主题，如自慰或同性性爱。为了避免触犯禁止进行新马尔萨斯主义宣传的1920年7月31日法令，后者声称自己只研究卫生问题，但是从作品的封面却很容易看出，这些都是关于性行为的话语，以及作为本书中心议题的避免怀孕的方式，坐在一张很有特色的床上的裸女暗示了这一点。

13. 《建立了家庭，她就完成了使命》，国家家庭与健康秘书处编辑的一个小册子《花样生活》中的一幅插图，1943年，法国。

维希政府成立了很多机构专门管理家庭：1941年9月的家庭警务处，1943年的国家家庭与健康秘书处。后者编辑的小册子表现了一个有四个孩子的家庭，母亲处于中心地位，背景中的父亲对自己抚养者的角色心满意足。"女人"的意义被贬抑为繁衍功能，以及为国家服务的地位。

Les avorteurs tuent un petit Français sur trois.
Ceux qui les protègent trahissent la France au profit de l'étranger.
Une seule place pour eux tous : Au poteau!

14. 费尔南·博弗拉: 我们如何克服出生率的下降, 巴黎, 1938年。

　　1914年的大战重新激发了一些民族主义组织行动的增加, 如法兰西人口国家联盟秘书长费尔南·博弗拉就是一个骨干分子。在1930年代, 它们的宣传变得强硬起来, 把人口减少、国家破灭与战争直接联系起来。这些活动都主张对堕胎进行更加严厉的镇压, 事实上1920和1923年颁布的法令已经强化了这种镇压。费尔南·博弗拉甚至建议对私下替人堕胎的收生婆采取死刑, 因为他们是这场"谋杀形式"的同谋。

15. 选择协会的海报，法国，1970年代。

1971年，博比尼堕胎案中的辩护女律师吉塞勒·阿利米创建了选择协会，它在女性争取控制自己身体的斗争中发挥了决定性的作用。在这张三折画式的海报中，避孕和被认为是"最后一招"的堕胎与"期望的怀孕"连在一起。在1979年出版的《选择孕育生命》一书中，该组织的创立者对后者进行了捍卫。

16. 堕胎与避孕自由运动（MLAC）的游行，1973年12月6日，巴黎。

堕胎与避孕自由运动成立于1973年3月，参加了一些斗争，目的是争取在计划生育中心进行纽沃斯法令认为合法的堕胎。1973年，它同时要求避孕免费——直到1980年才投票通过——和堕胎的合法化，后者于1974年得以实现。和吉塞勒·阿利米一样，该运动的斗士们并不拒绝怀孕，但捍卫生自己想生的孩子的权利，这样的孩子才会得到疼爱并且幸福。

17. 《自由的爱情》，《快报》，1965年1月11日。

直到1968年，媒体，尤其是电视，还对一些像堕胎或者自由结合这样以危险著称的话题保持审慎的态度。但是关于外国的报道中却经常涉及这些话题，特别是瑞典，这个国家被宣传为性自由的天堂。

18. 安达卢西亚画家拉斐尔·伊格莱西亚斯创作的招贴画，2005年，西班牙。

这幅画在西班牙引发过很大的反响，因为天主教在西班牙仍然是一股重要的社会力量。此画实际上将《新约》用于反对艾滋病的斗争。画中的基督形象传统，但是手中拿着一个安全套，而且说的也不是"生长吧，繁衍吧"，而是"像爱自己一样爱你身边的人。请使用安全套。预防是圣洁的"。

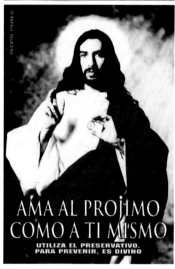

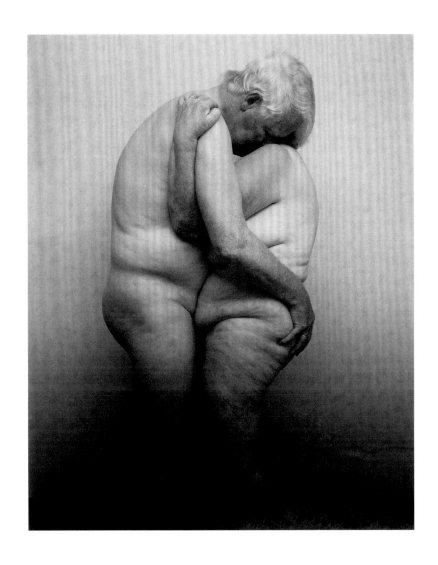

19. 玛丽·博：伊丽莎白与科尔，2001年。

　　玛丽·博的这张照片展现的是两名七旬老人的裸体，对爱情影像中年轻人一统天下的现象提出了质疑，打破了关于老年之性的禁忌。

20. 鲁道夫·施莱特：女士酒吧，1925年，私人收藏品。

同乔治·格罗斯一样，鲁道夫·施莱特是德国共产党艺术协会的创建者，也是"新客观性"小组的成员，他参与了魏玛时期的前卫艺术活动，其风格介于新现实主义、社会批评和报道之间。和奥托·迪克斯一样，他对柏林的男女同性恋场景非常感兴趣。尽管有些倾向于保守主义思想，他的作品还是参加了1934年纳粹组织的"蜕化艺术"展览。

21. 要求承认同性恋合法的游行，1968年，纽约。

在美国，警察镇压同性恋者的现象屡见不鲜，但在1960年代的抗议风气下，对性取向的歧视开始被揭发出来。上图中的游行可能是人们第一次看到女同性恋者毫无羞愧地要求承认她们的身份："我是女同性恋，我很漂亮"，第一排的年轻女性发出了这样的呼声。

22. 同性恋骄傲，2003年，纽约。

　　1971年6月28日，同性恋解放战线和同性恋活动联盟的斗士们组织了第一次解放游行，目的是纪念1969年由于警察闯入石墙酒店导致的持续三天的骚乱。此后每年的6月都会组织游行活动。2003年，走在队伍前列的是石墙事件亲历者联合会，它标志着为争取权利的合法性而进行的三十年政治斗争。我们可以注意到照片背景中的彩色气球，在一些游戏性质的游行队伍中也经常有彩色气球。

圈子内。直到 1969 年,警察进入同性恋者经常光顾的纽约石墙酒店,发生了一系列动乱,同性恋的问题才暴露在全社会面前。之后,舆论的进步一日千里。1974 年,美国精神病学会将同性恋从精神疾病的名单上删除。与此同时还爆发了声势浩大的请愿运动,先是在美国,后来至欧洲,最后在法国。在 1968 年 5 月的抗议浪潮之下,法国还成立了具有革命性质的同性恋阵线。镇压性的法律被废除。1985 年的反歧视法将性别偏好列为与宗教、性别、民族同等的地位。"出柜"现象倍增。1979 年第一届同性恋游行只召集到 800 人参加,1999 年达到 25 万人。女同性恋、男同性恋与异性恋者并肩游行。后来舆论的宽容进步非常快:法国更甚于美国。1975 年,42％的法国人都认为同性恋是一种疾病,22％的人认为是一种倒错行为。1996 年,67％的被调查者认为"它只是一种性的方式而已,和别的方式一样"。[1]艾滋病曾经重创同性恋群体,但是它非但没有引发新一轮的放逐,反而遭到同性恋群体广泛的联合打击。最终立法者给予了同性同居关系新的权利,法国 1999 年 11 月 15 日颁布的法令就是如此。同性恋者要求一视同仁,拒绝美国式的"隔离区"式分离主义和消费主义式的逻辑。今天,他们已经影响了整个社会。从这个角度来看,男性易装式卖淫现象的剧增很能说明问题。在里昂,二十五年来卖淫出现了总体上的消退,同时伴随着重新组合的现象,因为 1975 年只有十五名左右的男性易装卖淫者,时至今日已经发展到上百人,达到了从业人员的三分之一。这种变化表明了顾客的新需求,他们自称异性恋者,但却追求一种将女性排除在外的性。[2]同性恋的普及和风俗的解放推动了"不合规矩"的行为举止的发展。男性的身体越来越受到同性恋形象的影响。在 1990 年代,加利福尼亚出现了强壮、具有运动气息的、肌肉发达的同性恋形象,并且风靡时尚界和广告界。为了嘲弄人们对娘娘腔以及男扮女装的男同性恋形象和男人婆式的女同性恋形象的谴责,男同性恋者大胆地"扮疯",由此解放了男性特质中的女性因素以及女性特质中的男性因素,动摇了人们对性别的传统分野。[3]

---

[1]　即使 20％的人仍然一直坚持同性恋为性倒错现象。

[2]　莉莉安・马蒂厄:《男性欲望中的妓女幻想》,载《全景》"心、性、你和我"专刊,1998 年。

[3]　玛丽-泰蕾兹・布尔谢:《反性别性行为中的"异性女":对性别反串的再思考和酷儿化》,载《克丽奥》第 10 期,《异性女:一个"坏的性别"?》,1999 年。

5）追求快感的权利：对强暴的同意和拒绝

性解放与明确的同意相伴而生。与此同时也出现了越来越多的放弃性暴力的现象，首先受益的是儿童。这是一项旷日持久的运动。1832 年以前，以非暴力方式侵犯贞洁并不受到惩罚，即便以暴力方式性侵犯儿童，也只有当被害儿童不足 11 岁时，侵害者才能受到惩罚。1832 的法令引入了两个非常重要的改变：它设立了针对非暴力方式性侵犯 11 岁以下儿童的轻罪，如果是暴力方式，被害儿童的年龄就会提高到 13 岁。1863 年的改革将非暴力性侵犯定罪的受害者年龄从 11 岁提高到 13 岁。将年龄提高到 15 岁的提议很快被放弃，直到 1945 年才被采纳。宽限的门槛后退始于 1870 年，媒体旋即对这个问题感兴趣。在世纪之交，长时间以来一直很宽容的司法也开始严厉起来。由于 1914 年大战的爆发，媒体对这个问题的报道沉寂了一段时间。在 1970 年代，这一话题重新浮上水面，但视角已经完全不同。在纷纷扰扰的 1968 年左右，一些作家，如伽布里埃尔·玛兹内弗和托尼·杜威美化他们与未成年人的关系，并为恋童癖正名。媒体对他们的作品赞誉很高。《解放报》公开批评"资产阶级的专政将爱慕儿童的人变成了传说中的恶魔"。报纸甚至采访当时被控犯有性侵犯罪的雅克·杜凯，他趁机斥责法律压制儿童的性，并且鼓吹解放家庭的观点。在这样的家庭中，继父可以任意和女孩或者男孩睡觉，包括那些"11 岁"的孩子，而且不是"偷偷摸摸的"，而是"就在夫妻俩的床上"。[1]然而媒体的这种鼓噪并没有影响舆论，后者对认为是犯罪的行为仍然保持强烈的反对态度。

但是随着关于惩罚强奸的争论，这个问题还是回到了第一层面上来。在整个 20 世纪，比起对待强奸受害人的态度，审判官们似乎更能理解强奸者。事实上，在很长时间内，强暴都曾经被原谅，甚至被认为是男性气概的传统表现，而受害者则被认为持默许态度，或者对她们引发的欲望咎由自取。[2]

---

① 《解放报》，1979 年 4 月 10 日。由安娜-克洛德·安布卢瓦兹-朗杜引用：《一个世纪的媒体恋童癖》，载《媒体时代》第 1 期，2003 年秋季刊。

② 乔治·维加埃罗：《强暴的历史：16 到 20 世纪》，巴黎，瑟伊出版社，1998 年。

1978 年,在普罗旺斯的埃克斯地区,两名露营者遭到了三名科西嘉人的
侵犯,这一案件构成一个转折点,强奸开始被当成是对女性暴露身体的权
利不可容忍的侵犯。1980 年 12 月 24 日颁布的法令在众多法令中提出了
关于强奸的宽泛的、非性别化的定义:它是一种强制发生的、采取突袭或
者暴力的形式进入身体的行为。这一法令不再对侵犯和损害名誉的行为
进行惩罚,而是针对侵犯身体完整性以及自我界限的行为。1992 年对性
骚扰的定罪进一步补充了这一法令。但是直到 1996 年两名囚犯提出控
诉,才揭开男性之间的强奸以及高墙之内的性压抑现象的面纱。①在这种
大气候之下,对恋童癖的宽容就不再合乎时宜了。首先引起人们关注的
是乱伦。这是一项卑鄙无耻的罪行,因为它发生在家庭这一禁闭的环境
中,什么样过分的事情都能出现,而且处于家长统治和性统治之下的儿童
根本不可能说出来。这也是一项恐怖的罪行,因为它会造成不可逆转的
伤害以及受害者"心理上的死亡"。1989 年的法令将乱伦的检举时间推
迟到儿童成年之后的十年之内,以便使罪行能够得到揭发。之后针对全
体儿童的性暴力纷纷被揭发出来。影响波及整个欧洲的迪特鲁事件②终
结了所有为乱伦辩护的言论。在私人的床榻之上,一切都是可能的,但是
只能发生在两厢情愿的成年人之间。身体的不可侵犯性由此构成了欲望
的新障碍。这种转变见证了 20 世纪人们在言论、公共空间以及自我构建
方面对性别化身体不断增加的关注。

结 论:
_____

风俗的解放与女性的解放

　　身体是姿态以及自美好年代以来不断涌现的知识性言论所鼓吹的价

_____

① 达尼埃尔·维尔泽-朗、莉莉安·马蒂厄、米盖尔·弗尔:《监狱中的性与暴力》,里昂,偶然
　　出版社,1996 年。这些作者是第一批接触这一主题的人。
② [译注]迪特鲁事件:比利时有史以来最严重的犯罪事件。2004 年 6 月,马克·迪特鲁
　　(Marc Dutroux)因绑架、强奸 6 名少女并杀死其中 4 人以及恋童癖行为被判有罪,被称为
　　"比利时头号恶魔"。此次事件暴露出司法机构的漏洞和警察的不作为,在比利时甚至全世
　　界引起极大的反响。事件促使比利时修正了有关法律。

值观的承载者,也是权利的场所,尤其女性的身体更是"管理与集体控制的重地"。[①]在这一"重地",女性是赢家。她们在历史上第一次控制了自己的生育,并且不再有羞耻感和危险地追求快感的风险。尽管有越来越无区别的趋势,男性和女性的行为并没有完全同步。在性关系中,女性比男性倾注了更多的情感因素。而且母性还使得她们在性方面更多地采取了内敛的态度,等待回应男性的要求,而不是主动请求。

而且,人们不应将性解放和女性的解放混为一谈。避孕药在一些男性眼中可能意味着可以毫无限制地利用女性的身体满足自己的欲望。婴儿潮一代的年轻女孩们对一些男孩的行为的失望就说明了这一点,这些男孩们探索了新的放任性,并且实行一种"改良了的双重道德",[②]其特点就是男性接近女性的速度非常之快,这是将女性身体工具化的第一个信号。在遭到拒绝时,年轻男子并不会坚持,相反,他会试图寻找一个更合得来的伴侣。最终,即使关系更加持久,女孩们还需要面对一个新的策略:威胁分手的敲诈。她们没有选择:在被遗弃的危险之下只能退步。有些男孩一旦得手就分手,然后毫无愧意地到别处寻找机会。三十年之后,交换性伴的现象这一对传统道德规则的公然逾越经常遮蔽了存在于女性之间的同样的事实。由此,男性的统治在性解放的大旗遮掩之下实现了自我更新与前进。至于生殖医学方面的功绩,它们有可能导致对女性身体进行超出预想的奴役,女性的身体能够产生克隆疗法所必须的卵子,也是体外授精的囊托。性解放与性平等还只能不完美地协调在一起。因此,人们有必要读一读《性的社会报告》中关于性别化身体之活力的部分。

[①] 米歇尔·巴热:《性的身体性:游戏与赌注》,载蒂埃里·布洛斯主编:《男女关系的辩证法》,巴黎,法国大学出版社,2001年。

[②] 安娜-玛丽·宋:《温柔的年纪与榆木脑袋》,第5章,前揭。关于英国的例子同时参见加奈·洛朗、卡罗琳·拉马诺鲁、苏·夏普以及拉谢尔·汤普森:《头脑中的雄性——性名声、性别与能力》,载《运动》"性:在革命与标准之下"专刊,2002年3—4月刊。

第四章　普通的身体

帕斯卡·奥利(Pascal Ory)

　　根据定义(我们此处的意思是"根据界定"),所谓身体中的普通类型会受到社会普遍变动的影响。在 20 世纪,与其他趋势的影响相比,这种变动主要受到了乡村相对于城市退步的影响。从整个时代来看,这种退步可以被认为是一种崩溃。这种势力关系的确可以通过人口学测量出来,也可以从经济以及文化角度表现出来:城市生活模式在过去就已经在传统精英阶层内部发挥了参照作用,之后更将它的价值观强加于大众。或者以直接的方式,在不断扩展的人口聚居区内部实现;或者以间接的方式,通过城市周围地区生活节奏的"再城市化";或者通过更有知识性的文化和大众文化的传播将"城市"的行为模式强加于处于衰退和破坏过程中的乡村地区。和所有占统治地位的趋势一样,这一趋势也有例外,但不在本书的讨论范围之内。这种趋势主要是从一个原初的公共空间开始,它几乎只能被还原为西方,但我们也会提到另一种相反的趋势,即东方化。一个大西方的概念,建立在西欧和北美的基础之上,自第一次世界大战结束之后起,直接影响了其他所有国家的精英领导层,从尼格斯①到波斯的沙赫②,从哈桑王朝③到国民党。只有一个例外——瓦哈比派,他们建立了沙特阿拉伯。

---

① ［译注］尼格斯(Négus):埃塞俄比亚国王。
② ［译注］沙赫(Shah):伊朗国王的称号。
③ ［译注］哈桑王朝(Hachemites):阿拉伯先知法蒂玛的后裔家族,是伊斯兰圣地的保管人,参与了阿拉伯历史上的一系列事件。阿拉伯语为 Beni Hashem。

在这场深刻的社会运动中——人们已经猜到，它不可能不同时对为此召集和重新分配的身体之外形和行为产生影响，还应该加上一些涉及相同人群的经济、技术和政治环境的整体和决定性的趋势。作为经济活动的一员，20世纪的人在与工作、企业的关系中将越来越不再是"初级性"的（它在培训方面还是具有原生性，但是有一定的时差），越来越具有"第三性"，而且随后与时空的关系也会有非常大的改变。从技术的角度来看，本世纪的重大革命之一同样影响到乡村人和城市人，它直接影响人的身体，因为涉及引水和厕所污水直排系统的决定性进步。[1]我们还可以将医学控制的改善纳入技术系统，医学控制具体表现为不断增加的化学（药物学）知识、机械（外科）知识以及寿命的极大延长。我们除了阐述这种重大趋势，也会涉及与它伴随产生的针对时间——也即空间——管理的公共政策，尤其是与非工作（工作时间的限制）、开始"带薪"的"假期"（从秩序的给与者的角度）及"休闲的组织"有关的时间。[2]不是以前的社会忽略了休闲、假期或者星期日的休息，而是这里的新特点就在于时空的世俗化、正式化和经济补偿，这些可以被称为"文明化"，至少可以被认为是一种休闲文化[3]产生的必要条件。

仅仅停留在这个阶段是不够的，至少很肤浅。决定性的结论究竟应该置于何处呢？一种文化视角的阅读将会颠覆现有因素的秩序，比如把洗手、淋浴和洗澡的进步归功于即便不是强化的也是新出现的卫生方面的要求，而非引水系统。这种卫生要求的产生来自于发现并将细菌作为人类新敌人的巴斯德带来的革新。[4]当然还应该考虑到多种因素，这段关

[1] 让-皮埃尔·古贝尔：《对水的征服：工业时代的健康来临》，巴黎，罗贝尔·拉丰出版社，1986年；罗热-亨利·盖朗：《地点：方便的历史》，巴黎，发现出版社，1985年；克里斯泰尔·比宗：《1850—1995年以来法国饮用水的服务》，巴黎，CNAM出版社，2000年。

[2] 1936年，莱昂·布卢姆领导下的大众阵线的法国政府，其结构性新特点遭到质疑就在于将国家次长办公厅变成运动与"休闲组织"部门，这一名称备受批评。它来自改革派的工会组织以及独立于SDM的国际劳动组织。

[3] 这一说法是1962年由社会学家，亦即大众教育的积极宣传者若弗尔·迪马泽迪耶在《走向休闲文明？》（巴黎，瑟伊出版社，1962年）中提出的。

[4] 布鲁诺·拉图尔：《巴斯德：细菌的战争与和平》，附《不可克服》，巴黎，发现出版社，2001年。关于布洛泽维社区的多学科大型调查证实了这次发生在乡村的饮用水革命的重要性（见调查本身的文件及安德烈·布尔基耶的报告《布洛泽维的布列塔尼人》，巴黎，弗拉马里翁出版社，1975年）。

于水的现代动员史本身就很好地证明了这一点。除了从某种意义上来说，是外部性的身体卫生的原因引发，也不应该忘记它的分支从另一种卫生角度（即针对大众的酒精消费增加而兴起的反对酗酒的斗争）所发挥的作用。这就是这场战争的斗士们，尤其是在公共场所设立饮水槽的大力提倡者盎格鲁-撒克逊人的观点。

但是无论怎样，文化的合力对普通的身体产生深远的影响，这一点是显而易见的。普通的身体处于无限多的决定之间，从最智能性的到最物质性的，但都或多或少地被普及化、媒体化。在这里，媒体、广告以及故事都被认为是形象也即价值观的传播方式。因此，除了学校、知识性的出版物以及在它们之前的女性媒体之外，时尚杂志、美容杂志、医学普及杂志（不论是异性恋还是同性恋的），①再加上一些引发震惊或大获成功的小说、电影、广播电视节目都是主要传播渠道。通过它们，科学的圣经才得以扎根，这一圣经或者与生理学有关（如某种饮食文化），或者与心理学有关（如某种精神分析文化），还涉及宇宙的新概念。历史学家们已经在第一时间将它们收录到不确定或者疏于"更换思维方式"的特别词汇表中。我们会在本章的末尾提出稍微明确一点的区分，但首先将回顾这些所谓的变化（身体的或精神的）是如何在一个世纪的时间里表达自我的：先是经过身体和变化可谓初级但却至关重要的阶段，然后又经历了身体在社会展示中的游戏阶段，最后是身体面对各种考验的特殊情景阶段。

1

模型，还是模型化？

20世纪中人的身体，在很长的一段时间内都将是女性的身体。不论人们是将它压缩到集萨拉热窝刺杀事件、柏林墙倒塌（一种顺理成章的接受，但主要是出于政治的原因）于一身的75年的时间中，还是将它延长为1900年左右最早的"美容院"开张至百年后所有阴谋都发生在无情的美

---

① 在法国，《治疗》杂志创办于1931年，几乎在两代人的时间里独霸市场。直到1986年才在新的医学媒体的竞争下退市。

容外科世界中的美国电视剧《整容室》(*Nip/Tuck*)开播这段时限,身体都将处于美容、饮食以及塑形三重体制的变动之中,而且我们认为这三种因素的新鲜度与旧的做法相比呈依次增长的关系。

1) 美容的恒久更新

在皮肤的直接治疗方面,首先是脸部和双手皮肤,这个世纪与其说是一个革命的世纪,不如说是一个持续的现代化的世纪。这种现代化既糅合了一定数量的真正的进步,包括科学上关于真皮层和表皮层的知识的进步,技术上能够合成活性分子的进步;也掺杂了由于"美"或"健康"的标准发生变化所引发的不那么严格的策略上的波动。

上述标准首先使化妆的概念减退,化妆因为它的非真实性而遭诟病。此外,还使得保护、纯化、重生等概念减退。[1]从 1960 年代开始,诱惑和感性的回归可能会和其他方面一样,通过人工方法的重新得宠得到体现,但是还不至于达到为 1900 年左右风行一时的粉或者粉底正名的地步。一个世纪之后的今天,粉和粉底的用量被减少到了最低程度。"第三年龄层"界限的提高体现出的反抗衰老的斗争也为消灭、弱化或者推迟皱纹、斑点以及其他衰老迹象的手术提供了全方位的自由。后人试图借助一些除垢的产品,用更加温和的"上胶法"(gommage)取代两次大战期间流行的脱皮手术(peeling)——其盎格鲁-撒克逊式的叫法本身就说明了它的现代性。产品本身的成分变化显然也证明人们越来越擅长合成药品。从1970 年代开始,人们开始使用经过提取和纯化达到人体能够接受程度的牛胶原,或者完全在实验室里利用新的蜡、护肤霜和甘油制造稳定的、不会腐烂的、非变应性的聚乙二醇。但最近海藻的成功应该归功于在这个环保时代人们提前考虑到了其成分的象征性,而不是因为它们的黏液被证明有助于生产胶质。[2]

也许,归根究底,也就是说在形式上,从整个世纪的角度来看,主要的

---

[1] 克里斯蒂纳·德鲁瓦:《化妆的神话》,巴黎,阿歇特出版社,2004 年。

[2] 见法国海外商业中心在 1987、1992、1994 和 2003 年组织的法国化妆品在美国的"销路研究"。

变化还是发生在经济方面,而且随着专营护肤品生产和销售的企业网络建立,整个社会都受到影响。在本世纪最后三十年间,来自远东(首先是日本,然后是韩国)的参照试图确立一种吸引西方的朴实无华有时甚至是极简主义的观念。但是此前法国和美国一直占领化妆品市场,无论是象征意义上还是经济意义上都是如此。法国的合成品,从普瓦雷(Poiret)和夏奈尔(Channel)①开始,与享有盛誉的两大产业(成衣和香水)一起,奠定了本世纪的基调。但是企业现代化是从盎格鲁-撒克逊世界开始的,可以用"护肤品"的连续性普及过程来概括,其中包括名称令人肃然起敬的专门性公共场所美容院的普及。

在这一领域和在其他领域一样,职业化催生了专业化——直到1916年法国才出现第一篇关于"修甲"②的文章。从这个时期开始,出现了建立在真正的化妆品产业基础之上的国际性销售网络。埃莱娜·鲁宾斯坦的财富就建立在护肤的新言论及其实践(瓦拉兹[Valaze]护肤霜是系列产品中的第一个)、广告的敏锐意义(在她事业的上升期,她的伴侣——记者爱德华·蒂特斯专门负责这项业务,但是后来她还是嫁给了格鲁吉亚的一名王子)以及对美容院的系统利用相结合的基础之上。从1902年开始,这一模式开始在梅尔布纳进行试验,1908年在伦敦和巴黎落户,埃莱娜本人也在1912年定居于巴黎。③在国际竞争的帮助之下(主要是与伊丽莎白·阿尔当、查理·雷沃森推出的美国集团的竞争),化妆品的产品种类不断增加(从1923年开始,鲁宾斯坦的目录就能够提供80种不同的产品)。即使所有的企业都能在化妆和护肤领域发挥双重作用(同样的产品目录能够提供160种化妆的参考形式),其实真正能够保证像鲁宾斯坦这样的公司在经过一系列不间断的现实的或者是号称的革新之后还能长存的,是护肤领域:仅以1950年代为例,根据产品的名称,它在1950年推出了第一种"深层清洁"产品,1954年推出第一款"富含维他命"的护肤霜,

①　伊沃纳·岱斯朗德:《普瓦雷》,巴黎,目光出版社,1986年;埃德蒙德·查理-鲁:《夏奈尔时代》,巴黎,橡树/格拉塞出版社,1979年;亨利·基戴尔:《可可·夏奈尔》,巴黎,弗拉马里翁出版社,1999年。
②　这个词汇直到19世纪末才出现,用于指称当时局限于家庭范围的活动在公共空间职业化的现象;它反映出一种基本的社会—经济倾向。整个当代都带有这个特点,尤其是我们称为"身体职业"的部分。
③　玛德莱纳·勒沃-费南德斯:《埃莱娜·鲁宾斯坦》,巴黎,弗拉马里翁出版社,2003年。

1956 年推出第一种"补水乳液"。

　　大约同一个时期,理发产业的新财富——另一种史无前例的现象——也在卫生和健康的提升方面发挥作用。在欧洲,德国施华寇公司(Schwartzkopf,成立于 1898 年)在全新的领域引入革新,具体表现就是原为印第安语,后来被英国重新启用的洗发香波(shampooing)①:1903 年是可溶于水的粉末,1927 年成为液态,1933 年成为非碱性产品等等;欧莱雅帝国从 1920 年代开始形成,其特点是"美"(法国人欧仁尼·舒勒在 1907年发明的上层社会的染发用品)与保养产品相结合(Monsavon 牌肥皂,Dop 牌香波……)。在本世纪末,这个帝国还控制了朗万(Lanvin)和碧欧泉(Biotherm),当然还有鲁宾斯坦(Rubinstein)。②

2) 现代营养学的出现和成功

　　营养学将保养的重点放在健康的身体上,认为疾病的痊愈需要尊重某种"食谱"。从词源上看,"食谱"首先是一种生活方式,一种与世界的关系。而营养学不仅仅与医学同样古老,尤其是希腊和中欧的营养学,它已经完全与医学合而为一了。但是建立在对器官物理、化学构成的认识日益深入基础之上的新医学使营养学重新边缘化,后者已经失去了合法化和自主性的关键点。20 世纪,尤其是下半叶,从"自然医学"非典型性方法的正常化开始,一种自主的营养学观点重新出现。这些方法主要来源于日耳曼国家(德国,奥匈帝国,瑞士德语区……),它们与当时的主流学说背道而驰,但是在为物理疗法正名以及赋予素食主义以科学特性(在法国,就是无所不在的卡通医生③)方面都作出了贡献。现代营养学诞生于一个已经建立的体系之内,起源是关于"维他命"的新观点(在瑞士,主要是比尔谢·布莱纳医生)。两次大战期间,这一运动在盎格鲁-撒克逊地

---

① 这个词汇和实物引入法语和法国社会是在 1870 年代,它是当代运动的其中一个符号;英式时尚成为卫生方面的主要载体。

② 弗朗索瓦·达尔:《欧莱雅历程》,奥迪尔·雅各布出版社,2001 年。关于这一化妆品帝国创始人的意识形态,参见米歇尔·巴尔-左阿:《无粉饰的历史:从灰暗年代到阿拉伯人抵制的欧莱雅》,巴黎,法亚尔出版社,1996 年。

③ 保罗·卡通是主张医学应该考虑"气质"的人之一,他宣称从毕达哥拉斯到塞涅卡都支持笔迹学、日光疗法以及神秘学。

区已经家喻户晓,主要是关于均衡营养。但是很多国家走出了自己的道路。1937 年,在安德烈·麦耶以及其生理实验室的领导下,法国的营养研究院得以成立。吕西·朗杜安提出了关于"食物构成"知识的一项先锋性计划,与此同时,消费者进行了具体的实践。从解放后开始,让·泰莫里埃博士的行动主义进一步强化了这种特点,[①]值得一提的是,戈丹神父曾经参与过天主教的宣传运动。

除了志愿者的参与,营养学运动在西方国家声势浩大,但是一种新的职业——营养师(或者更准确一点说,女营养师。因为一开始都是女性从事这一职业,至今仍然如此)的诞生也掀起了同样浩大的波澜。在法国,本世纪中期出现了一种自主培训,完成后即可取得文凭。随后,营养师的作用继续渗透到社会活动的中心,其进入方式有两种:一种是以"新营养"为特点的医生的身份,另一种是以第一代自由执业的女营养师的身份。

与这种日新月异的营养学服务同时出现的,还有独立于医疗体系的人员,或者至少是处于医学边缘的人员。她们建议公众采用一种效果立竿见影的食谱。尽管这些先是被称为"蒙提涅克疗法",转眼又被称作"克里特食谱"的异想天开的想象还有待分析,我们在这里只讨论这些建议屡试不止的现象。人们在这方面的需求即使不是总能得到满足,但也从未减少的现象即是明证。[②]发达社会日益增长的这种关注在某些人身上甚至会发展到焦虑以至强迫症的程度。另一方面,食谱与厌食症复杂且难以治疗的症状结合在一起,造就了一部营养学圣经。随着越来越精确的生物学知识的进展,其传播也越来越广,从"蜂窝织炎"到"胆固醇",再到"好"、"坏"胆固醇的区分等等,这些话题的转变就证明了这一点。

从最有科学性到最离经叛道的营养学知识都植根于一片社会土壤,其特点是对肥胖的过程非常敏感,无论是在肥胖的负面呈现中还是在现实生活中都是如此。第二个现象主要与文化的变化有关,第一个则与经济变化有关。在一个饥馑已经消失的社会中,人们之间的区别可能出现

---

① 安德烈·布岱·德·蒙维尔、让-克洛德·布罕基耶、雅克·杜弗莱纳、基·埃罗:《蜀葵》,巴黎,TEST 公司出版社,1980 年。意义上的不同:卡通本人更接近莱昂·布洛瓦。

② 这样或那样的节食法还有待于根据其在当代社会中的影响进行分析。1990 年代获得成功的"蒙提涅克方法"(米歇尔·蒙提涅克:《我吃故我瘦》,巴黎,阿尔杜朗出版社,1987 年)主要针对两种策略性群体:女性和"经理"(《如何利用商务餐瘦下来》等等)。

在身材是否苗条上,受这种区别影响的主要是统治阶层和中产阶层。同时,营养的超量摄入使得那些越来越"固定"在工厂和办公室里,从事体力耗费越来越少的工作(我们会清楚地看到,这一点丝毫不会取消工作可能的艰巨性和强度)的人们过量消费着蛋白质、碳水化合物和脂肪类产品。尽管在像法国这样的国家,一段时间以后,男性的平均体重将会稳定下来,甚至有所降低,女性的更是如此。在 21 世纪来临之际,超重仍将会成为人们的一大困扰,这种困扰既是"自我形象"方面的,也是公共健康方面的,尤其是在那些卡路里摄取过多的国家,如美国,还有那些刚刚用一代人的时间从或多或少被迫的虚弱状态过渡到卡路里过量消费的国家,如日本和中国。[1]

此外,女性杂志出现营养专栏,我们可视之为新的营养学知识开始传播的标志,[2]正与模特极度消瘦的黄金时代相应。芭比娃娃(本来是面向成年人的欧洲女性形象,麦特尔公司[Mattel]从 1960 年代起将之改造成美国小女孩的标志形象[3])的时尚就证实了这一点。特维吉[4]风格的模特们更是如此。[5]尽管规则后来向相反的方向发展了,但是苗条的标准却继续占上风。而且,在更加完善的医学知识的支持下,人们以一种婉转的方式在"超重"与疾病(尤其是心血管疾病)之间建立了一种联系。在极端的情况下,饮食疗法甚至会使用物理方式(将电极离子化的直流电疗法、脉冲疗法、镭射……),采用这些疗法的病人数量还在不断增加。一种完全是外科手术的方式(吸脂)也加入这一领域,并且在 20 世纪整形外科手术中得到了广泛而特别的应用。

---

[1] 达纳·卡塞尔:《肥胖与饮食紊乱的百科全书》,纽约,档案出版社,1994 年;《消费者对体力活动之态度的 Pan-EU 分析——体重与健康》,卢森堡,欧盟官方出版社办事处,1999 年;乔治·A.布瑞:《肥胖与体重控制图集》,伯卡拉东,帕尔特农出版社,2002 年。

[2] 见纳塔莎·弗洛在有关杂志上的节食专栏。

[3] 见玛丽安娜·德布兹关于娃娃的起源(德国的、成年人的以及淘气的)的研究,娃娃已成为美国特色和"幼稚化"的东西,并将征服全世界。

[4] [译注]特维吉(Twiggy):本名 Lesley Hornby,1949 年 9 月 19 日出生于伦敦,20 岁即宣告退休。她是模特界的传奇人物之一,也是 1960 年代的象征人物之一。其标志形象(戴三层假睫毛、没有曲线、近乎雌雄同体)风靡了当时的欧洲与美国,她的出现彻底改变了人们对美的定义,是第一个按小时收费的模特,也是如今模特界瘦字当道风格的始作俑者。

[5] 关于模特的历史,参见哈里·奎克:《猫步——时尚模特的历史》,译成法文后名为《时尚展示》,库步瓦,索利纳出版社,1997 年。

3）整形外科

我们这里将要讨论的不是准确意义上的修复性外科，而是它的姊妹，即出于审美目的的外科。前者的主要目的是"减少"因战争或事故致使身体受损而带来的"损失"，后者则纯粹出于精神上的要求，尽管拉皮（即拉升皮肤和臀部）与有时需要进行移植的上半身或者脸部塑形，甚至面部修补之间存在很大的差距。本世纪末，药物学借助从肉毒杆菌到激素脱氧表雄酮（DHEA）各种产品为所有意义上的操作提供了支持。[1]

我们假设这种外科学能够取得如此大进步的主要原因之一，从技术和社会可视性的角度，也就是从经济角度来看，可能就在于身体，首先是女性身体裸露的部分不断增加。这一事实使得美容产品的作用变得有限，求助于更加深层的干预行动也就显得顺理成章了。之后，人们的身体暴露的部分越来越多，甚至全裸。人们可能会考虑文化解读的合理性，因为它不可能满足于传统答案，认为整形外科只是大战引发的修复外科进步与试验的结果而已（在法国，整形外科 1919 年由雷蒙・帕索医生首创）。事实上，即便身体，尤其是女性身体的形象为身体蒙上了几乎全部的面纱，我们还是不能理解为什么来自前线的外科会转向其他的战线，而不是转向与以前相似的修复"烂脸"的民用战线。而且，从"健康"、结实但却想变美或者变年轻的病人的角度来看，麻醉术的进步和 1930 年代抗生素的出现减少了风险，从而对美容外科的发展起到了决定性的作用。整形外科从 1907 年开始就以美容外科的名义进入美国（查理・孔拉德・米勒：《美容外科：对不完美瑕疵的修正》）。实际上，整形外科能够首先在这个国家普及绝非偶然：并不是因为它特别受到战争的影响，而是因为它先于其他国家落入现代性的痛苦深渊，这在生活水平上是可以衡量出的，而且尤其因为它体验了占统治地位的个人主义和戏剧化（有插图的报纸杂志、电影以及各种秀）的痛苦。整形业活力四射，先是推出了液体硅酮（道

---

[1] 莎朗・若姆：《美神正在改变的面孔》，圣・路易，莫斯比年度图书出版社，1992 年；伊丽莎白・哈尔肯：《维纳斯之美：美容外科的历史》，巴尔的摩，约翰・霍普金斯大学出版社，1997 年；桑德・吉尔曼：《让身体变美：美容外科的文化史》，普林斯顿，普林斯顿大学出版社，1999 年。

康宁公司），随后将之应用于"美容"修补术。1926 年，苏珊娜·诺埃尔继续尝试推动这种其社会角色不被人理解、喜爱的新外科学的发展。半个世纪之后，在业务方面，现在与江湖骗术的时代已经大相径庭，西方国家需要面对的是病人非常个人化的观念。而且人们意识到从此之后可以利用实际的手段来满足人类两种控制的梦想：一种是符合美的传统观点，尤其是与性有关的部位（嘴唇、胸部、臀部……），另一种是与衰老进行的斗争，或者至少是与身体的外在表象进行的斗争。

2

身体游戏的新规则

正如人们预期的那样，这些重新提出的社会要求制定了社会游戏中身体部分的规则。在两到三代人的时间里，规则已经发生了深刻的变化。其实质，用埃维·顾夫曼①的话来说，就是"自我的呈现"、外表以及化妆体系的感性体现。

1) 自我以及他人的呈现与再呈现

早在 1935 年霍尔特·本雅明就很有先见之明地看出，技术本身就具有深层的颠覆性。作为艺术生产与媒介的材料②，技术的全部意义就在于它再次表现为一种新的主体呈现的向量。照相术的出现催生了"家庭相册"，要求使用照片的官方规定（身份证照）越来越多，使得照相术发展迅速。但是家庭自拍的现象越来越多，影响也越来越大，这进一步加深了照相术的发展，首先是在私人空间中出现了个人影院，但是一直仅限于技术和经济意义上的精英阶层的小圈子。③后来又出现了录像机和数码摄

---

① 埃维·顾夫曼：《日常生活的搬演》，第 1 卷《自我的表现》，第 2 卷《与公众的关系》，巴黎，子夜出版社，1973 年。

② 沃尔特·本雅明：《技术再生产时代的艺术品》，巴黎，阿里亚出版社，2003 年。

③ 罗杰·奥丹主编：《家庭电影：私人用途和公共用途》，巴黎，子午线—克兰克西耶克出版社，1995 年；《业余爱好者的电影》，巴黎，瑟伊出版社，1999 年。

像机。它们使用方便,可以不限次操作,因此两者同时得到推广,并没有相互影响。

在这方面,技术变化主要是结果而非原因,最多是一种加速器而已。在私人空间里,更加普通,至少更加古老的体重磅秤和镜子的大量使用就证明了这一点,镜子最早是固定在带玻璃的衣橱里的,后来变得越来越灵活,从而确定了它在现代社会中的存在地位。但是所有清教主义者都认为它是不可信的——两次大战期间,基督教寄宿学校规定,小孩子如果在镜子面前待的时间过长就会遭到严厉的斥责,甚至惩罚。真正的关键在于允许个人对自我的关注。媒体的演变就证明并促成了这一点。

除了道德价值观念的类似变化之外,我们还能列举出身体突破清教式禁忌的各种迹象,禁忌要求"保持"身体,包括严格保持身姿("站直了"),目光谦卑("垂下眼睛"),行动缓慢("别跑")以及与他人的身体保持距离("保持距离")。从这方面来看,整个 20 世纪的历史就是对这些价值观或快或慢、或完整或部分地进行颠覆的历史。①

从 1906 年开始,高档服装设计师保罗·普瓦雷对紧身胸衣的挑衅最初只涉及一个非常有限的群体,但是它还是宣告了其后胸衣的演变。在本世纪后半叶,这种演变令紧身褡代替紧身胸衣,随后紧身褡也消失了。在紧随其后展开的类似运动中,中产阶层的人有别于农民和工人的特点之一就是打领带。但是在 20 世纪最后三分之一的时间里,他们开始超越这一区别,一些个人和团体的肖像就说明了这一点。

灵活的价值观在社会生活的其他方面衰落了,从智力上的宽容到经济上的弹性都是如此。不过,它仍然比令人厌恶的呆板衣着重要。在精神领域,直视的目光也由"无礼"变成了"坦率"。"速度的发明",②利用陆地或航空设备越来越快地运送人类的身体,也反映于身处这种特殊环境下的灵长类的步行方式:城市人的空间,还有他的时间——他的记事本——造就了一副趋向于变得高速运行的人体,另一方面,居住地、工作地以及服务地之间的距离却在不停地拉大。同样,人们之间身体的距离拉近,肌肤接触的机会也多由于城市地区人口拥挤:以前农村地区存在一

---

① 这一演变应和米歇尔·福柯在 1970 年代的假设或托马·拉科在 1990 年的假设联系起来。
② 克里斯托弗·斯都德尼:《速度的发明》,巴黎,伽利玛出版社,1995 年。

种特有的拥挤现象,但是它与一种矜持的道德观同时并存,并行不悖。现在,无论是在公共场所还是在私人空间里,情人们的身体比以往任何时候都更加明显地表现他们之间的亲昵,而且方式多样,以至于朋友之间的接触越来越少。因为人们很难分清某种接触究竟是暧昧的抚摸还是朋友之间的接触。

但是人们不能将这种趋势归结为简单的"放松"了事,旧观念的拥护者对"放松"持有负面的看法,当代表达规则的变化力图证明这一点。①这些表达密码不再在面部表情和姿势的模仿中突出一种"戏剧性",戏剧性早已被认为是过分卖弄,而且基本上仅限于节日这一时空环境。另一方面,它还涉及身份的平等化或者漠然化的过程。比如建立在有区分、有等级以及形式主义基础之上的传统社会礼仪系统(男性/女性、年轻人/老人、父母/子女、年长者/年幼者、上级/下级……)在世界范围内倒退,取而代之的是一种建立在民主基础之上,倾向于平等甚至漠然的新系统。

在这方面与在其他方面一样,也许比其他方面更甚,倒退是相对的,和客套、身体姿势以及手势的规则继续传达出某些文化身份的信息一样,对西方生活方式的采用似乎影响更加深远,在打上了儒家或者神道思想标记的一些远东社会(中国、日本、韩国),情况就是如此。

2) 新卫生主义

这种介乎平等和漠然之间的模糊的对等性,在绝对贯彻卫生主张的身体观念方面可能会找到最明确的注解。从两次大战期间开始,与前一节所说退步现象相应,男性外表的重要部分动摇了"有须"相对于"无须"的符号意义,而且目前看来,这种退步已经是确定无疑的了。随后,个人或者团体留须要么跟随主流倾向,要么表明某种程度上的分歧,与1960年代的嬉皮士如出一辙。还有一些人留须则因为他们是原教旨主义者,这一点在任何时期都一样。

影响了大多数人的卫生运动与卫生观念的转变有关,这种转变其实

---

① 让-雅克·库尔第纳和克洛迪娜·阿罗什:《面孔的历史:16到19世纪初人们如何表达和压制自己的情绪》,巴黎,海岸出版社,1988年。

就是嗅觉敏感性的转变。安装在洗漱间的家用设备,对自来水的消费,还有护肤产品,甚至香波的商业化都使人们能够进行一些越来越"干净"的举动。①据阿兰·科尔班的观察,这个阶段最突出的特征是人们从 18 世纪末就在感觉变化方面跨越了新的一步:人们力图去掉体味,其行为甚至到了极端的程度。②直到那时,除了一些从香衍生出来的渲染气氛的产品,像亚美尼薰香纸,除味的努力在很大范围内与香水的消费重合。随后出现了一种专门的挥发性产品(其主要成分是铝盐)和灭菌性产品,其赋形剂和包装越来越精制,于是粉状物就逐渐被喷雾器和走珠瓶代替。

　　法语用"晒成古铜色"这个源自于美术和教育的高贵词汇,来指代 20世纪最大的身体革命,这个身体革命是否也属于同一个卫生主义的浪潮?③ 在第一次世界大战之前,字典上还只有这个词在雕塑和电镀方面的意义:电镀就是在物体上镀上一层仿铜表面。一个世纪之后,它还是指在物体表面覆盖上一层以及收拾外表,但是人们已经用血肉代替了石膏。实际上,意义的变换只用了不到一个世纪的时间。从关注美的理性文学到关注心灵的浪漫文学,一切都很和谐:1930 年代初,白净,甚至苍白("大理石般"晶莹洁白的,"天鹅脖"般洁白)一直占主导地位,或者说褐色已被人们摒弃。1913 年,费米纳图书馆内关于美的书籍还一直建议人们擦黄瓜和氧化锌软膏,也列举出蚕豆粉的种种好处,以及青蒜汁在"保持肩部漂亮"方面的功效。同一年,麦斯塔蒂埃医生,一位"专科医生",仍然以讲述症状专用的词汇"典型性黄色特征"来描述不小心晒黑的皮肤。三十多年之后,即另一次世界大战爆发之后,医学界的一般言论仍然对身体暴露在阳光下持审慎态度,但是这次的言论有了全新的内容,用的字眼是"我们超现代人在沙滩上的新活动",这种"希望晒成褐色的执著想法"让前卫的女性变成了"将皮肤晒成古铜色的混血专家,而且她们一定涂了一种特别的油"。④

　　那么在这两个时间点之间究竟发生了什么事? 一些观察家为可可·

---

①　乔治·维加埃罗:《洁净与肮脏:中世纪以来人体的卫生》,巴黎,瑟伊出版社,1987 年。

②　阿兰·科尔班:《疫气与黄水仙:社会的嗅觉与想象(18—19 世纪)》,巴黎,奥比埃出版社,1982 年。

③　帕斯卡·奥利:《晒成古铜色的发明》,载《他论》第 91 期,1987 年,第 146—152 页。

④　保罗·德·拉玛格德莱纳:《现在几种时尚的危险》,尼斯,作者出版社,1949 年。

夏奈尔的人格所倾倒，并受其轶闻吸引，提出了她在其中的影响力。和女士头发变短的风尚一样，他们认为夏奈尔 1913 年在多维尔和她 1929 年在洛克布鲁纳之间有着某种联系。一些地理学家比普通大众更为细腻，他们甚至把上述风尚归结为 1944 年属于"伟大一代"的美国大兵[1]：美国大兵从老欧洲撤退，箱子里带着"那种油"。但是在医学界、美容书籍界以及女性报纸界三个领域开展的调查结果却并没有证实这两个假设中的任意一个。即使假设"小姐"[2]就是新时尚的开启者，在 1930 年以前大西洋的任何一边也没有任何迹象说明即将发生一场深刻的运动；与此同时，即使《解放报》的崇美主义加速了人们在海边裸露身体的现象，决定性的运动还是在此之前就已经展开了，也就是说与其他道路殊途同归了。最近的一份调查补上了缺失的环节，同时也是对时尚进程理解方面的重要因素。1937 年秋季开学时法国女性杂志《玛丽—嘉人》的一个新的参考栏目进行了一项调查，见证了一个几乎精神分裂式的过渡时期。一方面，露天要求人们拥有"褐色的脸庞，不施粉黛的肌肤，随意的头发"；另一方面，向城市生活的回归又使得人们在"过分自然的面孔"面前感到"些许尴尬"。总之，"您需要先想想晒黑是否合适"。现代女性的新宣言如下："由您的个人品位来决定"。然而，就像可能保持沉默的大多数人更偏向传统一样，也许文章的作者也是如此，随后的评价就是："如果您还是喜欢变成一个白人妇女（原文如此），就需要进行脱皮手术。"[3]

为了理解这一观念的转变，就需要各个方面的解释。在政治领域，政治使"社会性的身体"暴露在体育教育以及随后的带薪假期之下。在经济领域更甚，经济使得社会越来越城市化和工业化，以至于完全颠覆了按皮肤划分人群的标准。此后精英将不仅与黑褐色的庄稼汉不同，与工人和面色苍白的职员也不同。尤其是在文化领域，它已经成为影响整个世纪的大规模自然主义运动的表面形式。[4]身体晒成了古铜色，男士为此暴露

---

[1] ［译注］"伟大一代"的美国大兵（GI）：一般指出生于 1901—1924 年之间的一代美国人。

[2] ［译注］"小姐"：指可可·夏奈尔。

[3] 《玛丽—嘉人》杂志，1937 年 9 月 17 日。

[4] 卡尔·托普菲：《灵魂出窍的帝国：德国身体文化中的裸体与动作（1910—1935）》，伯克利，加利福尼亚大学出版社，1997；阿尔诺·博贝罗：《自然主义的历史——回归自然的神话》，雷恩，雷恩大学出版社，2004 年。

的身体部分越来越多。本世纪初一小部分积极的人鼓吹《裸露的文化》
（埃瑞什·普多在 1906 年的一部成功之作，随后理查德·安热瓦特也发
表了同一主题的杂文），很多人借此汇聚在一起，包括以"裸露国度联盟"
（Nudo-Natio，1907）为代表的极右活力论者，第一次世界大战期间在保持
中立的瑞士形成的、以共同经验为发端的"自然派的极端自由主义者"（如
蒙特·瓦里塔）以及主张身体解放的宣传者（如韵律派诗人埃米尔·雅
克-达尔克罗兹）。如果不涉及裸露主义，那么晒太阳既是健康的标志，又
或多或少地与运动联系在一起，还是一种治疗方法。"日光浴"在 1950 年
代非常流行，它与日光疗法有着直接的关系。后者出现于 19 世纪中期
（阿诺·里克利），但是半个世纪之后才经由英格兰"萨利巴阳光联盟"得
到普及。1903—1904 年冬天，这种对阳光的热望终于在瑞士迎来了第一
家专业诊所开业。时尚的颠覆出现在本世纪末，它基于同样的文化主义
原则，既是专业观点的原因，也是其结果（皮肤学、癌症学……）。此后，过
度暴晒的危害被提到了前台，但人们还是继续追寻着强烈的阳光。

3) 新 外 表

与此同时，社会对皮肤染色的关注之大也令我们警醒（这里涉及的是
外表最基本的形式）。从这个角度来看，在本世纪，人们的身体从头到脚
都将发生变化，而且节奏越来越紧凑。当然，这里我们讲的首先是时尚的
身体。在这方面和在其他方面一样，依然存在着经济学上所谓"占统治地
位的群体"中处于先进地位的一大帮人提出的方案。这一大帮人又与某
些文化"前卫人士"结盟（这里有必要使用军事用语，它们在当时已经显得
在所难免了）。后者推出了一些时尚，并通过各种媒介，最终或持久或短
暂地影响社会大众。与外表有关的职业逐渐提升至审美认识的高度，从
而促进了这种深层的渗透。专业词汇的意义含糊不清，令人们不得不对
"审美师"或者"设计师"进行职业分类，以便分别组织专业人员负责打理
身体以及日常环境的布置。服装首当其冲，"服装设计大师"们（即从事服
装裁剪的人，但他们与普通服装裁剪的关系等同于"大厨"之于家常菜）逐
渐获得了服装审美的合法性。在本世纪下半叶，人们已经不再对这个取
代尊称的用语有何异议了。

20 世纪末,随着刺青和在身体上穿孔重新流行,最极端的变化再一次发生在最基本、最与皮肤接近的层面上。[1]一个非常特殊的阶层——水手,在他们那里,刺青具有特殊地位。可能他们在著名的皇家海军服役,得以与大洋洲的"自然人"接触而重新兴起刺青行为——一直保留着,或者说早就找回了这种风尚。但是这与刺青、穿孔两种行为在现代西方社会完全缺乏正当性地位毫无关联。在现代西方社会,只有一种刺穿身体的行为被认可,甚至几乎成为一种仪式。那就是女性扎耳洞的行为。无论是在发源地(盎格鲁-撒克逊社会)还是在其流行的时间上(1970 年代初),这两种行为的广泛流行都是一致的。第一家经营"穿孔"的店开设于 1975 年,第一份专门的杂志(《穿孔爱好者国际季刊》)于五年后面世,第一届刺青爱好者会议于 1976 年在休斯敦召开,随后在1982 年出现了第一届相同主题的展览。专营区规模的发展与专业店的增加在经济上相关。后者经常兼营刺青与穿孔这两项业务。1982 年,在法国这样的店铺还只有 15 家左右。二十几年之后,它们的数量已经超过了四百。

除了上述共同点之外,两者的参照系统并不重叠。刺青发源于美国,其作为时尚发展主要是出于好玩。但是人们却期望这种行为最终被视为一项拥有完全地位的塑形艺术(如埃德·哈蒂、菲利·斯巴鲁、杰克·鲁迪……)。穿孔则起源于英国,它在一段时期内(1970 年代后半叶)与审美和朋克伦理学联系在一起,被视作对现存文化和道德观的挑衅。它自己也乐得如此。尽管维维安·威斯特伍德这类公司的发展表明人们经由习惯性渠道对时尚的吸收并未滞后,实际上,刺青、穿孔的时尚与整个色情式偶像崇拜文化,尤其是与当时仅属私密行为的虐恋文化不断外化有关。

皮肤变革的历史分期在与外表有关的其他所有方面都得到了确认。在本世纪末现存社会秩序(即性别之间的界限,或者从第一次世界大战开始一直会朝着更加"自然"的方向发展的社会趋势)被扰乱之前,人们

---

[1] 大卫·勒布勒东:《身份的符号:刺青、穿孔以及其他身体标志》,巴黎,麦代里耶出版社,2002 年;韦罗妮克·兹班登:《穿孔:种族习俗与现代实践》,巴黎,法夫尔出版社,1997;斯特弗·吉贝尔:《刺青史:原始资料集》,纽约,朱诺图书出版社,2000 年。

已经进入了一个民主化的阶段。在化妆领域,这种更替也得到了确认,化妆能够提供的东西越来越精细,而且对象扩展到社会的各个阶层。在化妆"族群"①人人为己的原则形成之前,人们的态度越来越谨慎。在发型领域,这一特点更加明显,女性发型的巨变为理发带来了深刻的分裂,这种巨变主要发生在世界大战正酣的时刻,不是出于可可·夏奈尔的影响,而是来自几位理发师。如安托万,他宿命般的剪刀生涯开始于1917年春。专门的行业报纸出版是在回归和平的时刻(1919年5月1日)。②也许从那时起,上述象征意义上的巨变就与理发师们获得的权力相联,"美发沙龙"相继出现以及对相应美发技术的追求都体现了这种权力:仅在法国,美发沙龙的数量就从1890年的7000多家(其中一半在巴黎)发展到1935年的4万家。与此同时,自1890年开始,法国人马塞尔·戈拉多开创的烙铁烫发的风尚就在不断发展。烫卷发的英国发明者们仍然坚持的工匠时代也终将被工业产品和实验室时代取代,如欧莱雅在第二次世界大战末期就相继推出了第一款烫发产品(1945)和第一款直接染发的产品(1952)。具有同等重要性的阶段出现在本世纪中叶之后,这次是男性发型时尚,由沾染了"摇滚"味道的美国年轻一代引发。从那时起,新的风潮更替和各种风格共存(垮掉的一代,披头士,埃弗罗③,朋克……)的爆炸时代来临。④

服装设计,本世纪关于外表的高级形式。对它的解读不应被随意和昙花一现的时尚的喧嚣所左右。1957年第一款气雾剂型头发定型产品的商业化产生的影响更甚于同时期开始英国人维达·沙宣的发型造成的影响。同样,如果说某一时期的时尚借助夏奈尔、迪奥或者伊夫·圣洛朗精心设计和剪裁的样式进入我们的视线,那么真正象征意义上的巨变还是出现在与女性头发剪短同时出现的腿部裸露现象以及1960年代开始越来越多的女性选择穿裤子的风尚。真正的社会变化还是在

---

① 莉迪亚·本伊萨克:《化妆简史》,巴黎,斯托克出版社,2000年。

② 帕特里克·阿米约:《理发师:历史,广告,传统,收藏》,迪南,帕特里克·阿米约出版社,1992年;保罗·热尔堡:《理发和理发师的历史》,巴黎,拉鲁斯出版社,1995年。

③ [译注]埃弗罗发型:一种类似非洲黑人自然发式的圆形蓬松卷发造型。

④ 岱兰·琼斯:《理发:风格与理发的五十年》,法文译为《理发与造型:头发精梳50年》,巴黎,罗贝尔·拉丰出版社,1990年。关于1960年代的理发师维达·沙宣,参见《维达·沙宣:艺术、发型与自由》,巴黎,普吕姆/卡尔曼-莱维出版社,1992年。

于成衣的流行。在两次大战期间，这一现象在美国已经表现得很明显。在 19 世纪，时尚教主们大受欢迎，新出现的女性杂志因此大获成功。这一阶段过后，服装的工业化加速了一些高级款式在某些统治阶层和地区的流行，但是服装统一化的现象并没有出现。比如这一时期末出现了"定做"（根据某些专门的特点将某款式的衣服个人化）服装和鞋子的现象。人们的外表变得越来越有特色，尽管时尚总是能够引发一些跟风行为。

这里涉及的不仅仅是一个技术—经济的过程，而是对外表的"变革"在当时或者事后进行共同解读的结果，这些变革包括头发和裙子变短，女性穿裤子以及介于两性之间的紧身裤，将皮肤晒成古铜色，刺青或者皮肤穿孔，即一种明确的外表色情化变革。[①]这种解读在本世纪末女性服装时尚的剧烈颠覆中也得到了确认，60 年代的前卫人士曾经报之以怀疑的目光。但是从 1990 年代开始，它获得了戏剧性的平反。"内衣外穿"成为媒体的陈词滥调。在这方面和在其他方面一样，通过对艺术史的推理模式进行的审美解读同样把某些"设计师"的作用推向了前台——有意义的是，此后的"他们"往往是"她们"（尚达尔·托马）。但是关键的动力超越了个人的最初想法。如果社会没有跟上，也就是说没有超越，那么他们的想法也只能是原地踏步，时尚运动以及运动之外的东西被它更加难以预计的对应物扩大化和明朗化：人们对男士服装的关注，男士服装的展示以及其后的精细化。并不是说 1900 年代的外貌系统没有突出性别的特点，而是这些特点在撑架、紧身褶和精心修饰的发型之间变得模糊、间接还有错位了。本世纪走过的历程就是在没有物质设施遮蔽的条件下将两性特点的凸显带回身体本身。人工的创意一直都在，既是为了展现能够激起性欲的部位，也为了在人们觉察不到的情况下——如果可以这么说的话——将整个身体色情化。无论是经济提供了一臂之力，还是新的合成材料有助于整个古老的色情实现奢华的民主化，都并不意味着最初的动机就在于此：经济和技术都是伴随某种时尚的出现而出现，并且使其成为可能，将之扩大化。但它们并非源头。

---

① 关于女性衣物，参见玛丽·西蒙：《女士内衣》，橡树出版社，1998 年。

3

身体经受的考验

所有从西方社会开始的享乐主义观念以及身体自主行为的进步并不应该让人们忘记同时产生的对处于考验之下的身体关系的维护——在某种时空环境下甚至会变成回归。这种考验强迫（尽管程度很轻）当事人实现来自外界的某种约束，我们将这种约束用"消耗"或者"暴力"指代。

1）身体的消耗

上文提到的现代社会中赋予暴露身体的行为以重要性的理由同样引发了一些消耗行为。其中某些行为绝不仅仅是由游戏的自我约束形式转变而来，尽管这种转变很有意义，因为游戏远非毫无限制的发泄，它与规则的存在不可分割。这些形式中的一部分可以直接与节庆或裸体锻炼的传统直接相关，这一传统的现代形式就是"体操"，其他的则与古老游戏的谱系相距甚远，既是19世纪升华了的"运动"概念，又是一种相对新颖的运动，而后者正是20世纪末的显著特征。

节日性的身体消耗贯穿了整个世纪，涉及的专门场所不停地改变，但其共同的基本特征都是以舞蹈中的身体聚集为中心。这样的聚集要求至少有一点，有时甚至要求尽可能多的音乐，尽管不是必须的，可是通常都伴有其他的身体消耗，都与消除抑郁、追求快感及刺激有关：言语和身体姿势的表达，使用各种刺激性物质，从展示到实地参与的各种色情游戏。地点则经常是封闭并且是室内的，也不一定一直如此。如果说整体倾向是封闭的（舞池，舞厅，迪斯科……），就像法语中的"盒子"一词，两次大战期间的"夜盒子"——还出现了一种错误的相互矛盾的辞格"出去盒子里"（sortir en boîte）——本来是指统治阶层的消遣场所，后来得到延伸并得以普及。摇滚音乐会的模式或者民族节日庆典的模式提醒我们，进行发泄的身体聚集有时也会选择在露天进行。音乐狂欢的特性仍然是这些不同形式的共同点，而且通常都有跳舞（但扩大化的音乐会，1960年代的波普音乐,一直到1990年代的锐舞晚会,这一系列的行为中身体的表达彻底摧毁了"舞蹈"的形式)。时间性本身也根据一般社会规则的变化而变化,休假时间的规则化和普遍化同时令消耗的机会多样化,并划定了它们的范围。消耗不再仅仅与社会或家庭日历上的某些日子有关,而是根据"英式礼拜"或者周末的节奏进行安排,通常倾向于以带薪假期将星期六(唯一一个空闲的晚上,而且也一直是每周上班的工薪族的第一个消耗之夜)挪到星期五甚至星期四,造成本来是为游客设立的(如英国20世纪下半叶的狂欢舞会 fest-noz)"民众节日"复兴。人们甚至会重新设立或者干脆新创一些节日。

至于舞蹈,如果只考虑身体的因素,那它就处于节日的中心地位。本世纪经历了不断更新的一些形式,但是其整体方向是一致的。①这一规律的例外具体而又必然地出现在新传统派的节日中,这些节日里仍然有团体舞蹈。至于规律本身,就在于双人舞的持续胜利,它始于19世纪的上层和城市阶层以及1960年代盎格鲁-撒克逊的"年轻文化"带来的单人舞。两次大战期间,双人舞是舞厅里的绝对统治者。在异国情调的帮助之下——20世纪初阿根廷的探戈传遍整个西方,后来是来自拉美或者美国黑人的其他形式的舞蹈,从机器舞到各种爵士舞再到波萨诺瓦舞,②它们一开始都被当成伴舞的音乐;在卫道士们反对的目光下,人们的身体靠得更近了,拥抱得越来越紧。

从表面上看,从1960年代的摇摆舞开始,把两个人分开的舞蹈个人化运动似乎会颠覆这种发展的趋势。实际上正相反,它更加明确了舞蹈的发展方向。人们将它归结为对感性越来越明确的承认和张扬,也因之更好地理解了慢舞的实质。尽管从那时起人们更容易把20世纪末的舞蹈诠释为激情的消耗和性感的展示。当然,这种沉重的倾向引发了众多观察家们的评论,他们强调这是一种自恋式的色情化悖论,认为舞者不过是在追求孤独的快乐。在那些展示自己的人的目光里,也存在明显的情欲因素,他们并没有因为在展示自己就对周围的人闭上眼睛。

---

① 朱莉·马尔尼格:《跳舞到黎明:一个世纪的舞场舞蹈》,格林伍德出版社,1992年;伊丽莎白·多里耶-阿普里尔主编:《"拉丁"舞与身份:从一个彼岸到另一个彼岸》,巴黎,干旱风出版社,2000年。

② 阿纳伊斯·弗莱舍和索菲·亚高多研究两次大战期间法国"异国"舞蹈的文化适应问题。

但是一旦以运动的形式重建，身体的消耗还可以在一个约束更大的框架内进行。尽管登山、攀岩以及远足的历史可以追溯到浪漫主义时代，马术可以追溯到西方的蒙昧时代，但是这些运动在 20 世纪末才有了长足的进展，人们可以将这种进展与一种更广泛的时尚联系起来，那就是人们所说的"环境运动"。它们的共同点是都在舞台、体操馆、运动馆等人工环境之外的融入"大自然"的时空环境中进行。此外，本来受到限制的场地运动也受到这种变化的影响，尤其是那些来源混杂的运动，如排球（沙滩排球……），但是环境运动有时并没有竞技因素，只是与四大元素进行直接接触而已，而且尽管影响很小，它们自身也是这四大元素的一种庆祝仪式。

另外，这些运动中的大部分都可以被阐释为运动的改观，换句话说，就是以另外的方式诠释和演绎以前或者不久前还属功能性的活动。远足、北欧式滑雪、马术、自行车运动（骑自行车旅游）以及航海等非竞技性活动都宣告一个时代的终结，那个时代，步行、骑马以及扬帆航海是主要的交通方式，就像后工业时代的社会也曾经不断将以前的约束转成乐趣一样。然而在这些活动最具探险性的形式中并不缺乏极端的努力，对力量超乎寻常的运用，耐力以及勇气，比如登山。在本世纪末，既需要耐力也需要速度的"挑战"型运动得到蓬勃发展，人们取得的成就也越来越高（乘帆船或者划船环游世界……）。另一方面，一些从冒险中得到乐趣的新型"运动"（如 ULM，蹦极……）也取得了长足的发展，大卫·勒布勒东将之归结为神明裁判①的一种现代形式。②

对约束的解放和采纳重新体现在文化主义局部却清晰可辨的成功中。一方面，解放是解放继承自上个世纪的集体性约束；另一方面，采纳是采纳在个人层面上对肌体的健康和展示一个很可能是健康的身体的必要性所证实的新约束，尤其是要符合时代的审美观。这种全方位展示肌肉的做法貌似古老（"奥林匹亚先生"，古希腊罗马的带肩扣无袖上衣……），其实一些锻炼肌肉的行为（以及商业）也有它的现代起源。在第二次世界大战之

---

① ［译注］神明裁判：中世纪条顿族等实行的裁判法，令被告将手插入火中或沸水中，如未受伤，则说明无罪。

② 大卫·勒布勒东：《对危险的嗜好》，巴黎，麦代里耶出版社，2002 年。

后,该运动的发展得益于普及的表演活动,首先是展现异国情调或者历史性的冒险电影(琼尼·维斯穆勒,斯蒂夫·瑞沃斯,阿诺·施瓦辛格……)。在这方面,意大利和美国独占鳌头。随后,民众中更加宽泛的阶层,尤其是女性阶层,也加入到一场封闭型稍弱、更为普及、更加师出有名的运动中来,而且将老式的体操改造成了有氧操、拉伸运动、慢跑……众多词汇都表明这些通过氧化过程进行"健身"的计划具有美国血统。让-雅克·库尔第纳将这些氧化方式称为"卖弄式的清教主义"。①

2) 工作中的身体

希望符合社会规范的意愿将身体交付给一种以自由方式获得共识的锻炼,因此身体的经济呈现出几个与来自工作世界的身体相同的特点,以至于本世纪不停改变的生产和交流方式对身体进行了重塑。这取决于某些精英想要系统地借技术设备的帮助实现完全控制身体的计划。极端的例子并不属于国民经济领域,尽管有些成员在外围参与了这些活动,而且这种情况下的身体与"日常的身体"仅仅借助文字游戏才有关系:囚犯的情况就是如此,传统的囚犯点名册的时代已经过去了,但是它在 20 世纪初继续以各种电子监控的形式存在,从手环到直接移植于皮肤下的"晶片",可能还会有更好的形式。②但是它与某种主要的情况是一致的,在一个世纪之前,众多的经济学家、工程师、组织学方面的专家或者社会学家早已开始关注这种主要情况:那就是工业劳动中的身体。

合理化的程式以劳动现象学的名义应用于全部情况,而工作可以概括为身体姿势的分解,可能可以接受一种紧密的程序化。有关言论一开始是科学式的("劳动科学组织")。本世纪初,美国工程师弗里德里克·W.泰勒将其理论化,后来在很多国家被持各种应用科学观念的人重新审

---

① 让-雅克·库尔第纳:《孤芳自赏的斯达汉诺夫主义者——美国身体文化中的健身和卖弄式清教主义》,载《交流》第 56 期,1993 年,第 225—251 页。

② "生物统计学"一词的出现反映出这种变化,尽管这一变化本身会在漫长的个体(也可以称为各种意义上的"主体")身份的确认历史中被取代,这一历史甚至可以追溯到贝蒂荣式犯罪人体测量法。

视并加以发展(在法国是亨利·勒·夏特里埃),尤其是被一些掌管重要社会计划的大老板们采纳和改造,首当其冲的人物是亨利·福特。泰勒主义和福特主义的相似性可以概括为时间测定法。[①]工人运动的各种倾向,就像某些艺术家们放纵式的个人主义一样(弗里茨·朗的电影《大都会》,勒内·克莱尔的电影《自由属于我们》,查理·卓别林的电影《摩登时代》),早已将这种变革以最负面的视角呈现在银幕上,并将它们描绘成一种现代的奴隶制形式,换句话说,就是一种非人化的形式。实际上,这种新的身体秩序逐渐将它的法则强加给全世界的工业。在西方国家对这种法则进行减轻、改造或者干脆抛弃的同时,21世纪的新兴国家却在大规模地采用它。

对身体能量的计算已经超越了企业的范围。两次大战期间,依据泰勒模式就家居艺术展开的思考和专门行动证实了这一点。这场运动也从美国开始(克里斯蒂纳·弗里德里克),借助专门的媒介,很快在西方社会的前卫女性阶层中间传播开来,比如在法国,1920年代中叶开始,波莱特·贝奈热成立了"家居组织联盟",儒勒-路易·布勒东成立了"家居艺术沙龙"。[②]家庭设备商业化方面的统计数据表明,在整体上,盎格鲁-撒克逊或者德意志民族国家进入这场家庭技术革命要比拉丁语国家快得多。[③]无论是不是一种"嘲讽"[④],这种女性的"解放"首先是自由时间的"解放",女性因此能够到家庭之外工作,并没有对夫妻内部的角色分配提出任何质疑。

人们还有一个忧虑,就是怎样让劳动中的身体移动和动作消耗更

---

① 莫里斯·蒙穆兰和奥利维埃·帕斯泰主编:《泰勒制》,巴黎,发现出版社,1984年。1920年代,泰勒模式在西欧蓬勃发展(在法国,亨利·勒夏特里埃的《科学与工业》于1925年面世)。

② 参见波莱特·贝奈热:《阐释,引导性生物社会学散论》中的"引导性生物社会学散论"部分,图卢兹,迪迪埃出版社,1943年。人们注意到亨利·勒布里特里埃从1918年开始为克里斯蒂纳·弗里德里克的《家居的科学穿着》一书(巴黎,H.杜诺与E.比纳出版社)的译本作序。关于家用电器的文化史,参见坎·德罗奈:《工业社会与家务劳动:法国的家用电器(19到20世纪)》,巴黎,干旱风出版社,2003年。

③ 词源学范围内请参见《家务劳动:量化散论》,巴黎,INSEE,1981年。口头见证见多米尼克·唐等:《家里的女性:家居生活解剖》,巴黎,纳唐出版社,1981年。

④ 路特·施瓦兹·科文:《为母亲多做点:从开放式炉膛到微波炉的持家技术的嘲讽》,纽约,基础图书出版社,1983年。

少的能量,不管是在外面的工作还是家里的工作,这一忧虑不仅仅是出于合理性的考虑,同时也出于对减轻工作的繁重程度的更加人性化的考虑,泰勒的思想中也并不缺乏这一部分。从 1833 年英国的第一份工厂文件,到 1950 年左右人体工程学这个词汇在这个国家的出现的整整一个世纪的历程中,人们都在逐渐意识到研究、预想甚至是治疗因为工作条件造成的病痛的必要性。争论——有些慈善家或者社会主义斗士认为是斗争——首先是通过限制或者禁止青少年或者女性从事手工制造业来保护最弱者(因为农业社会在很大程度上逃避了这样的法令)。在 1830 和 1840 年代,借助一些典范性的文本(英国的 1833 年法令,普鲁士 1839 年法令,法国 1841 年法令等等),人们得以提出了公共权利在介入限制劳动时间方面的原则,这一原则逐渐倾向于关注工作地点的"卫生"和"安全",1919 年国际劳动组织的成立加速了这一现象的国际化。

例如在法国,这种过渡在 1890 年代进行(1893 年 6 月 12 日法令),同时 1874 年劳动监察员组织的成立也加速了过渡的过程:1905 年,国立工艺博物馆内部成立了一个"工业卫生"讲坛。但是经历了大战的下一代人才开始在巴黎综合工科学校毕业生皮埃尔·加罗尼的领导下制定了事故学的最初标准,后者是 1928 年出版的《事故统计学与预防的组织》一书的作者。在这种形式下,甚至还出现了工作医学的概念,时间是 1930 年左右,当时召开了第一届大会,并且出现了第一家专门期刊。大企业内部设立安全委员会的原则直到 1941 年才被正式提出,它在劳动医疗服务强制化(1946)之后的 1947 年开始才实现(卫生与安全委员会的成立),在光荣的三十年即将结束时,人们成立了全国改善劳动条件办事处(1973)和职业风险预防高等委员会(1976),除了卫生和安全的概念之外,"工作条件"①的概念此时才被明确引入法律规定之中。

在 1949 年人体工程学这一名称还未正式命名。响应英国心理学家缪海尔的倡议,二战时美国空军接受了人体工程学试验。在这一概念的

---

① 米歇尔·瓦伦丁,《被遗忘的男性和学者的工作:劳动医学、安全以及人体工程学的历史》,巴黎,多斯出版社,1978 年;雅姬·布瓦瑟利埃,《职业风险预防思想的出现与演变》,巴黎,国家研究与安全学院,2004 年。

上升时期,人体工程学成为得到发展的关于日常物品的一种功能主义概念,也是一种新型活动——设计①的标准之一。在美国,还有人认为人体工程学可能源于学校要达到教学目的,在配备设备时应考虑学生身体因素这一观念。

所有这些倾向不约而同地朝着同样的方向发展,《人类的工作》（*Travail humain*,创立于 1933 年的法文杂志）对心理学的影响越来越为人所重视。尽管在雨果·穆斯特博格的努力下,这种应用性的心理学很快被企业老板付诸实施,尤其是拿来制定态度和技能"考试",它还是引发了一种围绕职业导向的概念而产生的尚未立即工具化的思考。在两次世界大战期间,这一概念曾经得到强制推行。但从长远看,它在培训中并未发挥某些宣传者们(法国的让-莫里斯·拉伊,亨利·劳日埃……)曾经梦想的决定性作用。②不过,这并不妨碍所有倾向汇合在一起,为身体标准的相对化作出贡献(如阿谢在研究因姿势造成的脊柱侧弯时,指出这是一种结构性的脊柱侧弯),并且人们使用的是不那么心理学家式的方式,而是借助"身体领域"的词汇来思考。③

但是最终,所有在意识上显而易见的进步并没有令身体分类产生多大改变。这种分类还是大致相当于手工劳动者,无论是农业的、工业的还是商业的(各种搬运工)以及其他劳动者的二分法,后者基本上属于"服务行业"或者第三产业(当他们从事工人工作时),但是也有从事"办公室"工作的人(在小学和中学中也能找到这样的劳动者)。这两类处于约束之下的身体追求的快乐常常不同。它们的平均模样也截然不同(无论是从身材、健壮程度还是保养情况来看)。当然,这种二分法适用于全世界。在第三世界,经济身体被完全交付给艰苦的并可能导致截肢的生产条件处置的现象比在西方社会更常见。

---

① 关于魏玛时期的德国,参见伊雷恩·哈尔曼:《魏玛共和国时期跨学科的人体工程学》,奥普拉登,西德出版社,1988 年。关于设计历史的技术和经济,人们大多从审美的角度提及,见大卫·S.拉兹曼:《现代设计的历史:工业革命以来的图表与生产》,伦敦,劳伦斯·金出版社,2003 年。

② 让-莫里斯·拉伊,高等学校实验心理学实验室主任,从 1922 年就开始宣传实验心理学是"职业导向的基础"(见《医学公报》1922 年 5 月,第 24—27 页),他在 1916 年出版了一部非常先锋的作品《泰勒制与职业劳动生理学》(巴黎,马松出版社)。

③ 让·莱尔米特:《我们的身体形象》,巴黎,新批评杂志出版社,1939 年。

3) 施加在身体上的暴力

这里显然有一个模糊之处需要澄清以及重新整合。本世纪施加在普通身体之上的暴力,在"大历史"——或者按照乔治·佩雷克的说法,"带着大镰刀的历史"——的视角之下,本世纪经历了一场又一场谋杀(1914年6月28日萨拉热窝事件—2001年9月11日纽约事件),也可以说是经历了一次又一次的流放(1900年的义和团—2001年的塔利班)。在这样的条件之下,普通的身体和不普通的身体其界限到底在哪里? 人们提出了一种比较简捷的界限,但是它建立在另一种类型,即制度化的类型之上:在本文后面的部分,我们将只在合法性的范围内讨论被法律当局(根据韦伯式的定义,法律当局本身就是浸透了合法暴力的专权)所摒弃的身体暴力问题。①在此,人们将再次看到法律当局通过全部或者部分媒体(即公共的声音)混乱地称之为"无动机暴力""未受控制的暴力""失去控制的暴力"等这些有意义的字眼所指代的东西。

因此,物理身体上的约束(它有可能会发展为侵犯)是所有学习的基础,但它并不在这种约束的框架之内。一些仪式性的行为(如学校和军队里的学习行为,两者一直很相近),可以列入这个框架。仪式性的行为在法国统称为"戏弄新来者的活动"(bizutage),这在很多国家都存在。②当局对这些行为并非没有反复宽容。这种宽容凸显出半官方的认可,人们认为它们在整体上对"团队精神"还是有好处的。它们有时会和一些"仪式"联系在一起,新入成员的过度依赖性是今后融入决策集团的必要前提。很显然,本世纪的要旨在于证明关于这些行为的判词具有合法性,很多信息(官方决议、讼词)说明类似行为已经减少或者有所收敛,但是并没有消失。此外,有些行为的难度已经被正式纳入一些

---

① 关于多学科阅读,参见米歇尔·波雷在《暴力下的身体:从姿势到言语》一书中集中呈现的研究,此书由日内瓦的德罗兹出版社于1998年出版。

② 艾玛努埃尔·大卫邓可夫和帕斯卡·荣格:《论大学校和精英戏弄新来者的现象》,巴黎,普隆出版社,1993年;马蒂娜·科尔比埃:《工程师学校中戏弄新生的现象》,巴黎,干旱风出版社,2003年;皮特·朗达尔:《成年期的蠢事:试论蠢事与受害者》,霍夫/纽约,布鲁纳-劳特利奇出版社,2001年;莫里斯·J.艾利亚斯和约瑟夫·E.赞:《学校中的蠢事、同辈骚扰以及侵害化:预防的下一代》,纽约,哈沃斯出版社,2003年。

人（如军官）的学习计划。报纸上相关事故频频发生，屡见不鲜说明其难度之高，也见证了某些学习形式本身的暧昧地位——它们属于一种有限制的游戏。

一些社会团体本身继续在所有法律法规之外，将身体上的暴力与源自蒙昧时代的成年礼挂钩。除了属于学校或军队的标记性行为之外，"团伙"和"部族"的运行方式也是如此。专门研究这些年轻人团体（他们成年后经历了婴儿潮时代，但是其团体早就以别的方式存在）的历史学家、社会学家及人类学家已揭示出这些行为的地位和作用。事实就是如此，在1920年代专门从事黑帮活动的美国式犯罪集团依然存在，这种美国式犯罪本身就发端于以前的意大利式犯罪。仪式性的、但不一定是身份性的活动在20世纪末慢慢消失。20世纪的城市社会支离破碎，国际移民活动频繁，被征服者被驱逐出经济领域，社团身份得到重新确立，这一切都植根于传统家庭凝聚力的衰退——不管这个传统是古老的（来自非西方世界的移民家庭）还是现代的（西方家庭）。社会观察家，经常也是各种"风尚"的推销专家，他们指出这是一种生活方式的凝结，有一些可以在身体的暴力中找到归属的迹象（尤其是在1920年代的法国，就郊区发生的"集体强奸"现象展开的辩论即可证明）。

在这里，我们接触到了普通行为的边界，关于"人民"一词的旧式观点认为民众情绪不再属于日常行为的范畴，这是比较正确的，这种情绪偶尔会部分或全部地激发起某一人群，该人群在暴乱时期就会变成"暴民"，或者经过有意识的诱导，发展成为对犹太人的屠杀。但是集体强奸的例子再一次提醒我们，一切都不过是观点的问题：所谓普通是秩序内的普通，改变的只是注视的方式而已。关于时空的主流价值观绘出光荣的、被容忍的以及被谴责的行为之间的界限。乔治·维加埃罗①研究过西方国家中与强奸有关的法律及其最近的演变。这种演变同样可说明上述事实，强奸从最初的定义发展到成人之间强奸的定罪表明法律对强奸者越来越严厉。对骚扰罪（它在1992年被纳入法国刑法）的处理，或知识社会、媒体和法官针对1925年恋童癖的相关言论和行为的变化都遵循着同样的逻辑。

---

① 　乔治·维加埃罗：《强暴的历史（16—20世纪）》，巴黎，瑟伊出版社，2000年。

结论：

什么样的倾向？

　　既然重要的不是重叠的事实本身，而是在当代社会中事实被赋予、被传播和固定化的形象，那么在对 20 世纪的特别改变进行盘点时，应该区分出那些反映表象性改变的事实。前提是不要过度强化这种区分：表象和事实相互定义，而且在很大范围内相互混淆。因此当"女性权利"或者"儿童权利"受到侵犯时，对上述权利的强调就会在事实上使得人们的态度更加警惕和严厉。

　　本世纪在形象和事实上都发生了改变，而且它与身体之间的关系还在不断改变，这一点我们已经说得够多。人体在极短的时间内经历了前所未有的巨变，以至于人们甚至可以假设，在 20 世纪之前不可能有自主的身体。促使我们提出这一假设的是对日常状态下的身体的审视，尽管是表面的审视。这个假设显然是值得质疑和商榷的。

　　人们可以将个人化的强势的运动与经济基础联系起来，这种运动将追求自主性的个人置于社会以及世界的中心，它既是人体保养和发展的经济对象和主题，也是一种享乐主义言论的对象和主题——而后者有时会与前者相互矛盾。认为这种倾向是"自怜的"（克里斯托弗·拉什和本世纪末众多哲学家、散文家对此作出的诊断①），说明了所涉及的镜像式措施的重要性，也或多或少清晰地包含着价值观的判断，这种判断尤其反映了变动的程度。当然，通过类比把一种变革和一种政治上的形态联系起来是合理的，这种变革在外在表现层面上拉近了两性之间的距离，在社会现实层面上拉近了各种族之间的距离，而且在这两种情况下都促进了混杂的产生。从女性的裤子到西方青少年的饰珠小辫：身份不仅仅变得"混乱"，而且已经在深层相互混杂。在这一现象加速发展的过程中，尽管经济上的要求也能够发挥作用，但是它们本身无法解释这种既混杂又平

──────────

① 克里斯托弗·拉什：《自恋的文化：希望消逝年代的美式生活》，纽约，诺顿出版社，1979 年；第二版译成法文，2000 年由气候出版社出版。

普 通 的 身 体

1. 1950年左右，在美国的一所埃莱娜·鲁宾斯坦学校内，学生们正在学习脸部按摩。

　　摄影师康斯坦丁·若费抓住了一家大型国际化"美容"企业的大众化和惊人的统一化特点。

2．法国的防晒霜广告，1937年。

　　在1930年代末，一种观念已经得到普及，至少是在西方的年轻人中间：应该把皮肤"晒成褐色"，而且要快。和十几年前仍然流行的防晒要求相比，关于皮肤晒黑的观点转向速度之快令人吃惊。

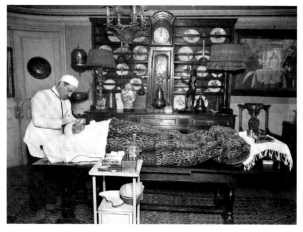

3．1927年左右，法国的布雄医生正在准备实施一项美容手术。

　　这是在医生家还是女病人家？这种外科手术的审美目的更甚于医疗目的，而且还远没有遵循现代无菌法的规则。

4．德国沃尔嘉的祖母、母亲与孩子，1905年。

5．一个英国家庭，2001年，伦敦。

隔了一个世纪的时间，选景、整体构图、姿势以及穿着都已经改变——父亲承担了母亲的一部分工作，夫妻内部的角色也因此有了变化。

6．明信片。信奉天体主义的家庭，圣迭戈。

"崇尚自然"一词的模糊性说明了积极的裸体思想的哲学计划，这种裸体观念起源于19世纪末人们对人与自然环境之间和谐的追求，人工的"文明"已经使人类远离了自然。这里采用背影是出于双重考虑，一方面避免暴露生殖器官，一方面也避免出现家庭成员的正面形象，其目的都是为了防止来自清教主义的批评。

7. 维克多·玛格丽特的《假小子》畅销，1939年，法国。

该小说在1922年出版时曾引发轰动，小说两册的封面形成了反差，以女主人公的外貌形象表现了她内心从旧式的女性化到中性化风格的变化，最激烈的表现形式就是剪短发。

8. "乐都特"的产品目录节选，1970－1971秋冬季系列。

20世纪最大的服装经济革命就是"成衣"取代了"定制"，这种变化同时还伴随着女性身姿同样惊人的变化。此图表现的就是一家很大的服装公司致力于推广裤子和"迷你裙"，同时还有"适合各种场合"的各种服装。

9．厨房广告，《法兰西之家》的封面，1951年11月，法国。

　　在美国的影响下，泰勒式家居设备从1930年代开始迅速发展。没有改变的只是不同性别的不同角色：厨房的工作总是由女性承担。

10．一位刺青师和他的顾客，第四届刺青年会，2000年，纽约。

　　1970年代是数个世纪甚至数千年以来一直存在于西方文明边缘的两种行为——刺青和穿孔大为流行的年代。

11．台上的健美者，1988年，美国。

　　充满肌肉并且展示自我的身体：这是某种形式的身体塑形的光辉一刻，类似古代的雕塑，但却绝无肉欲之感。

锻 炼

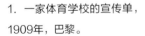

1. 一家体育学校的宣传单，1909年，巴黎。

20世纪初，一项私人体操活动发展起来，结合了个人主义和自我的发展壮大。

2. 兰斯体育场的埃贝尔体育法。路易·萨巴蒂埃为《插图》杂志制作的照相制版，1913年。

乔治·埃贝尔的体操锻炼法从1910年代开始发展，以明显的工业的对立面——自然为梦想。锻炼所用的设施简陋，但却组织有序。

3. 一位年轻女士和老年女士的臀部，载保罗·里谢所著《女性艺术解剖》，1920年。

从两次大战期间开始，医生和解剖学家们就开始积累肌肉萎缩和脂肪囤积的图像和数字。

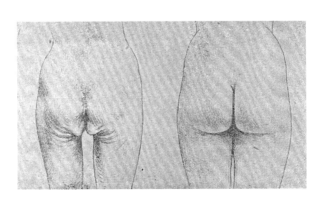

7．在拳击训练中回收呼出空气的设备，载莫里斯·布瓦热《体育教育科学手册》，巴黎，1939年。

8．应用于乒乓球运动的记录人的视线方向的眼球影像仪（眼睛NAC记录系统），法国国家运动学院， 巴黎，1986年。

在20世纪，锻炼在很长的时间内都集中于对能量流的管理（通过呼吸交换能量）。在1960到1970年代，锻炼开始面向信息流（信息和感觉的交流）。

4 - 5．拳击的体位，摘自《运动装饰》，该书由尼尔森于大约1910年出版。

6．1910年代《法兰西制造》的两页目录，介绍军工厂生产的"燕子牌"自行车和圣·艾蒂安牌的车轮。

运动很快就发展为一个纯粹技术的项目：无限精细化的姿势，一直在改进和测试中的器械。

9. 女子接力赛跑，柏林，1926年。

　　女子运动开始于两次大战期间：运动衣，体态生动，短发，大腿外露。此后，女性的面孔也努力成为一道风景。

10．坐在赛艇上的年轻女士，周刊《一周》的封面，1929年，德国。

1929年的赛艇比赛。它既是一种女性运动，也是一种个人行为：该女士留短发，但却穿着裙子和高跟鞋。

11．加了金鸡纳的杜博奈补酒的广告，1936年，法国，私人收藏品。

在1930年代，滑雪还是一项女士和资产阶层的运动，同时也是一种生活保健，葡萄酒依然意味着能量。

12．美国游泳运动员兼演员麦卡姆·麦克格雷格和他的女儿，1928年左右，加利福尼亚。

13．游泳世界杯赛期间的英国游泳运动员麦克·福斯特，1995年。

游泳运动员的技术在一个世纪之内被完全打乱了，"挺起"和突出的胸部让位于某种经过精心准备之后的放松状态。

14．《新观察家》周刊的封面，2005年，法国。

体操和锻炼已经随着20世纪末一起被取代。所有女性都希望进行某种以健康和自我的充分发展为目的的心理修炼。

15．本吉从泰晤士河上空跳下的场景，1997年，伦敦。

自20世纪末以来，一些冒险性的活动变得流行：它意味着技术性、对自我的掌握以及对自我的考验。

等化的双重运动。人们不理解为什么政治史的框架不能完全用来套用身体的历史——政治史的框架很少受到质疑，这说明到目前为止在还处于传统势力系统之下的社会中现代民主价值观尚在积累，这种积累同时适用于经常纠结在一起的民族解放运动和社会解放运动——以前对某些身体禁忌的解放中也有属于政治的东西。

更何况演变的倾向也一直从自身的运动中吸取力量。一方面，同性恋中女性的地位不断提高；另一方面，女性地位的上升也促进了男性身体行为的"女性化"。此后，男性也对某些观点敏感，开始接触在上个世纪的资产阶级社会中，同时也在大多数传统社会中本来属于女性的身体护理活动。在不同领域和不同时期，男性和女性之间的交换可能是不平等的。然而，男性开始使用从首饰到香水的女性饰品——如果从人类发展的漫长时期来看，这种行为有时是一种返祖现象——并非是无意义的行为，而且影响深远。

但是如果这一现象没有触及以宗教制度的倒退为特点的文化基础，它持续的时间、规模以及深度可能就不会如此之大。一个自我建构的文化，无论好坏，其核心毫无例外都是某种镜像的、表演的文化。媒体（包括广告）以及艺术正是在这一点上发挥它们的作用。此外，在表现处于快乐之中的身体时，它们也毫不逊色，而且受到的审查越来越少，尽管背后不乏助力或动作，比如对受到虐待的身体的表现。第二次世界大战以来，文学、现场表演、摄影以及电影的发展也经历了同样的方向。另一方面，作为媒体和艺术发展结果的广告和电视的发展也是如此，而且有过之而无不及。在这方面，人们不能不把西方社会在本世纪最近几十年内装扮和行为无可置疑的色情化与所有宗教体系固有的清教式戒规的退步联系起来。

人们还可以提出另一种意见，认为出自于同一种运动的卫生学取得了进步，它同时导致对呈现、消费精神刺激物品行为的审查，比如烟草和酒①。但是这其中并不矛盾：除了社会对所谓消费"软性"毒品的行为倾

---

① "酗酒"的概念形成于19世纪中期，在1891年左右与"嗜烟成性"相提并论。见迪迪埃·努里松：《烟草时代：从诱惑到拒绝》，雷恩，ENSP，1999年；伊恩·吉特里：《烟草：关于一种异国植物是如何倾倒文明的文化史》，纽约，格罗夫出版社，2001年。

向于非罪化处理之外，人们既希望爱惜身体，尤其是自己的身体，又希望让它进入理论上平等的视野——因为，人们身处一个既民主又自由的环境之中。比如说，"吸烟有害健康"这一广告不仅针对吸烟者，也针对吸烟者周围的人。

根据一种约定俗成的说法，"未来将说明"这样的运动是将简化、稳定化还是走向相反的方向——比如说关于 21 世纪人类用水的问题，如果把这个问题局限在生态方面，这一运动会变成什么样子？除了生态，问题的边界更多地属于一种地理和社会的范畴，它继续把之前的一切当成西方以及西方化了的主流类型，而不是来自传统主义或者新传统主义（伊斯兰教的、北美新保守主义的……）的严格意义上的"向后转"。出于经济原因，同一个城市里相同面积的高级住宅区比平民区拥有更多的美容院。除了经济的原因之外，文化的距离也依然存在。这些变化都来自西方，包括它们借鉴东方或者希望借鉴东方的时候。所有这些变化都从"上层阶级"开始，但是它们比任何时候都需要"大众"的加入。只有大众加入，它们才能实现自己的意义。

第五章　锻　炼

乔治·维加埃罗（Georges Vigarello）

1885 年，《快捷—运动》杂志发表《给骑自行车人的十条建议》，刊登出一个在公寓里踩踏板的人的照片。器材用支架固定在一块板子上。它的作用是有限的，因为车轮只与安在壁炉中的一个铰链转盘联动。旁边的注解很有启发性："将来，在火炉旁，你将努力使用联动装置/锻炼！"[1]这当然是一种讽刺，但同样体现了一种模糊的错位。在 1885 年，锻炼可能仍然只是一种"令人好奇"的文化，而且饱受质疑：在优先考虑其他有效方法时，锻炼是与效用背道而驰的活动，总之是过分自我的行为。这个铰链转盘所意指的正是关于"实际"的必要性。

但是锻炼的合理性以及要求总是更高的组织随 20 世纪一起到来：它"系统化的发展[2]"已经成为体育教学和培训的关键。它在不知不觉中的变化更是如此：人们的兴趣先是集中于意愿和效果，后来又投射到身体更加隐蔽的区域、人体的抵抗力以及隐藏的障碍。锻炼从对力量的期待，过渡到一个更加深刻、更加复杂的目标，即个人无止境的充分成长。对身体的不断掌控以及更加内化的对知识的追求即来源于此。体育锻炼和倾向于身体形象本身的自我发展的观点也源于此，在本世纪，身体已经成为日益明显的彰显个人身份的筹码。

---

① 《快捷—运动》，1885 年，第 57 页。
② 乔治·埃贝尔：《典型的锻炼课》，巴黎，维拜尔出版社，1913 年，第 1 页。

最终,这一有限的游戏在今天逐渐显示出轮廓:身体的感觉。能够适应无法确定甚至是有风险之变化的感觉。

1

"田径"式身体的锻炼计划

"田径运动"出现于 19 世纪末,先是与其他体育活动地位相似:如室内体操、健美操、"自然"锻炼以及各种游戏。但这些活动的共同点是对"现代性"的强调。一种双重的原创性改变了这些运动:那就是运动应该日益技术化和机械化,以及锻炼应该日益严格有序的观点。其核心很快被休闲以及"自我"时间新的可能性强化,并以另外一种方式表现出它们的目的:锻炼向人们许诺,自发的强身健体行为会对心理造成一定影响,确保人们获得自信与坚韧的品格。因此,1900 到 1910 年间,人们对肌肉的追求将锻炼的视野逐渐扩展到尚处于初始阶段的心理学领域。

1) 丰富多彩的活动

在 20 世纪末,家庭百科、家庭用书以及实用生活词典上突然出现了不计其数的体育活动种类。它们的方法也前所未有地细碎,而且号称能够给你"一个更加柔软、更加和谐、更加漂亮的身体①"。那些自相矛盾的、追求身体完美性的方法层出不穷。菲利普·蒂斯埃在 1896 到 1970 年间的《科学杂志》上发表了 14 篇文章,宣传动作既刻板又严格的"瑞典体操"。②负责海军孤儿的上尉乔治·埃贝尔对此持反对意见,他声称自己为"自然"的动作进行了编码,将动作分为走、跑、跳、投等等,以便能更好地、"有条理地发展身体的各个部分③"。埃德蒙·德斯伯奈在同一时

---

① 奥古斯塔·莫尔-魏斯:《家庭之书》,巴黎,阿尔芒·科兰出版社,1910 年,第 390 页。
② 伊夫·塔瓦约和马克·塔伯里:《体育课的历史:一门学校课程的起源》,2002 年,第 91 页。
③ 乔治·埃贝尔:《典型的锻炼课》,前揭,第 1 页。

期也致力于推广使用拉力器（即"扩胸器"）和哑铃，以便"制造全能的田径运动员①"。对所有这些观点，皮埃尔·德·顾拜旦②统统都反对，他提倡的是能够实现完全的"身体完美性③"的运动和竞技技巧。反对意见可能各异，人与人之间的争论也是如此，但是这些争议标志着"建设性"锻炼，也就是系统化、机械性以及准确的动作的最终胜利，它们的唯一目的就是增强身体的能量：身体的每一寸肌肉、每一个部分都将会遵循一套进步的分析准则得到锻炼。而且正因为这种观念的胜利，关于"方法"的争议才会出现，与它们的首要目的相比，争议都是次要的。

但是有一个词概括了所有的锻炼方法，这个词本来在很长的时间内都是指赛马领域的工作："锻炼"，其活动本质"在于帮助马匹摆脱身上无用的部分，并且教它跑步的一整套照料④活动"。在 19 世纪末，体操、运动表现及其准备工作得到推广，从而将这个词汇的范围扩展到全部锻炼方法的领域。尽管有分歧，不同的方法还是拥有相同的关于锻炼的计划单位、综合效果，以及对缓步发展和自我成长的共同追求："持之以恒，努力日增⑤"，其意在进行日益增加、循序渐进、讲究细节的重复。它将进步与结果、定量与工作混为一谈，也导致一些评价上的分类出现，包括那些从不运动的人。如 1911 年乔治·埃贝尔设计的表格：他设计了"低等项目"，"中等项目"，"高等项目"，"田径项目"，"接近人体极限的项目"，"最大或者人类的项目记录"等分类。⑥

更真实的对立却是从 19 世纪末开始，旧式体操协会沉重的整体化动作与俱乐部、体育联合会更加开放的活动之间的对立。所有内容从两种角

---

① 埃德蒙·德斯伯奈：《如何成为田径运动员》，巴黎，贝尔热-勒沃罗出版社，1911 年，第 36 页。

② ［译注］顾拜旦（Pierre de Coubertin,1863—1937），法国教育和体育改革家，现代奥林匹克运动会的发起人之一，设计了奥运会的五环旗，并于 1896—1925 年担任国际奥委会主席。遵照其遗嘱，他的遗体安葬在瑞士洛桑，其心脏则安葬于奥林匹亚。

③ 皮埃尔·德·顾拜旦：《体育课的改进与发展——递交给 S. E. M. 公共教育部的报告》（洛桑，1915 年），载诺贝特·缪莱和奥托·尚兹：《选集》（第 3 卷），苏黎世，魏德曼出版社，1986 年，第 418 页。

④ 拿破仑-亚历山大·莱内：《体操字典》，巴黎，皮卡-贝南出版社，1882 年，第 56 页。同时参见奈德·皮尔森：《法国运动词典》，巴黎，洛罕出版社，1872 年："锻炼一词仅用于赛马"（第 254 页）。

⑤ 菲利普·蒂斯埃：《疲倦与体育锻炼》，巴黎，阿尔康出版社，1897 年，第 3 页。

⑥ 乔治·埃贝尔：《力量的密码》，巴黎，拉沃出版社，1911 年，第 53 页。

度分别得到阐释。①例如在 1889 年,佩里戈的体操协会女勇士号称要"发展体力锻炼,以便为军队培养大量强壮、敏捷、有准备的人②",从而将士兵和战斗置于锻炼中心。几年后成立的佩尔古丹田径俱乐部称,自己的目的在于"促进和发展人们对所有类型运动的爱好和实践③",它认为游戏性活动才是锻炼的中心,尽管并没有遗忘军事方面的考虑。1870 年法国战败以后,体操协会显现出重要性,它们希望进行大规模的活动,也有崇武好斗的想法。它们训练有素的行动与军事文化的上升相联系,也与民众休闲意识的缓慢觉醒有关,所有这一切都已经得到详述。④ 人们同样也谈及 20 世纪初体育协会几乎令人察觉不到的进步,自行车、足球、田径还有划船运动俱乐部,这些协会和俱乐部组织的露天比赛,它们对纪录的爱好使得痴迷于同期排名和比赛名称的体操协会逐年易主,如大旗、马赛人、剑穗还有军旗协会。在本世纪,运动越来越受欢迎,尽管体操协会和运动协会中进行体育活动的人数在 1910 年左右的一段时间内几乎持平,前者是 47 万人,后者是 40 万人。⑤但是在某些地区,体操协会的百分比接近 70%⑥,只有在第一次世界大战后,这一数据才出现倾向上的明显波动。运动更受欢迎,还因为它的"民主"式组织形式,该形式建立在代理人和委托人的机制之上,由选举出来的"精英"领导,符合法国 1901 年颁布的法令中明确规定的联合会规则:"在运动协会内,青少年学习如何生活和如何成为公民。他学习服从自己自由选举出来的领导,学习指挥与己平等的人。"⑦1904 年出版的第

---

① 皮埃尔·阿尔诺主编:《共和国的田径运动员——体操、运动与共和思想(1870—1914)》,图卢兹,普里瓦出版社,1987 年。同时参见乔治·维加罗:《体操选手还是运动员?》,载阿兰·科尔班、让-雅克·库尔第纳、乔治·维加罗主编:《身体的历史》(第 2 卷),巴黎,瑟伊出版社,2005 年,第 372—373 页。

② 阿兰·伽里古:《第三共和国时期多尔多涅地区联合体育运动的诞生》,载皮埃尔·阿尔诺、让·伽米主编:《法国联合体育运动的诞生》,里昂,里昂大学出版社,1986 年,第248 页。

③ 同上。

④ 关于这一点,参见安娜-玛丽·蒂埃斯:《劳动者的休闲组织与被偷走的时间》,载阿兰·科尔班主编:《休闲的来临》,巴黎,奥比埃出版社,1995 年。

⑤ 乔治·勒鲁瓦:《体操体育教育》,巴黎,拉菲特出版社,1914 年,第 361 页。

⑥ 奥利维埃·尚沃:《足球的起源与扎根——下嘉莱地区的联盟(19 世纪末—1914 年)》,载《北方杂志》第 86 期,2004 年 4—6 月,第 346 页。同时参见菲利普·第齐:《市政运动政治学——起源,结构与影响(1900—1980)》,载让-弗朗索瓦·洛彻、克里斯蒂安·维维埃主编:《城市中的运动》,巴黎,干旱风出版社,1998 年。

⑦ 拉沃尔·法邦:《所有人的运动》,巴黎,阿尔芒·科兰出版社,1905 年,第 27 页。

一部《运动图谱年鉴》①有 1000 多页,证明人们已经明确意识到运动协会名称及其实践的身份与积累过程。

1913 年,阿尔弗雷德·德·塔尔特和亨利·马斯组织的针对年轻人的先锋性调查之一得出了一些清晰的结论:"运动的时尚引领着全体年轻人,他们满怀激情地阅读运动书籍。"②此话当然有点言过其实,甚至还有点误导,但是它表现了比赛的繁荣和被强化的自由感觉。另外当时的环境也促进和伴随着该现象的发展:没有 19 世纪即将结束之际土地藩篱的打破,③人际交流的加速发展与将往来和规定结合在一起的制度明确化,运动和竞技就不可能扎根。同样,没有空间工具化的增长,俱乐部和联合会中的民主具体化不断增强,它们也不可能实现。这一点强化了征服和流动性的感觉。创建者们认为它们的目的是为新时代注入一种精神,而且确信能够在世纪末协调宗教的没落、集体的强权和个人的胜利,但是上述事实也改变了他们这些夸夸其谈的方向:换句话说,根据皮埃尔·德·顾拜旦的折中式观点,协会和俱乐部的目的就在于杂糅"肌肉的努力和思想的努力,互助和竞争,爱国主义与知识型的世界大同理论,冠军的利益与队员的牺牲"。④运动声称能够创造一种尊重他人、鼓励竞争的精神,以及在团结所有人的同时实现自我确认。如此说来,游戏体现了一种精神,对抗是示范性的,尤其是对他人的尊敬,无论事关功效还是爱好。关于时间的宏大理论创造了一种几乎是教学上的伦理观点,将参加体育竞赛的兴奋与它们的平和化、示范性联系在一起。同样,宏大计划也前所未有地将运动中的表现化为不断改进的指数。

2) 锻 炼

锻炼有自己的一套规则,无论是哪种锻炼:它与旧的饮食方式或者马匹、拳击手和职业赛马骑师⑤的出汗之间的关系,都不如与重视技术、图表

① 《普通运动插图年鉴(运动商业与工业)》,巴黎,无出版印刷单位,1904—1905 年。

② 阿卡东(阿尔弗雷德·德·塔尔特以及亨利·马斯的笔名):《今天的年轻人——对行动的爱好,爱国信仰,天主教复兴,政治现实主义》,巴黎,普隆-努里与西出版社,1913 年。

③ 欧仁·韦伯:《恐惧的结束——法国乡村的现代化(1870—1914)》,巴黎,法亚尔出版社,1983 年,第 337 和 449 页。(美国第一版,1976 年)

④ 皮埃尔·德·顾拜旦:《第七届奥林匹克运动会带来的东西》,载《插图运动杂志》,1920 年。

⑤ 安德烈·洛克:《训练的概念》,载《学习与研究——INSEP 年鉴》,1980 年。

的动作以及动作之效果的关系密切。尤其是时间被分割成数块：1901 年，德斯伯奈将"一个月内每个物种每天要做的动作的数量①"记录成长长的数据，以便获取调查其他月份的其他阶段、其他动作的重要性。他还描述了一些将进步的原则纳入自身管理之中的新工具，如"自动负重杠铃②"：一个简单的动作就可以增加额外的重量。这一点将体育的发展纳入了器械本身之中，将锻炼改造为器材的文化：一种在物品调整框架内进行的计划。

在审视活动、活动的准确性及它们与锻炼不可避免的联系方面，人们的要求也在提高，其目的就是"让身体能够做出正常状态下所不能的努力[原文如此]③"。在俱乐部，人们的要求也提高了，比如 20 世纪初的足球俱乐部，如果没有教练员，也不做事先准备就开始踢足球已经是不可想象的事情了。一套程序已经固定下来。它在时间上得到精确计算，需要占用一整个礼拜的时间，而且还需要进行其他的活动。正如 1914 年的《露天生活》所建议的那样，这套程序也得到了编辑、传播、讨论，而且专门为职业人士设计：

礼拜二：

——上午(10 点 30)：五分钟的呼吸运动，跑四个五十米，然后再跑一百米。接着进行十五分钟的一般体育运动，最后淋浴。

——下午(3 点)：跑两个五十米和一个两百米。然后打十五分钟的拳击吊球，最后泡澡。

礼拜三：

——下午：进行罚点球式开局的运球练习……

礼拜四：

——上午：与礼拜二上午同样的练习，有时还在野外走七到八公里……

——下午：与礼拜二相同的练习……

礼拜五：

——休息，登记并且监控运动员的体重……④

---

① 埃德蒙·德斯伯奈：《体力，理性的文化》，巴黎，贝尔热-勒沃罗出版社，1901 年，第 67 页。
② 埃德蒙·德斯伯奈：《如何成为田径运动员》，巴黎，贝尔热-勒沃罗出版社，1901 年，第 121 页。
③ 《运动卫生》，载《普通运动插图年鉴》，前揭，第 127 页。
④ 《野外生活》，1914 年 3 月 14 日。同时参阅阿尔弗雷德·瓦热主编的关于这一主题的《足球档案：运动与法国社会(1880—1980)》，巴黎，伽利玛出版社，"档案"丛书，1989 年，第 140—141 页。

根据俱乐部和计划的不同,训练的强度当然有所变化。但是在所有的准备活动中,程序都是必不可少的,而对所有的体育活动来说,这种准备又是它们共同的原则。当然应当再次指出,锻炼方法也参与了这些刚开始的做法:如 1913 年,埃贝尔的"自然之道"就被指定用来训练一个庞大的建筑群中的运动员,这个建筑群建在兰斯,被认为是"田径运动员学校",拥有体育馆和开放式的体操馆。《插图》杂志对它有一个很抒情的评价,评价中诗意、自然和现代性兼而有之:"这些散发着力量崇拜的场所以平静的山丘为篱,而群山则蜿蜒延伸直至地平线。"①

3）对技术的迷恋

如果说体操协会渐趋消失,那么作为整个身体准备和呼吸运动之方式的体操本身则不会消失。它仍然是首要的活动,蕴含着能够维持进步性和经过计算的学习形象的各种动作。它在学校尤其受欢迎。1913 年,在巴黎凭借程度和水平多样的课程模式而加入国际体育大会的组织的表现证明了这一点。②皮埃尔·德·顾拜旦提倡在小学中进行体操教育,以便帮助小学生们"去除身体中的废物,软化或者强健他们的身体,并提高他们的耐力",③他的信念更加证明了上述论点。体操在私人活动中,如健身馆或者家居环境下的运动中也获得成功:1870 到 1914 年间,巴黎的健身馆从 18 家增加到 48 家,体操在自我保健中也成为常见的方式。1905 年,一本名为《室内体操》的书在法国就售出了 21000 册(第四版售出了 40000 册);同年,这本书在十余个欧洲国家一共售出了 376000 册。④

20 世纪初,体育"锻炼"的多样性得到了前所未有的扩展,根据 1910 年《生活百科》中不辞辛劳的分类,一份试图挑战全部种类的统计就列出

① 《在运动员们中间》,《插图》杂志,1913 年 9 月 20 日。
② 《体育课的模式》,载《国际体育大会,巴黎,1913 年 3 月 17—20 日》,巴黎,J. B. 巴利埃出版社,1913 年,第 3 卷,第 299 页。
③ 皮埃尔·德·顾拜旦:《体育的改进与发展》,前揭,第 3 卷,第 417 页。
④ 雅克·德法朗斯:《身体的优秀——一些现代体育和运动的形成(1770—1914)》,雷恩,雷恩大学出版社,1987 年,第 135 页。所涉及的书是若尔让·皮特·缪莱:《我的体系,每天 15 分钟的健康练习》,哥本哈根,H. 蒂尔日出版社,1905 年。同时参见让·皮特·缪莱在《露天之书》中第 1 页的数据,此书 1909 年由哥本哈根的 H. 蒂尔日出版社出版。

了"露天游戏","步行运动","身体练习"(包括体操),"自行车运动","机动车运动","航空运动","水上运动","马术","冬季运动","旅游"。①"名单既长又丰富",1903 年出版的一本面向"年轻读者"的"游戏与运动"方面的书这样写道:"请您选择吧。至少有 25 种运动可以锻炼您的肌肉和智力。"②

更为深刻的是,对技术的迷恋笼罩着这些对姿势的分类。首先,这是一种对工具的迷恋,由自行车引发的评论就说明了这一点:人们坚持使用镀铬部件,铁质部件,齿状枢轴,"带制动的叉状车头","双转盘铰链","棘轮摇钻式车轮"。③自行车运动使得"没有摩擦的理想的转动数量剧增,车轮的转动又将人体固定成几何的形状",④从而推翻了人们想象中的运动方式。它体现了效率、机动以及完美的机械化,也是工业社会的法国的第一消费品,1890 年,法国人购买了 5 万台自行车,1901 年这个数字就超过了百万:在本世纪初,记者们认为它就是一项"社会福利⑤"。1912 年的环法自行车比赛,柯莱特⑥也认为它是速度的见证:几乎看不见选手们的身影,看不到面孔的人"眼睛深陷在像石膏一样白的睫毛下",隐藏在汗水和灰尘的面具之下,"黑黄的背上标示着红色的数字,脊背弯成拱状。他们很快就不见了,悄无声息地隐没在山丘之间"。⑦从事该种运动的"锻炼"前所未有地跨入了现代性的行列。

在 20 世纪初,体育活动与当时的器械密不可分,与新材料的关系也是如此。比如说从上世纪末开始材料从木头过渡到了铁:人们利用铁管

---

① 冉西伯爵夫人(玛丽·普庸隆的笔名),载《生活百科》(第 2 卷),巴黎,美术书店出版社,日期不详(大约为 1910 年),第 268—390 页。

② 查理·弗勒利冈:《游戏,运动与大型比赛》,巴黎,费尔明-蒂多出版社,1903 年,第 7 页和第 8 页。

③ P. 莫洛和 G. 乌尔甘主编:《插图现代运动》,巴黎,拉鲁斯出版社,1905 年,第 127 页。

④ 乔治·罗泽:《法兰西种族的捍卫和说明》,巴黎,阿尔康出版社,1911 年,第 95 页。

⑤ 皮埃尔·吉法,1902 年担任《自行车》杂志的主编,雅克·马尔尚在《关于环法自行车赛》第 31 页中加以引用,此书由巴黎赛迪埃出版社于 1967 年出版。

⑥ [译注]柯莱特(Colette,1873—1954),法国女作家,原名 Sidonie-Gabrielle Colette,出版了超过 50 本小说,多数带有自传色彩,其基调大致可分为田园牧歌式的清新自然与情欲爱恨的苦痛挣扎、内心纠葛两类,风格细腻、直率。代表作 GIGI 发表于 1945 年,讲述一个法国贵绅与一巴黎女子缠绵悱恻的爱情,被多次改编为电影、舞台剧。

⑦ 柯莱特:《在人群中》(1918),见《全集》(第 4 卷),巴黎,弗拉马里翁出版社,1949 年,第 443 页。

固定健身器材,使用铁型材实现单杠的弹性,使用硬铝实现赛车发动机的轻盈。这一现实也改变了运动机能,后者更追求速度、冲劲还有敏捷。它还将体育活动和现代性拉得更近,20世纪初的未来主义宣言提到了"世界令人眩晕的激奋"以及这个"讲究造型的、机械的、运动的领域",彰显了两者之间的殊途同归。①这也是亨利·德斯格朗吉的论据,他在1903年开创了环法自行车赛,深信比赛能够将选手们改造成"未来的信使","一种新生活"②的实施者,最深层的乡村特性的工业符号的承载者。

人们的迷恋也延续到动作的技术性本身:20世纪初,关于运动的文章日积月累,分类日益细致,装置都经过精心计算。例如1905年出版了第一部专门讲述体育的《拉鲁斯》词典,在描述格斗中的"擒拿和打击"时,它提到了早已经出现的数不胜数的"肘部动作"、"卷手动作"、"简单擒拿"、"双重擒拿"、"腰部向前"、"向后"、"向侧"以及"软化"、"反向"的动作。③英国在1898年出版的第一部运动百科全书中,关于滑冰的词条单单动作第一级的B部分就有28"组"。④美国在本世纪初出版的《田径全书》则声称把棒球运动中必需的灵活性(就像跨越篱笆时必需的速度一样)纳入到量化的"科学"中。⑤加斯东·博纳冯在几年前早已注意到,划船运动已经不再是"随意地以浆击水",而是获得了"一门有自己固定规定和专门规则的科学"地位。⑥

这里,身体被一部分一部分地"技术化"了,而且越来越被工业社会的模式所贯穿。它与运动技能的关系正是来源于此,它们之间的关系甚至可以称为悖论,但是相关的研究还少之又少:首先要根据关于向量、力量、持续时间的精密计算遵守生物机械效能的最高规则,随后也要一直高度关注失败和突发事件,这是游戏活动中不可或缺的情况。这一点不是别的,正是运动参与者们快乐的独特之处,即极度期盼的预期与游戏不可避

① 《未来主义宣言》,1913年。

② 亨利·岱斯格朗日,载《汽车》1903年7月9日版。

③ P.莫洛和G.乌尔甘主编:《插图现代运动》,前揭,第208—216页。

④ 亨利·查理·霍华德、苏弗克的厄尔与贝克沙、亨德利·匹克及弗雷德里克·阿法罗:《运动百科全书》(第2卷),伦敦,劳伦斯与部朗出版社,1898年,第371页。

⑤ 保罗·威廷顿:《田径运动员之书》,洛特若普,李与施帕德有限公司出版,1914年,见《跨栏的科学》,第189页,以及《篮球中的科学对阵技术》,第253页。

⑥ 加斯东·博纳冯:《身体的练习》,巴黎,儒威出版社,1890年,第186页。

免的偶然性所引发的极度出乎意料的结果之间的碰撞产生的特有的兴奋之感。

4）层出不穷的措施

我们应该坚持指出这一点，这样一个技术性的身体，就是一个经过精心测算的身体。它的"进步"，如同它的"锻炼"，都是"策划"的结果。效率自言，潜能也会计算。20世纪初出现了很多仪器，进一步发展了马雷在上世纪末开创的工作带来的评估设备。[①]人们早已发明测量呼吸能力的"呼吸测量仪"[②]，测量呼吸频率的"呼吸描计器"，在20世纪初又出现了德莫尼发明的"双重测量仪"，用来绘制椎骨和胸廓的曲线合影，他还发明了用于绘制椎骨直线的"脊柱造影仪"，杜菲斯戴尔发明了用来描绘胸廓幅度，看是否对称的"胸廓造影仪"，以及莫索发明的衡量疲劳和注意力集中标准的"肌动力描计器"。[③]

标度尺时刻运作，动力也能测出，能量可以预计。锻炼不再脱离"已经上过课程的学生与旁观学生之间人体测量的比较[④]"效果而单独进行了。相关记录不断增加，离锻炼的进步和预期效果目标日益接近：例如根据1903年体育学校的数据，3个月的课程能够使胸围增大10公分，使颈围、二头肌或者腿肚增加4.5公分，肩围增加15公分。[⑤]在这些数据中，回报的主题占了主要地位：肺是计算的重点，能量是描述的重点。那些颇有成就的运动员们偏爱的数据是[⑥]："我的胸围呼气时是99公分，吸气时124公分，呼吸测量仪测出我的一口气能达到600立方分升。"人们持续进行体育锻炼的最大原因，就是希望锻炼能带来立竿见影的效果：胸廓向前，肩膀向后挺，身板挺直，以便更利于身体的发展。不同锻炼方法的共

---

① 艾蒂安-儒勒・马雷：《动物机器》，巴黎，G. 巴里耶出版社，1873年。

② 米歇尔・莱维在《公共与私人卫生条款》中提到的"肺活量测试仪的经验"，此书由 J. B. 巴里耶父子出版社出版，第三版，1857年，第1卷，第237页。

③ 关于最后的仪器，参见"体力的准备"，载《野外生活》1907年6月版，中央表盘出版社。

④ 《体育课的模式：上过体育课的学生与旁观的学生的测试结果对比》，《国际体育大会，巴黎，1913年3月17—20日》，前揭，第299页。

⑤ 查理・弗勒利冈在《游戏，运动与大型比赛》中援引，前揭，第27页。

⑥ 让・皮特・缪莱：《露天之书》，前揭，第32页。

同点是:"最窄、最羸弱的胸部也会变宽,也会有看得见的改善……脊背挺直,肩膀向后挺",①即使理论上相距最远的文章都异口同声地这样认为。胸廓不就是"动物式炉火的风箱②",或者"由它充当燃烧炉的人类机器的量表③"吗?由此出现了几乎是很有等级的形形色色的发明:从 1902 年的"腹部型"④到德莫尼喜欢的"胸廓型",从"消化型"或"大脑型"到斯高偏爱的"呼吸型"⑤。1900 年巴黎的奥运会上,一个医学委员会事先为选手们拍了很多张"全裸"照片,以便更好地发现"他们的体态特点".⑥

20 世纪初的其他模式也不应该被忽略。很长一段时间以来,一种神经生理学一直强调感觉警报发挥的作用。如果没有它,就不可能控制步伐和动作。如果没有来自肌肉和肌腱的"深层"信息,就不可能实现动作的准确性。神经冲动既是上行的,也是下行的。它既有提醒功能,也发号施令;既起到调节功能,也进行约束。很多具体的病例都说明了这一点:例如脊柱感觉神经的退化就足以造成"不动心式(ataraxique)"⑦痛,造成病人无法控制自己的行动。⑧运动机能和感觉是成对出现的。因此从 19世纪末开始,有人建议训练"肌肉感",以便更好地训练"对立的肌肉"⑨;进行锻炼,以便能够更好地"体会"、更好地感觉肌肉和动作。也是出于同样的原因,有人建议创建一种身体的模式,能够体现这些复杂的设计。本世纪初已经有人开始着手将肌体与"电报线路网络的复杂有序"⑩联系起来,把指令与感觉之间的来回置于形象中心,身体不再是一部燃烧机器,而是信息机器,不再是火,而是神经冲动。

---

① 埃米莉·考斯特:《法国的体育——现状与目标》,巴黎,H.查理-拉沃泽尔出版社,1907 年,第 50 页。

② 奥古斯塔·莫尔-魏斯:《家庭之书》,前揭,第 390 页。

③ 埃德蒙·德斯伯奈:《体力,理性的文化》,前揭,第 32 页。

④ 乔治·德莫尼:《体育的科学基础》,巴黎,阿尔康出版社,1902 年。

⑤ 克洛德·斯高和莱昂·樊尚:《疾病的起源:论人体形象的演变》,巴黎,马鲁纳出版社,1910年。斯高的分类方法被多利重新提起并应用于"体育文化"领域;参见阿尔弗雷德·多利:《"人类形态学"在体育中的应用》,《国际体育大会,巴黎,1913 年 3 月 17—20 日》,前揭,第 3卷,第 132 页。

⑥ 达尼埃尔·梅里永:《体育锻炼和运动国际考试:报告》(第 2 卷),巴黎,1902 年,第 13 部分"卫生与生理学委员会",第 387 页。

⑦ [译注]Ataraxie:古希腊斯多葛派哲学家用语,指心灵不受外界干扰的境界。

⑧ 埃杜瓦·勒岱雷:《动物解剖学与生理学》,巴黎,阿歇特出版社,1896 年,第 235 页。

⑨ 费尔南·拉格朗日:《身体练习的生理学》,巴黎,阿尔康出版社,1888 年,第 19 页。

⑩ 乔治·德莫尼:《体育的科学基础》,前揭,第 258 页。

然而直到本世纪初,这种"身体在燃烧"的形象保留了下来,而且仍然占据统治地位。胸部接受来自他人的关注,体育仍然停留在各种夸张的弯扭动作的程度。20世纪初《露天生活》拍摄的运动员形象都是凝固的,就像是在展示:收腰、挺胸。学校锻炼的改革派们提出了专门针对这个身体部位进行锻炼的计划:"下午应该专门用来训练肺,上午则用来锻炼脑部。"①劳作工程师们则针对这个部位提出了他们的计算结果:在1914年,阿玛对职业环境下的"人体机器的活力措施"②进行了研究,这些措施都受限于呼吸空气的总量。能量机器仍然是第一大模式。

5) 个人锻炼的转向

本世纪初,在锻炼方面又加入了与采取的措施和计算的策略有关的一种心理学上的考量。细致和意愿对行动仍然有效,能够将"意志"转化为工作③,鼓励成长,孕育成功:这些都是竞争社会中的重大主题。锻炼能够改变内心,这些表面上只涉及力量和健康的新观点或者文章的插图如是说。在提到一份数据性计划时,热巴尔认为"态度压倒一切"。④德斯伯奈观点的鼓吹者洛蒂则利用某种"智力上的努力"⑤提供更多的保证。推销函授教学的桑多建议设立一份"解剖学证书"⑥,以便彰显坚韧之精神和它的内在功效。以外貌为导向的"方法",外表的"块头"和轮廓比其他的东西更有说服力,让人们照了更多的镜子,拍了更多的照片,制定了更多的规则和计划,进行更多细致入微的观察,并且获得个人化的收益:1901年,埃德蒙·德斯伯奈称之为"理性的文化"⑦,1906年贝尔纳·麦克法登则称之为"健身"。⑧

---

① 菲利普·蒂斯埃:《体育中的临床思想》,《国际体育大会》,前揭,第66页。
② 儒尔·阿玛:《人类的劳动》,巴黎,普隆-努里出版社,1923年。
③ 弗里德里克·劳和乔治·勒沃·达劳讷:《应用于道德和教育中的生理学》,巴黎,意志教育出版社,1900年,第303页。
④ 威利巴·热巴尔:《应采取的态度以及如何拥有这种态度》,巴黎,医学新书店出版社,1900年。(第一版,莱普兹格出版社,1898年)
⑤ 皮埃尔·洛蒂为埃德蒙·德斯伯奈的书《如何成为田径运动员》所作的序,前揭。
⑥ "桑多的解剖图表",见欧仁·桑多:《力量以及如何得到力量》,伦敦,盖尔和波尔登出版社,1900年,第38页。
⑦ 埃德蒙·德斯伯奈:《体力,理性的文化》,前揭。
⑧ 贝尔纳·麦克法登:《肌肉的力与美》,纽约,体育文化出版有限公司,1906年,"健身领域的预先调查",作品结尾的广告。

让我们先把话题停在锻炼的目的上,它已经得到了扩展:不仅仅是为了卫生或者精神,而是为了一种自我确认;不仅仅是追求力量,而是通过精心计算的锻炼追求发展和坚韧的精神。态度的确是"压倒一切"的。锻炼将仅仅是精神上的,它能将决定化为成功,帮助实施者"有所成就"①。甚至连"高度活力"也被提出来。一些美国的文章认为,这样的活力能够"化弱点为力量"②,从而更好地抵抗生活中的不测风云。

当然,在20世纪初,关于社会进步的主题已经不是什么新鲜话题了。在浪漫的法国,大批巴尔扎克笔下的人物已经谱写了相关版本。但是作品中关于体育的导向,它们的实际操作性,它们的个人化基调以及它们对实践的参照价值却尚未被人提及。1900年,在提到有关的社会团体时一位作家这样说:"锻炼需要您每天从办公中挤出时间来进行。"③另一个人则说需要进行锻炼,"在晚上,在人们锁上书房大门的时候"。④ 处于上升阶段的中产阶级从中发现了一个用武之地,一种支撑自己的方式:他们更好地经营自身,以便在生活中取得更好的进步。这一点与众多西方国家社会风尚的改变相呼应。在法国,1900年的北方铁路公司就是一个很好的例子,它开展了大规模的中间职位的提升,其中大多数每年都被有责任心的职员所占据:28个与"工程和道路"有关,43个与"材料和机务段"有关,64个与经营有关,从而前所未有地丰富了等级和级别,强调了成功或者升迁的希望。⑤与此同时,法国公务员的数量在1870到1911年间也翻了一番。

在一个竞争和平等占上风的社会中,这样的学习与个人的发展计划相汇合。它们与20世纪初新出现的文学描述不谋而合,宣称可以使人"获得自信"⑥,鼓吹"变得更强"⑦的方式以及"在生活中开拓自己的道路"⑧的方

① 热罗·博奈:《自愿性自我暗示细则》,巴黎,J.鲁塞出版社,1910年,第11页。

② 贝尔纳·麦克法登:《肌肉的力与美》,前揭,作品结尾的广告。

③ 威利巴·热巴尔:《应采取的态度以及如何拥有这种态度》,前揭,第3页。

④ 让·皮特·缪莱:《露天之书》,前揭,第138—139页。

⑤ 伊夫·勒甘:《一个新社会的不均等机会》,见伊夫·勒甘主编:《19到20世纪法国人的历史》,第2卷,《社会》,巴黎,阿尔芒·科兰出版社,1983年,第329页。

⑥ 这些文章最初是在美国出版的,最近被翻译成法语:拉尔夫·瓦尔多·爱默森:《自我的信心及他论》,巴黎,帕约-海岸出版社,2000年。(第一版在美国出版于1844年)

⑦ 让·德·莱纳:《如何变得强壮》,巴黎,J.B.巴里耶父子出版社,1902年。

⑧ 西尔万·鲁岱:《开辟生活中的道路》,巴黎,实用文献图书馆,1902年。

法。它们与一种纯心理的文学更加投缘,在数年后,这种文学开始探索如何更好地培育自信的心理技巧:1930 年的一篇文章断言"人们在体育课程的间隙可以进行一种自我暗示"。①

2

休闲,运动,兴趣

在第一次世界争端之后,田径的范例得到了进一步加强和丰富。而且它还拥有新的视野:自然和裸体有了一种新的在场;力量和肌肉组织也有了另一种价值。劳动和工业世界的节奏加快,白领阶层有自己的一套适应性规则,更加趋向于服用补药和保持瘦削。休闲世界有了新的出口,更加看重阳光和运动。随着"城里人"的胜利,主要的文化参照也同样发生了变化,尤其是出现了"自由时间"、旅游、散步:肌肉丧失了以前工人化的特征,褐色皮肤也失去了以前的农民味。②身体可以被认为是"田径式"的,它动员了更多的投入,占用了以前没有过的时间。

更加深刻的是,在两次大战期间,锻炼成为私人的第一要务,人们不仅要控制肌肉和动作,还要控制感觉,或者说人的内在性。

1)"外部"的身体

一项非常"外在"的标准首先应该就自由时间,即度假和散步的时间提出建议:"户外"活动应该留下体育的印记。人们应该高度重视空气、海洋还有阳光。阳光占领了时尚照片,空间为线条带来了生机:"身体就像水果成熟一样变成了金黄色"③,1934 年的《时尚》坚持这样的观点。沙滩不再是点缀,而是一种环境:传统式的散步者少了,随意地躺在沙滩上的

---

① 让·岱·维涅·鲁日:《意志体操》,巴黎,J. 奥利汪出版社,1935 年,第 34 页。
② 阿尔诺·博贝罗:《自然主义的历史——回归自然的神话》,雷恩,雷恩大学出版社,2004 年,第 286 页。
③ 《时尚》杂志,1934 年 7 月刊。

人多了,西服少了,紧身衣多了。①"阳光的照射"②开始进入文学的视野。文学的描绘更加刺激了人们的活动。比如 1936 年《您的美》上的年轻女孩就曾这样说道:"她大步前行,身后留下足迹,就像对空气、对大气的奇异召唤。"③面孔应该暗示着"度假的纪念"④。身体应该让人想起"大自然",只有它才让"真正的美胜出"。⑤

关于"外在"的这种形象已经成为经典,它彰显了将皮肤晒成古铜色的行为,深刻地改变了保养的配方,更新了经营自身的对象:度假制造美,⑥阳光带来能量。⑦这也是一场广泛的知识上的复习,每个人都通过追求无忧无虑和快乐而提高自己,并且"变得更美"。保养的愿望从未暗示这样的一种"放肆的行为":进行"真正的休战"⑧,"投身于光影",以便带回来一种"新的诱惑"。⑨作为全民范围内对现代人的第一次重要承认,这种放弃使得外表归自我统治,时间归自己支配。同样值得注意的还有带薪假期⑩,对有些人来说,带薪假期已经成为"幸福元年"⑪了。

当然,在 20 世纪初,将皮肤晒成古铜色的例子并不起眼,但它却具有决定性的意义。一些享乐主义思想以及坚定地认为决裂、疏远还有对空间和气候的爱好会促成思想上的进步的观点⑫这样认为:度假是"与夏天的婚约"⑬,

---

① 《您的美》杂志在 1933 年取代了《发型与时尚》杂志。在这方面,前者很有特点:它同时刊登人们跑步、跳高、躺在沙滩或者野外草地上的照片。

② 亨利・德・蒙泰朗:《阳光的力量》(写于 1925—1930 年间),巴黎,伽利玛出版社,1950 年。

③ 《您的美》1936 年 1 月刊。

④ 同上。

⑤ 《玛丽—嘉人》,1938 年 5 月 6 日版。

⑥ 这一点扩展了第一次世界大战之后重又开始的假期卫生运动的主题。参见儒勒・埃里古:《假期问题》,载《现代卫生》,巴黎,弗拉马里翁出版社,1919 年,第 204 页。

⑦ 见 1937 年 7 月《您的美》杂志"疗伤的阳光"主题。

⑧ 《玛丽—嘉人》,1938 年 8 月 5 日版。

⑨ 埃莱娜・鲁宾斯坦的广告,载《费米娜》,1928 年。

⑩ 见雅克・凯尔戈阿:《人民阵线的法国》,巴黎,发现出版社,1986 年,第 336 页。

⑪ 玛德莱纳・莱奥-拉格朗日:《幸福元年》,载 Janus,第 7 期"休闲的革命",1965 年 6 月—8 月刊,第 83 页。

⑫ 除了度假的主题,同时还可参见"周末"的主题以及它在 1930 年代的重要性:维托・里伯赞斯基:《周末的先驱》,载《周末的历史》,巴黎,里亚纳・勒维出版社,1992 年,第 123 页。(1991 年第一版)

⑬ 《费米娜》,1931 年。

有着"乡野与粗犷的快乐"①,"春天般的身体"②。马克·奥尔朗以饱含诗意的姿态搬演的纯粹夏天的所有场景都属于此,他曾这样说:"一具年轻而新鲜的身体在面对大海的馥郁夜晚中得到重生。"③

2) 外表的保养

专门锻炼的形象,以及被认为与它相伴而生的"着装自由"的形象早已广为人知。就像通过运动和保养可以改变人的线条一样深入人心:"成就你的身体"④,无所不在的田径文学一直这样宣传。在两次大战期间,虽然与保养有关的公众数量仍然"有限",而且显然和今天的保养没有任何可比性;但是关于外表自我塑形,"大自然"自我教化的各种言论开始浮出水面。

比如体重就前所未有地被强调为健康的指数。超重将会带来危险:死亡曲线和体重曲线相交,以突出"大胖子们"遇到的健康上的风险。《您的美》杂志上公布的五种死亡情况的表格就试图说明这一点:

死亡原因	偏瘦	正常	偏胖
中风	112	212	397
心脏病	128	199	384
肝病	12	33	67
肾病	57	179	374
糖尿病	6	28	136
合计	315	651	1358

疾病与体重(《您的美》,1938 年 9 月)

换言之,对同样的疾病来说,"瘦人"的死亡率比"胖人"的低四倍。因此,长期徘徊在病态边缘的肥胖者会患上"非常严重"⑤的疾病,一些

---

① 《时尚》,1935 年。

② 《费米娜》,1931 年。

③ 皮埃尔·马克·奥尔朗:《夏天》,载《时尚》,1935 年。

④ 安德烈和加斯东·杜维尔:《造就你的身体》,巴黎,自然主义出版社,1936 年。

⑤ 《您的美》,1937 年 3 月。

公认的重病。人体所有功能都会被殃及：从心脏"跳动阻塞"到肝脏的"排出阻滞"。①疼痛的逐渐出现也是出于这个原因，人们更加关注一些生理阈值。例如美国的人寿保险公司从 1910 年开始就将八种疾病的患者纳入考察范围，参照普通客户的正常费用为他们编制了特别的收费标准：从超标 12 公斤一直到 23 公斤。稍后法国杂志转载了这一标准，它随社会的进步为人们所熟悉，确立了数据和程度的概念。②

从 1920 年代开始，报道倾向于表现女性线条，这一变化也非常深刻，从形象上表现从"瘦"到"胖"无休止的过渡。如保罗·里谢用曲线表现了"肥胖"造成的后果：逐渐出现眼袋，双下巴日益浑圆，乳房逐渐失去圆润感，腰部赘肉丛生，臀部变宽，以及屁股萎缩。③解剖学图谱形象地表现了时间的作用，详细展现出肌肉塌陷的各个时刻：不再仅仅是物种之间的渐进式差别，而是血肉之躯的重量增加的渐进式差别。皮肤在不知不觉中下陷，线条也在不知不觉中瓦解。换句话说，下陷的线条激发人们进行有据可查的投入。迄今为止一直为科学所忽略的沉重的曲线已经成为科学探索的对象：这是出于解剖学家和医生们的好奇。

另外，乔治·埃贝尔在他那本出版于 1919 年并且多次再版的《肌肉与女性形体美》④一书中明确指出，以前并不存在的一些症状现在也出现了。以肚子上长肉为例，就分为："各个地方全部都肥肿的肚子"，"下部浑圆成球状的肚子"，"悬挂式或下陷式的肚子"⑤；"脂肪沉积"的部位也一样，单只腹部就有"腰上部肥胖"，"腰下部肥胖"，还有"腰肚脐部位肥胖"⑥，同时还区分了胸部"下垂的三个阶段"⑦。这些理论带着一丝难以觉察的轻蔑，把肥胖部分转化为规则的脂肪堆积层，从而使人们能够更好地注意到肥胖的开始。

① 同上。同时参见伊拉里翁-德尼·维古鲁：《预测是严肃的》，载《实用医学规章大全》，巴黎，勒图泽与阿奈出版社，1937 年，第 3 卷，第 633 页。
② 见皮特·N.斯汀：《肥胖的历史——现代西方的身体与美》，纽约，纽约大学出版社，1997 年，尤其是"作为世纪转向目标的肥胖：为什么"一章，第 48 页。
③ 保罗·里谢：《人类身体新艺术解剖》，第 3 卷，《形态学，女性》，巴黎，普隆-努里与西出版社，1920 年。
④ 乔治·埃贝尔：《女性的肌肉与弹性美》，巴黎，韦伯出版社，1919 年。
⑤ 乔治·埃贝尔：《女性的肌肉与弹性美》，前揭，第 197 页。
⑥ 同上，第 198 页。
⑦ 同上，第 211 页。

3)"内部"的身体

可以说,这种对自我"塑形"的要求强化了工作的主题,即人们对身体的关注:尽管有假期和大自然,仍然有恒定和顽固性;尽管有放松和发泄渠道,也仍然有固执和一意孤行。从本世纪初人们第一次开始获得力量和"自信"[1]开始,相关的计划就已经得到了深化。在1920—1930年代,这一主题主要是心理上的,表现得更加内化,出现了很多"自控"[2]的方法,探索感觉和内心的标识,强调来自内心的参照和指数。到那时为止,在身体行为中还很少被人提到的一个领域渐渐显现:那就是经受考验、质询,"有意识"的肌肉领域。随着现代性展开,个人要求更多地成为自身的主人,身体由此变得心理化。所以才会出现以前从未有过的说法,如"集中精力,专心呼吸"[3],或者"把注意力放在肌肉上,想象它正在发挥作用并感觉到它在完成自己的使命"。[4]成为"自己身材的雕塑师"[5]要求进行新的内在探索,强调内在意义的强度,并特别突出对自我空间前所未有的经营。1934年,伯利涅克伯爵夫人,即朗万夫人的女儿曾经提到要在最出乎意料、总是有人的而且足够专心的时刻进行练习,这样别人就几乎察觉不到:"在白天,坐在车里,在谈话中间,我都在进行锻炼,没有人会察觉。我转动手腕,将它们轻轻提起,就好像它们承受着一种难以承受的重压。在这种方法的帮助下,我终于有了坚硬如铁的肌肉。"[6]《您的幸福》在1938年推出了一项"隐形体操"的练习方案,这一方案就是利用浪费掉的时间做练习,如"等公共汽车"时,"在地铁里",他人对此毫无觉察,但是需要个人高度集中精力:"为了强健膝盖和大腿以及臀部的肌肉,您要交替收紧和放松其中一个……利用几分钟的时间,您就可以完成一系列别人完全觉察不到的动作。"[7]想要塑造心仪的体态也是同样的步骤,某些被人不断重复的练习其目的就

---

① 参见上文第149页(原文第174页)。

② 马塞尔·维亚:《自我控制》,巴黎,生活出版社,1930年。

③ 《呼吸健康》,《玛丽—嘉人》,1939年。

④ 《您的美》,1934年1月。

⑤ 《时尚》,1930年。

⑥ 《您的美》,1934年9月。

⑦ 《您的幸福》,1938年3月27日。

是为了拥有这样的体型："要一直想着自己的肚子以及自己希望它拥有的平滑的肌肉。"①这些非常实际的心理学方法创造了一种体验内在意志的新艺术。尽管尚处于初级阶段，还比较谨慎，或者说比较边缘化，它们也传播了一种更加精致、更加内在化的专注于冥想的新的身体形象："听取"感觉，以便更好地控制它们，想象身体的形态，以便更好地拥有它们。

此外，姿态的世界也随着它们一起改变，同时为人们对锻炼活动的看法、所获得的印象、讲述和追求锻炼的方式指引了方向。两次世界大战期间的运动文学从未如此专注于感官世界，而且没有以别的方式来描述对象。例如1925年，让·普莱沃就认为感觉几乎是一种智识上的考验："这些肌肉的展示和笨拙仍然是一种语言，尽管它很微妙、奇异——就像是外省的电话新闻。一种更加奇怪、更加自我的新的有机生命随着锻炼的活力站立起来，一直到我思想的高度。"②还有多米尼克·布拉伽，他混淆了对空间的想象和对身体的想象："这些圆圈，这些需要跑的十、九、八圈的圆圈都是从他自己，从他力量的中心出发，也可以说是从他的自我出发：它们在一种体内的、蠕动的、产生于自身并且引发了后续结果的运动中得以实现。"③一个新的领域出现了，尽管还不是中心，但它就是普鲁斯特在本世纪初以更多事实探索过的领域④，是心理学家们从19世纪末就已表达过的"肌肉的意义"或者"内在的意义"⑤，是运动文学所希望的"实际"的东西。它前所未有地将现代的个体与其身体的即时感觉联系起来。

4）从空间的管理到证书的创建

除了自然的活动以及对身体曲线和感觉经验的控制，在第一次世界

---

① 《您的美》，1934年1月。

② 让·普莱沃：《运动的乐趣》，巴黎，伽利玛出版社，1925年，第25页。

③ 多米尼克·布拉伽：《5000米》，巴黎，伽利玛出版社，1924年，第46页。

④ 见皮埃尔·夏尔东：《身体的节日——法国以运动为主题的文学历史和发展倾向（1870—1970）》，圣-艾蒂安，CIEREC出版社，1985年，第120页。

⑤ 亨利-艾蒂安·伯尼：《内在的感觉》，巴黎，阿尔康出版社，1889年；查理-桑松·费雷：《感觉与动作——心理—机械实验研究》，巴黎，阿尔康出版社，1887年；埃杜瓦·克拉巴雷德：《我们对身体部位的姿势有特别感觉吗？》，巴黎，谢尔舍兄弟出版社，1901年。

大战之后,运动得到强势的推广,从而构成了 1920—1930 年代的第四个特性。《青年百科》早已阐述过这一点,它在 1914—1917 年间的词条详细分析了准军事性质的体操。但是在 1919 年,这些词条就被一些关于"运动精神"、"复兴的运动"、"进步中的运动"的新词条取代了。[①]1930 年代的《拉鲁斯大百科手册》坚持认为:"这不是一个小镇有了自己的足球队、自己的自行车协会,或者自己的田径队,也不是一个城市有了自己的网球场这么简单。"[②]当地的数字也说明了这一点:1889 年在多尔多涅就有 16 家协会,包括运动和体操协会,1924 年有 92 家,1932 年有 117 家[③];1972年,在鲁昂和勒阿弗尔市区每年成立 19 家协会,1938 年这一数字达到 52家[④]。与此同时,体操协会却在衰落,伽布里埃尔·德塞在诺曼底地区的调查结果显示,体操协会从 1921 年的 49 家减少到 1939 年的 15 家,而田径和足球俱乐部的数量却有增长,在康城及其邻近地区,1921 年有 38 家田径和足球俱乐部,1939 年则达到了 50 家。[⑤]国家的统计数字也说明了这一点,而且运动的方向越来越明显:

	1921	1939
田径	15 084	32 000
篮球	900	23 158
足球	35 000	188 664

1921 到 1939 年间田径、篮球和足球联盟中持比赛许可证的人数[⑥]

对此现象,人们有这样的评价和论断:"现在,运动场、体育场和跑道

---

① 《青春百科——谁?为什么?如何?》,第 1 卷,巴黎,无出版印刷单位,1914—1919,第 1 卷（第 1914），第 313 页;第 6 卷(1919),第 1,9,17,25 页。

② 保罗·奥热主编:《拉鲁斯大百科手册》(第 2 卷),拉鲁斯出版社,1937 年,第 975 页。

③ 阿兰·伽里古:《第三共和国时期多尔多涅地区联合体育运动的诞生》,前揭,第 244 页。

④ 菲利普·马纳维尔:《下塞纳河地区运动联合会的成立(19 世纪末—20 世纪中期)》,载《历史上的游戏和运动——第 116 届知识社会全国会议纪要》,尚百里,1991 年,巴黎,CTHS,1992 年,第 1 卷第 133 页。

⑤ 伽布里埃尔·德塞:《诺曼底地区的运动(1900—1940)》,同上,第 123 页。

⑥ 乔治·德尼主编:《运动与运动社会百科全书》的图表系列,巴黎,阿尔多出版社,1946 年。

朝向巴黎的大门打开了,以便我们能够放松我们的大脑,松弛我们的神经和肌肉的纹理",这是 1920 年 7 月 10 日《插图》杂志的评论。[1]这一事实改变了当地人的争论和运动队的计划。尤其是它还改变了补贴的发放:在 1913 和 1923 年间,里昂发放给运动协会的补贴从总预算的 5％提高到 18％。[2]根据纳塔莉·穆甘的细致研究,贝藏松地区发放的补贴也有类似的提高,而且补贴的目标也有更新:在 1920 年代,1910 年代那种对旧式健身馆和贝藏松海滨浴场的关注消退了,转向体育场和运动馆的经营。[3]这些事实所表现的不是别的,而是竞赛文化的新延伸。

与此相呼应的,是运动参与者们社会光谱的扩展。1931 年巴黎-索邦的步行者们和同年拍摄的圣-日耳曼高尔夫球场的冠军们本来分属不同的领域:一方是不相称的服装,腿上和身上很脏;一方则是考究的服装,无袖软袍和打蜡的皮鞋。这里明显体现了两种生活方式:高尔夫球手们姿势标准舒展,而步行者们则动作重复,令人疲惫。举重和骑马之间的反差也是如此:一方是工人阶层的力量和笨重的男人,另一方则是优雅轻盈的男士。运动即便是在它们的发展阶段,在风格和种类上也反映了整个社会阶层的印记。[4]这一点尤其适用于受欢迎的运动并促进了它们的发展,足球就是一个标志:1930 年,牙医、巴黎理工学院的学生、法国中央高等工艺制造学校的学生还同属于法国体育队,但是《体育镜报》早在 1926 年就已经断言"法国最优秀的足球运动员都出身于贫寒阶层"。[5]

终于到了探索女性运动的时代了。1919 年 7 月 13 日在法国杜伊勒利举行的"肌肉节"上出现了穿着短装、露出腿部、身着黑色贝类帽和紧身衣的女性。[6]抛重物、跨栏还有跳高都留下了前所未有的照片:在这些竞赛中,动作的招式既女性化,也非常阳刚。1921 年 5 月的"春节"再次举行

① 《露天》,见《插图》,1920 年 7 月 10 日。

② 伊丽莎白·勒日尔曼:《里昂的联合运动风景(1905—1929)》,见让-弗朗索瓦·洛彻与克里斯蒂安·维维埃主编:《城市中的运动》,前揭,第 49 页。

③ 纳塔莉·穆甘:《贝藏松地区运动设施与市政政策的发展(1900—1939)》,见让-弗朗索瓦·洛彻与克里斯蒂安·维维埃主编:《城市中的运动》,前揭,第 65 页。

④ 关于运动的社会学范例,参见让-保罗·克莱芒和路易·拉卡兹:《格斗的历史在法国的贡献》,载《运动实践的社会历史——E.P.S. 的工作与研究》第 1 期,1985 年 12 月。

⑤ 由阿尔弗雷德·瓦尔在《足球档案:运动与法国社会(1880—1980)》中引用,前揭,第 209 页。

⑥ 《青春百科——谁? 为什么? 如何?》,1919 年 7 月。

比赛,不过这一次有共和国总统出席。1920 年代为对立和争论提供了同样多的机会,当时制定身体标准的医学界的共识是坚持传统:"在任何情况下,我们都不敢苟同体育比赛对女性的作用。"①1922 年,永维尔军事学校的医生莫里斯·布瓦热这样认为。《插图》杂志则支持这种犹疑不决的态度:"把她们推到这种比赛中,您不觉得人们对这种敏感的身体要求太多了吗?"②另一方面,展示活动的组织者阿丽丝·米丽亚则非常懂得如何将比赛和女性的变化联系起来:"体育和运动使这些小姑娘和女孩们拥有健康和力量,同时无损于她们天生的优雅,会让她们更好地完成人们期待她们在将来完成的社会责任。"③

然而在两次大战期间,学校的情况却说明操场和院子式的教学是如何对运动和大型游戏持怀疑态度的。当时的见证者们坚持进行那些来自机械性整体动作的纯体操课程,"走正步","进行柔软动作",以及"强制命令"④训练。学校的空间主要是为下一阶段和限制性运动而设计的。教学的内容非常有限:"放任体育教育向运动发展无异于一个泥瓦匠想从屋顶开始建房。"⑤1920 年代的教员们经常害怕运动"无穷的不便之处"⑥会使体育过度专业化,因此他们将体操当成了不可缺少也是无休止的基础入门教育。运动可能带来的"体能消耗过度"让他们更加担心,因此规定了很多纪律,而且慎之又慎:"当然青少年要跑步:他们适合跑步。但是他们只在做游戏的时候才跑,而且还要经常休息才行。"⑦况且乔治·埃贝尔和他的海军遗孤学校在教学上也的确取得了成功⑧,他在 1920 年之后认为运动已经成为"国际化的肌肉市集"⑨,是一种过分的行为,是对比赛和记录的过分癖好。人

---

① 莫里斯·布瓦若:《体育科学手册》,巴黎,帕约与西出版社,1922 年,第 218 页。

② 《圣-克鲁的女性越野自行车赛》,载《插图》,1930 年 2 月 22 日。

③ 皮埃尔·阿尔诺在《种类还是性别? 女性运动与社会变化(19—20 世纪)》中引用,载皮埃尔·阿尔诺与蒂埃里·泰雷主编:《女性运动的历史》(第 2 卷),巴黎,干旱风出版社,1996 年,第 164 页。

④ 雅克·蒂博:《一位体育老师的历程——法国半个世纪的体育历史》,巴黎,AFRAPS 出版社,1992 年。伊夫·塔尔玛约与马克·塔伯里在《体育史》(前揭)中引用,第 158 页。

⑤ 热奥·安德烈:《体育文化与运动的关系》,载《体育镜报》,1921 年 5 月 19 日。

⑥ 《青春百科——谁? 为什么? 如何?》,1919 年 10 月 1 日。

⑦ 莫里斯·布瓦若:《体育的生理学》,载《运动百科全书》(第 1 卷),巴黎,法兰西书店出版社,1924 年,第 290 页。

⑧ 见上文第 138 页(原文第 164 页)。

⑨ 乔治·埃贝尔:《运动 VS 体育》,出版地点未注明,1925 年,第 88 页。

们注意到,埃贝尔曾经"发明"了一种建立在最"初级"的身体动作基础之上的"自然方法"①,创办了摔跤场和田径学校,在被认为是平庸的机械论面前,其反技术特色可能会受到某些人,如自然主义者们的青睐。

但是在 1930 年代,学校的空间还是有所改变,尽管改变并不明显:大众运动证书就是一个例子。它是 1937 年莱昂·布卢姆在任时由运动与休闲组织的次长设立的。比赛是混合型的,成绩分为数等,目的是评估 20 世纪初以来主张"人体发动机"的生理学家们提出的不同的体育素质。②考试以贝兰·杜·戈多计算得出的参数("VARF"参数,即"速度,灵巧,耐力,力量")作为标准。统计数据是其原则,"表格"中和了各种解读的结果:"强壮"③因此有了自己的比赛和评价规则。这样整个国家的人都可以测试自己的"体力"和"素质"了。人们蜂拥而来:1937 年,当局为 50 万名测试者颁发了 40 万份证书。④当然普通体育教育的目的仍然得以保留:那就是促进各项不同和综合的能力,而不是某项专门的能力。但是体育还是成为评估的原则、比赛的场地以及测试能量和潜力的方式。1936 年 7 月 20 日,亨利·塞利埃在高等运动委员会成立时认为:"法国的年轻人已经开始喜欢运动……无论是从国家还是社会的角度来看,运动都需要发挥重要的作用。"⑤

人们对这种方向及其发展的意识已经足够清晰了。于是,在 1930 年代,"运动方法"⑥应运而生,人们认为要从孩子很小的时候开始实行这一方法,并推出一些包含"锻炼科目"的"典型课程"。这一点更新了运动、健身体操和自然活动之间的疆界,三者在锻炼和进步的观点上更加接近。

5) 兴趣的偏移

但是这些以锻炼和意志为目的的措施有其不好的一面。创建于

---

① 见上文第 139 页(原文第 165 页)。也就是说要想成为"教员",埃贝尔上尉的方法既不乏严格,也不乏技术要求。"自然"的姿势既清晰又明确。所以当时怎么会不流行呢?

② 见上文第 146—147 页(原文第 171—172 页)。

③ 马克·贝兰·杜·戈多:《人类的价值化》,载马塞尔·拉贝里主编:《体育法规》(第 2 卷),巴黎,加斯东·杜安与西出版社,1930 年,第 544 页。

④ 伊夫·塔瓦约和马克·塔伯里:《体育的历史》,前揭,第 164 页。

⑤ 同上。

⑥ 马克·贝兰·杜·戈多:《运动的方法,体操与运动》,载马塞尔·拉贝里主编:《体育法规》,前揭,第 305 页。

1933年的德国国家运动证书是通过强制方式组织的：考试要集体准备，而且是强制的。[①]就像1928年之初，一个"运动宪章"组织管理下的意大利法西斯青年们都被强制参加身体锻炼一样。"卫生体育教育"在这里为"种族体育健康"[②]服务，为肌体提供某种身体上的团结一致，炮制了甚至声称要改造人类肌体的人类学。符合这些国家神话的"新人"将会是一个"身体上得到改造的人"，卡尔罗·斯柯扎在他关于法西斯主义及其"首领"的"笔记"中这样认为。[③]无论是体操还是运动的第一要务都是为此服务。

主张整体主义思想的人发现了意志化和运动冲动的黑色一面：莱尼·里耶夫斯塔在宣传纳粹思想时歌颂"意志的胜利"就说明了这一点，他展现了阳光的、肌肉强壮的身体[④]、运动姿态以及紧绷的线条。结果这些体操动作被大规模推广，推广到全体人民：民众的参与被迅速极端化，被用来反对构成了令人无法忍受之威胁的民主的进步，[⑤]也就是说，民众被动员起来抵制所谓的"堕落"、教会的"终结"以及集体组织的分散化。这是一项极端举动，纯属体育领域的企图击退马科斯·韦伯所说的"世界梦幻的破灭"。[⑥]对意志的锻炼，对强壮、粗野人格的期望[⑦]都成为工具。由此诞生了能够让身体"挺得更直"的细致的体育项目以及全民愿意共赴铁血的疯狂形象："新人"[⑧]成为活力和意志的神话。时至今日，唯有以体

---

① 让·索沙尼：《被强拉的青春，热情与放弃》，载《二十世纪的德国》，巴黎，法国大学出版社，2003年，第250页。

② 墨索里尼，引自埃米里奥·让蒂尔：《法西斯"新人"——对一次人类学革命经验的思考》，见玛丽-安娜·马塔-博努齐和皮埃尔·米尔扎主编：《法西斯欧洲的新人（1922—1945）——在专制与集权政体之间》，巴黎，法亚尔出版社，2004年，第49页。

③ 卡尔罗·斯柯扎：《法西斯主义及其首脑和普通成员札记》，佛罗伦萨，本波拉德出版社，1930年，第XIX页。

④ 昂热里卡·塔尚：《莱尼·里耶夫斯塔，五条命》，纽约，塔尚出版社，2002年；莱尼·里耶夫斯塔的电影《意志的胜利》，柏林，1935年。

⑤ 马塞尔·戈谢、弗朗索瓦·阿祖维以及西尔万·皮龙：《历史命运——访谈》，巴黎，斯托克出版社，2003年："这将是极权主义者们的狼子野心：将民主的魔鬼放进宗教的瓶子里"（第292页）。

⑥ 菲利普·布罕：《法西斯，纳粹，独裁政体》，巴黎，瑟伊出版社，"观点"丛书，2002年，第42页。

⑦ 乔治·L.莫斯：《人的形象——现代阳刚气质的发明》，由米歇尔·埃谢译成法语，巴黎，阿博维尔出版社，1997年，再版为袖珍本"广场"系列，第164页。

⑧ 乔治·L.莫斯：《人的形象——现代阳刚气质的发明》，"新法西斯派"一章，前揭，第177页。

魄体现人民的梦想依然存在:"身体是上帝的馈赠,它属于应该保护和捍卫的人民。只有意志坚定的人才能服务于人民。"①

"美、力量与命运是一回事"②,这些将身体的综合力量神化的宣传这样保证。但是应该等等再做定论,看看莱尼·里耶夫斯塔的《体育场诸神》③上这些轮廓严肃的人。这些身着制服、整齐划一的体操运动员,这些阿尔诺·布瑞克雕像作品中放大了的、轮廓优美的大理石雕像④:面无表情的外貌,僵硬的脸庞,他们将美演绎成理论化的参照,将启发他们灵感的希腊式身体简化为几个抽象的符号。他们的目光空洞,步伐充满"意识形态":这里拒绝任何色情与个人化。"如何变美?"1930年代的德国报纸上的广告向男女两性这样发问。在答案中,权力与活力超过了其他素质。⑤还有"不可避免"的战争主题:这种"气度,或者说……仪容,其军人风格盖过了一切:整洁、坚硬、有度和勇敢的外表是后天获得的"。⑥这就是意志悲剧性的暧昧之处。

3

在"活力"与"私密"的身体之间

战后,运动取得了最终的胜利。俱乐部还有它们的英雄化模式,它们的教学措施都大获成功:运动彻底进入学校教学领域,而且扩展到教学的每个阶段。

一种更加重要的变化影响了人们期待锻炼和体育活动能够带来的效果:一种占统治地位的心理学使得人们想象出更隐秘的发现。对自我的经营,对"内在信息传达"的探究,还有对感觉的探索在很大范围内改变了

---

① F.J.克鲁恩:《冲锋队(SA)标志的意义》,《国家社会主义月刊》,第108卷第10期,1939年3月,第189页。

② 乔治·L.莫斯在《从大战到极权政体——欧洲社会的粗暴化》中提到过莱尼·里耶夫斯塔,此书由巴黎的阿歇特出版社于1999年出版,为"多数"丛书之一,第135页。(1990年第一版)

③ 莱尼·里耶夫斯塔:《奥林匹克运动会(体育场诸神)》,柏林,1936年。

④ 约翰·扎维尔:《阿尔诺·布瑞克——艺术的潜入之美》,纽约,西方艺术出版社,1986年。

⑤ 西格弗里德·克拉考尔:《职员》,美茵河畔法兰克福,1930年,要求职员练习体操和拥有美。

⑥ 乔治·L.莫斯:《从大战到极权政体》,前揭,第211页。

最近几十年的锻炼之道,而且类似的方面还有很多。超越运动之上并且同时伴随它的"锻炼"已经自成一个世界,一种特别的资源,参与者不但应该赢得更多的自控能力,还应该获得更多对自我的"澄明",或者说充分发展。在这个希望澄清自我的幻影中,身体发挥了首要的作用。

1) 运动之道

1946 年 2 月 9 日,在一项针对美国年轻人的调查中,《法兰西插图》杂志提到了"强壮的快乐","对健康身体的期望",而且强调"运动在学校和大学占有的地位"。它显然使用了最合适的言辞。①这些文字是老生常谈,照片也很普通。但是却有一个突出的主题,它谨慎但有决定性,简单但独特:体育可以成为身体的唯一教育方式。学校的练习可能出现巨变:不再有体操或者"体育教学",不再需要无休止地准备各种等级,取而代之的是竞赛性游戏,有规则的对抗,以及联合会和俱乐部早就开始传授的活动。于是旧式的纪律性的整套动作和队形排列得四四方方的传统由此断裂了。

在法国,这一思想在 1950—1960 年代得到确立。其间经过讨论,遭到各种吹毛求疵的指摘以及质疑。反对派并没有噤声:持反对意见的教员斥责"体育逻辑"会使得参加者"不可能控制努力的程度",或者使得青少年参加以"损害健康"为基础的"竞赛"时受到伤害。②但是更多的声音却主张将学校的体育活动与俱乐部的活动联系起来,以一种"多功能运动形式"取代操场式的"分析式练习"③;一些影响更大的机构也是这种态度,如共和国总统领导下的相关部门就在 1952 年奥林匹克运动会之后表示希望"能够组织一场大规模的体育群众运动",发动年轻人,并且要"从学校开始"。④

---

① 《美国的年轻人》,载《法兰西插图》,1946 年 2 月 9 日。
② 皮埃尔·瑟罕:《体育和运动》,载《健康人》第 1 期和第 2 期,1956 年。伊夫·塔瓦约和马克·塔伯里在《体育的历史》中加以引用,前揭,第 184 页。
③ 莫里斯·巴盖:《运动教育理论速写》,INS,1947 年,第 4 页。
④ 樊尚·奥里奥尔:《在爱丽舍的奥运会冠军招待演讲》,1952 年 11 月 13 日,《EPS 杂志》,第 13 期,1952 年,第 44 页。

无论是作为标志性措施还是单纯的宣言,这些做法一直伴随着第二次世界大战之后处于发展时期的运动本身:

	1944	**1949**	**1968**
田径	34 800	35 214	77 463
篮球	60 100	95 801	133 909
足球	277 332	440 873	602 000

1944 年到 1968 年间持有田径、篮球和足球比赛资格证的人数。[①]

在 1944 年到 1950 年间,持证人员的总数几乎翻了一番,在 1950 年,一共有 2081361 人,在 1958 年,这一数字达到了 2 498 894 人[②],而且在 1958 年到 1968 年间又翻了一番。在 1950 到 1970 年代,这种增长势头非常突出:运动不再是单纯的参加人数众多的活动,而是已经大众化的活动。例如从 1950 到 1975 年,持有足球比赛准证的人数就从 50 万到了 100 万,持有网球比赛准证的人数则从 5 万达到 50 万,柔道的人数从数千到了接近 50 万。其中的一些数据的变化中传达出明显的社会意义:例如在 1950 到 1975 年间,拳击比赛准证的持有者就出现了减少,而滑雪的人数则从 4.5 万发展到了 62 万,足足增长了 12 倍。一方面是对过于公开的暴力的排斥,另一方面则是从事具有空间和眩晕感的活动的上升。最有说明意义的增长出现在那些中产阶层喜爱的活动中:尤其是在光荣的三十年期间,工薪族占领了网球或者滑雪这些精英们的传统地盘,伊夫·勒甘称他们为"中等工薪阶层"(《从某些高级管理人员到办公室雇员》),他们的人数在 1962 年为 350 万,1975 年则达到 600 万。[③]此外女性运动也得到蓬勃发展:例如,持有篮球比赛资格证的人数比例从 1960 年的 20% 发展到 1975 年的 40%,

---

① 关于 1950 年之前获得证书的总人数,参见《运动与运动社会百科全书》,前揭。关于 1950 年之后获得证书的总人数,参见吕西安·埃尔:《关于法国运动联盟的几个说明性数据》,载克里斯蒂安·博西埃罗主编:《运动与社会——对活动的社会—文化解读》,巴黎,维戈出版社,1981 年。

② 见伊夫·塔瓦约和马克·塔伯里:《体育的历史》,前揭,见 188 页。

③ 伊夫·勒甘:《从增长到危机:商人,工人,职员》,载伊夫·勒甘主编:《法国人的历史(19 到 20 世纪)》,前揭,第 2 卷,第 583 页。

持有田径资格证的人数则从 12％发展到 30％。

除了运动本身,体育表演也得到巩固,使得体育的形象越来越突出,并且成为人们共有的一种理想。战后出现了一个影响深远的变化:体育场前所未有地专注于大众文化,冠军们则前所未有地关注热情和身份。1949 年 10 月 29 日,瑟当的死亡简直可以称得上是国殇:有 60 万人加入了送葬的队伍,其中有国家领导人,也有普通哀悼者。在 1950 年代初,路易松·伯贝所向无敌,成为法国人的"骄傲":这是整个法国的胜利,也是优雅和努力的胜利。一些针对当时情况的调查就说明了这一点。1953年若弗尔·迪马泽迪耶就"成就大事的人"这一问题对阿纳西地区的居民展开调查,后者明显倾向于运动员:有 92 人提到运动界人士,89 人选择电影界人士,47 人则认为是政治家。①当时,伯贝是法国人"喜爱的明星"②,远超皮埃尔神甫和埃杜瓦·埃里奥。"显而易见的事实"取得了胜利:"体育表演是存在的,而且这种存在向所有审查人员提出了挑战。"③应该说对所有西方国家来说,这是一种体现身份的关注。多米尼克·伽莫以1950 年代的意大利为例,认为一个名叫科皮的人"陪伴意大利度过了巨变时期"④,里夏尔·奥洛特以 1950 年代的英国为例,认为当时的史丹利·马修作为一名不可抵挡的盘球运动员,他的"名字已经具有了魔力"。⑤"运动文化"趋向于成为"最高程度的身体文化展示"。⑥而且运动专门化本身也远离了长期以来关于运动对儿童之影响的含糊暧昧阶段,成为"生活的原动力"。⑦1961 年出版的《运动百科全书》也提到了这一点:"人们越前进,运动的方向就越进入日常生活。"⑧

---

① 马里亚纳·阿玛:《为跑而生:运动、能力与叛乱(1944—1958)》,格勒诺布尔大学出版社,1987 年,第 77 页。

② 同上。

③ 同上,第 75 页。

④ 多米尼克·伽莫:《弗斯多·科皮:侥幸逃脱,意大利 1945—1960》,巴黎,奥斯特拉/阿尔特出版社,1996 年,封 4。

⑤ 詹姆斯·亨廷顿-瓦特利主编:《英国运动英雄全书》,里夏尔·奥洛特的导言,伦敦,国家肖像长廊,1998 年,第 164 页。

⑥ 若弗尔·迪马泽迪耶:《运动是否已经成为一项社会灾难?》,载《FSGT 生活》,1952 年 2 月 1日,第 3 页。

⑦ 让·戈瓦尔:《运动与田径运动员》,载罗热·盖鲁瓦主编:《游戏与运动》,巴黎,伽利玛出版社,"七星百科"丛书,1967 年,第 1225 页。

⑧ 路易·芒斯龙:《运动的生理学效果》,载让·多旺主编:《运动百科全书》,巴黎,拉鲁斯出版社,1961 年,第 15 页。

事实上,休闲的普及化①自有它的一套文化。自由时间选出了它的对象:欣赏体育表演其实就是对运动参加者的认同。电视也加强了这种倾向:1958年,有72%的观众收看每周三个半小时的体育节目。②参与者人数有了决定性的上升,传奇世界得到了决定性的巩固,运动也在1950年代跨入我们这个时代的表演和神话行列。所以才有人们对运动形象影响力的不断关注,以及1960年罗马奥运会上法国人的成绩造成的突然"沮丧":法国人一共只拿了5枚奖牌,而且没有一枚是金牌。《费加罗报》认为这是一种"崩溃"③,《队报》则认为这是"国耻",是"法国的溃败"④,并且随后展开了一项名为"让法国蒙羞的运动"⑤的调查。在戴高乐领导的第五共和国时期,一种根深蒂固的老观念卷土重来:"法国运动在世界运动界的地位显然与培养年轻法国人的过程中运动意识的发展有关。"⑥于是福利国家⑦开始制定运动目标。由此强化和规范行政管理,成立国家秘书处以及后来的运动部。后面的结果大家都知道了⑧:人们投票通过了一项被纳入1961—1965年间运动队四年规划的法案⑨,设立了"运动参议员"和"运动教员",负责选拔年轻人,帮助实施体育部的各项规定,以保证学校是"体育学习"的地方,而且半天的运动能够起到"改善运动能力"⑩的作用。由此,运动正式成为小学的必修内容。⑪

2) 多样性抑或文化的分歧?

在1970年代,除了运动在教学上的地位得到明确之外,运动的大众

---

① 若弗尔·迪马泽迪耶:《休闲的文明》,巴黎,瑟伊出版社,1964年。
② 马里亚纳·阿玛:《为跑而生》,前揭,第81页。
③ 《费加罗报》,1960年9月1日。
④ 《队报》,1960年8月31日。
⑤ 《队报》,1960年9月19—20日。
⑥ 1960年12月13日法令《关于成立国家运动委员会的国家教育公告》(BOEM)。
⑦ [译注]福利国家:此处指法国。
⑧ 《政权面前的体育活动与运动》,载让-保罗·克莱芒、雅克·德法朗斯以及克里斯蒂安·博西埃罗:《20世纪的运动与权力》,格勒诺布尔大学出版社,1994年,第33页。
⑨ 参见1961年7月28日颁布的法律(BOEM)。
⑩ 参见1962年8月21日关于"组织运动之规定"的通报。
⑪ 埃弗利娜·孔博-玛丽:《赫尔左格时代与体育的运动化(1958—1966)》,《螺旋》第13—14期,1998年。

化现象也很突出:足球运动员的数量在 1980 年达到了 150 万,打网球的人数也接近 80 万,从事格斗型运动和武术的人数接近百万。[1]2005 年的数字更是让运动联盟的几届主席都引以为豪:例如足球爱好者中有"200 万年轻人,2 万个俱乐部,5 万场周赛,都是在 35 万名志愿者和 2 万 7 千名年轻裁判的组织下运行的"。[2]活动数量倍增,参加者的数量也实现了翻番。基于此,活动出现的极端多样性也就有了新的意义:运动的异质性增加了活动的方式、场所、风格、效果。此外运动空间也出现了异常的多样化。锻炼的目的也大为扩展,向最广泛的运动机能放开。"材料的诗学"[3]也是如此,它使得关系与对抗的领域大大增加:"低谷状态的身体"感受力更强,玩的是假动作和流动性,"高峰状态的身体"更有侵略性,玩的是接触和碰撞,对想象的空气、水、眩晕感、禁忌、扎根的动员,极度多样的速度与缓慢,柔软与坚硬,力量与冲动。人们的选择、爱好已经彻底"超越藩篱":个人倾向和感受力似乎已经开始减速,但是这一现象作为一种风尚却已经显露无遗。

但是吸引不同性别的人的运动内容显然仍有所不同:例如现在男性占"运动员"总数的 52%,但是却占"竞赛者"总数的 81%,这些数据让人很容易想到平等的问题。[4]而且社会区分的作用依然很明显。比如格斗型运动或者走路就与"富人的运动"相对立,后者仍然是帆船或者高尔夫,这些运动受空间和材料的限制,所以对人很有选择性。[5]运动机能造成的差距更大:让-保罗·克莱芒的研究强调说,在社会生活中,练合气道的人不会与练摔跤的人为敌,虽然他们练的是一种更加讲究动作灵巧和美感,而且对抗也更加轻快的运动。这种运动的暴力时刻"稍纵即逝",防守的距离被拉得更远,从而改变了进攻的意义。[6]

---

① 克里斯蒂安·博西埃罗主编:《运动与社会》,前揭,第 100 页。
② 弗里德里克·蒂利埃:《关于"足球商业"的五个事实》,载《世界报》,2005 年 2 月 27—28 日。
③ 克里斯蒂安·博西埃罗:《运动文化》,巴黎,法国大学出版社,1995 年,"运动姿势的形态学素描",第 89 页。
④ 见《法国的运动实录——2000 年法国运动部与国家运动、体育学院的调查结果》,巴黎,IN-SEP,2002 年,第 105 页注释。
⑤ 同上,第 109 页。
⑥ 让-保罗·克莱芒:《合气道与空手道》,载《精神》,1987 年 4 月,"运动的新时代",第 114 页。

　　我们还应该看看那些重型运动的发展倾向，以及最近出现的可能的
同一现象。尤其是"创造性的沸腾"①，对动作和游戏的颠覆引发了 1970
年代以来新出现的四十余种"运动"（三项全能，山地自行车，跳伞，短帆
板，峡谷漂流三项全能，单板滑水，滑雪，多用途滑雪，激流游泳，超级马拉
松，滚轴溜冰，街头足球，散波摔跤……）。本世纪末的消费社会中出现的
运动方式可谓形形色色。人们偏爱变化，广告大获成功，而且带来了运动
的更新。加速发展的技术的弹性也确认了这种多样性：材料日新月异，越
来越重视设备与器材。游戏性质的机器设备从未像今天这样繁荣昌盛，
它们也从未像今天这样强烈地意味着享乐主义和消费。

　　变化其实来的更深刻。自 1970—1980 年代以来，在传统运动之外，
很多新型运动得到发展。其中很多都主张"反文化"，属性特别，是对繁文
缛节的抵制。今天，更加个人化的社会似乎已经表现出这种抵制的倾向。
例如让-皮埃尔·奥古斯丁曾经访问过一位"大西洋上的冲浪者"，后者就
认为是"生活方式的独特性和与众不同的感觉"②使他们远离传统的运动
体系；从事多用途滑雪这种极力追求"道外滑雪"和垂直感运动的人也认
为，他们的运动就像"一种生活方式，一个社会现象"③，更亲近自然而不
是有组织的比赛；还有公路跑步者，他们不停地为争取避开运动联盟规定
的跑步而努力，偏爱集体探索这种广泛的、可自由发挥的，每个人都可以
实现自己的比赛，而不是以最好为目标的挑战。滑板协会也增加了很多
城市内的措施，以保证实现某种"动作的自由"④。

　　之所以说变化是深刻的，还因为大部分新的游戏方法，如冲浪、无尾
飞机、滑雪、帆板以及各种类型的有轮运动都更重视感觉。驾驶和滑翔取
得了胜利，在这两类活动中，感觉的作用超过了肌肉的作用，成为新的信
息型活动：冲浪者、帆板冲浪者或者跳伞者的注意力全部集中在监控来自
身体和环境的信息，较少关注直接作用于活动的力量。可以说这类活动

① 　让-雅克·博佐内：《新活动的出现》，见《体育与社会》，巴黎，世界出版社，1996 年，第 41 页。
② 　吉布斯·德·苏尔泰：《冲浪及其他》，见让-皮埃尔·奥古斯丁主编：《大西洋冲浪，蜉蝣之
　　境》，波尔多，阿吉坦人科学之家出版社，1994 年，第 220 页。
③ 　《世界报》，2000 年 4 月 28 日。
④ 　安娜-玛丽·瓦泽：《巴黎的远足：作为改变表现的街道？》，载阿兰·洛雷和安娜-玛丽·
　　瓦泽主编：《城市的滑动——滑板精神：自由，失重，宽容》，巴黎，欧特蒙出版社，2001
　　年，第 85 页。

的全部都在于"反应"、速度以及准确性:"这些玩法一开始就包含了最先进的技术进步成果,而且在玩的过程中也利用了最理论化的理性知识的数据。"①信息的作用开始胜过以前占统治地位的能量。城市里玩滑板的人将这一点演绎为对"眩晕和飘飘然"②的追求。在城市里进行慢跑的人也有自己的理解方式,他们其中的很多人把感觉与付出,倾听与激烈结合在一起:"我跑步的时候自己一个人就够了,不需要到专门的场地或者等待队友,我可以专注于自己肌肉的运用和控制气息。"③戴维克·斯比诺声称可以让跑步者保持一种非常个人化的警觉状态:"我把全副注意力都放在今天我的脚步发出的声音上。"④"智能鞋垫"甚至把这种倾向发展到夸张的地步,借助于"安放在鞋跟部的接收器",它可以根据接触的地面、跑步者的体重以及步伐的节奏调整"自己的弹性"和"缓冲力"。⑤

3) 感觉的跃进

大多数以信息和感觉控制取胜的运动项目都很不错。它们的意义起到了决定性的作用。训练者和评论员更喜欢感觉的"自我监控"。冠军应该首先要"找到"或者"寻回他的感觉"⑥,应该"了解身体各个部分"。⑦身体机制于是变成了警报系统。但是获取动作的意识或者对身体内部空间的探寻属于全新的创举。两次大战期间的锻炼已经开始探索动作的"感觉",动作的"印象"效果。人们早已开始遵循"动力"在两个方面,即指挥和感觉方面的结合。⑧现在的新颖之处就在于这两方面结合的作用突然

---

① 克里斯蒂安·博西埃罗:《阻碍滑行式运动和粗犷型运动的因素》,见《精神》,1982 年 2 月,第 30 页。

② 《引言》,载阿兰·洛雷和安娜-玛丽·瓦泽主编:《城市的滑动——滑板精神:自由,失重,宽容》,前揭,第 20 页。

③ 1981 年 7 月 6 日《观点》杂志采访的一位慢跑者。

④ 西尔维·克罗斯曼引用,"哦,身体,我的爱……",见《抑或》,1981 年 11 月,"加利福尼亚",第 93 页。

⑤ "跑鞋的智能型鞋底",见《世界报》,2005 年 3 月 29 日。

⑥ 见悉尼的冠军莫里斯·格雷纳在接受 2005 年 2 月 25 日《解放报》采访时的话:"我真的很累,但是我找到了以前的感觉。我的身体状态又回来了,我感觉精力充沛。"

⑦ 莫什·费尔登克莱:《身体的意识》,巴黎,罗贝尔·拉丰出版社,1971 年,第 57 页。(第一版特拉维夫,1967 年)

⑧ 此处请参见本书《"内部"的身体》,第 154 页(原书第 178 页)。

成为最主要的内容。各种练习方法层出不穷，从 1960 年代开始，人们就被建议追求对"身体紧张感的彻底了解"[①]，以及对"自我身体感觉的彻底了解"[②]，"自我形象的彻底了解"[③]。这些方法发明了一些词汇，如"内在的注意力"[④]，"创造想象形象"[⑤]，"想象中的重复"[⑥]。它们还创造了一些与运动机能有关的形象：比如奥尔里克提出的"试管中液体的上升"[⑦]，目的是为了更好地"引导"每次的肌肉收缩，或者以"包括在某种颜色之中"[⑧]的身体部位的"视觉化"来更好地刺激意识。这些方法其实体现了追求内在性的绝对感觉的意愿："身体任何部位的感觉都应该被纳入到一个和谐的整体中。"[⑨]自我修炼前所未有地成为了精神修炼。

这些方法怀有远大的志向，非常直接地采用了当代神经生理学关于动作想象的作用的研究成果：这样有助于克服神经上的紧张，有助于控制肌肉和动作。[⑩]但有时它们的目标也是非现实的，尤其是关于坚持锻炼的原则和目标：坚信能够控制升格身体，同时控制全部的感觉，坚信能够获得一种极端的控制，同时可以探索无穷无尽的感觉世界。很多当代的分析认为"超现代"主题的胜利，就在于某种对自我的坦率的倾听：这种新的感觉时代不是别的，正是个体的新时代。它可以表现为"运动的"，而且特点还很鲜明。1933 年刊登在《队报杂志》上的击剑手的照片非常清晰地传达了新的标准："借助于装有能够随时反映的光感应信号的靶子，奥林匹克佩剑冠军埃里克·斯里奇甚至能够借助一台经过改造的电脑研究自

---

① 贝尔纳·奥库蒂里耶：《体态的再教育中的放松》，载《体育与运动》，第 83 期，1966 年，第 39 页。

② 路易·匹克和皮埃尔·瓦耶：《体育与智力发育迟缓》，巴黎，杜安出版社，1968 年，第 24 页（1960 年第一版）。

③ 莫什·费尔登克莱：《身体的意识》，前揭，第 57 页。

④ 西莫娜·拉曼：《通过拉曼练习法进行精神结建构》，巴黎，艾毕出版社，1975 年，第 95 页。

⑤ 约翰·斯耶和克里斯托弗·克诺里：《运动员的精神准备——赢的精神状态》，巴黎，罗贝尔·拉丰出版社，1988 年，第 57 页（英语版 1984 年出版）。

⑥ 同上，第 70 页。

⑦ 玛丽-路易兹·奥尔里克：《姿势教育——智力测验的再教育方法》，巴黎，ESF，1967 年，第 5 页。

⑧ 约翰·斯耶和克里斯托弗·克诺里：《运动员的精神准备——赢的精神状态》，前揭，第 34 页。

⑨ 让·勒布尔克：《通过动作进行的教育》，巴黎，ESP，1966 年，第 18 页。

⑩ 这些研究中最早的是埃德蒙·雅各布森在 1930 年代的研究。见《渐进式放松——对肌肉状态的生理学与临床调查以及调查在精神和医学实践中的意义》，芝加哥，芝加哥大学出版社，1929 年。

己的思考和反应时间。而且当然也能够改善自己的效率。"①人们甚至打算设计将动作的"存储图表"②和日渐进步的复杂性考虑在内的"动力计划"。人们还考虑过与空间和时间有关并且附带有非常成功的练习的"精神训练计划"。"输入"和"输出"与空间中的位置、动作的感觉以及身体内部的感觉有关,并且将"运动敏捷性的获得"与"信息的处理"相提并论。③交流的主导性形象已经改变了身体的理想模式:它已经不再是力或者美,而是透彻并且随时可用的信息。

由此引发了一个引人注目的后果:作为锻炼结果的"运动型"的外表也被改变了。自我的展示不再是以前的样子。体力上的姿态丧失了它的"重要性",在很长的时间内,这些"重要性"都被认为反映了肌肉和锻炼的成果:最早参加比赛的选手们都有雕塑般用以展示的上半身。身体的展示也不再指代权势,甚至也不再具有某种固定的形象:它不再是一种强壮的紧张,而是一种控制,不再是强壮的程度,而是流畅性的放松。有文章为证:"我们将要求的不是'每天进行 3 次 10 分钟的呼吸练习',而是要关注肺的需要,肺自身就懂得该做什么。"④照片证实了这一说法,照片上的人都看不出有明显的紧张感:比如作为决心已定的表示,胳膊不再交叉在胸前,而是垂在身体的两侧,以便于移动和前冲。"挺胸抬头"已经被人遗忘,取而代之的是感觉灵敏性要求的更加灵活和更易于控制的身体姿势。法国第一支橄榄球队于 1912 年 3 月 25 日在新港举行比赛前拍摄过一张照片⑤,这支队伍最近也拍过集体照,照片上队员们非常放松,脸上洋溢着自然的笑容⑥,两者之间的区别就在于此。

4) 对"深层"身体的信仰

随着 1970—1980 年代的现代运动的发展,感觉的通道越发深邃:人

---

① 《队报杂志》,"运动与技术"专刊,1993 年 5 月 8 日,第 38 页。
② 杰克·H. 维尔摩和大卫·L. 科斯蒂:《运动和练习的生理学》,布鲁塞尔,德伯克出版社,2002 年,第 77 页(第一版 1994 年在美国出版)。
③ 见马克·杜朗:《运动机能获得过程中的信息处理》,载让-雅克·克莱芒和米歇尔·埃尔主编:《20 世纪的学校体育教育之身份》,克莱蒙-费朗,AFRAPS 出版社,1993 年,第 293 页。
④ 莉莉·埃朗弗利:《从身体的教育到精神的平衡》,巴黎,奥比埃出版社,1956 年,第 28 页。
⑤ 加斯东·梅耶和塞尔日·拉热:《法国运动黄金书(1845—1945)》,巴黎,橡树出版社,1978 年,第 189 页。
⑥ 法国橄榄球队,《队报》1994 年 7 月 4 日。

们的感觉有了新的深度,锻炼也有了其他的目标。"信息"成为一种使命,而身体则成为一种昭示。根据临床心理学的研究,人体质的内在性使得"伤痕"、不适、情感等逐渐显现,这种心理学研究的目标比学者们所说的无意识更有实际意义。这一研究揭示了一个隐秘的故事的痕迹,隐藏在身体的曲折之处的伤痕。而直到此刻,人体仍然被自己的运动技能所限制。身体的阻塞现象总能昭示超越问题之上的意义:这些矛盾暴露了自己有强身健体的一面,这样的反应也显示了自己的身体命运。在 1970—1980 年代,有大量文章都建议"通过身体的深层意识"[①]进行自我发现,"通过专注于身体来解放精神"[②],"消除污染性的紧张"以便更好地"找到真实"。[③]毫无疑问,这是个人历史上的一个新阶段:个人的修炼成为大众性的活动,成为可以进行的历险,可以领会的事业,而且其数据也被当成实实在在的具体的东西。

不知不觉中,健康杂志,关于"养生"[④]、美容[⑤]的文章中传播的这种观点成为一种新的圣经,其中身体扮演着新的角色,即"伙伴"[⑥]的角色,运动的目的在于让这个伙伴平静,使其在场安心,以便更好地与主体和谐相处,而主体这一替代者终于成为显然更加不可捉摸,或者说更加隐蔽的自我区域中可以触及的部分了。身体甚至已经变成一个准心理学的请求:它是阴暗面和不受控制的世界的代表,是应该放飞,以便"更好地体验"和生存的部分。当然这是一种简化的说法,有点夸张,但却值得传播,而且易于理解,它奠定了一个基础,这个基础终于在私人天地中也有迹可循,而且我们社会的心理化总是将私人天地挖掘得更为深入。

个人化所走过的广阔历程将全方位把"自我信心"的老模式,变成"自我绽放",前者是 20 世纪初人们进行"肌肉"[⑦]锻炼时的期待,而后者则是

① 玛丽-若泽·瓦阿浩:《身体的技术》,见《如何活得更好的百科全书》,巴黎,雷斯出版社,1978 年,第 405 页。
② 卡特琳娜·德雷福斯:《相遇的小组》,巴黎,雷斯-C.E.P.L.出版社,1975 年,第 127 页。
③ 泰雷兹·贝尔特拉和卡罗尔·贝尔斯坦:《身体及其理由:自我痊愈与反体操》,巴黎,瑟伊出版社,1976 年,第 71 页。
④ 让-保罗·皮昂塔:《活得更好的革命》,巴黎,朗塞出版社,1998 年。
⑤ 西尔维·贝尔丹和贝特朗·马歇:《健康与美的形式》,巴黎,奥巴奈出版社,2003 年。
⑥ 《我的身体,对手还是搭档?》,载《精神研究杂志》,2000 年 11 月。
⑦ 见上文第 147 页(原书第 172 页)。

一个世纪以后"内在"体质修炼指向的目标。

在 1980 年代,健身馆的标语表明"保养"和"锻炼"的活动出现了易位,人们进行这些活动的目的是"在积极的生活中别开生面,重寻一片清新的绿洲,关照自己和身体的时间"。[1]虽然当时追随者急剧增加[2],这些健身馆的计划其实还是围绕着一个被重复了无数次的主题:"回归自我"。[3]所有的健身馆都建议要有"专门的时间",或者"不受时间影响的空间"[4],以便保证"重新发现自己的身体"[5],或者"与自己的身体建立和谐"。[6]计划可能是体操方面的,但是其目的都是要"意识到自己的身体[7],倾听自己的身体",从中实现心理和内在性上的自在。

消费行为也解释了这种最近的成功,这些"轻柔"的体操,"绿色的题外话"[8],"追求身体舒适"[9]的计划。市场营销也引导着人们的需求:产品的"试用券"[10],品牌的"健康游戏"[11],有机会赢得免费的海上旅行或者"背上学校"[12]的比赛,"健康俱乐部"[13]、"健身俱乐部"、"腿部轻捷疗养"[14]、"海洋护理中心"[15]和"活力洋溢"[16]培训的预约。但是这并不是说目标已经清晰地理论化了。人们的追求目标也不是一上来就是清晰的。通过身体理解自我的暗中尝试,以及"(通过它)接近内在真理"[17]的尝试并没有因此不被人重视。

---

[1] 1981 年维达托普俱乐部的广告,见奥利维埃·贝斯:《体操室,身体和身材的市场》,载《精神》1987 年 4 月刊"运动的新时代"。

[2] 见奥利维埃·贝斯作品,同上,第 82 页。1980 年到 1985 年,纯健身俱乐部的数量从 1 家发展到了 10 家;1985 年共接待超过 5 万人。

[3] 《维达尔》,1981 年 10 月刊。

[4] 1981 年肯俱乐部的广告,见奥利维埃·贝斯文章《体操室,身体和身材的市场》。

[5] 《维达尔》,1981 年 11 月刊。

[6] 1981 年健身俱乐部的广告,见奥利维埃·贝斯文章《体操室,身体和身材的市场》。

[7] 《维达尔》,1981 年 11 月刊。

[8] 1981 年维达托普俱乐部的广告。

[9] 奥利维埃·贝斯文章《体操室,身体和身材的市场》,第 85 页。

[10] 《健康托普》,1992 年 6 月,第 81 页。

[11] 《请您用我们的健康游戏放松一下》,载《法国人报,健康》,1992 年 9 月—10 月刊,第 25 页。

[12] "来背上学校赢旅游大奖",见《健康杂志》,1992 年 8 月刊,第 38 页。

[13] 同上,第 70 页。

[14] 《健康杂志》1992 年 9 月刊,第 16 页。

[15] 《健康杂志》1992 年 2 月刊,第 99 页。

[16] 《真正的健康》,第 3 期,1992 年。

[17] 《维达尔》,1981 年 11 月刊。

毫无疑问,存在一大批各种类型的不同活动,"柔软体操"、健身房以及"急于求成"①的运动教练们强制进行的训练所体现的"回归内在的平静与真实的感觉"②之间的鸿沟还可能继续扩大。一方面是对"内在化"的无限追求,另一方面则是机械性重复练习的不断进行,一方面是探索性的锻炼,另一方面则是"缺席化"的锻炼。但是两方面之间很长时间以来就已经开始靠拢了,追求完美的锻炼不再回避"身体的记忆"③,个人"体质"的发展也不再独立于个人的"精神"修炼。今天,在冠军们的话语中,这种结合成为一再被提起的显而易见的主题:"曾几何时这是我的脑袋;有朝一日却是我的身体。"④不可否认,这样的身体已经成为无休止的探索的场所。

5) 极限体验

最近,人们以另一种方式提出了问题,而且风险也以另一种方式加剧了。比如说无法无视某些锻炼会导致的"极端"现象,尤其是处于表现和影响的中心的极限运动,这种早已出现的矛盾存在于众多运动表现下面的紧张与自我修炼所预期的忘我精神之间。另外这只是我们社会的显性矛盾之一:放松、松懈,以更好地提高舒适感,还有自我考验、自我要求、吃苦坚忍,以便更好地成功和确认自己。对自我深化来说,这些行为相互矛盾,但也不可分离。⑤运动中的表现在顾拜旦的世界里被无限颂扬,这种"过渡"给出了"它存在于运动之中的首要理由"⑥,但在这里它却唤起了以抵抗生活中的不测为理由的锻炼旧原则:超越自我是为了经受锻炼,勤奋努力是为了得到保证。

---

① 若塞特·鲁斯莱-布朗主编:《通过 1000 个问题活得更好》,巴黎,弗拉马里翁出版社,1992年,"运动"部分,第 344 页。

② 克莱尔·卡里耶:《冠军的生活、死亡以及成就的精神分析》,巴黎,巴亚尔出版社,2002 年,第 321 页。

③ 克莱尔·卡里耶:《冠军的生活、死亡以及成就的精神分析》,前揭,第 320 页。

④ 克里斯蒂纳·阿龙,访谈,《世界报》,2005 年 3 月 6—7 日。

⑤ 见非常经典的丹尼尔·贝尔作品《资本主义的文化矛盾》,巴黎,法国大学出版社,1979 年(美国第一版出版于 1976 年)。

⑥ 皮埃尔·德·顾拜旦:《战争在继续……》,运动教学国际办事处公报,洛桑,1935 年,第 7 页。

然而时至今日,这一问题已经发生了变化,同时变化的还有注视身体的目光。锻炼有可能伴随着风险,意味着会玩过界限,走向禁忌。①服用兴奋剂的现象今天几乎已经成为公开的事实,而且存在范围很广,甚至在"高中乃至初中的青少年"②以及"小"运动员的圈子里也存在,这就是一种试图将"偏离"变成"正常范围"的现象之一。除了危险之外,这些行为首先表明了今天人们的意识中新出现的一种确定态度,在一个个人主义的社会中,很多参与者其实都持这种态度:坚信人可以无限支配自己的身体,坚信能够逃避任何体质上根深蒂固的问题,而且能够自我创建一种其可能性不可限量的身体机制。在1980年代末,参与"以300片药在体力和精神上超越自我"活动的人的经历证明了这一点,在"增加每个人的可能性"的目的下,他们认为:"在健康个体存在的范围内,服用刺激性药品和补药不仅是合理的,而且还可能是有用的,有时甚至是不可或缺的。"③这是对合法性确定无疑但无伤大雅的影射:改变体质正常标准,或者操纵标准的合法性,对自己的身体进行"操纵"之权利的合法性。它不过是伴有可能的幻想和天真想法的私人领域缓慢解放的效果之一,不过是身体完整性的非象征化的风险之一。实际上,长久以来对集体的边界发号施令的规矩早已在很大程度上消失了④:"服用兴奋剂只不过是广为接受的、以改变和改善自我为目的的运动最常见的方式罢了。"⑤

或者服用兴奋剂还可以被看作一种将锻炼深入化和普及化的姿态,是自我循序渐进的"发展":对运动员的治疗和饮食制度越来越科学的研究成果,如对锻炼的形式和合理负荷的研究,其实与对合理服用兴奋药品日益严格的要求并无不同。锻炼,就是呈现自己"自然状态下"不能出现的方式;所谓成功,就是发明一些工具,实施一些妙计,发展一些方法,这些都需要进行耐心的研究和计算。

---

① 伊沙贝尔·戈瓦尔:《完成或自我超越——论当代的身体》,巴黎,伽利玛出版社,2004年,"服用兴奋剂"章,第243页。

② 嘉里·瓦德莱和布里昂·安利纳:《田径运动员与服用兴奋剂——毒品与药品》,巴黎,维戈出版社,1993年(英语第一版出版于1991)。

③ 《300种帮助从体力和智力上超越自我的药品》,巴黎,巴朗出版社,1988年,第18页。

④ 这里涉及的似乎和伊雷娜·泰里在关于性别和血统的"去象征化热情"中表现出的幼稚类同,《有关的社会联合的契约》,巴黎,圣-西蒙基金会记录,1997年10月,第22页。

⑤ 阿兰·埃伦贝格:《都服药了!》,载《新观察家》杂志,1998年11月19—25日。

是否应该承认使用兴奋剂的行为揭示了更多事实？比如不停探索极限的意志，在最直接的空间——身体，在它的外表，它的内在中试验"各种状态"的意志，以便更好地考验自己，发现潜能，无限提高感觉的领域。另一种行为也将这种变化具体到夸张的程度：那就是从身体的体验出发对无限存在的极限进行探索的行为。在这种情况下，对去除身体标准限制的痴迷起到了决定性的作用：所以才会有三项全能、拉力赛、垂直速度、速滑或者越来越"超过正常比例"的冒险运动中极限的大碰撞。这一现象的独特性并不在于极限的意义，而是在于它的多样性，它向越来越广泛的大众扩展，以公众活动的形式呈现超越限制的感觉。在各种意义上被探索的身体因此有了其他的"无限性"，而且今天还变得更加谨慎：不久前宗教界甚至政治界曾经投射出同样的"无限性"。不停止的运动与身体共同扎根在一个幻想破灭的世界：人们醉心于感觉减速的极限，这种体力上的坚持追求已经成为大众的文化。

今天的身体和对身体的锻炼最终赋予身份以双重感觉，这也是在鼓励个人发展的社会中"重寻"自我的双重方式。在第一种方式下，人们寻找属于每个人的领域，在第二种情况下，人们寻找能够扩展自我领域的东西。对很多人来说，身体的发展今天已经成为内在体验的中心。而这，就是人们在探索身份的过程中所钟爱的范例。

第三部分

异常与危险性

第六章　畸形身体:关于畸形的文化史与文化人类学

让-雅克·库尔第纳(Jean-Jacques Courtine)

1878 年 12 月 25 日,一个名叫阿尔弗雷德·克拉森的美国马戏团经理人向巴黎警察局长提出申请,希望对方能批准其展出"一个阿尔巴尼亚的猴女(即小头畸形者)"。他申辩说:"这个畸形人不会使观众产生任何厌恶情绪。我们会在一个合适的场所向公众进行展览,而不会有伤风化。①"申辩所提及之场所就是一处位于克里希大街的动物园,即驯兽者比代尔的表演基地。他以模仿跟狂怒的狮子进行激烈的搏斗而征服了各大街区的看客。

1

畸形人展览

1) 序言:杂耍场与畸形人

几年后,一份类似的申请也得到了批准。这次的申请来自于一位意大利侨民,他于 1883 年 4 月 7 日提请允许"在贵市的某个广场,或者在木

---

① 巴黎警察局档案,DA127,卷宗:猴女展览(克拉森)。

棚或者在展厅，展出一个极为罕见的畸形人。这是两个长着同一躯干的连体孩子。他们年约五岁，生动活泼，长着两个脑袋、四只胳膊、一个躯干以及两条腿。这两人虽然从未在巴黎展出过，但已经走遍了意大利和奥地利的所有大城市，还有瑞士以及法国其他好几个城市"。①申请书由巴蒂斯塔·托克西书写提交，他自称是贾科莫和乔万尼，即这两个"奇异孩子"的父亲。第二年，欧仁·弗雷德里克·布杜在梦幻音乐中亮相于里昂艺术俱乐部的舞台上，这个表演场所位于街区中心地带，是城中天主教与有产者聚集的娱乐场所。当地警署在为此人所建的体貌特征卡片"特别体征"一栏中这样写道："前额：低平；脸部：带红痣；嘴巴：呈动物鼻尖型；面孔：畸形。"②在同一年，即1884年，伦敦医院的外科大夫弗雷德瑞克·特莱维斯爵士冒险走进米尔·恩德路的一家布满灰尘与垃圾、阴森废旧的食品杂货店里。在那里他平生第一次见到了"最令人厌恶的人类样品"③："象人"约翰·梅里克。

就这样，在19世纪80年代的转折时期，有人竭力展示小头畸形女孩，她集合了阿特拉斯山脉（非洲北部地区）的猕猴与狮子的外貌特征；某个父亲往来穿梭于欧洲的各种集市，通过展示自己的怪物子女而获取盈利；一个长着怪兽嘴的畸形人在某个外省城市里使出浑身解数用歌声使在那里过着素淡苦修日子的倦怠民众获得愉悦消遣；一位有名望的并且不久便声名远播的医生经常光顾伦敦的贫民窟，以获取畸胎样本。这些奇人异事距今不过一个多世纪。但是在我们看来似乎它们来自更遥远的过去，可以追溯到一个逝去的大众消遣年代，源自于人类好奇目光的一个古老而残酷的历练。那些感官的体验已然成为过去：特罗纳集市上，曾用来展示长着胡须的流浪妇女的马车如今空无一人；昔日这些余兴节目使得凡塞纳林阴道边的杂耍场人头攒动，如今人去楼空。关于"杂耍场（En-

---

① 巴黎警察局档案，DA127，卷宗：托克西，第1份文件。

② 里昂市政档案馆，1129WP13，卷宗：布杜，欧仁。

③ 弗雷德瑞克·特莱维斯爵士：《象人与其他回忆》，伦敦，卡塞尔出版社，1926年，第4页；同一作者的相关病例的医学观察：《先天残疾的一个病例》，载《病理学协会会报》，1886年，第36卷，第494—498页。另参见阿斯利·蒙塔古：《象人：一项关于人的尊严的研究》，纽约，巴伦泰书屋出版社，1971年；弗雷德里克·德里梅：《十分特殊的一群人：怪人的奋斗、爱情和征服》，纽约，阿姆乔恩出版社，1973年；莱斯利·费德勒：《畸形人：神秘自我的神话和影像》，纽约，西蒙舒斯特出版社，1978年。

tre-sorts)"一词，于勒·瓦莱斯，作为一名不懈的观察者，他看尽了出没于巴黎的集市、大街小巷、剧场，在帆布或木板搭建的马车或棚子里表演的各种畸形怪胎，或牛犊或男人，或母羊或女人，他是这样跟我们说的："人们如此命名，颇具特征。公众登高观赏，畸形人起立，作羊般哀叫或咿呀而语，如狮般咆哮或做鹿状鸣叫。人们进进出出，瞧来看去，就是这样。"①或许人们无法更好地证明：光顾怪胎市场这种行为蕴含着民间娱乐活动寻常的平庸性。②19 世纪末的这类聚众型观赏活动中，看热闹者的好奇心恣意膨胀，人们的眼睛无所顾忌地对怪异人体的展览进行全面盘点："怪物"，木棚里的畸形人或特异动物；浸泡在广口瓶里的畸胎标本或解剖学蜡像馆的性病理学展览；"人类动物园"里的异域人形态或原始行为模式；赝品之作或视错觉："被斩首后仍能说话的人"、"蜘蛛女"或"月女"(femme lunaire)；展现畸形人经历的桩桩血腥轶闻或种种苦役生涯之插曲的现实主义博物馆。游离在一种朴素人类学、一个人体器官集市和一种展示骇人之物的博物馆这三者边缘之间的畸形人表演极为卖座。

因此，畸形怪胎的历史完全就是投射在这些畸形人身上之目光的历史：是将畸形人体载入某种特别视觉系统的物介之历史，也是表现畸形人体之符号与幻想的历史，并且也是目睹人类畸形时所感受到的激奋情绪之历史。提出投向人类畸形的目光演变史这一问题，使得我们可以洞悉20 世纪中人体表演所激发的丰富情感的重要演变过程。

2) 异域风情娱乐，病态的消遣

事实上，就在 20 世纪往前推 20 年，即 19 世纪 80 年代左右，这一历史

① 于勒·瓦莱斯的《街道》[1866 年]，载《完成的作品》，巴黎，狄德罗图书俱乐部，1969 年，第 1 册，第 459 页。瓦莱斯的这部著作是了解关于 19 世纪下半叶集市庙会的畸形人圈的信息主要来源。他对杂耍艺人的描述，有时也可以说是人种志的描述，散见于《费加罗报》、《滑稽模仿》、《人民的呐喊》、《吉尔·布拉斯》、《史诗》、《事件》等的文章中，这些描述集中表现在《街头卖艺人》(《街道》，前揭》、《渴望成为骑士的年轻贵族巨人》(《逃避兵役者》[1866 年]，载《完成的作品》，第 1 册，巴黎，伽利玛出版社，1975 年，第 264—310 页)以及《巴黎景象》[1883 年]，巴黎，法国出版商集体出版，1971 年，第 83—103 页。

② 相关证据数不胜数。其中，福楼拜路过布列塔尼时："在一个广口酒瓶里也有两个腹部相连的小猪，后腿直立，翘起尾巴，眨巴着眼睛，相信我，这绝对很逗"(《穿过田野和沙滩》[1847 年]，巴黎，袖珍本出版社，2002 年，第 69 页)。

演变进程即将拉开帷幕。正是在那时发育异常者的展览达到了登峰造极的程度，这种展览是所有表演机构具备的中心要素，这些机构将人体的差异、怪异、扭曲、残缺、毁损和畸形作为娱乐表演的主要支柱，而恰是这种表演孕育了现代大众娱乐业的雏形。今天我们不太明白这种视觉文化形式在当时的欧洲及北美的各大城市何以能够辐射到如此广大的范围，因为我们的目光已经发生了变化。我们如何理解畸形体能立足于变异体戏剧化的中心？如何理解它能成为此类戏剧的起源，并成为解读原则与最后的范本？不过，当时它在"发育异常群体"中所占居的特殊地位并未被米歇尔·福柯忽略。

> 畸形生物是一种强有力的标本，是自然作用的产物中一切最细微误差的表现形态。从这个意义上来说，我们可以认为畸胎是所有细微偏差的最大范本。这是一切畸形形态的解读原则，而这些畸形体则如同货币流通中的零钱。寻找隐藏在这些细微的畸形、异常和误差形态背后的畸形实质，这将是整个 19 世纪人们所面临和探索的问题。[1]

其实，假如我们稍稍推开 19 世纪最后几十年看客云集的娱乐场所大门，稍作观察就会发现，潜藏在人体细小的畸形形态背后，同时也隐藏在人体巨大差异之下的一种"畸形实质"正发挥着作用。比如，种族差异的展示，即是在对人体的认识中流露出一种根本性的歧视，而"人类动物园"和"土著村庄"便是其滋养的温床，颇为迎合动物驯化园的常客以及世博会游客们的口味[2]。早在卡尔·哈根贝克于 1874 年始在汉堡对这类"人种与动物"的展示进行现代化治理之前，或者在"野人"形象让位于"土著人"形象之前——后者在 20 世纪二十年代期间受到了文明社会慈善行为的援助安抚——正是在杂耍场的舞台上，人种差异与畸形人一起首当其冲，成为舞台演出的对象，接受那些动辄揣度异域怪诞外表之下畸形实质

---

[1] 米歇尔·福柯：《异常人：法兰西学院课程(1974—1975)》，巴黎，伽利玛-瑟伊出版社，《高等研究》丛书，1999 年，第 52 页。

[2] 《人类动物园：从霍屯督的女性美标准到真人秀》丛书，巴黎，发现出版社，2002 年。

的犀利目光的洗礼。应该从中参悟到人类学研究的某种极为根深蒂固的本质要素，一种畸形与久远的旧有混杂，它使身体的畸形变成测定时空距离的量器和种族相异性的征候。对于普利纳而言，总而言之，在已知世界的边缘聚集着怪胎种族，在旧制时代的集市上，如19世纪的赶集会，充斥着真真假假的"野人"，他们为迎合"文明"人群的趣味，尽显人体外形的畸形怪诞、机能的原始兽性、人类风俗的血腥残酷和语言的粗鄙：这边，在伦敦的埃及音乐厅舞台上，狂热的舞蹈与部落对抗表演自19世纪上半叶以来一直是你方唱罢我登场；那厢，在王座广场的集市上"食人"女子正捣碎石子，吞食游蛇。[1]于是，只待德贝所推广的畸形人类学来确认动物、怪兽和野人之间的亲族关系：

> 今天，霍屯督人依然处于人类学族群链的最底层。这个民族整天蜷缩在垃圾堆里，心无所想，像猴子那样做鬼脸，抓耳挠腮，他们吞食附着在自己身体上的寄生虫；他们的惰性、愚笨和丑陋不堪在人类中毫无类比。[2]

1856年，斯皮茨内"医生"在巴黎的水堡广场开设了解剖蜡像馆。畸形人与野人的类似一直是他奉献给踏入蜡像馆大门的游客的首要节目。[3]"人种学"和"畸胎学"两个门类在此相互辉映：努比亚人、霍屯督人、卡菲尔人以及阿兹特克人的蜡制胸像，与托克西兄弟浇铸像、一个装在瓶中的畸形胎儿、一个蟾蜍形的孩子以及怪异的两性畸形人彼此呼应。但是"畸形实质"透过蜡像馆的所有馆藏，赋予种族、类别、畸形与病态的这种混杂集合体以解读原则和内在统一性。在博物馆的"专用"区，即谨慎

---

[1]　维克多·富尔内尔：《在巴黎街头之所见》，巴黎，A.德拉艾出版社，1858年，第171页。
[2]　奥古斯特·德拜：《人类变形和畸形的历史》，巴黎，莫凯出版社，1845年，第50—51页。
[3]　关于蜡像解剖博物馆，参见克里斯蒂安娜·皮和塞西尔·维达尔：《集市圈的人体结构博物馆》，载《社会科学研究》，第60期，1985年11月，第3—10页；米歇尔·勒米尔：《演员和人》，巴约讷，沙博出版社，1990年；《解剖，自然及人工标本的幸与不幸》，载让·克莱尔主编：《身体的灵魂：艺术与科学(1773—1993年)》，巴黎，国家博物馆联合，格利玛/艾勒克塔出版社，1993年，第70—101页。参见《斯皮茨内博物馆销售目录表》，巴黎，德劳特特酒店，1985年6月10日。关于格雷万蜡像博物馆：妮科尔·桑兹-盖里夫的《格雷万蜡像博物馆(1882—2001年)：蜡像、历史和巴黎人的闲暇时光》，博士论文，巴黎一大，2002年。

地展列着性病的区域,仍然是畸形怪诞的形态彰显其触目惊心的吸引力:器官的各种病理表现、肌体的摧残和破裂、人类躯体陷入病态扭曲的肿胀。

3) 标准化能力

所以畸胎范本是一个强有力的模型,在对人体异常的认识领域里,它绝对占据主导地位。它的出现让其他所有区分退避三尺。"象人"、"骆驼女"、无臂孩子、"患白化病的黑人"不再按照其性别、年龄、其残废特征或者种族而为人所知:所有生物体均被混同于畸形怪胎类。但是,它在异常表现中的传播能力实际上似乎是无限的,除了身体之外,它还占据着符号领域。在深受人类身心退化苦痛折磨的 19 世纪末,在研究危险性的人类学中,正是这种范本为其描绘的人类相貌提供了具体特征[1];也正是它赋予那些充斥在法院档案里,并为社会恐惧提供素材的著名罪犯以体态或精神的印记[2];还是它,在大吉尼奥尔戏院[3]的舞台上再现着它所犯下的血淋淋的恶行,或者在格雷万蜡像馆或杜莎夫人蜡像馆里流传千古。畸形人成为全球好奇心的家园,一切怪异身体的根源以及社会危险性的度量单位,它浓缩着集体性焦虑,并且在人们行为方式中保留着它从前的许多特征。即使他处于一种缓慢的觉醒中[4],自身也已经失去了传统社会所惧怕或者崇敬的基本相异性,他亦在庸庸碌碌沉溺于无数轻罪和性变

---

[1] 关于犯罪男女畸形特征的例子在十九世纪末的犯罪人类学中几乎举不胜举,尤其是在受到切萨雷·龙勃罗梭著作研究启发的犯罪人类学中。在关于这个问题的极为丰富的批评文学作品中,此处只提及西尔维-沙勒-库尔第纳的博士论文《犯罪的身体:关于犯罪的身体之表现的社会历史研究》中的那张最新及完整的图表,巴黎,法国高等社会科学院,2003 年 2 月 28 日。

[2] 关于这些问题的一众评论中,我们关注到的是:多米尼克·卡利法的《墨水和血液:在美好时代的罪恶与社会故事集》,巴黎,法亚尔出版社,1995 年;同上,《十九世纪的罪恶和文化》,巴黎,佩兰出版社,2005 年;弗里德里克·肖沃的《犯罪专家:十九世纪的法国法医学》,巴黎,奥比埃出版社,2000 年;安娜-埃玛纽埃尔·德马尔蒂尼的《拉塞奈尔案件》,巴黎,奥比埃出版社,2001 年;米歇尔·佩罗编辑的《历史的阴暗面:十九世纪的罪行和惩罚》,巴黎,弗拉马里翁出版社,2001 年;马克·雷讷维尔的《罪行和精神病:司法调查的两个世纪》,巴黎,法亚尔出版社,2003 年。

[3] [译注]巴黎专演恐怖戏剧的剧院(1897—1962)。

[4] 参见让-雅克·库尔第纳:《畸形人的醒悟》,作为厄内斯特·马丁《畸胎史:从古代到现在》一书序言[1880 年],格勒诺布尔,热罗姆·米庸出版社,2002 年。

态之中获得了一种不断增强的传播能力：

> 一言以蔽之，发育异常者（并且这种情形一直持续到 19 世纪末，也许直到 20 世纪）实质上是一种日常的畸胎，一种平庸的怪物。发育异常者将长期作为一种类似常见之怪物的生物体而存在。①

福柯透过发育异常者变化多端的外形去辨别畸胎的迷离身影，他所努力描绘刻画的正是浮现并随之扩展至全社会范围的"标准化能力"②。乔治·康吉杨以一段清晰透彻的文字揭示了畸胎与常态之间的联系："19 世纪，疯子被关进疯人院，是为了向世人昭示理性；而畸胎被装进胚胎学家的标本瓶里，则是为了教导世人何谓标准规格。"③

畸胎被装进了胚胎学家的瓶中，但它尤其应该被立刻搬上杂耍场的表演台。因为假如人们同意在科学领域离场片刻，踏入民间表演场所探险，那么就会立刻领悟到那些词句强有力的诠释：在人体动物园的围栏后面，或者在世博会的土著村围墙内，野人用于向世人传达文明含义，证明文明世界的善行，同时他建立起殖民扩张所要求的种族"天然"等级。太平间的玻璃窗后面，在主日迎接过往看客的尸体更加强化了罪行的恐怖。在解剖蜡像馆的昏暗氛围中，受到梅毒肆虐侵害的人体标本向人们警示乱交之险，它敦促实施生理卫生以及树立预防疾病的道德观念。

所以这曾是世纪之交标准化能力培养的基本方法之一：标准化范围的推广通过一整套展现对立面、演示反面形象的机制得以实现。而这种群体性教育无须任何强制方法，它与监狱及国家监督机制截然不同：各个演出单位，无论是私人的还是公共的、是常设的还是临时的，抑或是本地的或流动的，共同构成一个松散的网络，于是一种愉悦大众、魅力无穷的群众性娱乐行业开始萌芽，并逐步成长起来。它创设了涉及视觉感官的

---

① 米歇尔·福柯：《异常人》，前揭，第 53 页。着重指出的人正是我。

② "标准化权威的出现，它形成的方式，巩固的方式，从不只依靠一个组织，而是通过其最终在许多机构之间所建立起来的规则，在我们的社会里扩张它的统治地位——这正是我想要研究之所在。"（米歇尔·福柯：《异常人》，前揭，第 24 页）

③ 乔治·康吉杨：《对生命的认识》[1952 年]，巴黎，弗兰出版社，1965 年，第 228 页。

娱乐形式,调动了人类的观赏欲望,而各类变异人体,或者说有关人体的各种杜撰形态、代用品,将成为这种观赏的原始材料①。

然而,对于解剖学上的怪异现象和灾难几乎普遍存在的好奇心,以及在所有视线所及范围之内的畸胎学,则可追溯至更远时期,并使我们深入地探究 19 世纪下半叶。我们将看到,这种视觉文化形式的当代历史伴随着 19 世纪 40 年代期间,巴纳姆②在纽约开设的美利坚博物馆而真正起航。直到第一次世界大战之前,它的轨迹鲜有变化,战后则出现某些停滞的征兆,到 20 世纪 30 年代时,已进入衰竭状态,最终自 40 年代末开始,逐步走向灭亡。这是本书首先欲回顾的畸形人体的展示从兴盛到衰落,直至最后消亡的历史发展过程。花费这些笔墨,期望能从中把握停留在人类身体上的那些目光的根本变迁,而 20 世纪则是表现这种变迁的混沌而又复杂的舞台:异常人体艰难地摆脱畸胎特型,跻身人体大家庭的漫长且矛盾的演变过程,对于想要透过取决于身体的身份所具有的根本特征去理解现代个体的构造形态的人来说,这是一种根本的转变。

当昔日人们关注所在的畸形开始被作为一种缺陷来认识的时候,投向人体的目光历经了怎样的变迁呢? 人们经过何种观点的转变,从此学会从中辨别某种残障体征呢? 我们经历了何种感官体验的发展过程,如今似乎决心在观赏人体大大小小的畸形时,仅仅将之理解为人体差别的无穷分化呢?

4) 畸胎商业

让我们重新回到这一历史过程的起步阶段吧。畸胎那复杂多变的文化背景与围绕畸胎形成的商业行为的愈演愈烈不可分割。因此,在老巴

---

① 在托尼·贝内的工作中可以找到对于这些展览机构在博物馆或一般展览领域中起到的人流疏导作用的研究:《展览情结》,载尼克拉斯·B.德尔克斯、杰弗·埃利和谢瑞·B.奥特纳主编:《文化/力量/历史:当代社会理论中的一个读者》,普林斯顿,普林斯顿大学出版社,1994 年,第 123—154 页;还有《博物馆的诞生:历史,理论,政治》,纽约,劳特利奇出版社,1995 年。在范妮莎·舒瓦兹的著作中,有对大众视觉文化的构成的分析,这个文化使观众消费关于真实的现实主义小说的这样一个社会得以形成(《惊人的现实:世纪末巴黎的早期大众文化》,伯克利,加利福尼亚大学出版社,1998 年)。

② [译注]美国著名的马戏团艺人。

黎历史文献记载①中，"畸形人"在民众娱乐活动中占据了很重要的地位。最终，这个城市以好奇之都、独一无二及奇特怪异事物之交汇地，也即"畸形生物大集市"的面貌显现于世：

> 地球上所有美好的、独特的、稀有的或独一无二的东西，犹如一支有的放矢的离弦之箭疾速飞向巴黎……但凡世界的某个角落诞生了这种令大自然在自己的杰作面前也畏然却步的畸形生物：双头牛犊、无臂人、在摇篮里就能扼死水蛇的魔怪孩子，或者一个娇美柔弱得似乎可以整个装进灰姑娘水晶鞋里的孩子，这一切都为巴黎而生！只在额间生有一只眼睛的怪人、长着络腮胡子的女人、肥硕如牛的老鼠、长着尾巴的男子、浑身长毛的狗人，快！都集中到巴黎来吧！……跟着大家走吧！只需一点单簧管演奏和大鼓配合，一切均准备妥当啦！现在就请看小木桶里、桌子上、抽屉里，你会见到你想看到的畸胎②。

自 1850 年到 19 世纪的最后十年里，特罗纳集市上临时木棚的数量以天文数字般增长。这个古老的集市在 1806 年复活节之际，在圣-安托瓦纳医院对面，仅仅聚集着 20 多个杂耍艺人。随着杂耍地逐渐被驱赶出市中心，慢慢移至城乡交界地带。到了 1852 年这些艺人人数增至 200 人，1861 年时为 1600 人，1880 年已达 2424 人。③盛行的畸胎展示不久突破集市的围场，触延至林阴大道。这些演出大有蔓延城区的威胁。畸形人体进驻巴黎城：咖啡馆的后厅里、戏剧舞台上，都可见到他们的身影，有时被邀入私人沙龙作堂会表演。同时代的阿万斯·都德谈到，毫不稀奇有时在街道上偶然撞见"那些大自然意外失手造就的畸形人，观赏到他们

---

① 19 世纪最后 30 年期间相关的历史文献极其丰富，它是关于首都戏剧演出的主要信息来源。文献过于丰富，以至于在此处无法完整引述，它给沃尔特·本杰明《巴黎，19 世纪的首都》一书提供了主要资料。在让-皮埃尔·阿尔图尔·贝尔纳的杰出著作《两个巴黎：19 世纪下半叶巴黎的形象》（塞塞勒，尚·瓦隆出版社，2001 年）的书目里有非常全面的描述。

② 维克多·富尔内尔：《老巴黎：节日，游戏和表演》，图尔，阿尔弗雷德·马姆父子出版社，1887 年，第 361—362 页。

③ 巴黎警察局档案，DB202，由在警察局负责集市庙会监管的 E. 格雷亚尔在 1900 年所做的人口统计。

在仅由一根绳子撑起的两块被单中间,尽其所能表演着各式怪诞与古怪之举……旁边一张椅子上摆放着个收钱罐子。"①

人类畸胎因而成为某种商业行为追逐的目标。但是,这些演出除了定期性地集中在外省或巴黎的庙会中,平时它们处于绝对分散的状态。尽管大众娱乐有了新的聚集与规划形式,在世纪交替之际,许多"街头卖艺"小班子逐渐消亡,而让位于大型艺人团体。珍奇人种表演绝对是流动性的,并且往往处于不稳定境况,因而在法国这类表演从未真正被纳入到大型巡回马戏团或建于市中心的珍奇博物馆。这类演出将始终如一:一种制作好奇的手工业、一种贩卖畸形的流动推销,一种兜售怪异的小生意。法国人依然在等待着他们的"巴纳姆"出现。

在英国,这类表演得到同样的商业热诚,尽管其表现形式大为不同。在 19 世纪上半叶,所有在过去吸引路人来到巴塞洛缪集市、走进伦敦查令十字街②酒馆的廉价表演依然繁荣兴盛。至 19 世纪下半叶,人们对它们的需求并未减弱,恰恰相反:伦敦人总是成群结队,但这次是乘坐火车,在大白天赶去观看在伦敦南城克罗伊敦和英格兰大伦敦北部的巴尼特集市展览的畸形生物③。在伦敦就如同在巴黎一样,珍奇人种数量激增,以致无法进行普查统计。首都人一饱这些视觉饕餮,目睹了一支长着胡须的妇女队伍、一行巨型人、踏着汤姆·拇指"将军"④的足迹走来的一个兵团的侏儒,巴纳姆曾在 1844 年为这位奇人的胜利到达鸣锣开道。随着畸

---

① 《肉桂面包市集》,载《觉醒》,1880 年 1 月 12 日。

② 关于以前的伦敦市集,参见亨利·莫利:《巴塞洛缪庙会的回忆录》,伦敦,查普曼和霍尔出版社,1859 年。

③ 关于 18 世纪和 19 世纪在伦敦的畸形人展览,参见理查德·阿尔提克无可取代的著作《伦敦秀》,剑桥(马萨诸塞州),哈佛大学出版社,伦敦,贝尔纳普出版社,1978 年。关于 19 世纪英国的城市消遣娱乐,参见海伦·伊丽莎白·梅勒:《休闲和变化中的城市,1870—1914 年》,伦敦,劳特利奇和基根·保罗出版社,1976 年;詹姆斯·瓦文:《休闲与社会,1830—1950 年》,伦敦,纽约,朗文出版社,1978 年;皮特·贝利:《维多利亚女王时代英国的休闲和等级》,伦敦,劳特利奇和基根·保罗出版社,1978 年;休·康宁汉:《工业革命时期的休闲,1780—1880 年》,伦敦,格鲁姆·赫尔姆出版社,1980 年;约翰·K.沃尔顿和詹姆斯·瓦文主编:《不列颠的闲暇时光,1780—1939 年》,曼彻斯特,曼彻斯特大学出版社,1983 年;皮特·斯塔列布拉斯和阿隆·怀特:《侵越的政治和诗意》,伊萨卡,康奈尔大学出版社,1986 年。关于 19 世纪和 20 世纪的城市娱乐圈的构成,参见阿兰·科尔班主编:《娱乐生活的降临》,巴黎,奥比埃出版社,1995 年。

④ [译注]查尔斯·斯特拉迪(1838—1883 年),一个著名的美国侏儒,被称作汤姆·拇指将军,费内阿斯·泰勒·巴纳姆曾长期聘用他表演。

形人走向国际化,其魅力陡增:1829 年来自泰国的邦克尔兄弟昌和恩在此落脚,伦敦马上成为巴纳姆的演员来欧洲巡回演出的必经之地。他们来到伦敦,主要在埃及文物馆的舞台上表演,这个地方是威廉·布洛克于1812 年建造的第一家大型珍奇文物陈列馆。[1]英国人于是就有幸成为首批接待汤姆·拇指的人,此外还有亨利·"拉链头"·约翰逊,又名"这是什么?"(What-is-it?)或者"少根弦者"(chaînon manquant,即 Zip le Pin-head);哈维·里奇——那位"苍蝇矮人";最后,还有朱丽叶·帕斯特拉纳,她的整张脸都被毛发覆盖,最终定居在伦敦:在莫斯科巡演时,她死于分娩,接着被浑身涂满香料,正式回到埃及陈列馆,为的便是死后仍取悦大不列颠的民众。畸形人的遗体与圣者的遗体同享以往的特权,以遗骨维持大众的好奇心。

5) 巴纳姆与美国博物馆

但人们尚未大开眼界。费内阿斯·泰勒·巴纳姆于 1841 年在曼哈顿中心地带建立起美国博物馆。它成为全城,乃至全美国最吸引人光顾之地:从 1841 年至 1868 年,直至博物馆在一场大火中被烧毁为止,这期间,参观者人数估计达到了 4100 万人次。[2]其设计者透露:"这是一把标尺,多亏它,我才发家致富。"[3]当然,在美国南北战争之前,各大城市都有

---

[1]　参见理查德·阿尔提克:《伦敦秀》,前揭,第 235—267 页。

[2]　关于巴纳姆,参见由费内阿斯·泰勒·巴纳姆自己撰写的《P.T.巴纳姆的一生》,纽约,雷德菲尔德出版社,1855 年;同上,由其自撰的《奋斗与征服:或亦为 P.T.巴纳姆四十年回忆录》,纽约,美国新闻公司,1871 年;以及亚瑟·H.萨克森编的《P.T.巴纳姆的精选信函》,纽约,哥伦比亚大学出版社,1983 年。关于巴纳姆,尤请参见尼尔·哈里斯的《江湖骗术:P.T.巴纳姆的艺术》,芝加哥,芝加哥大学出版社,1973 年;威廉·T.奥尔德森主编的《美人鱼、木乃伊和乳齿象:美国博物馆的出现(D.C.)》,美国博物馆协会,1992 年;菲利普·B.昆哈特三世和彼得·W.昆哈特的《P.T.巴纳姆:美国最伟大的作秀人》,纽约,阿尔福雷德·A.克诺夫出版社,1995 年;安德里亚·史图门·德纳特的《奇妙而不可思议:美国的简易博物馆》,纽约,纽约大学出版社,1997 年;布鲁佛·亚当斯的《E 合众之巴纳姆:伟大的作秀人和美国流行文化的形成》,明尼阿波利斯,明尼苏达大学出版社,1997 年;本杰明·赖斯的《作秀人与奴隶:巴纳姆时代美国的人种、死亡和记忆》,剑桥(马萨诸塞州),哈佛大学出版社,2001 年;还有让-雅克·库尔第纳的《从巴纳姆到迪斯尼》,载《媒介学手册》,第 1 期,1996 年,第 72—81 页。

[3]　费内阿斯·泰勒·巴纳姆:《巴纳姆自己的故事》(1927 年),格洛斯特,彼得·史密斯出版社,1972 年,第 120 页。

一些文物馆,主要是为教育国民而陈列的自然历史收藏品。这些博物馆与畸形秀共存,而后者展示了形形色色、种类纷繁的人体畸形。[1]巴纳姆善于将两种不同类型的博物馆建在唯一一处娱乐场所,它能够缓解纽约市民日益高涨的娱乐饥渴,他们中有新移民和本土居民、劳动阶层和中产阶级、男人和女人、本城居民和来自美国最偏远乡村的参观者。[2]在美国博物馆的舞台上以及画廊里,畸形人构成了演出的最精彩部分。在百老汇,全家人来此度周末,在畸形人的陪伴下野餐,孩子们欢欣无比,而且对众人都有教示意义。

巴纳姆使得畸形人适应了一种娱乐中心的环境。在这里人们可以开办讲座,演示动物磁气说或者颅相学的科学实验[3],表演魔术、舞蹈或戏剧,提供观赏透景画和全景图,安排最美婴儿的竞赛[4],同时还可以表演野兽们嘶嚎、印第安部落舞蹈,这种集大成的娱乐场所囊括了在此之前所有杂乱散存的娱乐形式。巴纳姆所创造的不是别的,他开启了舞台表演史的新时代,迈进了娱乐的产业时代;开创大众娱乐年代的首家珍奇文物展列室,可谓是畸胎学的迪斯尼乐园——如果允许在此使用这一不恰当

---

[1] 关于在美国的畸形秀的历史,主要参见罗伯特·波格丹的主要著作《畸形秀:为娱乐和利润而做的怪人表演》,芝加哥,芝加哥大学出版社,1988年;还有罗斯玛丽·加兰·汤普森主编的《畸形狂:奇异身体的文化奇观》,纽约,纽约大学出版社,1996年;雷切尔·亚当斯的《美利坚的杂耍秀:畸形人与美国文化想象力》,芝加哥,芝加哥大学出版社,2001年。关于以前在北美舞台上以及益格鲁-撒克逊世界里展示的畸形人的全部节目,请参见弗兰克·斯蒂尔克罗斯特的《某些特殊的娱乐消遣》,海滨杂志,第6卷,1896年3—5月,第328—335页和第466—474页;威廉·G.菲茨杰拉德的《杂耍秀》,海滨杂志,第13—14卷,1897年3月—12月,第320—328,407—416,521—528,776—780,91—97,152—157页;乔治·M.古尔德和沃尔特·L.派尔的《医学上的畸形奇人》,费城,W.B.桑德斯出版社,1897年;乔治·C.欧德的《纽约戏剧业年鉴(1801—1894年)》,15卷,纽约,哥伦比亚大学出版社,1927—1949年;查尔斯·J.S.汤普森的《畸形人行业和相关知识:某些巨人、侏儒和奇人怪物的记载》,伦敦,威廉姆斯和诺加特出版社,1930年(再版,伦敦,参议院图书出版社,1996年)。以及最近的马丁·霍华德的《维多利亚时代的奇异古怪风格》,伦敦,朱庇特图书出版社,1977年;雷基·杰伊的《有经验的小猪和耐火的女人》,纽约,维拉德图书出版社,1986年。

[2] 但是"有色人种"除外,在19世纪60年代之前他们仅被容许出现在专为其预留的唯一一个场次上(刊登于纽约论坛上的公告,1849年2月27日)。

[3] 关于在美国大众和学术文化中的颅相学,例如参见查尔斯·考伯特的《一定程度的完美:美国的颅相学和美术》,教堂山,北卡罗莱纳大学出版社,1997年。

[4] 关于婴儿秀的巴纳姆式的创造,参见《尿布和酒窝》,美国民主评论杂志,1855年4月;《婴儿秀》,纽约时报,1855年6月18日;《婴儿集市》,名利场杂志,1862年6月14日以及布鲁佛·亚当斯的《E合众之巴纳姆》,前揭。

的比喻的话。但这种说法正好表明巴纳姆的这笔丰富遗产如今保存在谁人之手。因为巴纳姆是一位现代资本主义企业家,是表演业经营第一人。在他之前,畸形人体几乎仅是某种孤立的怪诞载体,在小众的珍奇品经济领域中带来些许边缘利润。在他之后,畸形人体成为拥有巨大价值的产品,在大众市场具备了商品化性质,能够满足日趋增长的需求,激发着公众眼光的渴望。①这里需要最后一次强调的是:这些畸形人的表演及将其商业化的行为,远非那些见不得人或边缘化的作为,它已经成为 19 世纪末北美大众娱乐产业化的试验田,而这在当时还只有极少数欧洲人小试牛刀。

2

日薄西山的畸形人行业

巴纳姆留下的是巨大的遗产。至今他依然是现代广告形式的创始人之一,而畸形秀无可争议地成为早期试水的节目之一。不过他的名字也诱发了众多用于诈骗和投机取巧的才能,借此使一些赝造畸胎达到以假乱真的效果,比如在华盛顿一个 161 岁的黑人乳母横空出世;又或者制造一个不可能的组合,用鱼的躯干和猴子的脑袋拼凑成一条十足的斐济岛美人鱼。②巴纳姆是视错觉的能手,也是制作"特技效果"的先驱。他就是用这样的方法设计出许多畸形人的舞台表演,这些演出一直到 20 世纪依然是畸形人展示表演的范本。因为这些人体的奇珍异品并不是出现在人群的一片极度惊诧之中只披着解剖的悲惨外衣、不带有任何人工色彩、在集市庙会场所卖艺的一些普通的身体畸形者;畸形人表演的舞台配合一

---

① "这个变化是值得注意的。在他们被博物馆吸收之前,这些人体的奇珍异品到处流荡,漂泊四方。在隶属博物馆,随后是依附于马戏团之后,这些怪人奇事被融入到一项蓬勃发展的产业中,即大众娱乐产业。"(罗伯特·波格丹:《畸形秀》,前揭,第 34 页)

② 费内阿斯·泰勒·巴纳姆:《巴纳姆自己的故事》,前揭,第 47—67 页;参见本杰明·赖斯:《作秀人与奴隶》,前揭;杰恩·邦德森:《斐济美人鱼》,载《自然与非自然史上的斐济美人鱼和其他尝试》,伊萨卡,康奈尔大学出版社,1999 年;詹姆斯·W. 库克:《斐济美人鱼和市场革命》,载《欺骗的艺术:在巴纳姆时代玩欺诈》,剑桥(马萨诸塞州),哈佛大学出版社,2000 年。

些精确严密的舞台设备以及复杂的视觉合成需要来布景：作为自然的例外，畸形人的身体亦成为一个文化的建构。

因此体态上的怪异性完全符合具有明确用途的一些标准的展出形式。[1]首先，吸引眼球，俘虏视线，将看众犹豫不前的步子引向杂耍场的门槛。后者给那些闲逛看热闹的人提供了充分的"余兴节目"，而畸形人则在其中扮演了或娱乐大众或消遣的角色，也就是说如果我们相信"余兴节目"一词的词源之说，那么它就是"先使人偏离原本要走的路线"，然后再"窃取"这个过路人的心神。但是这些表演和乔装改扮的伪造都符合一个更古老也更深化的需求。无论是畸形人身处其中的布景还是那些得到掩盖的畸形特征都另具一个功能：使观众对因为与畸形体态面对面所引发的视觉感知的冲击在视觉上有所准备。

1）迷晃跳跃的目光

一些本质性的问题仍然存在：畸形人表演的场景对那些观众的目光产生什么样的效果？这些畸形人的展示对公众具有一种魅惑力，它又是如何攫取这些精神活力的？

为了开始回答这些问题，让我们在那张展示托克西兄弟[2]的海报前停足片刻。这对双胞胎兄弟占据了海报的中心位置。他们共同拥有的两条腿稳稳地扎在地上，毫不费力地支撑起两个躯干，这两个躯干各自长了一对胳膊和一个脑袋。这个躯体从头到脚沿着中央的一条纵线构成及其完美的对称。两边各个器官都相互对应，完全一致：两张五官相似的脸，一头纹路波浪都相同的头发，以相同角度倾斜的肩和胳膊。就好像人们看到的不是两个上半身，而只是一个，如同照镜子一般。这张海报展示了畸形人又模糊了畸形性，搅乱了视线，又缓和了视觉的冲击：目光沿着对称纵轴线凝视，这个对照出自己形象的双重身体最终达到了合二为一的效果。故伎重施，在布景中运用相同的手法缓和对感知的冲击。一个

---

① "通过'展示模式'，我明白了那些演出承办人用以构造出一些怪人的招数具有技术、策略和风格的标准化套路。"（罗伯特·波格丹：《畸形秀》，前揭，第104—105页）

② 巴黎警察局档案，DA127，卷宗：托克西，第2份文件。

摄影工作室或一个画室的标准元素的集成是：一个双柱背景的布景，一定要有的人字形墙面，内部侧面布置相当舒适，以及按那个时代的摄影惯例给女孩或男孩穿上大领口的童装海军服。畸形的躯体令人不安，但周围的布景抚平了这份焦虑。虽然身体畸形古怪，但却有着天使般的面孔，精心的包装，格调柔和，主题纷层，表演也是稳重端庄：这样观赏奇形异体之旅就可以启程了。

然而，一个本对人造成极大冲击的异常身体刚得到一个平凡化处理的意象，另一个形象立即叠加了上来。扫视整个身体的目光突然被另一条解读的轴线截取，这次是沿着水平走向。视线把整个身体分成上下两部分。在两条腿上两个躯干的这个组合中又突然浮现出畸形。身体的上下部分貌似被分离了：就像零散的器皿一样，它们似乎以腰部为基准点，构成一个从支离破碎的玩偶部件中构想而来的怪诞人体身架。于是目光再次不安起来：有两条腿却长着四个胳膊，有四只眼睛却只有两只脚，这到底是什么？困惑与窥视的欲望一起膨胀：在这件不分男女的外套之下，这些展示之人的面孔，半男半女又非男非女，所掩盖的究竟是哪一种性别呢？此外，这种畸形人是按下半身性别标准算一种性别，还是按上半身的情况来断定具有两种性别？面对这个解剖谜题，看众的视线变得混乱迷茫。因为这两条解读的纵横轴线在观赏者的眼睛中同时产生，架构了整个表演，使人在欣赏之余却又无法思考。目光不停摇晃错乱，无法停歇，感觉一会儿是两个身体，一会儿又变成一个；有时候合二为一，有时候又一分为二。视线如此迷晃跳跃，说到底还是出于对畸形身体的好奇。因此能抓人眼球，令人萌生并保持其好奇心，而且可以满足想要进一步探究的欲望。这些特质都决定了畸形人表演商业的成功并保证组织者在展演场所从中盈利。

因此要理解活体畸形人展览对公众所产生的吸引力首先需要能经得起迷惑，才能将对畸形人的注意力转移到观察研究这个魅惑力本身的作用上来。那么我们就可以清楚地认识到那张吸引人眼球的连体双胞胎兄弟的海报造成的视觉纷扰是无处不在的。

就像前文中提到的于勒·瓦莱斯的情况，好奇心、怜悯之心、稀奇古怪的嗜好以及受本身社会地位的影响，如游离于社会边缘的人、逃避兵役者和被社会遗弃的人，在众多因素集成的驱使下，这些人源源不断地涌向畸形人表演场所："我还是会去，我一直都去的：我向来就特别爱看畸形人。"①就这样，从他年少时，对他中学同学的情感有支配性影响的一个长胡子的女人开始，在他的生命中，他碰到过几个这样的女人。②瓦莱斯大概也和同龄人一起分享了这份爱好：从马德莱娜·勒福尔到德莱夫人，长胡子的女人是19世纪想象中畸形与色情兼而有之的主要形象。有一天，看门人通知瓦莱斯有个老头儿在等他。

他抬起脸，看着我，然后她说道："我就是**那个长胡子的女人**。"

我期待她的来访已经有好几天了，我相信到时见到的不会是个穿马裤的男人，然而在我面前的的确确是个男人。我心怀惊恐打量这个如同带了假面具的人；我不敢确认，在这副穿着短制服的老男人皮囊下有着一颗曾经别人跟我描述过的多情女子的心……这居然就是传说中的**她**！不管怎样，一听到那尖细的嗓音，一看到那摸胡子的肤如凝脂的手，就会猜想这个人的性别。……我把这个怪人带到我家。他还是她？（该怎么称呼？）她或他在我对面坐下来，给我简单地讲述了一下他（她）的故事。③

他或她？到底是她还是他？语言叙述上的摇摆不定和语法性数上的无法确断，都表现出瓦莱斯当时在视觉上有多纷乱，面对这个性别混淆的"阴郁的假面人"时，他内心有多惊悴。无论何时何地，当目光直视畸形躯体的时候，这种视觉地震带来的余震总是能被感受到。"这看起来简直是梦魇般的可怕造物"，当弗雷德瑞克·特莱维斯爵士第一次看到半人半兽的象人约翰·梅里克④时，他直言不讳地道出了自己的厌恶感。维克

---

① 于勒·瓦莱斯：《逃避兵役者》，前揭，第264页。
② "那些初中生相约到木棚表演屋，有窃窃私语的，有打赌的；聊爱情，聊奇形怪态……有个大家伙说他的表兄看见过没戴面纱的她，让我们在听了他的所见之后都气喘吁吁，激动不已。啊！她的大腿老是出现在我们的大脑里；她的下巴和胸脯在班里引发了众多的仰慕和嫉妒。或许只是为了追逐真相，我就做了笔记并且等待我确信可以稍稍提起覆盖着这个奥秘的短衬裤的这一时刻到来。"（于勒·瓦莱斯：《街道》，前揭，第489页）
③ 于勒·瓦莱斯：《街道》，前揭，第488—489页。
④ 弗雷德瑞克·特莱维斯爵士：《象人……》，前揭，第13页。

多·富尔内尔亦产生了类似的相当不适的感觉，在他看到和长着八条腿的绵羊一起展出的少年时：他的脸一边是白色皮肤，另一边却完全是黑人的皮肤，这张阴阳脸的阴面和阳面轮流冲击着人们的视线。这个展览让富尔内尔得出一个神思恍惚的结论：他最终从这个阴阳脸中辨认为这是个"野猪头"。①

2) 畸形人粉墨登场

连体双胞胎，长胡子的女人，象人，白化病黑人：这些魑魅魍魉般的身体异常者搅混了身份、性别、物种和种族。畸形人的表演把对自然法则的悖逆——不论是天生的畸形还是人工伪造的——搬上了舞台。②生物标准的例外，生命进程的异变，繁衍过程中的失败者，人类体形的非常态，体貌结构上的特例，肉体躯壳的脆弱性：那些为了看畸形人而赶来的好奇民众亲历了对人类身体根本的紊乱无序所做的梳理盘点，并见证了在杂耍场的舞台上上演的畸形人面对生活的一出戏剧。畸形人：当然应该以文字的方式得到诠释。

> 畸形人的存在对权威中的生命提出了质疑，后者正具有这个权威向我们昭示何谓常态。因此我们必须在怪物的定义中去理解这个生命体的本质。畸形人，是一个具有负面价值的生命体……但与生命等值的正是人体的畸形而不是死亡。③

娱乐消遣令人不安，表演荒诞反常，然而这些都是拜那些具有负面价

---

① 维克多·富尔内尔：《在巴黎街头之所见》，前揭，第158—159页。

② "这个畸形人，是男女混合……因此，是对自然界限的侵越，分类上的越界，表格的破坏，法律的违反：因此在畸形方面涉及的就是这个。"（米歇尔·福柯：《异常人》，前揭，第58—59页）

③ 乔治·康吉扬：《畸形和怪物》，载《对生命的认识》，前揭，第171—172页。另一方面，在康吉扬的著作中还能找到关于畸形的一些线索。关于畸形的问题亦出现在《正常人和非正常人》以及《生命科学历史中的意识形态和合理性》两书中：见《正常人和非正常人》，巴黎，法国大学出版社，1991年，第2部分，II，第77—117页（第一版，标题为论涉及正常人和非正常人的几个问题，1943年）以及《生命科学历史中的意识形态和合理性》，巴黎，弗兰出版社，第2版，1981年，第2部分，III，第121—139页（第一版，1977年）。

值的生命体所赐。在这里,如果不是面对这些畸形人体,让人重新想到触动人同情之心的故事细节①,人们就不大会惊诧于到世纪之交,畸形人体本身具有的惊骇力与其散发的魅惑力在由这类娱乐节目触发的感知冲击中仍然是无可忽视的:内心惊恐的瓦莱斯,为之反胃的特莱维斯,几欲幻晕的富尔内尔都见证了这一切。

但是需明白对于昔日的公众来说杂耍场的演员们表演显得平淡无奇。那么摆在我们这些观众面前就有一系列问题了:如何将恐惧之物变成消遣,将厌恶之事化为娱乐,畏惧之心转为享受?无以计数的人群来到巴纳姆的博物馆或特罗纳集市来寻找什么?这些疑问我们都非常熟悉,除了今日通常会对我们提出的一些问题,即关于一些符号特征的——gore②,电影中可怕的血腥暴力场面,某些下流粗鄙的电视节目形式——而非关于身体的认知。确切地说,在时代、对象和感受的差距中,答案初露端倪。因为正是通过把与畸形人之间本令人不安的近距离渐渐拉远,试图借助一些特征符号掩饰其根本的相异性,为之炮制出适宜于缓和心绪不安的舞台场景,而畸形人正是制造这份纷乱的载体,正是这些方式使本只是"陪衬角色的"③畸形身体在大众娱乐的首批现代演员中凸显出来。因此凸显与畸形人体面对面的时刻,畸形人在观看的即时场面中的亮相,以或稀松平常或具科学性的各种表演方式与看客保持身体上的接近,这些都至关重要。应该用其他的字眼来区别畸形人和怪物④,并在层出不穷的体征表现下学会辨认身体的特殊性。

在 19 世纪下半叶和 20 世纪的头几十年,需要留心注意的是这种人体畸形的戏剧表演整个的兴趣所在:诚然在杂耍场舞台上的仍然是那些有血有肉的畸形人,但是在这些用来勾勒畸形人表演的背景中,观众已经

---

① 参见让-雅克·库尔第纳:《畸形人的醒悟》,引自《非人的身体》,载阿兰·科尔班、让-雅克·库尔第纳和乔治·维加埃罗主编:《身体的历史》,第 1 卷,《从文艺复兴到启蒙运动》,巴黎,瑟伊出版社,2005 年,第 371—386 页。

② [译注]代表恐怖的电影类派生词,用以形容电影中血腥暴力的场景。

③ 根据乔治·康吉杨的表达,见《畸形和怪物》,前揭,第 221 页。

④ 关于此关联衔接关系的详细叙述可参见让-雅克·库尔第纳:《非人的身体》,前揭。暂时失语,眼神战栗,感性体验的失衡都是因为与畸形身体的猝然相遇造成的。畸胎是某种实在的事物,即不怎么中看的事物。至于怪物,它在呈现的虚构领域中,是言语措辞、影像传播、对符号专心且好奇的关注及畸形生物记录等一系列的产物。

开始怀疑、猜测那些装扮的服装，表演的角色，与观众之间设置的更远的距离，还有那些出现在畸形身体与观看的目光之间更纷繁的特征表现。当他们一亮相，观众就能隐约感觉到，即使在下一次忘却到来之时，这些畸形人也能在他们的记忆中留下淡淡的水印。

演出越来越多。那些畸形人首先是在剧院的露天舞台上表演。在鲍威利区，皮卡迪利大街或林阴大道上，在滑稽、诙谐戏剧文学风靡的各处，他们在一些滑稽、讽刺戏剧中本色出演，扮演自己的角色。[①]此外还有一些专为他们捣鼓出来的表演。一般来说，可以分辨出两类，异国情调式的和"不可思议"式的[②]，但是往往都看不出这些形式对表演到底有多必要。

人造的热带丛林和其他充满异域情调的虚构，通过地理上的差距和人种差异，来展示出人体构造上的怪异性。19世纪暹罗人先锋，邦克尔兄弟昌和恩，当他们作为世界第八大奇迹，1829年被人从暹罗王国猎奇回来，躺在那些追逐怪物的猎人的行李箱里在波士顿登陆时，展示给他们造成痛苦的人体构造的奇异性已远远不够：他们还需要铺展开东方意蕴的全部景象，在兽笼中还要陪衬上一条巨蟒，用来"诠释这个身体的奇异性"。[③]畸形性在其原始粗野的背景中被立即辨识出来。

3) 阉割过的戏谑

表演是每个不幸的展现：大量光怪陆离似的幻境使侏儒的身躯变得高大并驱散由人类的缺陷和退化强加于视觉的不适感。巴纳姆无疑是将侏儒症推至辉煌的战略家，他非常清楚，越是渺小的生物，越是可以变得高大。正是这位作秀人将他的那些奇珍异事输送给这个唯一可以颁发贵

---

① 源于集市舞台的传统要追溯到18世纪（参见让-雅克·库尔第纳：《畸胎的露天剧场：十八世纪的畸胎展览》，载《法兰西剧院杂志》，第33期，1999年秋，第49—59页）。畸形人的戏剧化在19世纪十分流行：1825年，以"活着的皮包骨"克洛德-安布鲁瓦兹·瑟拉的名字命名的一出剧在伦敦上演；1840年"苍蝇人"哈维·里奇在鲍威利剧院接连饰演了侏儒、狒狒和苍蝇等角色，而汤姆·拇指不久之后也在巴黎的舞台上以拇指的形象大获成功。

② 参见罗伯特·波格丹：《畸形秀》，前揭，第104页。

③ 关于早期连体人的文学作品，请特别参见欧文和艾米·华莱士：《俩》，纽约，西蒙舒斯特出版社，1978年；而关于小说模式，参见达林·斯特劳斯：《昌和恩：一部小说》，纽约，普吕姆出版社，2001年。

族头衔的古老大陆:查尔斯·斯特拉通摇身一变成为汤姆·拇指将军,还借胜利巡回之际乘着华丽的四轮马车跑遍了整个欧洲,所到之处受到了欧洲皇室贵胄的接待、大众新闻界的赞颂和劳苦大众们的热烈欢迎①。杂耍场那些默默无闻的幕后工作者们也更加谨小慎微地努力工作着,仿照他们自己的样子来修复那个残缺身体的形象。这个肢体的残缺散发着魅惑力却也让人产生不安的情绪:作为"躯干演员"②的尼古拉·瓦西里耶维奇·科拜尔科夫,重拾起数百年传统③,在圣马丁林阴大道的戏剧舞台上卖力表演以至于人们都忘却了他那缺少四肢的表演带来的病态不适感。

> 这些只有躯干的畸形人不仅仅是时常存在于人类这个物种中的特殊异常体中的奇特个例,他们也展现了这些畸形个体如何凭借耐心、吃苦耐劳以及灵巧机敏的身手来弥补身上肢体的残缺。④

在剧院门口兜售的明信片把展演变得尽善尽美:卡片上这个只有躯干的畸形人被他的众多儿女围绕,将另一种解读表现得十足:在这样的画面中,他重新获得了家庭的"手足"。最后一个图片的例子是,在畸形秀中表演,在杂耍场中广泛受捧的用以演绎人体畸形构造的奇幻剧作,它进一步肯定了这些安排布置的意义所在:那种"极端结合"将身体上畸形部分"互补"的两个人组合在一起,以一种形态学的方法暗示,如此这般使人感

---

① 参见费内阿斯·泰勒·巴纳姆:《巴纳姆自己的故事》,前揭,第133—190页。汤姆·拇指将军在比利时宫廷受到过一次接见,在法国宫廷三次,在白金汉宫也是三次。英国皇室家族,或许是为那些遥远的时代所感化,那时,国王经常在宫廷里接见侏儒,稍后还接待了苏格兰侏儒——麦金雷两兄弟和姐姐,随后是巴纳姆在1853年杜撰出来的"阿兹台克小矮人"。

② [译注]指没有四肢,只有身躯的人。

③ 关于"只有躯干的人"的戏剧化,参见让-雅克·库尔第纳:《人类的奇珍异品,大众的好奇:十八世纪的畸形人表演》,载妮科尔·雅克-沙坎和索菲·乌达尔主编:《从文艺复兴到启蒙时代的好奇和知的欲念》,第2册,丰特奈-欧罗斯,高等师范学校出版社,1998年,第499—515页。

④ 居约-多贝斯:《N.-W. 科拜尔科夫或只有躯干的人》,《自然》,第660期,1886年1月23日,第113—115页。

畸形身体：关于畸形的文化史与文化人类学

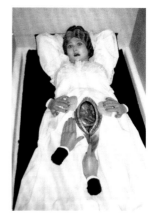

1. 大概在1900年的一个人种展览上，一个非洲妇女和她的孩子被隔于风土驯化园的栅栏后面。

某个晴朗的星期天在"人类动物园"：被隔于栅栏后的非洲妇女和小孩的照片。这些人和动物一起处在看园子人警觉的视线之下。

2. 接受剖腹产手术的产妇，斯皮茨内博物馆。

剖腹产手术是人体博物馆的经典主题。这里手和手术刀交错之中解剖出的正是一个畸形的胎儿。人们不会惊讶于它能够激发那些超现实主义者的灵感，如同被斯皮茨内博物馆所慑服的比利时超现实主义画家德尔沃那样。

3. 连体畸胎。泡在福尔马林液中的天然畸形体，斯皮茨内博物馆。

"在19世纪，畸胎都是放在胚胎学工作者的广口瓶里，用来昭示何谓正常体态"，乔治·康吉杨说。事实上，这件畸胎是斯皮茨内"博士"的人体解剖博物馆里畸形体展览中主要几个展件之一。

4．佩尔武河谷的呆小症患者，明信片，1903年。

6．关注政治的德莱夫人，明信片，1910年。

18、19世纪之交，路过上阿尔卑斯省的人会给亲朋好友寄上这样一张《佩尔武的愚侏》的明信片。大众窥淫癖到处可见，令人不快却又平淡无奇。

那些本无任何差别的市镇村庄，有时即使没有罗马式教堂也能因有畸形人的存在而自豪。在乡间与畸形人邂逅，对国内的旅游者来说，更是极具诱惑力。

5．尼古拉·瓦西里耶维奇·科拜尔科夫和他的家庭，纪念图片，1890年。

尼古拉·瓦西里耶维奇·科拜尔科夫，圣马丁林阴大道上的"躯干演员"，在表演场所的出口处，通过神奇的摄影技术，展现了他家庭中的成员们。

7. 法国残疾人协会明信片，1908年。

对残疾的认识在20世纪的头20年间逐步将畸形人的市集展览挤出残缺的舞台。

8. 世博会的纪念图片，1937年，巴黎。

1937年巴黎，世博会上侏儒村的最后一次展览。他们占据了由"黑人村落"空置出来的一块场地，以衬托出当下的进步又兼具娱乐。

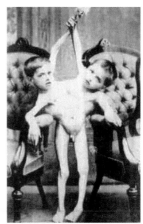
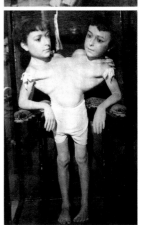

9-10-11. 托克西兄弟：关于两兄弟展览的广告海报，特殊收藏品；纪念照片，特殊收藏品；斯皮茨内收藏品展示的连体双胞胎蜡像，奥尔菲拉-鲁维埃博物馆。

　　托克西兄弟的遭遇浓缩了处于18、19世纪之交的畸形人的命运：出生时是医学的兴趣所在，接着就成为市集上赚钱的工具，到1883年遭到巴黎警察局禁止。当托克西兄弟登陆西半球的时候，在那里交上好运，他们激发了马克·吐温小说的灵感，然后在威尼斯隐退。最后他们和一对姐妹结了婚，然后过上了幸福的生活。几乎不存在具有像他们这样传奇经历的畸形人。

12. 被电影《畸形秀》中的演员围绕的陶德·布朗宁，1931年，美国。

一张奇特的家庭照片，照片中陶德·布朗宁站在1931年的电影《畸形秀》的演员中，人们想象着他们开始唱歌，如同影片中的著名一幕"他是我们中的一员！"。

13. 奥维兹一家，1949年，以色列，特拉维夫。

门格勒医生在奥斯威辛站台看到奥维兹一家时惊呼道："我有20年的活儿干了！"奥维兹一家从"基因"实验中奇迹般死里逃生，在战后还参加了一个音乐戏剧表演：死人之舞。

14. 梅里安·库珀和欧内斯特·舒扎克的电影作品中的金刚，1933年，美国。

一些关于怪物的科幻片替代了畸形人体的展览，从那之后，那些对畸形人体敏感的人要求此种展览退出公众的视线。正是如此，在1933年制作了金刚，一只具有男人灵魂的大猩猩。

15. 《象人》中的约翰·赫特，1980年，美国。

在畸形怪异的血肉皮囊下隐藏着一颗敏感的心灵：1980年，由大卫·林奇重现约翰·梅里克，那个"象人"。

16．利塞特·墨德尔的摄影，1939-1942年，纽约，下东城。

可以看出黛安·阿勃丝从利塞特·墨德尔的摄影中获益良多。日常化的手法赋予畸形人以人性。

17．李斯克林姆的摄影："生活在美国的黛安·阿勃丝"系列第一期，水牛城（纽约州），1971年。

在李斯克林姆看来，黛安·阿勃丝的遗产便是：她看残障身体的这份目光遗赠。

18．李斯克林姆的摄影：我妈妈拿出她的假牙来吓唬小孩，就像她妈妈曾经做的那样，水牛城（纽约州），1970年。

任何"正常"的躯体，在被抓拍的那一刻，都会流露其可笑的一面。畸形怪异正是在于观察者的眼光。

19．简·伊夫林·阿特伍德摄于省盲人协会的照片，1980年，法国，圣芒德。

看不见他物亦看不见彼此。在简·伊夫林·阿特伍德的这张照片中，视盲很难被人们所看出，在这里正常人和缺陷者之间的界限变得模糊。

鉴 定 ： 蛛 丝 ， 马 迹 ， 猜 想

1. 加尔的颅相学头颅，19世纪前半叶，都灵，犯罪人类学博物馆。

颅相学使那些颅骨开口说话，一些迹象征兆与生物学形成交点：耳朵上方骨头的凸起部分表明杀人者的残忍本性，额骨的凸起部分揭示了偷盗者的恶性倾向。体貌上的变形泄露了心理上的异常。

2. 尼安德特人的头部重塑，诺尔贝托·蒙泰库科的雕塑作品，1980年，都灵，犯罪人类学博物馆。

3. 有退化现象的头部模型，都灵，犯罪人类学博物馆。

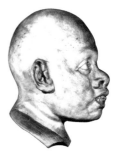

4. 犯罪人的头骨，选自切萨雷·龙勃罗梭的作品《犯罪人论》，1897年。

颅部容量较小，额骨巨大，眼球突出，眉弓隆起：这个特征是有"历史性的"，让人想起人类进化系统的一个迹象。在切萨雷·龙勃罗梭的犯罪人类学中，有退化现象之人与罪犯混合在一起。

5．测量手臂长度，贝蒂荣的人体测量法，1904年。

8．约翰·A.拉尔森的指纹分类系统中的环圈类型，1922年。

犯罪行迹与身体的整体感觉没有直接联系。鉴定越来越建立在细微的生物特征的标记和分类上。

6．贝蒂荣式罪犯正身法：20世纪初面貌特征的纲要节录，巴黎警察局，司法警察处。

不是令人不安的特征，也不是畸形。阿方斯·贝蒂荣将不为人知的特征变成生物签名：最"标准"的测量可以确定的个体总是独一无二的。因此这些有系统的记录和人体测量档案被认为使惯犯和极善掩饰之人无处遁形。

7．人体测量记录卡，1914年，巴黎警察局，司法警察处。

在人体测量的鉴定中引入指纹：罪犯无法伪造的签名将逐步取代贝蒂荣式罪犯正身法。

9．卡美卢斯警察局使用的人像拼图合成的信息程序，锡拉丘兹（纽约州），1998年。

法医对于信息技术的应用促进了指纹或基因的分类和比较，并且使得人像拼图合成有据可循。

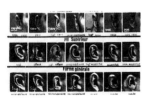

受到一个正常身躯的形象：骨瘦如柴的男人配世界第一肥的女人，巨人疯狂地爱上侏儒，一个没腿一个没手的两个人坐在双座自行车上，前者手扶自行车把手，后者脚踩踏板……那么管保能产生诙谐滑稽的效果。

无论是在对遥远原始的冥想中，对社会幻象的幻想中，对吃苦耐劳价值的思考中还是对滑稽怪诞组合的想象中，正常身躯的幻影都如影随形般飘荡在畸形人体展览的所到之处。人们就会更加清楚地领会到为畸形人体着迷的好奇心其心理动力何在：如果说这些活生生的畸形人的身体使人们的目光变得兴奋不已，如果说它给感知带来了相当的冲击，那么它正是通过这种暴力实施在那些盯着它不放的人身上。对畸形身体掺杂的幻想搅混了观看者心目中一个完整身体的意象，它对何谓一个完整身体的生物单位产生威胁。①参观圣马丁大街"躯干演员"展览的人被带到无手无脚的科拜尔科夫面前，就像在身体深处亲历了一回颠倒鬼魅般肢体的体验：在这个身躯本身的形象中感受到的不是残缺肢体的存在，而是存在的肢体的残缺。那种四肢不全只有躯干的人的表演其舞台布景借助一些具有补缺作用的装饰将身体上的畸形部分隐藏起来，在对完整身体的一种假象的修复中力求驱散那份不安不适感。来杂耍场看表演的观众，面对着那些畸形人，感受着身上那些肢体的患得患失。这种如遭阉割的戏谑的演出就可以在一片报以笑声的舒缓情绪中得以结束。当荒唐滑稽的爆笑声回荡时，令人不安的稀奇事从来就不会很远。

4）大众的窥淫癖

以畸形人展览为核心内容的大众视觉文化并不局限于市集庙会的演出或展示奇珍异品的博物馆。这里还是举巴纳姆的例子：他在最初就已经明白大众新闻媒体的发展将会给畸形人的商业化提供一个共鸣箱，聚

---

① 关于身体的形象，此处依据的是保罗·希尔德的研究工作："身体形象的统一性就这样体现出生物统一性的倾向"（保罗·希尔德：《身体的形象：关于心理的建构力量的研究》，巴黎，伽利玛出版社，1968 年，第 207 页。第一版，1950 年）。在这方面，令人想到迪迪埃·安齐厄日后工作的重要性（《我一皮肤》，巴黎，迪诺出版社，1985 年）。这正是皮埃尔·安塞其论文的兴趣之所在，他善于在感知的现象学机理中提出关于畸形普遍且科学呈现的问题（《实证畸胎学时代普遍且科学的呈现》，哲学博士论文，勃艮第大学，2002 年 12 月 10 日；以同样的题目得以出版，巴黎，法国大学出版社，2005 年）。

焦关注度,引发共鸣。他与同僚们一起令那些记述畸形人不幸和被赎买的感人故事大量充斥于报纸版面:这些故事细致地描述了畸形人的感情生活,撮合并赞美他们天作之合的婚姻,关心、同情他们的童年。这些严格按照通俗小说的叙事结构组建的故事,在大众社会的信息时代,将旧传统所谓奇观、奇人、奇事世俗化:畸形怪物使得那些新奇怪异成功冲入到平淡无奇的日常生活中。这些故事都配有图片,而正是图片本身在读者和城市观众的视觉印象中勾起了那种异常的感觉。那些虚构、杜撰将畸形人变换成特征符号,并使之如同流通中的零钱一样循环可见。独特的操作手法就是这么发展起来的。

那些去杂耍场看表演的观众很少会空着手出来。他们以明信片的形式来积攒与畸形人短暂会面的记忆。需要说的是,这样的图片收集在那个时代一点都算不上什么稀罕收藏。特罗纳集市的所有木棚和在美国的杂耍秀都向他们的顾客推荐明信片或印了插图的卡片,尤其自 1860 年后,摄影技术的进步可以允许这些图片大量生产。一些工作室也立即专攻那种奇怪的相片:从巴纳姆的美国博物馆到以林肯的照片和美国南北战争的摄影专栏而闻名的马修·布雷迪的工作室,那些畸形人要做的只是穿过马路而已。与当时文学、政治领域的知名人物一样,汤姆·拇指将军,昌和恩,安妮·若纳,长胡子的女人和亨利·"拉链头"·约翰逊("这是什么?")都曾在宫殿和布景的丛林中登台亮相。[1]在法国或英国也有同样的现象:那些工作室和制作明信片的工厂主都不屑于兜售那样的图片,要么跟他们订制图片,要么他们自己来设计制作。

卡片具有商业价值,这证明对于人体畸形的好奇心并不仅仅满足于偶尔出入杂耍场和盯几眼在那里表演的畸形人。在世纪之交,参观表演最经常性的收获便是,那些畸形人的相片在相册簿记录远足旅行的记忆中也能占据一席之地:相簿的最后,在翻过一组几代人的照片后,就会看到简朴的乡村教堂钟楼,首都宏伟的建筑物的照片和那些"大自然的误差"的照片放在一起。以至于那些本无任何差别的市镇村庄即便没有罗

---

[1] 除了布雷迪之外,另一位在 19 世纪最后 20 年的美国拍摄畸形人的伟大摄影师是查尔斯·艾森曼。他位于鲍威利大街上的工作室,作为当时畸形人的首都——纽约的畸形舞台中心,阅尽了在那里鱼贯登场的最著名的畸形人(参见迈克·米特切尔:《镀金时代的畸形人》,多伦多,盖奇出版社,1979 年;罗伯特·波格丹:《畸形秀》,前揭,第 12—16 页)。

马式教堂也往往能因有畸形人的存在而洋洋自得：如果不是看那广泛发行的一系列明信片，上面展示着坐在展览厅的敞篷四轮马车上或骑着一辆自行车的德莱夫人，一个长胡子的女人①，谁在 20 世纪初就能听说唐莱孚日（Thaon-les-Vosges）？不是所有的法国市镇都能拥有圣·米歇尔山。

　　这里提出的问题是研究大众视觉文化具体形式的多样化的问题。这些特殊明信片的传播方式再次表明那种非正常人体的展览是以宣传身体的正常状态为目的的。畸形人作为例外依然是用来证明规则：在镜头前鱼贯而过的那群受过"圣伤"的人吸引人们在畸形人这面哈哈镜中辨认出的正是城市居民都市化身体的正常状态。这里法国的例子尤其清楚。对卡片呈现的怪异身体的认知实际上与在异地旅游引起的不习惯，与在本国领土周边考察，与到穷乡僻壤深入生活，与对占主流的社会和生物时间的停顿或滞后的证明，性质上都差不多：除了市集上的演出，医学图片和对异国人种的兴趣，那种身体畸形的肖像影集从 19 世纪下半叶到 20 世纪 30 年代都与国内旅游业的迁移紧密相关。人们到上阿尔卑斯省去，在那里就能看到佩尔武的愚傻病患者的模样；在布列塔尼，见到的是一个令人惊诧的百岁老妪；在奥弗涅，有一个隐居的毛人；几乎到处可见的农村里的白痴。身体奇形怪状，心智滞后，外表粗野返祖，这些都是乡村别致景象让人期待的元素，它们给这个景致带来必不可少的人类真实性的色彩。对关于残疾的、病理学的或仅仅是"畸形化"的农民体型的摄影展览的这份好奇心是合情合理的，是稀松平常的，是被充分赋予的，而常见的行为就是把这些所见或展示或寄给亲朋好友们看。面对亲友时，卡片的收集爱好者们采取的立场态度就像面对观众的马戏团耍把戏的人：也就是说，寻常做法的大肆流行在不知不觉中有效地替代了好奇之心，对于畸形人表演的猎奇欲望在市集的表演场所和博物馆横流漫溢而发生的连锁作用呈网络状散布、蔓延。19 世纪毫无预谋地制造了大众的窥淫癖。就如福柯所讲，那些畸形的"常见怪物"几乎到处盛行。以当代人的眼光来看，最令人惊奇的，可能就是在大多数附着结尾

---

① 为数众多且受大众喜爱的明信片系列，时至今日在跳蚤市场还能找到非常多类似的明信片。它们在南锡印刷，并带有这样的按语："要求盖德莱夫人的印戳。"

献辞的字里行间中找不到任何关于畸形事物的评论。一张阿尔卑斯的愚侏病人的照片上写着："布里昂松的美好之吻"……法国本土也有自己的土著村庄。①

畸形人明信片的系统商业化开始于 20 世纪 30 年代。在这之后几乎只可寻觅到一个或偶尔几个巨人或一个呆傻的侏儒。历史的讽刺在于：最后发行的一套明信片以"小人国"②为主题，这是个侏儒村落，它借 1937年世博会之际，在荣军院广场占得一席③，很自然地就占据了本用来展示已经隐没的土著村庄所空出来的一块场地。而自 1931 年起，利奥泰就已经认为在这些场所做种族的展示是不恰当的。在关于侏儒或野人，他们中谁将更长久性地保有在发展进步的戏剧表演中做陪衬的特权这一问题上，畸形人起码在这种情况下还能胜出。可悲的特权……

5）一种缺陷的情色

让我们来仔细打量一番巴蒂斯塔·托克西呈现给木棚屋的观众们的连体双胞胎形象④，并基于此点来得出一个结论。街头卖艺人没有撒

---

① 这是 1878 年一名从勃艮第旅行回来的旅者转述的内容："这名对库珀和居斯塔夫·艾玛德都知之甚少，只是在几年前在莫尔旺跑了个遍的游客，一看到组成村落的北美印第安人的茅草屋时，很自然会寻思他不是意外陷落到迷失在法国境内的印第安部落了吧；而从茅草屋里出来的一个全身涂色并手拿武器的北美印第安人的或阿帕切人的战士本来是不会让他那么吃惊的。"（由让-迪迪埃·于尔班引述，见《旅行的傻瓜：旅游者的故事》，巴黎，帕约出版社，1993 年，第 210 页）

② ［译注］爱尔兰作家斯威夫特名著《格列佛游记》中描写的国家，国民身高不足六公分。

③ 关于巴黎的博览会，尤其参见帕斯卡·奥利：《巴黎的博览会》，巴黎，朗赛出版社，1982 年。

④ 关于托克西，见厄内斯特·马丁：《畸胎史……》，前揭；同上，载《科学美国人》，1892 年 12 月12 日；同上，《人性观点：双头男孩托克西（乔万尼和贾科莫）：前所未有的伟大的活体畸形人》，波士顿，查尔斯·F. 利比出版社，1892 年；同上，《一些畸形人：托克西》，载《百万》，伦敦，1892 年 10 月 22 日；乔治·C. 欧德：《双胞胎托克西》，载《纽约戏剧业年鉴（1801—1894年）》，纽约，美国数学协会出版社，第 15 卷（1891—1894）；弗雷德里克·德里梅：《十分特殊的一群人：怪人的奋斗、爱情和征服》，纽约，埃姆乔恩出版社，1973 年；马丁·霍华德：《维多利亚时代的奇异古怪风格》，前揭；莱斯利·费德勒：《畸形人》，前揭；马丁·莫内斯捷：《畸胎：被上帝遗忘的令人惊异的世界》，巴黎，畴出版社，1978 年。并且也给马克·吐温的小说带来了灵感，《傻瓜威尔逊和那些非同寻常的双胞胎（1894）》，纽约，班坦出版社，1984 年。托克西兄弟 1892 年登陆新大陆（美洲）并小试牛刀。在巴纳姆的国度大获成功后，他们最终定居在威尼斯附近，在那里结束他们的传奇故事，和两个姐妹结了婚并最终退隐，避开世人的目光过上幸福的日子。

谎:四条胳膊,两个脑袋,两个上身,两条腿,一个性别。这个畸形人是
"天然"的。这可不是在 19 世纪的那些市集上到处充斥可见的"巴纳姆
化"的结果,如出生在新泽西的"澳大利亚的白化病人"或来自庞坦①城
的婆罗洲②野人。畸形人的表演放弃了虚假的野化、异国的梦呓或那些
大制作的幻觉效果:在 19 世纪的后 20 年和 20 世纪的前 20 年期间,工
作室的肖像协议越来越频繁地使用到关于畸形人的摄影展览中。这恰
好表现出将人类畸形标准化愿望的特征之一,使得它们也能在通常只接
纳普通个体形象的平常环境中登堂入室。然而,极其自相矛盾的是人们
又希望把那些畸形人变得和其他普通个体一样。背离了生物法则的畸
形身躯扰乱了某些事物的秩序,还使得本让人最熟悉的布景环境也变得
奇奇怪怪。

　　此处需要补充的是托克西也没有说出全部的事实:这两个孩子露
在外面的胳膊是一边一个支撑在两把椅子上。没有这两把椅子,他们
就会倒掉:贾科莫·托克西和乔万尼·托克西,他们自己是无法走动
甚至也无法站立的。那么人们就会冷不防地察觉到被刚才那幅海报
规避的内容:这两条腿只是他们的两个上半身拖着的赘物,毫无用处
而且也不对称,上半身也是悬挂在他们的支撑物上。这个"畸形人"就
是残疾人。因此,图片完全就是平衡失调的作秀:那些椅子,在摄影的
惯例中突然地丧失了平时的用途,变成了两只非比寻常的拐杖,摄影
室的义肢。布景也被暴露出来并完全屈从服务于展览的性质:剥去协
议这个体面的外套,它也就是展示物的一个托辞,人体结构的一个展
铺罢了。

　　这就是畸形身体的特性之一,它可以颠覆其亮相时的那个场景,动摇
其展出的那些基准框架。③在这种效果的作用之下,在肖像摄影中不知不

①　[译注]巴黎郊区的卫星城,位于巴黎的东北部。
②　[译注]马来西亚群岛中的一个岛屿。世界第三大岛。
③　"一般说来,恐怖可憎和畸形在表演中并没有融合在一起的必然。它们经常起分类,公众目
　　光正是通过活人和东西之间的分类镇定下来……任何炮制出其固有出现规则的形式都是
　　畸形的。"(罗伯特·布热德:《灾难和奇观》,载罗伯特·布热德、莫妮克·西卡尔和达尼埃
　　尔·瓦拉赫主编:《身体和理性:医学摄影(1840—1920 年)》,巴黎,马瓦尔出版社,1995 年,
　　第92 页)

觉又产生了另一种摄影类型:医学摄影。①这种摄影将背景弱化并抽象化从而凸显畸形的症状;通过裸露身体的过度曝光提高那些特征清晰可见的程度;这对双生兄弟的眼睛盯着镜头,目光流露出一种病人顺从的忧郁。如此多这样的病人成为 19 世纪医生摄影奇珍的对象,那正是一个"竭力将畸形生物常态化"②的世纪。

但是这种表现并没有进入到当时的医学摄影技术所设定的感知范围内,它再一次昙花一现,没有产生什么影响。有一个不寻常的细节显示出这一点:在医院的临床医学摄影中找不到连体双胞胎兄弟张开双臂递向观众的那束花。因为这出戏③面向的是市集上的那些看热闹之人的好奇心。那一束耀眼的光给那些人照亮了他们实际上从来不曾停止想看的东西,自从对海报投去一瞥之时起,他们的脚步就被吸引到那个表演的杂耍场了。这种摄影倾注了极大的心思来展示海报所含蓄暗示的内容:畸形人的性别。观众的眼睛也立即被引向表演的另一个地方:这份抓人眼球的双重目光。兴奋的眼神再次愈发起劲地扫视,从这一个换看到另一个,无法停止的三角形视线轨迹最终不可避免地被带回到所展示的性别上。而如果好奇心消失殆尽,又如果突然而至的羞怯或姗姗来迟的不适转移了已被喂饱的眼神,照片中的摆设就会立即将人们的视线带引到这个地方:脑袋下方由这两个孩子④举手挥动的那束鲜花相对于人们的视轴线而言就成为这个性别的对称物。除此之外,这束鲜花就别无它用了。

两个连在一起暴露于公众的身躯,一个性别,吸引住看热闹之人的一个双重眼神,一个极其不合时宜的祭品:明信片上,情色布景的那些主要

---

① 参见奥古斯特·比雷:《医学上摄影的运用》,巴黎,戈捷-维拉斯出版社,1896 年;阿尔贝·隆德:《医学摄影:医学科学和生理学上的应用》,巴黎,戈捷-维拉斯出版社,1893 年;乔治·迪迪-于贝尔曼:《癔病的发现:夏尔科和硝石工厂的摄影画集》,巴黎,马库拉出版社,1982 年;斯坦利·B. 彭斯:《美国的早期医学摄影(1839—1883)》,纽约,彭斯档案,1983 年;让-克洛德·勒马尼和安德烈·鲁耶主编:《摄影史》,巴黎,博尔达斯出版社,1986 年;安德烈·鲁耶和贝尔纳·马库博:《身体及其形象:十九世纪的摄影》,巴黎,逆光出版社,国家图书馆,1986 年;丹尼尔·M. 福克斯和克里斯托弗·劳伦斯:《医学摄影:自 1840 年以来在英国和美国的影像和力量》,纽约,格林伍德出版社,1988 年;让·克莱尔主编:《身体的灵魂:艺术和科学(1793—1993)》,前揭;罗伯特·布热德、莫妮克·西卡尔和达尼埃尔·瓦拉赫主编:《身体和理性》,前揭。

② 乔治·康吉杨:《畸形和怪物》,前揭,第 178 页。

③ [译注]指托克西连体兄弟的那张海报所宣传的表演。

④ [译注]指托克西连体双胞胎兄弟。

元素都集中到一起①，被糅合进相片的表现上以及被掺杂在对医学症候学的隐射中。这就是巴蒂斯塔·托克西跟当局申请要演给巴黎公众看的暧昧含糊的戏码。今天，人们再也不会不带一丝厌恶地盯着看不放，也不会毫无尴尬地书上几句自己的只言片语。在我们看来，其性质几乎确之凿凿：一种对残疾人的商业运作，一种畸形的脱衣舞，一种缺陷的情色。

然而不应该理解错的是：从19世纪下半叶到20世纪20年代，那些频繁出入特罗纳集市的木棚场所的众多看客并没有这种感觉认识。对于当时那些目光来说，托克西呈现的展览手法是"经典"的。正是这样，那些戏班主给畸形人套上了商业价值，使得那些集市上看热闹的人时不时饱一下眼福，也因此使得畸形人的图片被那些好奇的公众获取、收藏、赠送或传寄。演出中的海淫，演员的堕落，视觉撩拨上的情色特质对我们有所影响；展览上的所有展示与那些已为我们身受的感觉相碰撞，这一切正是昔日吸引找乐子的巴黎人之原因所在。有很长一段时间，他们去到那里不是尽管如此，而是因为如此，他们受一种没有负担的好奇心驱使，在那里我们只能看到一种有害身心的窥淫癖。在19世纪和20世纪期间，第二感觉逐步为第一感觉取代构成了这一研究的主要问题。

临近巴黎之行的尾声时，巴蒂斯塔·托克西和他的孩子们可以确定发生颠覆感觉的其中一个先机，并能明确使之发生的形式和条件。省政府断然拒绝了托克西的申请。"我不主张在公众场合展示这样的畸形人物。这应该仅局限在医学院校的范围内。"一名相关负责官员干脆明确地表明态度。②

托克西案例的全部意义在于：它勾勒出了畸形人展览从普遍平常到

① 在同时代，确切地说正是在面对让观察者凝视的眼神写照和现实主义式聚焦的影像中，艾碧给欧·所罗门-郭朵发现了表现女性身体的情色布景现代化的蛛丝马迹："但是如果说这样的表现其中一个极端在于消除所有非女性元素，那么另一个极端便是突出了眼睛特性的重要性。这些照片——上面的那些女性模特是相机镜头的焦点，同时也是欣赏之目光的焦点——它们极其惊人地从色情淫画的那些传统方式中跳脱出来。"(《女伯爵之腿》，见埃米莉·阿普特尔和威廉·皮茨：《从文化角度论述恋物癖》，伊萨卡，康奈尔大学出版社，1993年，第297页)除非畸形展览中的典型展示表明这种布景压根就不是只和唯一的女性性别有关。

② 巴黎警察局档案，DA 127，卷宗：托克西，第5份文件。

变得令人不快的分水岭,显示出在畸形身体的表演中已被逾越的一条容忍界限,以及指明了关于对象、演员和操控好奇心的方法的定义已然发生改变。然而,禁止其公演的那些措辞其意义远在拒绝托克西之上:它们宣告了市集上的那些畸形人在我们这个世纪的命运,预示了其即将在娱乐公共场所消失,显示出这些畸形人成为道德忧虑的对象,并且还宣示他们在科学研究的医疗领域中占有一席之地。

事实上,从1880年开始,一组组迹象都证明托克西案例并非个案,其实在欧洲到处可见那些关于畸形人体的大众娱乐消遣以及由此种身体和精神上的悲惨而萌发的同情心。约翰·梅里克的情况也同样很典型:1883年象人被禁止在伦敦展览。表演的残酷和可怕让特莱维斯这个仁慈的医生无法忍受,当他第一次亲眼见到这些场面时:"那个要把戏的人,就像对条狗那样,很粗暴地对着它喊,'站起来!'那个东西就慢慢地站起来并任由盖在它头上和背上的覆盖物滑落在地。这样就出现了一个我从来都没见过的最令人厌恶的人类标本。"[1]约翰·梅里克颠沛流离于欧洲北部的集市之间,被禁足于大多数大众娱乐场所,脱去商业价值外衣的他在伦敦总医院被特莱维斯医生收容并得到了治疗,在那里他在公众的怜悯中平静地结束了哀婉悲凉的一生。事实上,象人的例子最终变为:马戏团班主和医生出于各自的利益,为了满足两种类型的好奇心而争抢一个畸形怪人。医生,依据政府的严明规定,又得到舆论出于慈善的支持,终于胜过那个江湖要把式的,医院也取代了杂要场。身体畸形者从舞台上消失,理所当然地变成了医学观察和道德情感的对象。洋洋洒洒地书写下畸形人历史的这漫长一页终将被翻阅过去。

3

百分百的人类

然而,历史的翻页已然开始,在畸形人被当作消遣来展出之时,没有

---

[1] 弗雷德瑞克·特莱维斯爵士:《象人……》,前揭,第15页。

人真正注意到这一点：从 19 世纪前几十年开始，在若弗鲁瓦·圣-伊莱尔①的研究工作中，畸形人在大自然生物里和自然法则的逻辑中重新找到了自己的位置和意义。

1）畸胎科学

　　事实上在关于畸形概念的历史中存在决定性的断裂，畸胎科学的创立建立在胚胎学和比较解剖学②发展进步的基础之上。一门关于组织构造畸形异常的独立学科从头至尾重新梳理了有关畸形的思路。它打乱了盯着畸形身体看的视线，并针对那些陈旧问题做出了新的回答。它明确地提到畸形不再是魔鬼的表现或是神明的启示，不是奇异的神魂颠倒的错觉，不是女性虚无幻想的怪诞产物，亦不是人与兽乱伦之后果。"畸形不再是一种盲目的无秩序，它同样也是一种有规律性的秩序，同样服从于一些法则"③；畸形体服从于支配生命体的普遍法则。④这种秩序双重性地记录在法则中。一方面，人们通过对其起源另作阐明的一个关系

---

① 艾蒂安·若弗鲁瓦·圣-伊莱尔：《畸形人体的解剖哲学》，巴黎，1822 年；伊西多尔·若弗鲁瓦·圣-伊莱尔：《动物组织畸形的通史和细史，或畸形学论文》，巴黎，巴耶尔出版社，1832—1836 年。关于两位若弗鲁瓦·圣-伊莱尔及他们的研究情况，见泰奥菲勒·卡恩：《艾蒂安·若弗鲁瓦·圣-伊莱尔的一生和著作》，巴黎，法国大学出版社，1962 年；托比·阿佩尔：《居维叶和若弗鲁瓦之争：达尔文之前几十年的法国生物学》，牛津，牛津大学出版社，1987 年；贝尔纳·巴朗：《秩序和时间：19 世纪的比较解剖学和活体史》，巴黎，弗兰出版社，1979 年；爱德华·斯图亚特·罗素：《形式和作用：对动物形态学史的贡献》，伦敦，默里出版社，1916 年；阿德里安·德斯蒙德：《进化论的政治：激进时代伦敦的形态学、医学和改革》，芝加哥，芝加哥大学出版社，1989 年；埃尔维·勒居亚代：《若弗鲁瓦·圣-伊莱尔，1772—1844 年：一个目光远大的博物学家》，巴黎，贝兰出版社，1998 年。

② 关于 19 和 20 世纪的畸胎史，参见厄内斯特·马丁：《畸胎史……》，前揭；艾蒂安·沃尔夫：《畸胎科学》，巴黎，伽利玛出版社，1948 年；《畸胎的形成》，载《生物学》，巴黎，伽利玛出版社，"七星百科"丛书，1965 年；让-路易·菲舍尔：《畸胎：身体及其缺陷的历史》，巴黎，锡罗斯/往复出版社，1991 年；皮埃尔·安塞：《畸胎》，载多米尼克·勒库主编：《医疗思想字典》，巴黎，法国大学出版社，2004 年；皮埃尔·安塞：《大众的表现和科学的表征……》，前揭；皮埃尔·安塞和让-雅克·库尔第纳：《畸形人的醒悟》，文章引述，其中第一个观点再次部分地采用了这些术语；让-克洛德·博纳主编：《畸形生物的生命和死亡》，塞塞勒，尚·瓦隆出版社，2004 年；阿尔芒·马里·勒鲁瓦：《突变体：关于遗传多样性和人体》，纽约，维京出版社，2003 年。

③ 伊西多尔·若弗鲁瓦·圣-伊莱尔：《动物组织畸形的通史和细史》，前揭，第 18 页。

④ "畸形的那些规律只是组织结构体的更一般规律的必然结果"（同上，第 11 页）。

将畸形异常与相关物种的正常状态联系起来。艾蒂安·若弗鲁瓦·圣-伊莱尔推测过畸形体的胚胎:畸形体无非是发育中止了的一个机体。无需神话寓言的起源解释,千古之谜即可得到解答:畸形体只是一个未发育完全的人体,一个"永久的胚胎",一个"停在半途"的原始状态。①另一方面,每一种畸形被设想为一种畸形类型,按其结构可以被辨认出来:无头类和人体独眼畸胎以机体组织构造样子作为特点。这些特征可以使其与其他在结构上具有相似异常的畸形物种更为接近。对于伊西多尔·若弗鲁瓦·圣-伊莱尔来说,还需要做的就是给畸形异常体的领域提供严谨精确的分类和理论词语的汇编,使其父的研究工作臻于完善。而对于卡米耶·达雷斯特而言,就在同个世纪稍晚些时期,他通过改进畸胎形成提供了相关实验证据,这个方法使他可以通过系统的操作随心所欲地制造出畸形小鸡。②从此以后畸形异常体可以将正常体包含在内,两者之间的分界线变得模糊:要"说出正常状态完结于哪里,又是从何处开始非正常状态是不可能的事情,因为这两种状态没有任何截然分明的界限。"③

因而畸胎史要求衡量 19 世纪在关于畸形的科学表现方面造成的中断。曾经长时间几乎僵滞不动的漫长历史终于被扳转了车头:畸形怪人,被看成双重的怪异、野兽的同族和人类活生生的反例,最终重返生物科目的分类。"有序被带回到表面的无序……这表明法则之外亦有其自己的法则。"在对一个多世纪前的伊西多尔·若弗鲁瓦·圣-伊莱尔的系统阐述进行字面释义时,艾蒂安·沃尔夫 1948 年在他的《畸胎科学》④中这样评论道。因为 20 世纪通常存在那些被认可的法则,它保留描述的一般范围以及若弗鲁瓦·圣-伊莱尔和达雷斯特⑤的分类和术语。自此畸形体全面成为医学和生物学的研究对象。遗传学和胚胎学在世纪之初的发展

---

① 同上,第 18 页。

② 卡米耶·达雷斯特:《关于人工产生畸形体的研究》或《畸胎形成实验论文》,巴黎,兰瓦尔德出版社,1891 年。

③ 同上,第 376 页。关于这一点以及直至 20 世纪 50 年代的畸形学史,参见让-路易·菲舍尔:《畸胎》,前揭,第 102—110 页。

④ 艾蒂安·沃尔夫:《畸胎科学》,前揭,第 13 页。

⑤ "他们分析了大部分存在的畸形;他们在大致上适应了当前的需要。"(艾蒂安·沃尔夫:《畸胎科学》,前揭,第 17 页)

开启了科学质疑的新领域：畸胎可以是在实验室里被诱发的突变产物。自 1932 年起，沃尔夫建立了实验性畸胎形成并破译了诱发性异形和遗传性畸形之间的联系。到 20 世纪 40 年代末，环境、化学物质和电离辐射对于导致畸胎所造成的影响得到了更好的评估。畸形，作为工业污染的后果或核战争的后遗症，将会引起诸多新的不安。

　　这样，在大约从 1840 年至 1940 年的一个世纪里，畸形人展览历经鼎盛、没落，之后其消亡同样经历了畸胎科学产生和形成的一个时期：这里，人体畸胎的表现必然成为窥淫癖文化和观察文化之冲突的关键所在。伊西多尔·若弗鲁瓦·圣-伊莱尔善于弄清怪物和异常之间的混淆，根据其性质的严重性把异常归类，把"畸形"这一词保留在那些偏差最严重的情况中。[1]畸胎学同样使得畸形和残疾不再混为一谈。对于畸形人的社会命运和道德伦理境遇而言[2]，正如所见，这个识别是其重要结果的载体。两位若弗鲁瓦·圣-伊莱尔先生把对畸形身体的感知转变为用理性的目光来研究。感知上的困惑，归根到底来自于畸形人体的魅惑力，这正是这位博物学家在畸形物种的有序分类中致力减少的障碍：他带着一种理性的冷漠而非各种震惊的心态进行观察。这个近现代的学者，"他自己也欣赏；但是，他还对在其面前的这个表演进行解释和理解。"[3]理性眼光出现的同时，人们开始摒弃在商业娱乐层面对畸形人进行的演说。当巴纳姆和贝利的"美国巨型博物馆"在 20 世纪头几年横扫欧洲之时，其杂耍秀打算在被关在巨型兽笼里的野兽旁边展示一系列最重要的且还从没在这个古老的大陆上集中展示过的畸形人，"所有活体畸形，所有发育异常的人体，奇迹般的生命体，稀奇古怪的造物，大自然的任意怪诞之作。"[4]畸胎学促成了畸胎作为大自然无秩序的一般表现和科学反驳之间的对立分离："不存在任何不遵从法则的器官组织；'无规则'这个词语……不适合

---

① "我以这部著作中的……解剖学工作者为榜样，像他们那样去区别……那些畸形和特殊类型的偏差异常……因为和他们一样，把那些只是与正常状态有些不同的人叫成'怪物'，我也深感厌恶。"（伊西多尔·若弗鲁瓦·圣-伊莱尔：《动物组织畸形的通史和细史》，前揭，第 30—31 页）

② 见亨利-雅克·施蒂克：《残疾身体的新认识》，载阿兰·科尔班、让-雅克·库尔第纳和乔治·维加埃罗主编：《身体的历史》，第 2 卷，前揭，第 279—298 页；以下，第 237—239 页。

③ 伊西多尔·若弗鲁瓦·圣-伊莱尔：《动物组织畸形的通史和细史》，前揭，第 8 页。

④ 巴黎警察局档案，DB202，巴纳姆和贝利马戏团广告简介，1903 年。

应用于大自然的任何造物中……在动物学方面,我们很清楚地知道这些物种没有一点不规则的特点,没有奇怪之处。"①

对爱看人体奇珍异品的眼光进行合理化的效应逐渐被体会到,在大众娱乐消遣领域中它亦被感受到。它并不使众多有猎奇之心的人立即全无兴趣,杂耍场的门口还是人头攒动,这种情况一直持续到 20 世纪的 20 年代或 30 年代。它将逐渐使畸形人展览丧失科学的合理性,这种展览将越来越难以用知识学问和支持科学的托辞来作为理由。此外在 19 世纪的下半叶,对好奇心的理性疏导正好与旨在和游手好闲一族角力,控制劳动阶层的空闲时间,监督组织人民群众娱乐生活的一些政治和道德上的忧虑不谋而合。这场运动在英国经历了一段尤为惊人且过早的发展,它力求奠定一种公众娱乐文化的基础,这种文化有利于那些博学的消遣娱乐而不是那种无政府主义且嘈杂的消遣娱乐,虽然后者曾在城市居民的娱乐生活中占据相当大的一块份额。②畸形人表演和庇护这些娱乐的机构——市集和嘉年华的继承者们最终以亏损结束,因为群众经常出入的是向所有人开放的由博物馆演变而来的公共教育机构:从 1857 年开始,大英博物馆受益于一项供电计划,允许夜间参观,到 1883 年它已接待超过 1500 万的游客。在这个世纪中叶以后,《伦敦新闻画报》宣告,百姓盲从的时光从此一去不复返:

> 以前博物馆可能也会收庇一些赝造的畸胎,他们也大大宣扬过一些民间的误差。今天,这样的欺骗已不在考虑范围之内了,任何在展览奇珍的马戏团耍把戏的人都会明智地对已受开化的公众舆论调查这个警察心生畏惧。③

即便在美国也有越来越多的声音出现,它们以公共的理性教育的名义抨击巴纳姆的娱乐节目。然而在那里的畸形秀依然高朋满座。"一个乱七八糟、布满尘埃、有辱斯文的收藏品,没有科学性的安排,没

---

① 伊西多尔·若弗鲁瓦·圣-伊莱尔:《动物组织畸形的通史和细史》,前揭,第 36—37 页。
② 参见罗伊·波特:《英国人和娱乐》,载阿兰·科尔班主编:《娱乐生活的降临》,前揭,第 19—54 页。
③ 伦敦新闻画报,1847 年 4 月 3 日。

有目录表，没有保管员，甚至通常还没有标签，只不过是一堆混杂各异的奇珍异品。"①——这是一段由《国家》②发表的墓志铭，继 1865 年烧毁美国博物馆的那场火灾之后，这本周刊成为改革派新教精英的言论喉舌。"那些畸形体的爱好者……他们是对现时已毁坏的收藏品的存在感到挺满意，还是因这些收藏品的不足之处、无序之处，无视其状态和其明显的次重要性而反受其辱③?"追看报纸，大英博物馆收藏品摆放专业、井然有序，而美国博物馆里充斥着长廊通道的畸形体则摆放得杂乱无章，比较之下，后者立即相形见绌。巴纳姆出于守势，附赠一个免费的大众教育机构给重建的美国博物馆，以提高西半球民众的趣味。④此处是否有必要明确指出他从没见到过这一天？

2) 同情心的攀升

19 世纪期间，"同情"这种新的情感逐渐显现：看待畸形身体的现代眼光其前途将遭到挑战。若弗鲁瓦·圣-伊莱尔的畸胎学得出的畸形体具有毋庸置疑的人类特征这一认识很可能构成了感觉转变的重要因素。这就是为什么要完全理解米歇尔·福柯关于人体畸形具有不可消除的例外性的分析是很困难的。

福柯理由充足地认为畸胎的问题出现在他定性为"法律—生物"的领域里：

> 正是在畸形人体上，自然法则的无序触及、动摇并扰乱了法律……自然法则的无序动摇了法律秩序，而在那里出现了畸形人。⑤

根据这个双重记录，畸形人即构成违法行为，它同时违反了社会法则和自然法则。畸形人是"反自然的"和在"法律之外的"。⑥然而人们就会

---

① 《国家》，1865 年 7 月 27 日。
② [译注]美国历史最悠久的周刊，创刊于 1865 年。
③ 《国家》，1865 年 7 月 27 日。
④ 《国家》，1865 年 8 月 10 日。
⑤ 米歇尔·福柯：《异常者》，前揭，第 59—60 页。
⑥ 同上，第 51 和 52 页。

说畸胎科学的发展已然证实了有关解释中的生物学部分：作为解释依据的这些原理证实畸形人绝非是"反自然的"，而是完全符合自然法则。畸胎学构成了关于生命体的认识中至关重要的一个突出部分。在生命体方面，它指出了人类各种形式生命体的表象。就人类而言，这些形式看起来都显示出最大的相异性。其忠告是简单明白的：畸形身体就是人类的身体。

显然它不会毫无影响地留存于法律领域。畸形人具有人类特征的科学奠基将取得主要的结果，即在关于赋予畸形人法律人格方面：畸形人不再是"反自然"亦不是天生处在"法律之外"。然而畸胎学创立带来的这些影响在法律领域中是渐次被感觉到的。对畸形人的激进排斥和残酷暴行都得到了法律的认同，为此，应该将畸形人从这一沉重的枷锁中解脱出来[1]。19 世纪初大部分的法律条约效仿前例，拒绝赋予畸形人以民法享有权，尤其是转让和继承权。有一些人仍然反对任何科学的事实而肯定苟合这门残忍生意的论点，甚至有时还支持赞成杀害畸形婴儿为合法行为："对一具死尸或是对一个畸形怪物是不构成谋杀行为的。"[2]1836 年洛特的《法国刑法论文》如此肯定地说道。而就在同年伊西多尔·若弗鲁瓦·圣-伊莱尔的畸胎学论文完成出版。这正是民法在 19 世纪渐次修改的内容。在德国也是这样，如果出生时既无形态亦无人类表征的生命体不能享有家庭权利和民法权，那么在没有得到法官允许的情况下，是不允许杀害这些生命的。在英国，问题主要在于人类特征的赋予，它决定了在普通法中是否把畸形人包含在内。仍然处于埃斯巴克关于畸形人的立法[3]评论之中心的就是这个问题，在这里我们第一次如此清晰地感觉到畸胎学发现的痕迹：斯特拉斯堡的法学家首先驳斥了那种与畸形人行业沆瀣一气的陈腐观点，之后致力于定义正常人体和畸形体之间的界限。他这样表述："任何由女性怀胎出来的生命体都是人；他可以不具有任何世俗人格，但这不是其畸形造成的。这正是其无生存力和无能力造成的后果。其只可以接受监护，其是不可侵犯的。"科学将畸形人重新置于自

---

① 参见让-雅克·库尔第纳：《畸形人的醒悟》，前揭，第 16—22 页。

② 参见厄内斯特·马丁：《畸胎史……》，前揭，《现代立法和畸形人》，第 144—171 页。

③ 普罗斯珀-路易-奥古斯特·埃斯巴克：《关于留存在某些法律著作中的所谓畸形人的评语笔记》，载《法律和判例》（也称为 woloski 杂志），1847 年 2 月，新系列，VII，第 167—172 页。

然法则中的合理位置；法律恢复了其在法律中的合法位置。

　　生存力的问题也成为法律鉴定的主要因素，并将此权利划归医学鉴定来支配。从此就由医生根据若弗鲁瓦·圣-伊莱尔建立的目录纲要表来识别、判定畸形人的生存能力：死产儿，出生仅存活一小会儿的产儿，活到 30 岁的，具有正常寿命的。除了对畸形人的身体产生影响，医学的影响还延伸到他的法律人格、生育情况及对其死亡的预测：畸形人理所当然成为合法的医学对象。在可疑的杀害畸形婴儿的案例中发现了犯罪行为的正是法医。关于他的介入，马丁博士补充道："在一些问题中还是要求其介入其中，虽然较之那些前例程度要轻，然而这些问题带有社会利益；有时权力机关可能需要拒绝或给予畸形体展览的权利，那么这就有查询畸形体真实情况的需要了，为的是公众的好奇心不为欺诈所骗：在这种情况下，最粗略的审查就足以消除不确定性和规定关于这方面的管理。"①在畸形异常体展览的领域里，医学的目光获取了法律效力。

　　再回到娱乐消遣方面。渐渐地，那些看客在游园会的门口犹豫踌躇，他们流露出局促不安的神情，接着掉头离开。因为看着这些发育畸形异常的人长久以来在集市的露天舞台上过着颠沛流离的生活，新的感觉越来越明显地表现出来：人们会辨识出他们的人性，会感受到他们的痛苦。

　　在那时又出现了一些全新趣味的形式，即维多利亚时代的英国：在窥淫癖和同情心取得强大且暧昧的妥协并改头换面后，畸形人传奇故事般的表演大量涌现。我们看到了被认为相当假正经的女王维多利亚本人，她也沉迷于由巴纳姆炮制的汤姆·拇指将军。威尔士公主亚历山德拉，跑到收容象人的伦敦医院和象人约翰·梅里克喝茶。她还送给他一张亲笔签名照，这张照片后来就安放在这个不幸人的床头边。约翰·梅里克还给公主写了感谢信。他们就这样有了通信往来。医院院长弗朗西斯·凯尔·葛姆爵士，对在病人中资助一个行政上并无理由逗留在医院的畸形人感到忧心，就告知了新闻界②。新闻媒体马上全面报道了这件事。英国的那些中产阶级，感动得泪流满面，并源源不断送去大量捐赠，以至于不到一星期象人就有终生的养老金可以领了。对于罹患畸形的不幸之人的同情怜悯之

---

① 厄内斯特·马丁：《畸胎史……》，前揭，第 158 页。

② 给《时代周刊》的信，1886 年 12 月 4 日。

情在整个社会传播开来,并促生了几轮新的资助。一种同情的经济安排就位,在以往慈善管理的宗教形式方面或在面向残疾人的国家救济机构方面,它有别于接受捐赠的传统操作。这次是一个直接的号召,通过大众媒体分别向每一个可以远距离地从怪物表象中认出其为同类的人请求帮助。事实上,那正是对畸形人的同情心创立出来的悖论,它开始于 19 世纪末,在 20 世纪期间经历了前所未有的繁盛:这涉及到对"他人"的一种难以解释的爱好,在远离其对象时这种爱好会相应地增强。①

　　19 世纪的文学在这些情感的转变中扮演了一个重要的角色。和波德莱尔、邦维尔、雨果或瓦莱斯一样,这些作家各有不同,在老巴黎的那些专栏作家中,像维克多·富尔内尔那样的作家为数众多。在他们笔下,我们看到了一大批贫穷的街头卖艺者,"路过的可怜的小鸟"。他们中有马路上的畸形人,市集上的畸形人,巴黎街头的幽灵。小说、专栏和小道故事讲述了畸形人触动人心的悲惨、巨人的艰难爱情和侏儒的苦恼。那里面没有关于畸形人幸福美满的神话,那些故事只是在集贸市场上用来掩饰他们的不幸。文中记叙了一个长胡子的女人爱上勒沙特莱的一个演员的悲惨命运,当她穿着女性服饰出现的时候,她成了大家的嘲笑对象,她只能忍受着爱情的折磨。这个题材对于瓦莱斯来说是很珍贵的,他尤其对这些"街头名人"颠沛流离的生存方式感触颇多,他为他们详述其生平经历直至将他们变为小说中的人物,如《身为年轻贵族的巨人》中的英雄。瓦莱斯赋予其两种类型的生平,顺叙和倒叙,从高到低涉及社会各阶层:某些显示过圣迹或运气较好的畸形人逃脱了似乎是注定的宿命。他们中的一批人在遭受严酷的挫折后,又折回到街道上加入这一群不见天日的队伍中,并在街头完结其苦难的一生:这就是瓦莱斯笔下那位身为年轻贵族的巨人的遭遇。他是一个博学的街头卖艺人,接受过军事训练,还能讲拉丁语,只是身体上的畸形使得这位年轻的贵族巨人注定是不幸的。

　　那么为什么在文学作品中有那么多的畸形人,特别是,为什么有如此多不幸的畸形人? 为什么有那么多抱怨,那么多哀悼? 比如弗兰肯斯坦②,一

---

① 此处涉及吕克·伯坦斯基在《远距离的痛苦》中用于描写同时代的原始资料。《人道主义精神、传媒和政治》,巴黎,麦代里耶出版社,1993 年。

② [译注]英国诗人雪莱的妻子玛丽·雪莱在 1818 年创作的小说《弗兰肯斯坦》(又译《科学怪人》)中的主人公。

个单身的畸形怪人，他只是想"被大家所接受，融入这个人类社会"，但被孤立的感觉使他不再秉性善良并最终将他带向了罪恶的深渊。比如卡西莫多，那张丑陋的面孔布满了那么多的忧愁哀伤，流露出丝丝的温柔。又比如格温普兰，一张挂着畸形笑容的脸。而盲人蒂却认之为灵魂，一个畸形怪人的灵魂……或许泰奥菲勒·戈蒂埃在《环球箴言报》上的一篇关于赫兹剧场的侏儒表演的文章回答了这个问题：

> 当他们缺胳膊少腿的时候，这些畸形人、怪人、稀奇之人一出场便能吸引大家注意。星期四在赫兹剧场，三个令人难以置信的怪人做表演，其中最高一个不足三十英寸。他们来自德国，侏儒和精灵的故乡。……这次展览逗得大家很开心，三个小矮人或许能像汤姆·拇指将军那样风行一时；不管怎样，他们更生动，更活泼，更诙谐。对于我们来说，诚然，我们是更喜欢看 3 个美女，3 个可爱的孩子或是 3 个帅哥的表演。畸形不是喜剧搞笑，它意味着痛苦和一种耻辱。在这些畸形萎缩的矮小躯体内，在这些被酒精麻醉的侏儒内心，有一颗灵魂，总之归根到底它是被束缚在一个做得很糟糕或许还装满苦涩的盒子里的一颗灵魂。①

这将是 19 世纪科学、文学和美学的主要发现之一，并且我们全盘继承了这一发现：畸形人具有灵魂。他们是人，百分百的人类。

3) 视觉治安

然而并不是所有人都对畸形人抱有同情的态度。管理当局在看到这样的展览有损公共秩序和公众道德之时受到触动，一反长期以来的漠视态度，欲将之管束起来并希望使之消失。

这项行动，在更早些时候，在英国就有了。那里的中产阶级革新派在

---

① 泰奥菲勒·戈蒂埃：《赫兹剧场的小矮人》，《环球箴言报》第 9 期，1860 年 1 月 9 日，第 37 页。

提高劳动人民道德水平的斗争中充当了先锋队,他们得到了忧心城市秩序的警察和担心工作效率的资本家企业主的支持。在法国,自第二帝国起,力图控制娱乐休闲领域的决心变得更为坚决,并且受到抵制道德颓败之危害的"伦理道德卫生运动"的鼓动,针对畸形人行业的管制行动在19世纪的最后二十年和20世纪的头二十年中被推至顶峰。由于感受到来自性交危险和民众身体、精神衰败的威胁,反应之一就是对繁荣于庙会和畸形人博物馆的视觉文化采取一种道德上的巴斯德式消毒法。

那些杂耍场首当其冲成为表演管理的对象。1860年到1920年,涌现了一大批行政文件限制街头卖艺的职业和畸形人体的展览。[①]从1863年起就尝试禁止肢体残缺和残废的表演,对"盲人,双腿或双臂截肢者,肢体残废的人和其他残疾人士"取消其职业准入;1893年要求对"畸形人展览,人体解剖博物馆,梦游者,江湖医生"[②]进行特别监管;最终以1896年针对"畸形人展览和淫秽或令人作呕的表演,还有任何形态下的女性展览"的禁止令落下帷幕,"一般说来,就是那些叫成杂耍场的表演[③]"。

可是理论和实践之间还存在着相当大的距离。[④]这些表演是视觉文化中的一部分,这种文化在那些长久以来的感知习惯中早已根深蒂固,以至于无法轻易地将之除去。尽管如此,在第一次世界大战前夕,禁止令变得越来越坚决:在管理上对畸形人展览的容忍底线被触及了。

> 各种抱怨和我接收到的情况使得这些"禁止令"极为经常性地被遗忘或忽视。由某些"人体解剖博物馆"提供的表演尤其明显地有伤风化;特别是包括令人反感的分娩场面,性器官的展

---

① 仅就巴黎这个城市而言,这些文件(1863年2月28日,1906年2月21日,1908年8月10日,1912年12月6日,1919年1月13日的法令;1859年5月31日,1860年3月21日,1914年4月9日等的警察局长的通函)接踵而至,直到20世纪的40年代。制定市集职业的规章条例,强制规定必须具备的体貌特征簿和提交请求展示的书面申请,监督童工状况,禁止在木棚前进行招揽,限制或禁止"有伤风化"的畸形人展览,特别注意人体解剖博物馆。

② 巴黎警察局档案,DB 202,警察局长跟地区专员关于肉桂面包市集的通告,1892—1929年,第1509页。

③ 同上。

④ 按常规给予批准,听之任之,这些现象逐渐成为主流。这样,19世纪下半叶在处理递交到罗讷省政府的全部展览申请中几乎没有一起申请是遭到拒绝的。(罗讷省档案[ADR],II248)

览，一些关于正常人和另一些畸形人的展览，或是展示那些得了各种疾病的人。我很荣幸在这些事实上能格外引起你们的注意，这些事实已显得相当普遍。[1]

这项视觉治安的规划是具有双重性的。一方面，那些在昨天还稀松平常的有关裸露、性别、畸形和疾病的身体表演将不再出现在公众的视野内，今后只会被当作黄毒之物来看待和担心。20世纪二三十年代，民众道德的文明开化在休闲娱乐的视觉文化中寻得一块专属领地，娱乐休闲中畸形人、人体解剖博物馆、情色展览和市集电影海报上淫秽暴力的描绘都遭到同样的禁止[2]。另一方面，通过授予医疗检查以唯一合法观察异常身体之表现的权利，来说明道德制裁的理由。这样，那些曾经认为可以在人体解剖科学的保护伞下安插余兴节目的庙会市集感觉到被抓住了把柄。1920年4月里昂市长颁布一个法令，除了按常规恢复今后对畸形人的禁止令外，还设立了人体解剖博物馆的预先医疗审查：

这些博物馆在其开张之前将接受由市政管理部门委派的医生的审查。审查人员将根据呈现给公众的展件的性质要求其收回那些不具有科学性的展件或允许其保留那些只适合于成年人的展件，其中还是由这些审查人员来确定参观者的适龄年龄以及不便呈现于公众视野的展件。[3]

从此以后，畸形人体展示只出现在医学视野中。从19世纪末起，医学的这份目光已经冒险越过医学知识所接受的常规界限，使得畸形艺术史初现端倪。[4]它对畸形人体展览中什么可以展示，什么不可以展示起到了决定性作用。它还对市集庙会的群众进行划分，从中按年龄和性别来

---

① 巴黎警察局档案，DB 202，1914年4月9日巴黎警察局长第13号通函。
② 里昂市政档案馆1273 WP 027，《对庙会的监督》，里昂市长1920年4月19日关于市集表演的法令。
③ 里昂市政档案馆1273 WP 027，前揭。
④ 让-马丁·沙尔科和保罗·里谢：《艺术里的畸形和病人》，巴黎，勒科尔尼耶和巴贝出版社，1889年。

确定与经常出入杂耍表演场相关的危险。它的权力不停地扩大。因为针对畸形人表演的第一个谴责定罪之词被高声念出来时,也正是精神病学分类上一些前所未见的形式创立之时,这些分类形式恰好成为目光的焦点:19世纪80年代是命名和描述堕落、败坏行为的时代。在这些行为中,有些"局部冲动"则是基于"视觉色情化"、窥淫癖和裸露癖。从那时起,监控视觉文化的司法和行政机构对于医学介入的求助在范围上有所扩展,其扩展的范围在于从客体到主体的畸形,展示于参观者眼前的畸形体,深陷其中之人心理上的猎奇冲动。当对于畸形人的好奇心与医学无关时,它就将是堕落的、病态的、反常的:对于法律来说是一种应受斥责的违法行为,同时也是相对正常而言的一种心理偏差。

作为结论要强调的是,从畸形人体展览受到法律和医学上抑制的发展谱系可以看出,关于反常倒错的精神病理学分类的起源之处存在着对观看的目光定罪的愿望。这一愿望源自于畸形人的表演或出于对身心退化者的害怕引起的社会政治上的担忧,同样也源自于医学认识的一种纯粹愿望的必然结果。①是否应惊讶于这样一种混同? 夏尔·拉塞格,1877年第一部伟大的关于裸露癖的法医学专论的作者,同样也是巴黎警察局"专门医疗室"保管室的第一位主任医生。

4) 残障领域的建构

受到演出治安管理的查禁并得到公众同情心支持的畸形人渐渐从大众娱乐圈中挣脱出来。长久以来将畸形人视同怪物的认识渐次被打破:残疾的身体逐渐与怪物的身体区分开来,并成为与它的机能训练相关的医疗关注的对象。这个计划出现于18世纪末关于聋哑人的启蒙时代的医学中,在19世纪扩展到身体残疾方面,增加了很多整形机构和技术,有

---

① 见罗伯特·A.奈伊:《性恋物癖的医学根源》,载埃米莉·阿普特尔和威廉·皮茨:《从文化角度论述恋物癖》,前揭,第13—30页;詹恩·马特洛克:《假面女,病态男:易装癖、恋物癖和变态心理理论(1882—1935)》,同前,第31—61页。更普遍的是,罗伯特·A.奈伊:《现代法国的犯罪、疯狂和政治:民族衰亡的医疗构想》,普林斯顿,普林斯顿大学出版社,1984年。还有阿兰·科尔班的概述,见《身体可见性的风险和损害》,载《身体的历史》(第2卷),前揭,第206—210页。

利于他们通过工作再融入社会生活，并将面向遭受身体不幸之人的救济机构的职责世俗化、国有化。[1]最终 1905 年 7 月 14 日立法规定了针对"那些残疾者或罹患绝症者"的救助形式。这与民主的平均主义的发展密切相关，后者从此着手减少长久以来被认为是无法医治的、排除在外的形式，因为它们曾被认为是各身体间"先天"不平等的后果。

　　然而就在第一次世界大战之后，在有关身体认识的社会规范中对残疾的识别更清晰地得到领会。大批回归民间社会的残疾军人，普及的截肢经验，身体支离破碎的场面和每天经常接触到的尸体，心灵和身体遭受的深度创伤和痛苦，所有这些都记录了对人体的摧残及其易损性，并铭刻于感知文化中。[2]大量的战后残疾军人和大批因公致残者汇集到一起，后者受到 1898 年 4 月 9 日颁布的法律的保护：和其他情况一样，救济的言论声势渐起，强制规定赔偿的必要性，责任识别和集体连带责任识别，国家援助[3]，在 20 世纪 20 年代通过整合、重新分类和再教育的一系列措施[4]，其带来的影响得到放大。身体上的机能不全同时进入到道德犯罪和道德义务的领域，进入到赔偿上的医学和社会方面的知识中。社会承认它对那些残疾人士欠下了债，后者为替换截肢部分的义肢和重新恢复在社会中丧失的位置付出了沉重的身体赎金。19 世纪已经将畸形从残疾中分离出来，并着手对后者进行机能训练。在两次大战之间的几年时间里，残废军人就是残障人士。在残疾现象中再也看不到一起"赔偿不足和需要解决的拖欠问题。讲述这一逐渐转变将是新语言，即'缺陷'的语言具有的众多功能之一。总之，普遍的观念是这个功能将扩展到所有有

---

[1]　参见亨利-雅克·施蒂克：《残疾身体的新认识》，前揭，第 279—298 页。

[2]　此处参见斯特凡纳·奥杜安-鲁佐的贡献，第 3 部分，第 1 章，以及总参考书目。

[3]　关于这方面，和所有关于残疾和残障的内容一样，本文得益于亨利-雅克·施蒂克的先锋之作《残疾的身躯和社会》(1982)，巴黎，迪诺出版社，1997 年。其观点见于他和济纳·魏刚在关于法国的残障历史所作的阐述中。在英国文化领域同样也发展出一股研究残疾的重要潮流，我们可以在加里·L.阿波切特、凯瑟琳·D.希尔曼和迈克尔·贝里主编的《残疾研究手册》(加利福尼亚州千橡市和伦敦，塞奇出版社，2001 年)中找到编入在册的相关主题和一些主要的作者。

[4]　设立战后残疾军人国家办公室(1916 年 3 月 2 日)，颁布关于退伍和伤残军人的职业再教育的法律(1918 年 1 月 2 日)，关于帮助职业重新分类的法律(1919 年 3 月，1924 年 4 月)，关于允许因工伤残人士进入残疾军人再教育学校的法律(1924 年 5 月 5 日，1930 年 5 月 14 日)……此外在欧洲和北美洲也有类似的发展情况，比如 1917 年在美国成立关于残疾人的红十字会机构。

生理缺陷的人和所有缺陷的形式。在 20 世纪 20 年代,转变突然发生,建立起一个新的逻辑。"①

我们看到这一逻辑在第二次世界大战后不可抑制地传播开来。但从 20 世纪 20 年代起,它在大众娱乐领域中产生了极敏感的效应。它习惯于在人类畸形中识别需要弥补的缺陷,有时甚至在畸胎中识别出一个变异中的相似体。从那时起,窥淫癖再也不能表现出像以前那样的冷酷无情的无知和抱着好玩心态的冷漠,尽管依然存在着极少数这样的情况。就这样,畸形人明信片的流通在 20 世纪 20 年代变得更为稀少,到 30 年代逐渐变得微乎其微,只有一个明显的例外,就是小矮人剧团及其村子的明信片。而这其中没有任何东西看上去可以干扰周期性的重新组合,损害民间的这个成果。这一情况一直延续到第二次世界大战。②那些畸形秀的视觉文化并没有枯竭,尤其在美国,由于缺少战争中那些身体惨状的对照,它仍然得到发展,没有遭到太多的抑制。而欧洲就不是如此了,在畸形人展览的戏剧逻辑和助人之同情心的道德限制之间必须建立起一些妥协的形式。因此我们在一些奇特的明信片上看到了配对的残疾"互补":盲人和瘫痪的人,"通过不幸结合在一起"或是作为"责任的牺牲品",他们在稀奇古怪的游历中穿梭于法国的公路上,见证了畸形秀的演出,跟随着满师后的学徒艰苦辗转和朝圣的赎罪跋涉。

这样,科学使畸形人重新得到了生物方面的人性权利,法律接纳了其为法人的身份,医学发展的促进,怜悯情绪的攀升,使得畸形人圆满返回到将其驱逐已久的人类社会中。人们大概能接受畸形人人道化历史的大致情况。不过,这部历史曾经更为模棱两可,通常比较阴郁,有时候则是悲剧性的。

5) 奥斯威辛的侏儒

从 19 世纪末直到 20 世纪 40 年代,欧洲和美国都曾发展优生学。这

---

① 亨利-雅克·施蒂克:《残疾的身躯和社会》(1982),前揭,第 128 页。

② 在二次大战前夕,在欧洲大约有 1500 名侏儒以表演为生。他们的演出商数量是 71 个。其中,莱奥·桑热是生意最兴旺的人之一,他雇佣了 25 名经纪人到中欧的那些城市、乡下去搜罗小矮人。(耶胡达·科文和埃拉特·内格芙:《我们曾经是巨人:犹太小矮人一家难以置信的死里逃生》,巴黎,帕约-海岸出版社,2004 年,第 46 页)

个词语是在"退化"现象引起恐慌的背景下于 1883 年出现的。人种似乎面临危险：人口质量降低，数量减少，人性被低估，身体素质变弱，活力减少。因此，在为 1870 年法国军事溃退和国家崩溃找到理由的同时，人们看到"梅毒患者"和"身心退化者"增多，弊病剧增，结核、梅毒、酒精中毒这些病症和人体畸形旗鼓相当。①优生学创始人弗朗西斯·加尔东，在其中观察到能够提升或降低后代种族质量的因素所起到的控制。在他的安排指导下，其门生卡尔·皮尔逊在此方面做出了一定的贡献，其价值在于将研究内容用粗略简单的用语总结出来："剔除不合格的，增加符合要求的。"达尔文的表哥②在法国不是没有追随者和信徒，所有这些人都迅速揭露了异种交配的潜在威胁和民主绝对平均主义带来的不幸后果。夏尔·比内-桑格莱、夏尔·里歇还有亚历克西·卡雷尔③的医疗及政治计划痛斥了针对弱势群体的那种令人宽慰的关心，并对错误地施予低能者和残疾人以医疗援助感到遗憾。

夏尔·里歇提醒道，我们文明的瑕疵在于无视甚至抵制关于个体之间的不平等和在原始人未开化状态中占优势的生存竞争这一"神圣法则"：

> 那些淘汰了的应该被淘汰……他们的劣势解释、说明了其覆灭并证明了其中的合理性。同样，在我们人类社会，那些最聪明、最强健、最勇敢的人应该比那些萎靡、柔弱、愚蠢的人更占优势……不过我们的文明具有容纳中下之姿的宝库，它保护那些生病的、怯懦的、体弱多病的、有残疾的人，并对那些弱小者、畸形人和克汀病患者关怀备至。④

---

① 1882 年的"退化类型"清单："小头畸形，侏儒，被确认的慢性酒精中毒者，白痴，隐睾患者，克汀病患者，甲状腺肿患者，疟疾患者，癫痫患者，被确认的瘰疬患者，结核病患者，佝偻病患者。"（欧仁·达利：《退化（人类生物学）》，载 A. 德尚布尔主编：《医疗科学百科字典》[第 26 册]，巴黎，G. 马松和 P. 阿瑟兰出版社，1882 年，第 225 页；由安妮·卡罗尔引述，《法国优生学历史：医生与生育（19—20 世纪）》，巴黎，瑟伊出版社，1995 年。这几页内容正是借鉴了这本关于法国优生学的著作）
② [译注]即弗朗西斯·加尔东。
③ 夏尔·比内-桑格莱：《人类的种马场》，巴黎，阿尔班·米歇尔出版社，1918 年；夏尔·里歇：《人类的选择》，巴黎，阿尔冈出版社，1912 年；亚历克西·卡雷尔：《人，这个未知体》，巴黎，普隆出版社，1935 年。
④ 夏尔·里歇：《愚蠢的人》，巴黎，弗拉马里翁出版社，1918 年，第 58 页。

亚历克西·卡雷尔接过话头,说道:

> 由于保健学和医学的努力,很多劣势个体得以生存下来。他们的增加对于种族是具有损害性的。只有一个方法来阻止弱者主导的糟糕局面,那就是发展强者。[1]

两次大战期间,通过这样一个计划为大众所知的新马尔萨斯主义的医生、生物学家、人类学家们重建了畸胎学。在夏尔·里歇的笔杆下,新的畸胎诞生,发育并增多:这份关于身体畸形和退化的表格在不知不觉中修改了关于畸形的过多和不足的老式分类法[2],将之与遗传梅毒病症相联系,将之与发育落后和精神病的极端形式相合并,将之与犯罪活动的种类相混同。众所周知的是,在法国,医学人员善于对优生学双重计划的实施进行伦理、政治和宗教上的一系列抵制。"积极一面"是,优生学鼓励对人种上的健康因素进行选择和培育。"消极一面"是,它是通过性隔离和大量的灭菌消毒来治疗"血统中毒"。

从 20 世纪初到 20 世纪 40 年代,一些对有生殖障碍的个体实施绝育手术的法律在美国一些州、加拿大、瑞士和丹麦得以颁布和实施。[3]有人

---

① 亚历克西·卡雷尔:《人,这个未知体》,前揭,第 369 页。

② 安妮·卡罗尔:《法国优生学历史》,前揭,第 149—150 页。

③ 如此,在 1907 年到 1949 年期间,美国估计有 47000 起绝育手术,那些人都患有各种疾病或被证实为精神残疾,这些手术得到 1927 年被最高法院承认的法律的支持得以实施(布克对贝尔的判决);此处见菲利普·R.赖利:《外科的解决方法:美国非自愿绝育史》,巴尔的摩,约翰·霍普金斯大学出版社,1991 年。关于优生学通史,特别是纳粹优生学有极丰富的专著,尤其请参见罗伯特·普罗克特:《人种卫生学:纳粹下的医学》,剑桥(马萨诸塞州),哈佛大学出版社,1988 年;保尔·温德林:《民族的统一化和纳粹主义之间的健康、人种和德国政策(1870—1945)》,剑桥,剑桥大学出版社,1989 年;威廉·H.施奈德:《质量与数量:20 世纪法国的生物再生探索》,剑桥,剑桥大学出版社,1990 年;埃拉扎·巴坎:《科学种族主义的后退:世界大战期间在英国和美国的人种观念的改变》,剑桥,剑桥大学出版社,1992 年;阿利·戈茨、彼得·赫劳斯特和克里斯蒂安·普罗斯:《净化祖国:纳粹医学和人种卫生学》,巴尔的摩,约翰·霍普金斯大学出版社,1994 年;爱德华·孔特和科尔纳利亚·埃斯内:《寻找人种:纳粹主义的人类学》,巴黎,阿诺特出版社,1995 年;丹尼尔·凯维勒斯:《以优生学的名义:盎格鲁-撒克逊人世界里的遗传学和政治》,巴黎,法国大学出版社,1995 年(美国第一版,1985 年);安德烈·皮绍:《纯净的社会:从达尔文到希特勒》,巴黎,弗拉马里翁出版社,2000 年;菲利普·布罕:《怨恨与世界末日:论纳粹的排犹主义》,巴黎,瑟伊出版社,2004 年;格蕾琴·E.沙夫特:《从种族主义到种族灭绝:第三德意志帝国的人类学》,厄本那,伊利诺伊大学出版社,2004 年。

估计了可做绝育手术的人口数量。这个问题在英国和斯堪的纳维亚国家引起争论。不过，排斥的优生学在 20 世纪 30 年代有所倒退。但是在德国，1933 年 7 月，法律规定了有关优生学的绝育手术，"这极可能出于推想到其子孙后代可能将遗传到严重的缺陷，或是身体上的，或是智力上的。"①自 1934 年起，这部法律被应用在 5 万多起实施案例中，在同一年涉及到犯罪、疯癫和弱智，残疾人和畸形人：从预先上做根除，这是一个最终解决②的前奏。③

　　1868 年，在特兰西瓦尼亚山一个叫罗扎弗莱娅的小村子里，一个侏儒小孩降生在一户犹太人家里。希姆雄·艾兹克·奥维兹患有假性软骨发育不全性侏儒症，这是一种影响肢体生长发育的畸形侏儒症。④后来他成为一名犹太教传教士，娶了一个身材正常的妻子，生了 10 个孩子。其中 7 个遗传到其父的特征，这使得奥维兹一家成为历史上影响最大的侏儒家庭。父亲去世后，他的孩子们，都精通音乐，组成了一支"小矮人乐队"。他们的"小人国爵士乐队"越来越出名，以至于 20 世纪 30 年代他们在罗马尼亚、匈牙利和捷克斯洛伐克的演出获得了巨大成功。他们的节目成为那个时代十分受欢迎的畸形人诙谐表演的经典。

　　1940 年，特兰西瓦尼亚山地区历经匈牙利政权和第三德意志帝国的控制。后者的种族法律很适合这里的情况。从村子里撤出后，奥维兹一家被偷运到奥斯威辛。他们是在 1944 年 8 月 18 日到 19 日的凌晨到达那里的。所有证据一致表明，有人立即通知了门格勒医生，后者赶到月台一看到他们就惊呼："现在，我有 20 年的活儿干了。"⑤门格勒医生在研究中受到遗传性和人种的困扰，被身体畸形性的传递现象吸引。所以当这些人一到集中营，他就挑选了这些双胞胎⑥和侏儒——用集中营的行话说

①　安妮·卡罗尔：《法国优生学历史》，前揭，第 177 页。人们很少知道纳粹的法律是根据加利福尼亚州的章程范例来构思的。
②　[译注]纳粹将灭绝犹太人的计划命名为"最终解决"。
③　有人估算这项法律涉及到的德国公民数达 40 万人。
④　参见阿尔芒·马里·勒鲁瓦：《突变体》，前揭，第 149 页。
⑤　关于门格勒医生和在奥斯威辛的奥维兹一家，见恩斯特·克利：《纳粹的医学和它的牺牲品》，阿尔勒，索兰-南方文献出版社，1998 年，第 325—356 页；阿尔芒·玛丽·勒鲁瓦：《突变体》，前揭，第 147—153 页；耶胡达·科文和埃拉特·内格芙：《我们曾经是巨人》，前揭。
⑥　双胞胎对数好像达到了 350 对，当撤离的时候还剩 72 对。（恩斯特·克利：《纳粹的医学和它的牺牲品》，前揭，第 354 页）

就是"兔子"——并在他们身上做医学实验。这些人在试验中遭受的无以言表的痛苦只有科学上的荒唐才可与之相提并论。他们的遗体又丰富了纪尧姆帝国的人类学学院、人类遗传学和优生学方面的种族病理学和遗传生物学的标本采集：

> 我将这些残疾人和侏儒的身体浸泡在氯化钙溶液中，并放在槽里面焙烧，使得这些按这门艺术规则制作出来的骨架能够成功地展示在德意志第三帝国的那些博物馆中，在那里它们应该用于证明为了后代子孙，灭绝劣等人种有其必要性。[1]

奥维兹一家虽然历经实验的折磨，但还是幸存了下来。这多半是因为他们畸形的身体对于纳粹的"遗传学"来说是不可替代的实验对象。身为犹太人，这使得奥维兹一家必然要遭到大屠杀；而身为侏儒，成为他们幸存的条件。这是奥斯威辛里诸多令人毛骨悚然的悖论之一：当一个人只表现为人类的特征时，这个特征反而将其判刑；当其具有畸形特征时，这个特征反倒可能保全了他。正是这样，艾利亚斯·林德辛，登记簿上号码为141565的侏儒，得以幸存，他揭露出普里莫·勒维所认定的事实的真相：他甚至怀疑林德辛在那里是比较幸福的。[2]

战后，奥维兹一家继续表演他们的音乐节目，不过是以不同的名称：Totentanz，死人之舞。门格勒医生于1979年平静地死于巴西的海滩上。

4

畸形，残疾，差异

第二次世界大战后，畸形人体展览日渐消亡。如果说消亡的原因在现在看来更为明显清楚，那么其影响依然是自相矛盾的：只要观众的鉴定

---

[1] 米克洛什·尼兹利的证词，他是门格勒的助手，负责解剖。（同上，第349页）

[2] 普里莫·勒维：《如果是男性》，巴黎，朱利亚/袖珍本出版社，1987年，第102—105页。（第一版，意大利语，1947年）

与展出的主题之间的联系仍然那么薄弱，甚至是不存在的，畸形人的表演和商业就确实可以繁荣起来。从畸形人被辨识为人类的那一刻开始，也就是杂耍场的观众们能够在所展示的畸形躯体中识别出这是同类人之时，这出表演就变得完完全全有问题了。令展览畸形人的传统机构注定被公众抛弃的正是畸形人从作为另一种生物范畴到同一类范畴的模糊且复杂的历史动荡，我们目睹了其在 19 世纪的发展以及在 20 世纪前半叶中它又是何等仓促。但是畸形人的演出建立在太过古老的人类学基础之上，它满足的是太过深入的心理需要，以至于不能就这样销声匿迹。无论如何，它还能苟延残喘至 20 世纪，只需在观看畸形人表演的观众和观看的对象之间设置、保持各种距离。这就是 20 世纪在针对畸形人体的视觉领域出现的心理、工艺科技以及社会方面具有间离效果的各种形式的历史以及有悖常理方面的历史。此处所要作的结论即如是。从 20 世纪起，从兴趣和公众群体构成这两者的转变开始，人们逐渐疏远杂耍场，对其失去兴趣。

1）杂耍场的穷途末日

只要读一读那些关于市集庙会的专栏文章，人们就能感觉到随着对身体展览的热衷之情被消磨和变质，表演逐渐失去市场。1910 年，在讷伊的节日上，人们看到"三个面带疲劳，身形消瘦，穿运动衫的女摔跤者。"[1]再稍远一些，展示了一些奇异人体和"活画"[2]：收款台后面是一个一身黑衣的干瘪老妇人。在台上，上半身佝偻的一个驼背在做滑稽表演，招揽观众。至于那些"希腊美女"："这都是些可怜的女孩子，看上去疲惫不堪，形容消瘦，并被加以拙劣的修饰……眼神呆滞不动，空洞无力，萎靡不振。"[3]对于大众娱乐的传统场所的认识在两次大战期间组成了一份长长的讣告，畸形人的这一份会让那些为商业价值被榨干的悲惨的畸形演员送殡的人排上很长的队列。新闻界定期会为畸形人和街头卖艺者的悲

---

① 《讷伊的节日上》，载 *Comoedia*，1910 年 6 月 15 日。
② ［译注］由活人扮演的静态画面。
③ 《讷伊的节日上》，载 *Comoedia*，1910 年 6 月 15 日。

惨结局呼告呐喊一下。

这些目光很可能也反映出那些目光本人的社会判断。确实,那时人们目睹了公众群体的分离,这些公众本来都是出于对在木棚表演的畸形人的好奇心而长时间地聚集在一起。"那时向巴黎人提供独一无二,差不多是其特有节日的讷伊被地位最低微的贱民所占据。"[①]那些"有教养的人",值得称赞的小资产阶级和那些穿着讲究的人们"将这块地丢给了极为普通的社会底层,这些人主要是没有工作的劳苦大众"。[②]在那些杂耍场的专栏作家笔下,观点的改变非常清楚地证明了这些:不知不觉中,人们的目光离开舞台,去端详那个剧场。在视觉领域里进行分离的经典策略是:"良好的鉴赏力"迫使那种思想正统的观察者与观察物保持一定的距离。如果他想享受这些大众娱乐活动,为了区别于其他人,他就应该从全体观众中将自己虚拟地抽离出来。人群发出的气味、噪音以及制造的污垢变得和置于露天舞台上的那些畸形人一样,成为演出必有之物。"鉴赏力",使得负责娱乐休闲的大众文化检查机构更为完善。从 19 世纪下半叶起,它就初露端倪。以"鉴赏力"的名义,社会性地抑制"庸俗化"的结果是:"为了看首场演出我花了 6 个苏进去。整个木棚屋差不多都坐满了……我坐在一个角落:一方面,我是看戏;另一方面,我在研究这个剧场。"[③]

就这样,人们目睹了一直持续到二战后的娱乐视觉文化的混乱。市集的剧场纷纷关门大吉,演员们一个接一个离开杂耍场,观众也变得更为稀少。视觉鉴赏力的转变伴随着市集娱乐经济的发展:那些市集庙会在经过前所未有的转型后实现产业化。这些娱乐节目的机械化和电气化实现了对庙会节日的管制,特罗纳庙会上的街头卖艺人数基本没有变动过,每年人数大约为 1880 年到 1900 年[④]的总数除以 4。身体的享乐也发生了变化:人们去万塞讷的街区,与其说是为了满足那种当观众坐着不动看热闹的冲动,不如说是为了去体验速度带来的战栗,降落引起的眩晕,撞击引发的震动:"我们坐在这些装了小轮子的木桶里去感受那种震荡。每

---

① *Comoedia*,1920 年 4 月 5 日。

② 同上。

③ 莱奥·克拉雷蒂:《大众,文学,诗歌,艺术》期刊,第 92 期,1877 年 7 月 1 日,第 379 页。

④ 从 1880 年的 2424 人到 1899 年的 667 人,巴黎警察局档案,DB 202;1900 年由在警察局负责集市庙会监管的 E. 格雷亚尔所作的人口统计。

一次我们互相撞击时，眼球都要冲出眼眶了。痛快！可以玩笑嬉戏的暴力！这整个儿就是收集了快意乐趣的密封盒！"[1]

从 19 世纪下半叶到 20 世纪 30 年代统治表演领域的畸形人展览终于走到了尽头。人类动物园在 1931 年至 1932 年消失，1939 年斯皮茨内博士的人体解剖博物馆做了最后一次巡展。1920 年出现在圣克卢节日上的 101 个戏班主，几乎就只有两家杂耍场和一家人体解剖馆，它们被淹没于在流动游乐场、射击场游玩和玩乐透的人群里。[2]平均每年还是会有一些畸形人表演流入到里昂集市庙会各种不同的"流行风潮"中，1935 年到 1938 年有 40 场该种表演，1939 年到 1942 年是 23 场，1943 年到 1947 年则是两场或三场。[3]彼时，人们渐渐失去了它们的踪迹。几乎没有了申请展出许可证的请求，除了 1944[4] 年风头难掩的侏儒夫妇和五六十年代来自比利时出人意料的"双头女人"，其中一个附肢被证实是用纸板制作的。[5]并且，如果说沿街居民的反对声愈来愈大，市政当局办公桌上的请愿书越堆越高的话，这些几乎已不再是出于这些表演有伤风化的原因，而更多的是这种大众的节日对城市造成危害："在深夜嘶吼的高音喇叭"带来的噪音，尿骚味，公共道路的堵塞。[6]由于缺乏目的性，这些集市庙会的节日不再成为那些目光审视的场所而变成城市交通和公众健康的一个问题，就如克鲁瓦-鲁斯区的一名医生在 1955 年指出的那样。[7]彼时，市政当局越来越密切地限制这些现有庙会节日的数目和持续期限，并将它们安排到城外越来越远的地方。在巴黎，这些市集庙会的节日数目从 20 世纪 20 年代初的 40 多个降到了 1929 年的 13 个。在 50 年代起又一次严格缩减其数量之前[8]，它们曾

---

[1] 路易-费迪南·塞利纳：《长夜行》，巴黎，德诺埃尔-斯蒂尔出版社，1932 年，第 590 页。从 19 世纪兴起的蒸汽旋转木马，游艺场中高低起伏的滑车道，到 20 世纪 20 年代兴起的自动扶梯，"有利可图的位置"，履带，幽灵火车，汽车跑道，最后还有碰碰车，这些从此成为主要的市集娱乐活动，改变了感觉体验的范围层次以及一系列娱乐消遣。

[2] 《巴黎市集》，第 1 期，1920 年 10 月 1 日。

[3] 里昂市政档案馆 343 WP 006。

[4] 里昂市政档案馆 1140 WP083，第 20 号档案夹。

[5] 里昂市政档案馆 806 WP 001，第 13039 份文件。

[6] 里昂市政档案馆 806 WP 001，各式文件。

[7] 里昂市政档案馆 806 WP 001，第 5778 份文件。

[8] 《联络》(警察局杂志)，1964 年 12 月 14 日。

恣意放任地发展了一段时间。在里昂一年一度的节日,1899 年有 34 个,1934 年时是 26 个,1956① 年有 5 个再加一个主保瞻礼节,1971 年则更少一些。与此同时,里昂市政府建议这些市集庙会的卖艺人去比较困难的市郊②娱乐那里的居民。庙会节日从此就只是穷人的娱乐了。"这种风潮残留的余晖是实实在在的一种时代错误",要求将其取缔的一份市政报告自 1954 年起就是如此总结的。③至于那些杂耍场,早就杳无踪影了:20 世纪四十年代末最后一批仍有畸形人展出的卖艺商贩都顺应潮流更改了其原"产业"的名称和性质。

这种演变与在畸形秀的出产地所观察到的变化是一致的,从中起作用的相似因素到处可见。在那些简易博物馆,畸胎展示仍是那里的主要展览内容。在美国大城市的中心,它们继承了巴纳姆遗志。简易博物馆的发展在 19 世纪八九十年代达到了顶峰,从 20 世纪的头十年起逐渐衰落,在第一次大战后更加快了衰亡的速度。那时候,它们需要和巡演的大型马戏团竞争,所有这些马戏团都配备了畸形人的滑稽表演和狂欢节目。在世博会期间畸形人被周期性地集中展出,或是长期在大城市附近的早期游艺公园里展出,比如康尼岛。就和在欧洲的情况一样,这些关于畸形人的娱乐消遣活动也在 20 世纪三四十年代渐渐失去市场,到战后最终消亡,尽管如此,还有少许残余的娱乐形式。④非常明确的是,畸形人不再卖座。

2) 末代畸形人

或者,更准确地说,畸形人在其他的地方获得重生,并以其他的形式得以繁荣发展。作家弗朗西斯·司各特·菲茨杰拉德在 1931 年 10 月的某一天有过一次糟糕的体验,这发生在他去米高梅电影制片公司的摄影棚商讨电影剧本时。在跨入摄影棚饭厅后,他立即胃口全无。⑤他恰巧与

---

① 里昂市政档案馆 807 WP 002。

② 里昂市政档案馆 806 WP 001,1971 年 7 月 20 日里昂市政府信函。

③ 里昂市政档案馆 806 WP 001,关于在里昂风行的这些节日的几条评注(1954 年 12 月 2 日)。

④ 罗伯特·波格丹:《畸形秀》,前揭,第 62—68 页。

⑤ 德怀特·泰勒:《玩出祸》,纽约,G. P. 普特南氏出版社,1969 年,第 247—248 页。见戴维·J. 斯卡尔:《魔鬼秀:恐怖电影的文化史》,纽约,W. W. 诺顿出版社,1993 年,第 145—159 页。

电影《畸形人》的一群演员打了个照面，这部电影正是米高梅公司的老板之一欧文·塞尔伯格在嗅到恐怖电影时代来临之时，要求陶德·布朗宁制作的一部作品：20世纪30年代初美国所有关于畸形人的东西在两场拍摄中被重塑。

因为自从19世纪末发明电影之后，畸形人就舍弃了杂耍场的舞台而占领了大银幕。就在20世纪前20年进行巡映的电影机构在集市庙会里变得越来越多之前，这些集市庙会无可争辩地就是畸形人体代表阴暗与光明化身的一个主要场所。①从19世纪末开始，对市集娱乐进行专注地观察就能隐约看到：公众的视觉食欲发生了变化，已经被畸形人展览消糜殆尽的好奇心渐渐退转到视错觉这一吸引人的新奇事物上，这种新奇事物的数量和种类层出不穷。当畸形人准备退出公众视线的时候，镜子和巧妙的灯光照明等设备将他们的一系列畸形之态投射到集市庙会的大屏幕上。这些躯体，卸下其笨拙的肉身，化为一道光影的幽灵：这些幽灵充斥着那些木棚屋②，那些由X射线显示的骷髅骨架突然从阴影中显现出来。③身体在这些迹象上的转变使得集市庙会和人体博物馆可以以一种取消了物质形态，并同时也是以拉开一段距离的和写实的形式来提供一些表演，而人们对于这些表演已经不能再接受那种直接并粗暴的感官体会了。这些表演使得它们的观众养成一些视觉习惯，逐渐习惯于以模仿之物代替那些即将被摈弃的让人不舒服的展出。当主要的制作过程渐渐离开观众的视野的时候，集市庙会和博物馆到处都可以看到那些"斩了头仍能说话的人"④，没有头的女人和没有女人身体的头。一些络绎前来的好奇之士一看到遗留在尸体上的犯罪暴力的痕迹即吓得瑟瑟发抖，当太平间即将要关起面向这些群众的大门时，市集庙会上的这些表演就在场景中提供了诸如女性的、被锯开的、被刺穿的、被切割下的身体⑤等给视

---

① 见洛朗·马诺尼：《光影的伟大艺术：电影考古学》，巴黎，纳唐出版社，1994年。

② 《自然》，第1164期，1895年9月21日。

③ 《画报》，1897年10月10日；《自然》，1897年6月12日。参见安娜·鲁热：《科学普及的大众形式：X射线和放射性》，DEA论文，巴黎第十一大学，2001年。

④ 《市集科学：被斩了头仍会说话的人》，《自然》，第493期，1882年11月11日，第379—382页。

⑤ 关于这些视错觉时代产物，参见阿尔贝：《描述说明的魔法窍门》，巴黎，马佐出版社，1940年；阿尔伯特·A.霍普金斯：《魔法：舞台幻觉和科学的娱乐，包括特技摄影》，纽约，芒恩和公司出版社，《科学美国人》办公室，1898年。

觉带来猛烈冲击的各种形态。畸形人的形象在那些木棚表演屋里得到重现：对猎物虎视眈眈的"蜘蛛女[1]"，银幕上焦躁不安的"视觉上"侏儒。从人体结构束缚中挣脱出来的躯体尝试变为三头六臂：双头女人，三头女人[2]，三条腿的畸形人……另外，将这些尸体、痛苦和畸形人非物质化就使得最终的巧妙结尾变得合情合理：那些被斩了头的人向援助机构讲述其不幸的遭遇，与古费的箱子[3]相反的是，魔术师的箱子里走出那些奇迹般完好无损的人；当剧场大厅的灯光重新亮起的时候，这些鬼魅一般的畸形态就消失无形了。死亡、毁形和畸形从此再也不是什么不可逆转的东西了。

这个畸形的躯体被赋予了第二次生命，早期的电影重新强调其存在性，持续性，复杂性。电影延长了集市幻觉艺术的生命，完善了其表现力。乔治·梅里埃，他的工作室就是一间做特技效果的实验室雏形，他和陶德·布朗宁一样，都来自那些集市庙会街头卖艺之地，后者将市集庙会中的特技摄影嫁接到好莱坞的拍摄技巧中[4]：他熟知集市里的各行各业，叫卖小贩，小丑，做柔体表演的杂技演员；他甚至还曾在沿密西西比河的游河秀节目里假扮"被催眠的活尸"，每天晚上被埋葬起来，第二天又再苏醒过来。当他登陆好莱坞之时，他随身带来了一些市集文化的东西，在那里完成了短暂而黯淡的职业生涯。他和"千面人"朗·钱尼——一个形象百变的演员之间的合作令人印象深刻，布朗宁的职业生涯就如同对畸形体进行电影变身的一个持续不断的实验[5]。布朗宁在恐怖电影领域撑起了

---

[1] 见阿尔贝：《描述说明的魔法窍门》，前揭，第 128—130 页；《自然》，第 1293 期，1898 年 3 月 12 日，第 239—240 页。

[2] 《市集科学：三头女人》，载《自然》第 484 期，1882 年 9 月 9 日，第 257—258 页。

[3] [译注]指那种装有被肢解尸体的箱子。

[4] 此处见安托万·德·巴克的贡献，第 5 部分，第 2 章。

[5] 陶德·布朗宁电影创造的形式存在两个要素，一个是杂耍秀和它的畸形怪人，另一个就是朗·钱尼饰演的角色，能够体现所有在布朗宁看来必需的毁容。在 1919 年到 1929 年间，陶德·布朗宁和钱尼合作拍摄了 10 部电影：《惩罚》（1920 年）里的截肢者，《巴黎圣母院》（1923 年）里的钟楼怪人，《剧院魅影》（1925 年）中被毁容的音乐天才，《三个邪恶的人》（1925 年）里假扮成老妇人的口技演员，《黑鸟》（1926 年）和《曼德勒之路》（1926 年）里面的残废者和牺牲者，《隐秘》（1927 年）中失去双臂的人，《桑给巴尔的西部》（1928 年）在场景切换中拖着半瘫躯体的复仇残疾人……不排除钱尼令人惊异的模仿能力使得布朗宁的电影中迟迟未引入真正的畸形人演员，直到《畸形人》一片布朗宁才大量使用畸形人演员，也即是在 1930 年钱尼离世之后。

一片天地,在早期电影类型中恐怖电影的过早发展,如果有需要说明的话,也突显了其与集市恐怖演绎文化及大吉尼奥尔戏院那里表现的血淋淋的戏剧之间的联系。1919 年电影《卡利加里博士的小屋》,1922 年茂瑙的电影《诺斯费拉图》分别掀起的冲击在 20 世纪 20 年代的视觉文化中建立起一种正式的畸形怪人形象,这个畸形人不停再现,从文字的字面意思到大屏幕再到小屏幕,算是"重新又见上面了":科学怪人,杰凯尔医生和海德先生,吸血鬼德古拉……正是 1931 年与贝拉·卢戈西合作为环球影片公司拍摄的电影《吸血鬼德古拉》大卖为陶德·布朗宁赢得了《畸形人》一片的执导权①。因此他保证在摄影棚里拍摄出"恐怖电影之最",但最后他并没能做到这一点。

可是并非如他的投资者期望的那样。"我想要那种很恐怖的东西……曾经达到过我这样的要求!"欧文·塞尔伯格一看完电影剧本就这样哀叹道。②《畸形人》,这部无法归类的影片,在电影史上独树一帜,事实上它在根本上脱离了传统恐怖电影表现恐怖的手法。但是它还有另外一层意义:它是畸形身体表现史上的一个主要标杆,是人类畸形认识谱系的一个门槛。

不过故事很简单:马戏团的一个侏儒爱上了一个漂亮的马戏女演员,而这名女演员却和街头卖艺的大力士一起串谋,计划侵吞这个侏儒的财产。幸亏杂耍秀里的那些畸形人之间无懈可击的团结使得这个阴谋破产,罪人受到了惩罚。这部电影的内涵似乎是赞成当代情感的转变:魅力外表下可以掩盖着一颗丑陋畸形的心,而畸形身体下却隐藏着一些正常人的情感。但是相关事情立即变得复杂起来,如同在影片最后一组很特别的镜头里充当背景的翻倒在泥浆里的马戏团车子,影片遭遇滑铁卢。

----

① 关于布朗宁的电影,参见阿德里安·维尔纳:《畸形人:奇怪之人的电影》,伦敦,洛里默出版社,1976 年;《陶德·布朗宁作品系列目录》,里斯本,葡萄牙电影,1984 年;戴维·J.斯卡尔:《魔鬼秀》,前揭;戴维·J.斯卡尔和艾利亚斯·兹瓦达:《黑色嘉年华:陶德·布朗宁的秘密世界》,纽约,道布戴出版社,1995 年;马丁·F.诺登:《孤立的电影:影片中身体残疾的历史》,新伯朗士威校区(新泽西州),罗格斯大学出版社,1994 年;皮尔·玛利亚·鲍奇和安德里亚·布鲁尼:《畸形秀:畸形的电影》,博洛尼亚,零点出版社,1998 年;见《电影手册》第 210 期(1969 年 3 月),第 288 期(1978 年 5 月),第 289 期(1978 年 6 月),第 436 期(1990 年 10 月),第 550 期(2000 年 10 月)。

② 戴维·J.斯卡尔:《魔鬼秀》,前揭,第 148 页。

因为集中对那些无法想象的畸形人进行最广泛的角色挑选和分配,增加了物质和艺术上的障碍:除了陶德·布朗宁,在 1932 年没有人希望再看到和巴纳姆的畸形人一样的群体频繁地在同一个屏幕上上演你方唱罢我登场的戏码。

珍·哈露和茂娜·洛伊自然都拒绝饰演女主角。她们非常理性地考虑到和"双性畸形人"约瑟夫-约瑟芬,或是和"人虫"伦迪安王子搭台词,这对她们各自的演艺生涯不构成最可靠的促进作用。[1]和电影工作室的负责人一样,路易·B·麦耶几次三番想中止这部影片的拍摄。那些技术工作人员也一样,他们拒绝在这样一个奇怪的公司里用餐并递上了很多请愿书。

但主要的困难还是来自于影片本身的性质,它聚集了文化过渡时期所有矛盾和暧昧的因素:当电影允许并且观众的情感也需要将目光浸淫在与畸形身体保持一段间距的观看范围内之时,电影《畸形人》就建立起一种畸形的极端写实主义,模拟出近似于集市中的窥淫癖。屏幕里的畸形人已经到达饱和状态,布朗宁再次让观者坐到了畸形秀的表演大厅。因此,在 30 年代需要很长一段时间来唤起那种苛刻的同情就一点都不令人惊讶了:"这种诱导法是我们的前辈们长期以来形成的条件反射行为的结果,正是它使我们盯着那些异常的人、畸形的人以及残疾人看。大部分的畸形人他们本身是具有正常人的思维和感情的。他们的命运和遭遇实实在在地打碎并毁灭了他们的内心世界。"[2]在最后一场黄昏的场景中被删减的内容是一群畸形人在泥泞之地潮水般将被害人无情地包围起来,大力士被清除,女演员漂亮的长相被改造成反映其丑恶心灵的外表,看上去像一只被截去肢体、体形怪异的鸟,她也成了畸形秀的一员。影片开始的镜头预示着,畸形人也是人,因为他们承受着痛苦的折磨。到最后,影片得出结论,畸形人就是人,因为他们是残暴、无情、冷酷的。

---

① 布朗宁找到巴古兰诺娃出演这个角色,一个在默片中扮演荡妇的过气女演员,她是这样回忆导演跟她介绍那些与她搭戏的演员们的:"他给我看了一个大猩猩一样的女孩;然后是一个没有四肢,只有头和上身的男人,就像一只鸡蛋……他一个接一个地让我看那些我无法去看的人,我要晕倒了,我想大哭。"(约翰·库博拉:《人言可畏》,纽约,阿尔弗雷德·诺普夫出版社,1985 年,第 52 页;由戴维·J.斯卡尔所引,《魔鬼秀》,前揭,第 152 页)

② 《畸形人》(1932 年),《序幕》,DVD 版,特纳娱乐公司和华纳兄弟娱乐,2005 年。

　　陶德·布朗宁十分敏锐地洞察到：在同情有缺陷之人的情感高涨的背景下，电影《畸形人》能够显现出对于集市窥淫癖、猎奇心、害怕以及恶心厌恶的一种仍很鲜活的克制，而这些情绪正是由昔日马戏团里的畸形人所挑起的。在这方面，《畸形人》是——如同林奇的《象人》，但是我们看到的这部电影，所拍摄的一部分是完全不同的——一段成因叙述，一部系统作品，它考察了在大众娱乐的形成过程中那些爱盯着畸形人看的目光的转变。陶德·布朗宁让我们联想到：这些畸形人担任了电影里的首要角色，集市庙会是电影的摇篮，好莱坞是巴纳姆的私生子。

　　这些事实在美国大萧条时期已经不适合再谈论。这部电影是一次失败的投资，它敲响了布朗宁电影事业的丧钟，自此布朗宁的职业生涯一蹶不振。这部影片产生了相当大的视觉震动，历经审查并激起一片批评声浪："这样一部电影找不到可辩解之辞。应该是个才能低弱的人制作了它。看这部影片需要专门留出一个胃。"①畸形人表演被禁止出现在欧洲舞台上时，舆论呈现一面倒的局面，这些谴责、批评之词表现出面对娱乐产业的产品，西方文化空间的同质性程度越来越高。文化商品的整体生产和分配，公众的城市化，图像制作的系统化，这些事情引发了期待，将感受模式标准化，情感反应同一化："梦工厂"打造出现代化的观众。

　　在这一点上，《畸形人》激发了双重的抗议之声。一方面，美国与昔日的欧洲一样，批评声浪不断，认为在医学审视的权威之下，这部电影无法有辩解之辞："《纽约时报》是这样论述的，争议在于这部影片应该在纽约百老汇的剧场街放映，还是在医学中心放映。"②另一方面，新闻报纸为之感到遗憾的是，民众以及任何表现了人类可耻行为的人群都不可能对此部电影有所领悟和理解："这是一个没有激情同时也不讨人喜的故事，因为对于正常男女来说不可能对侏儒的追求感同身受。"③经过考验，对畸形人的同情心是脆弱的：它只有在畸形人不在场的时候才表露无遗，以至于畸形人只要一露相就能让它消散无影。电影业需要拍摄出其他的科幻片，建立起另外的间距效果，设计出一些无畸形的怪物形象，以使得观众

---

① 《堪萨斯城明星报》，1932 年 7 月 15 日。
② 《纽约时报》，1932 年 7 月 13 日。
③ 《综艺》杂志，1932 年 7 月 12 日。

的目光摆脱这种不适感：让观众处于平静和感动之中。

3) 奇形怪异的银幕

从那时起，布朗宁片子里那些奇异独特的演员们开始进入漫长的雪藏期，当这部影片在 60 年代被重新发现时，他们才得以重见天日。影片的失败正照应出杂耍场的关门结业以及一个世纪前美国博物馆落成之时，P. T. 巴纳姆开启的异形人展览篇章宣告结束。

不过，即使某些目光变得难以容忍，也不至于让畸形人的表演消失：它仍然是人类学的一个常量和必需品。在这方面，比之布朗宁这次在文化和投资上的失败，另一部电影在下一年，即 1933 年 3 月 2 日在纽约首映之后获得的公众口碑和商业上的辉煌成功就令人艳羡得多了。这部片子里的明星也是一个怪物，尽管它完全是另一个种类：不是在银幕上以畸形怪异的行为起到威慑作用的"真实"的人类身体，而是一个模拟的身躯，是一只残暴无比的巨型大猩猩的造型，由时任特效师的维利斯·欧布赖恩监制，被梅里安·库珀和欧内斯特·舒扎克想象为"世界第八大奇迹"的金刚。[1]

作为电影遗嘱、独行者和无后继之人的《畸形人》，是最后一部拍摄真实畸形人[2]的影片。与此同时，机械木偶开始长期主宰这个光影王国。从此一系列人工制造的虚假怪物和异形陆陆续续进驻于此：在这些电影作品相错而过的际遇中，关于人类畸形的认识当代划分的作用远大于时代的巧合。

两次大战期间关于残障的认识得到发展，将之置于感觉和实践的领域中。从此，禁止再以残障作为戏剧表演的对象：这样的观念以一种道义

---

① 这部电影是唯一——部有史以来在纽约两家最大的影院——新罗克西影院和无线电城音乐厅同时首映的影片，并实现了票房上的满座。影片在商业投资上极其成功，一下子就还清了其制作公司 RKO 的所有债务。维利斯·欧布赖恩在之前两部电影中导演的恐龙和巨型猴子为其作了铺垫，一部是 1915 年上映的《恐龙和失去的一环》，一部是 1925 年的《失落的世界》。关于金刚，参见唐诺·F. 葛勒特：《经典电影怪物》，梅塔奇(纽约州)和伦敦，稻草人出版社，1978 年，第 8 章，第 282—371 页。

② "再不会有如此片所拍摄的故事，当现代科学和畸胎学迅速地将这样的自然误差从地面除去。"(《畸形人》，《序幕》，前揭)

上的义务传播开来，它要求视觉上的克制和言论措辞上的委婉化。一切就如那些深深融入到身体和人类中的畸形特征由于没有被认出来，就在戏剧的领域中铺展开来，得以自生自灭：随着关于人类畸形相异性的认识逐渐被淡化，受到电影技术发展推动的怪异特征呈双曲线发展。银幕上怪物夸张的奇异性——还有它引发的那些情绪：惊异，惊叹，惊骇，厌恶……所有这些对于在集体生活中淡化对身体畸形的感觉，以微小差异以及身体异常方面属于"常见畸形人"的形式不断对其进行推广、传播等这些努力而言，都是起反作用的——还有一些伴随而来的感想和实际行为：犯罪感，局促不安，回避反应……这就是为什么金刚能上台表演而布朗宁的那些畸形人则离开了舞台。按照最强烈的字面意义，它是来笨拙地有样学样，畸形人曾相当长一段时间内以此成为支柱，此后畸形人再也不能够以此构成一场表演。

自那时起，银幕上那些人造的畸形怪物从来没有放弃过它们在大众情绪管理中扮演的角色。然而，这些由特技行业制作出来的虚构的畸形群体是如此密集以至于无法在历史的细节上深入了解，只能勾勒出它的一些主要作用。

首先，畸形怪物令人心生恐惧：在它们重新恢复昔日命运的同时，他们代表了共同的恐怖事物，并且允许人们对他们进行净化清除。就这样，金刚的后代延续了具有预兆的旧传统，展示出一份差不多完整记载了 20 世纪灾难的目录：战争，传染病，经济大萧条和科学上的疯狂行为，这些都造成它们的畸形怪异。自 20 世纪 20 年代起，无数《弗兰肯斯坦》和《变身怪医哲基尔》的重拍版本，又或者改编自《莫罗博士的岛》的电影，都记录了面对万能的医学不安情绪的渐长：哥斯拉便是在对战后日本国土上原子辐射的一片恐惧中横空出世的，而 50 年代的火星入侵者们则在星球间的对峙中转移了冷战带来的焦虑恐慌。80 年代期间的血液传染能唤醒处于半睡状态的吸血鬼，就在同时，经常穿梭于星际空间的那部分未知的危险事物就都是些"异种"生物的解除了建制的宇宙飞船。它们差一点就走到食肉恐龙的前面了，后者则是出于对操作生命基因[①]的恐惧产生于

———————————

① 关于这些方面，参见戴维·J.斯卡尔：《理智的尖叫：疯狂的科学和现代的文化》，纽约和伦敦，W.W.诺顿出版社，1998 年。

90 年代。

如果说畸形人消失了,畸形怪异般的事物却迅速增加了:具有畸形怪异特征的事物丰富的连续出现逐步代替了充斥在杂耍场的畸形人表演的偶然性,这些连续性的迹象随着从大屏幕到小屏幕的转移,其信息流量还在加速。由对那些集体恐惧进行清洗的仪式所呈现的戏剧,即所谓的"恐怖电影",从此经久不衰,但是其纷乱视线的能力却低于昔日只有畸形人登场时才具有的效果。畸形体被迫回到周而复始的轮回中,虚拟的畸形事物为了更好地保证其地位,对于从来没能驱散一种似曾相识的顽固印象这件事,困扰良多。

这不是其诸多悖论中的最后一个。从攘攘的血肉之躯中解脱出来,置于一个绝佳的距离,在黑暗的放映大厅里这些畸形事物的转变呈现出具有全新可塑性的一张投影面:这些人造虚构的畸形怪物既巩固了其地位,也激发了观众的情绪。电影《畸形人》需要用很长一段开场时间让人想起畸形秀中那些新奇的东西就都是些人类。金刚就完全不用再这样了,因为没有人会弄错:它是"一个大猩猩的躯体,但具有一颗人类的灵魂[1]"。观众要做的鉴别就变得更为轻松容易,由这个自动的猴子木偶(这个词请再斟酌一下)表达出来的痛苦表现与只局限于畸形身体的表现相比较,前者具有的情感同化效应更甚于后者。"在解决它之前我会让女性为它的遭遇流泪",梅里安·库珀在谈到他所创造的生物[2]时一再这样表示。电影的幻觉正好为那些目光减轻了来自不受欢迎的畸形人的负担,在同情怜悯的情感范围内建立起关于符号的任意性准则。

银幕上这些畸形怪异的表现从那时起就充分起到了大众镇静剂的作用。正是如此,在那些重拍版本中,金刚丢掉了相当一部分处于原生暴戾状态的情节,最后在 1976 年约翰·吉尔勒明[3]执导的版本里它就是一只

---

① 根据迪诺·劳伦提斯的词句,由唐诺·F.葛勒特引述,《经典电影怪物》,前揭,第 347 页。

② 由戴维·J.斯卡尔引述,《魔鬼秀》,前揭,第 175 页。

③ 影片问世的同一年,电影《金刚之子》(1933 年)随即就接受了美化的效果。当原版 1938 年再映的时候,电影审查时删掉了原先的暴力镜头(金刚用脚碾压一个土著,或者嚼噬人类……),去掉了一系列"土著"镜头中一掠而过的人类动物园的顽固气味,淡化具有色情意味的暧昧因素(野兽金刚脱去美人的衣服……)。约翰·吉尔勒明 1976 年的重拍版更是揭示出猩猩的躯壳下浮现出来的人性,使之成为——用制作人的话——就是"一个罗曼蒂克的情人"。(见唐诺·F.葛勒特:《经典电影怪物》,前揭,第 349 页)

温厚的长毛绒玩偶。但是在美化怪物的历史上真正的转折点出现于迪斯尼动画工作室的创建及其在 1938 年制作的第一部动画电影长片《白雪公主和七个小矮人》。迪斯尼无疑是巴纳姆的继承者：具有同样的商业天资，同样的组织策划才华，在广告宣传上也具有同样的见地。但是，这是一个在一个世纪后抓住了时机的巴纳姆，此时不把这些小矮人从畸形秀暧昧不清的舞台上撤下来，使他们进入到面向儿童的动画片这个无害的领域中，那还更待何时？应该认识到的是，迪斯尼的功绩之一在于把关于畸形怪物的商业上升到终极逻辑，这在现在看来就是巴纳姆当年已隐约预见到并初步探索过的东西。自四十年代起，它开始从电影衍生产品的行业中获取利润，并且可以为任何广告打造适合它的虚拟怪物，"以所有通过想象而得到的形态来将它们商业化：洋娃娃，糖果，小摆钟，赛璐珞玩偶，巧克力棒，唱片集，图片，手帕，衬衣，针织品"，[1]游乐园的主题。

20 世纪下半叶，迪斯尼企业在商业上的成功标志着肉体畸形的表演与其久远的狂欢节表演前身完成了分离，以及在行业范围内抑制了同情情感，这些情感在昔日曾仔细寻找对视觉造成感知冲击的异形人体展览，探索过对民众文化进行大众的巴斯德消毒的最后阶段的开端。从此，畸形怪物在和蔼可亲的外星人与长着一副慈眉善目的吃人妖魔之间往来分饰。现在害怕孩子们的正是在儿童文学和动画电影的这些最超前版本里的这些畸形怪物[2]。

4）差 异 群

在这项制作让人舒服且普及型的畸形的娱乐事业中，大卫·林奇的《象人》似乎是例外。陶德·布朗宁曾将畸形人弃于杂耍秀的舞台上，这部电影在这个舞台上重新找到了他们，并为其书写历史续篇：当医学在治疗方面显得无能为力的时候，具有同情心的医学的降临可以给饱受最严重畸形折磨的畸形人以援助。"如果这是一个被禁锢在畸形躯体内的聪

---

[1]　乔治·萨杜尔：《世界电影史》，巴黎，弗拉马里翁出版社，1949 年，第 296 页。

[2]　民间故事在叙事中往往存在暴力的记叙，而在对这种暴力所进行的一个更普遍、更悠久的去暴力化的进程中，儿童文学对畸形怪兽的驯服就铭刻其中。见罗伯特·达恩顿《农民讲故事：鹅妈妈童谣的含义》，载《屠猫记》，纽约，古典书局，1985 年，第 9—71 页。

慧之人，"弗雷德里克·特莱维斯解释道，"那么我那时就感觉受到了道德义务的驱使，要尽我所能去帮助他解放精神和灵魂，尽可能地帮助他过上充实且令人满意的生活。"①通过讲述象人的悲剧性命运，影片展现了其所欲另绘的一幅对于畸形人的目光、看法发生转变的谱系图，做了一次从沦落市集庙会到遇到医疗援助的科学和道德历程的回顾。而且，林奇将约翰·梅里克昏睡在伦敦医院床上的场景作为最后的画面，而不是埋葬他的骷髅地。这正是林奇渴望达到的境界，即在关于畸形怪物的现代小说所营造的痛苦坎坷的氛围里有一个平和的终结。"科学能够产生畸形"，玛丽·雪莱在 19 世纪初撰写第一部科幻小说时曾这样预言。林奇在 20 世纪末的时候提出反对意见，认为科学同样也能够拯救畸形。

但是历史是真实的也好，畸形怪物是人也好，对畸形的视觉处理是写实主义和历史的精心改编也好，都不应该用来迷惑：虚拟杜撰的作品承载了其所在的那个时代，即 20 世纪八十年代左右的印记，这更甚于其传达出来的被视作它所导演的维多利亚时代的那些情感。"梅里克先生，您根本不是象人，"被掩藏于畸形躯体下的那颗细腻敏感的灵魂所吸引的肯德尔夫人大喊道，"哦，不！……不！您就是罗密欧！"②畸形取决于观察它的人的眼睛。畸形不是那么深深融入到另一个人的躯体，则它亦不会潜藏在观察者的视线中。

这种观念来自于投向身体畸形和更为普遍的身体机能不全的目光的大规模转变，这一目光在 20 世纪六七十年期间变得更为敏感。这个观念受到强大的运动推动，朝着托克维尔在民主社会中心和准则本身中确立的人人平等的方向发展。第二次世界大战后，有利于残障人士的法律行政机构增加为这一观念的发展起到了促进和铺垫作用。③这一观念在当

---

① 埃瑞克·伯格兰、克里斯托夫·德·沃尔和大卫·林奇的《象人》剧本，好莱坞，剧本城，1980 年，第 54 页。

② 同上，第 90 页。

③ 法国也是如此，实行了一系列措施，旨在对某些患者和残疾人进行机能训练和职业再就业安排，这些都包含在社会福利制度中具有法律效力的政府命令内。到 20 世纪 50 年代，随之而来的是数量不断增加的相关文件，开设专业机构，创建对身心退化者的支持措施，确立企业对其应有的义务。在美国也有相同的发展趋势，战后通过各项工作，不断努力恢复其地位权利，广泛组织援助残障人士的协会和残障儿童父母联合会，并已经逐渐国际化。参见亨利-雅克·施蒂克：《残疾身体的新认识》，前揭，第 203—208 页；以及大卫·L. 布拉多克和苏珊·L. 帕里什：《残疾的制度史》，载加里·L. 阿波切特、凯瑟琳·D. 希尔曼和迈克尔·贝里主编的《残疾研究手册》，前揭，第 69—96 页。

代表现为 50 年代末到 80 年代初期间推行了旨在重新定义残障，扩大拨给残障人士再就业资金的一些措施，还有开办了大量以其名义发挥影响力的团体和活动，这个观念是所有这些变化进展的持续反映和有效因子。①它还必然促使大量的相关法律产生。随着 90 年代国家的不断介入，欧洲和美国一样，法律承认残障人士取得的权利，制裁对其具有歧视的行为，加强支持政策的力度。②

有两本著作，一本是一位社会学家所著，另一本是一位摄影家所著，都是标志之作，即象征着关于对畸形身体的看法的转变，也标志着将畸形、残废、残疾从畸形怪异的相异性中解脱出来和保证他们能融入到正常人的群体中来的愿望。20 世纪 60 年代，黛安·阿勃丝在纽约的一家街区电影院发现了陶德·布朗宁的《畸形人》并为之深深着迷③，而欧文·戈夫曼则正在进行《污名》④的编纂工作。阿勃丝展示出戈夫曼的理解，并这样分析：异形是一个认识的问题，这个污点存在于观察者的眼中。⑤

此目光的转移具有几个决定性的结果：偏差性和超常的畸变被完全根除于异形身体之外，成为一种关于"混合接触和瞬间"感觉的特性。"在这些接触和瞬间时刻中，正常人与打上畸形烙印的人共处在同一个社会环境中，换言之，他们互相之间是面对面的。"⑥"被去躯体化"的畸形变成了事关沟通交流和互动的社会病理学的一个问题，其带来的结果必然是

---

① 法国 1957 年 11 月 23 日的法律对残疾工作者作出了定义，创立了致力于社会职业再分类的委员会，强制企业必须给残疾人留有配额；70 年代(1971 年和 1975 年的法律)，增加了财政支持和国家干涉，得以在 80 年代初确立对残障人士的国际分类。同一时代，在美国，对残障人士的权利的承认也取得了进步(1973 年的康复法案第 504 节)，关于教育的措施也得以发展(1975 年所有残障孩子法案的教育部分)。

② 1990 年的美国残疾人法案，是一部类似于 1995 年英国"残疾歧视法案"的法律，条文与 1994 年联合国的(关于残疾人机会均等的准则，它延长了 1982 年关于残疾人的世界行动纲领)相似，也与 1996 年欧盟通过的法律以及 2005 年关于残障的法国法律相近。

③ 帕特里夏·博斯沃思：《黛安·阿勃丝——传记文学》，纽约，阿尔弗雷德·诺普夫出版社，1984 年，第 189 页。

④ 欧文·戈夫曼：《污名：关于损坏的身份管理的注释》，恩格尔伍德克里夫思(新泽西州)，普伦蒂斯霍尔出版社，1963 年；法译版《污名：残障的社会用途》，巴黎，子夜出版社，1975 年。

⑤ "污名这个名词因此指出了信誉极度扫地的一个特性。……不是所有特性都要受到指控，是对于一种个体应该具有的情况而言，这一些特性与我们的老一套相比就不协调了。"见欧文·戈夫曼：《污名》，前揭，第 13 页。

⑥ 同上，第 23 页。

窘迫,回避反应,不适感,他人的否定,"平常的面对面互动的瓦解"①,也即对每个人的交流和社会包容权利的破坏——甚至否定②。

摆脱了肉身束缚的畸形异常如此这般获得了一个心理价值——"在今天,这个词语用于形容粗俗、无风度多过于描述身体的表现"③——并传播流行开来,还赋予残障以普遍的意义。

> 大体上可以区分出三种污点的类型。首先是身体畸形和各种畸形。然后是在他人眼里缺乏毅力和非正常的不可抑制的冲动……等方面的性格缺陷。最后是人种,国际,宗教……这些部落的污点。④

关于对相同的身体形态的现代标准的定义,它的逐渐转变所带来的这些结果是值得让人思量的。身体畸形,身体异常间的差别变得越来越模糊,它属于表现为少数派特征的社会群体:所有被打上畸形烙印的人。另外,就是被残障概念的普及化所搞混的正常与非正常的界限:"如果坚持把畸形的人称之为异常人,那大概最好将之命名为标准的异常人。"⑤

大众社会群体的形成曾要求建立一个自然身体的标准,使得在展出的畸形体中寻得反例以证明此标准的合理性。这些社会群体的民主特征的深化有助于缩小标准化的差距,消除身体上的等级,将本被抛之于规则之外的呈现特殊群体归属感的那些特征囊括到标准之内。在只是具有暂时健全的机体的"正常的异常人"群体中,对身体标准的重新定义把每一个人变成暂时无生理缺陷的人:"问题不再在于知晓这样的人是否遭受过这样的残疾,而是他经受过多少种。"⑥根据美国残疾人协会的

---

① 欧文·戈夫曼:《污名》,前揭,第 30 页。

② "能够在普通的社会关系圈中轻易得到他人承认接纳的个人具有那么一种特点,使得在我们中的一些人碰到他的时候,他必然成为关注焦点,并使我们绕离他。由于他身上的其他特性,他的这种特性就破坏了他与我们面对面时具有的那些权利。"见欧文·戈夫曼:《污名》,前揭,第 15 页。

③ 同上,第 11 页。

④ 同上,第 14 页。

⑤ 同上,第 154 页(是我强调指出)。

⑥ 同上,第 152 页。

数据,2001 年有 4900 万美国人患有身体和精神方面的机能不全。缺陷是生命过程中的标准特征,它与人类的环境混合在一起。缺陷逐渐变成标准。

正常和非正常之间的界限在现代进行重新分布,这在投向身体的目光领域中产生巨大影响。在社会互动范围内确实如此:经过权衡,不对畸形身体予以关注的克制和国民所持的不予以关注的那些形式①在社会互动中留下的痕迹越来越清晰,让国民不予以关注旨在减少视觉联系,增加回避反应,减轻在观察他人身体的方式上和时间上的影响,这样就延长了对身体设置距离的悠久进程。在这个进程中,诺贝特·埃利亚斯早就建立起关于人与人之间关系准则的早期现代形态。这也必然会在法律上带来一系列的结果:人们的理解是,这样的约束不断增加与畸形人展览顽固留存,这两种状态是水火不相容的。对于现时的这些展览,法律会以尊重法人的尊严的名义,对之进行制裁:畸形人的表演也要被诉究②,对侏儒趋之若鹜的那种顽固的过失行为从此也被禁止③。关于视觉上的歧视形式的定义扩展到了那些常见的状况以及可能出现的有关外貌主义、以貌取人的轻微迹象。④这些发展趋势以最极端的形式力求建立起对视线的纠正,使之在他人身体的外在表象面前变得失明,并要求禁用一些字词,以此来委婉措辞并驱逐一切出现在语言中的歧视。⑤如今规范要求的是,视线拒绝停留在身体的畸形上,"畸形怪物"这个词语不再可以以隐喻适

---

① 此处参见克洛迪娜·阿罗什对西梅尔和戈夫曼的分析所作的出色解读,其中谈及现代民主社会群体中"观察的方式":格奥尔格·西梅尔:《社会学:关于社会化的形态的研究(1908)》,巴黎,法国大学出版社,1999 年;欧文·戈夫曼:《互动的常规习俗》(1967),巴黎,子夜出版社,1974 年;克洛迪娜·阿罗什:《现代民主社会群体中理解看待的方式方法》,载《交流》第 75 期,2004 年 1 月,第 147—168 页。

② 见罗伯特·波格丹:《畸形秀》,前揭,第 279—281 页,以美国为例。

③ 见《禁止飞行》,载《解放报》,1996 年 12 月 4 日,关于曼努埃尔·瓦谢内姆,一个"会飞的小矮人"。1990 年和 1991 年间,他参加了六十几场的表演。1991 年 11 月,内政部长建议取消这个展出。1996 年,最高行政法院判决禁止生效。关于同一个问题,参见克洛迪娜·阿罗什的《关于尊严权的不明确性和模糊性的评注》,载热纳维耶芙·库比等主编的《1946 年的宪法序言:法律的自相矛盾与政治矛盾》,巴黎,法国大学出版社,1996 年。

④ 参见在罗伯特·C.波斯特的《引起偏见的外表:美国反歧视法逻辑》中的辩论,达累姆,杜克大学出版社,2001 年。

⑤ 参见让-雅克·库尔第纳:《一些字眼的禁用:重写美国教科书》,载《斯拉夫语言学手册》第 17 期,洛桑大学,2004 年,第 19—32 页。

用于一个人,侏儒被称之为"身材矮小的人"①,由此获取了语言学上的第二次生命:无论视线投向哪里,畸形都应是不被人注意到的。

最终这也会带来一些政治上的后果。大众的民主社会群体曾期望把异常的身体看待成平常的身体。因而这些社会群体也成为政治理性与特立独行的观点之间的冲突所在:前者要求无论个体的外表如何,都应予以平均主义的对待;后者记录了在面对身体的异常现象时目光中的纷乱不安。这些社会群体施展各种方法将有缺陷的人变为"同他人一样的个体",甚至"与众不同的劳动者"——重新适应的措辞,有关整形的医疗技术,成套的法律法规,专业行政部门的增加——这些方法就会对身体的缺陷痕迹进行一种自相矛盾的擦抹,身体所带的这个污点被感知的同时又被去除,被唤起记忆的同时又被否定,被辨识出的同时又被抑制。②这里不存在任何的模棱两可:人们对于身体与精神意识方面存在的不幸和缺陷充满同情,伴随着这份怜悯之情而来的医学和法律上的一系列发展大多都有助于给予那些罹患残疾的人士以一个他们所欠缺的物理和人文环境。为此,应该是理性使视线变得模糊,并且使没有丝毫奇特之处的身体畸形散布在无垠的"差异"群中,而奇异性与畸形身体的划离已有相当长的一段时间。因为这正是在民主社会中选择出来的字眼用以宣告——通过理性对视线进行有意识克制的方式——身体间的平等。

畸形在差异倍增中分解,这样有助于深入到无差别领域中。当社会对待残障的行政形式为畸形身体去除那些不利因素,以便其能被重新适应了的一些解读所接纳时,事情确实如此。但解读也确实兼具视觉和语义的混杂,它有时处于言语之中,然而这些言语措辞是以混杂的名义被表达出来的。

---

① 这会是一段历史的轨迹,它超出研究的范围,也超出了相对于人类畸形参考模式的推论转换的范围。它见证了一个多世纪以来在有关身体异常的语义范围内用词的改变以及那些否定前缀和被判断为具有贬义色彩的词语的逐渐消除:在这段历史中,有关畸形的推论准则逐渐让步于残疾的推论准则,而前者的消退有利于有关残障和不适应的推论准则的发展,最终这些准则在表达差异的广袤词汇中得到传播。

② 亨利-雅克·施蒂克提醒人们注意这些有违常理的现象:"简而言之,残障被接纳——'被重新接纳',就如通常所说——如果且只是如果其残障只是第二特征,就和身材、头发颜色或体重一样。当其残障的特征被抹去的时候,残障的这个特征仍然融于内,浑然一体。然而,这个标志还是如影随形地跟着它……对处于这种情况的那些人来说,他们背负着双重的束缚;他们要受人指指点点……他们又必须表现得若无其事。"(《残疾身体的新认识》,前揭,第156页)

随着种族主义各种鲜明形式的减少，因体重造成的不平等（肥胖歧视），对胖子的偏见又呈现抬头的趋势，成为在西方世界里最能让人接受和最可商业化的歧视形式。因体重造成的不平等与在美国所应用的种族歧视的意识形态及做法很相似……那些患有肥胖症的人经常性地受到侮辱，和当年黑人被称作黑奴那样，他们一样被叫成胖子。①

不过在关注身体的视觉场中肥胖症和种族性之间不存在任何感知等量，在种族隔离的形态和对肥胖身材造成中伤的成见之间也不存在任何的历史相似性，民权运动和推动《美国残疾人法案》得以采纳的运动之间存在的只是一种平行性，民权运动为后者起到了典范作用。差异现象的不断增加可以淡化、模糊差异。我们身处的社会，因为是民主社会，所以要求平等；但是，因为也是大众的社会，它也追求一致性。在今天，这一张力存于畸形身体的感知、表现和亲身体验之间。

5）尾声：欢迎来到佛罗里达州的吉布森顿城

如果可能存在另一种并不解除身体独特性的视觉，那么黛安·阿勃丝的摄影作品极为精彩地证明了这一切。因为她的视线不可能从陶德·布朗宁作品的浸淫中跳脱出来而丝毫未受其影响。她开始频繁出入于仍现于纽约的最后的畸形秀场所，即42号大街上的休伯特博物馆。她的镜头开始络绎不绝地掠过侏儒和巨人，双胞胎和三胞胎，表演吞刀的街头艺人和市集庙会的文身人，时代广场上男扮女装的演员，而且还有打了三体性②烙印的身体。当对于缺陷残障的同情情感坚决要求畸形身体的表演模糊化时，一些关于畸形题材的画像、照片被留存了下来，在这些照片中充满了抑制不住的由畸形造成的感知冲击。在这份冲击中，目光释放出人性光芒的同时，畸形身体的相异性也被接纳：这大概就是戈夫曼命名为接受之物的视觉等量③。

---

① 《持有诋毁——肥胖不是一个下流单词》，《洛杉矶时报》1990年3月4日。

② ［译注］在染色体变异中，如果一对同源染色体多出一条染色体，那么称之为"三体"。常见的如21三体综合症，就是21号染色体多一条的遗传病。

③ 欧文·戈夫曼：《污名》，前揭，第19页。

然而，黛安·阿勃丝还察觉到另外一些东西：在一个异常被认为是正常的社会里，正是在标准的方面，应该去探求关于不正常的现代形态中的某一些形态。被阿勃丝的镜头捕捉到的一般生存状态下的巨人和侏儒变得越是通人情味，在公众场所不期然遇见的那些"正常的"人招揽观众所做的滑稽表演就隐藏着越多的离奇古怪之处：套着鸡尾酒礼服的冷冰冰的机器人，爱国青年恍恍惚惚的精神失常状态。"规范的"美国，对于睁着眼的人来说，几乎就只是一个巨大的地下畸形秀。

阿勃丝的直觉是正确的：在西方的政治和文化空间里，畸形身体受到周围自相矛盾的束缚。我们呼吁对它应抱有宽容和同情，我们宣称其在身体中具有平等性，同时却继续有大量的相关表演颂扬身体完美度的等级，并且因其缺陷给那些真实或假想的畸形体打上烙印。此处将不作重点论述，本书有好几篇评论文章均作此过方面的论述：20 世纪，规范化的影响得以空前绝后地扩展，有关个人身体的行政、医学和广告性的规范得到前所未有的加强。畸形身体彼时已成为医学发展在其最后阶段倾注巨大的努力用以修复的对象：今天，遗传学可以发现改变基因意义上的那些突变中的胚胎畸形①，子宫可视技术可判识其早期表现并制订将其消除的计划。补形术的不断增加及其复杂性可以使身体缺陷层出不穷的现象得到暂时缓解，外科手术对畸形的影响得到显著加强：足月分娩下来的那些"精神和生理上的"畸形人，大多来自贫穷国家，他们成为通过大众媒体高调宣传、报道的修复手术的对象。凭借强大的医学水平，这些手术颂扬了北半球的富有国家表现对于南半球同情心的科技形态。②尤其是消除"轻微"畸形的技术得到全新的发展，因为这已不再是仅限于矫正、修复身体缺陷的整形手术的时代了。在南加利福尼亚尤为盛行的某些副文化形态中，外科手术快变成少女进入成年阶段的成年礼了，无论其需要与否③。这些自我焦虑的后现代主

---

① 见阿尔芒·马里·勒鲁瓦：《突变体》，前揭，第 13—15 页。

② 在无数实例之中："神奇双胞胎像民族英雄一样回家。危地马拉向这对在加州大学洛杉矶分校接受分离手术的连体双胞胎姐妹致以问候。"（洛杉矶时报，2003 年 1 月 14 日），这是关于在洛杉矶接受分离手术的危地马拉连体双胞胎姐妹的报道。"她们离开危地马拉已经有 7 个月了，是一对脑袋连在一起的小病人，出生于贫困家庭，在其面前的是必须面对的不可知的命运。她们星期一从美国回到自己家，缠着绷带的头上带着圆锥形的帽子，年轻父母的执着和两个国家的善意帮助她们改变了黑暗的未来。"南半球提供畸体和疾病，北半球提供鉴定、同情、联邦快递和回程飞机。

③ 见弗吉尼娅·L.布卢姆：《美丽的伤痕：美容外科的文化》，伯克利，加利福尼亚大学出版社，2003 年。

义形式，受到更新的身体行业逻辑的推动，逐渐被普及开来。还有就是整形手术及其拥护者想出了各种各样需要手术刀纠正的不完美之处，通过不停地注入各种新的"畸形"，重新书写身体的标准。既然疾病、病症、身体形态病理学——畸形恐惧症，躯体变形障碍，肢体的完整性认同障碍——在近期全部都得到发展，使得认为自己身体是畸形的人没完没了地接受外科检查①，那么人们怎么会惊诧呢？

这些超正常状态的病理学止步于佛罗里达州的一个小城门口。吉布森顿城正好位于坦帕的南面，41 号高速公路途经这个小城。正是在那里，畸形秀的最后一批畸形人演员离开了舞台，他们往往是被迫处于这种技术性的失业状态②。人们可以在那里与"龙虾人"格雷迪·史戴尔三世邂逅，他是先天性缺指畸形系列的终极代表。或者见到"钝吻鳄人"艾米特·贝雅诺。在那里极偶尔能见到只有躯干的女人珍妮·托麦尼，在 20 世纪 30 年代她与她的巨人丈夫非常出名，他们俩组成了"世界上最奇特的夫妇"。这是一座并无特别之处的小城，沿大街成排的住宅，有几家超市，还有活动房屋，却又是一座意料之外的小城。正是在那里，在普通的美国的中部地区，在印第安人保留地和退休社区间，畸形人残喘出最后一口气。

① 见卡塔琳娜·A.菲利普斯：《破碎的镜子：理解和治疗躯体变形障碍》，纽约，牛津，牛津大学出版社，1996 年。把目光只投向身体本身的病理学有时会引致要求将正常且健康的肢体截肢的问题。参见提姆·贝恩和尼尔·列维：《被选中的截肢者：肢体的完整性认同障碍和截肢的伦理道德》，《应用哲学杂志》，第 22 卷，第 1 期，2005 年，第 75—86 页。
② 《杂耍秀的最后一站》，洛杉矶时报，2000 年 9 月 8 日；《令人费解惊叹的龙虾男孩》，GQ，2002 年 5 月，第 96—100 页。

第七章　鉴定——蛛丝,马迹,猜想

让-雅克・库尔第纳(Jean-Jacques Courtine)

乔治・维加埃罗(Georges Vigarello)

民主社会擦去传统的身体迹象,模糊等级社会的那些陈旧准则,使身形模样变得平凡无奇,并掩盖了等级制度。一旦形容、姿态变得更加难以区分,它就重新撩拨起焦虑不安,转移不好的征兆,予以身形面容更多的赌本。这更多地引起对相关的表现力、它们的神秘性及危险性的警觉。由此,19世纪的那些新"科学"取得成功。颅相学、犯罪人类学等方法尝试根据体貌特征表现出来的影响来估计危险性,它们把行为举止表现出来的实际的凶残与形态学中假设的凶残联系起来。这是重现过去联系的一个方法,这种介于身体"外在"与"内在"的联系是由昔日的观相术想象出来的:在一番深奥的说辞中,紧紧围绕来自内在的莫名力量的检测。应该说,这也是弄错本人和身份真实情况的一种方法。

需要一些充分革新的理论依据来回答同样现代但更明确的一个问题:当名字与最初的外貌变得模糊的时候,每次都须能辨识出身份,勾画出能证明其人的那些迹象,准确指出"谁"是"谁"。奇怪的是,就在舍弃任何具有表面危险性的标志的同时,这种识别是可以想象的,它具有精确度和"中立性",相较于那些妖魔化的参照物来说,它会优先考虑那种平凡的参照物。借助一系列身体的症候,这种识别揭开了关于身体新见证的帷幕,这种见证就犹如对于身份的崭新见解:这个最初设立用以指认嫌疑犯的机构几乎扩展到对所有事物的指示确认。

1

颅骨的"诉说"

不可能很久都没有人主张要察辨那些具有不好征兆的迹象:19世纪的那些忧思通过"更高层次的"研究,将这些迹象变得更具有可见性。加尔提出的建议就属于这方面的先例。自19世纪起他就把关注点停留在人体解剖结构上的大脑区域功能定位与犯罪倾向的相关性上,探研犯人的颅骨以更好地揭示其危险性:比如,杀人犯的残忍天性具有外耳道上方骨头凸起的特征,或者小偷的邪恶倾向具有额骨凸起的特征。他还定位出那些具有无节制性行为的人和暴力制造者具有的轮廓和隆凸:例如,"颈背"部分"就贻害"于基诺,他因"鸡奸罪"被关押在柏林,这个囚犯因为被认为聪明"绝顶"[①]而受到更多的关注。对于经验丰富的观察者来说,罪犯变得"可以鉴别"。

19世纪二三十年代后,犯罪形态学搜罗的参照对象稳定下来。一种惯例建立起来,它在法庭判决公报的影射中有迹可循,公报往往借助于那些热衷于研究犯人颅骨的"颅相学家们"[②]的帮助,它在布鲁塞的竭力主张中也能见其影,布鲁塞"通过这一伟大的物质工具"描述了"与大脑初生、成长、变质、萎缩、扩容、缩减这些情况必然相联系的我们的官能"。[③]布吕耶尔在1847年大获成功的一本书中进一步肯定了加尔的结论:在"破坏癖"[④]的案例中,不成比例的颅基具有重要作用;在性"紊乱"案例中,一个"宽厚且凸起的颈背"[⑤]起到了很大影响。这也是洛韦尔涅通过

---

① 弗兰茨·约瑟夫·加尔和约翰·卡斯帕·斯普尔茨海姆:《关于普通神经系统的,尤其关于脑部的解剖学和生理学》(第3卷),巴黎,无出版及印刷单位,1818年,第488页。关于加尔,参见马克·雷讷维尔:《颅相的语言:颅相学史》,巴黎,圣德拉堡集团,"自由思想者"丛书,2000年。

② 1826年2月22日的法庭判决公报坚持认为第7次对被判刑之人的颅骨进行观察有其重要性。

③ 弗朗索瓦-约瑟夫-维克托·布鲁塞:《激怒与精神错乱》,巴黎,J.-B.巴耶尔出版社,1839年。由让-米歇尔·拉巴迪在《身体与罪行》中引用,载克里斯蒂安·德布吕斯特等主编:《关于罪行与刑罚的认识史》(第2卷),布鲁塞尔,德布克出版社,1995年,第309页。

④ 伊波利特·布吕耶尔:《颅相学,行为与面相》,巴黎,奥贝尔出版社,1847年,第67页。

⑤ 同上,第30页。同见西尔维-沙勒-库尔纳的论文《有罪的躯体:罪犯身体表现的社会历史研究方法》,巴黎,法国社会科学高等研究院,2003年2月28日。

长期触诊土伦的全部徒刑犯的颅骨所得出的系统化研究结果。19 世纪 30 年代他是那里的医生，他把对"杀人冲动"①具有影响的"边侧过多凸起"，对性欲具有影响的小脑赘生物，对荒淫情欲②具有影响的窄小且圆形的前额编录成目。

身体与罪行之间产生了一个崭新的碰撞，这种联系与一种关于器官的新颖分析相交叉：一个建立在 19 世纪生物学家坚信基础之上的可靠性在骨骼结构的细节部分中使不同种类之间的差异稳定下来。③关于颅骨的解读以它自己的方式延伸了比较解剖学④的研究，它过于简单化并且缺乏根据。在将一份年代久远的期待糅入科学论说的同时，它也延展了这份期待：从"外部"开始来观察个体的"内部"。身体，变得像画一样清晰易辨，可以暴露意识：对于杀人冲动的认识，对于隐蔽力量的认识，直接勾画出骨骼。

这个成果对于在犯人中作首次"有技巧"的识别提供帮助，甚至在对他们的头部轮廓中辨别犯有偷盗、侵犯他人和杀害他人罪行的被告人。当然在初始的迷惑之外，还留有抵抗及对证据的期待和理性的要求。这一"解读"在此处既晦涩不明亦暧昧不清。1816 年的科学字典坚持认为："这个观点离确定颅相学还差得很远。"⑤利特雷和罗班的《医学字典》着重指出了证据的缺失，揭露出"未经实验核实的"⑥一个论据。1864 年的《现代百科全书》更为直截了当：这些全部的理论成果被认为引致出"最不合逻辑和最拙劣的教义学说"⑦。

---

① 于贝尔·洛韦尔涅：《针对土伦监狱的徒刑犯就生理、心理和脑力方面进行的观察和思考(1841)》，格勒诺布尔，热罗姆·米庸，1991 年，第 421 页。

② 同上，第 175 页。

③ 见让-米歇尔·拉巴迪：《身体与罪行》，前揭，第 313 页。

④ 参见乔治·居维叶的计划设想："提出一个动物学体系，在解剖学领域里能够起到引入和导向的作用"（《根据构造分类的动物界》第 1 卷，巴黎，福尔坦、马松和西出版社，1816 年，第 11 页）。

⑤ 玛丽-尼古拉·布耶：《科学、文学和艺术字典》（第 5 版），巴黎，阿歇特出版社，1861 年，第 1271 页。

⑥ 皮埃尔-于贝尔·尼斯当：《颅相学》，载《医学、外科学、制药学、附属科学和兽医技术字典》（第 10 版），由埃米尔·利特雷和查理-菲利普·罗班改编，巴黎，J.-B.巴耶尔出版社，1855 年。

⑦ 莱昂·雷尼耶主编：《现代百科全书：科学、文学、艺术、工业、农业以及商业简明字典》（第 18 卷），巴黎，菲尔曼迪多出版社，1864 年，第 751 页。

2

退化的人

　　这一设想在 19 世纪 70 年代被彻底重新定义,并打算把许多器官的缺陷与进化的原始阶段联系起来。研究、观察不再只局限于面部,而是扩展到了整个身体。罪犯不再被当作颅骨结构上的偶然性表现来研究,而是作为人类史上的一个类型。进化论在"原始"行为与"原始"人体的平行关系中具有决定性的影响。带着对诸多障碍和后退的畏惧,人类进步的萦念也是如此。肉体和心智上的畸形歪曲了人类内在年龄固有的品行。遗传性残疾和缺陷正是在有利于犯罪行为的情况下颠覆人类的进步。那些罪犯是"处于(进化中的)落后的个体"[1],他们构成一个"特别的人种",邻近高级动物,是"通过遗传方式被遗传了退化倾向"[2]的客体。1876 年,龙勃罗梭以其著作《犯罪人论》[3]开创了此项研究。

　　主要的变化是兴趣从罪行的种类逐渐转变到罪犯的姿态和罪犯本人身上。结合极具表现力的一致性、动作姿势及其影响,盗窃犯、强奸犯、谋杀犯第一次成了可以让人更好地理解直系尊亲属始末的肌体。例如,雅克·朗捷的外形就是受到了贫困和酒精长期遗传的决定性影响,其"下颌过于肥大"[4],发质过于浓密,其紊乱的迹象隐藏在"一张圆胖且匀称的脸"[5]之下,透过这张脸的是"一种绑架的本能"[6],就如同"一种遗传性的谋杀欲望"[7],他被龙勃罗梭的一个叫左拉的读者改变成"人类动物"[8]。

---

① 马蒂娜·卡鲁辛斯基:《犯罪学溯源:犯罪人类学》,载《脑病性谵妄:历史,精神病学,精神分析法》,第 5 期,1988 年春,第 19 页。

② 切萨雷·龙勃罗梭:《犯罪人类学及其近来的进步》,巴黎,阿尔冈出版社,1891 年,第 125 页。

③ 同上,《犯罪人论》,《有关人类学的研究》,《法医学和监狱纪律》,米兰,U. 欧伯利出版社,1876 年。

④ 埃米尔·左拉:《人类动物》(1890),巴黎,袖珍本出版社,1984 年,第 49 页。

⑤ 同上,参见贝亚特丽丝·克佩尔:《"人类动物"的罪行》,载《脑病性谵妄:历史,精神病学,精神分析法》,前揭,第 57 页。

⑥ 埃米尔·左拉:《人类动物》,前揭,第 73 页。

⑦ 同上,第 274 页。

⑧ 见玛丽-克里斯蒂娜·莱普:《理解罪犯:19 世纪论文中的异常成果》,杜伦,杜克大学,1992 年,尤其参见《物证的制造》,第 44 页及以下各页。

面型占主导地位，人在下面这些特征中联想到冷酷无情："颅容量小，上颚厚重发达，眼眶容量大，眉弓隆起"①，类人生物的痕迹。下面这些数字也覆盖到了身体的全部：身材和体重，头围和面角，耳垂和手的褶痕，肢体的长度和肩宽。就像加尔所认为的那样，"外部表征"不再传达某种曲解颅骨的偏见，而是表现出遗传性偶发症状的影响：在人类最初阶段确定遗传对象的偶发症状，在关于起源的初步探索中猛然中断遗传对象的偶发症。这是用力量和本能的基本概念来阐述那些屈服的身体，它们受到粗暴言行留下的古老污点的影响。由此，在 1880 年左右，一门具有学术性要求的学科——"犯罪人类学"②诞生。随着期刊的发行和国际年会的举行，这一学科得到了合法化的地位。

成果无疑是脆弱的：根据被认为是描绘了某种"先天罪犯"之特征的设想，这些物理测量很快显露出模棱两可性。一些方法和验证证明："意大利刑法学家们"③对"牧羊人强奸犯"瓦谢的大脑冒险进行分析作出"断言"，而他们所应用的模型却众所周知是缺乏要件的。拉卡萨涅 1899 年对此进行了讥讽。"意大利学派的解剖学理论"被认为太过"狭隘"④，区分不足，"杂乱因子多于稳固可靠的东西"⑤。在这些方面，由龙勃罗梭提及的抑制构造也受到怀疑，针对"先天罪犯"的"终身监禁"的判决因为其不依据于任何判断，因而变得更具有"争议性"⑥。

此外，在如此快速地受到批评之前⑦，历史不再由迅速取得胜利的人类学来铸就。从 19 世纪 90 年代起，明确可识别的身体痕迹的存在不

---

① 查理·莱图尔诺博士为切萨雷·龙勃罗梭的《犯罪的人》所作的序言，巴黎，阿尔冈出版社，1887 年。

② 参见克里斯蒂安·盖奥的博士论文《1886 年至 1900 年犯罪人类学档案》，巴黎第二大学，1996 年。

③ 亚历山大·拉卡萨涅：《瓦谢的大脑》，载《犯罪人类学档案》，1899 年，第 25 页。

④ 《犯罪人类学第三届年会会议报告（布鲁塞尔，1892 年）》，载《犯罪人类学档案》，1892 年，第 485 页。

⑤ 《犯罪人类学第四届年会会议报告（日内瓦，1896 年）》，载《犯罪人类学档案》，1897 年，第 18 页。

⑥ 参见查理·莱图尔诺：《序言》，第 VI 页。

⑦ 皮埃尔·达尔蒙所著之书《美好时期的医生和凶手》，巴黎，瑟伊出版社，1989 年；由洛朗·墨克契耶里指导的作品《法国犯罪学历史》，巴黎，拉马丹出版社，1995 年；克里斯蒂安·盖奥的博士论文《1886 年至 1900 年犯罪人类学档案》充分总结了自 1890 年起龙勃罗梭不可挽回的可信性和声誉的损失。

再被认为是可信的,就如同对"社会原因"的古老漠视不再被认为是可信的一样。针对这些事实,《犯罪人类学档案》的主编拉卡萨涅认为这些事实是具有决定性的。他针对微生物的致病力作了其起动作用与器官作用的对比:"微生物在产生一个使之发酵的气泡那一天很重要。"[①]身心退化者变成罪犯,暗中受到其生活的环境指引。社会的可靠性明显得到更多的证明,甚至是引人注目的,但是要发展犯罪社会学肯定还是不起作用。

3

鉴定的要求

不是身体的征象在 19 世纪末那几年中失去了意义,事实上,是身体的征象在其作用和内容中被全部重新定位。例如,把精力更少地集中在某些抓不到的"先天罪犯"的探查上,而更多地集中在对一个无特征但已被确认和确定的个体的探查上。

为了很好地理解这一点,我们必须注意到在 1880 年之后,惯犯得到了越来越多的重视,亦须注意到一个更为急迫的必要性,即辨认出罩着不真实身份的被告人。"流浪汉"、"游民"、"长途卡车司机",这些人在工业社会中具有一种新的流动性,变得更难以把握,他们也被认为更为可疑:他们可能不停变化谋生手段和变换地点,因而令人不安;他们可能在偏远地区屡屡犯罪,因而值得怀疑。[②]这些人强化了在现代社会中漫射开来的恐惧,这样的现代社会由于在新闻报道和侦探文学中表现被视为"年年增长"的罪恶而成为滋养恐惧的温床:"惯犯"[③]不断增加。雷纳克在 1882 年大获成功的一本书中增加了下列数据:"1879 年在被释放的 6069 人中,1138 人(19%)在同一年再次被捕或被定罪。"[④]随着法律极为严厉地对惯

---

① 《罗马犯罪人类学年会》,载《犯罪人类学档案》,1886 年,第 182 页。
② 参见西蒙·A. 科尔:《怀疑身份:指纹与罪犯鉴定史》,剑桥(马萨诸塞州),哈佛大学出版社,2002 年,载《流动性犯罪活动》,第 9 页。
③ 约瑟夫·雷纳克:《重新犯罪者》,巴黎,G. 沙尔庞捷出版社,1882 年,第 6 页。
④ 同上,第 20 页。

犯进行判决定罪，压力还在不断增大。众议员在 1885 年 5 月 12 日投票表决通过一份文件，把在十年期间（"不包括任何服刑时间"①）获两项定罪的囚犯流放至"殖民地和法属领地终身拘禁"。惯犯太令人忧虑害怕，以至于在 19 世纪末动摇了关于监禁的新神话，而这有利于"终身流放"的监禁。

终身流放尤其必须强化关于身份的证据：揭去犯人掩盖其身份的面具，一旦犯人被重新抓住，防止可能出现的掩饰。②诚如以往，必须要指认一个人，区分其特征，确定其特性，这也有利于对特征做一些新的利用。有一个主要的转变：视线在扫向那些令人不安的外貌轮廓——这些或繁琐或不明确的标志时，几乎没有变得更清晰，而是在对连续几个身份进行对比的时候，视线才变得更为清晰。这些身份正是同一个人利用不同的外貌与名字掩饰自身的。因此，必须转移对表现于外部的某种内部性质的过时设想，更为实在地且更透明地研究有关身份的那些数字化的、"具有科学性"的特征。一场革命在特征的解读中开始了：这是一条完全不同于龙勃罗梭的追随者们所遵循的路径。

必须重申，其目的正是为了识破疑似有所掩饰的身份。另外那些护照上的过时记号几乎起不到任何帮助作用：上面将每个特征定性为"平常"或"普通"的条项为数过多，可以"检查公开身份，而不是使之可以暴露的③"标志也为数过多。相反，有一门技术好像可以很快恢复这些细节：摄影术。1890 年巴黎警察局握有超过 10 万张犯人的照片，巩固了档案和备查的存储量：结合参照资料的宽广领域以及暴露隐匿的轻罪犯人，这一可能性"大具前途"。主要是并合，增加了资料和文件。相反地，它很快暴露出它的局限、干扰和多相性。摄影文件"令人失望"。如何将这些全部的文件归类？如何在这些文件中正确辨认出在其姓名和特征之下的那个人？海量的资料拖慢了查找的速度。令人目眩的大量图片对指认工作提

---

① 关于惯犯的法律，1885 年 5 月 27 日，法律公报，第 12 系列，B. 931，第 15503 期。

② 参见多米尼克·卡利法：《19 世纪犯罪和文化》，巴黎，佩兰出版社，2005 年。

③ 苏珊·贝蒂荣：《人体测量学的创始人阿方斯·贝蒂荣的一生》，巴黎，伽利玛出版社，1941 年，第 85 页。参见樊尚·德尼：《纸一样的身体：体貌特征的幸与不幸，从马克·勒内·达让松到欧仁·弗朗索瓦·维多克》，载《2002 假设：历史博士学派的研究活动》，巴黎，索邦大学出版社，2003 年，第27 页。

出了挑战。观点角度的多样性更进一步增加了混乱。无论怎样,一条途径已经明朗化起来:在常人之相中揭露出的身份多于在粗野之人中的,相较于那些"外表粗鄙下流"[①]或外形令人厌恶的人,更多的是在那些长相普通的人的相片中捕捉蛛丝马迹。任务是具有决定性的,虽然仍很错综复杂,因为相片和档案材料不断增多。

4

人体测量鉴定

必须重申的是,人体测量鉴定明朗化,它并不是研究恐怖或凶残的特征。警察局的一名普通职员阿方斯·贝蒂荣借用的正是这一途径,他利用的不是摄影而是"人体测量学"。这就增加了一个基本的假设:确信无法"遇到两个具有一样骨骼的人"[②]。由此产生的见解就是正确的身体测量可以使嫌疑犯或犯人凸显出来。从中还产生这样一个想法就是正确细化的数字可以给每张文件按序排列。另外,这是建立于 19 世纪 70 年代凯特莱的人体测量曲线所给予人的启发。这位《社会物理学》的作者是否指出"被认为身材高大的个人即超出限定的厘米数平均值的人,和身形矮小即低于限定的相同厘米数平均值的人,两者是一样多的"[③]? 平均值的差异规律性使分配数列得到具体化:它中断了一种次序,使一个排列清晰地显示出来。[④]

正是通过增加这些数字,贝蒂荣能够极为接近对于个体的指认并确保这一文件的排列。正是透过不断增加的可鉴别且独立的形迹指标,贝蒂荣对人类学方法有了细致入微的了解:他的父亲曾是人类学著作的作者之一[⑤],而他自己很早就会运用尺子、角规和圆规。他的主张很明确:

---

① 1826 年 12 月 18 日法庭判决公报。

② 阿方斯·贝蒂荣:《人体测量鉴定:体貌特征的说明》,默伦,行政印刷所,1893 年,第 XVI 页[第一版,1885 年]。

③ 参见苏珊·贝蒂荣:《阿方斯·贝蒂荣的一生》,前揭,第 88 页。参见阿道夫·凯特莱:《间距分配法则》,载《社会物理学》(第 2 卷),布鲁塞尔,C. 米卡尔特出版社,1869 年,第 38 页。

④ 关于凯特莱的作用以及统计的重要性,参见埃里克·布里昂:《始终睁开的科学之眼:统计学客观主义的三种变型》,载《传播》,第 54 期,《人类科学之初始》,1992 年。

⑤ 路易-阿道夫·贝蒂荣参与了 1886 年《人类学字典》的编写工作,并且是主要的编纂者之一。

抓住 11 个标记，其中有头部的长度和宽度，耳朵的长度和宽度，左手中指的长度，身高，臂展长度。任何数值都是"普遍的"但"具有个体性的"。所有互不关联的数字能更好地勾勒出"个体"的轮廓。接下来就是考虑一系列的榫合情况：首先是三种类型的身材：高大，中等，矮小。在每类身材中根据头部的长度进行第二次分类，此次分类再细分成三类头部的宽度，这样一直到最后一个人体尺寸的分类，经过连续的细分，整个人体测量的数据鉴定建立起来。数万张相片文件就这样被清楚地分成一些可区分的子集：所有子集在组成单位个体之前始终是分开不相连的，最终组成的单位个体局限在十几个人之中，再在这几个人之间进行真正的比较。当嫌疑犯符合"人体测量的体貌特征一览表"①时，存储的数据就开始起作用，这个一览表在进行第二次拘捕的时候可作为将来识别的基础。

这个体系在 1883 年开始运作，很快因贝蒂荣对一个叫杜邦的人进行测量而声名远播。贝蒂荣在杜邦被捕几个小时后就发现了其真实身份：此嫌疑犯的各项身体尺寸与早几个月前因偷窃"空瓶子"②被捕的一个叫马丁的人的尺寸完全吻合。这个数字核对不会指认出两个人而只能是一个人。审讯一下子就更换了载体和对象：杜邦承认他就是偷瓶子的那个人。身体泄露出其独特性，贝蒂荣在这一独特性中鉴定出一个"对象"，区分出一个罪犯。

对嫌疑犯的身体进行测量的方式必须彻底革新，必须与过去的信仰决裂：一方面，不因表面的邪恶而对其身体特征持偏颇的态度；另一方面，在那些道德沦丧的迹象中寻找出搜索对象具有的极端独特性。生物签名的存在第一次得到肯定和说明。对唯一性的肯定事实上已经极为明确了：个人属于一个统计分配数列，因而更具有"排他性"。最均匀的分配数列属于大数定律的范围。有一条定律记录在身体中，可以对个人身体上的任一方面进行指认。

系统化的记录也可以使辨认达到前所未有的效果，并且扩展到千变万化的调查工作中。例如，辨认由贝蒂荣记录在案的轻罪犯人的尸体。1893年 2 月在马恩省发现的尸体，对其的鉴定引出了对凶手的鉴定。③这个体系

---

① 参见阿道夫·贝蒂荣：《人体测量鉴定》，前揭。

② 参见苏珊·贝蒂荣：《阿方斯·贝蒂荣的一生》，前揭，第 112 页。

③ 同上，第 117 页。

同样也可以在很大范围内扩大"建立个人卡片"的做法,提高人口检查的渗透力:为了更好地管理大众而对那些个人进行鉴定。

5

指纹

不过,问题的解决办法将在他处寻得。另一个身体的独特标记在19世纪90年代的英国实验里取得:指纹。它们也构成生物签名,也可以被存储起来。将它们正确记录,使之变得清晰易辨,它们的轨迹揭示了与一个且唯一的个体的直接联系。这些指纹极具应用前景。

它们的发现和成功史很是经典,虽然通常有些简化:弗朗西斯·加尔东是查理·达尔文的表兄也是优生学的奠基人,他对这些指纹产生了兴趣,在这一兴趣的推动下,指纹研究在实验和治安档案中取得进展。在19、20世纪之交,它被伦敦警署刑事部采用,到20世纪20年代,通过指纹来鉴定的系统几乎在全世界传播开来,最终取代贝氏罪犯外形记录法。

然而这段历史显得更为模糊和复杂。因为在将指纹用于罪犯的鉴定之前还有一段历史:借助被视作唯一的身体的痕迹来认证文件的这种古老做法——印在蜡里的手指印——好像始于中国,从那里传播到日本和印度①。需要解决大量人群管理问题的英国人就是在这上面发现了这一用处。通过指纹进行个人鉴定的系统并不诞生在英国,而是在英属殖民地,这个对"当地"人口进行检查和管理的大实验室里。最初,设计构想这个体系并不是为了以管理人口的方式侦察罪犯:威廉·赫谢尔,在孟加拉的一个英国公职人员,为了毫无争议地验明抚恤金的接受者,将指纹引入抚恤金的发放工作中。

① 关于指纹的起源和早期历史,参见威廉·J.赫谢尔:《指纹学起源》,伦敦,牛津大学出版社,1916年;约翰·贝瑞:《指纹学的历史和发展》,载亨利·C.李和罗伯特·E.根斯伦主编:《指纹技术的发展》,纽约,艾尔塞维尔出版公司,1991年,第16—19页;西蒙·A.科尔:《怀疑身份:指纹与罪犯鉴定史》,前揭;还有卡洛·金兹伯格:《痕迹:指数范例的根源》,载《空想,标记,痕迹:词法和历史》,巴黎,弗拉马里翁出版社,1989年,第139—180页。

同一时刻在西半球,类似关注的发展带来对它们的肯定。因为指纹并不只是英国的发明:在北美和南美,一波波移民潮加速了人口统计学的发展,后者形成了寻找新身份的外国人群体。在欧洲由于一连串的家庭关系或传统的地理上的邻近位置,对于确定个人身份的需求就比较小。由于指纹的存在,在 19 世纪最后 20 年,在布宜诺斯艾利斯的胡安·布塞蒂奇或旧金山的亨利·莫尔斯首创罪犯指纹记录之后,关于鉴定的一些新的程序开始就位。[①]美国的例子尤具意义:它涉及到自淘金潮、修铁路,还有划定国民与其他人之间的内部界限以取得身份这些事件以来,对通过西海岸的门户城市涌到美国的华人移民的控制检查。[②]在印度殖民地以及拉普拉塔海岸或加利福尼亚的那些城市里,也遇到了相同的问题:在西方人眼中,印度人或华人,这些群体的容貌都很相似,这给人体测量法的鉴定提出了巨大挑战。"在对印度人验明正身的时候,所体验到的困难",弗朗西斯·加尔东观察到,"比对居住在我们所属殖民领地里的中国人进行鉴定所遇到的困难要少。这些华人,在欧洲人看来,长得更为相似,而且他们的名字也更缺乏变化"[③]。不露真面目的游牧部落的人种清一色神话强化了欧洲人目光失灵的感觉,他们迷失在了那些不知名的身体中。这在指纹鉴定系统的发展和人体测量法的逐渐衰落中显得至关重要。

不过还需设计一个指纹分类的方法,可以将它们进行分类、归档以及快速、经济、合理地重新找到。弗朗西斯·加尔东在 19 世纪 80 年代末开始致力于这个工作,建立起具有三种类型(弧形纹、箕形纹和斗形纹)的基本系统,它在今后大部分的归类中被当作模型。他在迷宫般的嵴突和皱纹中确定比较要点的细节,这些比较的部分可以区分或对照两个指纹;他

[①] 关于阿根廷,参见朱莉娅·E.罗德里格斯:《破译罪犯:在近代化阿根廷(1881—1920)的刑事学和"社会防卫"的科学》,博士论文,哥伦比亚大学,2000 年;关于加利福尼亚,参见亚历山大·萨克斯顿:《不可或缺的敌人:加利福尼亚的劳工和反华运动》,伯克利,加利福尼亚大学出版社,1971 年;罗杰·丹尼尔:《来到美国:移民史和美国生活中的种族划分》,纽约,哈勃考林斯出版社,1990 年。

[②] 这就提出了关于国民的"介入"的历史问题,这里我们不直接这样称。就法国的例子而言,尤其请参见皮埃尔·皮亚扎:《国民身份证的历史》,巴黎,奥迪尔·雅各布出版社,2004 年。还有格扎维埃·克雷特和皮埃尔·皮亚扎主编的《个人的介入:国家惯例的历史和社会学》,巴黎,法国文献档案/高等教育研究国际互联网(INHES),2005 年。

[③] 弗朗西斯·加尔东:《指纹》,伦敦,麦克米兰和公司出版社,1892 年,第 152 页。

对可能使得两个人具有一个相似指纹的微小概率进行计算和排除。爱德华·亨利，殖民地政府的一个公职人员，进一步完善了这个程序：1895 年引入孟加拉警察局的"亨利体系"于 1897 年被采纳、运用到全印度范围，19、20 世纪之交是英国，在那里，它从此与人体测量统计表一起记录在警察局的登记卡上。贝氏罪犯外形记录法在这股不可抗拒的传播浪潮后不复存在：指纹鉴定法载誉传及全世界，最终获得我们今时今日所了解的垄断地位。在美国，自 1910 年起，在关于犯罪现场"潜在"指纹的记录中，有人发现了使用这种方法的可能性。与人体测量法相比这种方法体现出值得注目的优势，这使得它在法医学和司法证物上起到决定性的作用。和大多数北美以及欧洲的警察部门一样，纽约警察部门在 20 世纪 20 年代停止对罪犯进行人体测量。从 20 世纪 30 和 40 年代起，关于指纹记录和解释的司法鉴定人行会创立，其成员专业化并力求发展为专家；他们的技术得以标准化，法庭在一番拖延之后最终接纳了他们提出的无可辩驳的证据。在第二次世界大战、侦探文学小说的前夕和之后，这一突破紧跟着获得了极大的成功，起源平平的指纹在与犯罪作斗争的表现中起到越来越中心的作用：它们逐渐变成一种不在场的现行犯罪，罪犯不折不扣的签名。

6

身体及其征象

需要对取代贝氏罪犯外形记录法的"指纹鉴定法"带来的结果进行好好的评估。这样，把应用在殖民地的鉴定技术用回到英国，把英国罪犯变成正被驯服的一个异族。但是，除了检查罪犯和英国的情况之外，"亨利体系"几乎在全世界得到了采用，这标志着国家管理普通国民的模式发生了转变。在 20 世纪，这种模式的官方化得到显著加强。

　　一个准殖民管理类型上的转变，国家与公民之间关系上的
　　转变……它们变得可与殖民对象相比较：大量的外国人，还有其
　　他所有人，具有危险的流动性……他们的身份必须透过这个指

纹体系加以检查。①

这就是与犯罪相抗衡的有效工具,同时也是用以确定人口总体框架之潜在方法的指纹系统被普及化的模糊所在。然而,指纹法对人体测量法的胜利揭示了另一个变化,一个在视域中的深刻变化,这些视线正是投向犯罪者身体的目光,还有自身体的独特性可以抓住视线起对个人身份的关注目光。

建立在观察和演算基础之上并得到人类学认可的人体测量学确实曾享有科学威信,包括在后来致其衰落的那些推动者之中,比如加尔东。然而,从侦查罪犯和管理民众的需求来看,人体测量学的主要缺陷是:应用的相对迟缓性,对系统操作人员培训的笨拙性和持续性,这几者之间总可能存在的不相干性。因为它取决于目光(作为计算所依据的身体的感知)和语言("口述肖像"的技术)的操作,在这种操作中,完全不可能消除操作人员带来的人为误差。人们马上领会到指纹侦查具有的长处:其过程具有快速性和机械性,操作人员的培训期短且成本低廉,证据判读存在分歧的可能性缩减。这一科学技术上的胜利,也是与按照颇具学术灵感的观察形态进行的大众工业生产相似的机械程序的胜利,是人体认知领域和控制这二者缩减的结果。"在贝氏罪犯外形记录法里,人的正身还是可以看到的。在指纹技术中,身份则由一个抽象的图像表现出来。机械上的再现对人类观察者混乱无章的视线进行疏导理顺。"②正是这样,指纹技术的成功在鉴定的视觉文化中成为具有决定性的转折点。首先,除去干扰因子,把对身体的整体认知限制在微小痕迹的定位上,维持这样的认知在人体测量学上仍会出现疏忽。第二,将目光和语言在鉴定过程中产生的调和减到最低限度。1923 年著名的犯罪学家约翰·亨利·威格摩尔这样肯定道:"一个人的指纹,并不是关于其身体的一个证明,而就是其身体本身。"③从 19 世纪到今天,鉴定科技的研究分化越来越细致,对人体认知的驾驭也越来越严谨:个人身份逐渐脱离具体的形象和身体表面的迹

---

①　参见西蒙·A.科尔:《怀疑身份:指纹与罪犯鉴定史》,前揭,第 96 页,此处再次采用了这些分析。

②　参见西蒙·A.科尔:《怀疑身份:指纹与罪犯鉴定史》,前揭,第 167 页。

③　同上。

象,而深入到人体生物编码的抽象中去。

7

"加尔东的遗憾"和基因印记

再回到加尔东。今天,可以将他的成功视作全部。指纹运用得到普及,指纹所提供的证据呈现出来的科学和司法效力不再被提出来讨论。侦探小说和电影的成功传播使得它们在舆论眼里变成罪犯无法逍遥法外的保证,至少在科幻作品里是这样。如此,具备医学知识和视觉上的科技补形术的犯罪司法鉴定组在文学中和银幕上接替了19世纪侦探锐利的眼神和闪电般的直觉——迪潘和福尔摩斯——,还有就是由达希尔·哈米特和雷蒙德·钱德勒想象出来的20世纪四五十年代颇具战斗韧性的调查员。警察的英雄主义从城市执法人员迁移到法医身上。从20世纪80年代开始,激光技术的发展使得新型的犯罪专家可以无比精确地提取潜在指纹的普通轮廓。在银行和地区或国家的网络中,对这些标记进行分门别类和比较的信息技术还加快了大量相似数据的处理,并发展出远程鉴定程序。与犯罪活动作斗争所具备的一系列技术都是加尔东所无法想象得到的。

然而他在世时,让他备感失望的是这些事情都没有任何收获。因为他的研究项目浸透着后达尔文主义思想,后者期望这些印记能在物种和人种进化时留下的化石痕迹中起到作用。他满怀抱负,希望在充满个性的不可磨灭的迹象中重新找到人种起源和遗传性的一些标记,这很容易让人想到它们在优生学中起到的作用。他最大的遗憾就是在这个领域中,没有达到他预期的结果。[1]

似乎我们已经有些忘却了加尔东的遗憾。在1880年和第一次世界大

---

[1] 他在这一点上抱着"可以运用(这些印记)来指出人种和特征的巨大期望,虽然这些希望未曾实现过"(西蒙·A.科尔:《怀疑身分:指纹与罪犯鉴定史》,前揭,第12页)。这段话由保罗·拉比诺所引述,此处我们要感谢这段话里表述"加尔东的遗憾"的想法:《加尔东的遗憾:类型的和个体的》,载保罗·R.比林斯主编的《受到审判的DNA:遗传鉴定和刑事司法》,普莱恩斯维尤(纽约州),冷泉港实验室,1992年,第5—18页。

战期间，当反"退化"的斗争进行得如火如荼之时，各类印记与各个人种之间的相关性引起了某些回应。不过这种关于"退化"的担心在20世纪20年代变得次要，在30年代更为衰落，在40年代销声匿迹。① 除了众所周知的把"形态学"研究运用到人种检测的纳粹"人体测量学"的悲惨例外。

想要像描绘"罪犯"那样描述这些印记的特征，在今天看来大概很奇怪，但是并不代表发现可能预示着犯罪行为的生物标记这样的期望已然消失：在70年代初，不是又提到了双Y染色体的存在能作为犯罪行为的解释？这正是建立在"基因印记"研究基础上的新近鉴定技术发展将面临的危险。

DNA的探索为法医学开辟了广阔的视野。犯罪现场基因痕迹的存在比指纹的存在更具扩散性，这样也将鉴定的可能性扩大了十倍。此外，基因数据银行的组建使得可以考虑解决那些悬而未决的刑事案件，为受到不公正判决的人辩解，宣告其无罪②。不过风险更大：警察的操作风险和无能力的风险③，尤其是将涉及到研究对象的人种或医学史的信息储存在大量累积的基因数据中的风险，还有将它们与犯罪行为相联系的风险④。生物统计鉴定的设想方案旨在控制"液态的现代特色"以及个人或群体的流动性，这些设想的发展抛出了一些关于保护私人生活和捍卫个人自由的尖锐问题⑤。由于有一部分政治机构或司法机关还有公众对这种鉴定都抱有相当大的期望，所以其风险也变得更大：担心基因倾向的决定论会有所发展的不安情绪不是没有根据，这种决定论唤起了在基因遗传中找到"犯罪的人"的生物标记的希望。还不如就让弗朗西斯·加尔东的遗憾沉睡吧。

---

① 参见西蒙·A.科尔：《怀疑身份：指纹与罪犯鉴定史》，前揭，第97—118页（《退化的指纹》）。
② 巴里·舍克、彼得·诺伊菲尔德和吉姆·德怀厄：《真正的清白：5天判决生效及对误判罪犯的其他处决》，纽约，道布尔戴出版社，2000年。
③ 轰动一时的O.J.辛普森诉讼案件说明的问题；参见托尼·莫里森和克劳迪娅·布罗德斯基·拉库尔：《一个国家地位的诞生：O.J.辛普森案件的公众兴趣、底稿和公众关注度》，纽约，潘塞恩出版社，2000年。
④ 参见尼科尔·哈恩·拉夫特：《创造天生罪犯》，厄巴纳，伊利诺伊大学出版社，1997年。
⑤ 参见安全手册，第56期，巴黎，高等教育研究国际互联网（INHES），2005年；尤其是艾谢·杰伊汉《生物统计：管理当代现代特色具有的不确定性的一种技术——美国的应用》。在法国掀起关于INES（安全化的电子国家身份）电子护照和身份证的计划的讨论，《世界报》，2005年6月16日。

第四部分

苦难与暴力

第八章　屠杀:身体与战争

斯特凡纳·奥杜安-鲁佐(Stéphane Audoin-Rouzeau)

任何战争的体验首先就是身体的体验。在战争中,实施暴力的是这些身体,而蒙受暴力摧残的也正是这些身体。战争这一实体性与战争现象如此紧密地混同在一起,要从战争活动造成的诸多身体体验的历史人类学中分离出"战争历史"是不容易的。

仅就此处吸引我们目光的西方及其与其他文化领域的联系而言,首先,我们要观察的是 20 世纪前半叶期间,只有极少数西方人能完全在战争中避祸。在两次世界大战期间,战斗就这样具有了"被普及的义务"的意义。革命战争和帝国战争,发起了对入伍者进行总动员的方针,接着是逐渐被欧洲各国效仿的 1798 年的征兵方针,这些战争很可能促成了身体战斗体验的初期普及化:尽管如此,对男人的动员实际上是非常不全面的(1800 年到 1815 年之间法国被动员入伍的人是 160 万)。然后,在一段至少是部分回复到正常状态的日子之后,在普鲁士模式的推动下,欧洲社会军事化的新阶段给 19 世纪 60 年代和接下去的几十年打下了烙印。但是,正是两次世界大战的爆发催生了真正的界限跨越。从 1914 年到 1918 年,7 千万西方人投入战斗准备。例如在法国,征兵的压力达到极点:某些年龄组中被动员的人达到了 90% 以上,被限制入伍参军的年龄在上、下限都得到放宽(18 岁,甚至 17 岁在父母同意的情况下就可以自愿入伍;保卫本土的预备役军人最高年龄可到 48 岁)。那些最不愿意实行义务兵役的国家最终也加入了这个大潮:从 1916 年 1 月起英国通过征兵募集到 250 万人。20 多年后,第二次世界大战进行了更为广泛的动员;8700 万西方人披上戎装,投入了历时更长的战斗。某些国家的征兵压力比一战期间的压力更甚:1914—1917 年,俄罗斯动员了大约 1700 万人,1939 年起苏联动员了 3450 万人;1917—1918 年美国动员 420 万人,1941 年 12 月起是 1635 万人;德国方面,1914—1918 年间是 1320 万人,1939—1945 年间是 1790 万人。其代价是到战争末期,征募的对象下至 16 岁甚至更年幼的未成年人,上至 55 岁的成年人。诚然,不是所有组成这些庞大军事化群体的人,其血肉之躯都接受了战争的洗礼:军队里越来越复杂的行政管理和后勤促使非作战军人数量不断增加,那些未被派到步兵部队作战的人员数量也在增加,步兵是令人感觉最为艰苦卓绝的兵种[①]。这些组建的后备军,我们要突出的是,1914—1945 年期间,对于大部分西方世界的人来说,战争给身体带来的痛苦构成了一种社会的常态。

但是牵涉到的不是只有最近这一些。确实,以前的战争活动从来没有如此深入地扎根到参战国的社会组织中去。受到经济上和社会动员的制约,老百姓的身体就更不能置身于外,妇女尤其为这些动员承担了沉重的义务,加之 1914—1918 年大规模出现的战争活动造成的总计效应,这些战争把平民百姓变成了战争现象中的天生靶子。他们是间接的靶子,被剥夺物质,尤其是食物,又或是进行因大批外逃和被迫迁移造成的长途迁移,这些事情榨干了他们的身体。他们还是直接的靶子,他们是入侵、占领、战略性轰炸、饥荒(策划的或无策划的)乃至关押集中营(带有或不带灭绝目的)等相关大屠杀的对象。

1914 至 1945 年期间,在全部战争中身体的经历首先是由居高不下的死亡率表现出来的:第一次世界大战中死亡 850 万西方人,几乎全部为战斗人员。对照之下,平民伤亡始终为数极少。相反在第二次世界大战期间,死亡 1600 万或 1700 万西方作战人员,但是平民百姓的死亡人数达到了 2100 万或 2200 万,尤其是在中欧、巴尔干半岛的欧洲地区和东欧。此

---

① 正是如此,第一次世界大战的军队构成中超过 70% 是步兵,到战争末期只剩 50%。25 年后,有人估算,1945 年 880 万动员入伍者中只有 70 万美国士兵组成了战斗师,不到 40% 的太平洋美国军队真正经历过战火,其中有相当一部分事实上是意外而为。

外，还存在骇人听闻的间接的超高死亡率。

"在第二个 20 世纪"期间，在"核革命"①的新范围内，战争的体验非常明显地更局限在社会方面，不过某些在服役年龄范围内的人在身体素质的忍耐性上更具优越性。1954—1962 年间，在阿尔及利亚服役的 120 万法国青年是西欧 20 世纪"战后最新的一代人"。相反在美国，150 万去韩国服兵役的青年，在全体 18 至 20 岁（相当于登记入册的年龄）的年轻人中只占很小的比例。而在 1965 至 1972 年末，有 340 万美国人奔赴越南，其中只有 16％来自征兵。（高峰值在 1966 年，最多征得 38.2 万人，他们在步兵部队中占到了 88％，伤亡达 50％。）即使是 1980 至 1989 年间在阿富汗作战的几代苏联青年，或是 90 年代在前南斯拉夫发生分裂时互相对峙的塞尔维亚、克罗地亚和波斯尼亚的战斗人员，亦相当清楚地表现出在 20 世纪第二阶段，身体在战争中的遭遇失去了其社会普遍性的特征，变成例外事件。而且，逐渐变为只是志愿者去经历战争，在远离大都市的战场鏖战。亲身体验战斗的经历就这样与西方社会渐行渐远，而且同 20 世纪前半叶相比，西方社会实现了广泛的非军事化。到 20 世纪末，对于绝大多数人来说，亲历战火变成了一件不可思议的事情。虽然还受到恐怖主义的威胁——事实上，还极具扩散性——似乎身体被战争触及的可能性，无论是作战的人还是平民百姓，都最终从我们意料的视线中消失。然而，这并不意味着 20 世纪的极端暴力在威慑力、牺牲他人还有丧失现实感方面在今时今日没有沉重影响。

1

现代战斗：身体的新体验

1）挺直的身体的继承②

19 世纪初的士兵挺直着身体进行战斗：他站着迎击危险，或在迫不

---

① 让-路易·迪富尔和莫里斯·韦斯：《20 世纪的战争》，巴黎，阿歇特出版社，1993 年，第 3 章。

② 此处重新采用了乔治·维加埃罗在《挺直的身体：教学权威的历史》中的表达，巴黎，让-皮埃尔·德拉热出版社，1978 年。

得已之时才跪着。其武器决定了他的体位:火药步枪,能够发射一颗圆形子弹,发射缓慢,穿透力不高,有效射程百来米,不是很远。经验老到的士兵可以每分钟上两次弹药,这一操作都是站着完成。同样射手给武器退膛也是站着完成,面对枪林弹雨也是站着上刺刀冲锋。依马塞尔·莫斯的[①]名言,这样一种"身体技能"还远构不上一个次要问题:士兵的这个直立姿势不仅是受战斗的科技条件所限,它也被作战人员本身高度看重——并且也令人更为看重。这样一种战斗精神痛斥缩头缩脑和在火力前低下身躯的那些本能的身体行为。让-罗克·夸涅在他的回忆录中这样写道,1800年6月9日在蒙特贝罗,当他第三次受到战火洗礼的时候,在一连串炮弹炸响时他本能地低下脑袋。他立即被他的上士官用沙盘在包上敲打了一下,并扔给他这几个字:"不要低头。"[②]在战场极为危险的情况下,还是要保持挺直。身体上如此,在精神上也要如此。

这就是为什么要完全保持清晰可见,而不能模糊不清。关于军服的审美观把实施战役的惨烈与拿破仑战争时期已达到极致的军服之美联系在一起。在到处都弥漫着黑色火药燃烧释放出来的浓烟的战场上,这些衣料具有的鲜明颜色不只是起到辨识特征的作用。比如制服上闪亮的部分是用来突出士兵的身体,尤其是在作战时。此外,帽子突出的是身材,还使士兵的轮廓变得高大。"男人受到变得高大和抬额之欲望的鼓动",巴舍拉尔写道。[③]确实如此,我们不应该低估在看到敌人骑着马,身披金属铠甲的高大外形时可能引起的恐惧。在滑铁卢,一名英国中士用这样的字眼描述法国重骑兵突然出现在他面前时的情景:"他们的外形很可怕——没有一个低于两米,他们带着金属头盔,胸前披着用闪色对角线划分的护胸甲,用以干扰子弹的射击。他们看上去具备极强的体格,我曾想过,面对他们,我们没有一丁点机会。"[④]

---

① 马塞尔·莫斯:《身体的技能》,载《社会学与人类学》,巴黎,法国大学出版社,1997年,第365—386页。(第一版,1950年)

② 让-罗克·夸涅:《J.R·夸涅回忆录》,图尔,马姆出版社,1965年,第22页。(第一版,1851年)

③ 加斯东·巴舍拉尔:《神态和梦想》,巴黎,约塞·科尔迪出版社,1943年,第43页,由乔治·维加埃罗在《挺直的身体:教学权威的历史》中引述,前揭,第9页。

④ 由约翰·吉根引述《战斗的解剖学:1415年阿赞库尔战役,1815年滑铁卢战役,1916年索姆河战役》,巴黎,罗贝尔·拉丰出版社,1993年,第130页。

20 世纪初的军队还很好地保存着关于直立姿势和战斗美学之古老要求的痕迹。众所周知，在 1914 年之前，法国军队都坚持选择浅红色裤装。但是我们知之更少的是，在军服功能占主导地位的同一个时期的军队里，像英国作战服，颜色变到了土黄色，又或者像绿野灰色的德国军服，也绝没有抛弃颜色鲜明的边饰，闪亮的装饰小部件，甚至也没有扔掉没有很大保护体积的大盖帽，就像德军使用的皮革尖顶头盔。它们存在的这个理由在打造战士外形的旧传统中根深蒂固。

因此，20 世纪初所有西方军队里的应征入伍者要接受极为苛刻的"严酷训练"——这个没完没了的学习期通过学习规定的姿势，丝毫不动的立正姿势，出示武器的动作（不能忘记要与自己的武器培养出亲密的感情），慢慢学习掌握简洁的命令和步行军，来培养身体的笔直体态——它早在不到一百年之前就属于仍发挥作用的诸多战斗要求的延续部分。因为，19 世纪初的士兵肩并肩作战，火力单薄，要求士兵进行这样的集中，保证射击的效率。军官把他们的士兵控制在声音所及的范围内，必须能够使他们在炮火中行进战斗。总之，用麦克·唐纳将军在瓦格拉木战役（1809 年）之后的一个有力表达来说，士兵们就是应该像"缝合在一起"似的体验对抗时的畏惧，经受敌方炮火，接受步兵部队或骑兵部队的任务。这一丰富的继承在 1914 年之前的兵营中仍然意义深远。就像奥迪尔·鲁瓦内特所强调的那样，身体被视作军队灵魂之镜，"岿然不动和刻板刚性被理解成是战士作战时要求具备的自我克制和沉着镇定的特征"。[1]

然而，在看到 1914 年后士兵大批阵亡时，这一时期西方士兵的身体素质是不是如我们通常断言的那样，没有得到很好的训练？我们要着重指出的是，自上个世纪受到肯定的"军事化躯体的系统制造"[2]以来，他们从来没有受过为抗衡战争中的极度疲惫而进行的精心训练。例如，在并不被认为已经预知这些新要求的法国军队里，自 1901 年以来，复审意见时的限定标准不再是身材的最矮小值，而是体重（从 1908 年起最少要达

---

① 奥迪尔·鲁瓦内特：《"服役良策"：19 世纪末法国兵营体验》，巴黎，贝兰出版社，2000 年，第273 页。

② 乔治·维加埃罗和里夏尔·奥洛特：《身体的历史》第 2 卷《从大革命到第一次世界大战》，巴黎，瑟伊出版社，2005 年，第 363 页。

50公斤)和胸围。受瑞典人启发的一种新型健身被认为可以增加胸围尺寸。20世纪头几年,刀剑训练和游泳被用来作放松身体的普通锻炼之时,这种健身在士兵中盛行起来。尤其,行军拉练依然是为战争所做的主要体质训练,考虑到战斗中所有部队组织的忍耐性,这是很正确的。士兵都是负重行军,诚然自19世纪以来个人辎重有所减轻,但仍然重达三十来公斤(包、服装和武器),并且根据循序渐进的训练,它必须达到24至26公里的路程。在骑兵部队和炮兵部队里,任务的多样性和驾驭马匹的要求使得残酷的身体训练更为严苛。总之,"这些得到磨炼的年轻人在头几个月每天晚上都抱着他们的武器筋疲力尽地睡去",1890年一个医生记录道。[1]我们尤其注意到,"源自身体上无可否认的痛苦"[2]的一种新型的关于体质文化的训练变得不那么抽象,而更接近预见中的战争的实际情况。普鲁士的训练曾经取得了德国统一进程的最终胜利——尤其在1870年战胜法国——其标志就在于把士兵的训练与更具现实意义的服役环境拉得更近:学习呈散兵线分散或部署开,在多变地形中越来越复杂的作战任务,地面突发事件的定位,寻找隐蔽场所和挖工事(不过在这项训练上法国比德国要薄弱得多),学习在战地开火(不再只局限于目标射击)——就如1901年国防部长所说,要为战斗施行培养一支"灵活和善于作战的"步兵部队的军事训练。[3]

不管怎样,任何一支西方军队都并不真正善于根据20世纪初的战役的教训(布尔战争[4],日俄战争,巴尔干半岛战争)使身体的训练有所发展,使用的那些新型武器装备非常不符合关于未来战争的预期值[5]。尤为明显的是,轻视战火对身体的影响。就像费拉东博士在1913年的文章中揭示的那样,他被列为1914年之前欧洲战争外科学上最伟大的人物:

---

[1]　由奥迪尔·鲁瓦内特在《服役良策》中引述,前揭,第300页。

[2]　同上,第314页。

[3]　国防部长,安德烈将军的通函,1901年11月30日。由奥迪尔·鲁瓦内特引述,前揭,第289页。该通函内容应在其著作的第5章。

[4]　[译注]1899—1902年,英国人和荷兰人的后裔布尔人为争夺南非殖民地而展开的一场战争。

[5]　奥利维耶·科松:《20世纪初的战争体验(布尔战争,满洲里战争,巴尔干半岛战争)》,载斯特凡纳·奥杜安-鲁佐和让-雅克·贝克主编:《第一次世界大战百科全书(1914—1918)》,巴黎,巴亚尔出版社,2004年,第97—107页。

"医生总是梦想具有人道主义精神的飞射物能够有足够的杀伤力去阻止敌人，但其杀伤力又要小到不要制造出太过严重的损伤。……事实上，被这些（小口径的）子弹所伤，所感受的痛楚是少量的；这些损伤还相当微小，伤者可以自行到达救助地点；不怎么利于细菌发展的发射物很少会让衣服变成碎片；它拉开的伤口通常是清楚明显且面积狭小；伤口的演变属于更简单更迅速的规律；连续病弱更是很少发生。"[①]

实际上，与对新冲突缺乏观察相比，把经验值内化的不现实情况更甚，这些经验值与表现未来战争应为何样的整个体系并不协调。因此，通过强大的反馈效应，还以大大强化士兵的操练为代价，在战斗中深入调整战士训练的将正是战争本身。一战期间所有被撤的军事训练都是这种情况[②]。但是二战时，关于战斗训练的"经验回归"再次重演，例如被派到东部前线作战的德国军队[③]或是到太平洋受训[④]或在越南作战的海军陆战队，就像军队训练所表现的那样不带一丝怜悯之情，而且通常是难以忍受。然而，任何预先的训练都不能完全取代在战场中获取的对身体的历练：在 20 世纪的所有战争中，那些新兵，即使在之前得到了极好的训练，在初到战地前几刻的伤亡总是非常大。这正是因为他们既不善于及时俯身，也不善于相当迅速地扑倒在地上。

2）身体机能的转变

事实上，自 19 世纪 40 年代，尤其从 60 年代开始清晰可见的是，武器装备的发展（尤其是步兵的枪）开始使西方战士从垂直姿势向拉伸姿势转变，在战场上拉开了人与人之间的距离。20 世纪初发生的战争中（1899—1901 年的布尔战争，1904—1905 年的日俄战争，1912—1913 年的巴尔干半岛战争），19 世纪八九十年代跨越的科技新阶段巩固了这一发展，但是

① M. 费拉东博士：《关于现代武器所致的战争创伤》，载《巴黎外科协会公报和论文》，1913 年。
② 关于德军，并且尤其是关于"经验回归"的概念和机理，我们借助于安娜·迪梅里的分析，《一战的德国士兵：军事组织和战斗经验》，2 卷，博士论文，亚眠，2000 年 12 月。
③ 作为例子，可以阅读居伊·萨热的《被遗忘的战士》中自 1943 年春天起，被编入大德意志师时关于强制训练的证明，巴黎，罗贝尔·拉丰出版社，1967 年。
④ 关于 1943 年初海军陆战队中机械性训练的严酷性，可以参见尤金·B. 史雷吉在《贝里琉岛和冲绳岛之战》中引人注目的证词，纽约与牛津，牛津大学出版社，1981 年。

使西方战士的身体机能最终发生决定性改变的是第一次世界大战。从此,面对战场上前所未见的危险,保护个人的规定要求一定要蹲下或卧倒。

科技的发展复因导致这种转变。20 世纪初西方武器中可连发的枪可以发射每分钟超过十发圆锥形、快速、旋转的子弹——因此极具杀伤力——有效射程可达六百米左右。在看似空空的战场上,这些子弹"悄然无声地达到了使敌方伤亡的效果"①。这种个人使用的枪的效能还被机关枪加强,后者作为工业战争的一种典型武器,每分钟射出 400 到 600 发子弹,能够在前面组织起一道火力墙。另一方面,炮兵部队的力量与 19 世纪初相比翻了十倍。从此它能控制纵深几千米的战场。因此,从一战起,一个主要的决裂口产生。一战期间,西方社会在战争领域方面跨越了一道决定性的暴力界限。战斗的伤亡达到历史上前所未有的水平:1914—1918 年记录的平均值,法国上升到每天将近 900 人阵亡,德国超过 1300 人,俄罗斯接近 1450 人。二战期间,德国的记录是每天超过 1500 人阵亡,苏联超过 5400 人。然而,20 世纪最致命的时日是一战期间:1914 年 8 月 20 日至 23 日,法国军队有 4 万人阵亡,其中仅 22 日一天阵亡人数就达到了 2.7 万人。1916 年 7 月 1 日,英国军队阵亡 2 万人,伤 4 万人。

相反,1945 年之后,伤亡的水平发生变化,并且与两次大战期间达到的数字无任何共同之处。1946—1954 年间的印度支那战争中,法国军队记录的伤亡是 4 万人,即 1914 年至 1918 年间平均每一个半月的战斗伤亡值。在历时 37 个月的朝鲜战争期间,在半岛作战的 130 万美军中,有 33629 名将士阵亡,伤员为 103284 名。1964 年至 1973 年间,在越南,作战人员穿着防弹背心,在总计 230 万在境内逗留过的将士中,战斗死亡 4.7 万多人(5.6 万人死于事故和疾病),伤 15.3 万人。即平均每天阵亡 15 人左右,是二战的十五分之一。诚然大批的伤亡继续伴随着战争现象出现,但是在 1945 年后的非对称性战争中,它从此记录下的是西方军队敌对方的伤亡数;1950—1953 年间中国军人和北朝鲜军人伤亡将近 150 万;1964—1973 年间在北越军队和越共中阵亡人数大概将近 100 万人。

30 年代期间,沃尔特·本雅明对本世纪初出现的战斗的转变作出了

---

① 菲利普·马松:《战时的人类,1901—2001》,摩纳哥,峭岩出版社,1997 年,第 30 页。

完美的解释："还坐着马拉的有轨电车上学的一代人赤裸裸地处在一个除了云朵就不具有任何可识别标志的境况中，而到处充斥着紧张和破坏性爆炸的战场上，中间，便是人类渺小而脆弱的身体。"[1]实际上，从 20 世纪起，战场上新的危险迫使战士在任何暴露的区域里一旦处于炮火之下，就必然蹲着移动、匍匐或卧倒，来试图保护自己的身体。这些身体的实践接下来继续成为非做不可的事情：越南战场的美国战地记者相较于之前或后来的战地记者，是最接近战斗区域的一批人。他们的照片显示，一些战士在个人的坑位里，在战壕或最单薄的天然屏障后面，利用一种身体的技术诀窍，像胎儿那样蜷缩成一团。在这样一种身体机能中，很难将产生自预先训练的动作与面对危险时基于本能做出的动作划分开来：在多多少少有点单侧的姿势中，胸腹紧贴地面，一条腿蜷曲起来，试图保护暴露着的一部分腹部。背部——"这个顽强且弓起的背部像一个背甲……对着（这道）弯曲且密度很大的墙或在这道墙里，任意释放我们的弱点"（米歇尔·塞赫）[2]——依然是要接受冲击的。我们非常清楚地看到战士们在保护头部：用他们的手，有些是以头盔紧紧抵住他们的头颅，完全用前臂包护起来，或用一只手抵着颈背。

这种身体姿势尤其表露出身体对炮击的恐惧，当炮击变得过于强大或过于接近时，这种恐惧是无法控制的。伽布里埃尔·舍瓦利耶在《恐惧（1930）》一书中用这些字眼进行了回顾、描述："我们受到（这些炮弹）紧逼式的猛烈轰炸，这些炮弹精确度很高，落在不超过 50 米远的地方。有时候非常接近，我们被它炸起的尘土掩埋，还能吸闻到它们的烟。那些还在笑的人此时就只是被追逐的猎物，没有尊严，身体按本能来行动。我看到我的同伴们，脸色苍白，眼神异常，互相推搡，聚集在一起，以免被单独击中。他们就像突然受到惊吓的傀儡那样心绪不定，他们紧紧抓着地面，把脸埋到地里。"[3]在这样恐怖的连续射击的时刻，身体上的括约肌和一些最基本的功能的失控变得稀松平常。一名加拿大新兵，在二战中遭遇了

---

[1] 沃尔特·本雅明：《讲述者：关于尼古拉·列斯科夫作品的思考》，著作第 3 卷，巴黎，伽利玛出版社，Folio 丛书，第 115—116 页。由安妮特·贝克在《莫里斯·阿尔布瓦克斯：世界大战方面的文化人（1914—1945）》中引述，巴黎，阿涅斯·维耶诺出版社，2003 年，第 153 页。

[2] 米歇尔·塞赫：《身体的变动》，巴黎，波米耶-法亚尔出版社，1999 年，第 30 页。

[3] 伽布里埃尔·舍瓦利耶：《恐惧》，巴黎，斯托克出版社，1930 年，第 54 页。

德军 88 高炮部队的炮火袭击,他回忆道:"(中士)马上尿裤子了。这些事情发生的时候,他总是尿裤子,"他补充道,"这之后就正常了。他根本不会为自己辩解,而就在那时,我感觉到我自己也有些不正常(……)有点热乎乎的东西掉到地上,而且它好像还顺着我的大腿流淌……我跟中士说:'中士,我也尿裤子了',大概就是这样。他大笑并跟我说:'欢迎加入战争'。"①

诸多与战士直立战姿这一风气密不可分的因素亦与这个姿势一起消失。骑兵长官,其坐骑增加了身体受伤的可能性:他比步兵更具有暴露性,他必须侧转身体进行躲避。战马,这一在西方战争现象中长期存在的主要元素,它的消失以付出诸多遗憾之后得以实现:1916 年,甚至在 1917 年,那些盟军统帅仍然对可以使用战马的战术时机抱以期望。因此,坦克,还有飞机被无数的骑兵理解为新的坐骑,可以和身体的激情以及在马上的负重效率重新联系起来。

战斗的服装也触及到了同样的发展。1914—1915 年间,曾把战斗暴力的发挥和服饰的美观联系在一起的服饰上的薪火传承在现代战争的要求面前最终消失。从此现代战争要求不具可见性。应该对这样一个转变进行全面评估,不仅评估战斗经验的转变,还要评估我们社会的转变。

2

身体的苦难

1) 耗尽的身体

现代战争体现了一种具有新型强度的暴力,它也意味着身体承受着一个持久的不幸。由维克多·戴维斯·汉森②诠释的"西方战争模式",

---

① 巴里·布罗德福特主编:《六年战争 1939—1945:海内外加拿大人回忆录》,多伦多,加拿大道布尔戴出版社,1974 年,第 234 页,由保罗·福塞尔引述在《在战争中:第二次世界大战期间的心理和行为》,巴黎,瑟伊出版社,1992 年,第 389 页。

② 参见戴维斯·汉森:《西方战争模式:古希腊的步兵战役》,巴黎,美文出版社,1990 年。

围绕战役,长期假设出一个极端暴力但时间短暂的冲突——最多几小时,例如在某几场拿破仑战役中,可以看到投入的兵力将近 1/3 处于战斗之外的状态——还有在时间和空间上,面对可以明确获得避免延长战争时间的决定性结果,进行的武力集结。现代战争体验中主要特点之一反而在于对抗的持续时间。在这方面,初期现代战役之一就是奉天(即今沈阳)战役,俄军与日军在满洲里对峙。它从好几方面预示了 20 世纪主要的对抗具有"消耗战(campagne continue)"的特征:1904 年 10 月到 1905年 2 月,两军交战处于胶着状态,直到日军从俄军防御前退兵,没有获得任何突破口。第一次世界大战的那些"战役"把与攻守相关的转变推到了不合逻辑的程度。这些战役只是徒有虚名:更多的是在无防御工事地区进行的真正的围攻,此外它还发挥了传统攻城的所有战术(重新获得的和现代化的):成排的战壕(几乎是凹形的防御工事),在敌方阵地下挖掘的地道,手榴弹,呈抛物线发射的炮弹等等。就这样,凡尔登"战役"持续了 6个月,索姆河战役是 5 个月,伊普尔战役在 1915 年持续了 1 个月,在 1917年是 5 个月。接着,二战充分巩固了这一转变。很少有战士经历过"闪电战"。绝大多数人经历的都是"消耗战",比如 1941 年秋冬起在东部前线发起的战斗,还有斯大林格勒战役之初和兵败柏林期间再次发起的战斗。在 1944 年 6 月—7 月的诺曼底;1943 年 11 月—1944 年 5 月间在罗马以南的"古斯塔夫防线"上,接着从夏天开始在意大利南部;在通常鏖战数月后才被美军攻克的太平洋群岛上;抑或是在 38 度纬线以北投放了中国军队的朝鲜,在以上这些战场也能找到类似的战役,这些冲突都转变成了"和一战差不多的战壕里的战争"。①众所周知的还有,奠边府是个"没有神圣之路的凡尔登"(德·卡斯特里将军),这场战争中,战斗不中断地持续了 2 个月,期间不存在任何接替、换防的可能性。当然,这种消耗战不是到处都有。越南战争是最好的反例:这是一次低强度的冲突。在此次战争中,义务服役期限为一年,由诸多小分队执行搜寻与摧毁的作战行动,当然也是一些令人极为疲乏的任务,它们会因士兵定期返回安置在后方的基地进行身体休整而中断。

　　但是,这是个特例,消耗战构成了大多数西方战士的原始经历,尤其

---

① 菲利普·马松:《战时的人类(1901—2001)》,前揭,第 30 页。

是在战争明确成为大众社会经历的那一段时期里。这给体质造成的后果是值得注意的。首先要注意到沉浸在酣战中的战士们身体耗竭。例如在奠边府，很快并且确实，不再存在一丁点停顿或救生撤退的机会，一些身体健康的士兵在没有任何伤口和没有任何预兆的情况下突然死去①。因为现代"战役"拉长了战斗压力的持续性，这种在身体上、生理上还有心理上同时具有的反应在处于生死攸关之际可以调动个人的所有能力，但是它被拉抻到了超越人体可能性的程度，最终耗竭殆尽。战士们就是这样经历了在西方战争活动史上前所未有的身体和心理上的体验。所谓"超过极限"的压力的案例比比皆是：一些战士有些时候会突然分心，在危险四伏的阵地里，他们的身体感觉像是瘫痪了一样。看看这些战争的照片，照片上，身体历经严酷考验的士兵眼神空洞，浑身虚脱，筋疲力尽，抑或还有士兵在阵地上倒地就睡，这正是身体承受极端负荷所致。

但是战斗不是全部。必须对更为普通的"战争劳顿"予以重视，"消耗战"模式加剧了困顿的程度。行军，因背负武器和包袱而变得沉重不堪的行军，依然是 20 世纪作战的最严酷考验之一。诚然，上个世纪已经成功利用船舶，尤其是火车（后者在 1859—1870 年），作为转移和集结军队的运输工具。随后，二战中，卡车标志着又一个突破口。没有它，要实现"频繁运输"，支持凡尔登战役是不可能的。最后从朝鲜战争开始，直升飞机确立了它的王者地位：随后，在阿尔及利亚，在越南，它可以投掷军队展开最灵活有效的梳篦式搜索，节省很多步兵的体力消耗。然而，没有任何现代交通方式能够为西方士兵免除在战斗地带或即时登陆时无休止的行军带来的可怕考验。这让人想起 1914 年，"运动战"之初，德军左翼的士兵因连续穿过比利时和法国北部地区而精疲力竭：顶着八月的酷暑，在一个月期间，冯·克鲁克部队每天行进 40 公里左右，同时还要作战！战败的一大原因就是军队的去现代化，那么留给担心被俘的士兵的出路就只有行军：1940 年 6 月法国军队的大撤退行军，还有从 1943 年大溃败起东线德国士兵的行军，对于那些士兵来说都是对身体的巨大考验。还有战俘被迫进行的"死亡行军"也是如此：例如 1942 年巴丹岛的行军，或是 1954 年奠边府的行军。

---

① 罗歇·布吕热：《奠边府的那些人》，巴黎，佩兰出版社，1999 年。

战争的经历也深入破坏了身体平常的节奏。生物钟就这样因睡眠缺失、休息时间和用餐时间不规律而受到极大扰乱。虽然新创的后勤部队提供了补给的可能，军需给养还是时常缺乏。最基本的需要无法得到满足，饥饿、饥渴仍然是家常便饭，这是 20 世纪士兵们共同的遭遇。消耗战也破坏了所有对身体最基本的关怀。身上的污秽、气味，布满全身的害虫①，这些与长期无法洗澡、换衣，甚至脱鞋有关，这对习惯进行日常个人卫生的城市兵来说尤为深切地感受了这份特殊的痛苦。1916年，一份法国战地报纸记下了尤为痛苦的是"半个月内从来没有洗过澡，35 天没换过衣服"。②在越南的美军，在"搜索—破坏"两个行为间返回安置妥当且配备良好的基地，这一操作方式相对于 20 世纪的战斗人员中的惯例来说，构成了一个例外。要补充的是，一旦战士们沿着拉长的广阔的战线暴露在露天之中，那么遇到恶劣的天气就会大大加重身体受到的折磨：雨水本身也变成了一个敌人（1914—1918 年在西部阵线上，还有在太平洋和越南），还有就是寒冷，1914—1918 年和 1941—1945 年的冬天，东欧前线上的严寒极为可怕。"冬天的战斗"，泥浆，是 20 世纪士兵的噩梦。

2）受伤的身体

新的战斗方式加剧了身体创伤。19 世纪末受到新出现的无烟火药推进的近代子弹以其穿透力和命中时的冲力效应对伤口造成前所未有的重创。至于炮弹爆炸时高速射出的弹片，其威力极为强大，射出的炮弹碎片中最甚者可以撕毁人的躯体，打掉人体组织的任何一个部位。1914—1918 年起，在西方军队记录的伤员中，炮兵部队造成的重创达 70％—80％，伤员数字（事实上还非常不精确）大概上升到超过 2100 万人。在二战中，这个比例几乎没有发生变化：总体上，20 世纪的战斗体验首先是一段可怕的炮轰经历，这里要补充的是受到迫击炮、火箭筒、飞机轰炸的经

---

① 不过，由于使用 DDT，此物对于疟疾也同样有效。二战期间，寄生虫的情况要好于之前的战争同类情况。

② 《重磅炮弹的回声》，1916 年 2 月 29 日，由斯特凡纳·奥杜安-鲁佐引述在《通过他们的报纸：14—18——壕沟里的战士们》中，巴黎，阿尔芒·科兰出版社，1986 年，第 43 页。

历。其中，马克·布洛赫在《奇怪的失败》一书中注意到，"这从天而降的轰炸，它具有确确实实的极为恐怖的一种能力"。[1]武器装配的多样化和不断提升的有效性如何提高炮轰在战斗人员身上体现的固有的易损性？从实体性历史角度来看，特别要提及一下 1918 年期间占统治地位的坦克，其滚动的履带具有碾压和粉碎躯体的能力，在它的履带上面还可能继续粘附着人体的碎末。[2]

新型的暴力依然不为人所熟知。一些不知名的伤亡与武器射程的不断增加有关：不知道谁被杀，谁又杀了你们，即使一部分的武力并不为人知晓，并且在数量上占次要地位，它始终属于人际（人对人）类型，尤其以肉搏的形式存在。无论是被杀还是杀害他人，所致的死亡都失去了个人色彩，并得到新武器的推波助澜。诸如地雷，从此可以在任何敌人不在场的情况下起到致人伤亡的效果，而且据显示，它是二战及其后半个世纪中伤人的诸多巨大因素之一（1941—1945 年间美军阵亡人数中地雷致死占3％，在越南时则占 11％）。

医疗后勤部门的进步与致命手段在赛跑，前者没有轻易赢得这场比赛。诚然，20 世纪初起，在战争中因病死亡只是特例，尤其是已经接种预防破伤风和斑疹伤寒。但是，暴力致死的因素在战争中占了上风。一些研究，将 1815 年滑铁卢战役英国军队的伤员幸存率与 1916 年索姆河战役的作比，以此为基础，指出在两个世纪间，伤员幸存率在逐渐降低，而非相反。一战期间进入护理线的伤员，70％是被击中手臂和腿部。不是因为这些肢体比身体的其他部位更具暴露性，而是因为头部、胸部、腹部的伤口在得到救治前就往往立即导致死亡。

大量战争伤残人士出现在城市和村庄里成为两次世界大战之间的欧洲社会里令人痛心的一幕。一战初始，战地上的救治地带，伤员人满为患。因延误初期治疗而发生溃烂更是经常发生。为了避免这种情况，受伤肢体被大量截肢。随后，更为及时的撤退，更有效地冲洗伤口，抑制了截肢手术的数量。在遇到像以前一样一旦胸腹中弹很深就会致命的伤情

① 马克·布洛赫：《奇怪的失败》，巴黎，伽利玛出版社，Folio 丛书，1990 年，第 87 页。

② 大卫·拜拉米：《坦克战的紧张和创伤：阿布维尔战役中第四后备装甲师的实例（1940 年 5 月）》，载菲利普·尼韦主编：《在皮卡第的战役：从古代战斗到 20 世纪》，亚眠，昂克拉日出版社，2000 年，第 239—248 页。

时，也逐渐采用手术治疗。同样，一战也出现了早期的移植手术，至少在某些情况下是这样。病人需要接受多种手术并在医院度过漫长的康复期，这些手术对于因现代战争的新战斗条件造成的严重毁容都具有一定疗效。那些"被打碎的面庞"成为现代战争标志性的牺牲品：一个面容遭到严重毁容的法国退伍军人代表团就这样参加了 1919 年 6 月凡尔赛条约的签字仪式。在德国，奥托·迪克斯从 20 世纪 20 年代中期开始，把面容伤残者作为其雕刻作品以及绘画作品的主题。遭受的苦难是：面容的残疾不仅成为了面部几个主要功能的障碍，而且还破坏了与他人的互动机制，并使其很难甚至不可能进行新身份的重建。截肢者，就他们来说，痛苦地生活着，而且通常承受着极端的痛楚，这些痛苦一方面是由他们肢体残端的极度敏感引起的，另一方面，是由对他们"鬼魅般的肢体"的极度敏感引起的。但是忍受这一切的人们没有提及或几乎没有提及过这一生中身体遭受的苦难。①

如果说在 20 世纪期间"这一系列的创伤没有得到任何彻头彻尾的改变"②，那么在二战时，对伤残人士的负责和承担却得到了改进。尽管如此，这个照顾仍然是不平等且只是部分的。③红军里，没有针对伤员的照顾尤其是个基本现象，这部分地解释了苏维埃大量的死亡人数以及死亡人数与伤员人数之间的关系（根据 20 世纪初到中期未变化的比例，死伤比例不到 1 比 2，其他军队是 1 比 3 或 4）。相反，盎格鲁-撒克逊人方面，潘尼西林的使用（1943 年起在工业上生产）可以用于处理缝合的伤口，预防细菌败血症引起的血液中毒，为中弹的肢体作新型矫形外科治疗开辟了道路。证明截肢迹象的气性坏疽一直肆虐横行于德军中，尤其盛行在东部战线上，却消失在盎格鲁-撒克逊的战场上。输血技术的改良以及保管、储存可能性的提高使得血浆可以被大量输送到手术室。关于休克和救生法的认识的发展，麻醉时间得以延长的可能性，胸外科的发展，最后

① 参见索菲·德拉堡特：《打碎的面庞：一战的面部伤残者》，巴黎，诺埃斯出版社，1996 年；《一战中的医生（1914—1918）》，巴黎，巴亚尔出版社，2003 年。

② 菲利普·马松：《战时的人类（1901—2001）》，前揭，第 118 页。

③ 在处境最为有利的美军中，由于受伤导致的死亡人数，相比于 19 世纪下半叶中的平均 15％—20％，在 1941—1945 年间没有超过 4.5％。而且，四分之三的伤员被认为是"可恢复的"。

运用飞机进行撤退的发展(东线,南非,太平洋战场),这一切都开始改变战斗中伤员的命运。从 1950 到 1953 年,在朝鲜,血管再通技术得到发展,但尤其是由救生直升飞机执行的七万次疏散,在减少一半"因伤致死"的人数上起到了关键作用。在越南,由直升飞机执行的救生疏散的 dust off① 任务还突出了减少战斗阵亡人数意义深远的进程(被接走得到救助后只有 1‰ 的士兵死亡)。20 世纪初被炮火力量的发展一度超越的西方军事医学从 40 年代开始异军突起。

3) 从肉体到心灵

战争能够引起巨大的心理紊乱,19 世纪的军医对这一点早已知晓。这些不为人熟知的实际情况被冠以不同于今天的名字,诸如"思乡病"或"焦躁波动"。大量增加"心理伤兵"数量的正是现代战争,这使得军队的卫生部门开始考虑这些病例并建立起治疗过程。

如果说在 1904—1905 年的日俄战争期间出现了最早一批精神受损的战斗人员,那么 1914—1918 年再次形成一个主要突破:例如在法国方面,精神受损的人员在无法作战的总人数中上升到 14%。词汇的混淆表露出其表现的混同:法国医生讲的炮壳震惊(commotion),英国同行叫做 shell-shock。其特征是,大家都设想,被带去治疗的士兵的精神障碍与因猛烈爆炸引起的神经紊乱有关。德国医生通过 1907 年起得出的战争神经症这一概念,又或是战争歇斯底里症的概念,更多地察觉到战争造成的精神障碍来自于心理上而非神经上的痛苦。治疗虽踌躇不前,但在一战期间的盟军中,产生了用于指导由昔至今的整个精神病学的初期治疗方针,尤其在对精神伤病的士兵立即采取治疗措施并在战斗场所附近将其看护起来,这完全有助于他们的康复。关于这些方针原则,美国人从 1924—1943 年起在北非和太平洋战场上又有了新发现:他们将必须面对超过 90 万的"精神受损"的士兵接受住院治疗的局面,1944 年间以及 1945 年比如在冲绳岛,此类伤兵人数达到惊人的峰值,高达十倍之多。

---

① [译注]名词,意思有二:(一)以空运方式撤走医疗设备、器材、人员和伤兵的军事计划;(二)用来执行这种计划的直升机。亦写成 dust-off。

美国人还必须接受这类精神障碍常态化的事实：在经过持续处于危险中的一段时日之后，几乎所有的士兵都会患上精神障碍，就像朝鲜战争和越南战争中的经历所证明的那样（按照美军的指标，在作战区域时间为200—240天）。

然而，精神病大为流行的这些数字并不可靠。难道他们没有估计医疗部门对此类病例的敏感度，以及战士们对此承认的（不断提升的）能力？不管怎样，一切都指出在20世纪末的战争冲突中精神受损人数明显增加：赎罪日战争中，以色列军队30%的伤亡属于精神受损类型（以至于引起以色列精神医疗机构完全重组，集中围绕在精神科医生和刚经历过近阶段打击的作战人员之间的系统汇报[1]上）。20世纪末的维和部队也必然从精神治疗中获益颇多，心理障碍在这些新类型的"战斗人员"中表现得尤为常见，因而精神治疗就更显频繁。这些新类型的"战斗人员"充当靶子的同时却只能按照严格的开火规则来使用武器，他们感觉不在战斗中，而是处于一场"大屠杀"的中央，他们就是这场屠杀的专属牺牲品。[2]

这里，在与现代战有关的感觉刺激的各种不同形式中，心理被直接重新引到了身体上，这些形式来自战士们的创伤。在感官刺激方面，眼睛首当其冲，尤其尸体、受伤的躯体或更可怕的肢体不全的躯体对视觉造成冲击，人当下就会不可避免地联想到自己的身体可能也会发生类似情况。在那一刻，别人就是自己。马克·布洛赫在他的《奇怪的失败》一书中非常清楚地讲到关于肢解的焦虑，还有连续经历两次战争的人所讲述的关于战斗暴力的一种历史人类学的独特例子："如果身体面临支离破碎的威胁，总是担心死亡的人绝对无法再承受对结局的那种想象；或许没有比自卫本能更不合逻辑的形式；但是也没有任何一个更根深蒂固的形式。"[3]当代军事精神病学向我们指出其他不那么惊人的视觉场面也能够引起精神上严重的痛苦：例如人马之间在人类学上具有相似性，受伤或死亡的战

---

[1] ［译注］汇报法（debriefing），原来是军队用语，指的是让前线回来的士兵汇报任务和战况。这个概念后来转变为对经历过灾害和精神冲击的人进行危机干预的方法（PD）。原本由美军救急队员米歇尔开发的紧急事件压力汇报法（CISD），逐渐变得有名。

[2] 弗朗索瓦·勒比戈：《在前南斯拉夫维和部队人员的战争性神经症》，《突触》第110期，1994年11月，第23—27页。

[3] 马克·布洛赫：《奇怪的失败》，前揭，第88页。

马很容易唤起人类对自身命运的共鸣；那些废墟也照射出战争的实体性，因为住宅是人类身体的保护外壳；森林在连续的炮火轰击下毁于一旦，这样树木就变成了人体的隐喻。听觉也受到刺激，比如耳边充斥着伤员令人难以忍受的尖叫声时。耳朵里灌满了爆炸的嚣利声，爆炸的震荡可以穿透身体，时间长了能造成一种特殊的麻痹，使好多士兵麻痹大意，即便他们有时身处炮火连天的境地。触觉同样也受到影响：战士们不可避免地要踩在阵亡或受伤的同伴身体上时，触觉会受到刺激——一战中在狭窄的战壕和交通壕里这样的状况频繁发生。又或是身旁伙伴被击中后的血肉碎块飞溅到自己的皮肤上。"令人恐怖的是看到我们供给食物、细心呵护、精心装饰的身体……事实上只是一具脆弱并充满令人反感的物质皮囊而已"，海军二副菲利普·卡普托总结道。[1]最后嗅觉也受到侵害，尤其是开始腐烂分解的尸体散发出的恶臭味，战场上的危险本身阻碍了掩埋尸体的任何形式："对于我们来说，正是嗅觉使得我们在战友死后和他们挤在一处，这件事令人很不舒服，以致我们无法适应这一切。"[2]20世纪得到卫生后勤部的医生们及时救治的许多士兵通过自发地伤害身体或自杀的方式，把他们不能再承受的外部暴力转嫁到自己的身上。

与这样的感官经历相关联的诸多精神障碍随后将长期存在。在参加1982年马岛战争的英国军队中，战后5年登记在册的还有50%的人有外伤性神经症。美国人把出现在战后，通常是在几个月的潜伏期后出现的神经症命名为PTSD[3]；法国人更喜欢用"创伤"来表示一些场景——通常是视觉上——在作战人员心理上起到的破坏作用：往往只是普通的一眼，想杀你或被杀的敌人的一眼，透过这个眼神，对方感觉自己已然死亡，"永生的幻想"突然泯灭。[4]不管怎样，我们今天知道，现代战争的代价不仅仅限于身体范畴。一切都表明，20世纪的战斗形态最终超过了士兵们适应和抗压的心理负荷能力。

---

① 菲利普·卡普托：《战争的噪音》，巴黎，阿尔班·米歇尔出版社，1975年，第131页。

② 菲利普·卡普托：《战争的噪音》，前揭，第172页。

③ ［译注］创伤后应激障碍（post traumatic stress disorders），指对创伤等严重应激因素的一种异常精神反应。

④ 我要感谢弗朗索瓦·勒比戈，铂希军事医院的这位精神病科医生，为我带来这方面的资讯。弗朗索瓦·勒比戈：《外伤性神经症，真实的死亡和最初的错误》，载《医疗心理学年鉴》，第155卷，第8期，1997年，第522—526页。

4）受辱的身体，军人的神话

在炮火中卧倒的战士，尽可能不让自己暴露，穿着一身肮脏且满身泥泞的军服，无力面对密集的炮火，身疲力竭，受了伤，他知道身体的恐惧意味着什么，因他自己的恐惧引起的耻辱意味着什么。他那些与训练、经验、耐力、身体的干劲紧密相关的才干本领可能起到一定的作用，但是此后，它们在面对现代战争，面对匿名且盲目的开火时，常常微不足道。20 世纪的战场如何最终不再成为那些参加过第一帝国战争的老兵在回忆录中提起的"荣耀的战场"？战斗的经历从此是丑恶的，一些"肉店"或"屠宰场"的字眼从许多经历者的笔下跳出来，显示出战士的身体沦为刀俎下的鱼肉，指明对待其身体的非人道化方式。同时，任何意义都逐渐与打仗脱离，战争变成一种令人反感的荒谬。对于通常是身体或心理上残疾的人，或仅仅是失去社会地位的人来说，战斗输出的困难增加：在感激的道义结构缺失的情况下，战争的回归变得更加困难（我们想起了 1918 年后轴心国的士兵，1945 年后德国的士兵，印度支那的士兵和阿尔及利亚的入伍青年，甚至想到了越南的美国士兵）。[①]从此，在战斗和回忆中如何找到对曾经有过这样一段经历的自己这份特殊的尊重？20 世纪的和平主义在大片长期得到尊重的身体经历的贬值声中扬足前进。

保罗·福塞尔，第二次世界大战的老兵，成为关注士兵语言的文学教师，他非常细腻地描绘了 20 世纪的作战用语流露出多么深刻的身体凌辱及其对心理的内化。一战起，盎格鲁-撒克逊的士兵"新语言"对于自己的身体和他人的身体经常倾向于贬义。那些猥亵的言行和粪便文学不言自明，它们时常似乎不恰当地弄脏整个用语。尤其 *shit* 或 *fucking* 这样的单词逐渐与所有词汇及军旅生涯中使用的缩略语融合在一起。保罗·福塞尔注意到，"*fucking* 在越战时变得那么平常和令人厌烦，以致美国人仅限于对它做普通的暗示，多亏缩略语在近代的使用，这个情况才有所减

① 布鲁诺·卡巴纳：《阴郁的胜利：法国士兵的战争输出（1914—1918）》，巴黎，瑟伊出版社，2004 年。

轻。新用语 FNG 或者 fucking new guy 出现……同时不断得到仇恨和恐惧填充的堕落冲动"，福塞尔总结道，"似乎很适合武装部队。"[1]

在反军国主义的决心之外，或许要思考的是在何种范围内这种粗鄙言语的爆炸性普及对作战军队普遍存在的性痛苦进行补偿。前线是否是保罗·福塞尔在描述二战盎格鲁-撒克逊部队的军事战区时提到的"无性场所"？"一般说来，既不是性失望也不是克制不住的欲望对前线的战士们造成扰乱，"作者肯定道，"他们太恐惧，有太多事要应付，又太饥饿，身心耗尽，非常绝望，而无法去想到哪怕是一丁点与性有关的事情。"[2]或许是这样。但是我们还知道，从一战起，源自于画报的色情图片"已经蔓延并完全占据了所有地方；它一直传到前线，在壕沟内的掩蔽所中流传，被挂在沟壁上，还……重新挂上英雄图片以聊慰寂寞的悲哀"[3]。在二战期间，这个现象就更为明显：在美军中，色情杂志和书籍的传播成为普遍现象。这些原始资料始终很难提供文献依据证明，性行为与此居于同一水平：1914—1918 年在战士中极少提及的手淫在关于二次大战的证词中广泛提到。还有，各种战争冲突期间，在所有后方，招妓成为普遍现象。至于同性恋——我们知道在完全与女性分开且还承受着自然压力，有利于现行社会文化规范侵袭的男性群体中，这是不可避免的现象——在 20 世纪的士兵的陈述中它始终是一个广为忌讳的话题。[4]

然而，这不是关于遵循选择，只从牺牲他人的角度看待作战经历的富有同情心的社交礼节。诚然，历史学家们不无理由地肯定，一战"肢解了男人"，它决定性地损害了传统男性的形态。[5]可是，现代战士的身体经历与和战争紧密相连的男性神话完全矛盾，而一个战士身体上的——也是心理上的——类型能够在 20 世纪初已开始的西方战争的转变中留存下来，难道不是 20 世纪的伟大悖论之一吗？大概关于西方军人的固定印象与完美的男子气概连接在一起太过长久——自 18 世纪末以来，乔治·莫

---

① 保罗·福塞尔：《在战争中：第二次世界大战期间的心理和行为》，前揭，第 133,129 页。

② 同上，第 150 页。

③ Tacatacteuteuf,1918 年 3 月。由斯特凡纳·奥杜安-鲁佐在《壕沟里的战士们》中引述，前揭，第 150 页。

④ 让-伊夫·勒纳乌尔：《一战期间肉体的苦难和剧痛：法国人的性道德(1914—1918)》，巴黎，奥比埃出版社，2002 年。

⑤ 参见乔安娜·布尔克：《肢解男人：男人的身体、英国和一战》，伦敦，瑞科图书出版社，1996 年。

斯这样认为①——以至于这种老套的想法无法轻易让位。一种新的战争现实的驱魔咒，其在补偿和赎罪上的作用都值得一问,法西斯主义身体的标准难道不是直接源于近代战场上的经历？1917 年起,弗里茨·埃勒尔,后来成为希特勒的肖像画家,为德国第 7 次战争贷款的海报勾画出如下特征:头戴凡尔登和索姆河战役中突击部队战斗的标志——著名的钢盔(*Stahlhelm*),配备带柄手榴弹和防毒面具的士兵似乎已经摆脱了背景中无人区域里的铁丝网。脸部表情果断。眼神尤是精髓:眼睛迸射出光芒。我们并不知道它凝视的是胜利,还是死亡,又或是一种绝对的个人形式。在战斗的炮火中,身体和灵魂都变得冷酷的士兵已经成为法西斯主义的"新型男人",这在纪念碑上也能重新见到。意大利法西斯主义和德国纳粹主义将这种模式系统化,使有形的现实从近代战斗中脱离出来:约瑟夫·托拉克和阿尔诺·布瑞克的雕刻作品和浅浮雕作品中那些肌肉发达、骨骼刚硬的军人个个裸体持剑,是模仿古代武士的"粗暴化"②之作。

在法西斯形式之下,极右派解读第一次世界大战战斗经历的男子类型,在二战中更为极端化。轴心国失败后,它不复存在,但这并不意味着它没有继续以其他形态存在下来,留存至今。此外,在今天,乔治·莫斯还强调指出其持久性,超出了军界:"需重新审议的是",他准确地注意到,"不是定势印象的消亡,而是其被侵蚀的模态。"③

3

敌人的身体，平民的身体，亡者的身体

1)"敌人"概念的扩展

新的战争环境可以使一栋十分陈旧的建筑的墙面四面破裂:军事对峙

---

① 乔治·L.莫斯:《男人的形象:现代男子特征的打造》,米谢勒·埃什特的法译版,巴黎,阿贝维也尔出版社,1997 年。再版,"政治集会广场"丛书,第 215 页。

② 我们使用的这个表达取自盎格鲁-撒克逊的"变得粗暴"之义。参见乔治·L.莫斯:《从一战到极权制:欧洲社会的粗暴化》,巴黎,阿歇特出版社,"普吕里埃尔"丛书,1999 年。

③ 乔治·L.莫斯:《男人的形象》,前揭,第 193 页。

中的西方准则。战争法规定对无自卫能力的人应予以赦免:受伤的士兵,被俘的战士,平民百姓。这些不同类型的人成为继时间更为悠久的不成文的战争法之后,19 世纪和 20 世纪初国际法典编纂的对象:这就是 1864 年《日内瓦公约》(1929 年和 1949 年修订、补充),1899 年与 1907 年《海牙公约》(在 1922—1923 年得以延长)的目的。但是,在 20 世纪,战争的极度激烈并不只是由我们着重指出的技术变革引起:其根源属于文化范畴,应该在参战国本身的表现方式中去探寻。在现代战斗的残酷表现中,通过时常感觉到的完全正当的自卫和保卫国家的意识,许多限制暴力的步骤消失了。

它消失在前线。从第一次世界大战起,针对担架员的休战被取消,没有再出现过,除非战地上的伤病奄奄一息,但常常还有人朝救生员开枪。以前留给敌方军官的假释战俘的传统,还一直保留到一战初期,后来也被取消,取而代之的是关入集中营。

它消失在远离前线的地方。对敌方城市,尤其是对经济政治中心进行的战略性轰炸显示出严重背离,其中,埃塞俄比亚战争、西班牙战争,当然还有以在广岛和长崎投下原子弹而告结束的二战。在这些极端化的例子之前,一战首先成为范例。的确,要迫使一个被围困的城市投降,轰炸长久以来都是合法的。但是没有任何战术上的有利性而进行的城市轰炸就跨过了一道极为重要的界限:对方人口中的武装和无防卫能力的平民之间的界限变得疏松,甚至消失。从此以后,在整体上,对方群体代表了敌方。道路是表现"暴行"的自由之地,道路上的人的身体就是靶子。

2) 暴　行

战场上极端的暴力转向了平民,然而他们是受到 1899 年和 1907 年两次海牙会议书面规定的例行战争法保护的。从布尔战争起,平民成了暴行的中心点。1912—1913 年的巴尔干战争就更甚,在卡内基基金会的倡议下,它产生了第一份关于这个主题的重大国际报告。1914 年夏,在塞尔维亚、比利时、法国南部和东部,侵略军蜂拥而至,突然实施武装打击,大约 6000 平民被杀。[①]而 1941 年起与东线战争有关的大屠杀属于另

---

① 约翰·霍恩和艾伦·克莱默:《德国的暴行,1914 年:否定的历史》,纽哈芬市,耶鲁大学出版社,2001 年。

一个级别。暂时不提欧洲犹太人种族灭绝的特殊案例，将因强制劳役和占领者策划的饥荒造成的战争超高死亡率也搁置一边，二战期间在中欧和巴尔干欧洲地区有将近 400 万平民死亡，苏联是 1200 万到 1300 万平民。"破坏规章"[①]的这一后果刻画出了东线德军的行为特点，尤其表现在其与游击队的战斗中，有 250 万波兰平民被杀（不包括种族大屠杀的牺牲者），乌克兰是 400 万到 500 万人，白俄罗斯是 150 万人。[②]

　　不能指望在身体层面细数达到这个规模的大屠杀。相反，特别行动队[③]对东部地区的犹太人口实施的种族灭绝使罹难者和刽子手之间有了身体上面对面的聚焦片刻。1941 年 6 月被刽子手处决的主要是成年男子，妇女和孩子被赦免，而从 8 月中旬开始妇女和孩子越来越频繁地遭到集体杀戮。观察围绕这两个不同的极点实施的屠杀令人感到心惊。在某些情况下，杀害行为会引致刽子手和受害者之间身体上的接近，这个接近尤其使得暴力行径的实施能够引起行刑者的快感："到第十辆运载车"，一个维也纳警察在给妻子的信中这样写道，"1941 年 10 月 5 日，在白俄罗斯的莫吉廖夫对犹太人进行清洗后的两天，我冷静地瞄准那些妇女、儿童和婴幼儿，十分有把握地开了枪。……这些婴幼儿沿着大圆弧线轨迹被扔到空中，而我们就在他们掉落到坑里或水里之前，把他们从空中打下来。"[④]

---

① 奥默·巴托夫：《希特勒军队：德意志国防军、德国纳粹党人和战争》，巴黎，阿歇特出版社，1999 年。

② 白俄罗斯是东欧大屠杀的中心。1939 年拥有 920 万居民，到 1944 年只剩 700 万。70 万战争囚犯被杀害；50 万到 55 万犹太人，34 万农民和难民成为打击游击队的牺牲品，其他 10 多万人属于其他群体。而且，38 万人因强制劳役被转移到德意志帝国。参见克里斯蒂安·盖拉赫：《1941—1943 年德国在白俄罗斯的经济利益、占领政策和对犹太人的暴行》，载安娜·迪梅尼、尼古拉·博普雷和克里斯蒂安·因格拉奥：《1914—1945：战争年代》（第 2 卷），《1939—1945：纳粹主义，占领，种族灭绝的奉行》，巴黎，阿涅斯·维耶诺出版社，2004 年，第 37—70 页。

③ ［译注］特别行动队（Einsatzgruppen），主要由德国党卫军和警察组成的小分队。听命于德国保安警察和纳粹党卫队保安处长官，其任务是谋杀所谓的"民族敌人"或"政治敌人"，受害者包括犹太人、罗姆人（吉卜赛人）、苏联国家官员及其共产党。

④ 这段文字由克里斯蒂安·因格拉奥在《战争的暴力，灭绝性大屠杀的暴力：特别行动队的迫害行为》中引述，载斯特凡纳·奥杜安-鲁佐、安妮特·贝克、克里斯蒂安·因格拉奥和亨利·鲁索的《战争的暴力（1914—1945）》，巴黎，联合出版社，2002 年，第 231 页。参见汉内斯·黑尔和克劳斯·瑙曼主编：《战争，德国国防军的罪行》，汉堡，1995 年，载安娜·迪梅尼、尼古拉·博普雷和克里斯蒂安·因格拉奥的《1914—1945：战争年代》（第 2 卷），前揭。

这一时期,还开始了大量的枪杀,有时在仅仅一天内就会有上万犹太人被杀。例如,1941 年 9 月 29 日和 30 日在基辅附近的娘子谷,33371人被杀。彼时,人们目睹了在系统化的拉远身体距离的大屠杀中人格解体:被害者站在预先挖好的坑前,背向射击者以避免双方正面相对,从背后遭到集体射杀——这些射击往往都被组织军事化了:具有一定的射程规定,给武器重装弹药的动作机械自动化,避免射手直接面对坑里的尸体,根据指令以齐射的形式将被害人射杀——最后尽可能利用当地警察将妇孺迫害致死。因此为了避免出现 1942 年 7 月 13 日犹太区的大屠杀对第 101 警察营中的新兵造成的身体冲击,在身体上实行了严格的隔开措施。[①]

尽管层次和背景迥然不同,别忘记屠杀平民的冲动重新出现在 20 世纪下半叶实施的一系列作战行动中。在此意义上,把这些战斗行动与二战专门联系在一起会令对战后的战争做法失去现实感。1968 年 3 月 16 日查理连在越南美莱村庄制造的大屠杀——这起屠杀与战术绝对毫无关系,因为当地不存在任何军事威胁——是 20 世纪下半叶诸多具有详实文献依据的关于"无动机"暴力的动态案例之一,而且这一暴力是用难以想象的残酷手段在一群完全手无寸铁的妇孺身上施以暴力。[②]

这些暴行还与应用于战斗人员身上的做法有关。对俘虏,无论是否受伤,或就地,或在其被捕后不久,又或在他们运往集中营的途中进行屠杀是 20 世纪战争方式中的不变值。对待平民百姓,这些极端的暴力往往伴随着残酷的手段,因此暴力越来越成为固有的归宿。不只是因威胁去歼灭敌人,而是折磨对方,亵渎其人性,并从中获取乐趣。[③]1914—1918 年间,在东线也存在残暴的做法。1941 到 1945 年期间,这些事情越来越频繁地发生,变成一种持续的状态。两次战争中西线并没有发生类似暴行,这表明对方尽管抱有强烈的敌意,但还是认同属于共同族类的一个观念。

---

① 克里斯托弗·布朗宁:《平常人:德国警察预备营和在波兰的最终解决》,巴黎,美文出版社,1994 年,第 177 页。

② 迈克尔·比弗顿和凯文·西姆:《美莱村的四小时》,纽约,企鹅出版社,1992 年。

③ 这一区分受到韦罗妮克·纳乌姆-格拉普的作品的影响很大。尤其请参见《暴行的政治运用:种族清洗(前南斯拉夫 1991—1995)》,载弗朗索瓦兹·埃里捷:《暴力》,巴黎,奥迪尔·雅各布出版社,1996 年,第 273—323 页。

太平洋战场是另一个暴行的中心。①与日本人相反，在美国人方面，战俘受到的是面部刑罚（尤其是剕刑），这些损害确实很少会发展为斩首。②一些无可辩驳的证据亦证明了侮辱敌人身体的粗鄙行为。③太平洋战区美军的做法除了激进，其独特性还在于保存从敌人身上提取身体部件的这种较为罕见的邪念。基于此，敌人的头皮和头颅被放置在坦克和车辆上当做头像摆设，拉尔夫·莫尔斯摄于瓜达尔卡纳尔的一张照片可谓明证，这张照片被无意间刊登在《生活》杂志上。④尽管敌人头颅的个人收藏比较少见，从敌人身上取得的手、指骨、耳朵还有金牙等的保存行为就很常见了。⑤因此，在连续登陆发动的战斗内，考虑到未来的作战，提取的身体部分对占有者而言注入了一种赎罪的功效。

无论如何要警惕这样的行为：对一小部分失去理智的士兵，甚至是属于变态心理学或"虐待狂"领域的行径推诿，对战争暴力语焉不详并使其丧失现实感做最后的挣扎。掌握的相关资料数据反过来证实暴力在战时社会中的普泛化，为其辩护。制作加工敌人的骸骨，有时还经过抛光处理或雕刻，当成礼物寄到后方：1944 年 5 月 25 日，《生活》杂志刊登了一张照片，上面是美国士兵寄给女朋友的一个日本人头骨⑥，所有迹象都表明这并不是一个个案。1944 年 8 月 19 日，罗斯福收到一把裁纸刀，寄件者是一名太平洋战区的士兵，他并无恶意。显然，罗斯福对此表示感谢但拒绝了这个礼物。⑦类似做法广为流传，以至于 1942 年 9 月起，即美国参战不到一年，太平洋舰队总司令下令："敌人身上的任何部位都不许用来做纪念物，各舰队指挥官要采取严厉的惩戒措施，等等。"⑧

切割敌人身体的做法保留到了日本投降后。它们重新出现在朝鲜战

---

① 仅就西方世界而言，此处不提日本的所作所为。然而，很明显在美军的这些行径中存在一定层面的反暴力。关于这点，我们很高兴回到约翰·道尔的《没有怜悯心的战争：太平洋战争中的种族和力量》，纽约，潘塞恩图书出版社，1987 年。书中并列提到了两个集中营犯下的暴行。

② 用军刀但也有用刺刀（这是低级别日本兵军刀）执行的斩首，与西方国家对待俘虏的做法相反。这是日本兵的常见做法（约翰·道尔：《没有怜悯心的战争》，前揭）。

③ 这是尤金·B.史雷吉《贝里琉岛和冲绳岛之战》中的证词，前揭。

④ 《走向战争的生活》，凤凰出版社，1977 年，第 137 页。

⑤ 尤金·B.史雷吉：《贝里琉岛和冲绳岛之战》，前揭。

⑥ 《走向战争的生活》，前揭，第 138 页。

⑦ 约翰·道尔：《没有怜悯心的战争：太平洋战争中的种族和力量》，前揭，第 65 页。

⑧ 保罗·福塞尔：《在战争中：第二次世界大战期间的心理和行为》，前揭，第 163 页。

场上一些非常类似的形式中（1950 年起，参加过太平洋战争的那些老兵在此中扮演了决定性的角色），还有在越南也是一样，与随着 1941—1945 年的劲敌日本一起在人种和种族主义范围内被轻易辨识出的敌人相反。

拷打——这个"绝对的战争行为"①——与之前描写的做法相反，它实施到敌人的活体上，那它是否属于相同的层面？"一开始"就注定了一切，就像在 1943 年受到德国 SS 部队酷刑折磨的让·阿梅利所说的那样："一开始的行为就让囚犯明白他无力还击，并且这个行为已经包含了继初始状态后的一切可能。"②随之而来的是，改变刑罚手段，并实施于身体不同部位。这就是这位受过严刑拷打的人的记忆，"他整个身体变得极为痛苦而施刑者对其握有绝对的支配权"。③对个人的毁灭是彻底的。在此意义上，从酷刑归纳而来，按严格字面意义而言的"凌辱"能够继续对敌人的尸体实施非人道的做法。正如拉斐尔·布朗什恰如其分地强调指出："一旦受害者从施刑人身上意识到后者期待从自己这里得到的东西，即刑讯者的优势，那么施刑人便得到完胜。施刑人所追求的正是对心理的毁灭，即对意志、自由、人格的彻底放弃，而不是对身体的毁灭。"④因此，如果需要建立一个与其他暴行形式有关的联系，那么得到更多尝试的就是奸污妇女。的确，在酷刑之中，性层面的刑罚在肉体上和象征上都是最主要的。施刑者通过暴力和成功获取供状来"支配他人"，他们经过一番"身体的较量"取得胜利。⑤

确切地说，对妇女身体的侵害是 20 世纪战争的又一特点。在 1870 年的普鲁士军队中，侵犯妇女还相当少见，而在"1914 年的那些侵略"中却彻头彻尾伴随着大量的强奸事实。⑥在西班牙的民族主义者获胜⑦之

① 拉斐尔·布朗什：《1954—1962 年阿尔及利亚战争期间的酷刑和军队》，巴黎，伽利玛出版社，2001 年，第 325 页。

② 让·阿梅利：《在那儿的罪恶和刑罚：浅议克服不可克服之事》，阿尔勒，南方文献出版社，1995 年，第 60 页。

③ 拉斐尔·布朗什：《1954—1962 年阿尔及利亚战争期间的酷刑和军队》，前揭，第 331 页。

④ 同上，第 334 页。

⑤ 同上。

⑥ 斯特凡纳·奥杜安-鲁佐：《敌人的孩子(1914—1918)：一战期间的强奸、流产和杀婴行为》，巴黎，奥比埃出版社，1995 年。关于更为普遍的性侵犯，参见乔治·维加埃罗：《强奸史(16—20 世纪)》，巴黎，瑟伊出版社，1998 年。

⑦ 雅尼克·里帕：《对付手无寸铁之妇女的男人武器：西班牙内战中的性暴力》，载塞西尔·多芬和阿尔莱特·法尔热主编：《暴力与妇女》，巴黎，阿尔班·米歇尔出版社，1997 年。

时，在 1941 年 6 月德军进入苏联之时，以及法国军队在意大利和符腾堡的作战行动中都可以再次发现它的踪迹（对受害者进行查访，事实也确实如此），不过范围完全不同。1945 年苏军到达东普鲁士和柏林时，人们还可以重新见到这种行为（据某些估计，不排除至少有两百万妇女遭到奸淫①），而在越南的美军作战行动中或是在波斯尼亚的塞尔维亚军队中都存在类似行为，在他们的"种族清洗"的计划中，强奸这一行为得以巩固，成为战争的武器。实在是恐怖的趋势：似乎使劲抢夺敌方女人的身体即是抓住了敌人本身。这也是暴行：小女孩和上了年纪的女性都不能逃脱此厄运，妻子和母亲当着丈夫和孩子的面被奸污，这样的事实表明侵犯者寻求的正是对亲缘关系的损害，这为暴行打下了烙印。恐怕更让人不安的是：牵涉在内的并不止于敌人的女人。苏军在占领区和柏林对被德军带到德意志的同胞妇女也实施了奸污②；美国特种部队奸污了成千上万的英国和法国妇女，之后在德国被其奸污的妇女数量更多。③不管是什么女人，在对女性实施的强暴中，战争找到了其最深刻的意义。或许，也是它的真正意义所在。

3) 去人性化，动物化

在我们看来，应当从去人性化，甚至是把对方的身体——战士或平民的——动物化的角度来对这大量的做法和行为进行解读。20 世纪战争中的激进行为把去人性化的反应推向极端，并且因为事先向民众宣告敌方的种族劣等性，并将之有力地植入民众心中，因而这个推动作用变得更为容易。在战士中出现的最严重的暴行发生在前线，在那里，敌人任何属于共同人性的特征都不被接受：二战期间，东线的情况如此，太平洋战线上也是如此（而在西线，"战争的规则"却始终得到完全的遵守）。将敌人

---

① 诺曼·M.奈马克：《在德国的俄罗斯人：苏维埃占领区的历史（1945—1949）》，剑桥，贝尔耐出版社，1995 年，第二章。

② 安东尼·毕沃尔：《柏林的溃败》，巴黎，德·法洛瓦出版社，2002 年。

③ J.罗伯特·利莱：《美国特种部队隐藏的那张脸：第二次世界大战期间美国大兵在法国、英国以及德国犯下的强奸罪》，巴黎，帕约出版社，2003 年。作者记下的估计是有超过 17000 起强奸案例，其中德国 1.1 万多起，法国 3620 起，英国 2400 多起。

去人性化的做法同样发生在朝鲜、印度支那、越南还有阿尔及利亚。此外，自印度支那战争以来直到阿尔及利亚战争，从 1912 年—1913 年巴尔干半岛的战役到前南斯拉夫战争爆发的十年间犯下的那些暴行，当然还有在这个地区二战时发生的暴行，其中都可以找到诸多关联。

不断地殴打对手的脸部，使其变得无法辨认，正是使人类最具人性的部分失掉人性。攻击其手也是出于同样的考虑。切掉生殖器官，是以残暴手段中的一类特有的凌辱，尤其把亲嗣关系视作行为目标。[1]折磨对方的身体，把对方的脚吊住倒挂起来，剥皮，开膛，把敌方士兵变成了一只被宰的牲口：这里就由去人性化转到了纯粹的动物化。把垃圾粪便扔到敌人身上，如果允许我们用新词，此处涉及到的"物化"比动物化更甚。此类行为在太平洋战区的美军中的发展令人难受。美军把敌人想象成猴子（apes）[2]。他们的行为完全表现出一种欲望，即使敌人的身体与其被迫做出来的动物表现相吻合。四分之一个世纪后，在越南美莱村，令人印象深刻的是，村子里的动物和所有居民一起遭到屠杀。

同样的论证可以适用于自 1941 年起发生在东线的种族大屠杀行径。关于种族灭绝的近期著作推动了人们进一步思考他人身体的动物化过程。[3]犹太人往往就像野人一样成为被追赶围逼的猎物。对他们的围捕（此外，还有对游击队的围捕）可与狩猎相比拟：人类学上的相似在第 101 警察营的情况中表现得非常明显，这些警察从 1942 年秋到 1943 年春一直在卢布林地区的森林里巡逻，他们自己将此称之为狩猎。就像他们的历史学家提到的那样，"'猎捕犹太人'是深入了解猎杀者心态的关键之一。……这是一场充满韧性的战役，没有片刻喘息和缓解的机会。在这场围捕战役中，'猎人'在与'猎物'直接及个人的对抗中围捕和猎杀猎物"。[4]与对猎物

---

① 韦罗妮克·纳乌姆-格拉普：《战争与性别的差异：蓄意强奸(1991—1995 年前南斯拉夫)》，载塞西尔·多芬和阿尔莱特·法尔热主编：《暴力与妇女》，巴黎，阿尔班·米歇尔出版社，1997 年，第 159—184 页。

② 相反，在我们看来，常见的并已成确凿事实的收集刀具，还有从已死亡或仅是受伤的日本人嘴里收集金牙，这些行为与残暴行为性质不同。不管在受害者活着时，其暴力行为有多极端：这里更多的是战场上的一种掠夺，我们认为这是只在特定范围内出现的行为。

③ 克里斯蒂安·因格拉奥：《逐猎，野蛮，暴行：在白俄罗斯的"迭勒汪格"特别行动队》，此文出现于 20 世纪的历史杂志。

④ 克里斯托弗·布朗宁：《平常人：德国第 101 警察预备营及其在波兰的最终命运》，前揭，第 177 页。

般的敌人进行追猎相比，在后来被杀害，甚至就像 1941 年秋开始那样立即遭到大批系统化屠杀之前，被"驯化"的牲畜般的敌人大概最能说明 20 世纪期间对待他人身体的问题。在对战俘的处理对待中我们所见到的驯化做法，难道不是出于相同的欲念吗？大群的战俘转移往往变成名副其实的死亡征途，就像 1916 年德军手里的罗马尼亚战俘的徒步转移，1942 年巴丹半岛美国战俘的徒步行军，1954 年奠边府法国战俘的徒步之征（四十几天内行军六百多公里，代价便是在 9500 行军者中，从数量众多的伤病员开始陆陆续续死亡，最后死亡率达到一半），这难道不是大批战俘转移的深刻意义所在吗？难道这不是为了驯化大批军人和平民？这些被关押在集中营铁丝网后的人，我们将另辟专章进行研究。具有铁蒺藜的铁丝网，发明于 19 世纪的美国，最初用于限制动物，随后被改造，用以增加对人类皮肤造成痛楚的危险性。在 20 世纪，首先是在欧洲，为了劳役、饥饿、传染病还有通常是死亡等目的，铁丝网成为，对人类来说，把他们的身体变成驯化的牲畜的最简单手段之一。

4）尸　体

战争中人员大批死亡，是 20 世纪两次大战特有的现象。而通过同情阈的提升，这一战争现象是否挑起了人们对受害者遗骸所表现出来的愈演愈烈的冷漠情绪？我们要注意到，战略性轰炸往往具有糟践辱没之意，被废墟掩埋的尸体之后被重新集中起来进行辨识和埋葬。有时候，掩埋尸体亦变得不可能，就像在广岛和长崎，在原子弹爆炸地带，尸体的数量急剧增加迫使火葬发展起来。平民受害者，则要等到 1949 年国际公约通过，使得只针对士兵尸体应具有的识别和尊重得以扩展。因为士兵的身体在 20 世纪主要经历了一个看起来并不合常情的演变。从法国大革命开始，战死沙场的人开始被当作为了国家而自愿牺牲的烈士受到颂扬，从 19 世纪 50 年代（似乎第一次是在克里米亚战争中）开始，出现了决定性的转折，最终形成对战争中亡者身体的真正尊重。1862 年，正值美国南北战争之时，美国国会通过法案创立军事墓地，八年后总计出现了 73 个军事墓地。在欧洲，并没有受到出现在大西洋彼岸的新做法的影响，1871 年 5 月的法兰克福条约为在德国阵亡的法国士兵（其实死于当战俘时）和那些死在法国的德国士兵预备了一些永久性的场所。军事墓地和枯骨冢沿着新的边界线一列散开，它们使战士们的骸骨变成了为祖国而神圣牺牲的圣骨。然后，第一次世界大战，历史上第一次，按照世界各地相似的惯例，为在战斗中阵亡的士兵献设了个人墓穴。就像吕克·卡普德维拉和达尼埃尔·沃尔德曼所提到的那样："虽然国家间存在差异，但对待战争阵亡者的西方模式大概在 1914—1918 年左右被固定下来。"①

从此，死者叫得上名字了。死亡也是平均主义的。一旦为国捐躯，所有战士的身体都是平等的：即使是高级军官也安葬于后方阵线的墓地里，上面插一根普通的十字架。然而，不确定的是，安葬条件的平均化不是战争之后的部分意识形态建筑的结果。在近几年进行的少数战场墓穴的考古挖掘中，令人困惑的是安葬时，军官和士官被自发地与普通士兵分开，或是在集体墓穴中，有军衔的军官遗骸首先得到安葬，比普通士兵要得到更多的关注。②同样地，在某些后方阵线的墓地里，那些由德国士兵为战友凿刻的墓石，所表达出来的当下的考虑，与其说是为了统一不如看成是为了区别。

神圣化的范围亦逐渐延伸触及到敌人的身体：凡尔赛条约规定在法国领土上根据战败者选定的管理计划，法国要负责对德国人的大型公墓进行维护。当后方临时性墓地被改造成如今我们所知道的最终确定的墓地时，阵亡战士的身体所具有的神圣一面将得到加强。英雄身体的神圣性在不同国度的凸显方式不一：德国人，法国人，美国人，澳大利亚人，南非人，加拿大人或是新西兰人建造了大量的大型公墓，要求迁移烈士遗体，有时还要经过长途跋涉。而英国人，则就在阵亡将士被首次埋葬的地方将他们重新安葬，哪怕再增建大型公墓。③生者和亡者之间的联系得以

① 吕克·卡普德维拉和达尼埃尔·沃尔德曼：《我们的亡者：西方社会如何面对战争中被杀死的人（19—20世纪）》，巴黎，帕约出版社，2002年，第95页。然而，要注意的是：俄罗斯例外。一战的俄罗斯士兵被埋葬于一个不具标识的集体坟墓中，并且在二战中也是如此，除了某些大型公墓如列宁格勒公墓。所举两例中，并不存在具有区分特征的个人墓地。此外，还要关注在海上战斗中阵亡的海军这一重要特例。

② 《考古学和第一次世界大战》，载《14—18 aujourd'hui, today, Heute》，第2期，1999年。

③ 关于这方面的文学作品数量十分可观。可以参见乔治·L.莫斯：《从一战到极权制》，前揭；斯特凡纳·奥杜安-鲁佐和安妮特·贝克：《14—18世纪：恢复战争》一书中关于安妮特·贝克著作的概述，巴黎，伽利玛出版社，2000年，第3章。关于20世纪整体的概述，见吕克·卡普德维拉和达尼埃尔·沃尔德曼：《我们的亡者：西方社会如何面对战争中被杀死的人（19—20世纪）》，前揭。

屠 杀 ： 身 体 与 战 争

1. 让-巴蒂斯特-爱德华·德塔耶：抬起头！炮弹又不是大便！1807年2月8日在埃劳的勒皮克上校，尚蒂伊，孔代博物馆。

当骑兵在面对炮弹本能地低下脑袋的时候，他们的上校却脚踩马镫直起身体，最大可能地显露出自己的身体。因为这个道德上的要求在这里特意以粗鲁的形式表达出来，所以关于在战斗中挺直身躯的这一要求就更为令人印象深刻。

2. 军用辎重队第14兵团的一些人在做饭，1914年（？），法国，J.B. 图尔纳苏收藏品。

早期彩色胶片较长的曝光时间诠释出在1914年大战初法国士兵形象的凝重一面。尽管如此，它还是可以突显战争初时士兵制服色泽的鲜艳：对作战服的审美关注迸发出其最后的火花。

3. 紧贴在地面的士兵，1967年9月22日，康天，越南。

20世纪西方士兵特有的一项"身体技能"：面对轰炸的考验（此处为迫击炮轰炸），战士除了把身体埋在地里力图保护腹部和头部外别无他法。

4．美国和菲律宾战俘，巴丹半岛的行军，1942年5月，菲律宾。

1942年5月，巴丹岛的"死亡之征"，行程100公里，是对身体的一个极端考验：身体已经被几个星期的苦战、疾病和营养不良所耗尽，因而有600多名美国士兵和几千名菲律宾士兵丧生。另有16000名士兵死于被俘后的头几个星期。

5．海军陆战队第7团的士兵在经过八打雁角地区的一场仗后，躺在一辆两栖登陆装甲战车上休息以恢复体力，1965年11月，越南。

在现代战斗中，战士们往往在身体上和心理上都感到极度疲劳，以至于他们随时随地以任何姿势都可能睡着。

6．一场强沙尘暴之后，一些美国海军陆战队的士兵在一片泥地里醒来，2003年3月26日，纳西利亚，伊拉克。

即使对于最现代化的军队来说，战场上的生活条件也会迅速地变得极其糟糕：2003年，被雨淋透、身陷泥泞的这些美国大兵与1914—1918年间的先辈们相比并不是毫无相似之处。

7. 英军在帕斯尚尔附近清理战场，1917年10月，比利时。

8. 在越南春节时发动的进攻中受伤的海军陆战队士兵，运输这些伤兵的是改造成救护车的坦克，1968年，越南，顺化。

9. 奥托·迪克斯：打牌人，1920年，属于国立画廊爱好者协会与柏林国家美术馆的共同财产。

1914—1918年，在战场上收集伤员的速度通常都很慢，而且是在极不稳定的无菌条件下进行。现代的方法（救护车，救护列车）则是在随后的护理链中起到更大的作用。它与这次撤退的对比是非常强烈的，不过在越南战争中，这次撤退只是临时性的：由于缺少救生的直升飞机，一架坦克被用来运输伤员，可以看到这些伤员已经立即得到了包扎。输液的出现显示了在休克治疗中实现的进步。

第一次世界大战期间，战斗的方式增加了在脸部的创伤，而这些面部损伤的修复需要经过一段非常漫长的时期，而最后的效果通常也极为一般。"破碎的脸"及残废躯体的场景是两次大战之间那段时期欧洲社会中的普遍现实。奥托·迪克斯把由战争造成的残躯尤为残酷地表现在其雕刻作品和绘画作品的主题上。

10. 弗里茨·埃勒尔：来帮助我们获得胜利吧！请认购战争国债，1917年，德国。

这张由弗里茨·埃勒尔为第五次战争国债所画的海报表现了"新型男人"形象的泛滥，头戴钢盔双眼炯炯有神的冲锋队士兵代表的"新型男人"在1916年激烈的装备竞争中被打造出来。

11. 阿尔诺·布瑞克：纳粹国防军，1938年，德意志第三帝国新总理府的荣誉院，柏林。

这种形体上的审美观源自于第一次世界大战，具有"现代男子阳刚创意"（乔治·莫斯）的特征，它表明了纳粹主义的身体标准，而雕塑家阿尔诺·布瑞克将这一精髓表现得淋漓尽致。

12. 从一名被凝固汽油弹烧焦的日本兵身上割下来的头颅，1943年2月，瓜达尔卡纳尔，所罗门群岛。

从被凝固汽油弹烧焦的日本兵身上割下来的头颅充分表现了此种死亡的残酷，这颗头颅，1943年在瓜达尔卡纳尔，被美军放置在一辆缴获的敌军坦克上当做头像摆设：对敌人身体的凌辱，令人恐怖的场景，以及逐猎的行为在此时此刻似乎无法分得清了。

14. 对在山里截获的一个牧羊人进行的审讯，H行动，1960年10月，在卡比利亚南部的高原地区。

在这张摄于阿尔及利亚的照片上，在对受害人进行暴打时，出拳的速度之快让人无法看清那个施暴人的脸，但是其同伴扬起笑容却清晰可见。由此可见刑讯做法与施刑者的快意以及残暴的表现力密切相关。

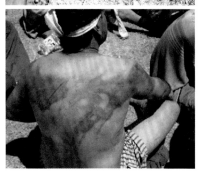

13. 娜塔莉·尼克森写信感谢男朋友寄给她一个日本兵的头骨，1944年5月，凤凰城，亚利桑那州。

1944年，这位亚利桑那州兵工厂的年轻女工收到了男朋友及其13名战友从新几内亚寄过来的一颗日本兵的头骨，上面还贴着他们的签名：在太平洋战争中对于敌人身体进行非人化处理的一个明显标志。

15. 明显受到伊拉克警方拷打的伊拉克囚犯，2004年6月，伊拉克，巴格达。

在"使其开口"之前，刑讯首先是力求在受害者身上铭刻下其对受害者具有绝对控制力的权威。这也是2003年伊拉克战争之后，美军虐待某些战俘的意义所在。

16. 从直升机上俯视，看到一片地里全是一些北越士兵的尸体，他们被用绳子抛掷在一起，以便埋在一个坑里，1967年2月，越南。

17. 一架正在着陆的美国直升机，目的是为了运回在战斗中阵亡的美军士兵，1971年1月，越南。

　　从朝鲜战争开始，直升机开始确立其支配地位，在越南战争中其重要性得到进一步证明。它不仅为士兵分担了相当多的体力上的劳苦，并且还承担了尸体的运回工作。这里已采用了装尸袋收殓尸体，这种塑料质的裹尸制品使得尸体不再暴露于战士们的视野之中。但是直升机也可以用悬吊的方式将敌人的尸体集中起来，就像本例中对待那些尸骸那样，几无尊重可言。

18. 在吉耶蒙农场附近的战斗中阵亡、等待埋葬的士兵尸体，1918年10月，法国。

19. 军事墓地，1916年，法国。

第一次世界大战时，这些木头十字架在尸体掩埋之前被放置在这些尸体上面，事实上这显示了对于在战斗中阵亡的士兵的一种新的尊重。至于那些军事公墓具有的绝对平均主义，也是一种新生事物。一旦牺牲，这些祖国的烈士们就一律都是平等的：军事墓地正是这一意义上的一个意识形态建筑，演绎了完美团结在爱国战斗中的国民群体。

20. 一位法医在检查一只装着尸骸的裹尸袋，这些尸骸来自斯雷布雷尼察，2005年7月，图兹拉，波斯尼亚和黑塞哥维那。

借助DNA分析，今天可以对这些尸体进行识别鉴定，就如同此处的例子，对从1995年斯雷布雷尼察的大屠杀之地挖掘出来的尸体进行鉴定。战时尸体——平民百姓或士兵的尸体——的无鉴定状况，曾在20世纪期间让无数家庭饱受"失踪"折磨，现在就这样渐趋消失。

21. 由代表全军的士兵们护送的这副棺木安置着一名加拿大士兵的遗体，2000年5月，维米，法国。

对于无名战士遗体的尊崇是第一次世界大战具有纪念性的重大革新。象征的力量在20世纪二三十年代之后继续存在，就像2000年在维米进行的遗体挖掘工作所显示的那样，这项挖掘工作是在加拿大首都进行遗体重新安葬的前奏。

22. 在陆地勇士系统测试训练中的美国士兵，1998年9月17日，本宁堡军事基地。

23. 为陆地勇士作战服所作的广告，美国。

对于战士来说这是一套提升感官能力的身体装备。它使战士们在战场上变得不容易受伤，对于没有同样装备的对手来说，这将是令人生畏的一套战衣。

显著加强：直至今天，还在产生影响。

得到安葬和死后留名并不是所有人的命运：现代战斗的环境增加了身体失踪和无法辨认的情况（1914—1918 年间法国军队属于这种情况的人就有 25.3 万左右，德军是 18 万，而英国军队光是在索姆河战役的土地上就有超过 7 万人失踪！）尽管采取了新的预防措施并将之普及，即让士兵佩戴身份牌。凡尔登的杜奥蒙公墓，一开始是临时性的，到 1927 年确定为永久性的，最终完成于 1932 年的公墓地下室里集中了成千上万具清晰可见的骸骨。许多家庭对于无法在战后将亲人的遗骸运回国内感到十分不满。就在 1920 年 7 月颁布的法国法律允许遗体遣返回国之前，许多父母亲属星夜赶赴以前的战场，试图找到他们失去的亲人的遗体。路易·巴尔都因无法运回他儿子的身体，1919 年 5 月 31 日在国家军人丧葬委员会前冲冠一怒，充分地表达了无法将亲人的遗骸带回家族墓穴的那份沉浸着深深哀伤的痛苦，并间接地说明，在丧葬机制中遗体出现在丧礼上的重要性，虽然那些遗骸都已就近得到鉴别和安葬："我的儿子 1914 年被杀，也就是五年前。他在一个墓穴里，他的母亲和我都等着他回来。因为其他人的遗骸还没有重新找到，您就禁止我把我儿子找出来运回拉雪兹公墓？那么，我要说您没有权利这样做。"[1]在同世纪的另一个地方，另一个时刻：80 年代，在莫斯科庆祝胜利的节日庆典上，一位老妇人脖子上挂着一块牌，上面写着："寻找托马斯·弗拉基米洛维奇·库尔涅夫，在 1942 年列宁格勒被围攻时失踪。"[2]

第一次世界大战后，只有法国人和美国人最后能够合法地将战士的遗体运回国内：首批有 30％验明正身的遗体是应家庭的要求运回。这使得 1921—1923 年间有 24 万副棺材（即 30％的遗体得以验明正身）通过火车运往法国的城市和村庄。[3]4.5 万副棺材则横跨太平洋。有 70％的美国

① 由伊夫·普尔谢在《战争的那些日子：1914—1918 年间法国人每天的生活》一书中引述，巴黎，普隆出版社，1994 年，第 469—470 页。关于验明正身及运回遗体的重要性，参见斯特凡纳·奥杜安-鲁佐和阿妮特·贝克：《五场战争丧事，1914—1918》，巴黎，诺埃斯出版社，2001 年

② 凯瑟琳·米兰黛勒：《在苏联的战争、死亡和记忆》，载杰伊·温特和艾曼纽尔·斯万主编：《二十世纪的战争和记忆》，剑桥，剑桥大学出版社，1999 年，第 78—79 页。

③ 让-查理·若弗雷：《身体转移的问题，1915—1934 年》，载《一战那些被遗忘的人，灵魂的补充》，HS 第 3 期，第 67—89 页。

家庭也要求"遗体回归"。在遣返回国的政策成为既定现实之前,将遗体交还给家庭这一原则在 1946 年的法国一再重申,随后从 1954 年起在阿尔及利亚再一次重申。1945 年之后,美国决定将所有被埋葬在过于遥远或太不可靠的地方的遗体运回国内。英国人或是英联邦的盟友们将二战中的战士遗体留在亚洲,美国人则将它们运回国去,之后在朝鲜和越南也是如此。其中,一只普通的绿色塑料袋,即装尸袋,①成为第一块裹尸布。

对于其他国家来说,军人墓地和第一次世界大战一起变成了组织纪念和集体回忆的焦点。1918 年所采用的致敬形式决定了之后那些战争的致敬形式:几乎到处都一样,在战斗中为国牺牲的战士遗体在 1945 年后按照直接承袭自 1918 年的形式进行安葬,新的英国、法国、美国的公墓——甚至在很大程度上还有德国的公墓,尽管存在具有重要意义的改变——仍然是两次大战之间那些公墓的继续。

然而要注意到的是,士兵身体的这种神圣化根据冲突的类型会面对多种可能,使之神圣化这件事本身为某些亵渎性的侵犯指明了新的道路。正是基于此,法国士兵在 1918 年夏收复自己的领土后自发地破坏由他们的敌人凿刻的那些墓石。同样地,苏联军队在 1943 年发起大反攻后也执着地对建在苏联的德军公墓施以毁坏:祖国大地以凌辱埋在这方土地之下的敌人身体而得到净化。被美国直升机集中起来的越共身体也毫无神圣性可言,遗骸用一根绳子悬挂起来,在死亡人数还没统计之前就被成堆抛弃。当战争被国家政权"随意"遗忘的时候,甚至连"朋友的"身体也成为不了尊崇的对象:牺牲于 1914—1917 年之间的俄罗斯士兵的遗体得到这样的待遇,他们的墓穴在今天几乎看不到了。20 世纪 80 年代在阿富汗阵亡后被尽可能秘密掩埋的苏联士兵的身体亦是如此。②

无名烈士的存在被认为会影响对亡者的敬意——尤其体现为成千上万未曾被找到或是永远都无名的遗骸——把他们的遗体运送回国是 20 世纪初的一项重大变革,在各处得到推广:巴黎和伦敦在同一天(1920 年 11 月 11 日)举行无名烈士遗骸回国的仪式,一年后华盛顿的阿灵顿纪念

---

① 吕克·卡普德维拉和达尼埃尔·沃尔德曼:《我们的亡者:西方社会如何面对战争中被杀死的人(19—20 世纪)》,前揭,第 109 页及其后各页。

② 凯瑟琳·米兰黛勒:《在苏联的战争、死亡和记忆》,前揭。

堂也举行了这一仪式，此外，1921年在布鲁塞尔和罗马，1922年在布拉格、贝尔格莱德，1923年在索非亚、布加勒斯特和维也纳都举行了此项仪式。在德国，20名无名烈士被安葬在东普鲁士的坦能堡纪念场，另一名无名烈士葬于慕尼黑。对无名遗体致以国家级的敬意，其程度超越了1918年，为其他战争结束后的集体安葬仪式起到了指导作用。阿灵顿国家公墓就这样安葬着二战中一名无名战士的遗体，随后先后安葬了朝鲜和越南战争中无名烈士的遗体。在法国，1915年阿图瓦战役的纪念中心地，洛雷特圣母院教堂的地下室安放着1939—1945年间无名烈士的遗体，他们葬于1950年。之后，那里还安放了集中营的无名囚犯的骨灰瓮（1955年），最后还接收了北非战争（1977年）和印度支那战争（1980）中的无名战士的遗体。这证明无名烈士的身体其象征体系的神圣性至今未消耗殆尽：就在20世纪结束之前，加拿大决定在索姆河挖掘一名无名战士的遗体，然后用盛大的仪式带回故土。在今天，20世纪的这一特有做法产生的影响在经过再次个体化进程的发展后有所回落：1998年对越南战争的那名"无名战士"进行的DNA测验使得飞行员迈克尔·布莱西的遗体验明正身，可以将之归还其密苏里州的家人。

宣扬与那么多失踪的身体相连的痛苦，丝毫不妨碍对那些身体在一战和之后的战争中曾遭受的一切作含蓄的处理：一战以来，即便身体呈现出受伤或奄奄一息之态，20世纪的纪念碑细致入微地做到了让人对现代战争造成的身体损伤的自然状态感到陌生。摄影、电影也全部采取同样的做法。关于尸体的摄影始于美国南北战争，第一次世界大战期间画报不太谨慎地向读者展示了一些敌人的尸体，有时候也展示在现代战争的威力之下人类身体可能遭受的命运。对读者而言，吸引之处在于从敌人身体的遭遇联想到正在前线的亲人的命运。在接下来的战争期间，除了为显示敌人的邪恶而拍摄尸体之外，尤其是在第二次世界大战期间，在曝光士兵、平民、友邦人士或是敌人的尸体时，一种相当普遍的拒绝态度继续占主流地位。在这一点上，越南战争是一个重大例外，这是由于拍摄的照片极为接近战斗地点并且新闻审查使得极少的内容与之前的战争有关：我们知道由拉里·伯罗斯用相机摄下的美国士兵受伤或被杀的某些照片所起到的作用，又或是黄幼公在1972年6月18日拍下的叫金福的小女孩刚被汽油弹灼烧而裸身逃命的照片给美国社会带来的冲击。那些经验教训就是从对这些暴行的揭露中得到吸取。20 年后,在 1991 年的海湾战争期间,西方公众舆论传输的有关战争的摄影和电影,只要画面可能使人联想到最现代化武器装备的交战带给人类身体的遭遇,就几乎完全被删改。鉴于对峙的军队实力悬殊,伊拉克士兵几乎不被列入敌人的身体。[1]

我们将通过考量当下一系列事件来结束这一章节,主要涉及对两个转变的思考。第一个转变与在战斗活动中妇女身体的初次亮相有关。当然,在 20 世纪的两次战争中,参与战斗的基本上还是以男性为主,大多数男人仍然是携带武器和蒙受暴力的主体。因此,西方的战争暴力继续处于普遍不变的状态。在所有人类社会中,妇女的身体总是远离携带武器这件事情,也就是说远离任何对身体造成流血后果的可能。[2]在 19 世纪,女性几乎被完全排除在军事领域之外时,到了 20 世纪,她们被带向战争。1917 年 3 月的革命之后,由玛莉亚·波赤卡列娃(亦被称为亚什卡)在俄罗斯建立的妇女营 1917 年夏开赴前线,这大概宣告了一个重要转变。妇女身披戎装、手携武器的英姿又重现于西班牙战争中、第二次世界大战期间相互交织的抵抗运动中、苏联游击队和红军队伍中,以及 1948 年起以色列的军队当中。在 20 世纪末和本世纪初在所有西方军队中都可以见到她们的身影。当然,离两性一起平等地承担战斗职能还相去甚远:问题一直在于人类学上的禁忌继续让人感受到性别不同的机能所带来的效应。但是不管怎样,从制度上巩固女性的参与,20 世纪在此时此地拉开了转变的帷幕,从此,妇女的身体亦能够施予极度的暴力。

十分有意思的是在美军中尤其是在 2008 年用于全体陆军部队的陆地勇士项目中[3]已然开始的作战身体的改变,呈现出一些潜在发展的端倪。计算机-服装把所有必要的电子技术整合到步兵的装备中,这些技术可以弥补人类在身处对抗时的局限性。军服成为由战士们负责的一套真

---

[1] 泰雷兹·布隆代-比什、罗伯特·弗兰克、洛朗·热弗罗等著:《看见和看不见的战争》,巴黎,索莫基/当代国际文献图书馆出版社,2001 年。

[2] 要说明这些涉及普遍的问题未免太过于冗长。关于人类学方面,尤请参见弗朗索瓦兹·埃里捷:《男性—女性:关于差异的思考》,巴黎,奥迪尔·雅各布出版社,1996 年。

[3] 主流媒体对这些改革进行了报道。例如《世界报》2001 年 9 月 12 日的第 23 版以及 2003 年 3 月 6 日的第 14 版。

正的信息处理系统的构成部分。在皮带上配有微型电脑的士兵将自己与信息处理网络融为一体。他的头盔在外部现实与其判断力之间建立起可以收集所有对战斗有利的数据的一个显示屏。借助 GPS 导航系统，在地图上直观化显示士兵及其同伴的位置成为可能，凭借这些，士兵通过数字无线电发出的完整的通讯节点进行联系沟通：借助微机电脑，所有人都能听到他讲话，他也能听到所有人的讲话，而且他能够传送所有他想要传送的图片。这样士兵可以保持远程联系，从而深刻地改变了战斗中的身体行为。此外，士兵们的威慑力大大提高：士兵们能够鉴定同伴和敌人，提前使他们的射击命中效果显像（有效射程在 2000 米的激射器光点投射在目标对象上时便自动计算任何一个目标对象的距离），能够看由个人电脑或日夜两用型可视摄像仪传输过来的视频画面。最后，一些外部的微型计算机可以感应到 150 米处远的最微弱的声音。得到强化的正是在战斗中亟需的感官能力——尤其是视觉和听觉——，在把他们变成无比危险的人物同时也使他们摆脱了一部分的危险。需要补充的是，有一些科研工作旨在赋予战士一副真正的外甲，其具有的电子和独立的功能放大了身体的可能性（特别是在行军方面或是在追逐上）。这些研究工作不知会发展到何时。透过这项关于从未出现过的机器人战士的研究——一项对于处在科技劣势的任何对手而言都极具危险性的研究，是否可以辨认出"新型男人"之新版本的雏形——或许较之以前更为可怕——20 世纪伟大的身体神话？

第九章 灭绝:身体和集中营

安妮特·贝克(Annette Becker)

　　作家伊姆雷·凯尔泰斯,历经奥斯维辛集中营的死里逃生以及充当匈牙利共产体制的牺牲品之后,1997 年如此描述他这一段极权体制的双重体验:"使人在极权之下完全变态的手段。例如,使人不再表现为上个世纪人之形象的方式。这就是我当时立即体验到的切肤之痛。奥斯维辛,就是到目前为止我们经历过的最严重、最冷酷、最极端的极权制形态。有谁知道我们有待发现的这一切?……"①凯尔泰斯选择用他的身体躯壳以给人"感同身受"的印象:在集中营,所做的一切都是为了使身体失去人性。人性的载体受到压制、拷打,持续变弱。凯尔泰斯作为极少数没有丧失信仰的一员,他选择以文学来见证曾经的一切。

　　这里,我们要谈论的便是那些被毁灭的身体,它们见证了斯大林主义②和纳粹主义下的集中营体制。这些集中营,是对 19 世纪,即殖民世纪(古巴以及布尔战争)的继承,也是对第一次世界大战的继承。它们被构想成在战时清理相关平民百姓,将他们"集中"到俘虏营的暂时性的手段;食物的匮乏和卫生条件的欠缺往往使之变为生存条件极

---

① 伊姆雷·凯尔泰斯:《20 世纪就是一台用于清除的永动机》,载卡特琳·科基奥编:《谈一谈集中营,想象一下种族灭绝》,巴黎,阿尔班·米歇尔出版社,1999 年,第 87 页。

② 古拉格劳改营(*Glavnoe Upravlenie Lagerei*)或是营地的主要领导部门是负责 1930 年到 1953 年牢营管理的行政机构。其他的集中营在以前就存在了,如索洛维茨基群岛上的那些修道院。但是,作为引申,苏联的集中营体系从此沿用其称谓。亚历山大·索尔仁尼琴:《古拉格群岛》,巴黎,法亚尔出版社,第 2 卷,1991 年(第一版,俄语,1973 年)。

为恶劣的地方。①

其他都是 1918 年起在俄罗斯建造的集中营以及 1933 年起在德国建造的集中营，与战争无关，而是与"反对者"之间的内部斗争有关。将这些人安置在一边，是为了对貌似阻碍了新社会运转计划的人进行"再教育"。但是，很快地，这些牢营对于不具"再教育性的""罪犯"而言，变成了难以置信的人间炼狱：通过一种对本体的侮辱，来否认他们具有的不折不扣的人性。一个自由的工程师在科雷马②的一个金矿里发现一些囚犯处于令人发指的境地。他大声喊道："这些人会死的！""哪些人？"营地行政部门的代表人笑道，"这里就只有人民的敌人。"③

哈夫纳博士从奥斯维辛集中营中获得释放后，在其医学论文里把建造纳粹毒气室之前的那段牢营时期命名为"野蛮灭绝"④的时期。相较于时常使用的"慢性死亡牢营"这个表达，描述这两个专制牢营更贴切的表达是："集中营的使命：一所灭绝工厂……灭绝的手段：饥荒，繁重艰辛的劳作，凌辱、棒打和酷刑折磨，拥挤到令人无法置信的简陋营房以及疾病。"⑤在苏联，称为"干执行"，意为慢慢折磨至死。⑥

如果说这两种集中营体制下的监禁环境以及它们对人体的影响具有可比性，相反纳粹党试图灭绝欧洲犹太人的做法则具有特征性，即后人创造出的词汇——种族灭绝。哈夫纳博士将纳粹毒气室运转的阶段称之为"具有科学性的灭绝"——后来"产业化灭绝"的说法取而代之——为了消灭犹太人，首先从全欧洲搜抢犹太人⑦并将之关押在集中营，然后在切姆诺集中营、贝

---

① 一战期间消灭亚美尼亚人时专门关押他们的帐篷集中营情况明显不同。这起大屠杀是战争暴力从战争犯罪转变为"反人类罪"和种族灭绝的过渡性暴力的范例。之后，国际法才启用上述术语作为法理依据，种族灭绝一词也是 1944 年由美国的法学家拉斐尔·莱姆金提出来，用以描述灭绝欧洲犹太人的做法。

② 这是位于西伯利亚东北部的一个偏僻的苦寒之地，其尤为严酷的监禁环境成为古拉格集中营的象征。

③ 由罗伯特·康奎斯特在《大恐怖：30 年代斯大林的肃清运动》一书中引述，巴黎，斯托克出版社，1970 年，第 326 页。

④ 德西雷·哈夫纳博士：《奥斯维辛-比克瑙集中营的病理学》，1946 年在巴黎答辩的博士论文，图尔，合作联盟印刷厂，1946 年。十分感谢雅耶尔·达冈提供给我这份值得注意的文献。

⑤ 布痕瓦尔德集中营开放时，埃里克·伍德所作的报告。华盛顿，国家档案馆，第 47637 页。

⑥ 雅克·罗西：《古拉格教程》，谢尔什-米蒂出版社，1997 年，第 113 页。

⑦ 在比克瑙集中营，各个年龄层的茨冈人和一些苏联战俘同样被灭绝了。

尔赛克集中营、索比堡集中营、特雷布林卡集中营、马伊达内克集中营及比克瑙集中营等屠杀中心批量生产死人。正如普里莫·勒维的感叹："直到我提笔书写的此时此刻，虽然我们见证了在广岛或长崎发生过的可怕事情，古拉格的耻辱，无谓而血腥的越南战争，柬埔寨自我灭绝的屠杀，导致许多人失踪的阿根廷战争，以及所有残忍而愚蠢的战争，纳粹的集中营体制无论从规模上还是性质上仍然是独一无二的……从来没有如此多的人类生命在清晰地透着技术智慧、狂热盲信和残暴的手段下于那么短的时间内逝去……"①

我们将同时反思"野蛮灭绝"时期的苏联和纳粹集中营里的那些身体。而1941年到1945年纳粹屠杀中心里制造的尸体我们将另行研究。

1

野蛮灭绝

灵与肉没完没了地忍受着为了损害人的官能而实施的暴力折磨："我的身体已不再是我的身体。"普里莫·勒维大声地喊道。②而夏拉莫夫这样写道："如果尸骨会冻坏，那么他的大脑也会变得迟钝麻木，灵魂也如此这般。……那么灵魂也冻坏了，缩皱成一团。"③

监禁使人动弹的空间变小，无论其现实身材大小如何，涉及的领域可以非常广泛：森林、雪地、沼泽里都是令人生畏的看守者。在被剥夺了自由而变得狭小的空间里，身体因为承受着超负荷的劳役——缺水少食，睡眠不足；夏天湿热，冬天酷寒，而变得消瘦干瘪。这还没算上拷打和心理上的恐惧。"有时候，会听到其中一个人冷得笑起来。他的脸在咯咯作响。……严寒的统治默默又斯文地得以延伸。大家无法马上知道是否已被判了死刑。……严寒比德国党卫军更具威力。"④受到无休止侵害的身

---

① 普里莫·勒维：《遇难者和幸存者，奥斯维辛后的四十年》，巴黎，伽利玛出版社，1989年，第13页（第一版，意大利语，1986年）。

② 普里莫·勒维：《如果是男性》，巴黎，朱利亚/袖珍本出版社，1987年，第37页（第一版，意大利语，1947年）。

③ 瓦拉姆·夏拉莫夫：《科雷马故事集》，巴黎，韦迪耶出版社，2003年，第38页（法译本出色的前序由法译本主要负责人吕巴·于尔根森撰写）。

④ 罗伯特·安泰尔姆：《人的空间》，巴黎，伽利玛出版社，Tel丛书，1957年，第83页。

体变成苏联和纳粹社会意欲打造的新型男人之身体的反例。如果说这些新类型的身体大多数时间还只是停留在设计者们抽象的思想中,这几百万囚犯的身体就成了野蛮行为的实验室。如此一来,集中营的"伤亡人数表"中关押在营里的犯人死亡率达到80%,这就一点不令人吃惊了。总体上,苏联的囚犯经受了更为漫长的集中营时期,犹如所受的酷刑之一就是延长受苦的时间:治疗他们,是为了继续刑罚他们,继续他们的痛苦,再重新给予他们一点生机。这就是监狱的体系。①事实上,这个营狱为刑期在三年以上的犯人所设。20年代到50年代期间,有1500万或2000万人死在苏联的集中营里。②纳粹集中营的幸存者在战争结束时劫后余生,苏联集中营里的幸存者则得以减免刑罚或是平反昭雪。在这种情况下,对于"初次"定罪,"司法"起到了作用。在50年代末的苏联社会,宁可"因无不法行为"而得以释放,也好过"因缺乏证据"而释放。③

2

集中营的所闻、所见和所悟

犯人新到集中营时,周遭环境首先通过感官对其造成侵害。在纳粹集中营,德国党卫军的叫喊声和警犬的犬吠声笼罩在沟壑里焚烧尸体冒出来的烟雾以及随后焚尸炉释放出来的烟雾中,到处弥漫着一片尸体腐烂的气味。"正是在那一刻,气味……引起了我们的注意。……它慢慢得以证实,我怎样都预料不到对面的那根烟囱实际上不是什么制革厂的烟囱,而是一个'火葬场'的烟囱,也就是一个焚尸炉的烟囱。"④这种气味、烟囱的数目以及因犯们极为消瘦的景象很快就让新来者明白了,他们将

---

① "这个康复有什么用?你从这里出去,他们把你扔到集中营,一个星期时间你就又变回到原来的死尸样。"(艾弗戈尼亚·S.甘兹堡:《眩晕:个人崇拜年代的编年史》,2卷,巴黎,瑟伊出版社,"要点"丛书,1997年,第1册,《眩晕》,第405页[第一版,1967年])
② 尼古拉·韦尔特和加埃尔·穆莱克:《苏联秘密报告,1921—1991》,巴黎,伽利玛出版社,1994年,第347页。
③ 艾弗戈尼亚·S.甘兹堡:《眩晕》,前揭,第2册,《科雷马的天空》,第571页。
④ 伊姆雷·凯尔泰斯:《没有命运》,阿尔勒,南方文献出版社,1998年,第148—149页(第1版,匈牙利语,1975年)。

在这个营里集中地死去。年轻的凯尔泰斯认为这里有一场传染病,但是这个传染病就是集中营本身,它用几个星期甚至有时只要几天时间就把青少年变成了老人。"我们在医学上的惊讶——可怕的惊讶——源于观察到,配以卫生、食品、住所一些复杂而反常的条件,通过超出常人的身体反应力和极度的神经紧张,用几天时间实现严重的恶病质是可能的……它可能会出现在新来的犯人身上,在其缺吃少睡持续很久的一段时期后出现。……再加上对犯人在食物的质和量上进行严酷的剥夺,并对其施加持续、猛烈、延长的身体应力,这就可能在几天内或两三个星期,引起急性营养缺乏的综合症并导致个体的死亡[①]。"

这些集中营和垃圾存放处很相似,植被的任何痕迹都已然消失、压碎或被掩盖,根部也不例外。在冬天和过渡的季节里,这些地方就变成了覆盖着白雪或暴露在外的垃圾堆。而白雪会灼伤眼睛,致使眼睛暂时性失明或终身失明。夏天,光秃秃的地面干燥无比,且尘土飞扬到处乱钻。再加上肮脏的寄生虫、虱子、疥癣、臭虫和蚊子,就能明白,集中营里几乎所有犯人都或多或少受到各种皮肤疾病的影响,蜂窝织炎、疖病等等。虱子是经常肆虐的形形色色伤寒的源头,其中就有如 1945 年席卷贝尔根-贝尔森集中营的斑疹伤寒。如果在奉行决定性卫生主义和崇尚英雄身体的社会里,对于疾病的恐惧是真实的,集中营在这方面的说明文字则更多的是自发无耻地去恐吓囚犯:布痕瓦尔德集中营写着的是"一只虱子就要了你的命",科雷马那里则是"饭前洗手"和"一棵矮雪松预防坏血病"。

至于饥饿,由于缺乏维生素,它诱发了糙皮病。"十分稀奇地看到肌肤上出现大块脱皮,还有肩部、腹部和手上。我曾是一名极具代表性的糙皮病患者,从我手上和脚上一下子剥落的皮肤,完全就是一副名副其实的手套和一双鞋子。"[②]古拉格当局内行地称饮食上的营养不良,会因机体组织不可逆转性的退化、变质诱发营养性溃疡——疳疮。艾弗戈尼亚·甘兹堡与其丈夫医生在集中营相遇并相恋——这或许是一个奇迹——她丈夫说这是在科雷马的资深囚犯身上由"饥饿刺印下的"[③]标识。

---

①　德西雷·哈夫纳博士:《奥斯维辛-比克瑙集中营的病理学方面》,前揭,第 12 页。

②　瓦拉姆·夏拉莫夫:《手套》,载《科雷马故事集》,前揭,第 1278—1279 页。

③　艾弗戈尼亚·S. 甘兹堡:《眩晕》,前揭,第 2 册,第 345 页。

卫生状况差,住的陋室拥挤不堪,厕所数量少之又少,还有食物质量低劣无比,以及成堆的为了找出一星半点被遗忘了的菜叶残渣而被翻了又翻的垃圾。令人作呕的气味来自于时常伴有小便失禁的痢疾。在古拉格集中营,说的是"3 个 D:dysenterie(痢疾),dystrophie(营养不良),démence(精神错乱)";这些也完全是纳粹集中营里的情况。在这种情况下,"身陷囹圄"①意即死在苏联集中营,也就不足为奇了。而乔治·珀蒂从他的角度回忆布痕瓦尔德集中营时,这样写道:

> 我有预感是否进入了遍地排泄物的地方?……我第一次在"Scheiße-Kommando"看到成排的得了直肠脱垂病的人排便时的可怕场景,我在那里照料那些身处粪流之中的囚犯,我不相信德国党卫军的那份热心,他们面带愉悦地看守在那里。……一个囚犯被强迫吞食自己的粪便。……对于我们这些被讥笑为腌臜东西的法国人来说,无所不在的粪便却是国家社会主义制度的签名。②

在集中营里,一切都是集体的,没有单独的可能。无论是睡觉、劳动,还是吃点满足身体最低需求的食物,囚犯们总是一起处于他人的目光之下,拥挤在一处,一起承受凌辱折磨,一起笼罩在那些气味和尖叫喧杂声中,一起被拷打。所有的职位,无论是多么微不足道的职位,他们都力图争取。因为这个显著的位置可以起到一点点的庇护作用,有时能酝酿和进行各种各样的交易,而这一切都是政治犯和普通犯人之间的争夺点,更不要说在不同国籍的犯人之间了。在古拉格集中营,少数犯罪分子和其他犯人混合在一起。这些犯人,有一些是政治犯或是"五八"的犯人,其他都是"农奴",完全是苏联社会裁剪下来的族群。在看守狱卒们的面前,偷窃、暴行甚至谋杀被那些狱卒冠以意味深长的绰号,"虱子"、"希特勒"或是"(鞭梢带金属球的)鞭子"。狱卒就这样在凌辱其他人的同时,把他们当作同盟。③

---

① 雅克·罗西:《古拉格教程》,前揭,第 59 页。
② 乔治·珀蒂:《回到朗根施泰因:关押在集中营的一段经历》,巴黎,贝兰出版社,2001 年,第28 页。
③ 罗伯特·康奎斯特:《大恐怖》,前揭,第 318 页。一些流氓无赖对其他的犯人施以非同寻常的身体暴力,包括食人欲,这些在雅克·罗西的一些中短篇小说中都有所描述。其中《凶狠的人》,载《生活碎片》,巴黎,埃利基亚出版社,1995 年。

犯人们自己建造起营房，不仅是为了自己居住，同时也是建立起俘虏营体系和胜利城门，营造出一个真实的居住环境将自身与外面的世界隔绝。而在这个体系建成之前，各种临时住所都会被利用起来：这是个相反的世界，不是为了生存而造却是为了死亡而建。① 应该想象一下在中欧和东欧，尤其是在西伯利亚，处于冬天低温之下的那些男女。然而，与德国党卫军可以绝对自由地、随心所欲地使用囚犯相反的是，苏联集中营的负责人会因"浪费"（也就是说，超过了囚犯的预计死亡率）而受到责罚，包括集中营刑罚。

艾弗戈尼亚·甘兹堡讲述了一个有意义的片段，内容是关于位于Elguen 集中营中心位置的苏联国营农场的负责人。在惊异于看到一座空置的大楼后，他要求其中一个技术人员把这座楼分配给犯人作住处：

> 哦，厂长同志，您没想过吗？即使是那些公牛也扛不住的，它们也会生病。
> ——但是，我也不是跟您讨论让这些公牛恢复健康。我们当然不能冒那个险。

那个目击证人得出结论：

> 这不是个暴虐的人。……他只是看不见我们，他非常直率地没有把我们看成人类。在囚犯劳动力中的"死亡猛增"，对他而言，只是一个技术上的烦恼事，和烦恼于割草机的最终磨损差不多。②

3

消耗身体：劳动和饥饿

然而，这些因审讯、酷刑、迁徙跋涉，还有总是生病而变得羸弱的身体，作为

---

① 热纳维耶芙·皮龙主编：《古拉格：劳改营犯人一族》，戈利翁，安福利奥出版社，日内瓦人种志博物馆，2004 年，第 40 页。
② 艾弗戈尼亚·S. 甘兹堡：《眩晕》，前揭，第 2 册，第 104 页。

看守者每天恶劣对待的对象和文明开化之无耻意义的牺牲品,还必须进行劳作:在这两种体制中,经常是从劳役开始,甚至是在管弦乐队的乐声中干活儿。①

在"监狱工业"②的镇压型经济结构中,这些饿得皮包骨、终日惶惶不安又受到拷打的囚犯创造的生产力无法增高。在采石场或是沼泽地,所有最为繁重艰苦的户外劳作只有十字镐和独轮推车,其劳动效率十分低下。③几乎只使用人力是集中营倒退的表现形式之一。用火车或卡车把囚犯带到现场,之后的一切就都仰仗臂力来解决了:挖掘矿山、沟渠,铺架铁路,伐木。从1929年起,劳动集中营的囚犯们在苏联的第一个五年计划中也被分配了任务,就是开发国家北部和东部的土地;囚犯人数上的极大优势可以弥补极弱的生产力。囚犯们套上货运拉车或雪橇套子代替动物或拖拉机的驱动力,变成了工具——在运输他们的车厢上难道没有写上"特殊工具设备"吗④? 其他穿越纳粹所在的欧洲地区和苏联境域,运载集中营犯人的车厢则原是用来装牲畜的,例如在用船送囚犯到科雷马的运输中也再现了同样的逻辑,底舱里的航运环境让人联想起奴隶贩卖船。此外,在科雷马,这些囚犯往往被命名为"树木",就像奴隶曾被叫做"黑木头"。而"绿色施工"形容的是几乎肯定会引致死亡的林业开采劳动。

这两个奴隶制体系之间并非没有关联:纳粹集中营里的囚犯接触过早前在本国已经有过集中营经历的苏联人⑤;后者教会他们一些关于生存,关于在劳动中节约体力或是被称为"toufta"的徒步跋涉等方面的技巧。没有这些技巧,他们既不可能在集中营幸存下来,也不可能被派遣到前线或终身流放。只不过这次是被纳粹分子发配……幸存下来,却想不到又被送回古拉格集中营。与古代被解放的奴隶相反,"每个旧时的ZK同时也是未来的ZK"⑥,集中营的奴隶其身份直到死亡才能结束。

---

① 西蒙·莱克斯:《奥斯维辛的优美旋律》,巴黎,雄鹿出版社,1991年

② 《古拉格群岛》第一部分的标题,前揭。

③ 在纳粹集中营和古拉格体制下,囚犯被要求完成其他许多专业工作,有时这些工作与他们的经验相符。成千上万的突击小队可以执行通常和国家的经济活动相似的各种工作,有工业上的,农业上的,甚至科学方面的任务。

④ 艾弗戈尼亚·S.甘兹堡:《眩晕》,前揭,第1册,第307页。

⑤ 例如马格利特·布伯-努曼,她可为其两次集中营经历作证。

⑥ 艾弗戈尼亚·S.甘兹堡:《眩晕》,前揭,第2册,第330页。这个词从ZK的缩写开始出现,白海—波罗的海运河的拘押士兵;之后意为以普通方式拘押的人。

　　"这是个奴隶的市场。那些橡皮棍打在头上、肩膀上。拳头捶打在脸上。……他们早上的清醒剂：拷打，拷打。"①在劳动工地，看守们充分发挥自己的残暴，推搡犯人使得他们负重摔倒在地；把囚犯们往死里打，用一颗子弹处决他们。别忘了还有"作业意外"。繁重劳动前后的点名仪式亦是使犯人成为废人（"废人"一词有点奇怪）的手段之一：延长时间，为了得出囚犯的准确数目，包括前夜或点名时间里死亡的人数；犯人暴露在酷寒或酷热之下，被点了又点，算了又算。点数行为是凌辱他人的形式之一。对于受辱的人来说，长时间站立的处境——它显示了人的特点——可是让人难以忍受。

　　尼古拉·韦尔特曾转引一个"契卡"②人员的话："我们需要的并不是你们的劳动，而是你们的痛苦。"在纳粹集中营里，那些无法干苦役的囚犯直接选择死亡。此外，劳动得越少，得到的食物也越少。恶性循环出现于身体最羸弱的犯人身上，周而复始："最不幸的就是那些残疾人。由于无法劳动，他们的食物供给配额被减少。他们每个区是 1000 人，而'正常'的一个区容纳 500 人，他们几乎没有转身之地。他们不得不互相轮流睡觉：一组半夜起来让位给同伴睡觉。"③同样，在古拉格，食物逐渐根据标准来进行分配，即根据预计的产量来分配。根据定额的工作或看守们对标准的说明，规划食物处的官吏规定了十几个应得份额和无配额的可能的形式，这里面涉及在零下 35℃ 的情况下是否出去工作。④食物定额标准就这样成为使囚犯们提高生产效率而安排饥饿的一个方法。但是劳动得越多绝不会为你带来足够的食物，相反人会被弄得筋疲力尽。"安置宿营就是饥饿。我们自己就是饥饿，是肉身表现的饥饿。"⑤在这两种体制中，食谱里仅有稀汤和面包，因而坏血病不可避

① 大卫·鲁塞：《集中营的天地》，帕瓦尔出版社，1946 年，第 27 页。
② ［译注］"全俄肃清反革命及怠工非常委员会"(1917—1922)缩写的音译。
③ IMEC，HBW2.B2—O4.2，"关于布痕瓦尔德集中营的某些事实以及阿尔布瓦克斯和马伯乐先生之死，曼德尔勃罗伊著"。
④ 关于根据定额所做的克重细节和令人瞠目的限制的百分比，参见安娜·阿普尔鲍姆：《古拉格：一部历史》，纽约，道布尔戴出版社，2003 年，第 206—215 页。"杀死人的不是工作，而是标准"，罗西这样说道。他登记了 36 种标准形式。参见雅克·罗西：《古拉格教程》，前揭，第 187 和229 页。
⑤ 普里莫·勒维：《如果是男性》，前揭，第 79 页。此外参见罗伯特·安泰尔姆：《人的空间》，前揭，第 92 页。

免,由此而来的"牙根暴露"一词表示在俄罗斯的第一阶段饥饿状态:"牙齿都在货架上。"①

分配食物的方法具有集中营惩罚的性质:在苏联三九严寒的时节,犯人们要等在小窗口前领取食物,他们经常需要面对由那些普通犯人制造的,或由"受安排"的其他囚犯制造的器皿餐盒被偷的老问题,还有看守们的侮辱。一个看守故意打翻汤水,强迫饥饿的囚犯四肢着地,匍匐爬行,然后直接舔舐地面,甚至把手当汤匙用。物品变成了身体,身体亦成了物品,都是可以打发报废之物。

最后,在因忌讳而极少提及的极端情况下,饥饿还导致吃人肉现象出现。②

衣物的匮乏,与气候不相宜的穿着,衣不蔽体的褴褛衣衫,都是折磨囚犯的组成部分:这一切都是猥亵的侮辱,就像在公共厕所里在众人中间大小便。③这"完全是一个赤裸的人群,从内心上赤裸,被脱去了任何的修养,任何的文明……他们被一顿狂咬,他们着迷于天堂和已被遗忘的食物;诸多衰败带来的内心折磨——这就是在这一时期这个人群的全部状态"。④这里,大卫·鲁塞所追求的远远不止几个隐喻,他致力于对集中营的种类进行细致的分析。

4

抹去身份的动物化、物化

集中营本质上就是一个专门用来对囚犯进行动物化和物化的地方,囚犯们被叫做"只"（Stücke）、寄生虫、老鼠。饥饿和劳役首先具有这个功能。"七拐八拐,透过矿床排出的那些废料矿渣和残余物,才能看到矿床。"⑤维

① 雅克·罗西:《古拉格教程》,前揭,第87页。
② 艾弗戈尼亚·S.甘兹堡:《眩晕》,前揭,第2册,第175—178页。瓦拉姆·夏拉莫夫:《科雷马故事集》,前揭。
③ 即使它们有时变成了躲避看守的社交场所,人们在那里畅谈对自由、食物的梦想。
④ 大卫·鲁塞:《集中营的天地》,前揭,第13页。
⑤ 瓦拉姆·夏拉莫夫:《科雷马故事集》,前揭,第191页。

他命摄入不足使许多囚犯几乎失明。在俄语中,夜盲症就是"鸡朦瞎"。古拉格一名因此得了夜盲症的女囚绊了一下,盛汤的碗盆因此掉了下来,她"捡起一撮撮被汤水浸湿的锯屑把它们塞进嘴里"。①

作为身份标识的名字被登记的号码数字取代。这些含蓄化的借代也可以解释为是出于保密的需要:一艘装载了"表格"的驳船带来到达时就已登记入册的一些囚犯②。

用强加于身的标志使这些男男女女失掉人的性质:要么是删减,剃去头发和阴毛;要么是在增加(如奥斯维辛集中营),在前臂上纹上数字。集中营的囚犯们以颇具个性的黑色幽默称之为 *Himmlische Telefonnummer*,即天国的电话号码。就这样,集中营被铭刻在身体上。

苏联也采用把序列号刷在白布上的形式,将标志缝在所有囚犯的衣服上。纳粹营则是带色彩的三角形和号码的形式:"他的胸口上有一个红色三角——这立即表明,他来到这里不是因为他的种族而是由于他的思维方式。"③关于精神心理范畴的一个惹人注意的定义导致人被关押于集中营:犯人之所以在集中营是因为其出生的方式——犹太人或茨冈人、乌克兰人、印古什人或波兰人……,或是因为一旦长大成人后"他"行为举止表现的方式:抵抗性,托洛茨基主义,富农。

一个极其现代化的官僚机构——直到精密的穿孔卡片的使用——是这些集中营体系下另一种具有辩证性的现代特色倒退的形式。不少集中营的管理部门不停地生产卡片,特别是指纹或整双手④的印记以及与登记簿相配的人体测量摄影。在去个性化的进程中,在囚犯身上摄取影像如同剥夺了其拥有的个人事物。"一个应该要穿过庭院的看守并不劳神去绕过一堆儿小山一样的照片,而是一脚踩在那上面,就踩在我们孩子的脸中间。"⑤

---

① 伊芙罗西尼·克斯诺夫斯卡娅:《莫须有的犯罪:我在古拉格的生活纪事》,1994 年,第 146 页。
② 雅克·罗西:《古拉格教程》,前揭,第 191 页。
③ 伊姆雷·凯尔泰斯:《没有命运》,前揭,第 143 页。号码丢失就送那些苏联人到黑牢,纳粹集中营里的囚犯无法按德语拼读其号码就会被处决或至少遭到残忍的毒打。
④ 在古拉格,看守人员得到许可,可以就地割下越狱者的手以核对其在中央数据卡片上的身份。
⑤ 艾弗戈尼亚·S.甘兹堡:《眩晕》,前揭,第 1 册,第 301 页。

　　如此，囚犯的身体被打上记号，被分了类、归了档。他们到达之时，他们还有一张脸，一个躯体，一颗灵魂。随后他们被一切改变：饥饿，劳役，疾病。集中营，发挥着与其起到分类作用的初始目的截然相反的作用，它只为它真正被设计、构想的目的来进行分门别类：即死亡。在囚犯死亡之后删去一个序列号再将之配发给新来的人，这个事实具有症候性：这是一些可相互代替且非个人的号码。

　　在集中营里处于现实身体之痛苦的时间变得短暂：死亡时间。去人性化的罪行，就像给包裹贴标签或给屠宰场的牲口做记号，不加掩饰，拥挤杂乱，粗暴侵犯，更多的剥夺行为，更多的施暴行为。从囚犯身上割下来的皮肤文身被当作灯罩或装饰画，就很能说明问题：身体变成了集中营的可动资产。对于伊尔斯·科赫，这位布痕瓦尔德集中营司令的妻子而言，身体上的文身就是艺术作品："她酷爱文身并会在医院仔细观察那些囚犯。如果他们中有人身上纹着一朵新颖的刺花，她就会让人杀死那个囚犯并分割其身体，带文身的那块皮肤就被鞣制作成非同寻常的物品。"①

5

以身作证，以身抵抗

　　对犯人们而言，显然，在勇气的极限表现中身体亦可以变成宣言和象征。在泰加森林，受奴役的伐木工犯人宁愿自断其手以结束这一切：不再在这样的环境中做工，不再苟且偷生地活着。他们的同伴们把手钉在即将发送国外的一根原木上——传说也好，真实也好，历史就这样刊登在《时代周刊》上——在伦敦港口这只被钉在原木上的手被发现了。

　　　　而如果我用斧子砍下我的手呢？……
　　　　我的兄弟们

① 1945 年 4 月 11 日，第三军团的美军抵达时，关于布痕瓦尔德集中营的报告，华盛顿，国家档案馆，第 47628 页。

把我的手钉在原木上。

原木被卖到了

白色阿尔比恩。①

其他的自伤行为，诸如把睾丸钉在地上或用剃须刀割出一道道伤口，在苏联的监狱体系中，其目的在于延迟常常等同于死刑的转移。

身体亦是每天进行抗争之地：洗漱，得到衣服，食物，照顾，情感，一个微笑。这就是保持身体和灵魂，保持其作为人的存在，其个性，保持一切的生机。绝食和罢工（确切地说此两项发生在古拉格）、怠工、越狱，这些都是抵抗的方式，尽管会招致死刑。1944 年赎罪日那天，在奥斯维辛集中营的匈牙利犹太人拒绝了当天配发的食物，让看守们大为不解：这些牲畜也有灵魂？②

艾弗戈尼亚·甘兹堡指出，正是痛苦本身使人物化，"它把你变成一块木头"。③ 埃德蒙·米舍莱，则描述了这种暴戾，描述达豪集中营的看守们如何残暴地猛烈追击一名犹太老人，如"野兽一般。应该向那些动物请求原谅，把残暴说成如野兽"。④此处，物化被视作抵抗的武器，动物化则是刽子手们的武器。人类仍然是囚犯，有时只有一个选择：放弃成为一个躯壳而能够保持人类的本质："我力图不让人看见。……我力求看不见。我努力看不见在雪地上的那些无遮无盖的尸体和以一些奇形怪状的姿势拥挤在一起等着被烧的那些骨瘦如柴的人。……我努力听不到。……我就像喝醉了一样，想活着这简直本身就是发疯。"⑤

一些妇女以特殊的方式进行反抗，把脸颊搓红润，从第一层意思上就是化妆，借以反抗那些嘲笑她们女性气质的人；或是找寻一块玻璃，当作

---

① 《圣言与瞭望台：在古拉格集中营里的诗歌》，由埃莱娜·巴尔萨摩、玛丽·露易丝·博纳克和让-马克·内格里尼亚汇集选编，巴黎，巴黎出版社，1998 年，第 141 页。安德烈·辛亚夫斯基：《零售的材料》，瓦拉姆·夏拉莫夫的《科雷马故事集》的导言，巴黎，法亚尔出版社，1986 年。

② 我非常感谢乔治·斯尼德斯愿意与我谈论他在奥斯维辛集中营的时光以及讲述那一段时期的事情。

③ 艾弗戈尼亚·S. 甘兹堡：《眩晕》，前揭，第 2 册，第 404 页。

④ 埃德蒙·米舍莱：《自由之路》，巴黎，瑟伊出版社，1955 年，第 103 页。

⑤ 莉莉亚娜·塞格雷：《失去的童年：浩劫的声音》，佛罗伦萨，1996 年，第 60 页。

镜子照一下。尽管这些事情都是被禁止的。在这一片世界里做这些是极其困难的,她们中的大多数人变成了"没有性别的人……古怪的人,形容憔悴。……或许这些人从前是女人,但是她们已经丧失了所有娇媚可人之处。她们是不折不扣的活不了多久的人"。[1]在古拉格,男子的数量远远高于女子,女人们被侵犯、被糟践,传染上性病。[2]在古拉格,因强奸,因或多或少违禁但又被期待的爱情约会而出生的孩子——在这种情况下,怀孕也是一种抵抗的形式——表明:因饥馑或创伤带来的闭经——在纳粹集中营里这种情况占大多数——并没有在所有妇女中立即爆发出来。这些孩子的命运当然就是苏联集中营的极端悖论。女人们被捕之时,孩子总是被从身边夺走。与之相反,女人们在集中营怀孕的时候,她们被叫做"小妈妈",她们有权分娩并在再次失去孩子之前,在专为孩子建立的联合企业组织中为孩子哺乳几个月。她们中一些人痛不欲生。[3]她们被视为哺乳母畜,或确切地说就只是乳房,而不是被视为母亲;而孩子们则在特殊学校里在对"反苏维埃"父母的仇恨中被抚养长大。

6

从幸存到死亡

这些集中营,它们不致人死亡时,总是把青春少年或年富力强的人变成暮暮老者。所有观察家都注意到了这个加速衰老的现象:"皮肤耷拉,起皱,肤色枯黄,覆盖着各种脓肿,褐色圆斑,皮肤干裂,到处布满皲裂,表皮粗糙且覆有鳞屑。……本包裹着骨头肌肉的充满弹性的肌肤日复一日衰退、凋零、消减和消失,其速度和失控的状态让我目瞪口呆。每天我都

---

① 艾弗戈尼亚·S.甘兹堡:《眩晕》,前揭,第1册,第440和448页。

② 参见《反集中营制度国际委员会》中的证词,第1册,《关于苏联集中营的白皮书》,巴黎,帕瓦尔出版社,1951年。

③ 在1947—1949年间,针对妇女的古拉格集中营被改造成了名副其实的"哺乳室",当那里来了相当大一批女"小偷"的时候(根据1947年6月4日的《邪恶法》,沦落到去偷窃的苏联集体农庄的战争寡妇被判处7年或8年的集中营徒刑,此法对"盗窃社会财产的行为"处以6至7年的集中营徒刑)。在古拉格有多达2万四岁以下的孩子(孩子们正是在这个年纪从妈妈身边被夺走)。参见斯特凡纳·库尔图瓦、尼古拉·韦尔特和让-路易·帕内:《共产主义黑皮书》,巴黎,罗贝尔·拉丰出版社,1997年。

灭绝：身体和集中营

1. 约瑟夫·里希特：火车上从一个被钉了木条的小窗口里发出的喝水的哀求，索比堡，1943年，犹太人区的战士之家，以色列。

"秘密通信"：这份撕下的报纸上登了这张非法的素描图，其标题具有恐怖的讽刺之意。

2. 莱昂·德拉布尔：装死尸的日常车厢，朵拉集中营，1945年，雷奈·比约收藏品，贝桑松，抵抗运动及集中营博物馆，法国国家现代艺术博物馆保管室，巴黎。

3. 莱昂·德拉布尔：和死人以及垂死之人一起的普遍呼唤，朵拉集中营，1945年3月10日，贝桑松，抵抗运动及集中营博物馆，法国国家现代艺术博物馆保管室，巴黎。

4. 左朗·穆西克：达豪集中营，1945年，私人收藏品。

1944年穆西克在达豪："那是个让人产生幻觉的世界，那是一种景象，有堆成山的尸体。"虽然遭到绝对地禁止，但他仍像德拉布尔或是里希特那样进行绘画。

5. 哈娜·卡利肖娃：输送，1943—1944年，阿姆斯特丹，荷兰战争文献学会。

6. 对到达布痕瓦尔德集中营的战俘进行的点名，1938年11月，纽约，美国犹太人联合分配委员会。

7. 在布痕瓦尔德集中营的第一天：头发被剃光，身体接受消毒，纽约，美国犹太人联合分配委员会。

  在水晶之夜被捕的囚犯经过穿越德国的长途跋涉后到达布痕瓦尔德集中营接受了他们的第一次点名。他们很快就被浸泡在消毒盆里，剃掉胡子，头发剪成平头，遭到羞辱以及拷打。在哈娜·卡利肖娃看来（13岁），到达特雷辛集中营的犹太人就只剩一个被奴役的苦难了，意味着他们整个族群的分崩离析。她懂得这样表达，或许得益于和她关在一起的艺术家弗里德尔·迪克斯–布兰戴斯教授给她的绘画课程。这两位后来在比克瑙集中营全部遭到杀害。

8. 狭小监狱里的斑疹伤寒疫病的罹难者，泰瑞辛，1945年5月。

9. 玛尔吉特·施瓦兹在中士C.H.（斯利姆）·翰威特这位摄影师面前保持站立的姿势，贝尔根-贝尔森，1945年5月16或17日，伦敦，帝国战争博物馆。

10. 亨利·莫罗，编号126094，1943年6月25日，吉尔·科昂的照片，取自"奥斯威辛-比克瑙集中营的登记号文身"系列，20世纪90年代初。

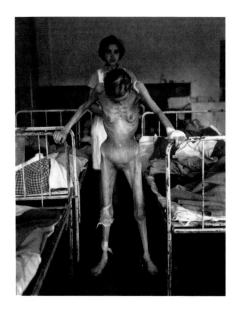

饥饿，传染病，寒冷，医学实验。在多重折磨下，身体和灵魂逐渐崩溃：非常年轻的人体上就出现的恶病质，半死不活的"穆斯林教徒"。这些幸存者通过自愿展示所遭受的恐怖暴力来进行证明和控诉：1945年，玛尔吉特·施瓦兹虽然身体状况还不允许，但面对这名英国士兵的镜头还是挣扎着站起来。五十年之后，亨利·莫罗向吉尔·科昂展示了他的登记号文身，这是印在他自己血肉中的集中营。

11. 犯人S.裘兹弗维茨的鉴别卡片,伏可他,1945年。

12. 萨克森豪森集中营的鉴定部门,1941年2月。

13. 管弦乐队为激励犯人劳动的热情进行吹奏,白海-波罗的海运河,1931-1933年。

计数、验明正身、拍照、缝补、粘贴、在制服上刷上号码、在音乐中开工:一系列的身体和灵魂的训练措施。S.裘兹弗维茨因加入与在伦敦的流亡政府密切相关的波兰地下军队去抵抗纳粹分子,被苏联人判处20年集中营监禁,登入地处北极圈外的伏可他的工业联合企业的名册中。集中营的悖论在于:这些号码和照片可以给它们所要取代的人重新予以生机。

14. 劳动收容所，在莫洛托夫（北德文斯克）的一个营房，1946年。

15. 劳动收容所的囚犯正在运土建堤坝，白海-波罗的海运河，1932年5月24日。

16. 囚犯在毛特豪森集中营的采石场劳作，奥地利，1938-1945年。

　　在两种集中营体制下的受害者身体上或身体中铭刻着他们经受的耻辱和刑罚的相似记叙：强制劳役，恐惧，打击，饥饿，简陋营房中拥挤的床铺。徒手填土，手推车和十字镐大行其道，规模宏大的吃人工地，死亡在那里算不上什么重大的事情。

17. 一群囚犯登上一艘开往莫斯科瓦-伏尔加运河的驳船，白海-波罗的海运河，1933年，卡累利阿自治共和国博物馆。

19. 被野兽或流动兜客的出租车司机搞乱的一个囚犯的坟墓，科雷马，20世纪80年代。登记号码被刻在固定于一块木头上的一个罐头盖上，莫斯科，回忆录。

18. 叶夫罗西尼娅·克尔诺夫斯卡娅的一页日记，写于20世纪60年代。

在劳动收容所，囚犯被隔绝于"正常的"生活直到死亡。冬天，冰冻会使大部分的营房变得难以进入。叶夫罗西尼娅·克尔诺夫斯卡娅描绘了其患有夜盲症的同伴们跌跌撞撞地被带去直接舔食放在地上的食物。甚至连死也由不得他们。这座被糟蹋的坟墓，这颗似乎在呐喊的头骨，还有已经是全部墓志铭所在的一个登记号码，使夏拉莫夫因此出名："每天都有的死亡和麻木的情感使一具没有生命的躯体丧失了任何的重要性。"

20．筋疲力尽的囚犯的片刻小憩，伏尔加联邦管区劳动改造营，1944年，莫斯科，俄罗斯联邦国家档案馆。

21．"儿童之家"，鄂毕河的劳动改造营，1952年，莫斯科，俄罗斯联邦国家档案馆。

22．在营地戏剧舞台上，斯大林斯基管区的劳动改造营，1949年，莫斯科，俄罗斯联邦国家档案馆。

这些苏联牢营或ITL(Ispravitelno-trudovoi lager，即劳动改造营)也是死亡被当做无产阶级再教育的发生之地。那些极度疲劳又食不果腹的囚犯们是工业化这个宏伟蓝图的奴隶和身不由自的参与者。这些围成圈儿的孩童们被从他们的囚犯母亲身边抱走，由国家、牢营，同时也是为国家、牢营所抚养。而舞台上的戏剧作品则是让那些或真或假的演员和真实的囚犯来模仿一起拘捕的戏码，真是讽刺至极。

23．在露天焚化坑里对那些被毒气杀死的犯人尸体进行火化，比克瑙，1944年8月，奥斯威辛－比克瑙国家博物馆。

24．堆积在一起的假肢，奥斯威辛，1945年10月，奥斯威辛－比克瑙国家博物馆。

25．拥挤在奥斯威辛集中营的"加拿大"区的一些犯人（回收和分拣木板房）。

在比克瑙，毒气室的杀人进度之快迫使除了焚化炉之外还必须挖一些坑，以使得这些尸体消踪匿迹，这些焚化坑的照片是集中营里负责处理死者的囚犯特遣队的成员冒死拍摄下来的。尸体已不复存在，剩下的只是一些外部的痕迹：为了满足纳粹军队的需求而回收利用的义肢，这是在"加拿大"区被挑拣出来的"生命"物件。人们闻不见腐烂和焦肉的气味，也听不到被杀害的人的叫喊声。

惊讶于一种新的状态,在这个越来越奇怪而陌生的东西上新表现出来的
畸变,而这个东西昔日曾是我的好朋友:我的身体。"①"塔妮娅一点都不
再年轻:她就是个老妇人。几绺凌乱的白发,一张消瘦的脸,皮肤干巴而
且起鳞屑。她会是几岁? 35 岁,这可能吗? ——这让你震惊了? 是的,我
35 岁。加上在亚罗斯拉夫集中营的两年,那里两年抵得上 20 年。总计就
有 55 岁了。再加上一年的司法预审,这个起码抵 10 年……这样全部加
起来就有 65 岁了。"②"他的眼神……是一只被追得走投无路的野兽投射
出的锐利眼神,一个极度疲乏的人散发出的刺中人心的眼神。这个眼神
我在那里时常能重新看到。"③那些证人通常都强调眼神、脸庞、皮肤的衰
老,这不是偶然:人类两个首要的特征,作为区别于动物的界限,是首先被
撕裂的对象。在集中营里过了几年没镜子的生活,艾弗戈尼亚·甘兹堡
一下子看到自己的影像时以为见到的是她上了年纪的母亲,而彼时她不
过四十来岁。相反,父母双亡的集中营中的孩子只会有父母年轻时的形
象,它们历来停留在记忆中或照片上。

  "看过堆积成山的裸尸后,那些在世之人的形容相貌给我非常深刻的
印象。他们和那些死人一样瘦骨嶙峋,面部表情也一样,他们就仿佛是那
些死尸被人吹了一口还魂之气,然后就移动起来或眼睛随着我的走动而
移动。"④这名参与解放布痕瓦尔德的美军士兵在这里发现了被称之为穆
斯林教徒的半死不活的人。而且没有人清楚为什么纳粹营里那些活不了
多久的人有这么个外号。某些人想起伊斯兰教的宿命论,这有些不够说
服力。在苏联的劳改集中营里,那些"触到了底部"的人被说成是"行将就
木之人"、"蜡烛"或是"火星",他们的生命之火眼看就要熄灭。通常,这些
人沉默无言,在生命与死亡之间不再有任何的语言。左朗·穆西克的画,
揣测那些还有一个躯体的人的心思,即使这个身体已经皮包骨到极点。
他们不再能理解周围的事物、尸骨和空间。身体上的极度衰弱导致了其
整个人格的衰退。"她已经忘了她曾经是谁。"⑤令人触目惊心的是,在这

---

① 伊姆雷·凯尔泰斯:《没有命运》,前揭,第 228 页。
② 艾弗戈尼亚·S. 甘兹堡:《眩晕》,前揭,第 1 册,第 309 页。
③ 同上,第 58 页。
④ 到布痕瓦尔德集中营的参观报告,1945 年 4 月 25 日,华盛顿,国家档案馆,第 47602 页。
⑤ 艾弗戈尼亚·S. 甘兹堡:《眩晕》,前揭,第 2 册,第 33 页。

两个体系中,所有同监的犯人几乎都鄙视那些动摇了、不再抵抗、向死亡妥协的人。他们似乎不可能对那些曾经如此靠近,然而从此将变得遥远的人保持同情心,因为同情就是含蓄地认同如刽子手们所愿的衰弱。[1]

7

如何处理尸体?

在苏联的劳改集中营里,尸体埋葬是尽可能快速简单的标准处理,一般都没有棺材。为了确认犯人不是装死逃狱,会用槌子把头部打坏。在死亡状态下,还是保有一个号码,写着登记号的标志牌系在大腿上,有时也固定在坟墓上的一根木桩子上面。吕巴·于尔根森极为恰当地指出,在集中营这片冰石世界里,人变成了"矿物"。但是那里缺少最后的一块石头,即墓石。[2]"死人不应该为我们充当标记。我们的亡灵应该消失。……我们的自然死亡是可以容忍的,就像睡觉、撒尿。但是它不应该留下痕迹,无论是在我们的记忆中,还是在我们空间里。亡灵所在之地不应该确定方位。"[3]

在纳粹集中营,出于卫生和保密的需求,焚尸炉成为标准:"毁灭身体的工厂:这个装置的构想是'德国工业效率'的突出例子。它的最大毁尸容量是大约每天10小时400具。"[4]此处,对布痕瓦尔德集中营焚尸炉的运行进行了描写。此外,1945年,这个集中营最为出名,部分是由于埃里克·施瓦布、李·米勒和玛格丽特·博克-怀特的摄影照片,他们向世人揭示了纳粹集中营的恐怖可憎。[5]那时人们会说:"瘦得像布痕瓦尔德集中营的幸存者。"这就证明是焚尸炉而非毒气室,成为集中营体系的可怕象征。人们不

---

① 关于这些"穆斯林教徒",参见乔治·阿甘本力图从哲学角度进行思考的著作《依然属于奥斯维辛的东西:档案和证词》,巴黎,帕约-里瓦日出版社,1999年。这一思考尝试极为有趣,但有时忘记了那些概念背后的人。

② 吕巴·于尔根森:《集中营的体验是否难以言状?》,摩纳哥,峭岩出版社,2003年,第345页。

③ 罗伯特·安泰尔姆:《人的空间》,前揭,第97页。

④ 对布痕瓦尔德集中营的审查,1945年4月16日,华盛顿,国家档案馆,第47页,616—617号。

⑤ 克莱芒·谢鲁主编:《集中营回忆与纳粹灭绝集中营照片(1933—1999)》,巴黎,马瓦尔出版社,2001年。

曾领悟到对犹太人的"野蛮"灭绝和工业化灭绝之间的差异。

8

工业化灭绝：身体的生产和毁灭

在《我的奋斗》一书中阐述得十分清楚的种族主义政策自 1933 年起得以实施，但是在疯狂的恐犹症和灭绝行为之间还有一段很长的路。希特勒用种族以及为争取更高级人种——雅利安人的生存而斗争的原则来解释这个世界：任何破坏其纯净性的行为，任何混种的行为，任何异种交配的行为都会带来灭亡。得益于"积极"措施的实施，纳粹的生物主义得以发挥作用，这些措施在人种方面鼓励繁殖纯种日耳曼人；这些在希姆莱的"生命之源"(Lebensborn)计划中得以实施。但是此计划相较于"消极"的效果，其积极的效果少之更少。这是关于绝育、隔离、根除腐蚀德国血统之因素的计划；那些"反社会人士"、身患残疾的人和精神病人，都是实施无痛苦死亡的 T4 计划的牺牲品。此外，还有茨冈人、同性恋，特别是犹太人。对于站在人种纯度对立面的他们，以为生命而竞争的社会达尔文主义理想的名义选择，即淘汰，变得十分必要[1]。除了与同一时代在不同西方国家中的类似想法很接近的生物研究和唯科学主义的意识形态外，希特勒还抱有"世界末日"的看法，在这个世界里，犹太人扮演了撒旦的角色。[2]没有国家的犹太人，活在谎言之中，其目的就是破坏任何一个国家，摧毁任何一种文化，作为所有民族中最纯净的德意志民族便因此成为与之最对立的民族。政治和宗教的理由，与文化和生物上的论据相结合，构建起对犹太人的仇恨。同时将犹太人去人性化，称之为寄生虫和魔鬼。希特勒取得政权，使得这个计划得以逐步实施。实施的步骤在事先并未经过思考，但很容易就能为其找到辩解之词。整个德国社会很快认同了这个想法，与之前针对早期歧视，1935 年纽伦堡种族法，甚至是 1938 年水

---

① 在大量关于此主题的文学作品中，我研究了菲利普·布罕出色的概述，见《怨恨与世界末日：论纳粹的排犹主义》，巴黎，瑟伊出版社，2004 年。

② 菲利普·布罕：《怨恨与世界末日：论纳粹的排犹主义》，前揭，第 47 页。

晶之夜的反应相同：遭到排斥和歧视的犹太人在逻辑上可以被特殊地残暴对待。医生和人类学家们会成为这个制度和法律的热情捍卫者之一，就一点也不奇怪了：德意志民族的健康和纯度最终成为他们长期以来一直为之辩护的关于激进优生学的政策中心。

1941 年，针对犹太人的屠杀中心的创立建立在另一个逻辑之上，不同于在犹太人区或集中营里设置隔离：不是用死来惩罚集中营的囚犯，而是尽可能快地进行大量的消灭根除，最大限度地制造尸体并回收、利用可再循环的一切。它带来的正是一场反犹太人的战争，其唯一的目的就是死亡。东线的开辟集中了从前实施的所有暴行并且使种族政策变得更为极端。关于隔离、凌辱和定点谋杀的政策自 1933 年起得以连续实施，特别是 1939 年那些"有瑕疵的"德国人也被施以毒气，他们和集中营的波兰囚犯一样大规模地遭到杀害：反犹太人的激进行为得以过渡为欧洲占领区的灭绝行为。

从特别行动队对男人、女人及孩子实施的大量"手工"暗杀到流动毒气车、毒气室，从步行或用卡车实现的犹太人区的圈集到用火车从几千里之外运人关押的集中营。一个真正有计划、有组织的工业集中区建立起来——在适合屠杀的机构里集中。被称为 zyklon B 的化学物质——焚尸炉为反人类的罪行服务。在一个精心制作的技术平台上的流水作业使受害者经历了从被选择，到挑拣分类，再到被处决的一整套工业化"消毒"程序。难道不涉及杆菌、寄生虫吗？个人衣物也以同样的方式处理：身体上的一切都有利可图。那些身体看起来引人注目的人——侏儒、巨人、双胞胎等等——被当做实验室的动物，用来做对肢体等造成残缺的"医学实验"，之后与其他人体聚集在一起进行"全部处理"：剃除头发，到"淋浴室"①进行灭绝之前的"卫生"操作，拔除金牙。一部分头发被利用来制造毯子，而假肢则回收利用满足军队所需。德国党卫军及其爪牙多半活在一种现实感的丧失中：这些被他们杀死和循环利用的人不再为人。然而，他们对执行"最终解决"的命令十分清楚②，其第一含义便是使所有身体

---

① ［译注］即毒气室。

② 罗伯特·杰伊·利夫顿：《纳粹医生：医学谋杀和种族灭绝的心理学》，巴黎，罗贝尔·拉丰出版社，1989 年。

销声匿迹的灭绝。

1943年，纳粹分子让集中营的囚犯挖掘数以千计的于1941年在娘子谷被枪决的人："由于被埋在地下很长一段时间，这些尸体都粘在了一起，必须用钩子剥离开来。……德国人强迫囚犯焚烧那些遗骸。有两千具尸体被置于成堆的木头上面，然后浇上汽油。巨大的火焰日以继夜地熊熊燃烧。希特勒分子让囚犯用大研杵把还保持着一些枯骨形态的遗体捣碎，将之和沙土混合在一起，撒在四周。"[1]在特雷布林卡附近，也重新见到了一些用于此目的的农用机器。[2]不言自明的是，那些服从挖掘命令的成员和负责把尸体从毒气室清理出去的人遭受的命运和那些受害者是一样的。在集中营这样的毁灭之地，连蛛丝马迹都不留：没有任何尸体，没有任何证据，没有任何档案。

这两个集中营体制的主要生产，最终就是身体的生产。纳粹分子用毒气室和焚尸炉把这个过程推向极致。在集中营里，盟军到达时，见到的是成堆的未被焚烧的尸体，成堆的身体如被遗弃的物品。相反，在灭绝集中营，作为物品的身体业已消失。只是还留着庞大的成堆的骨灰。在马伊达内克集中营，还能见到没来得及熔化的鞋子、手提箱、祈祷披肩、儿童服装、头发或金牙。它们揭露了秘密，就如几十年之后在古拉格集中营所在地，在纳粹分子所在的欧洲区域，不断被发现的万人坑。至于那些幸存者，S.艾伦更准确地称之为"次幸存者"[3]，他们是死亡本应抹去的印记，是集中营世纪留下的疤痕："我们曾体验过的这个经历是不可磨灭的。它给我们的余生带来深远的影响。我们带着这些完全看不出来的创伤，并非安然无恙……"[4]

---

[1] 瓦西里·格罗斯曼和伊利亚·爱伦堡：《黑皮书》，阿尔勒，索兰/南方文献出版社，1995年，第80页(俄语第一版，1944—1945年)。

[2] 其中一台陈列在耶路撒冷的以色列大屠杀纪念馆，另一台则陈列在巴黎的纳粹屠犹纪念馆。

[3] 索子格·艾伦：《克拉拉的拒绝》，巴黎，袖珍本出版社，2004年。

[4] 埃德蒙·米舍莱：《自由之路》，前揭，第246—247页。

第五部分

目光与表演

第十章　体育场:从看台走向大屏幕的体育表演

乔治·维加埃罗(Georges Vigarello)

　　表演并非早期体育运动的核心。长期以来体育场馆都不被重视,拥挤不堪,树木丛生,各种辅助设施随处可见,场馆界线标识不清,处于一种无序的状态。然而,自 1900 年起,场馆建设变得有序起来,出现了几何形场地、按直径大小分类的看台以及固化材料。"封闭"、"精确化计算"的特征吸引着人们的目光。场地因为广告与仪式而变得高贵。本世纪,巨大的环形体育场开始风靡世界。节日与古老的道德说教结合作为一种爱好显现出来。

　　体育必须赶上好的时代:空间流动、"闲暇时间"是工业社会逐步带来的产物。此外,还需要大量能吸引观众的项目。表演市场与休闲市场的存在使这一点得到保证。一切都显示出体育与经济、政治以及社会领域的一致:新时期非宗教化的节日安排,民主成功背景下产生体育冠军的模式,运用新的鉴别方式公布的结果。体育凭借其显而易见的健康价值、激情以及进步象征等特征成为 20 世纪最主要的表演之一。1950 年之后,电视及屏幕为体育表演带来了新的观看方式。这些观看方式更加激动人心,更加丰富多样,而且能够全面地展示整个比赛场景,从而展示整个比赛的价值。一切都体现出进步与发展。一切都展示出一种不可抗拒的魅力:一种讲述特别历史的方式,尤其是一种将理想转化成更明显、更具体的主题的方式。

　　应当指出,这种表演有可能存在阴影:财政失控,舍弃健康,或公开或隐蔽的暴力。太过火的游戏不是会招致危险吗？总之，这是体育与生俱来的一种"威胁"。

1

体育大众

1870—1880 年间，没有太多观众观看法国早期体育俱乐部的比赛。没有"大型"聚会的概念，也没有因大众到场而必须将观看者与表演者分离的概念。1890 年 3 月 8 日在布洛涅森林举行的首场英法中学生比赛，观众与运动员几乎是混合在一起的，观众是几十个戴着大礼帽的男士和两三位女士[1]；1891 年在杜伊勒利公园的田径场上，观众与赛跑运动员、投掷运动员以及跳高运动员混在一起。观众只有几位男士，其中有些似乎是改变散步路线而前来参观这个"装修完好、能与古老竞技场相媲美的场馆"。[2]

1) 道德期望

早期的体育场地并不是出于高频率的使用而建成的。体育伦理学家认为体育表演有时与他们的初衷是相抵触的。过多的赞美会让运动员变得堕落而不是高尚，被利用而不是受人尊重。显然，这一观点太过绝对。因为到了 20 世纪，人群涌向体育场从而激起了真正的建筑改革，同时也带来了真正的话语变革。表演几乎取代了体育本身。

顾拜旦在其长达几千页的体育运动论述中很少谈及观赛者。然而他的观点非常明确。体育表演令他担忧：体育表演"使运动员神圣化"[3]，但同时使其迷失方向；体育表演是对运动员的认可，但同时也是利用。体育运动员应当为理想而行动，比如道德建设和无报酬追求。但是因为体育表演的存在，一些令人不安的动机、虚荣、自命不凡等因素会促使运动员行动。体育

---

① 《插图》，1890 年 3 月 8 日。

② 《插图》，1902 年 9 月 22 日。

③ 皮埃尔·德·顾拜旦：《观众》，载《奥林匹克杂志》，1910 年，第 28 页。

表演是矛盾的，它很重要但同时完全不值一提，它让人着迷，同时令人生疑。顾拜旦对观赛大众也有所顾虑，从他未明言但不言自明的观点可知，精英与大众、选拔者与群众应区别对待。观赛大众人群拥挤，激情不可预料，难以掌控，这与 19 世纪末"有竞争力的"资产阶级所注重的个人主义的高贵正好相反①。伴随着工业化社会的发展，大众涌向城市休闲场所，这是个非常"丑陋"的场景。②因此，顾拜旦担心梯形看台过于宽大，担心观众人数过多，并拒绝让过多的公众涌进体育场地。"你们可以利用一切手段尽可能美化观众台，为其设计最优美的风景；但是一旦挤满观众，它就会丑陋不堪。"③

显然问题非常复杂。最早期的奥林匹克运动是为调动激情引发惊叹而作的一系列仪式，比如 1896 年雅典奥运会上，举行了环绕宪章广场的火炬游行仪式，军乐队表演，各国国旗飘扬，"火炬所到之处激起阵阵喝彩"④。《奥林匹克杂志》的一份特刊自 1910 年起详细记录了所谓的"布景、花炮、和谐以及行列"⑤。读者可以从中学会如何摆放国旗、花环以及胜利纪念品，如何让小国旗飘扬风中而不倒，指示观众台或安全通道，安排场馆空间位置以及调整声音使音调和谐。顾拜旦试图创新体育。他希望将体育变成一种典范，希望体育吸引并征服整个世界。而这同他所追求的理想有时背道而驰。

2) 体育场与人群

无论怎样，体育表演在 20 世纪的前几十年里占尽上风。观赛人数迅猛增加，短时间内上升非常明显。1913 年在圣-克鲁举办的网球世界锦标赛在几个临时看台前展开，观众席只有几排；1921 年的网球世界锦标赛上出现了安装坚固、紧挨并环绕比赛场地的看台，观众席有 20 多排；到

① 参看伊夫·勒甘：《城市社会空间》，见伊夫·勒甘主编：《19—20 世纪法国人的历史》，第 2 卷，《社会》，巴黎，阿尔芒·科兰出版社，1983 年。

② 皮埃尔·德·顾拜旦：《观众》，前揭，第 28 页。

③ 同上。同时参看约翰·J. 马克仑：《伟大的象征：皮埃尔·德·顾拜旦与现代奥林匹克运动的起源》，芝加哥大学出版社，1981 年，《一个难以描述的场景》，第 195 页。

④ 皮埃尔·德·顾拜旦：《美洲与希腊之回忆》，巴黎，阿歇特出版社，1897 年，第 155 页。

⑤ 参看《奥林匹克杂志》，"特刊号"，《装饰、花炮制造术、和谐、随从——论体育的罗斯金主义》，巴黎，1912 年。

1932 年罗兰-卡罗斯网球场举行大卫杯巡回赛时,出现了增高全景看台,可以容纳"近万名兴奋的观赛者"。①

经过多次修改与尝试,场馆设备随着时代日益系统化、个性化。1900 年巴黎奥运会的田径中心仍留有树木,是自然与人工的结合体。1908 年伦敦奥运会场专为观赛而设计,将多个赛事结合起来,被称为"多级"体育场:一条灰白色跑道,环绕着跑道的是自行车赛车场,四周环绕着石木的游泳池位于草地中心。赛跑与跳水项目可以同时在此进行。组织者深感骄傲的一点就是开幕式后,一系列的比赛项目包括在草地上参赛的体操运动可以在三个不同的场地同时进行。这一切都突出了体育的多样性和丰富性。"人们从来没有经历过类似的体育运动的同时性;单调乏味的感觉完全被排除在这场肌肉文化的盛大节日之外。"②愉悦视觉的意愿战胜了使表演具体化的意愿。

在接下来的年代里,如 1920 年代,人们的注意力集中在两件事上:更加大众化的球类运动及在其影响下修建的各种体育场。场馆布置变得精细化,目标也随之简单化,仅有一条跑道环绕比赛草地以便各种比赛活动分离开来。在比赛场地上,众多的观众只关注某一场比赛。《插图》记录下了 1925 年 4 月 11 日法、英橄榄球比赛时众多的观赛者,描绘了观众席上人多杂乱、狂热兴奋的场景,"尤其引人注意的是那些到场观众。他们成群结队地到达体育场……密集而且热情洋溢的人群,如同一块被安放在宽大看台上的波动的暗色地毯。"③

法国为 1924 年奥林匹克运动会而修建的哥伦布体育场完美结合了观众入场和观看视角,堪称"世界上规模最大、规划最好的场馆之一",拥有"呈抛物线状的看台"④,"2 万个座位以及 4 万个露天座位":为了更好地利用空间,市郊周围建立了场地;为了方便观众入场,建立了交通网络;为了更好地提升场地价值,美学被纳入考虑的范围。巴黎的指南强调实用和新颖,甚至在 1920 年代增加了参观建议。⑤

---

① 参看《插图》,1913 年 6 月 14 日,1921 年 6 月 11 日,1932 年 8 月 6 日。

② 《奥林匹克杂志》,1908 年。

③ 《插图》,1925 年 4 月 11 日。

④ 《插图》,1924 年 2 月 23 日。

⑤ 参看《巴黎——旅行指南:巴黎生活旅行指南》,1926 年,第 295 页。

3）激　动

　　紧张的对抗,不确定的冲动,对记录的狂热追逐,对独一无二的追求,为取得出色的成绩或巨大的成就而产生的强烈的进取心,所有这些被激发出的激动与兴奋,表面看似不值一提,但都值得我们思考。这些"奇才"们的价值在 19 世纪末已经显现出来,"他们所取得的非凡成绩成为人类生理学最令人好奇的学科之一"。①体育印证了人们对发展和对进步的想象,对极限的想象即再超越"一点点"。这种"过度倾向"在顾拜旦的眼中充满了"高贵与诗意"②。运动员道出了在比赛过程中的感受,"结束了一轮划船比赛后,我感觉到筋疲力尽,抛开烦恼,我仅仅能从船上站立起来。但是一刻钟后,我又恢复了体力,我赢得了一场新的比赛"。③

　　无论增加何种内容,对于观众而言,体育的快乐来源于被观看者身体的自如、机械的速度或力量、冲刺的意外情况或距离。空间交错,自然更替放慢。《露天生活》是 1898 年以来最重要的运动杂志,该杂志认为机器将距离和他处带入人们的日常生活。当旅行、度假的概念开始出现时,当旅游俱乐部自 1897 年开始出版旅行指南的时候④,当阿道夫·乔安娜完成他的《法国景点与古迹》系列丛书的时候,穿越自然与地域的体育运动表演让人浮想联翩。

　　随着时代的变化,体育大众也不经意地发生着变化,出现了许多新的交流原则和国际化原则。这些原则象征着区域概念的结束,例如统一的规则,远距离而快速的相聚。体育体现了人类旅游的发展。19 世纪下半叶以来的世界展览和学术会议已经拉开人类旅游发展的序幕。现代奥林匹克运动的倡导者们指出,"铁路和电报,这些伟大的发明缩短了距离,人类已经开始以一种新的方式生活"⑤,体育同样体现了逐步获得

---

① 居约·多贝斯:《奇才》,巴黎,马松出版社,1885 年,第 1 页。
② 皮埃尔·德·顾拜旦:《体育心理学》,载《两个世界的杂志》,1900 年 7 月 1 日,第 67 页。
③ 若尔让·皮特·缪莱:《户外活动之书》,哥本哈根,H. 蒂尔日出版社,1909 年,第 110 页。关于超越主题,参看伊莎贝尔·戈瓦尔的作品,《自我展示或自我超越:论当代体育》,巴黎,伽利玛出版社,2004 年。
④ 参看安德烈·洛克:《假期与重返自然》,见阿兰·科尔班主编:《休闲时代的到来,1850—1960 年》,巴黎,奥比埃出版社,1995 年,第 100 页。
⑤ 《1896 年的奥运会,官方报告》,第二部分,第 1 页。

闲暇时间的过程,拥有闲暇时间才可能出现体育旅游,这在 1920 年之后更加明显。①

4) 身份认同

如果不了解大众的心理、社会需求,不了解这种需求影响力增大的动力之所在,即对表演者身份的认同,那么,人们将很难理解观众所表现出的冲动之举。例如在 1896 年雅典奥运会上,希腊籍马拉松冠军就深切感受到了民族的狂热。"一位女士解下她的手表当作礼物赠送给了当天比赛的年轻英雄;一位爱国的旅店老板给他签下了 365 顿美食的票单。"②1900 年 10 月 14 日,在巴黎奥运会上,尽管到场观看法德橄榄球比赛的人数只有 3500 人,但他们对比赛倾注了无比的热情,公众情绪异常兴奋,他们的"悲喜"由场上的运动员左右③,而球场上潜在的矛盾则随时可能因为一些无关紧要的小事而一触即发。这种结果的意义非常明显:它是集体主义价值的体现,是多种力量与资源的展示,同时也突出了救护设备的重要性。这是一种确认力量与进步的方式。自早期奥林匹克运动开始,它就引导新闻媒体统计每个国家所取得的胜利。

如同法国旧制度时期④的体育,体育表演经过细致的考虑。表演者身份的认同将人们引向冲动并使这种冲动具体化。这种身份的认同使冲动具有了某种深度并增加了冲动的激烈程度。同时,身份的认同是体育的认同,即体育就是目标,体育在它所创造的社会里逐步走向成功。特别是这种身份的认同能制造"英雄",这些特殊的人物同时给人一种遥不可及却又近在咫尺的感觉,琢磨不透却又和蔼可亲。创

---

① 1920 年的《汽车报》在重大赛事时期提供"全套服务价格":旅行票,比赛门票,以及住宿费用。

② 皮埃尔·德·顾拜旦:《美洲与希腊之回忆》,前揭,第 150 页。

③ 达尼埃尔·梅里永:《1900 年世界展览——关于身体体育锻炼的国际比赛的报告》,巴黎,法国国家印刷局,1901 年,第 1 卷,第 65 页。

④ 古老的体育项目指的就是旧制度时期的体育项目;参看乔治·维加埃罗:《锻炼,竞技》,见阿兰·科尔班、让-雅克·库尔第纳、乔治·维加埃罗主编:《身体的历史》,第 1 卷,《从文艺复兴到启蒙运动》,巴黎,瑟伊出版社,2005 年。

新于是出现了。《露天生活》杂志自 20 世纪初期开始出版《体育名人珍藏集》①，长篇累牍地介绍体育名人，并附有其自小长大的照片和精美的评论文字。体育社会塑造了典范。1903 年环法自行车赛的发起者坚持道，"必须要有英雄"②，他还指出体育具有某种想象动力，即无论真实与否都应该创造"一个神话"，建立一个神话空间。比如，环法自行车赛的第一位冠军加兰的成功就是一个神话。"一直以来，我对莫里斯·加兰怀有深深的崇敬之情，那是一种孩子对神话中的英雄们的崇拜之情。"③

　　这些人物身上凝聚着某种相互矛盾却又有着决定作用的特征。与众不同的冠军很"真实"，表面上太过"残忍"的比赛也具有"人道的、体育的、平等的"④特点。一切都印证了民主社会的成长过程。1910 年拉皮兹在经过大雪覆盖的奥比斯克时说的话说明了这一事实。位居比赛第一的拉皮兹已经精疲力竭、双眼翻白，双手推车的他对着比赛主席布雷耶高喊："你们都是刽子手。"⑤如同其他人一样，英雄不也是一个"人"吗？

　　冠军的成功是透明的，它与遗传、继承毫无关联，完全是个人奋斗的结果。他们既平易近人但又难以接近，他们既是常人又与众不同。对这种特殊群体身份的认同，导致了一种特殊的迷恋和一种巨大的社会梦想的产生。环法自行车赛作为一种体育运动，可以让我们更好地思考民主社会的矛盾。它抹去了原则上的平等与事实上的不平等⑥、"希望的"平等与更加乏味的"现实"之间的冲突。虽然日常现实生活并没因此而改变，但体育使人相信在阴谋与庇护之外，我们可以想象一种完美的社会状态。体育还指出在只凭借自身力量的条件下同样能够获得成功。

　　传统文化被遗忘了吗？宗教信仰消失了吗？往昔的英雄们黯然失色了吗？19 世纪末期，体育构建了一种全新的协调与表现方式，一个行为与象征的机制，这些都是对集体想象的映射与认同。体育的这些新特征与工业社会和民主相关。

---

① 　参看《露天生活》，1904 年。
② 　《汽车报》，1904 年 7 月 27 日。
③ 　《汽车报》，1904 年 7 月 27 日。
④ 　《汽车报》，1903 年 7 月 15 日。
⑤ 　《汽车报》，1910 年 7 月 13 日。
⑥ 　参看阿兰·艾伦贝克：《无神的体育场》，载《辩论》，1986 年 5—9 月。

5) 讲　述

报道也因此而有了另外一种深度。它们不遵循平等原则,依环境和事件的不同而最大化地改变笔调。这强化了身份的认同,同时导致一种新的评论体育赛事的方式出现,体育报道不再仅仅只是报道比赛结果。《自行车报》、《体育报》、《露天生活》均以一种专业的方式论述、评论体育比赛。世纪初的体育新闻变成了系列报道。比如在 1904 年的"全国越野车自行车比赛"中,连续报道了几名最有希望获胜选手的意外落败,拉格诺[①]在获胜前缓慢艰难的行进,诺提埃赛车不合时宜的抛锚,以及同年在摩纳哥[②]举行的汽艇比赛中无人到达终点线等等。继体育比赛新的组织方式以及由此带来的新的体育地位,又迎来了新的评论方式和英雄化方式。

这些报道甚至具有文学特征,能打造出戏剧效果,有时甚至能编造出各种情节。例如,1904 年的环法自行车第一赛段巴黎—里昂段并无吸引人之处,但是德斯格朗吉的文章却记录下了这一赛段中的一些小插曲,讲述了运动员们加速前进以及遭遇困难的情景。加兰是 1903 年环法自行车赛的冠军,也是 1904 年最有希望获胜的选手,他的比赛充满了反击与炫耀:"在深夜里,一群人不断地追逐他,攻击他,试探他,希望他体力不支从而超越他。"[③]这些片断,无论属实还是杜撰,比比皆是。报道激发甚至锁定人们的敬仰之情。何谓"功绩",由它们定义。加兰在里昂的经历使他变成了奇人:这个已加入法籍"不起眼的、清理烟囱的意大利工人",1903 年的冠军获得者,从此赢得了"战斗超人"、"自行车比赛大力士"、"巨人"等美誉。

报道涉及的人物非常多。优胜者毫无悬念地获得胜利;竞争对手同样大显身手;所有的关心往往都送给实力最弱者;奖章颁发给那些孤独的大腕们。为了增强故事情节,各个方面的人物相互映衬,相互补充。为了

---

① 《露天生活》,1904 年,第 165 页。

② 同上,第 284 页。

③ 《汽车报》,1904 年 7 月 27 日。

吸引人们的注意力，过度夸张的语气是必不可少的。为了增加发行量，新闻界必然极尽美化之能事。让·卡尔韦在一部引人入胜的作品中曾指出，一切都是为了使体育比赛"变成一种大众神话并且制造神话"①。

6）道德与金钱

应当指出，英雄化的过程与评论、经济利益是交织在一起的。体育新闻媒体拥有大量受众。以自行车比赛为例，新闻媒体如果能够向在街道两旁观赛的观众讲述他们无法知晓的内幕，比如不为人知的插曲、惨剧、跟踪评论，就会赢得更多受众。如果新闻媒体自身参与比赛的组织工作，他们的受众将会大大增加。《小日报》对此体会深刻。自1869年开始该报就组织了环法自行车比赛巴黎—里昂段。1903年组织环法自行车赛的亨利·德斯格朗吉比其他人更深谙此道。这位《汽车报》的主编，前公证人书记、自行车比赛男子记录保持者，他的目的非常明确。为了增加日报的销售量，打败其竞争对手《自行车报》，他提出了一个"伟大"的竞争计划。分阶段比赛的残酷与长距离（2460千米）令人大为惊叹。目标实现了：比赛不仅吸引了公众，而且短短几日内日报的销售量翻了三番（从2万多份增加至6万多份），与此同时《自行车报》失去了大批读者。其广告策略进一步扩大了胜利的成果，激增的发行量使得报刊上所刊登广告的商业价值不断攀升。

不难看出，环法自行车赛体现出了一种超"现代性"和一种工业化企业的广告运作模式。身体竞争在成为道德和教育手段之前，已经融入到了市场规律之中。但不可否认，这种筹集资金的手段同时加快了交流的速度，几乎实现了信息的瞬息化。环法自行车赛意味着当代社会"隔膜的消除"。②

对于职业运动员，比赛成绩与金钱紧密相连。而对于业余运动员，比赛成绩不会带来任何报酬。这样，就形成了职业运动员与业余运动员在

---

① 让·卡尔韦：《公路上的巨人神话》，格勒诺布尔，格勒诺布尔大学出版社，1981年，第164页。

② 欧仁·韦伯是自行车历史学家，同时也是作品《土地的终结》的专家（巴黎，法亚尔出版社，1983年）。

道德上的对立。尤其是当业余性比赛不索求任何回报时,这种冲突就表现得更加明显。19世纪末体育界的重要人物一致认为:为金钱而进行体育比赛等同于将力量奴隶化,等同于"背叛",说明运动员依靠的不是自身而是出资者。因此,赛马场、马戏场到处充斥着受人鄙视的场景,顾拜旦对此曾有过精彩的论述,"职业田径运动员就如同珍贵的马匹"[①]或是"悲惨的斗士"[②]。职业运动员的身体受金钱的驱使,并不属于运动员自身。在早期的比赛中,我们其实很难将"真正的"身体崇拜与金钱联系起来,也很难将"真正的"力量获得与职业化联系起来。竞技比赛从最初至今仍受人质疑,如果得不到有效彻底的监控,容易给人留下腐化、堕落的想象空间。

试图将体育建立于道德标准之上并使之成为体育特色的愿望引发一系列不可避免的结果,例如教条主义的趋势。20世纪初以来,由《奥林匹克杂志》出版或修改的众多"业余性宪章"都要求"所有体育运动,毫无例外地都应当朝着纯粹业余主义的方向发展。任何体育都不应当用金钱来衡量运动员的价值。"[③]

体育事业一旦被宣布为"道德象征",就应当遵循该准则。它应当确认"优秀"和禁忌的标准。它应当懂得控制人才并实现其价值,懂得鉴别高尚与低俗、纯洁与不道德。它应当划清业余与专业之间的界限,这种界限在奥运会体制里一直扮演着重要角色。

当职业运动员也要重申道德水准时,毫无疑问,业余与专业的界限是模糊的。亨利·德斯格朗吉和他的环法自行车赛的职业选手们不是打算组织一个"神圣体育阵营"[④]吗?出现在名人表上的体育名人包括第一位冠军获得者加兰以及历届环法自行车赛的冠军获得者,无一例外都被誉为"杰出的"运动员:比如"声洪嗓大的"[⑤]奥库蒂里耶,"高卢老伙计"克里斯托夫,"哥伦布巨人"法贝,尤其是1906年征服阿尔萨斯圆形顶峰的波蒂耶,两年后德斯格朗吉为其在顶峰树立了一座永垂不朽的纪念碑。观

---

① 皮埃尔·德·顾拜旦:《报告》,载《田径体育运动》,1893年7月13日,第3页。

② 同上。

③ 《业余运动宪章》,文章Ⅵ,载《奥林匹克杂志》,1902年1月,第15页。

④ 《汽车报》,1907年7月4日。

⑤ 同上。

众很快证实了这种迷恋。比如 1914 年马赛自行车赛场人头攒动，以至于在赛车运动员进场前两小时所有大门都被迫关闭。

英雄化的过程与业余和职业运动员之间的矛盾并没有关联。两者矛盾的特殊性更多地与运动员需要展示"纯洁性"有关，而不在于是否改变游戏规则。纠纷暗示着竞相许诺。一个声称为理想而竞争，另一个则认为是热衷于"专横的文牍主义"①，一切都表现得如同家庭纠纷般特殊。但没有什么能真正改变观众的喜好，相对于"训练细节"②他们更关心竞技体育表演。皮埃尔·德·顾拜旦承认并强调对"职业精神"③必然的容忍。体育表演因其不确定性、具有争议的平等性反而比复杂的准备工作和费用问题更吸引人。

2

激 情 与 神 话

休闲的出现、新闻媒体的壮大以及信息的多样化都使得体育表演在两次世界大战之间的那段时间具有了举足轻重的地位。体育表演造就了无数体育大人物。与此同时，多样化的身份认同也显得非常重要。一直以来，体育英雄们扮演着非常复杂和重要的角色，他们的表演体现出国家实力和集体力量的对比。体育运动员的表演还周旋于各大政治派别、独裁主义以及各种模糊的价值体系之间，大肆宣扬与不屑一顾具有了相同的涵义。"成功"一词再次被曲解。

长期以来，我们总是可以透过优秀运动员来了解一个国家的实力与气魄。

1) 英雄们的"厚度"

体育对社会各层面的渗透使得体育人物形象更加鲜明。比如，乔

---

① 皮埃尔·德·顾拜旦：《业余性的问题》，载《奥林匹克杂志》，1907 年 2 月，第 218 页。
② 同上。《新方面的问题》，载《奥林匹克杂志》，1913 年 11 月，第 178 页。
③ 同上。

治·卡朋提埃就是早期具有象征意义的拳击手之一。1921 年他与杰克·德姆西之间的对决将国家价值观演绎得淋漓尽致,然而之前他从未冲破过"拳击激情"①。法国对战美国,这显然是相信资产阶级和农民模式联盟的凡尔登式的法国与崇尚技术、金钱的美国之间的一场对决。在美国人心中,德姆西是现代性的象征;在法国人心中,卡朋提埃是细腻与革新传统的象征。《时代报》称,卡朋提埃是一位"体育知识分子"②,"仔细思考的分析家",德姆西则是一个粗鲁之人,肆无忌惮,不懂得关心他人。面对新世界的异峰突起,古老欧洲的担忧之情一览无余地体现在了对这位四肢修长、具有良好教养的拳击手的护卫上:一种运用国家说辞、炮制对抗逻辑的方式。这就是体育投资。卡朋提埃身上体现出的强烈象征意义反映出法国面对一个日益强大的国家时所持有的态度。与 1900 年《露天生活》③所刻画的早期"体育名流们"相比,新型的体育英雄能反映出更加丰富多样的④社会侧面。

1921 年 7 月 2 日晚,为了知道卡朋提埃在泽西城的比赛结果而聚集在林阴大道上的公众用自己的方式见证了比赛结果,同时见证了"即时"信息的新地位。颜色各异的"灯光"通过"电波"与设在蒙马特大街 16 号的《体育》日报交流后播报赛事。咖啡馆和餐馆向电报社订购信息以告知客人。剧院与电影院也宣报比赛结果。⑤体育与信息社会就此开始了他们决定性的结合。

传播新闻的方式很多。宣传奥林匹克运动的人员也非常多。这种动力值得关注。大方爱笑的冠军安德烈·勒杜克被视为"法国式愉快性情"的象征。这位 1932 年环法自行车赛的冠军得主令《汽车报》,即比赛的主办方售出了 70 万份报纸。⑥1925 年温布尔登网球联赛"单打"冠军得主苏

---

① 安德烈·洛克:《拳击,20 世纪的暴力》,巴黎,奥比埃出版社,1992 年,第 125 页。本文提供的分析在此非常重要。

② 《时代报》,1921 年 7 月 1 日。

③ 参看詹姆斯·亨廷顿-瓦特利主编:《英国体育英雄之书》,里夏尔·奥洛特作引言,伦敦,国家肖像画廊,1998 年。

④ 参看上文。

⑤ 安德烈·洛克的《拳击,20 世纪的暴力》(前揭)在此方面提供了最宝贵的信息。

⑥ 参看让·迪利:《一位大众冠军:环法自行车赛冠军安德烈·勒杜克》,载《体育历史》,第 1 期,1988 年。

珊·勒格雷和勒雷·拉科斯特不负人们的期望：他们不仅终止了英国人取胜的传统，而且表现出了与众不同的优雅与风度。是对 1920 年以来人们所接受的工业化英国和乡村法国这一观念的有力回击。他们重树了一种形象，代表一种集体诉求。苏珊·勒格雷还被视为公共生活中的女性新形象。她成功优雅的举止无人可比，身体移动自由而坚定。因此，当"英国人称年轻的冠军为'完美无缺的勒格雷'而且对她作全面报道时"①，法国新闻媒体备感骄傲。

2）政治赌注

体育变成了全球关注的对象。它既是吸引眼球的宣传工具，又是舆论制造者觊觎的对象。一种媒体的传播范围越广，其影响力就越大。因此，体育也以强大的渗透力进入政治领域。体育信息日益繁多，体育非政治化的原则往往难以继续。大型体育赛事的出现不仅意味着新的表演的快乐，同时还是一场精确的赌注。1900 年雅典奥运会期间莫拉斯曾肯定地指出，"这种国际主义不会抹杀国家的概念，相反，会使这种概念更加坚定。"②体育的团体主义价值非常明显。这点在 1930 年的极权主义时期表现得最为突出。

1936 年柏林奥运会表现出的各种行为和仪式就是个极端的例子。1935 年，德国政府的体育机关报《德国体育报》发表评论，"奥运会，使我们拥有了一种潜力无穷的宣传工具"。③为了保证国家获得比赛胜利，体现血肉相连的集体主义力量④，德国比赛队几乎全部职业化。为了展现军事/运动力量的一体化，比赛组织接近军事化。这次比赛处处体现出"命令"的特征：克制的人群，无处不在的军官，不断重复的代码式用语。一切都具有象征意义：制服与徽章，旗帜与纳粹标记。体育仪式的每一刻都被政治符号化。对奥林匹克运动的评价变成了对纳粹的评价。⑤此外，纳粹

---

① 《插图》，1925 年 7 月 11 日。

② 皮埃尔·德·顾拜旦引用：《美洲与希腊之回忆》，前揭，第 156 页。

③ 让-米歇尔·布莱泽引用：《被扭曲的体育：1936 年的柏林》，比阿里茨，阿特朗蒂卡出版社，2000 年，第 120 页。

④ 参看上条，德国队员在参赛前一年即开始"全天性"准备训练。

⑤ 参看弗朗索瓦兹·阿什：《奥林匹克运动：火炬与战绩》，巴黎，伽利玛出版社，"发现"丛书，1992 年。

党歌《霍斯特·威塞尔之歌》在体育场上响起 480 次，而德国国歌仅演奏了 33 次。

早在两年前，意大利举办的世界杯足球赛就让人们看到了体育政治化的巨大影响。意大利队员进场时行法西斯礼，德国队员及工作人员身着带纳粹袖章的统一制服。无处不在的墨索里尼多次下达命令，发表声明。当时的国际足联主席于勒·里梅在几个星期后表达了自己的愤怒之情，"我感觉，在世界杯期间，真正的足协主席是墨索里尼"。[1]1936 年意大利足球举办方的宣言更加直截了当，"体育的最终目的是为了突出法西斯理想"。[2]

政治化同样会制造一系列比赛，而这些比赛因法西斯的威胁被认为太过"危险"。比如，1936 年由加泰罗尼亚委员会组织的原本于 7 月 18 日在巴塞罗那举行的大众运动会，因为 7 月 17 日西班牙摩洛哥的军事叛变而取消。[3]《奥林匹克宪章》严正声明，排除"各种形式的种族歧视，不管对国家还是对个人，不管是出于种族、宗教、政治、性别还是其他原因"，[4]然而柏林奥运会最终还是得以成形。这是体育奇怪而阴暗的一面……

3）节　日

除了对团体、对国家的认同以及公开的政治利用外，体育表演比以往任何时候更具有节日的气氛，它代表集体娱乐，是孤独、激动和商业的综合体。这一过程甚至形成了自己的惯例，即与娱乐社会结合：广告效应，品种繁多的图像，重新编排的趣味活动，这些构成了当代集体狂热的主要因素。

1930 年环法自行车赛的车队是最典型的例子：假人头像、色彩鲜艳的通告、流动的音乐以及不计其数的分发物。走在比赛队伍前列的默尼耶巧克力卡车分发了 50 万顶印有该巧克力商标的纸质帽。工作人员在

---

① 于勒·里梅，国际足联主席，克里斯蒂安·于贝尔引用：《50 年的世界杯》，巴黎，艺术与旅游出版社，1978 年，第 34 页。

② 同上。

③ 参看伊夫-皮埃尔·布隆尼：《皮埃尔·德·顾拜旦：人道主义与教育学，关于奥运会体制的十个教训》，洛桑，CIO 出版社，1999 年，第 106 页。

④ 参看弗朗索瓦兹·阿什：《奥林匹克运动》，前揭，第 74 页。

路上分发了好几吨的块状巧克力。他们在山口顶端停歇，为观赛者和车手们提供热巧克力。①车队展示出环法自行车赛似盛大节日的一面。②新闻报道同样可以舍弃英雄般的笔调，转而描写闲暇时光甚至是少有的感观快乐，"在加龙内特，一群美女在晒日光浴，她们比往年穿得更少，明年似乎会比今年穿得更少。"③道德影射让位于快乐共享。

其他的节日比如"六日"④，1930年代初期观众达15000人。《插图》将这些人分为"狂热的人"和"社会名流"。前者利用假日参加活动，日夜狂欢，"面包、灌肠、美酒不离手"⑤。他们大声叫喊，充满激情，永无休止地议论比赛意外和相关事件。后者夜晚才加入，他们充满好奇，是业余的、优雅的消费者，"夜晚较迟入场甚至是看完戏剧之后再入场，这才是有教养的。用宵夜者围桌而坐，香槟在酒杯中浮动……"⑥这里既是约会的地方，也是观看比赛的地方，混合了不同团体和社会阶层，体育完美地融入社会生活之中。⑦

4）图像与声音

图像与声音在比赛中发挥了重要作用，它们越来越多地出现在日常新闻的传播中。比如自1930年摄像机进入比赛场馆，比赛从此出现在了电视新闻中。环法自行车比赛的汽车顶部，场馆座椅高处，自行车越野赛、汽车比赛、划船比赛以及汽艇比赛的终点线上都安装了摄像机。因为有了摄像机，照片和文字触及不到的事物也拥有了生命。

在早期的尝试中，无线电广播的优势很明显。它能制造瞬间新闻，在

① 皮埃尔·夏尼：《环法自行车赛的传奇故事》，巴黎，ODIL出版社，1983年，第245页。

② 关于节日方面，参看菲利普·加博里约的分析，《环法自行车赛与自行车：一项当代伟大运动项目的社会史》，巴黎，拉尔玛出版社，1995年；以及皮埃尔·桑索的分析，《环法自行车赛：一种国家礼拜仪式的形式》，载《国际社会学手册》，第86期，1989年。

③ 《汽车报》，1938年7月20日。

④ ［译注］les Six-Jours，即为期6日的自行车比赛。巴黎从1931年开始举办该体育比赛，但自1989年以后不再组织该比赛。在世界上许多国家，该比赛项目一直保留至今。

⑤ 《巴黎自行车赛的六日》，载《插图》，1932年4月9日。

⑥ 同上。

⑦ 关于二战期间体育、休闲以及表演之间交错的主题，参看海伦·沃克：《户外运动的普及化，1900—1940》，载《英国体育历史杂志》，第2期，1985年，第140页。

听众和"真实"的对决之间建立一种直接的关系。美国人是最早的体验者。1921 年 7 月 2 日广播杰克·德姆西和乔治·卡朋提埃的比赛时,人群与尖叫声、噪音与评论声同时在大陆上空回荡。[1]然而这种报道形式缺乏弹性,在改变场地和延迟转播方面存在困难。环法自行车赛就遇到了这样的情况。如 1929 年首次通过广播进行的报道只能限于固定的瞬间,而无法进行录制。然而,情形很快发生了改变。1930 年代,运用邮电部门沉重的机器对到达终点线的环法自行车赛车手们进行采访,这显示出广播节目所取得的惊人进步。1932 年,随着让·安托万和阿莱克斯·维罗播放在大山口录制的配有终点线采访的片断,一切由此改变。[2]可瞬间复制纤维素光盘的发现使整个过程变得可行。夜间节目汇聚了收集的"即时"评论和事后制作的评论。听众有亲临比赛现场的感觉,能够识别出不同人的声音以及嘈杂声。声音赋予体育另外一种存在方式。

3

金钱与赌注:电视强大的吸引力

电视的到来引发巨大的变化,家庭电视实况转播使体育变得普及。电视强调表象和可见性,它使体育人物和新闻媒体人物变得同样重要。电视与当代体育表演关系紧密,它能改变体育竞赛,影响其设施建设和游戏规则。与 19 世纪末以来体育新闻界将体育市场化一样,电视懂得利用体育"令人兴奋"的一面,促使观众数量大幅上升。这间接导致了对礼仪的重新编排,国家性的礼仪被赋予"地方性"特征,而跨国家的礼仪则被赋予某种"全球性"特征。全世界的人们都沉浸于身体体质不断提高的巨大梦想之中。

1)强大的吸引力与利益

首先应当考虑体育影像化的重要性及其稳步增长的事实。法国电视

---

[1] 参看安德烈·洛克:《拳击,20 世纪的暴力》,前揭,第 145 页。

[2] 参看安德烈·洛克:《体育运动中的耳与眼:从收音机到电视(1920—1995)》,载《交流》,第 67 期,《体育表演》,1998 年。

支付的体育费用从 1968 年的每小时 232 法郎上升至 1992 年的 11000 法郎，而 1999 年则达到 33 000 法郎①。职业足球的重要性同样不可小视，2004 年吸引现场观赛观众 1 千万人，电视观众 1 亿人②。此外，体育新闻市场非常庞大。新闻媒体通过赞助体育比赛，从中获取经济利益，或是各种赞助者利用赞助以提高知名度。这种旧模式在 20 世纪的最后几十年里，逐渐转向电视对体育影像的开发和利用。体育节目赚取了大笔的钱：电视频道付费给主办方，而广告客户付费给电视频道，电视频道的增加为其他赞助商提供了存在机会。相互交错的利益关系致使整个系统得以维系。

同时，市场规律导致从事体育开发所获利润出现飞速增长的现象③：1974 年法国广播电视局为转播法国足球比赛支付 50 万法郎；1984 年，法国电视一台、二台以及三台则支付 500 万法郎；1990 年，所有法国电视台则支出 2 亿 3 千万法郎④；2000 年 Canal＋电视台和卫星电视（TPS）为未来 5 年间的比赛投下总额达 87 亿法郎的巨资⑤。数年之内，资金数额变化之大，根本无法比较。国外电视台的投资同样巨大，"美国的 NBC 花费 16 亿 7 千万美元买下了接下来 8 年里相继转播汉城（1988）、巴塞罗那（1992）、亚特兰大（1996）奥运会比赛的权利"⑥。1976 年世界各国支付的奥运会独家转播费为 34862 美元，2000 年（悉尼）则增加到 13 亿 3 千 2 百万美元（其中仅法国电视台就占了 5 千 4 百万美元），2004 年（雅典）为 14 亿 9 千 8 百万美元，2008 年（北京）达 17 亿 1 千 5 百万⑦。同样，足球世界杯的费用 1992 年到 2002 年之间增加了 1075％。⑧

---

① 参看瓦拉迪米尔·安德烈夫：《电视与体育》，见乔治·维加埃罗主编：《当今体育精神：陷入矛盾的价值》，巴黎，于尼韦尔沙里斯出版社，"环法自行车赛主题"丛书，2004 年，第 171 页。

② 弗雷德里克·蒂里耶：《足球商业的五大真相》，载《世界报》，2005 年 2 月 27—28 日。

③ 菲利普·韦尔诺对自 1960 年以来每 10 年的"市场"发展进行了分析；参看《金钱与体育》，巴黎，弗拉马里翁出版社，2005 年，第 121—284 页。

④ 埃里克·梅特罗：《体育与电视，密切的关系》，巴黎，弗拉马里翁出版社，1995 年，第 358 页。

⑤ 《金钱、体育与电视的结合……》，载《世界报》，2000 年 2 月 8 日。

⑥ 埃里克·梅特罗：《体育与电视，密切的关系》，前揭，第 284 页。

⑦ 参看瓦拉迪米尔·安德烈夫和让-弗朗索瓦·尼斯：《体育与电视，经济关系：利益的多样化与源头的模糊性》，巴黎，达洛兹出版社，1987 年，第 116 页；以及《体育与电视，密切的关系》，前揭。关于奥运会以及"商业现象"，参看安德鲁·杰宁斯：《奥运会的新主宰：奥运腐败以及如何购买奖牌》，伦敦，西蒙与舒斯特出版社，1996 年。

⑧ 参看瓦拉迪米尔·安德烈夫：《电视与体育》，前揭，第 172 页。

很多时候,电视成为体育筹措资金的第一来源。[①]比如,1980年电视转播费占足球收入的1％,如今占到了30％,远超过赞助商13.6％的比例。国营部门占13.2％,地方行政部门占7.9％[②]。数字统计足以说明转播投资费用之高。此外,担心电视新闻的播放会造成"场馆空缺"[③]是完全没有根据的。15年内场馆观赛人数增加了30％,转播率增加了10倍。[④]可以说,大俱乐部未来在很大程度上要经受转播费用的考验,这会使得赞助商变成有些令人讨厌的对象。

赞助商的投资费用也一路高涨。1993年至1996年间,仅TOP[⑤]一个计划就为国际奥委会带来了6亿美元的收益。该项目的世界十大合作伙伴,包括精英合作伙伴(尤其是IBM、柯达、威士信用卡、松下、施乐以及可口可乐公司)为了成为奥林匹克运动的优先赞助商,各公司的加盟费高达4千万美元。[⑥]地方上的体育投资虽然较少,但是同样具有代表性。这主要与地方对体育抱有的热情以及体育所激发的身份认同感有关。比如,近来利摩日市篮球俱乐部因为管理方面存在的突出问题发展严重受挫,但是他们很容易就找到了能拯救俱乐部的赞助商。其中一名赞助商指出,"如果篮球事业发展受挫就意味着整个城市发展不健康,这将是个沉重的打击。"[⑦]利摩日大学体育经济与法律中心的创始人让-皮埃尔·卡拉其罗,详尽地论述了体育观的转变过程,"体育是最有力的交流工具。投资篮球是公共赞助的一种方式。需要花费多少? 应当先回答'回报值多少'这个问题。"[⑧]这样的结论同样适合里昂队,自2000年来该队又赢得

---

① 约翰·萨格登和阿兰·汤姆林森谈论"全球市场",《FIFA与世界足球竞赛》,坎布里奇,波里提出版社,1998年,第98页。

② 《金钱、体育与电视的结合……》,前揭。

③ 参看贝尔纳尔·普瓦泽伊:《Canal＋,体育冒险:对贝尔纳尔·普瓦泽伊的访谈》,埃蒂托里亚出版社,1996年,第274页。

④ 《金钱、体育与电视的结合……》,前揭。

⑤ [译注]TOP,即"奥林匹克全球伙伴赞助商计划"的英文缩写(开始为the Olympic Programme,1997年后改为the Olympic Partners)。TOP计划将奥林匹克运动与商业结合起来,是奥林匹克组织奥运营销的典范。TOP计划每四年为一个运作周期,自1985年推出至2008年已经成功运作六个周期。1993—1996年是TOP计划的第三个周期。

⑥ 埃里克·梅特罗:《体育与电视,密切的关系》,前揭,第284页。

⑦ 《被足球颠覆的城市》,载《新观察家》,2000年2月10—16日。

⑧ 同上。

了几次冠军头衔,正如 2005 年里昂市长所言,"里昂足球队是一种不可替代的重要工具"。①

因此产生了一系列现象,比如投资、组织大的国际比赛所带来的或真实或表面的威望,候选城市激发出的极大热情,无止境的竞选活动。"13 位陌生人今日来到了巴黎(奥林匹克"评估人员"),乔治·布什或教皇的来访,甚或好莱坞明星的包机都无法再激起人们的兴奋之情。"②最终的选择预示着某种变化:城市将变成"世界形象"的代表,它有着令人幻想的"经济影响"做支撑。③

还应当考虑单一的电视新闻节目所导致的明显的不平等。一些特别受重视的体育项目(不到 10 个)占据了体育频道 90%～95% 的时间档期。④在五大收视率最高的体育比赛中,某些比赛比如一级方程式赛车所占的比例并不高。⑤足球则遥遥领先。Canal＋电视台就是依靠足球而取得成功的⑥,绝大部分的投资资金都是靠足球俱乐部得来,"对于同水平的比赛,他们的预算是篮球俱乐部的 7 倍,羽排球俱乐部的 32 倍。"⑦各足球俱乐部的等级也不同。1999—2000 年在为期 27 日的锦标赛中,有些球队的比赛播放数量可能高达 23 次,但有些也可能只有 1 次。⑧"转播率"最高的马赛俱乐部并不是锦标赛冠军。⑨更为让人惊讶的是体育比赛并非转播的唯一原因。正如 1991 年法国电视一台主席所言,"马赛足球队是法国电视一台的一颗明星。如同法国电视一台的所有明星一样,它值得特殊对待。"⑩

2)"表 演"

另一种现象即告示、表演,吸引了所有人的注意力。

---

① 对里昂市长热拉尔·科隆布的访谈,《世界报》,2005 年 2 月 23 日。

② 《巴黎希望点燃奥运圣火》,载《解放报》,2005 年 3 月 8 日。

③ 《奥运会的经济作用令人遐想》,载《解放报》,2005 年 3 月 11 日。

④ 参看瓦拉迪米尔·安德烈夫:《田径运动员与市场》,见《体育与电视,瓦朗斯研讨会论文集》,瓦朗斯,CRAC 出版社,1992 年,第 60 页。

⑤ 参看让-弗朗索瓦·尼斯:《资本主义逻辑》,前揭,第 65 页。

⑥ 贝尔纳尔·普瓦泽伊:《Canal＋,体育冒险:对贝尔纳尔·普瓦泽伊的访谈》,前揭,第 274 页。

⑦ 《体育商业涌进利益竞争领域》,载《世界报》,2000 年 2 月 8 日。

⑧ 《D1 球队并不具有同等的电视覆盖率》,载《世界报》,2000 年 3 月 9 日。

⑨ 根据 27 天世界锦标赛的统计,排名 13 位的马赛队的比赛被转播了 23 次,而当时俱乐部排名第 1 的摩纳哥队的比赛只被转播 15 次(同上)。

⑩ 埃里克·梅特罗:《体育与电视,密切的关系》,前揭,第 329 页。

随着电视的出现及其全球播放,围绕着比赛举行的各种仪式作为一种特殊的现象,占有非常重要的地位。盛大的"仪式"变成精密规划后的"表演",是综合了节日氛围与象征意义的画卷。①节日是为了取悦现场及电视观众,因此视觉效果突出,大众尽情娱乐、游戏。多数被问及的人都一致认为,最吸引人的并不是陈旧的道德说辞,"而是节日"。②同时,作为一种象征,它能更好地传达出主办国想要强调的内容。这是颂扬历史的机会(比如,1984 年洛杉矶奥运会讲述拓荒者的历史,2000 年悉尼奥运会讲述土著人的历史),这也是颂扬土地、领土和地域的机会(比如 1992 年巴塞罗那奥运会开幕式上出现的地中海地区的加泰罗尼亚)。节日影响的范围更加广泛和深入,它应当考虑更广泛的、国际性的公众意识,它应当是世界性的"象征"。因此,近几届奥运会表现出一些跨国性仪式的趋势,比如美好、和平的相聚景象,尤其是 1988 年韩国人第一次打出了"超越隔阂"的旗帜。

在这种跨国意愿中存在许多不同的信仰、不同的幻想,并由此还产生了超越国家和宗教的世界仪式的初步摸索。这些仪式所带来的"魔力",略显自满的迷恋情感以及带有未来主义特色的想象,共同传达出这样一个信息:因为这个仪式,世界各国应该相互交流。

1992 年阿伯特维尔冬季奥运会的仪式可谓经典之作。该仪式包括体现创造性和活力的大型正式表演以及多产编舞家菲利普·德库弗雷所创作的出人意料的作品。一些集体性的、"具有联合倾向的"大主题被揭示出来,比如差异与多样性、行为艺术、已成为"艺术行为"的体育的特性以及为逃离压力而不断参赛表演。同时,对于当代身体的想象也得到了展示,当然这种想象更倾向于展示纤瘦和轻盈,展示令人眼花缭乱的肢体表演以及柔软性和灵活性的迸发。这与以往推崇强壮体形、推崇力量与优美轮廓的价值观完全不同。换句话说,仪式是一种象征符号和意愿的体现。

对比赛结果的评论涉及国家情感和地方投资的力度。比赛总结与国

---

① 关于历届奥运会开幕式仪式,参看《1896—2004 年,从雅典到雅典》,第 2 卷,巴黎,《队报》,洛桑,奥林匹克博物馆,2004 年。

② 对一个观众的采访,载《世界报》,2004 年 8 月 29—30 日。

家排名息息相关。2004 年雅典奥运会后《世界报》写道："法国体育在失去其地位"①，"法国在奥林匹克运动中的地位的确在逐渐削弱"②，紧接着是对一系列担忧的报道。比如奥运会的准备进展情况，不断被"重议"的问题，必要的修改调整等。大的体育赛事代表着一个国家的形象。电视在此起的作用非同寻常：因为通过它，放肆的消费、团队性的参与、分散的大众表演、集体的表现都一览无余。一盘散沙的当今社会能否从体育中找到一丝归属感？ 形象才是最核心的。

3）游戏规则的重组

为了提高收视率，体育比赛开始创新，比赛规则、空间以及时间等都进行了调整。电视转播网球比赛难道不是为了更好地控制赛局的时间吗？ 比如，为了避免没有结果的 2 分差距的争夺，1970 年代实行的决胜盘比赛延长至固定的 10 分。由此带来一系列比如战术、质量以及计算等方面的调整。排球比赛采用了同样的方法。至于田径赛，自 2002 年锦标赛开始不再允许出现连续抢跑的现象。受广告的影响，为了延长电视播放的时间，还出现了许多小变化，比如橄榄球的"四节"，篮球的停顿。毫无疑问，电视改变了游戏规则。③

在建设"多种大比赛"④场馆方面，美国提供了最好的例子。令人兴奋的场景，着装鲜艳的演员，为吸引眼球——吸引好奇者而非仅仅体育业余爱好者的目光而对行为、设备等所作的调整。"兴高采烈的领队们，原来的女强人个个都变成了身材丰满、活力四射的女孩；军乐伴奏的芭蕾舞表演，就连以前只在大学足球中出现的行进乐队也变得普及起来。"⑤

比赛时间的不断调整对田径运动员本身也会造成伤害，"奥运会决赛

---

① 《世界报》，2004 年 8 月 31 日。

② 同上。

③ 参看菲利普·弗亚隆：《作为运动加速器的电视》，载《交流》，第 67 期，《体育比赛》，1998 年。

④ 克洛德-让·贝尔纳：《美国的体育与传媒》，载《精神》，第 55 卷，第 4 期，《体育的新世纪》，1987 年 4 月，第 221 页。

⑤ 同上。

时间的确定会最大程度地考虑美国和欧洲国家电视台的'黄金'时段,以便获得高额的广告报酬,即使是在首尔或悉尼举办奥运会时也是如此。"①电视即便不是为体育比赛设置了种种法令,至少也设置了重重限制。

4）电视与符码

电视创造出符码,这是一种告知和呈现的方式。

同一场比赛在不同的情形下有不同的看点,比如在道路旁观赛的感受与电视形象给人的感受就不同,二者甚至相互矛盾。柏油路上的马拉松比赛与电视屏幕上的并不一样,从一种场景转换至另一种场景给人一种奇怪的感觉,这是一种难以控制和言说的转变。这就如同当地观赛者离开比赛现场,爬上楼梯,回到家中,抓住电视遥控器时的感觉。这时视角已经发生改变。

在人行道两旁观赛,是见证某个瞬间和某个过程,经历最初舒适和其后的厌烦,辨别难以接近的运动员和痛苦的陌生人。相反,从电视上观赛,视线不会停留在某一个点上,而是紧跟运动员尤其是位居前列的运动员。过程不尽相同,不是竞赛者的更新反而是场地的更新,是没有终点地向前进。从屏幕上看,是一种前进;从街道旁看,却是一种倒退。电视仅仅关注队伍前列,使观众的眼光不离第一名,强调落后者体力的衰退和领先者的战略。电视屏幕无法传达比赛瞬间人的情感和追逐者的心理过程。同样,它无法传达出身处喧闹背景的运动员内心产生的脆弱而奇怪的情感。电视无法赢得那些在车道两旁观赛的观众,但能为看电视转播的观众提供多种信息。

电视及其符号逻辑可以编造出比赛的另一面,即它们能在比赛中制造比赛。评论员提出的问题加重了疑问:追赶者有希望赶上吗?此处的运动员会比其他地方的运动员跑得快吗?比以往快吗?他们跑出了最好的成绩吗?每个比赛成绩都能激发人们的热情和好奇心。每则消息都会重新激起人们的兴趣。每条街道,每个十字路口,人们的注意力被评论员

---

① 瓦拉迪米尔·安德烈夫:《电视与体育》,前揭,第183页。

不断提及的比赛记录所吸引。电视观众不是沉浸于涌动的人群之中，而是沉浸于无数的参考数据之中。观众仿佛在玩一种图片背景上有实时插入镜头的编码游戏。

评论还令人逡巡于不同现实之间：以往的比赛、竞技性比赛或无止境的较量。它让人想起"神话"、优秀运动员的神秘空间、体育史应当牢记的英雄以及被摄像机紧紧跟随的、万里挑一的运动员。同样，评论在很大程度上决定了转播质量的好坏。它引入体育时间和空间，这是个神秘的世界、文本的世界、让人相信历史和价值的世界。如同传统的体育日报，它给人想象的空间，同时加入了新闻媒体所不具有的当下性。电视屏幕还微妙地创造着新游戏。通过比较和数据分析，评论能激发人们的兴奋与挑战之情。

与评论相伴的是高强度的精密性：时间在屏幕上流逝，参考数据堆积如山，图片分解给人无处不在的感觉，慢镜头展示细节，重复镜头突出重要时刻。报道来源于丰富的数字资料。在篮球比赛中，电脑记录下球员的进球数。此外，还记录下球员的失误次数和罚球数。在网球比赛中，电脑记录球员的排名以及在联赛中的比赛得分、发球速度、发球成功次数以及犯规次数。在足球赛中，它记录下脚球数、罚球数、越位犯规数、发给犯规球员的黄牌及红牌数、已踢时间和剩下的时间。电视屏幕不能让观众看得更清楚，但是提供了一种新的观看方式。它直接将观众置于一种神话、一种超越比赛的故事当中。故事专为观赛者炮制，它令人兴奋，十分吸引人，电视观众也欣然接受这种故事。这是一种如孩童般的神话。然而神话是可笑的，神话的支撑体与电子游戏的支撑体并无差异。

可能正是基于此，大型的体育比赛再也离不开巨大的电视屏幕，它能帮助场地上或体育场上的观众更好地观看比赛。

5）阴 暗 面

画面有阴暗的部分，体育同样有其阴暗的一面。比如，1985 年 5 月 29 日发生在布鲁塞尔海瑟尔体育场上的一幕就非常典型，令人痛心。当时利物浦与都灵的尤文图斯正在为欧洲杯决赛而战。在比赛前，看台上的利物浦球迷侵犯了都灵的球迷。紧接着是人群的骚动，是身体摔倒被踩踏的声音。结果令人震惊：38 人死亡，454 人受伤。同样令人震惊的是主办方所作出的决定：比赛照常进行，图像继续转播，而不远处的众多受伤者正在痛苦地呻吟。5 月 30 日的《队报》没有发表过多的评论，"我们有足够多的理由想哭，所以我们哭了"。①电视获得了成功，但忽略了可怕的东西。

因比赛、观众的激情所引发的失控、违规导致了阴暗面的存在，但是比赛及其突发事件却试图将一切掩藏起来。这些违规事件无人不知，而且由来已久。暴力、服用兴奋剂、财政腐败等从体育诞生之日起就一直如影随形。"违规事件"在体育历史上不胜枚举：在早期的环法自行车比赛中，观众使用暴力拖延某些赛车手的时间。②19 世纪末期，有意地在比赛中造成一些事故致使一些运动员严重受伤③，或是拳击手很早就服用可卡因以提高疼痛的最大极限。④显然，这是存在于体育界的一种阴暗的传统。现在它有愈演愈烈的趋势，主要表现在阴暗区延伸、扩大且经过精细加工，组织性更强，同比赛的规模、赌注的多样性成正比。为了更好地维护——即使不是进一步加强体育完美的神话——体育界人士及大众都试图至少保护这些阴影区域。体育声望提升的同时，违规行为不断蔓延，这正如为了保护体育的圣洁而作的遮蔽获得了胜利一般。但圣洁正是体育存在的基础。

体育系统内部充满了矛盾，这尤其表现在比赛水平的提高与压力以及利益关系的增加两方面：为了达到观众的期望值，运动员不得不走向极端；为了达到吸引眼球的目的，体育画面不得不追求那些"过激行为"。运动员的身体锻炼是一种身体冒险，时常有暴力与断裂现象出现。必须付给运动员昂贵的工资，而这常常会引发财政危机，欺骗与滥用职权的现象因此出现。然而，为了更加具有说服力，体育应当提高其"透明度"，即机会均等的透明以及健康的透明。为了得到支持，体育应当引发人们对公正、严明之世界的想象。

暴力、腐败与兴奋剂这三种失控的现象让我们再次思考体育界之外

---

① 雅克·蒂贝尔：《死亡团伙》，载《队报》，1985 年 5 月 30 日。

② 参看皮埃尔·夏尼：《环法自行车赛的传奇故事》，前揭。

③ 参看亨利·加尔西亚：《橄榄球的传奇故事》，巴黎，ODIL 出版社，1974 年。

④ 参看让-皮埃尔·德·蒙德纳尔：《麻醉品与兴奋剂》，巴黎，希隆出版社，1987 年，第 67 页。

体育场：从看台走向大屏幕的体育表演

1. 1913年在圣-克鲁举行的草地网球世界锦标赛。

2. 1921年在圣-克鲁举行的男子单打锦标赛决赛。

3. 1932年戴维斯杯举行期间的罗兰-卡洛斯体育场的中心场地。

看台的增加意味着公众的增多。20年之内网球发生了巨大的变化：伴随着新的观众的出现，现代体育场诞生了。新的场地，新的球迷。

4．1925年左右柏林的摩托车比赛。

6．1921年《体育之镜》封面刊登的以队长吕西安·加布兰为中心的法国足球队。

体育创造了历史和英雄人物。刊登美化过的人物图片是20世纪初期体育报刊的重要特征。这种趋势将愈演愈烈。

5．1912年，《露天生活》杂志封面刊登的汽车比赛。

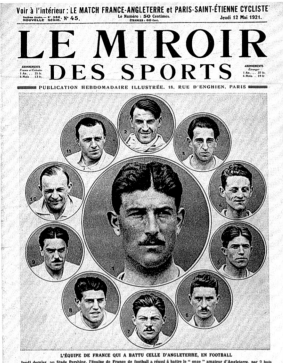

随着新的世纪的到来，体育激发起了人们对于速度和摆脱大队人马的双重幻想。摩托车、汽车等多种机械为远距离比赛的记录和成绩增加了完全技术性的、令人激动兴奋的成分。

7．平交道口在环法自行车赛运动员面前关闭，1932年《画报》的封面。

8．1932年环法自行车赛中，运动员安德列·勒杜克在戛纳—尼斯段受伤。

9．1934年环法自行车赛某赛段广告随行车队的音乐家们。

环法自行车赛体现出体育比赛的重要特征：报导变成了"历史"和具有鉴别作用且充满激情的事物，这一切通过记者、广告以及娱乐等传达出来，体育比赛转变成了具有节日气氛的时刻。

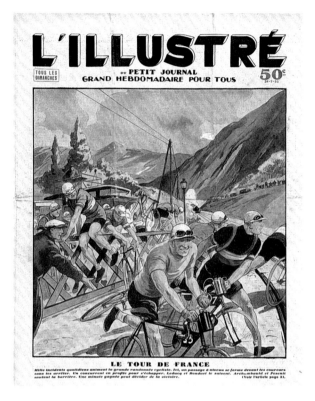

10. 1936年柏林奥运会点火以及宣誓仪式。

11. 1936年，阿道夫·希特勒同奥运会组织者一起步入奥林匹克场馆。

12. 在《帝国体育杂志》的封面上，阿道夫·希特勒向运动员们致意，1936年，柏林。

1936年的柏林奥运会是体育被政治利用的一个极端例子：纳粹党公开的徽章，德国运动员以及大众狂热的敬礼，希特勒对奥组委以及国际奥委会成员的操控。

13. 1988年在汉城举行的奥运会开幕式表演。

许多国际体育盛会体现出人们对于超越国家和地区的国际仪式的初步摸索。因此，这样的盛会往往会激发一种"神秘"、令人神往以及略显殷勤的感觉。

14. 1988年汉城奥运会上，超大屏幕前正在跳高的撑竿跳高运动员。

借助大屏幕成为当代体育的一个重要手段，甚至进入到了体育场馆内部。特别是在私人生活方面，它很好地将从容消费与集体动力结合起来。

15. 1985年，比利时欧洲杯悲剧性决赛后在海瑟尔体育场的警察。

体育及其阴暗面：暴力，腐败，兴奋剂……当看台上的观众死去时，场上比赛依然进行，这使得1985年5月29日发生在海瑟尔的场景更加惨痛。

屏幕：电影中的身体

1. 克莱芒·米盖在电影《喘气者卡里诺》中，1913年，法国。

2. 朗·钱尼在电影《陌生人》中，1927年，美国。

3. 贝拉·卢戈西在电影《德拉库拉》中，1931年，美国。

　　饰演卡里诺的克莱芒·米盖，《陌生人》中的朗·钱尼，饰演德拉库拉的贝拉·卢戈西，是早期电影中三种身体的怪异形象。第一个代表荒唐的精神失常，第二个代表令人担忧的怪异，第三个代表恐怖的催眠。

4. 蒂达·巴拉在电影《从前有个傻瓜》中，1915年，美国。

5. 梅·韦斯特在电影《路易丝女士》中，1933年，美国。

6. 路易丝·布鲁克，1925年，美国。

7. 珍·哈露，1935年左右，美国。

　　从蒂达·巴拉到珍·哈露，包括梅·韦斯特以及路易丝·布鲁克，她们表现出电影中荡妇的命运。玩弄男人如同与死亡游戏一般，荡妇形象激发了全球观众的兴趣。

8. 格里泰·嘉宝，1931年，美国。

9. 丽塔·海华丝在电影《荡妇姬黛》中，1946年，美国。

10. 玛丽莲·梦露，1950年代，美国。

11. 碧姬·巴铎在电影《上帝创造女人》中，1956年，法国。

　　从嘉宝到巴铎，包括丽塔·海华丝以及玛丽莲·梦露，反映出电影极具魅力的变革。备受赞美的半暗半明中的巨星，裸露是为了追寻真实的身体，但同时她也变成了性感的美女和迷人的傻瓜。

12. 查理·卓别林在电影《淘金记》中，1925年，美国。

13. 布斯特·基顿在电影《将军号》中，1927年，美国。

这两位主角是美式滑稽剧中同时代最著名的两个形象。苍白的布斯特·基顿表露出遗憾的忧伤，这使得他的笑容也蒙上了一丝忧郁；卓别林创造了一个充满动作与运动的世界，仿佛同无数个自我一同表演一样，他的演技精湛无比。

14. 遭受原子弹爆炸辐射摧残、表情痛苦的日本女性，节选自1945年日本摄影师拍摄的图片，后被阿兰·雷耐用于电影《广岛之恋》，1959年，法国。

15. 图片节选自阿兰·雷耐的电影《夜与雾》，1955年，法国。

16. 英格丽·褒曼在电影《欧洲，51年》中，1952年，意大利。

17. 哈莉特·安德森在电影《莫妮卡》中，1953年，瑞典。

现代电影（英格丽·褒曼在罗西里尼的电影中，哈莉特·安德森在伯格曼的电影中的表演）新创了直视摄像机这一拍摄手法，这一手法源自活死人呆滞的凝视。这些从死亡阵营或是从原子弹爆炸中幸存的活死人"注视着我们"。

18. 杰瑞·刘易斯在电影《杰瑞医生与爱先生》中，1963年，美国。

20. 克林特·伊斯特伍德在电影《杀无赦》中，1992年，美国。

19. 弗朗索瓦·特吕弗在电影《野孩子》中，1969年，法国。

21. 南尼·莫勒蒂在电影《日记》中，1994年，意大利。

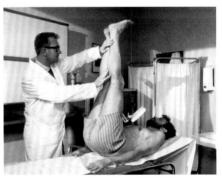

　　四幅自画像形象代表着"作者"银幕形象的完成（杰瑞·刘易斯、弗朗索瓦·特吕弗、克林特·伊斯特伍德和南尼·莫勒蒂各自在自己的影片中出演）。自传作品是现代电影故事片的主要作品。

22．在电影《蝙蝠侠归来》中，米歇尔·菲佛饰演猫女，丹尼·迪维图饰演企鹅先生，1992年，美国。

23．强尼·德普在电影《剪刀手爱德华》中，1991年，美国。

在当代好莱坞年轻的电影大师蒂姆·波顿的作品中，原始主义通过渗入到美洲的日常生活、历史以及风景中的身体－怪物而得以回归。

24. 梅利尔·斯特里普在电影《飞越长生》中，1992年，美国。

25. 《鬼玩人》，1981年，美国。

26. 阿诺·施瓦辛格在电影《终结者2，最后的审判》中，1991年，美国。

27. 麦克尔·J.安德森在电影《穆赫兰道》中，2001年，美国。

借助身体，一切在好莱坞都变得可能。扭曲、碎裂、穿孔、变形以及死亡的身体总是而且永远可以重生。永恒而潜在的、令人感到恐怖而有趣的身体，它们总是让人牵挂。

舞 台

1. 舞动的洛伊·富勒，巴黎，罗丹博物馆。

在19世纪的最后十多年里，这位美国舞蹈家用她的旋转舞蹈征服了巴黎公众。她对速度、灯光对于运动的视觉感受的影响进行了研究。

2. 伊莎朵拉·邓肯在雅典的伊拉克利翁剧院，约1900年。

这位加利福尼亚舞蹈家是最早脱下紧身褡的舞蹈家之一。被释放的上半身展示出她的表现能力。伊莎朵拉·邓肯认为，腹腔神经丛是情感的来源以及运动的动力。

3. 鲁道夫·拉班（左边）和他的舞者们在瑞士阿斯科那的真理之山，1914年。约翰·亚当·迈森巴赫拍摄。

从1913年至1919年，鲁道夫·拉班在真理之山和泰辛地区（瑞士）指导"运动体验"。这些体验构成了贯穿整个20世纪舞蹈——即兴表演的基础。

4. 玛丽·维格曼在表演舞蹈《告别与感谢》（编舞，1942年）。

呼吸在这位德国舞蹈家的身体想象中占有非常重要的地位。精心处理的呼、吸的调整决定身体紧张、放松的状态，这构成了运动表达效果的基础。

5. 摩斯·康宁汉在表演舞蹈《调包儿》（编舞，1957年）。

自1953年来，这位美国编舞家一直不断追求新的运动形式。这种试验通过改变神经协调从而最终打破运动的习惯。

6. 崔沙·布朗和她的一个舞伴在阿维尼翁新城进行排练，1982年。

1970年代，崔沙·布朗对"运动在整个身体中的均衡分配"进行了研究。神经冲动同时产生于不同的身体部位。它们会连续弹跳，持续传递，而从来不会影响中止的姿势。

7. 南希·斯达克·史密斯和阿兰·帕塔谢克在表演接触即兴舞蹈的互换，1979年。

1973年史蒂夫·帕克斯顿提出，接触舞蹈的概念以舞蹈伙伴之间的重量交换为基础。根据"重量对话"的原则，每一个人都轮流承受着且被承受着。"重量对话"颠覆了传统的感知理论。触觉被认为处于第一重要的位置。

8. 米里亚姆·古凡克在表演舞蹈《天使之上》，1999年。

借助于信息软件，舞蹈家用她的身体编排出思想的历程。她的舞蹈缓慢而专注，试图抓住身体以及心理结构方面最隐秘的变化并且将它们全部展现出来。

9. 格扎维埃·勒鲁瓦在表演舞蹈《自我未完成》，2001年。

为了创造双重视觉效果，舞蹈家在表演时注重缓慢的速度以及视觉适应的时间。沉浸于这种表演之中的观众感觉正在制造难以描述的图像。舞蹈家的整体出现被分裂成了无数个实体。

的法律以及公共权利。①

　　海瑟尔悲剧②反映出暴力的一个侧面，如同 1998 年 6 月世界杯举行时，马赛和朗斯的许多街道都被足球流氓弄得混乱不堪，英国的一位部长称他们为"醉醺醺的、没有头脑的粗人"③。暴力事件虽然有限，但是非常复杂且耸人听闻。有些暴力事件建立在极端的民族主义基础之上，有些则是滥用酒精的结果，还有些暴力事件则体现出社会矛盾，比如富足的社会一直争取的需求与一些人永远无法融入社会的事实之间的矛盾④。这种暴力从根本上揭示出体育因其成功而享受自我放纵时所暴露出来的自身脆弱性。

　　诸多关于国际体育当局幕后操纵比赛、伪造财务状况以及"购买"选票的调查反映出另外一种失控现象，即财政腐败。各种嫌疑事件层出不穷：大量的诉讼，众多的被告，1996 年奥运会后发生在长野的焚烧档案、毁灭调查线索的事件⑤，以及 1999 年 3 月 17 日、18 日⑥的国际奥委会会议决定开除几名涉嫌腐败的奥委会成员。利益关系的改变推进了反失控现象的职业化进程。2005 年 2 月，针对有可能的财政造假，对"法国五大足球俱乐部、电视频道、社团、足球协会以及一些宣传公司"⑦开展多达 19 项的检查工作。这传达出一个清晰的信号，即贪污和滥用职权现象增多。费用的真正用途也值得关注，"比如，因运动员身价的非物质性，运动员的转会很容易导致财政造假"。⑧

　　在 1980—1990 年间，服用兴奋剂主要表现为机能障碍。运动员服用大量的新产品，比如合成激素、肌肉蛋白合成激素以及神经兴奋剂，年深

---

① 参看伊莎贝尔·戈瓦尔：《自我展示或自我超越：论当代体育》，前揭；米歇尔·达洛尼：《更高，更快，更强？沉溺于追求记录与金钱的运动员》，载《世界报》以"21 世纪的 21 个问题"为主题的特刊号，1999 年 12 月。

② 参看上文第 345 页（原文第 366 页）。

③ 《世界报》，1998 年 6 月 16 日。

④ 参看帕特里克·米尼翁：《流氓行为：社会问题和道德恐慌》，载《足球狂热》，巴黎，奥迪尔·雅各布出版社，1998 年，第 141 页。

⑤ 《解放报》，1999 年 1 月 17 日。

⑥ 《世界报》，1999 年 3 月 17 日。1995 年在布达佩斯举行的第 104 次会议上，国际奥委会的几名成员收受好处，因而盐湖城以压倒性的绝大多数的投票胜出（参看《周日先驱晨报》，1998 年 11 月 8 日）。

⑦ 《足球交易，干净之手》，载《观点》，2005 年 2 月 24 日。

⑧ 同上。

日久,导致许多新的疾病出现,例如癌症、心肺疾病、激素失衡。这些对首次夺冠以及多次夺冠的运动员都造成了身体伤害。所有这些令人担忧,不仅在于它们暴露了体育中的弄虚作假,破坏了运动员之间的公平竞争,还在于它们伤害了身体的完整性,引发疾病。而健康本该受到重视。服用兴奋剂令人担忧的另外一个原因是,它会使人们坚信具有无限塑造可能性的人体,通过药物或化学作用具有多种调整的可能。一些科学杂志的标题记录下了这种可能性的最新发展趋势。1968 年《科学与生活》杂志写道,人体"如同一台不断优化的机器"①,并将"辉煌成绩"与"化学反应"联系起来;2002 年《科学与未来》杂志将人体比喻成"一个设置了密码的装置"。对于"一个基因发生了变化的运动员"②来说,根据所选择的程序控制器,身上的新纤维能够被再造。形象的模式随不同时代的文化而有所改变,确立起"可想象的"变形主题。事实上,对于许多人而言,这些转变都是不可实现的。

服用兴奋剂的风险尽人皆知,因服用兴奋剂而催生出新的市场,并引发人们对"体育明星"③的质疑。这些都是服用兴奋剂行为必须直面的挑战。

如果说表演是缓慢进入体育世界的,那么它在这个领域取得的成功无可争辩。它完美地将对于表演的狂热、带有归属感的投资以及市场的开发结合起来。体育运动不断地庞大化,其全方位的可见性以及媒体的无处不在,都不可避免地激起人们违反规则的兴趣。毫无疑问,此时的激情必定是一种过度的激情,就如同唯一可能的答案必定是法律给出的答案。这个答案更多地借助于公众的力量,而不是体育本身的诉求。

———————————

① 《科学与生活》,1968 年 11 月。
② 《科学与未来》,2002 年 8 月。
③ 《兴奋剂,美洲进入战争状态》,载《快报》,2005 年 3 月 14 日。

第十一章　屏幕:电影中的身体

安托万·德·巴克(Antoine de Baecque)

　　《电影手册》的主编埃里克·霍梅试图给"导演"这一属于第七艺术的名词下定义,他谈论的是"和电影领域相关的内容",提出了"电影的本质是记录空间构建和身体表达"[1]这一假设。借助于摄像机,记录身体与空间的关系。这就是对命名为"电影"的这一组织形式的定义。这为研究身体的历史,比如加工后出现在屏幕上的身体提供了一条线索,根据20世纪所拍摄身体的主要演变可知,故事情节的构思得益于电影中不同身体的连续交错。这种摄制提供了一种新的想象视角,它由幻景、身份、演说、恐慌、身体表现及其连续变化构成。如果我们没有找到它们在大众表演屏幕上的根源或中间发展过程,即它们的起源和普及过程,我们就不可能理解本世纪主要的身体表现。归根结底,它体现了当代文化史中的一个重要客体,即将电影及其影像制作置于20世纪关于身体的前后相继的思想语境中,进而理解身体表现历史上最主要的现象之一。[2]

---

[1]　《电影手册》,第86期,1958年8月。

[2]　樊尚·阿米埃尔:《电影中的人体》,巴黎,法国大学出版社,1998年;杂志《奇思妙想》特刊号"被展示的身体",安托万·德·巴克、克里斯蒂安-马克·波塞诺指导,第15期,1996年7月。

1

鬼怪与滑稽电影：美好年代的身体表演

电影的特点在于记录人体并用人体讲述故事，而电影中的人体则表现出病态、可怕等特征，但同时它们有时很吸引人并给人轻松愉快的感觉。原始记录，比如小说就不存在因为采用可怕、歪曲的形象而导致的病态，或因理想的人物塑造而带来的美感。从某种程度而言，弗兰肯斯坦如同吕米埃兄弟的电影《水浇园丁》一样，都属于虚构的电影故事，二者都因为身体的遭遇而形成了故事。①街头艺人很早就对此非常了解，他们甚至比那些大的无声电影制造公司知道得还早。马路上看热闹的人在屏幕上看到了一具人体，或感觉怪异、可怕，或印象深刻、完美无缺，或反常、快乐。这是一种瞬间而不可避免的关系。暴露于电影中的身体是令观者信服的第一印象，因此成为电影最愿意投资的地方。

在最初的电影中，我们找到了大量关于身体拍摄的例证。吸引大众的目光是为了展示与众不同的身体：关于鬼怪、重刑罪犯、受害者以及酒精中毒对人体之摧残的电影，色情电影，健美运动员的画面，这些构成了意大利、美国和法国早期电影的核心。②这种现象替代了美好年代的大型人体表演。在美好年代，可怕的人体展览拥有大批观众，人们以家庭或班为单位参观陈列着遭受疾病的人体以及尸体的公共卫生室。大众电影文化出现在 19 世纪末的巴黎的一个城市协会，人们渴望看到身体表演和感受"现实的"视觉经历。两个主要的娱乐场所——1882 年开业的格雷万蜡像馆和停尸间——很好地说明了这一现象，体现出电影之前的电影。在格雷万蜡像馆，我们看到大量的蜡像画和各种各样的尸体，有的被雕刻

① 拉杜·弗洛雷斯科：《寻找弗兰肯斯坦》，波士顿，绘画协会出版社，1975 年；安妮·梅勒：《玛丽·雪莱：生活，小说，怪物》，纽约，劳特利奇出版社，1988 年。

② 保罗·阿德里安：《电影中的杂技表演，杂技表演中的电影》，巴黎，绘画科学出版社，1984 年；雅克·里托－于蒂内：《电影的起源》，塞瑟尔，尚·瓦隆出版社，1985 年；莫丽卡·达尔阿斯塔：《一部有影响力的电影：无声电影中的超人，1913—1926 年》，列日，耶洛诺出版社，1992 年；伊莲·修瓦特：《性别的无政府主义：法国世纪末的性别与文化》，纽约，威金出版社，1990 年；琳达·威廉姆斯主编：《色情研究》，达勒姆，杜克大学出版社，2004 年。

过,有的上过妆,有的穿了衣服,有的坐着,看上去"仿佛真人一样"诉说着故事,构成一幕幕的独幕剧和历史场景。人们常去的是停尸间,在那里有些尸体用来重塑并重现著名的犯罪"事件"。1886 年 4 月,15 万人在一具小女孩的尸体前经过,这个穿着衣服被捆在红色天鹅绒椅上的"绿林大街上的孩子"变成了讲述故事的尸体,这次展览如同时事新闻般成功。①

电影是美好年代人体表演文化的延续。比如,几乎所有早期的滑稽电影都是杂技表演。巴黎大部分的电影厅都设立在特殊身体表演的场址上,如翻新后的歌舞杂技表演咖啡馆、蜡像馆,有时甚至是在妓院或体育馆。在美好年代,人们有着强烈的窥视特殊人体的欲望。显然这是因为观看者隐约感觉到在科学进步和社会现代化的影响下,那些可能是畸形的、动作精湛的或是不同寻常的人体将会消失。他们也认为人体能体现过去人们的性情和冲动,尽管社会在进步,公众对此仍然乐此不疲。将马戏团、舞台、集市的特殊人体表演延伸至屏幕,即使它们会从现实的真实表演中消失,但通过重组、转换成图像的方式使它们永远存在,从某种意义上来说,这是历史赋予电影的角色。②无声电影本质上只是一种幻觉艺术:已经消失或正在消失的人体在屏幕上依然可见。从最初的电影放映开始,图像与幽灵之间就建立起了关系。电影记录人体的生活,而这些人早晚必将走向死亡,因此电影变成了一个异常巨大的幽灵库。从精神和神秘的角度看,早期的观众对此感受很深。电影是一种能将人体尸化并使人体复活的技术,简单但是非常有效。此外,黑白两色的图像、图像播放的速度以及无声的氛围在整个视觉欣赏中起着非常重要的作用。现实生活中的人体在图像上很快变成了过去时空中的人体。黑白两色相交替,人体以一种非真实的节奏穿越过安静的世界,它并不属于这个世界。③公共放映同样与幽灵的生活密切相连:黑色放映厅,一束亮光穿透黑暗,表演的仪式等元素构成招魂的条件,大厅的屏幕突然与观众的精神状态一致。这是一种能够投射身体的恒久的梦幻状态。

---

① 范尼莎·舒瓦兹:《引人入胜的现实:巴黎世纪末的早期大众文化》,伯克利,加利福尼亚大学出版社,1998 年;莱奥·沙尔内依和范尼莎·舒瓦兹主编:《电影与现代生活的创造》,伯克利,加利福尼亚大学出版社,1996 年。

② 大卫·J.斯卡尔:《魔鬼秀:关于恐惧的文化历史》,纽约,W.W.诺顿出版社,1993 年。

③ 让-路易·勒特拉:《幽灵的生活:电影中的神怪题材》,巴黎,电影手册,1995 年。

电影人体起源于法国,因大众的观看需要和美好年代的真人表演而迅速发展。有规模的发展则是在美洲,首先是东海岸(电影最大的人体神话之一1910年开始出现:《弗兰肯斯坦》①的第一个系列由爱迪生公司发行,接下来是1915年和1920年),然后是好莱坞,当时托德·布朗宁成功引进相当欧洲化的主题——吸血鬼,例如穆诺的《吸血鬼》或德莱叶的《吸血鬼》。1931年布朗宁的《德拉库拉》是一部非常出色的电影,尤其是序幕部分②,同时也是将人体模式化的最佳例子。这种模式在1930年之后被好莱坞普遍效仿,即制造大量恐怖和富有魅力的人体——主要演员不是恐怖的鬼怪就是美丽的女子。各种角色,无论是令人生厌的还是美丽诱人的,最后无不被驯服:她们都学会了好莱坞式的生存原则(请不要看摄像机,在一些人眼中,这些角色有些可怕,但不是非常恐怖;在另一些人眼中,这些角色虽具有足够的吸引力但不足以违背强大的社会道德。因此,请迅速地转过身来,听从化妆师、服装师、摄影棚的首席摄影师的安排,并遵守电影拍摄的规则)并赢得荣耀和名誉。观众在屏幕上看到的人体也找到了自己的规则、地位还有风格。

电影借助于其规则和符码,用化妆代替"真实"的人体,用对白代替不满之声,用叙述代替展览,试图使屏幕变得更加纯洁。这就是美好年代的身体表演在电影中的最新回响。好莱坞为人造人体提供了成长的土壤。托德·布朗宁的电影反映出人体展示历史上的过渡阶段,极好地诠释了从美好年代的人体表演到好莱坞式的人造人体这一过程。③布朗宁非常

① 斯蒂文·艾尔·福瑞:《可怕的后代:从19世纪至今对于弗兰肯斯坦的戏剧改编》,费城,宾夕法尼亚大学出版社,1990年;乔治·威廉·曼克:《"是存在的!"关于弗兰肯斯坦的传统电影故事》,纽约,巴恩斯出版社,1981年。

② 大卫·J.斯卡尔:《好莱坞的哥特式风格:从小说到银幕关于德拉库拉复杂的关系》,纽约,W.W.诺顿出版社,1996年;大卫·J.斯卡尔和尼娜·奥尔巴克:《德拉库拉:诺顿批评版本》,纽约,W.W.诺顿出版社,1991年;克里斯托弗·弗雷灵:《吸血鬼》,伦敦,法伯法伯出版社,1991年;克里夫·勒泽戴尔:《德拉库拉:小说与神话》,伦敦,沙漠·岛屿出版社,1993年;卡尔文·托马斯·贝克:《恐惧中的英雄》,伦敦,麦克米兰出版社,1975年。

③ 大卫·J.斯卡尔和埃利亚斯·萨瓦达:《黑色狂欢节:托德·布朗宁的神秘世界》,纽约,道布尔戴出版社,1995年;罗伯特·波格丹:《怪物秀:为了追求娱乐和利益展示人类的怪异》,芝加哥,芝加哥大学出版社,1988年;保罗·M.杰森:《制造了魔鬼的人们》,纽约,传文出版社,1996年;理查德·奥夫希和伊桑·瓦特斯:《制造怪物》,纽约,斯克里布纳之子出版社,1994年;阿德里安·维尔内:《怪物,怪异电影》,伦敦,洛里默出版社,1976年;娜塔丽·比尔热:《混乱的吸血鬼,萧条的社会》,巴黎,拉尔玛当出版社,1999年;克里斯蒂安·奥多:《神怪电影》,巴黎,居伊·奥蒂热出版社,1977年。

注重人为的手法，尤其是在戏剧表演中，但是他同样遵循现实的伦理。因此，他和他的团队拍摄"真实"的鬼怪电影。与此同时，总能给他带来好运的演员朗·钱尼成了著名的国际巨星。朗·钱尼不仅是个出色的戏剧演员，而且是一个有先天性体型缺陷的人。一个长相丑陋的人成了明星，这在电影史上是绝无仅有的一次。他还是第一个综合了美好年代的表演和好莱坞人造特征的演员。

另一个随着电影的诞生而产生的是滑稽剧。①它起源于法国，在美国电影中得到发展。肌肉痉挛的动作引发全身的痉挛。滑稽剧引入了电影中最重要的身体传统之一，因为滑稽剧不是通过线性故事而是通过连续的、狂热的身体弹跳所传达出的身体叙述而实现的，并由此产生出不同类型的滑稽剧（杂技，哑剧，戏剧，舞蹈，绘画）和丰富的表演节奏，如中断、停顿、幕间插剧表演以及结尾等都是游戏和快乐的组成部分。滑稽演员表现出丰富的、"灵活的叙述"经验，人物的身体几乎每时每刻都尽可能地在传达信息。滑稽剧的重要原则是，场景的积累源于既定的角色功能。卡里诺和奥内齐姆是法国早期最著名的滑稽剧人物，让·杜朗则是这两部系列滑稽剧的导演。卡里诺轮换扮演的角色包括律师、斗牛士、消防员、牛仔、多妻男人、建筑师、驯兽师以及狱卒。在爆笑声中，他要表现出同一场景下不同的身体状态。比如，当卡里诺想检验"脸部的抗打击程度"时，特技演员克莱芒·米盖面无表情地先将脸转向摄像机的特写镜头，然后再转向路人：路人开始打他的脸，很快马蹄铁匠带着锤子上场了，然后是挖土工人和铺平土地的人，最后出场的是因为殴打主角的脸而累得精疲力竭的身形庞大的拳击手。②受身体片断化表演的影响，同类喜剧都遵循相同的合成、分解逻辑，因此结局大都如出一辙：家具压坏了布景，人体过于疲惫而昏厥，最终的毁坏为滑稽剧赢得了阵阵笑声。在这种具有毁坏性和不安定性的喜剧表演中，主角是一个不幸的

---

① 让-皮埃尔·库索东：《基顿与西："无声"电影时代的美国滑稽电影》，巴黎，塞热出版社，1964 年；珀特尔·克拉尔：《滑稽剧，或滥套子的寓意》，巴黎，斯托克出版社，1984 年；珀特尔·克拉尔：《滑稽剧，或梦游者的炫耀》，巴黎，斯托克出版社，1986 年；《艺术杂志》，第 24 期，特刊"滑稽剧，一次现代性的冒险"，2003 年 10 月；布莱尔·米勒：《美国无声电影时代的喜剧》，伦敦，麦克法兰出版社，1995 年。

② 弗朗西丝·拉卡森：《追忆让·杜朗》，巴黎，法国国家科学院电影史研究学会出版社，2004 年。

人体。①

从这个意义上来说,过渡至屏幕是考验电影中早已存在的不幸人体的一种方式。在剧场、杂耍剧院以及有歌舞杂耍表演的咖啡屋的舞台上,电影滑稽演员已经学会了杂技表演荒谬、喜剧式的结尾以及古怪、离奇的平衡动作。从剧场向屏幕的过渡似乎为他们提供了检验毁坏现实世界、毁坏大众公共文化之能力的可能性。不再是在舞台而是在街上,不再是面对几百个观众而是面对近十万观众表演。滑稽剧让无数观众开怀大笑,严格地说,是因为它懂得驾驭角色的肢体并展示出真实的身体。摄影机记录下身体的跳跃和反弹,这是对现实生活的抗争。

通过对托德·布朗宁/朗·钱尼和让·杜朗/奥内齐姆这两对"组合"的分析,我们发现电影在很大程度上是关于导演和被展示的身体之间的关系。然而,"导演"一词的定义本身就同自身的身体表演密不可分。滑稽表演的传统透彻地阐明了这一观点,比如麦克斯·林代、查理·卓别林、布斯特·基顿、哈罗德·劳埃德就体现出:电影工作者对其身体负责的同时也使身体处于遭受危险的境地,身体成为他们唯一的表演工具。作品本身即艺术家的身体。

2

魅力,或诱惑性身体的制造

电影作为人体表演的圣地,很快因为好莱坞的摄影棚系统而得到了系统化的普及,从而造就了美国电影的经典时代,同时也成就了法国电影的"黄金年代",兼具现实和人为的特点。我们可以将此看成是电影对人体的完全驯服。依据标准化的美人标准,电影工业所借助的各种外形审美标准(照明、背景以及后来的色彩),大西洋两岸过分细心、保守的审查条件所设定的控制情感与态度的标准,走进封闭的摄影棚是对人体进行

---

① 菲利普-阿兰·米肖和伊沙贝尔-里巴多·杜马主编:《戏剧性恐惧:逗笑影片的美学》,巴黎,乔治·蓬皮杜文化中心,2004 年;艾德·西高夫:《歇斯底里的狂笑:美国电影喜剧》,纽约,哥伦比亚大学出版社,1994 年;特德·塞内特:《精神病人与爱人:疯狂人的电影喜剧年代》,纽约,阿林顿出版社,1973 年。

改造的第一步。"大众"电影将大部分修饰身体的方法用于制造标准魅力和新的国际感观视野。①

　　女性命中注定就是这种魅力的偶像代表，比如好莱坞生产出来的女性关注自身的美，注重对生存以及死亡欲望的体验，而男性则大多与神圣相关，当然也包括罪恶和不幸等主题。女人的身体没有受到任何理性的桎梏，只存在于自己的外形之中。从一开始，电影就接受了这个性感偶像，并给予这个游离于天真和是非之间的女子一份华美而珍贵的礼物。一个长满胡须的男子轻吻女子苍白的面孔，这是电影史上的一件大事。公众变得兴奋起来：大屏幕上，男女亲吻，女人的唇与男人的胡须紧密挨在一起。1896 年，在纽约，公众第一次在电影中看到了吻戏。琼斯·C.赖斯亲吻了梅·埃尔文，两位演员也因为电影《寡妇琼斯》而一举成名。电影应当将这个重大发明——特写镜头的吻——归功于一位享誉全球的人，他就是托马斯·爱迪生。同时，他还善于捕捉轻浮的场景以及裸露女性的画面。对于许多观众而言，这个女性完全展示出了一种能力，即通过电影反映大众欲望的能力。现实主义的权威批评家阿多·基鲁曾对电影中女性人物的出现及其所代表的现代社会的偶像作用作了详细论述。他指出"屏幕上的女性动摇了观众与世隔绝、盲目孤独的麻木情感，并借助于对偶像的想象力量帮助他们去爱。电影中的女性，有些是色情幻想的对象，她们能带给人某种预感并帮助建立一种稳定、持久的关系"。很快女性成为绝对的偶像。从美好年代开始，电影传达出偶像崇拜的强烈愿望。1920 年代中期安德烈·布勒东写道，如同一道"磁电流"将"屏幕女郎"与"观众"连接起来，"在电影表演方式中，有许多特殊之处，最明显的是能让爱的力量更加具体"。②

①　杰拉尔德·加德纳：《审查文件：来自海斯办公室的电影审查信函，1934—1968 年》，纽约，杜第和墨狄出版社，1987 年；卡米尔·帕格里亚：《性面具：艺术，好莱坞的魅力与堕落》，纽黑文，耶鲁大学出版社，1990 年；让-吕克·杜安：《欲望的屏幕》，巴黎，橡树出版社，2000 年；伊桑·默登：《百老汇宝贝：创造了美国音乐的人》，纽约，牛津大学出版社，1983 年。

②　让-玛丽·罗杜卡引用：《电影手册》，1953 年圣诞节；阿多·基鲁：《爱情、色情和电影》，巴黎，埃里克·罗斯菲尔出版社，1966 年；让-玛丽·罗杜卡：《电影中的色情主义》，巴黎，让-雅克·波威尔出版社，1957 年；罗伯特·贝纳云：《电影中的超现实主义色情》，巴黎，让-雅克·波威尔出版社，1965 年；阿兰·伯嘉拉、雅克·戴尼尔、帕特里克·勒布特：《电影裸体专业全书》，克里斯内，耶洛诺出版社，敦刻尔克，43 工作室，1994 年。

电影中体现爱情力量的荡妇形象①产生于 1915 年,这一角色最初出现在弗兰克·鲍威尔执导的美国电影《亲吻我,白痴》中,该荡妇形象是按照蒂达·巴拉的特征塑造出来的。这是第一个完全为电影而打造的明星。电影代替自戏剧、滑稽歌舞剧、歌舞杂耍歌舞厅和马戏团以来所开创的明星制度。蒂达·巴拉是蒂奥多西亚·戈德曼所饰演的第一部电影中的角色:作为三流演员的她从此拥有了新名称和新身份,同时"荡妇"一词第一次被广告公司用于指代电影中的女性。这一想法源于电影原来的片名《从前有个傻瓜》,它改编自鲁德亚德·吉卜林的戏剧《吸血鬼》。经由这部电影,荡妇的形象从此固定下来:迷人的眼神,引人注目的眼睛,违反常规的游戏,奢华的服装,西方式的性感,裸露的姿势,华丽的仪式,令人眼花缭乱的珠宝首饰,对爱情的信仰以及爱情最终的牺牲品。

在接下来的几年中,荡妇一直是美国电影的重要主题,出现在多部电影作品中,比如欧嘉·佩特洛娃的《吸血鬼》(1915 年),路易丝·格洛姆的《偶像崇拜者》(1917 年)、《性》(1920 年),艾拉·内吉姆瓦的《西方》(1918 年)、《红灯笼》(1919)以及《卡米尔》(1921 年),弗吉尼亚·皮尔森的《吸血鬼之吻》(1916 年),杰出的波拉·尼格里的《杜巴利夫人》(1919 年)和《苏姆伦王妃》(1920 年)。蒂达·巴拉后来继续演绎妖妇角色,在 1915 年至 1918 年之间陆续拍摄了《卡门》、《罗密欧与朱丽叶》、《埃及艳后》以及《卡米尔与沙乐美》等影片。荡妇极具诱惑力,能毁掉生活与记忆,这让男人们想到战争。只有带着致命诱惑的女性才能与第一次世界大战的恐怖相提并论。荡妇,作为美国人的发明,虽然与戏剧表演没有太多关联,却影响了全世界的观众。能与荡妇带来的轰动效应相媲美的,只有一个,即意大利女伶②。从 1913 年利达·波里尼首次饰演女伶角色到 1921 年勒达·吉斯最后一次投身饰演该角色,这期间伟大的弗朗西斯卡·贝尔提尼用她的动作以及无人能及的对悲剧命运的精湛演绎征服了阿尔卑斯山两端的所有影院,而她对爱情的演绎则成为电影史上的经典。这位女伶比她大西洋彼岸的姐妹更精致,更狂热,更具有艺术气质,更文学化同时

① 皮埃尔·比亚尔:《荡妇》,巴黎,世纪艺术出版社,1958 年。
② 米歇尔·阿佐帕蒂:《荡妇时代,1915—1965:50 年的性呼吁》,巴黎,拉尔玛当出版社,1997 年。

也更感伤。弗朗西丝卡·贝尔提尼有着黑亮的双眸、微微颤抖的双唇和性感的身材。诸多活跃在黑暗影厅里洁白屏幕上的诱人幽灵当中，无论是从阿根廷到加拿大，还是从欧洲到日本，她都是最出色的。

美国感觉到了危机。世界冲突一旦结束，以荡妇演绎的色情梦幻为主要特征的好莱坞工业就会将其所生产的诱人女性重新推向市场。好莱坞电影制片厂将其电影产业的相当一部分重心集中于生产理想、诱人的美女。美女影响力的营造遵循非常规范化的魅力标准（照明、化妆以及表情、手势），其公开的、私隐的生活被相互竞争的不同电影制片公司掌握。她们就这样被"制造"出来，如同她们的名字一样：三到四个音节，非常响亮，带有阿拉伯-斯拉夫-斯堪的纳维亚式的回声，因而能被不同国家的观众牢记心中。巴巴拉·夏绿皮克成了波拉·尼格里，吉赛尔·史登赫尔姆成了布里吉特·赫尔姆，格里泰·古斯塔夫松成了嘉宝，哈莉安·卡朋提埃成了珍·哈露，凯瑟琳娜·威廉姆斯成了玛娜·洛伊。同时，随着观众口味的改变，她们走红的时间也有限，最长可达 10 年，如梅·莫里（1917—1926），克拉拉·鲍（1922—1932），路易丝·布鲁克（1926—1936），珍·哈露（1928—1938），梅·韦斯特（1932—1937）。尤其是 1939 年，格里泰·嘉宝在走过辉煌荣耀的 13 年之后，主动选择了退休，她感觉是时候退出了。

这轮新的明星之战波澜不惊，荡妇更多地体现出一种美国梦，而不是逃避正在吞噬古老欧洲的世界冲突。一般来说，欧洲演员能够取得成功，然而在变成巨星的同时她们也变成了美国人，不一定是指国民身份而是指对电影艺术的想象。在美国化的同时，这些女星逐步逃离宿命，比如靠手段引诱人的宿命以及忧伤、悲惨的命运。事实上，好莱坞系很快改变了荡妇和女伶的形象。首先，作为一种职业，女性靠其真正的表演实力赢得观众，比如丽莲·吉许，阿斯塔·尼尔森，玛丽·碧克馥。但是，太过保守和规范的审查规则不仅限制了剧情的演绎还限制了人物的悲剧性命运。严格的穿衣规则、行为举止要求以及电影所描绘的事与当时时尚的严格一致性，例如"皆大欢喜式的故事结尾"导致电影具有两个明显的特征：一定程度上的单一化以及一定程度上女性电影表现力和效果的减弱。1930 年代的传统电影是"巨星"的天下，相比忧郁、宿命等特点，她们身上吸引人的高尚气质更加突出。其中玛莲娜·迪特里茜被奉为电影中最完美的女性形象(天使,维纳斯,金发美女,女王,颓废的眼神,沙哑的嗓音,迷人的双腿),她曾在 45 部电影中出演角色并与当时最出名的大导演们合作。[1]

"性感美女"是继荡妇之后创造的又一令世人产生幻想的形象。她是根据第二次世界大战中勇敢的美国战士的传统喜好而打造的产品。一战时期的梦幻美女是魔鬼与欲望的化身,她们十分诱人,是色情幻想的对象,具有矫揉造作的特点;二战期间的梦幻美女则如同电影《美国式生活》中所描绘的面颊圆润、臀部丰满的美丽女子,是高中生和军人都喜欢的类型。[2]大摄影棚里拍摄出来的女性照片走的都是系统化、规则化的性感路线,穿着泳装或是全裸,体现出 1940 年至 1950 年间的裸露潮流。为了逃离宿命而躲进奥森·威尔斯的怀抱,著名性感女星丽塔·海华丝作出了疯狂的举动;或者需要一种类似于变体的奇迹,以此来帮助玛丽莲·梦露将其饰演的众多金发性感美女的角色变成她作为巨星所拥有的真实魅力。然而,传统电影巨星往往毁于她们自己的电影观众。受控的、具有毁灭性的绝代美女往往变得不受大众喜爱,男人们玩弄、羞辱她们,女人们则讽刺她们。性感女性远离了观众的期望,逐渐过时,最终被消费社会淘汰。[3]这种女性反映出某种文化特性,即她们利用其外表和性感反抗她们在现实的重要事件中所扮演的次要角色。而这一角色长期以来是由男人定义的。20 世纪,随着政治、经济以及文化的进步,女性有可能取得同男性平等的地位,身体报复因而位居次位。因为已经获得社会尊严,所以偶像再也不需要为了赢得艺术尊严而成为偶像。因此,电影中的女性变成了纯粹的演员。

在美国和在欧洲一样,电影观众对身体表现出极大的热情,这使电影作为一种神奇的艺术,影响力不断扩大。展示身体不仅不会夺走其声望和影响,反而使其更有魅力,因为公众分享了身体的美。电影中的身体在不同国家和文化之间流动,被全世界的观众分享。但是,关于电影身体的

---

[1] 雅克·西克里耶:《美国电影中的女性神话》,巴黎,雄鹿出版社,1956 年;帕特里克·布里翁:《美式喜剧》,巴黎,拉瓦尔蒂尼热尔出版社,1998 年;杰拉尔德·加德纳:《审查文件:来自海斯办公室的电影审查信函,1934—1968 年》,前揭。

[2] 安德烈·巴赞:《法国银幕》,第 77 期,1946 年 9 月。

[3] 艾德嘉·莫兰:《明星》,巴黎,瑟伊出版社,1957 年。

评价以及态度却时常表现出明显的差异。西方传统电影中的身体是电影工业和商业的本钱，能带给新的巨星们荣誉，这种荣耀会通过杂志和幻想永久地传达给普通观众。[1]电影的神奇力量如同这样的一次约会：身体将观众带入影院，牵着观众的手漫步于故事情节当中，最后因为身体，电影中的故事变成"我的故事"，即每个人的故事。传统电影加强了这种神奇的力量：对屏幕上充满魅力之身体的着迷激发了大众的情感，引发了强大的情感共鸣。

3

从传统电影到现代电影：粗野化的身体

在长达 30 年(1930—1960)的电影历史中，身体一直带给人喜悦并让人着迷，然而这一切都止步于现代电影。屏幕上原本得体的身体被解体，被重新展出、被粗野化并被歪曲，人体再次回到了电影的原始状态。身体外表的魅力突然再次受到质疑。[2]

阿兰·雷耐 1959 年执导了影片《广岛之恋》。电影一开始，一些女人注视着我们。她们都是日本人，她们仿佛在医院的病床前、在自己的卧室门口等候着我们。她们都是病人，她们因为 14 年前广岛上空爆炸的原子弹所产生的辐射而遭受着致命的病痛折磨。她们静静地、近乎安详地等待着我们，注视着我们。她们仿佛是向导，即将带领我们走向广岛博物馆中那些在爆炸过后的日子里被日本摄影师岩崎记录下来的清晰、恐怖的画面，其中一些异常恐怖的照片是由当时占领日本列岛的美国当局瞬间抢拍到的。

跟随这些女人直视摄像机的眼神，引出来的场景非常可怕。14 年来没有人再亲眼目睹这些画面，然而阿兰·雷耐将它们剪辑后搬上屏幕，并

---

① 查理·泰松：《B 级电影的上镜头性》，巴黎，电影手册出版社，1997 年；卡米尔·帕格里亚：《性面具：艺术，好莱坞的魅力与堕落》，前揭。

② 《眩晕》第 15 期，特刊号"被展示的身体"，1996 年 7 月；科兰·麦凯布：《粗鄙的雄辩》，伦敦，BFI 出版社，1999 年；让-皮埃尔·埃斯克纳齐：《戈达尔与 1960 年代的法国社会》，巴黎，阿尔芒·科兰出版社，2004 年。

置于自己第一部长片的开始部分。"在广岛,你什么也没有看见",玛格丽特·杜拉斯的文本被一个字、一个字慢慢地念出,如同是为这些痛苦画面所作的祈祷文。电影女主角埃玛纽埃尔·莉娃回答说,"不,我看见了"。是的,她看见了。通过日本女性的眼神,她看见了。通过眼神,主角看见了,观众看见了,故事就此开始。故事得以开始,因为遭受折磨的女人们注视着摄像机和每一个观众。突然发现,是历史注视着我们。①

阿兰·雷耐早已见过此种场景,透过摄像机的镜头他见过这样的眼神。1952年,英格丽·褒曼的家人想把她送到精神病院。她走进一家精神病医院,依次从每一个病床前经过。疯女人们站在床前。她们看着她。演员的视角遮盖了电影人的摄像视角即罗伯托·罗西里尼的视角:疯女人们看着摄像机,也看着我们。电影《欧洲,51年》确立了"直视摄像机"作为新电影形式的地位。②与此同时,在英格玛·伯格曼的电影《莫妮卡》中,当哈莉特·安德森勾引不是她丈夫的男子时,她长久地、毫无惧色地注视着摄像机镜头。③疯狂地,如同挑衅一样,注视着我们④。

然而这种面对面强烈的注视源于哪里?直接源于历史,但并非电影历史。尽管自无声电影开始,观众已经看到了大量直视摄像机的画面,或大或小的滑稽剧会不经意地引观众发笑。这种带喜剧特色的眼神不同于电影《广岛之恋》中患病日本女子的眼神,也不同于电影《欧洲,51年》中疯女人们的眼神。这种正面对视的眼神如此特别,以至于我们的心都提到了嗓子眼。这种"现代电影"带给人的感受同样体现在阿兰·雷耐另一部拍摄于1955年的《夜与雾》的电影中。两个饥饿的年轻女子同喝一碗汤,并注视着我们。在更早的10年之前,解放贝尔根-贝尔森集中营时,英国人拍摄了类似的片断。⑤

---

① 加斯东·布努尔:《阿兰·雷耐》,巴黎,塞热出版社,1962年;弗朗索瓦·托马斯:《阿兰·雷耐工作室》,巴黎,弗拉马里翁出版社,1989年。

② 罗伯托·罗西里尼:《被记录的电影》,巴黎,电影手册出版社,1984年;基亚尼·隆多里诺:《罗伯托·罗西里尼》,都灵,UTET出版社,1989年;阿兰·伯嘉拉和让·纳波尼主编:《罗伯托·罗西里尼》,巴黎,电影手册出版社,1989年。

③ 布鲁斯·F.卡文:《心之屏:伯格曼、戈达尔和第一人称电影》,普林斯顿(NJ),普林斯顿大学出版社,1978年;皮特·科伊:《英格玛·伯格曼》,巴黎,塞热出版社,1986年;奥利维耶·阿塞亚斯和斯提格·毕约克曼:《与伯格曼的谈话》,巴黎,电影手册出版社,1990年。

④ 尼科尔·布勒内和克里斯蒂安·勒布拉:《年轻、苛刻而单纯——法国前卫实验电影史》,巴黎/米兰,电影资料馆/马佐塔出版社,2001年。

⑤ 西尔维·林德佩格:《克丽奥从5到7:解放的电影新闻》,巴黎,国家科研中心出版社,2000年。

　　阿兰·雷耐利用"后来"这些资料进入 20 世纪历史中的一个核心盲点。然而盲点的不可演绎注视着我们。灭绝，浩劫。继灭绝、集中营题材之后，另一部由女性眼神引出的影片出现了。出现在贝尔森、广岛、电影《欧洲，51 年》以及《广岛之恋》中直视摄像机的画面都说明电影应该而且已经改变，因为无论是电影人、观众、演员还是角色都不再是头脑简单之人。注视我们的眼神，让我们再次看到受尽折磨、扭曲的、被处决的、屠杀的、灭绝的人体：正是借助这种不同寻常的表现方式，现代电影产生了。①

　　几年之后让-吕克·戈达尔直言道，因为受到新的表演方式的影响，他重新取镜将电影人物的身体图像进行分割，用新的衔接方式打乱人物的动作，通过后期录音弄混声音，使照片曝光不足或过度曝光。此外，直视摄像机的方法在新浪潮电影中得到了系统性运用，并成为该电影流派的象征，例如电影《精疲力竭》最后一幕中的让·塞伯格以及电影《四百下》结尾处惊奇停下来的让-皮埃尔·莱奥。如果说直视摄像机是现代电影的一种风格，这显然绝非偶然。观众如同"注视着并被注视着的眼光"，他会思考并为自己解释人体。自我解释，即走出大厅，逃离阴暗地窖中的黑色蚕茧进而置身于阳光之中。②

　　新浪潮电影的出现与人们对身体态度的改变紧密相关，与碧姬·巴铎在电影屏幕上所展示出的人体有直接关系。1956 年秋季，在碧姬·巴铎出演的电影《上帝创造女人》中，人们看到了远离摄影棚、照明以及常规造型的真实人体。四年前哈莉特·安德森在伯格曼的电影《莫妮卡》中的出场方式与此非常相似，甚至更惊人、更有技巧且更加反传统。但是观众并没有真正"看见"她。伯格曼的电影引起轰动，激起观众的兴趣。但在当时，该影片更多地被视为"古怪的北欧风格"，而没有被理解成现代电影中新的"身体自由"的宣言。③

　　碧姬·巴铎很快成为了后来新浪潮电影人以及《艺术》、《电影手册》

---

① 伊兰·阿维萨：《搬上银幕的大屠杀：电影以及不可想象的场景》，印第安纳波利斯，米德兰书局出版社，1988 年；安内特·因斯多夫：《屏幕上的大屠杀》，巴黎，雄鹿出版社，1990 年；《电影手册》，特刊号"电影世纪"，2000 年 11 月。

② 阿兰·布拉萨尔：《1960 年代法国电影中的男 1 号》，巴黎，雄鹿出版社，2004 年；安托万·德·巴克：《新浪潮：一代青春的写照》，巴黎，弗拉马里翁出版社，1998 年；让-皮埃尔·埃斯克纳齐：《戈达尔与 1960 年代的法国社会》，前揭。

③ 阿兰·伯嘉拉、雅克·戴尼尔、帕特里克·勒布特：《电影裸体专业全书》，前揭。

等刊物的青年激进分子所青睐的对象。他们从她的身上看到被展示的世界:透过她的身体,日渐远离巴黎摄影棚的真实世界得到了再现。与此同时,她遭受来自各大报刊的批评,批评她的裸露、声音以及动作败坏了传统的审美价值观。弗朗索瓦·特吕弗试图解释他从她的身体所看到的一切,这是一部记录着动作和情感的日记:"我在 10 年内看完 3000 部电影,我再也无法忍受好莱坞式电影中矫揉造作、充满谎言的爱情故事,以及法国电影中肮脏、放纵和过多的特技场景。这就是为什么我要感谢瓦迪姆,他成功地引导女演员在摄像机镜头前重现日常生活中的动作,细微平常的动作,包括试穿凉鞋以及在大白天做爱等,一切都非常真实。瓦迪姆没有模仿其他电影,他早已忘记电影是为了'复制生活',除了有两三个结尾场景略显放纵外,他完美地实现了他的目标,即亲切而真实。"

弗朗索瓦·特吕弗认为《上帝创造女人》是一部"关于女性的具有纪录片性质的电影",描述的是"我的同时代的女性"。他认为碧姬·巴铎同玛丽莲·梦露和詹姆斯·丁有相似之处,即她的出现使其他人物黯然失色。同詹姆斯·丁相比,热拉尔·菲利普的表演就像是扮鬼脸的戏剧演员,而因为碧姬·巴铎的出现,埃德威齐·弗耶尔、弗朗索瓦兹·罗塞、盖比·莫利、贝特西·布莱尔以及"诸多获得世界顶级表演奖项的女明星"仿佛都变成了"过时的模特"。瓦迪姆和巴铎的合作对新浪潮的审美取向影响非常大。这种影响不仅是直接的、文学的,更多地是激发某种意识以及新的身体的出现。巴铎的现代身体观以及她对反成规思想的关注揭示出这样一个事实,即在服装调整的背后,隐藏的是心理活动、游戏、智慧和伪主题电影。瓦迪姆不再是"作者",他代表着一种现象,揭示出某种危机:只有他一人拍摄的是 1956 年的女性,而其他人拍摄的都是 20 年之前的女性。[①]

女性的身体变成了检验电影真实性的标准。因为借助身体,年轻的批评家们可以揭露电影制片厂所拍摄的"伪现实主义"电影。这种拍摄方式不懂得拍摄真实的身体,尤其不懂真实身体最原始和最直接的特征,即身体的商业特征,放纵身体。放纵身体成为新浪潮电影导演特吕弗和戈

[①] 安托万·德·巴克和塞尔日·杜比亚纳:《弗朗索瓦·特吕弗》,巴黎,伽利玛出版社,1996 年;安托万·德·巴克:《爱好电影:目光的设想与文化的历史,1944—1968》,巴黎,法亚尔出版社,2003 年。

达尔最喜欢的主题之一，这绝非偶然。特吕弗在电影中，以间接而且近乎强迫的方式演绎该主题（他的前四部电影中每一部中都有一个或是几个场景涉及该主题）；戈达尔最美的影片之一《放纵的生活》就以该主题为中心。女性真实身体的加入是新浪潮电影美学的核心。它是对瓦迪姆和巴铎的致敬，但意义却远不止于此。里维特在《关于罗西尼的信》中颂扬变形，赞美其以"肉体轰动"为名的意大利之行；霍梅称赞和描写塔许林的电影《春风得意》中外形柔美的简·曼斯菲尔德时所采用的方法——从她"S形的身体"中看到了对原始主义的回归，而原始主义本身也是一种现代化的方式——所有这些都表现出身体表达在新浪潮电影中的重要性。电影中身体自然的特性因为碧姬·巴铎在电影《蔑视》中的表演而得到重现，该影片在片尾对巴铎的身体进行了从脚趾头到乳房的特写，并配上巴铎与众不同的声音。在所拍摄的毫无意义的事件和强烈的身体真实感之间，有着某种完美的平衡点。新浪潮电影正是建立于这种毫无意义且具有强迫性的、不断被刻画的女性身体的基础之上。因此，让-吕克·戈达尔以身体自传的形式在《艺术》专栏大声呼吁，并对法国老一辈的电影人发出了猛烈的攻击，"你们机械化的动作是丑陋的，因为你们的主题很糟糕，你们的演员演得很差，你们的对白毫无意义。总之，你们根本不知道如何拍摄电影，因为你们再也不知道何为电影。我们不会原谅你们，因为你们从来没有拍摄过我们真正喜欢的、每天能遇见的女孩或男孩，没有拍摄过我们鄙视的或我们尊敬的亲人，没有拍摄过让我们惊讶不已或是我们并不在乎的小孩。一言以蔽之，你们没有拍摄过真实存在的身体"。[1]

4

电影导演的身体

自画像再次激发了身体在现代电影中的展示。现代电影的重要职责

---

[1] 科兰·麦凯布：《戈达尔：70年代艺术家的写照》，伦敦，布鲁姆斯贝瑞，2003年；麦克尔·坦普尔、詹姆斯·S.威廉姆斯、麦克尔·维特主编：《永远的戈达尔》，伦敦，黑狗出版社，2004年；让-皮埃尔·埃斯克纳齐：《戈达尔与1960年代的法国社会》，前揭；安托万·德·巴克：《爱好电影：目光的设想与文化的历史，1944—1968》，前揭。

之一就是重新提出与电影相关的一个基础性问题:电影工作者的身体如何能成为电影表演的对象?"自我身体"的电影传统重新找到了自己的位置,最明显的特点是电影导演会在电影中扮演一个非常特殊的角色。继基顿、威尔斯和吉里特之后,雅克·塔蒂、杰瑞·刘易斯、弗朗索瓦·特吕弗纷纷加入电影角色的表演。电影工作者身体的出现仿佛导演的签名,反映出导演的真实性和人格特征。如同希区柯克出演自己的电影作品一样,新浪潮导演喜欢这种带有明显导演烙印的身体游戏。在《漂亮的塞尔日》中,夏布洛尔饰演一名身材矮小瘦弱的村民;特吕弗出现在电影《四百下》森林节日的场景中;戈达尔在《精疲力竭》中饰演一名告密行人。这些短暂的露脸并非简单的玩笑,它反映出一种愿望,即展现新浪潮电影的主要批评理论——"导演观念"的愿望。1948 年,亚历山大·阿斯楚克写道,"电影是一种形式,在这种形式当中并通过这种形式,艺术家表达自己抽象的观念,或者是某种顽念,正如散文和小说所表达的那样。当然这也包括电影编剧自己参演电影。最佳情形是,在电影中不再有编剧,编剧与导演之分没有任何意义,导演的过程不再是展示某个场景,而是展示某种真实的手法。"导演对电影的影响只与表现手法有关,同时也是电影工作者对自己电影的一次身体投资。新浪潮电影的激进分子们只是实行了他们从受人尊重的导演们那里学得的东西,即电影的拟人化概念。①

约翰·卡萨维特、克林特·伊斯特伍德、伍迪·艾伦、伊利亚·苏雷曼、菲利普·卡瑞、南尼·莫勒蒂、若阿奥·恺撒·蒙泰罗、达尼埃尔·杜布鲁以及其他导演在电影中的出现似乎是某种精神疾病的客观反映,为忧伤的氛围注入一丝沮丧或是喜剧色彩。正是这一丝沮丧或是喜剧色彩在屏幕上出现的每一个身体上记录下了丢失的天真、欲望以及重新开始一切的不可能性。所有"处于这个范围"的人似乎或多或少有类似恼怒、忧伤、孤独、痛苦等临床症状,他们将讽刺作为唯一的武器,他们一旦不再工作就无法"理解"他们一直以来精雕细琢的电影或是故事。亚里士多德曾说,忧郁患者就是"消化不好的人"。现代电影人就是一个有着忧郁身体的人,他让人思考不被理解的回忆残留物,不成熟的孩童心理,拒绝学

---

① 樊尚·阿米埃尔:《电影中的人体》,巴黎,法国大学出版社,1998 年;《眩晕》,第 15 期,特刊号"被展示的身体",1996 年 7 月。

术形式这三者与天才的创造性，幻想融合时间、文化和表象之间的关系。如果电影的形式从本质上而言是病态的、不稳定的，那么肯定存在一种"健康的"忧郁、本质脆弱的健康以及不稳定的稳定性。艾伦、伊斯特伍德、莫勒蒂、蒙泰罗和卡瑞想要表现的正是这种令人忧伤、恼怒的创造性。

5

当代电影：回归原始身体

　　欧洲一直期待能从美洲看到明天的景象、瞬间的未来以及"未来生活的场景"，即合理化的、卫生的以及受控制的身体景象，然而好莱坞最具活力的传统电影呈现给欧洲观众的却是历经死亡、遭受蹂躏、被谋杀、原始的、被缝合的血淋淋的身体。这种传统建立在长期以来，更准确地说是近20年来狂热的幻想世界的基础之上，因而涌现出了一大批最有前途的美国青年电影艺术家，比如蒂姆·波顿和他的死亡面具，山姆·雷米和他的《鬼玩人》系列，韦斯·克雷文和他的噩梦，罗伯特·泽米吉斯和他的《飞越长生》，托德·海因斯和他的《毒药》，M. 奈特·沙马兰的《第六感》，格斯·范·森特的《大象》中温柔而恐怖的杀手，大卫·林奇作品中的人物，詹姆斯·卡麦隆电影中病态却无法毁灭的魔鬼——《终结者》。尸体和致命疾病是最受当代美国青年电影人青睐的主题。然而，正是在这个融入了好莱坞商业但到处可见漏洞和裂痕的舞台上，我们能够发现一种新的、前卫的、"新实验主义的"身体资源。围绕在自然身体周围的是一种消失和重现的仪式，仪式的规矩令人兴奋。美国的青年电影工作者带着某种顽念不断地从被观察的身体上建立概念。他们关注的不再是现实世界，而是具有反射和比喻意义的、能够展示的如试验田般的身体。[1]

　　这些身体保留了它们彻底消失、死亡时的所有烙印。从另外一个角

---

[1]　乔斯·阿洛约：《动作/表演/电影》，伦敦，英国电影研究所出版社，2000 年；嘉文·巴德利：《哥特式：蒙昧的文化》，巴黎，德诺埃尔出版社，2004 年；托马斯·R. 阿特金斯：《屏幕上的图片暴力》，纽约，莫纳克出版社，1986 年；《美国品味：电影手册精彩片断》（第一卷），巴黎，2001 年；《吉列城市手册》，"疾病与疾病形象，1790—1990"专刊，里昂，希尔塞出版社，1995 年。

度来讲,被拍摄的身体都回来了,比如《蝙蝠侠归来》中半兽半人的尸体;山姆·雷米执导的《魔界英豪》中骨瘦如柴和被剥皮的人;《阶梯下的恶魔》中被监禁的人;泽米吉斯的《飞越长生》中半死不活的人;《终结者》中归来的机器人;大卫·林奇电影《妖夜荒踪》和《穆赫兰道》中挥之不去的人物。身体并非消失了,相反他们得到了重生。一旦消失,它们就只能在不断的受伤中反复得以生存,回归变成了此类电影非常明显的一个特征。蒂姆·波顿拍摄的第二部冒险电影中,蝙蝠侠不断地"复活",虽然总是复活却在复活时保留了所有的痕迹——他的密友们,例如啃噬企鹅先生面孔的霉,为猫女提供器官服饰的时装业,从"史勒克塔"第30层楼坠落悲惨死去而留下的疤痕,以及最后因猫爪抓挠而永远变成半死不活之人。对于电影人而言,身体创伤、死亡以及因此而带来的"回归"是最重要的,因为这些都体现出愉悦和恐惧的双重原则,而所有的小说都是从这个基础上进行构思的。①这些不可能真实存在的生灵(例如"小魔怪"系列电影中被肢解、先天智障、腐烂发臭如死尸般的形象,以及早期鬼怪电影中穿衣服的长毛绒玩具)每一个都被一种双重行为准则所引导,这种准则源自于死亡过程本身②、它所经受的苦痛以及瞬间表现出的神秘特征。一方面它是诱人的情色对象(第一个猫女),另一方面它拥有令人惧怕的、被肢解后重新拼凑的外形。身体的消失以及紧接着的身体再现将电影中恐惧、快乐的双重原则完美统一起来,并让人们持久地享受这份因对身体的恐惧而带来的快感。疤痕、服装、隙缝、未完成、变化的痕迹似乎就是这些电影的标志,而随意拼凑、粘贴图像则是万能的电影的特征,它违反常规、令人生厌却又使人着迷。事实上,电影中的身体不可能死去,它只会消失然后再出现。它因为我们对图像的记忆和传承而存在,同时也因此而改变。③

关于尸体的电影特别将重点放在不可能消亡,通过巧妙手段或奇怪

---

① 马克·萨利斯伯里:《蒂姆·波顿作品中的蒂姆·波顿》,巴黎,电影爱好者出版社,1999年;迈尔斯克曼·赫尔穆特:《蒂姆·波顿:幻想导演的人生与电影》,伦敦,蒂唐出版社,2000年;安托万·德·巴克:《蒂姆·波顿》,巴黎,电影手册出版社,2005年。

② 比尔·柯荣:《乔·丹特,好莱坞的捣蛋鬼》,巴黎,电影手册,1999年。

③ 马克·戈丹:《戈尔:电影剖析》,巴黎,收集者出版社,1994年;肯尼斯·冯·古登:《幻想之奔放》,伦敦,麦克法兰出版社,1989年;西格贝特·S.鲍尔:《卡里加里的孩子》,纽约,牛津大学出版社,1990年。

的变形,不断获得重生的能够抵抗消亡的事物上。这样的电影都有一个具备"抗消亡"特征的英雄,即"不可能消失的"英雄:动物人或机械人。他总是能够从身体所遭受的苦痛中重新站立起来——这就是这个角色的意义。①从某种意义上说,詹姆斯·卡麦隆的终结者形象是近二十年来最有意思的身体②,它有着反消失的粗暴基因。在电影的最开始,就可知它的身体建立在一具死尸(施瓦辛格的身体由各种死亡器官和毫无生气的物质构成)和一次巨大灾难的基础之上(最后的审判萦绕在人们的脑海中)。同样的方式,或是因为原始主义(波顿,雷米,克雷文,丹特,林奇),或是因为控制论(卡麦隆),或是因为视觉效果(泽米吉斯,沙马兰),或是因为将这三者整合起来的无限力量,大部分的美国新电影最终都走向同一个绝对概念,即身体不再能完全地死去。它生存的力量曾经有限,但是今天人们已经完全意识到了(并且完全有能力)要将其再次搬上屏幕。巴赞曾将电影的本质定义为"记录掠夺者和俘获物之间的对决,死亡是必然的"。然而这样的定义并不适合美国新电影,消亡之后紧接着是再生产、再出现,死亡不再是镜头中的最后场景。缺少了死亡这一最高审判,电影开始追求各种经久不衰的身体再造效果。一个寓言总是暗含着另一个寓言,一个景象背后总隐藏着另外一个景象,就像令人钦佩、被控制的施瓦辛格一样,身体甚至是尸体总是能够再次振作起来。

电影如果注定缺少人性化,或许可以通过变得政治化而获得自救。在这个一直幻想社会组织稳定的社会里,遭受痛苦经历的身体显然带有非常丰富的政治意义。经由瓦解、切割以及毁灭等过程,对故事、图像以及身体进行重新粘贴而生产出来的电影,其实是好莱坞设计的"特洛伊木马",它影响青少年的身心,极具破坏性。社会组织是电影剪切、重组的对象,然而在不断剪切和重组的过程中,它逐渐变成了一种非常不稳定的方式。另一方面,电影都产生于稳定的环境,事实上任何事物都秘密地产生

---

① 大卫·J.斯卡尔:《理性的尖叫:疯狂科学与现代文化》,纽约,W.W.诺顿出版社,1998年;基亚尼·海文、帕特里克·J.吉热主编:《美好的明天? 科幻电影中的历史、社会与政治》,洛桑,昂蒂波德出版社,2002年;米达斯·戴克斯:《亲亲宠物:论电影中的兽性》,伦敦,韦尔索出版社,1994年;刘易斯·亚伯朗斯基:《机器路线:如机器般的人》,印第安纳波利斯,博布斯-梅瑞尔出版社,1972年。

② 让-皮埃尔·特洛特:《复制:科幻电影中的机器人的历史》,厄巴纳,伊利诺伊大学出版社,1995年。

于某种稳定、安静或和谐的氛围,比如波顿作品《甲壳虫汁》和《剪刀手爱德华》开始时粉红色、小巧可爱的小城市。丹特作品中可爱的鬼怪,克雷文电影《阶梯下的恶魔》开始时正常的房屋,音乐剧《飞越长生》中的闪光片。然而这种宁静、和谐的氛围很快就改变了,蒂姆·波顿影片中颜色亮丽、干净的小城市是为了营造一个黑色的魔鬼,这具复活的尸体把城市激活,让人们害怕却很享受这一切;韦斯·克雷文的房屋楼道间隐藏着混乱和恐怖;在"小魔怪"电影中,小女孩们卧室里长毛绒玩具非常相似(当然,这是一种间接的相似),一心只知道制造社会麻烦,做社会禁止的事情,而且任何落入其手中的事物都不会幸免。恐怖的事物被搬上屏幕,美国人在感受并领悟和谐、宁静的一面之后,又马上被一些恐怖、滑稽的场面弄得心生厌恶。这些反映出电影作品中非正统派主角所共有的一种世界观,即渴望具有某些特征并获得某种地位:他们正好置身于相互交流的事物之间(电视、电影爱好者和身体),从中获取节目和表演的灵感,从相反的角度取景将其怪诞、恐怖的一面拍摄成电影。电视和电影一样也从外部被吸血鬼化了。如同他们从相互交流的机器中寻找自然表演、弄混并曲解自然表演一样,这些角色只可能与那些借助于约定的、符合习俗的规则才能交流的事物建立起关系(政治正确的语言)。正是因为这些角色的存在和不断的演变才使得不同种族、各种少数派之间的界限变得模糊,并在童年与死亡、干净与肮脏、卫生与腐烂、生者与死尸之间开启了一条大道。通过混合和谐的自然符号,融合产生于不同环境、经历不同变化且原本不相兼容的身体和文化,电影最终提出了一个极具危害性的政治寓意:让梦想永远消失的,正是美国社会梦想的状态本身[1]。这有点像奥利弗·斯通[2]的电影《刺杀肯尼迪》,在这部带偏执狂性质的电影中,导演始终没有忘记其初衷,即将电影中恐怖的死尸变成半死不活的人[3]。

---

① 多米尼克·勒格朗:《布莱恩·德·帕尔玛:反抗的操纵者》,巴黎,雄鹿出版社,1995年。

② 诺曼·卡根:《奥利弗·斯通的电影》,伦敦,泰勒商务出版社,2001年。

③ 托马斯·R.阿特金斯:《屏幕上的图片暴力》,前揭。

第十二章　舞台

舞动的身体:感觉的试验室

安妮·叙凯(Annie Suquet)

　　1892 年,洛伊·富勒第一次在巴黎表演《蛇舞》,几年之后她的《火之舞》也得以和法国观众见面。人们立即喜欢上了这位美国舞蹈家而且对她表现出了持久的喜爱之情。在近 20 年的时间里,艺术家、作家以及观众试图从洛伊·富勒精心设计的"永不停止的变形奇迹"[①]表演中寻找自我。洛伊·富勒受到了大众广泛的喜爱,她的舞蹈能够激发人们的想象力。因此,这位先锋人物的舞蹈具有征兆性的特征。事实上,洛伊·富勒触及并集中体现了 19 世纪感观体验领域中某些最尖锐、最令人困惑的关键问题。

1

从视觉到活动艺术

　　这位源自传统美国歌舞剧的艺术家,在她事业的顶峰,如此强烈地向我们展示了什么?[②]舞台上用来照明的是一组电子聚光灯[③],通过色彩过

---

① 乔治·罗登巴克:《于勒·谢雷先生》,载《精英》,巴黎,沙尔庞捷出版社,1899 年,第 251 页。

② 歌舞剧,该词产生于约 1880 年的美国,指综合了多种不同节目的表演形式:踢踏舞,歌唱,传统舞蹈,戏剧,腹语术,驯狗等。

③ 她近百次使用了这种方法。在戏剧领域,直到 1880 年气才被电所替代。在洛伊·富勒创立《蛇舞》时,电所产生的效果在当时仍然非常少见,尤其是当聚光灯投向舞台时,置身黑暗之中的公众更是备感新鲜。

滤,可以灵活调整光线的强弱;一个活跃的舞者在一个本身就不停转动的舞台上舞动。埃德蒙·德·龚古尔对此惊叹不已①,称其为真正的"舞台风暴"。舞蹈演员时隐时现,灯光营造出的闪亮的涡状物时而投向它处,时而紧紧围绕在演员身边。1899年②,乔治·罗登巴克评述道,"身体太美了,美得几乎让人找不着"。对此,于勒·洛林的评价更高,"'飘忽不定'和'逐渐消失'之间的差别从此不复存在③"。这是一个美丽的幻影,对于它的催眠能力,作家们从来都不吝惜赞美之词。"蛇线"无处不在,蜿蜒曲折的波状将舞蹈演员的表演连接成一个延续的循环体,给人想象、产生幻觉的空间,每一个形体的产生都建立在上一个形体消失的基础之上。时间概念在洛伊·富勒舞蹈中占有非常重要的地位。它突出动作的短暂及其不稳定性,对于舞蹈艺术而言这尚属于一个非常新的概念。④在斯特凡·马拉美看来⑤,洛伊·富勒擅长表现的这些"短暂而明了的视觉意象",其实是观众丰富想象力的一种映射。然而,自然主义流派的观点占了主导地位。新的艺术正值高潮,1900年卡米尔·莫克莱尔总结出了这种新艺术令人喜爱的原因,舞蹈演员"完全变成了一个旋转的物体、椭圆、花、别样的花萼、蝴蝶以及巨鸟,她能快速地勾勒出各种动植物的各种轮廓"。⑥

然而洛伊·富勒的艺术意图并不虚幻,这与她的舞蹈表现方式毫不相悖。如果说她的舞蹈给人虚幻的感觉,那源于展示身体过程的需要,而这个过程首先需要艺术家的关注。对于美国舞蹈艺术家的质疑与同时代人们对

---

① 参看于勒和埃德蒙·德·龚古尔:《日记》,巴黎,罗贝尔·拉丰出版社,1989年,第三卷,第1006页(1894年)。

② [译注]原著时间错。乔治·罗登巴克(Georges Rodenbach,1855—1898),比利时人,法语写作作家。

③ 参看"洛伊·富勒",《1900年的女性》,巴黎,玛德莱娜出版社,1932年,最早载于1897年的《巴黎回音》。关于洛伊·富勒被作家们所接纳的分析,参看居伊·杜克雷:《洛伊·富勒或双重性的影响》,载让-伊夫·皮杜汇编:《舞蹈,20世纪的艺术? 1990年1月18—19日于洛桑大学举办的研讨会论文集》,洛桑,佩约出版社,1990年,第98页及以下各页(引用部分)。

④ 认为舞蹈是一种瞬间艺术的观点源于浪漫芭蕾舞。参看让·法热:《论舞蹈特别是社会舞蹈》,巴黎,皮耶印刷厂,1825年,第17页。以及参看杰拉尔德·西格蒙:《走向舞蹈的往复历史:宫廷芭蕾舞、剧情芭蕾舞以及浪漫芭蕾舞的视觉感受》,"转换—形式"研讨交流会,CND,2005年1月15日,文章待发表。

⑤ 参看斯特凡·马拉美:《戏剧草图》,《作品全集》,巴黎,伽利玛出版社,"七星诗社"丛书,1945年,第309页。

⑥ 参看卡米尔·莫克莱尔:《萨达·雅科与洛伊·富勒》,载《白色杂志》,第23卷,9—10月刊,1900年,第277页。

研究视觉、运动本质所做的试验颇具相似性。创作效果无非就是产生某种结果或导致某种改变。洛伊·富勒不仅探究了运动即身体运动的本质,同时还包括灯光的本质。伴随背景的投射,舞者首先试图将所有动作在空间的轨迹视觉化,即不借助运动的身体本身,尽力使身体的运动表现得清晰。艾蒂安-于勒·马雷的一些定时摄影专门记录下了放置于舞蹈演员所经过的每个地方的带白色标志的灯光效果,演绎出身体缺失时的"运动旋律"。洛伊·富勒同样非常重视颜色的作用,特别是因颜色而带来的对人体、运动以及感觉的效果。①在观看完洛伊·富勒的表演之后,未来主义者阿尔那多·吉拿和布鲁诺·可拉在 1913 年构思了最早的一批以"色彩音乐"为基础的抽象电影。②洛伊·富勒不仅对灯光有兴趣,而且她将电作为一种活跃能量进行了探索,这结合了生理学家和早期的心理学家的经验,当时的生理学家和心理学家正致力于研究视觉感受带给运动和触觉的影响。

因此,洛伊·富勒的舞蹈反映出,人们在思想上改变了对灯光本质的看法,即它越来越多地被认为是一种电磁现象,对人体有着非常大的影响。③速度、灯光和颜色是洛伊·富勒艺术的原动力。是它们让舞者的身体舞动起来并具有"无穷的力量",而艺术家则试图通过她的身体演绎具有"无穷力量"的冲动。洛伊·富勒认为身体的运动就是"一种工具,通过它,舞者向空中抛洒颤抖如波浪的视觉音乐"④。艺术家的身体如同共鸣器。通过不间断的变化过程——因为舞蹈以产生节奏和改变节奏为使命——以及内心情感的神奇变化,灯光波逐渐变成了活动波,用洛伊·富勒的话说⑤,变成了"潜在的音乐,即视觉的音乐"。因为洛伊·富勒,有人认为舞动的身体犹如震动的身体,汇集了各种微妙的动力。这种观点虽然对 20 世纪的舞蹈至关

① 艺术家毕生致力于科学发现。她与卡米尔·弗拉马里翁、皮埃尔·居里、玛丽·居里往来。1898 年,她在巴黎创立了自己的实验室并继续其电子光研究。

② 参看乔瓦尼·利斯塔,收录于《洛伊·富勒:新艺术的舞蹈家》,展览目录,巴黎,国家博物馆汇编,2002 年,第 81 页。

③ 乔纳森·克拉里认为,从光的辐射、微粒理论过渡到波动理论的过程对 19 世纪的文化产生了重要影响。对于光的研究不同于光学研究(18、19 世纪曾非常关注对后者的研究),但因为研究电、磁等物理现象而与物理领域相似;参看《观察者的技术:论十九世纪的视觉与现代性》,尼姆,雅克琳娜·尚邦出版社,1994 年,第 128—130 页(第一版,英文,1990 年)。

④ 参看洛伊·富勒:《我的生活和舞蹈》,以及《舞蹈写作》,巴黎,金眼睛出版社,2002 年,第 172 页(第一版,1913 年)。

⑤ 同上,第 178 页。

重要,但是仍局限于视觉感受的范围。视觉感受在19世纪的影响尤为重大。因为它,感受身体,更确切地说感受运动着的身体,因此将发生根本变化。

2

第六感觉的出现:运动觉

沃尔特·本雅明很长时间都在研究因现代化带来的视觉领域的繁荣发展如何帮助改变19世纪的视觉感受这一现象①。他将感知能力更多地放在支离破碎的,充满了运动、符号以及图像等不可控制之物的城市风景中。然而无论何种距离的观察都是徒劳,因为城里人随着环境的改变而性情变幻不定。最终,他们的精神状态都表现得变化无常。身体颤动、抵触是感观感受最主要的表达方式,个人几乎不可能完整了解自己的身体以及身体存在的环境。如果说无延续性是现代感受的普遍特征,那么它同时解释了行为方式的无延续性。

视网膜在人脑中形成的长久印象②开创了一条新的视觉感知方法。即使外界参照物已经消失,借助眼睛,人们能够继续感知颜色和图像。因此,我们可以断定身体具有重现某些现象的生理能力,虽然这些现象当时并不存在于物质世界中。视觉并非一个能够客观记录外界事物印象的系统,它具有很强的倾向性,和个体密切相关,因而必然带有主观性。逐渐地,视觉留在了人体的生理和不稳定的性情中③。对于实验科学来说,有感知的身体的运行因而变得非常有意义。当内心感受和外部符号的界限变得模糊时,运动所扮演的角色在感知建立的过程中会激发出更大的意义。

视觉逐渐给人一种"身体真实性的感觉,这需要持久的、力量和运动方面的主动活动"。④当视觉和运动给人密不可分的感觉时,将二者联系

---

① 特别是在著作《巴黎,19世纪的首都:过渡书》,巴黎,雄鹿出版社,1989年(第一版,1936年),以及《技术可复制性时代的艺术作品》(最近版,1939年),见《论艺术与摄影》,巴黎,卡雷出版社,1997年。

② 歌德是最早对此感兴趣的人之一,体现在他的作品《论色彩学》(1810年)中。关于视网膜在人脑中形成长久现象的论述,参看乔纳森·克拉里:《观察者的技术》,前揭,第105页以下。

③ 同上,第109页。

④ 同上,第112页。

起来的第三个术语就出现了。事实上,因感知而带来的身体摇摆并不是机械化的,它表达某种意图和愿望,是对世界的一种看法。一种情感因素会永远对感知活动进行过滤。正是这种情感因素解释了人的感觉的作用,使其增色不少,并且将它们组成一幅情感风景。[①]在19世纪,产生了一种新的意识,即由多种神经、器官以及情感节奏所激发的"身体内空间"的意识。1880年代末期在萨伯特医院时,查理-桑松·费雷曾担任让-马丁·沙尔科的助手。在心理-物理学领域进行的诸多实验中,查理-桑松·费雷的实验具有特殊意义。这位科学家非常关注"精神运动的诱导"现象,他发现所有的感知——从感觉的意识到情感——都会导致"运动卸载",这其中可能记录下在肌肉紧张方面以及呼吸、心血系统方面所产生的"兴奋"效应[②]。因此,感知和变幻不定是紧密联系在一起的。

瑞士教育家和音乐家埃米尔·雅克-达尔克罗兹认为,德国现代舞第一代最杰出的舞蹈家中会产生几个代表人物,他还认为运动的可能性源自于"精神散发物以及感观反应的持续交流"[③]。然而这并没有阐明运动感知的本质。当舞蹈演员尝试选择新的表达方式时,这个问题愈加凸显出来。是什么使运动的感觉及其构造清晰可见?换言之,这种"运动的内在感觉"是由什么构成的?1912年瓦西里·康丁斯基认为这个问题既是"未来舞蹈"要解决的问题同时也是它最终发展的方向。[④]雅克-达尔克罗兹得出了如下结论,"身体的运动是肌肉感觉的过程,被称为第六感觉的'肌肉的感觉'非常重视这一过程。"[⑤]根据雅克-达尔克罗兹的观点,感受

[①] 精神分析学的性冲动概念、现象学的意向性概念一直都是19世纪生理学家们探讨情感与运动的关系以及二者影响感知的方式时研究的问题。现代神经心理学认为,运动与感知不可分割;让·贝尔托兹认为,是运动引导感知并对感知进行组织。参看让-吕克·珀蒂:《神经系统科学与运动哲学》,巴黎,J.弗兰哲学书店,1997年。

[②] 查理-桑松·费雷是作品《情感与运动》、《心理运动经验研究》的作者,巴黎,阿尔康出版社,1887年。关于"心理动机诱导"其他经验的描述,参看阿尔诺·皮埃尔:《运动的音乐——抽象之初的运动感以及运动意象》,见《抽象的起源,1800—1914》,展览目录,巴黎,国家博物馆汇编,2003年,第96—97页。

[③] 埃米尔·雅克-达尔克罗兹:《节奏,音乐与教育》,巴黎,菲什巴谢、卢阿尔与西出版社;洛桑,若班与西出版社,1920年,第99页。该书收录了1898—1919年间该教育家写作的文章。埃米尔·雅克-达尔克罗兹是"优律思美"方法的创始人。

[④] 瓦西里·康丁斯基:《论艺术的精神》,N. 德布朗和B. 克勒斯特译成法文,巴黎,德诺埃尔出版社,1989年,第188页(第一版,1912年)。

[⑤] 埃米尔·雅克-达尔克罗兹:《节奏,音乐与教育》,前揭,第164页。

肌肉紧张的强度变化是可能的,这些变化在一定程度上是舞蹈家的调色板。然而解释依然不够充分。1906 年,神经心理学的创始人之一、英国人查理·斯柯特·谢灵顿,用一个词即"本体感受"概括所有的感知行为,因此有了今天我们称之为"运动的感觉"或"运动觉"的第六感觉。[1]运动感非常复杂,它同时涉及关节、肌肉、触觉和视觉等方面的因素,而所有这些因素通常被某种更加不明确的运动机能所改变,即调整深层生理节奏的(比如呼吸、血液流出等)神经植物系统的运动机能。正是在人体这片有意识或无意识的、变幻不定的土地上开启了 20 世纪初期舞蹈家的探险之旅。感觉与想象在此展开无尽的、优雅的交谈,激发出各种表演和诸多关于感觉的传奇故事,从而造就了一大批充满诗意的身体。

3

无意识的运动

在贯穿现、当代舞蹈史的各种主题当中,无意识运动的主题具有非常重要的意义。该主题的动机在世纪初已经形成,最后成为现代舞初期占主导地位的问题。在催眠能够为一种非常受重视的表演形式充当托词的时代,洛伊·富勒取得了巨大的成功,但是这一切并非偶然。在自传中,她提及,在1891 年她已经完成早期的面纱舞,饰演一名陷入催眠状态的女子,这是当时美国歌舞剧非常流行的主题。在同时代的欧洲,并不局限于实验室的精神分析法取得了重要的早期成果,催眠的试验带来了一次展示"神秘科学家"[2]的

---

[1] 参看阿兰·贝尔托兹:《运动的感觉》,巴黎,奥迪尔·雅各布出版社,1997 年,第 31—59 页。在作品《神经系统的相互作用》中,谢灵顿发展了"本体感受感觉"的观点,纽黑文,耶鲁大学出版社,1906 年。

[2] 例如,阿尔诺·皮埃尔对阿尔贝尔·德·罗沙上校在 1900 年的试验进行了说明。后者因为借助催眠方式,实行从音乐暗示到专业模式的试验而出名。舞蹈演员琳娜:"声波进入她的体内,让整个身体的肌肉和神经无意识地运动起来,进入神秘状态的身体实现了其在意识清醒时无法实现的超人类态度"(阿尔贝尔·德·罗沙:《情感,音乐与动作》,阿尔诺·皮埃尔引用《动作的音乐……》,前揭,第 98 页)。在精神病学方面,让-马丁·沙尔科在萨伯特工作期间潜心研究催眠状态下歇斯底里患者的身体表现。他对"流动的规律性"现象感兴趣并常将歇斯底里描绘成一种"持续的半梦游症"的状态。这种观点构成了皮埃尔·伽内、若瑟夫·布勒尔、西蒙·弗洛伊德等作品中新理论发展的出发点,参看亨利·F.埃朗贝热:《无意识的发现史》,巴黎,法亚尔出版社,1994 年,第 154、177 页。

浪潮。在这种背景下,身体因为表现出的无意识状态而变成了吸引人的场景。身体仿佛是无意识的、机械运动的显示,兼有精神和身体的特征。从一开始,现代舞就在寻找一种能够进入深处世界的入口。通过它,情感和身体的所有细微变化都被揭示出来。继洛伊·富勒之后,伊莎朵拉·邓肯的例子非常具有说服力。在自传中,她详细论述了1900年前后她的舞蹈的主要动力,"我梦想着能发现一种初始的运动,从这种运动中能够产生一系列其他的运动,这些运动仅仅只是初始运动的无意识反应,不夹杂我本人的任何意愿。"她继续写道,"几个小时内,我一直站着,一动不动,双手交叉置于胸前,与腹腔神经丛齐高……最后我找到了所有运动的中心原动力以及原动力力量的来源……从那里迸发出所有舞蹈创造的灵感。"①

伊莎朵拉·邓肯是最早放弃紧身褡的舞蹈家之一。她说,紧身褡"虽然很美,但会导致人体变形,致使女性身体的内脏器官移位以及相当一部分的肌肉衰竭",当然还包括呼吸衰竭。②舞蹈家重视身体的上半身,将它看成是内脏功能和情感共鸣的交融地。这让人联想到生理学家关于自控神经系统的最新发现,尤其是以协同作用的方式而运行的"内脏神经丛"的反射及存在问题③。美国早期几代现代舞演员都和伊莎朵拉·邓肯一样,继承了这样一个观点,即运动的情感、生理中心位于身体上半身,上半身是一切运动的出发点。1918年,最早教授现代舞的教师之一海伦·莫勒指出,"一切真实身体表达的发生中心位于心脏一带……所有源自于其他地方的运动从美学角度而言都是毫无意义的"。④非常明显,这位美国

---

① 伊莎朵拉·邓肯:《我的一生》,法文翻译版,让·阿拉里,巴黎,伽利玛出版社,1932年,第94、92页(第一版,英文,1927年)。

② 出自安·达利的作品《进入舞蹈:伊莎朵拉·邓肯在美国》,米德尔敦(康涅狄格州),卫斯理大学出版社,1995年,第31页。伊莎朵拉·邓肯是19世纪"服装改革"运动的积极先导者。大量医学证明穿着紧身褡会对女性造成身体以及精神上的伤害。关于服装改革的历史事件及其与美国舞蹈的关系,参看海伦·托马斯:《舞蹈、现代性与文化:舞蹈社会学研究》,伦敦和纽约,劳特利奇出版社,1995年。

③ 参看查理·斯科特·谢灵顿:《神经系统的相互作用》,前揭。并参看理查德·E.塔尔波特:《Ferrier,协同作用概念以及关于姿势和运动的研究》,见理查德·E.塔尔波特和唐纳德·R.亨弗莱主编:《姿势与运动》,纽约,莱文出版社,1977年,第1—12页。

④ 希利尔·舒瓦兹引用:《扭矩:20世纪新运动觉》,见乔纳森·克拉里和桑福德·克万特主编:《混合,第六区》,坎布里奇(马萨诸塞州),麻省理工学院出版社,1992年,第73页。

舞蹈老师针对的是传统舞蹈,表达出她对外围运动,即某种程度上能在空中勾勒出各种姿势的四肢的偏爱。[1]上半身被认为是"原动力的来源",然而现代舞的方法及创作均发生了很大变化。从 1930 年代以来,玛莎·葛莱姆认为骨盆才是原动力的来源。实际上,它是"重心",是大部分身体部位的运动点,是因为运动而产生的身体输送的运动点。在这位编舞家看来,上半身仍然是非常重要的身体部位,"在这里,情感变得清晰可见,因为身体动作结合了力学和化学的作用,如心脏、肺、胃、内脏以及脊柱。"[2]从严格意义上讲,运动只不过是对内部运动机能的一种推断(部分地是指反射),感觉这种运动机能并与之相连。

自现代舞出现以来,聆听生理节奏就扮演着非常重要的角色。安静、不动是关注"人类嘈杂声"的首要条件。德国现代舞创始人玛丽·维格曼呼吁大家,"请聆听我们心脏的跳动声,我们血液的窃窃私语"。[3]她还指出,至于呼吸,"它需要肌肉和关节的作用"。因而,舞蹈演员的运动幅度和速度是"在不同时刻表现出不同强度和张力、动态的呼吸力量的结果"。[4]吸气与呼气的相互交替为舞蹈演员提供了调整紧张与放松的模式,这在整个 20 世纪出现了多种演绎和发展形式。这种模式还开启了人们认识柔顺的身体内空间的大门,包括容量测定和定向分析。通过呼吸,身体不断扩张和收缩,四肢得到伸展和紧缩。因为呼吸,内部空间和外部空间形成一种连贯的、延续的关系。呼吸主导着一切身体。身体的波动、扭动都是呼吸运动的反射。伊莎朵拉·邓肯的"无意识舞蹈"向往自控的身体起伏。她在 1905 年写道,"所有的能量都是通过这种波动起伏表现出来的。所有自然而自由的运动似乎都遵循这个规律。"[5]她推断道,"我

---

[1] 这是现代舞演员对传统舞蹈的发难。在舞步的编导、手臂的运动方面,传统舞蹈更加注重四肢的运动(部分地看)而非人的上半身(整体来看)。因而传统舞蹈多是单线条的形式,或者说书法形式,而现代舞则将身体的运动置于第一的位置,超越了所有形式。

[2] 阿涅斯·德米尔引用:《玛莎·葛莱姆的生活和事业》,纽约,1991 年,第 72 页。参看艾丽丝·赫尔彭:《玛莎·葛莱姆的技巧》,纽约,摩根与摩根出版社,1994 年,第 24—25 页。

[3] 玛丽·维格曼:《语言与舞蹈》,法文翻译版,雅克琳娜·罗宾森,巴黎,希隆出版社,1990 年,第 17 页(第一版,1963 年)。

[4] 同上,第 16 页。详细分析论述玛丽·维格曼的舞蹈及其技巧,参看伊沙贝尔·劳内:《寻找现代舞:鲁道夫·拉班-玛丽·维格曼》,巴黎,希隆出版社,1996 年。

[5] 伊莎朵拉·邓肯:《舞蹈与自然》,载《未来之舞》,法文翻译版,索尼雅·斯科纳让,布鲁塞尔,联合出版社,2003 年,第 64 页。

发现波浪的规律适合所有的事物。那些被风肆虐的树,不就表现出波浪般的线条吗?……此外,声音、光的蔓延不也如同波浪吗?……还有飞翔的鸟儿……蹦跳的动物。"①

4

生者的延续

激发对生理脉搏的感知会让我们意识到运动的延续。如果没有任何的阻挡物,身体的隐秘变化及其在空间的投射遵循"蔓延-反作用蔓延"的原则。完全不动根本不存在,只存在能量的减退或是变得非常细微。自19世纪以来,为了更细致地甚至是在运动不存在的情形下感知这种隐蔽的能量,热纳维耶芙·斯泰宾斯进行了练习调整。这位美国人集戏剧、舞蹈和治疗三者于一体,发明了一种名为"心理-物理学文化"的方法。这种方法在舞蹈以及戏剧领域产生了重要影响。②斯泰宾斯理论最重要的一个观点是,在运动最初抓住表演的重点。对此,她进行了放松实验,实验以复杂的呼吸艺术为基础,并间接地综合了瑜珈、气功的某些特点。③1902年她写道,"真正的放松是指身体摆脱地心引力的作用,精神摆脱自然的作用,以及在活跃、深度的呼吸过程中释放所有能量"。静止并非指

---

① 伊莎朵拉·邓肯:《舞蹈与自然》,载《未来之舞》,法文翻译版,索尼雅·斯科纳让,布鲁塞尔,联合出版社,2003年,第64页。

② 源自法国歌唱家弗朗索瓦·德萨特在美国时的理论,在表达实践方面,热纳维耶芙·斯泰宾斯的方法是最早一批从精神身体"反馈"观点中得到结论的方法之一。动作与情感之间的可传递性观点对于20世纪演员训练改革至关重要。参看《舞台运动的基础——德萨特,拉班,梅耶荷德,瓦赫坦戈夫,塔伊洛夫,葛罗托斯基,巴尔巴,la C. N. V.》,1991年4月5、6,7三日于桑特举行的研讨会论文集,拉罗谢尔和桑特,世纪喧器和波利希内尔出版社,1993年。

③ 热纳维耶芙·斯泰宾斯通过"瑞典体操"将气功引入到她的方法中,她本人对此非常感兴趣。此套身体训练系统的创始人是瑞典人佩·亨利克·林格。19世纪初期,他受到18世纪法国耶稣会士让·阿米约作品中关于气功医疗作用方面的影响,即控制"气"、能量或生命气流的中国艺术的影响。参看让-玛丽·普拉迪耶:《舞台以及身体的设计,西方真人表演的舞台装置术(公元前5世纪—18世纪)》,波尔多,波尔多大学出版社,1997年,第320页。或多或少具有直接影响的东方体能疗法对现、当代舞蹈流派以及技术都起着非常重要的作用。热纳维耶芙·斯泰宾斯本人对运动学以及在欧洲和美国被称之为"体部训练"的方法起到了决定性的作用。

"生命能量的缺失"，而是指"惊人的储存能力"。①运动的效果以及运动所具有的表达任务都在这种潜伏中找到来源。动作的情感色彩、身体在空间的施展幅度，都在此激发出来。20世纪戏剧和舞蹈的长足发展为人们意识到这种无形的表达组织奠定了基础。②

热纳维耶芙·斯泰宾斯认为，能量能够带来无止境的调整。从1890年开始，她通过"分解练习"引导对调整的感知。根据一项比伊莎朵拉·邓肯的波浪主题还早的"延续原则"，缓慢的蔓延过程因为运动觉的敏锐而变得清晰，身体每个部位的运动会带动下一个部位的运动。脊柱是整个运动蔓延的轴线和传动带。因此关于背部的研究非常关键。1914年特德·肖恩同他的妻子露丝·圣·德尼斯共同创办了美国第一家现代舞学校。在特德·肖恩看来，"目的就是为了使每一根椎骨单独地或是有意识地运动起来，使脊柱从所有可能阻挡完美延续运动的僵硬状态中摆脱出来"。③如果背部运动给人缓慢、自制的感觉，它同样也是一种快速穿越和产生突发冲劲的方式。此时，脊柱充当着发条的角色。以奇妙的跳跃而出名的瓦斯拉夫·尼金斯基，他不是承认他是"用背部跳跃"的吗？

螺旋舞蹈是连续运动中获得最大成功的表现手法之一，同时也是20世纪被广泛研究的舞蹈之一。运动是一个连续的整体，是生命力的象征，这些在螺旋舞蹈中完全被表现出来。在真正意义上的现代舞产生之前，斯泰宾斯编排过多种伏落和螺旋形伸延的舞蹈。在她看来，这些舞蹈融入了东方某些圣舞的精神性④。露丝·圣·德尼斯的旋转独舞就具有这样的风格。1906年在柏林，这位美国舞蹈演员迷住了诗人雨果·冯·霍夫曼斯塔尔，后者称赞道，"她舞蹈中的连步令人陶醉，而且每一个单独的

---

① 热纳维耶芙·斯泰宾斯：《德萨特表达系统》，纽约，艾德加·S. 沃纳出版社，1902年，第401和407页。同时参看《运动呼吸与和谐体操》，纽约，艾德加·S. 沃纳出版社，1893年。

② 这种概念在戏剧领域表现得非常清晰，比如在尤金尼奥·巴尔巴的作品中使用了"预先表达性"一词。参看尤金尼奥·巴尔巴：《记忆造就的护身符：演员戏剧评论训练的意义》，见帕特里克·珀赞：《戏剧演员训练书本》，索桑，此时出版社，1999年。在舞蹈领域，于贝尔·戈达尔提出了"预先运动"的观点。参看，例如，"手势与感觉"，见马歇尔·米歇尔和伊沙贝尔·吉诺主编：《20世纪的舞蹈》，巴黎，波尔达斯出版社，1995年。

③ 特德·肖恩：《每个细微的运动：关于弗朗索瓦·德萨特的书》，纽约，舞蹈世界出版社，1963年（第一版，1954年）。

④ 参看南希·李·夏法·里泰：《19世纪美国德萨特主义身体及精神修养》，威斯波特和伦敦，格林伍德出版社，1999年，第105和108页。

动作不会让人感觉这仅仅只是一个姿势而已"。①自1930年以来，多里斯·亨弗雷认为螺旋式运动具有某种暗喻性。舞蹈演员精细的技巧建立在一种介于失去与重新获得之间的持续的平衡游戏之上。认同伏落、抛开地球引力对人体的影响被认为是弹跳和飞翔的条件。多里斯·亨弗雷的舞蹈充满了上升和下降的盘旋姿势。在她看来，这种运动其实是生命的运动。她写道，"在两种死的状态之间，舞蹈形成一个弓状物"，舞蹈仿佛不断重新开始的旅行。因为旅行，人类可以逃离死尸般的水平不动，也可以逃离纤细、竖立身体般的垂直不动。②

如果说螺旋式和人生有些相似，那是因为它因变化而存在。它不断地改变着运动的极性和幅度。中心和外围，上升与下降，前和后都永不间断地连接起来。总之，螺旋状是生命机体和组织的基本组织原则，比如人体内的肌肉纤维就是这样构成的。在1970年代，崔沙·布朗的舞蹈具有明显的旋动特点。身体物质的不透明似乎并不妨碍循环的动力流，这种循环围绕着多种主、次中心线展开，伴随着消失、突然转向、轻微抖动以及盘绕等运动。这位美国编舞者的作品对此类型运动的探讨开创了一种循环，即艺术评论家、作家克劳斯·克铁斯所说的"不稳定分子结构"的循环理论。这一称呼参照了用以描述悬浮液体或气体中的微粒延续而不规则运动的"布朗运动"③。从邓肯的波浪观到布朗分子的结构观，仅此两例足以说明在整个20世纪舞蹈史上，自然主义的暗喻不仅经常出现而且非常有影响。

1990年代，加拿大人玛丽·书娜对身体运动的某些方面提出了新的看法。这位编舞家关注的运动即脊柱的起伏运动。她说在水中，她发现了自己的舞蹈。因为脊柱的晃动，浸入水中的身体仿佛再次体验到处于母体子宫中的感觉。人体在羊水中失重，伴随着脑脊液缓慢的起伏节奏，脊柱开始"呼吸"，摆动。④然而这种摆动包含其他涵义，与爬行动物的运动有些相似。

---

① 雨果·冯·霍夫曼斯塔尔：《无与伦比的舞蹈家》，文章出自《时间》，1906年。法文翻译苏珊·维尔兹，发表于《Io，精神分析国际杂志》，第5期，1994年，第13—17页。

② 参看多里斯·亨弗莱：《舞蹈创作的艺术》，纽约，格罗夫·韦因德菲尔德出版社，1959年，第106页。

③ 源自于英国植物学家罗伯特·布朗(1773—1859)，他是第一个发现此现象的人。

④ 某些骨疾病理论称这种运动为"原始呼吸"，出现于子宫内生存第三个月。"所有其他节奏／运动都建立在这个基础生理节奏之上。"参看奥迪尔·鲁凯：《从头至脚》，巴黎，运动研究出版社，1991年，第15、90页。

玛丽·书娜编排的许多舞蹈都会让人想起无处不在的动物。她深受邦尼·班布里奇·柯珩①理论的影响，并认为个体发育重述了系统发育的要点。人类的发展过程概述了所有物种的演变阶段，从单细胞生物，中间经过鱼、两栖动物以及爬行动物，直到最后的哺乳动物。每一个特别的神经运动形式的成熟都对应着一个阶段，所有这些形式如同儿童生命第一个阶段的终结，即过渡到站立的过程。书娜的舞蹈试图解开"动力回忆"之线。因此，当玛丽·书娜看似要蜷缩四肢并从腹部将它们投射出去的时候，她回到了胚胎生活，更准确的说是子宫内生活，那里胎儿的所有运动都是围绕着脐带而展开。在动物世界，海星非常具有代表性。然而，玛丽·书娜并不想否认系统发育的演变过程，也不想孤立地看待属于每个阶段的、假设的运动动机。通过转移运动动机并将运动动机连接起来，通过使运动动机变成一种具有使身体变形、混合各种想象特质的物质，通过触摸自己身体微弱的脉搏，舞蹈演员最终获得了不同的节奏和不同的身体状态。

5

身体的回忆

对于鲁道夫·拉班而言，1910 年代中期的舞蹈演员、演员以及哑剧演员的首要任务是如何发展"感知能力"②。这非常重要，因为这不仅仅与"身体的生命机能"③相关。敏锐的感知能力应当将舞蹈者同现代生活的节奏及其周围环境连接起来。从电梯到游乐场高低起伏的滑车道的出现，从电影到留声机的产生，工业社会的技术激发了以前从未有过的感知经历。④时空的断裂、颠动、加速度导致了新的运动调整和行为方式。鲁道夫·拉班认为，具有快速、突然等固有特征的现代生活暗含某种危险：

---

① 邦尼·班布里奇·柯珩是"身心技法"的创始人。见《感觉，感受，行动：身心技法的经验解析》，法文翻译版，马迪·布孔，布鲁塞尔，对舞出版社，2002 年（第一版，英文，1993 年）。作品汇集了邦尼·班布里奇·柯珩在 1980—1992 年之间撰写的一系列文章。

② 伊沙贝尔·劳内：《寻找现代舞：鲁道夫·拉班-玛丽·维格曼》，前揭，第 86 页。她从罗夫·铁德曼借用了该词。

③ 鲁道夫·拉班，伊沙贝尔·劳内引用，同上，第 91 页。

④ 参看希利尔·舒瓦兹：《扭矩：20 世纪新运动觉》，前揭。

它会磨灭人的记忆,阻碍人们对积淀过程的体验。因此出现了感觉与情感的贫乏,处理日益复杂的外界关系的能力减弱。

　　拉班认为现代人的身体仿佛是隐迹纸本①。肉体的所有演变都已被编码,通过记忆和振动的方式被人感知。拉班的观点中融合了进化理论②和秘传学说。因为振动这一主题,拉班的观点与神智学的观点显得更加接近,而后者认为"振动是所有肉体形式的缔造者"。③拉班认为,运动的本质是振动,是唤醒"无意识记忆"最重要的途径。运动将舞蹈者、演员、哑剧演员同缤纷多样的现象联系起来。这位奥匈理论家所倡导的即兴表演艺术对德国、美国现代舞的发展有着至关重要的影响。拉班是即兴表演方式的发明者,这种方法使遗忘(知识,自动性……)变成所有回忆和创造必不可少的条件。其方法即通过打破人体的常规体型和姿态,激发一种东方技术力求达到的、与调整后的意识状态相似的易感性状态。拉班还认为,禅宗弓箭手或能乐戏剧演员都是即兴表演者,他们营造出的"存在—消失"状态使他们易于感知起伏的细腻情感,并用整个身体随时做出回应。最后,即兴表演走向混乱的本体感受,模糊的运动感觉状态,所有标记消失不见,沉睡的运动状态被激活。1960年初期,对美国后现代舞蹈产生非常重要影响的安娜·哈普林的即兴表演表现出相似的目的。拉班所希望的记忆与个人的回忆没有任何关联。他认为如果即兴表演可以"让动物跳动起来,感知神秘的植物平衡以及正在形成的晶体所发生的不易察觉的运动"④,那么它同样能够将舞蹈者与以前舞蹈者的身体语言知识联系起来。拉班将所有的物体视为"身体回忆的浓缩"⑤。每个物体不仅保留印记,同时还保留

---

①　[译注]隐迹纸本(palimpseste),指擦去旧字写上新字的羊皮纸稿本,但可用化学方法使原迹复现。

②　达尔文主义对19世纪以及以后的舞蹈者及演员产生着非常重要的影响。这种影响在热纳维耶芙·斯泰宾斯的作品中非常明显。深受人道主义演说家罗伯特·格林·英格索尔(他是查理·达尔文在美国坚定的支持者)"不信神哲学"影响下的伊莎朵拉·邓肯也非常信仰达尔文主义。自然主义者恩斯特·海克尔的一元论理论支持达尔文的理论,不仅影响了邓肯,而且对"阿斯科那"运动的"领导者们"产生了决定性影响。在瑞士阿斯科那的真理之山地区,拉班于1913年创立了一所探究各种形式运动的学校。

③　振动问题的重要性及其令人难以理解的回应,参看安日·巴克斯曼:《运动,德国现代集体想象中的空间及节奏》,见克莱尔·鲁齐耶主编:《在一起:20世纪以来舞蹈中的群体形象》,庞坦,法国国家舞蹈中心,2003年,第129—130页。

④　伊沙贝尔·劳内:《寻找现代舞:鲁道夫·拉班-玛丽·维格曼》,前揭,第157页。

⑤　同上,第90页。

了形成这种印记的运动动作频率。他认为,在物质成形的时候学会感受并表达被隐藏的运动是所有舞蹈者的使命。借用里尔克谈论诗歌时的表达,舞蹈同样处于"形式和强大想象力量的会合点"。

这种观点表现出浪漫秘传学说的某些特点,同时与拉班当代感知心理学的某些观点非常相似。关于身体回忆的问题事实上在此已经得到了讨论。1912年,当拉班正潜心于研究时,泰奥迪尔·里博对此提出了一些假设。他认为,"运动现象比其他现象更倾向于整体化和固化"。因此,"使意识状态、感知状态以及情感状态存在的,正是它们运动感觉的比例,它们运动的表现"。他还指出,意识状态"只有通过运动条件的影响,也就是基质的影响才能存在"[1]。因此,拉班所寻找的无意识回忆既是运动的也是精神的。通过对动作以及节奏的提炼,舞蹈者必然会重新找到丢失的意识状态。物质状态、身体状态以及意识状态只会形成同一个独一无二的组织。

拉班最主要的直觉强调了身体回忆问题及其与引力规律之关系的问题。实际上是因为舞蹈者转移了身体,他才能与记忆建立某种特殊的关系,而舞蹈的基本定义不正是在时空中转移身体重量吗?自1920年开始,拉班将其运动理念的中心定义为"身体重量和身体迁移"的问题。每个人处理重量的方式,即每个人站立的姿势以及适应地心引力的方式非常不同。这种方式既依赖机械应力,还与个人的心理经历、个人所处的时代和文化背景相关。根据拉班的观点,这种复杂的应对垂直的方式,即应对地心引力的方式取决于"(有意识或无意识的)内心态度",而这种态度决定了运动过程中运动的质量。[2]对身体重量的调节不仅决定了运动的节奏,还有运动的风格[3];

---

① 阿尔诺·皮埃尔:《运动的音乐——抽象之初的运动感以及运动意象》,前揭,第88、100页。泰奥迪尔·里博的引言出自于文章《运动与无意识活动》,载《哲学杂志》,第76卷,1912年7—12月,再版,巴黎,卡里斯克里普特出版社,1991年,第19、41页。

② 最初被称为"eukinétique",1940年来,拉班以"effort"一词构思了此种运动动力的处理方式。这种概念构成了"effort-shape"理论的基础。自1950年代以来,通过拉班在英国、美国的子弟们得到发扬。

③ 为此,拉班能在作品中对多种舞蹈进行对比,"东方颓废的[……]舞蹈,西班牙热情的[……]舞蹈,盎格鲁-萨克逊圆形舞蹈"。他从中了解到许多"经过精心挑选训练后的力效表演,直到最后成为一些特殊群体的精神表现"。因此对于拉班而言,对体重的态度是一种人类学分析的标准,同时也是一种创造的材料。参看鲁道夫·拉班:《运动的控制》,法文翻译版,雅克琳娜·夏莱-阿斯和玛丽昂·巴斯蒂昂,阿尔勒,南方文献出版社,1994年,第40页(第一版,英文,1950年)。

最终，这种调节会自童年开始赋予每个人一种"身体标记"，即关于其运动姿势的表现方式。一种文化的物质表现形式比如建筑、物件以及因文化推动而产生的工艺都反映出重量的选择。与此同时，重量的选择也是对反映时代特征的身体的表现。

舞蹈与身体重量密切相关，因此舞蹈对过去身体状态而言是一种非常重要的活化剂，它能带动基本的回忆。今天我们已经知道，回忆不仅存在于"神经系统周围，同时还存在于使身体产生紧张的塑形组织"。① 筋膜，即发展和连接身体所有其他结构（肌肉、器官等）的结缔组织，在意识之外"创造着回忆"。筋膜很可能完全是偶然形成的，而这种偶然性在每个人通向直立状态的过程中都会遇到。筋膜成为直立过程的身体记录，形成了个体各不相同的姿势。②在1940年代，亨利·瓦隆从心理学的角度分析并指出婴儿同周围亲近的人第一次交流会发生肌肉收缩，也称为紧张肌。③到1960年代，这种理论演变成了"紧张对话"④概念。从一开始，蜷缩、放松的关系语言就带有感情色彩。由于肌肉组织的发展，逐渐达到直立的过程同个人的心理历程，个人同他者的关系永远地联系在一起。如果情感状态没有变化，身体的紧张度也不会改变，反之亦如此。紧张肌可以预见所有运动、重量转移的可能性，然而结缔组织对整个人体结构起协调作用。

不仅仅是重量、情感以及运动彼此相互交融，最细微的运动也能将个体带入到整体的运动状态之中去。问题在于人体纤维在多大程度上受到重量的影响。鲁道夫·拉班并不满足于幻想某种同时具有发散性和统一性的记忆物质状态的方式。同时他还发现了使个体发生深刻变化的工具。舞蹈者沉浸于身体物质，用身体积极记录下他的想象，事实上他的感

① 参看于贝尔·戈达尔：《创造者的失衡》（对洛朗斯·鲁普的访谈），《艺术杂志》，增刊，第13期，《20年，历史在继续》，1993年，第140页。

② 参看 R. 路易·舒尔茨、罗斯玛丽·费蒂：《无尽的网络：筋膜解析与身体现实》，伯克利，北大西洋书局，1996年。连接组织的概念自1930年末期因伊达·罗夫而发展起来，他是"罗夫"身体疗法的创始人，该疗法建立在筋膜具有可塑性以及筋膜是人体结构基础的理念之上。

③ 亨利·瓦隆：《儿童性格的起源》，巴黎，法国大学出版社，1970年（第一版，1945年）。紧张肌是位于脊柱旁、管理姿势的肌肉。它们的动作本质上属于反射动作。

④ 特别因为神经精神科医生朱利昂·德·阿朱里古尔热而得到发展。参看米歇尔·贝尔纳：《身体》，巴黎，瑟伊出版社，1995年，第54—71页。

知态度最后也发生了改变。对于拉班而言,舞蹈不是一种普通的表达形式。当"运动"和"情感"二者不可剥离时,"运动"怎么能够表达"情感"?舞蹈不表达任何内心心理活动。用拉班的话说,舞蹈本质上是一首"运动诗歌"[1],通过它,人类不断地创造着自己的身体。

6

"想象是创造运动的唯一界限"(摩斯·康宁汉)

摩斯·康宁汉相信,从本质上而言所有的感知媒体都具有可塑性。感知媒体所表现出的常规趋势在他看来也是不容置疑的。常年以来,美国舞蹈者被一种"自动性"潮流为主要特征的文化氛围所影响。对无意识行为所作的研究在世纪初具有摆脱束缚的特征,但到 1940 年代变成了为无意识神话服务的老生常谈[2]。这样,摩斯·康宁汉和他的合作伙伴作曲家约翰·凯奇不仅觉察到超现实主义的自动写作和绘画,同时还觉察出绘画在抽象表现中的延伸。凯奇和康宁汉认为,如果"本性"甚至是无意识都受到文化上的种种限制,沉浸于"直觉偏好"的个人不可能有所创新。摩斯·康宁汉认为,运动的可能性受到的限制更多来自于某个时期和特定背景下人们的想象力,即身体"自然性"的精神体现,而不是真正的解剖学意义上的限制。因此康宁汉得出结论,运动首先与感知有关:为了发现未知的运动可能性,先要颠覆感知世界。

鲁道夫·拉班以及在他之后的德国现代舞演员通过对运动觉进行狂热的研究,最后达到颠覆感知世界的目的[3]。而康宁汉却选择了一个完全不同的方式,即借助于偶然操作。在他之前,超现实主义艺术家已经用过这种方式,但是他丝毫没有沿袭超现实主义有关揭示主体无意识欲望

---

① 伊沙贝尔·劳内引用:《寻找现代舞:鲁道夫·拉班-玛丽·维格曼》,前揭,第 114 页。

② 摩斯·康宁汉的早期职业舞蹈演员生涯开始于编舞家玛莎·葛莱姆,他深受卡尔·居斯塔夫·荣格集体无意识理论的影响。众多美国艺术家都受到荣格或弗洛伊德理论以及超现实主义者的影响。

③ 即兴表演于 1930 年初经玛丽·维格曼的学生汉雅·霍尔姆——德国舞蹈演员及编舞师——传入美国。

的"客观偶然"理论。对康宁汉而言,实施偶然操作是因偶然操作的普遍性特征的需要而产生的一种接替性的工具。康宁汉用抽签的方式来破坏"身体协调运动的直觉方法"①。他在某种程度上对"身体标记"的说法提出了质疑,他试图使运动的产生偏离这样一种倾向,即人体总是依据相同的无意识选择而产生运动的倾向。当代神经系统科学证实了康宁汉的这一直觉。"在不计其数的、与人体几何特征相符的理论方式中",中央神经系统"只借助于其中数量极少的一部分运动方式"。为了达到某个既定的运动效果,个体挑选一个"特殊的运动单元组合……完全独特的运动单元组合"。最常用的组合总是固定的,神经系统努力"降低自由度的次数,这有助于简化它对复杂结构的控制"。②康宁汉精确地展示了紊乱感知系统的偶然游戏,即促使神经系统从潜在的"自由度"中吸取力量,最终实现这些未知的动力可能性。训练的要求非常严格。1953 年康宁汉在编排一支独舞时,通过掷骰子的方式来确定事先构思好的、身体各个部位的一连串运动的顺序,比如头、胸腔、手臂、腿、脚等。偶然性带来的非连贯性和复杂性如此难以把握,以至于一支时间仅为几分钟的独舞花费了他好几个星期才完成。在这次试验之后,康宁汉说道,"神经协调系统的调整工作已经完成"③。难以想象的动力连接以及动力过渡变得可行起来。

在舞蹈设计的过程中,康宁汉投身于体验一种真实的如苦行般的感觉④,尽力捕捉自己的感受以激发身体结构中以及身体运动的可能性中从未被发掘的方面。身体运动的可能性有可能是无穷的,因为神经系统处于一种不断重新改变的状态。艺术家一直坚持认为舞蹈在培养"身体韧性的同时还培养了精神上的韧性"⑤。自 1991 年以来,康宁汉用三维运动模拟信息软件编排舞蹈,唯一的结果是增加了可实现变量的复杂性。

---

① 摩斯·康宁汉:《设法创新:从生命形态到角色动画系统》,对安妮·叙凯的访谈,《舞蹈新闻》,第 40—41 期,1999 年秋冬,第 108 页。

② 弗朗西丝·G.莱斯蒂安和维克多·S.加尔芬克尔:《关于内心复现表象概念的思考》,见让-吕克·珀蒂主编:《神经系统科学与运动哲学》,前揭,第 182 页。

③ 参看《舞蹈家与舞蹈》,摩斯·康宁汉与雅克琳娜·莱斯夏弗之间的访谈,巴黎,贝尔丰出版社,1980 年,第 83 页。

④ "ascèse"从词源上讲,源于希腊动词"askein",即"训练、锻炼"之意。

⑤ 摩斯·康宁汉和卡罗琳·布朗引用,见詹姆斯·克洛斯蒂主编:《摩斯·康宁汉》,纽约,迪通出版社,1975 年,第 22 页。

然而康宁汉发现,许多连步在 10 年前可能是非常难克服的困难,但在今天却很容易就被舞蹈者接受了。因此更让人信服的是"运动的可能性是无止境的[1]"。康宁汉复杂的舞蹈给人指数曲线般的感觉,这种复杂性同时也是由精确的本体感受的选择凝结而成的,因此具有诗歌般的严密一致性。尽管舞蹈构成非常复杂,但无处不在的垂直状态以及关节感受的主导作用[2]最后共同形成一个非常清晰的印象。康宁汉的舞蹈既不赞同重量理论,同时和身体情感也丝毫没有关联。精心雕琢、闪闪发光的康宁汉的身体是一座感觉的大厦,力量的线条投向空间,使空间变得紧张,远远超越了身体。

7

舞蹈如同"重量对话"

康宁汉舞蹈中的舞者总是控制着自己运动的重心,因此在力量方面给人自控、自给自足的感觉。1960 年代初期,史蒂夫·帕克斯顿曾是康宁汉阵营的一员,10 年之后他反对将这种"力量自治"推向极端,并开创了一种新形式的舞蹈,这种舞蹈建立在舞蹈者之间力量的相互交换基础之上,即"重量分享"的舞蹈。这种舞蹈被称为"接触即兴"[3]或"舞蹈接触",史蒂夫·帕克斯顿称它为"感知的形式",并将触觉置于最中心的位置。在传统的五大感觉中,触觉是唯一具有内在相互性的感觉,因为如果不被接触我们就不可能接触他人。"舞蹈接触"的产生至少需要两人参与,但参与者的数量并不受限制。不仅仅是手,身体所有部位都可以接触搭档,身体被调动起来后既可以放弃自己的重量也可以接纳来自他人的力量。这就如同"重量对话"一样,"因为接触……产生了一种互动,这种

---

[1] 见大卫·沃恩:《摩斯·康宁汉:半个世纪的舞蹈》,巴黎,普吕姆出版社,1997 年,第 60 页。

[2] 脊柱是摩斯·康宁汉舞蹈的中心。参看摩斯·康宁汉:《舞蹈的技术功能》(1951 年),见大卫·沃恩:《摩斯·康宁汉:半个世纪的舞蹈》,前揭,第 60 页以下(引用部分)。

[3] [译注]接触即兴(contact improvisation),又称舞蹈接触(danse contact),是最著名、最具特点的后现代舞蹈之一。1970 年代从美国发展起来,重要代表人物有史蒂夫·帕克斯顿(Steve Paxton)、南希·斯达克·史密斯(Nancy Stark Smith)。

互动能引导二者共同即兴表演,仿佛交谈一样"①。压力以及推动力的变化源自于运动的整体交流,反过来这种变化会改变运动的节奏、重点和力度。最后的形式产生于动作本身,因而复杂、短暂,不可事先策划。于是产生了帕克斯顿所说的"瞬间创作"。接触舞蹈者处于一种少有的重力紊乱状态,因此必须找到新的适应方式。

认同失去平衡、伏落是这种舞蹈的基础。运动的重心一直不断变化,舞蹈者不断地对空间作出调整,而垂直不过是瞬间的状态。在这种快速改变方位的情形下,醒觉意识的控制产生了,即反射行为出现了。对于舞蹈接触,帕克斯顿的志向之一就是改变这种与生存机构相关联的反射功能。把握好伏落——学会不蜷缩身体而舒展身体,接收冲击并横向地分配冲击的影响——是舞蹈接触最基本的动作。②如果我们能够"训练意识并且使意识在反射出现的关键时刻保持开放性"③,换句话说,帕克斯顿认为,如果我们可以做到将反射与害怕分离开来,这时个人的行为因为未知的可能性得到了改变,而且变得丰富起来。当新的事物出现时,意识学会做一个"安静的见证者",而不是阻拦者。因此学习的能力无限增加。舞蹈接触在意识和非意识的结构层次中寻找着新的结合和传递方式,这决定了新的运动的产生。

在前面的论述中我们已经讨论过重量转移的话题,因为重力肌肉的反射运动对应着情感状态的改变,反之亦然。所以重量转移与个人的情感密切相关。因此,主张舞蹈接触并非毫无意义。相对而言,这体现出一种既具有丰富想象力的观点,同时也是一种政治性观点。接触有理由成为"具有革命性的感觉"④。舞蹈接触的成长年代正值美国反对正统文化的鼎盛时期。如同 1960—1970 年代其他美国舞蹈表现形式,舞蹈接触是民主愿望的产物。⑤触觉,这种最原始的但不被文化看重的感觉⑥,在舞蹈

①　史蒂夫·帕克斯顿,引用于《运动》,第 2 期,1998 年秋,第 31 页。
②　帕克斯顿所有关于伏落的作品开始于舞蹈接触的探索,其灵感源于合气道的练习。
③　史蒂夫·帕克斯顿:《内部技术提纲》,载《舞蹈新闻》,第 38—39 期,1999 年春夏,第 108 页。
④　参看卡伦·尼尔森:《触觉变革:创造舞蹈》,载《舞蹈新闻》,前揭,第 123 页。
⑤　这在西蒙·福蒂、依冯娜·瑞娜、崔沙·布朗的作品中以及在纽约整个朱德森教堂时代都表现得非常明显。
⑥　最早在胎儿发育成熟阶段触摸器官开始发育。出生之时,触觉是最早被激活的感觉之一。史蒂夫·帕克森关于触觉重要性以及触觉文化角色的思考很大程度上得益于 1971 年出版的阿斯列·蒙塔古的作品:《触摸:人类皮肤的作用》,纽约,哥伦比亚大学出版社。

接触中变成了一种工具,这种工具能够"重新分配人与人之间所存在的社会和空间距离"①。当然这种再分配是平等的,因为舞蹈接触暗含持续的角色交换,每一个搭档都会轮流起到支撑或是被支撑的功能。正如接触舞蹈演员卡伦·尼尔森所言,肌肉骨架开始放松,甚至身体组织也变得柔软,人们学着如何接纳与被接纳。②舞蹈接触中的身体体现出对人类或是事物支配权的放弃,这种态度是部分当代舞的象征。③

如果说舞蹈接触非常强烈地反映出 1960 年代极端自由主义的乌托邦,那是因为舞蹈接触体现出了真正的身体经验转换。舞蹈接触是 20 世纪最深入的、重新发展感知世界的舞蹈形式之一。在舞蹈接触中,最重要的身体器官是皮肤,它表现出极端的敏感性,但丝毫不肤浅。分散在人体皮肤中的各种触觉传感器不仅向大脑传达重量、身体、压力以及用力的状态,如果需要,它们还能起到替代视觉功能的作用。④当视觉参照太过散乱且变化太快,不能作为标记使用时,在舞蹈接触过程中就会发生这种替代现象。从本质上来说,是"重量的接触"所激发的触觉信息引导着接触舞蹈者的运动。在本世纪,没有一种舞蹈能彻底地驳回视觉所具有的文化优先权。唯有视觉才是最根本的,它能够记录下任何一种运动形式。舞蹈接触扩大了视觉形式的范围。正如接触舞蹈者所言,这种扩大带来了一种"球形"空间的感觉。⑤比运动觉信息更快的听觉信息⑥成为新的重点。在交流中,听觉信息通常起到推进接触即兴表演的作用,是敏锐的时

---

① 卡伦·尼尔森:《触觉变革:创造舞蹈》,前揭。

② 同上。

③ 对此观点的详细分析,参看洛朗斯·鲁普的作品:《当代舞蹈之诗学》,布鲁塞尔,对舞出版社,1997 年。

④ 参看阿兰·贝尔托兹:《用皮肤去看》,载《运动的感觉》,前揭,第 93—96 页。该神经生理学家在此章节列举了使用振动以达到营造如同"盲人群体中视觉替代"般的"接触图像"的例子:"明显的事实是,这些触觉图像所引入的感觉具有视觉感觉的所有特质"(第 94 页)。因此,在视觉和触觉信息之间存在某种转换的可能。贝尔托兹推测,所有这些信息能够进入到相同的脑枢中心。与最近被人们认可的不同,贝尔托兹认为"触觉传感的皮层再现"并非固定不变,而是随时发生改变、重组(同上,第 37 页)。因此,我们可以推测,在一般不可能被激活的某些身体区域里,通过激活触觉传感器,舞蹈接触能产生完全真实的感官的重新组合。

⑤ 这说明在一定程度上传统的表演舞台不可能为此类型的"去正面化"的舞蹈服务。观看接触即兴的观众能够围绕着舞蹈演员分散而坐;再也没有最佳视角之说,舞台空间变得分散。

⑥ 史蒂夫·帕克斯顿精确地指出,听觉信息比"我们的四肢确定相关位置时的感觉要快千分之四秒",未指定出处("感观艺术",《运动》,前揭,第 29 页)。

空定位器,能够评估速度和距离,并同时做出反应。事实上最后是"时间感觉"使舞蹈接触更加精练。"我们是以什么样的速度在感知我们的思想呢?"帕克斯顿自问道。①

8

感知想象

　　接触即兴舞蹈对现代编舞的影响依然明显,它综合体现出现代舞的关键所在。同时,它还是现代舞的一个界点。形式、结构完全依赖于过程。接触即兴舞蹈让人看到运动的产生:除开一切思想再现,体验才是最引人注目的。从这个意义上来说,或许舞蹈接触并没有体现出编舞创作的概念,但它却很好地诠释出将感观的力量从个体中解放出来的愿望。这种有着多种不同表现方式的愿望建构起 20 世纪的舞蹈史并始终贯穿其中。对反射运动行为的研究以及实践,对本体感受积极、热烈的探讨都在即兴表演的训练中达到了顶峰。这些研究和探讨同时也是一个大熔炉,在这个熔炉中当代舞练就其绝大部分的技巧。

　　20 世纪的舞蹈将人体视为可以思考并具有感知能力的物质,从来没有停止过更改和混淆意识与无意识之间的界限,或者内心与外界的界限。而且它还参与了现代主题的重现、定义。在整个世纪中,舞蹈消解了"身体"的概念,因为从舞动的身体很难再看到封闭的实体,而从这种实体中可以找到相同的轮廓。认为身体是表达内心心理活动之工具的观点逐渐解体,然而人们同时发现不可能真正将情感和运动隔离开来。当代舞蹈演员没有被规定生活在地形图似的身体躯壳里;以一种"让自己和世界保持多方向地理关系"②的方式,他体验着自己的实体性,感受并勾勒出紧张场景的、各种感观相连的运动网络。感知世界的组织决定了这种不断变化的、想象的和身体的地理可能性。整个世纪的舞蹈所营造出的想象世界如此不同,它们足以描绘出大量关于感知的想象。舞蹈编排只不过

---

① 　同上,第 28 页。

② 　于贝尔·戈达尔:《创造者的失衡》,前揭,第 139 页。

是关于舞蹈时空的推断。

　　舞蹈演员在表演的同时也在创造，他不停打造自己的身体和观众的身体。运动学家于贝尔·戈达尔分析指出，"视觉信息会带给观众瞬间的运动体验（自身身体的内部运动感觉），舞蹈演员经历的身体空间的改变和改变的强度，观众的身体同样能够感受到。"[①]舞蹈演员的知觉想象因此感染了观众，观众的身体状态也随之发生变化。当然这还关系到重量的问题。于贝尔·戈达尔继续指出，"舞蹈表演的时候，将观众和舞蹈演员分开的这一完全主观的距离会发生奇怪的变化（距离真的会移动？），产生某种转移效果。观众被舞蹈牵引，对自己的重量不再肯定，一定程度上变成了别人的重量……这就是人们所说的运动共感或者重力感染。"[②]现代神经系统科学开始承认"神经元镜像"的存在，所以这种观点变得越来越适合用于分析舞动的身体的知觉，即当我们看或做运动时，运转的大脑结构有一部分是相同的。[③]因此从神经系统的角度来看，在脑海中想象某种运动或准备做某种运动，二者产生的结果相似。与现代舞的发展有过碰撞的各种身体方法，当然通常是为现代舞注入新鲜活力的方法，很久以来就一直承认对于运动的精神想象能够起到激发和重组神经肌肉系统循环的作用。[④]

　　意图和行动揭示出运动的精神层面。二者重返舞蹈的身体。自1999年来，米里亚姆·古凡克一直从事编排从思想到身体内部的舞蹈轨迹。这位法国舞蹈演员的编舞划分从一个信息软件的构思出发，沿袭了拉班对运动种类的分析（重量、方向等），精确地指出了思想的旅程，从中心到身体内部的路线。米里亚姆·古凡克建议道，"将注意力集中于拇指指甲，通过手臂找到路线，移动并到达头部上方的一个点，在身体中找到路线再次出发……进入肉体，真正地进入骨盆，传递到最高点……寻找如何

① 于贝尔·戈达尔：《手势与感觉》，前揭，第227页。

② 同上。

③ 参看马克·让纳罗德：《再现的大脑：承载意图与图片的神经相关物》，载《行为大脑科学》，第17期，1994年，第187—245页。关于该主题假设现状的综合论述，参看皮埃尔·利韦：《运动机能模式与行动理论》，见让-吕克·珀蒂主编：《神经系统科学与运动哲学》，前揭，第343—348页。

④ 特别体现在受路露·斯威佳德启发的伊雷娜·多德的"意识运动"，以及莫什·费尔登克莱实行的方法中。

将中心转移到身体表面或是不同点的方法；体验这一过程如何让身体微微抬起，让身体移动并找到通往指定方向的愿望①。"这种细微的舞蹈动作以非常缓慢的节奏展开，以"毫米"般的速度进展，让人感觉到身体以及精神组织的每一个细微变化。面对这种近似阈下②的舞蹈，有同感的观众感觉自己能感知得到。

当部分舞蹈演员试图通过数码技术找到一种杂交各种感觉方法的时候（这种感觉杂交指向的是"网络身体"的"后人类"领域③），现代舞有一段时间则比以往任何时候都更加重视对细腻知觉的研究。安静、缓慢以及表面的不动都是贯穿其中的主题。从米里亚姆·古凡克到梅格·史都亚特和格扎维埃·勒鲁瓦以及韦拉·曼特罗，这些编舞者似乎都不太致力于展示新的运动形式，也不太专心于真实的想象要求，即创造条件使观众意识到他们的感知工作。这种新型舞蹈对观众的要求非常高，感观非常细腻而且变化不定。如果本体感知的自省特征继续在当代舞中发挥作用，那么它将从此深入地、有意识地要让观众参与其中。

---

① 盖沙·丰丹引用，米里亚姆·古凡克：《时代之舞》，庞坦，法国国家舞蹈中心，2004 年，第132 页。

② ［译注］阈下：人的感觉器官和意识过程都存在一定的阈限，阈限因人会有不同。当外部刺激或进入意识的信息量超过这个"阈限"时，就会被人感知或意识到。在"阈下"的刺激、信息，虽然不能被人清晰地感觉或意识到，但是对人有潜在的影响。

③ 在此方面，澳大利亚人斯迪拉克是当代编舞师中做得最彻底的。他认为身体是一个老化了的实体，因此他借助于虚拟实体系统以及假器技术以此来"影响"自己的身体。在寻找具有"后革命主义"特征、耸人听闻的身体的过程中，他放大了对肌肉反射、心率以及呼吸节奏等的作用并对此进行了再处理。参看斯迪拉克：《走向后现代人类，从精神身体到网络系统》，载《舞蹈新闻》，第 40—41 期，前揭，第 80—98 页。

第十三章　可视化:身体与视觉艺术

伊夫·米肖(Yves Michaud)

自文艺复兴以来,对人类身体的介绍都建立在形态学的基础之上,而形态学则是以解剖学和解剖分析为基础。这一做法在 19 世纪末期以及 20 世纪初期的艺术院校依然流行。素描、绘画以及制作身体模型都是从解剖的真实性角度来认识裸露的身体,然后根据场景或动作环境的需要为身体穿上衣服。

1

技术设备的影响

1) 摄影技术的变革

1840—1860 年间,摄影技术开创了一系列改变身体关系的技术变革。

第一个特征,也是一直贯穿整个思考过程的特征即 20 世纪的艺术通过身体向我们展示出所有可视化技术可能洞察的一切事物。

因为摄影技术的产生,在不再借助于舞台上的滑轮换景机械或是绘画工作室的帆布带以及挂钩的情形下就能很快地捕捉模特的动作。摄影技术改变了姿势并使其更加自然,同时也使拍摄变得更加复杂。

摄影技术使细节变得更加突出,因而产生了特写镜头。几乎在同时,摄像技术被瞬间动作及其所分解的运动所吸引,而且对不可感知、短暂的瞬间的理解更加细腻。

从这种观点来看,在 19 世纪的最后几年里,形式上的分解和重组过程描绘出不同艺术家之间如塞尚和皮维·德·夏凡纳的艺术方法特征,这些艺术方法汇集了科学摄影和记录摄影的研究,比如迈布里奇和马雷的作品。如果我们把立体派扭歪的创作风格仅仅归因为塞尚的知识和视觉推理,或者是黑人雕塑的发明,甚至是世纪末对第四维的思辨,那么我们就大错特错了。我们还应当考虑连续摄影术的发明以及电影的产生。1907 年至 1912 年,从毕加索的作品《阿维尼翁的姑娘》到杜尚的作品《下楼的裸女》,从立体主义风格到立体—未来主义风格,所有这些元素相结合并导致了新的表现方式的出现。一种新的表现方式会导致新的形象的出现,而这种形象很快被分解为连续的运动的形式。事物的特性以及主题本身的特性引起人们的讨论:身体的实体性特征反映在表现形式的稳定性中。从此,再也没有实体,只有闪光和片断。马塞尔·杜尚于 1912 年创作的《下楼的裸女》描绘的是一具叠化的身体。

所有新引入的视觉元素对绘画艺术影响力以及后来绘画威信的丧失起到了决定性的作用。自 1920 年代以后,在杜尚及其后继者的作品中,以"视网膜"为要素的绘画消失了,取而代之的是一种关于摄影和电影的新要素。到 20 世纪末期,人们完全接受了所有这些新媒体,而绘画只不过是一种古老的艺术形式,有时人们会重返这种艺术形式如同重返某种传统一样。

2)认识,探讨,监督

期待所有新的观测办法能首先为艺术服务,这本身就是个幻想。如同所有技术一样,它们首先都是为认识和实用性服务的。认识、有用,这是人类行为的科学研究的核心,它们不仅可以使人类行为合理化还可以提高人类的成就与成绩,同时它们还是有关疾病和治疗方法的文献知识的重点。

在此，获得的关于身体的认识是双倍的：对生产行为的效率的认识（比如泰勒制和福特主义①），对疾病及其症状和治疗方法的认识。

然而艺术也开始涉足这些新的方法并朝着两个方面发展。

第一个方面是机械设备的完善，这一点正如我们在诸多的未来主义和结构主义作品以及后来的包豪斯②艺术作品中所看到的那样，这些作品延伸进入了总体的艺术设计领域（舞蹈演员、马戏演员、机械人、工作者、运动员、留胡须的男人、单纯而激进的人）。

第二个方面与疾病和伤痕有关，无论其具有何种象征意义（遭受战争蹂躏的象征，衰弱的迹象，人类末日的宣告）。

在 1910 年代，新的视觉认识开始出现了，很快就朝着多种方向发展，有一些是预料之中的，而还有一些则是出人意料的。

运动的机械重组除了认识功能之外还具有喜剧效果。这种喜剧效果很快被用了电影中，特别是劳埃德、基顿和卓别林的电影中。其中无声电影占有重要地位，比如莱热③的《机械芭蕾》，雷内·克莱尔的电影，皮卡比亚以及杜尚④的作品，还包括结构主义作品比如背景、芭蕾服装以及包豪斯⑤透视法。从这种观点来看，继续将电影与一般视觉与造型艺术剥离开来的做法是不正确的，因为它们表现出了相同的视觉。

图片报道中快镜的出现开启了社会新闻和悲惨图像的时代，自 1920 年代末开始美国摄影师维加⑥成为了这方面的行家。随之也迎来了摄影报道和小报的时代。二者后来无论在日常生活中还是艺术领域都得到了巨大发展。比如从现实主义对社会新闻的利用到流行艺术对日常生活的

---

① ［译注］泰勒制（taylorisme）、福特主义（fordisme）均为经济用语。泰勒制是指被誉为"科学管理之父"的美国工程师泰勒（F. W. Taylor）创立的科学管理制度。福特主义是指美国汽车大王福特（H. Ford）的经营之道。

② ［译注］包豪斯（Bauhaus），原指由建筑师沃尔特·格罗佩斯（Walter Gropius，1883—1969）在 1919 年时创立于德国魏玛（Weimar）的艺术和建筑学校。由于包豪斯学校对于现代建筑学的深远影响，今日的包豪斯不单是指学校，而是其倡导的建筑流派或风格的统称，注重建筑造型与实用机能合而为一。包豪斯对于工业设计、现代戏剧、现代美术等领域的发展也都具有深刻的影响。

③ 《机械芭蕾》，1924 年，16 分钟，短片，导演：费尔南·莱热，杜德雷·莫菲，曼·雷伊。

④ 《幕间节目》，1924 年雷内·克莱尔与让·波尔兰、皮卡比亚、曼·雷伊、马塞尔·杜尚、马塞尔·阿夏尔、图卡格合作的一部电影。

⑤ 尤其体现在奥斯卡·史雷梅尔的作品中。

⑥ 维加（又称阿尔图尔·H. 弗利格），出生于 1899 年，1927 年左右开始时事摄影活动。

改观,当然还包括欧洲其他艺术形式例如社会主义或纳粹主义的民粹现实主义,以及1960—1970年代欧洲形象艺术画派。

X光、特写摄影、宏观摄影很快就加入到了为艺术服务的行列。通过物体或器官直接同感观纸的接触,现实主义画家克里斯蒂安·夏德创立了夏德技法(schadographie),超现实主义摄影大师曼·雷伊创立了射线技法(rayogramme)。用于医学X光照相的关于姿势摆放的书籍,记录皮肤、面部以及口腔疾病的图片资料,记录畸形部位和先天性畸形的图片资料等全部都为艺术家们所用①,其中包括自1920年以来的新主观主义德国画家,30年后的弗朗西斯·培根,以及拍摄电影《战舰波坦金》的爱森斯坦等艺术家。

从外部视觉来看,一切摄影和电影方法都派上了用场,比如姿势摆放、摄像、中近景、蒙太奇、化妆以及特技摄影等,或者正好相反,抓拍身体自然、瞬间的状态。曼·雷伊、路易斯·比尼厄尔、弗罗朗斯·亨利、英格玛·伯格曼、安迪·瓦罗尔、约翰·卡萨维特、约翰·克普兰、罗伯特·马普勒多尔普、南·戈尔丹等人的态度部分地代表了对于使用这类方法的态度。

从外部视觉出发,我们必须指出电影录像片的重大贡献,它在短时期内产生了巨大的甚至是革命性的影响。从最开始的业余爱好者录像,到后来的监控录像图像以及生物统计鉴别方法,其形式是多种多样的。电影录像片开启了一个新的视觉领域,一个掌握普通体形和相貌、普通面貌和细微动作、人群迁移的领域;同时,它还开启了一个自恋或是沮丧的自我观察的领域。因为电影录像片,模糊、暗绿色或浅灰色的、跳跃的形象变得平凡普通起来,而正是这些图像构成了我们的视觉世界。

特别是近些年来,人体内部研究方面产生的变化非常显著。

因为X线照片,人体某些部位变得透明化。各种医学微观探查方法(微观探针)使得人们有可能对身体进行检查,或者借助于扫描图片,磁共振产生的图像,正电子辐射产生的断层X线图像,无需进入身体内部而身体内部结构却从此变得清晰可辨。在身体内部旅行变得可行,我们"看见"运动的器官,当然也包括思考的器官,尽管所谓的"真实图像"事实上

① 参看劳伦斯·戈弗安的文章《艺术品中的位置:对培根以及过去、将来具象艺术的思考》,载《现代艺术国家博物馆手册》,第21期,1987年9月,第79—103页。

通常只是一些由抽象的数字信息构成的图像(尤其是彩色的)。

前面所谈论的关于感知技术方面的内容并未涉及主题，但是它揭示出摄影、电影、录像设备(摄像机以及联动心电图监测器)以及身体内部探查设备的重要性。这些设备让我们看到身体的新的方面。这些设备的作用非常大，因为它们传播罕见的图片(医学、色情、犯罪以及体育图片)。这些设备还变成了新的身体外延，假器或身体器官。当然也包含社会意义角度的身体，比如摄影器材、摄像机，这些设备最开始为记者或电影工作者所专用，后来成为游客随身携带的物件，最后成为了每个人都可能拥有的物件。它们是新增的用来观看他人并被他人观看的眼睛。到 20 世纪末期，观看者与被看者融为一体：二者通常是一个人，谁是观看者，谁是被看者，已经毫无意义。

在整个 20 世纪的视觉艺术中，最广泛运用的方式除绘画作品以外，还包括摄影作品、试验电影以及最后进入博物馆的电影短片，然而最让人震惊的是伟大的技术创造性，以及对所有那些让身体和人类变得可视化的设备的试验和使用。我们会发现，这其中有传统的方法，但更多的是借助于科技设备发展革新后的视觉方法。用杜尚①的话说，作为视觉见证人的艺术家，为了追求艺术可谓用尽千方百计。

随着这些可视化技术的作用变得日益强大且不带给人痛感，其损害性和侵害性的一面也越来越突出。这些技术将本义以及引申意义方面的身体，包括身体的内部结构，一并展露无疑。它们追逐身体直到进入其本质，它们探求、揭示并展示一切不可见的、隐藏的或是秘密的事物。在观察冲动的影响下，现实不再神秘而且也再无退隐之地。最初我们仅仅认为"新颖"的身体图片事实上改变着与身体的关系。

2

机械化的身体，变形的身体，美丽的身体

艺术家不断地使用这些设备，然而通过这些设备到底展示出了什

---

① "视觉见证人"是马塞尔·杜尚于 1915 年至 1923 年间创作的作品《新娘甚至被光棍们剥光了衣服》，又称《大玻璃》中的人物。

么呢？

三个大的方面体形成了 20 世纪艺术史上关于身体的图像：机械化的身体，变形的身体以及美丽的身体。应该指出，在照相术以及艺术家的实践方面，身体不断得到了重视，而在 20 世纪最后几年里，身体变成了最令人头疼的烦恼。

1) 工作者，运动员，舞蹈者，机器

机械化身体的图片是对体育、体操文化以及 19 世纪末期进行的工作合理化改革和人口卫生政策的反映，简单地说，它反映出一种政策与其所组织起来的民众以及所采取的对策之间的关系。

尽管暴力出现在第一次世界大战期间，但 1930 年代的主流仍然是暴力性质的图片，这一点似乎丝毫不用怀疑。这种机械化的身体在 20 世纪最后二十年里以一种幻影的形式，即以技术和生物工艺设备的形式再次出现了。

由此看来，艺术从社会的角度积极乐观地呈现身体，最后借助与它联系越来越紧密的广告以及表演行列的作用，传播身体图片并且使它们变得无处不在。

这种困扰是一种关于身体的困扰，即以表演为目的的、机械身体的困扰。这种身体的烦恼自 20 世纪拉乌尔·奥斯曼的《机械头像》(1919)或者名为《我们这个时代的精神》这一标志性的作品之后就变得非常清晰起来。这是一个木质的模特头像，其额前有一个序列号码，它既不是集中营的文身也不是商品条纹码，该头像还装有一个带刻度的类似分米尺的物件，并配备了多种机械假器。未来主义、结构主义、达达主义以及包豪斯流派的摄影和编舞，加上混合人体和机器部件的蒙太奇手法、精炼的摄影术、符合生产本位主义时尚的工作制服和舞台服装，都在庆祝标准身体，即工作者和生产者具有文化性质的身体。从此新人就是机械人，标准化人，罗谦柯或史雷梅尔作品中的人，机械芭蕾舞演员，新世界的工程师或未来的创建者。

这种烦恼非常明显地反映在纳粹或墨索里尼法西斯艺术、斯大林苏维埃艺术时期的具象艺术中，但是从墨西哥壁画流派中肌肉发达的英雄

们、打破束缚获得自由的运动员身上，我们同样看到了这种困扰。

赞赏远远多过批评。甚至达达主义在对待机械人的态度上也是非常模糊的，我们不知道该流派的艺术家对此持揭露还是赞赏的态度（例如毕卡比亚）。事实上，在 1920 年代末期以及 1930 年代，人们对于技术社会的新人以及带空调的天堂（或地狱）的疑问是非常多的。对于科学和工业创造出的，特别是苏维埃革命希望中孕育出的这种新人的关注并不是否定性的：人们期待着美好的明天，期待世界上最美好的一切，期待在有组织的民主技术社会中能出现最优秀的工作者、最优秀的运动员和最伟大的英雄人物。从这个角度来看，专制艺术作品使理想国家中的专断态度得以延伸，当然也包括被神话了的过往时代的陈规老套以及学院派尤其是纳粹艺术中的正典作品。

2）恐惧，审美化，幻影

与这种积极的身体观相对立的事实是：1914—1918 年间对于战争的恐惧以及后来的国内革命战争都在艺术图像中得到了反映。达达拼贴艺术（尤其是政治和军事暴力最明显的柏林达达派别）、德国新客观主义艺术家的肖像艺术以及 1920 年代的绘画和蒙太奇都展示出被肢解的、不完整的、残废的身体以及变形的、被屠杀的面孔。

然而令人困惑的是恐怖艺术的影响无论在数量上还是强度上都无法和军事屠杀相提并论。艺术效果不可能与灾难本身相提并论。

原因有如下几个方面。

首先，对恐惧的审美是有限度的，通过 20 年之后的集中营现象，我们再次看到了这种限度。艺术所带来的恐惧感从来都没有影响力，特别是在艺术不以成为文献资料为任务的条件下①。战争摄影因为设备的笨重

---

① 在 20 世纪最后 10 年里，即现代主义观点日渐势微时，认为艺术具有文献资料功能的观点变得非常盛行。当然这种观点并非第一次被提出：艺术通常都具有文献资料的作用，文艺复兴时期，借助于透视法，绘画起到了认识事物以及准确展示事物的作用，当然也包括基督教肖像画。因为艺术所具有的教育和感化功能，人们可以通过图像阅读《圣经》。关于这些问题，参看迈克尔·巴克桑德尔的作品《15 世纪意大利的绘画与实践》，牛津，克拉伦登出版社，1973 年；经伊夫特·德勒索翻译成法文，《关注 15 世纪》，巴黎，伽利玛出版社，"历史图书馆"丛书，1985 年。

而受阻,因此不可能真正地见证战壕里的恐怖,即使战争摄影做到了这一点,那也是因为政治原因或者出于对受害者的同情等原因而被审查过的。至于一战期间或是俄国革命时期所拍摄的"新闻图片",出于技术方面或是宣传方面的原因,都是电影复原的结果。因为在战争爆发时期人们不可能进行拍摄,而且所展示出的东西也不一定能够被接受。除非是少有的几个画家,比如军队里的官方画家能够提供关于某场战争的有力证据,但作品本身已经丧失艺术性①。

然而,在超现实主义团体中比如达利、布罗纳以及贝尔梅尔的作品,特别是马松为《阿塞法勒》②所作的封面画③,对身体实施的暴力都是以间接的方式展现出来的,换句话说,是以一种幻影、暗喻以及审美的方式展现出来的。

对于第二次世界大战的恐惧在艺术中体现得也不多。仅有的一些美国摄影资料成为了记录大屠杀和恐惧的图像④。最近的几部电影作品试图展示大屠杀的恐怖场景(1998 年斯皮尔伯格的《拯救大兵瑞恩》),但是仍然沿袭了以往电影的风格。关于集中营关押以及集中营毁灭的艺术资料则更加少(左朗·穆西克的作品是一个例外⑤),然而这一点也不奇怪,似乎只要涉及到奥斯威辛集中营或是达豪集中营,艺术化就会变得非常容易接受。

对身体制造的恐怖得到了展示,但是以一种间接的方式实现的,也就是说是以一种脱离背景的幻影的方式实现的,这一切都源自于艺术化。

在这些表现忧伤的作品中,我们不应当忘记现实主义寓意式的作品。虽然不为 20 世纪的艺术史家所喜爱,但是它们在 1920 年代、1930 年代直至 1950 年代产生的影响十分大,比如从德国的新客观主义到本·莎恩,从富热隆或塔斯里兹齐到格律贝尔和比费,从乔治·塞加尔和吕西安·

---

① [译注]画家斯坦利·斯宾塞(1891—1959)曾随军在步兵部队参战。

② [译注]《阿塞法勒》(Acéphale),1936 年创刊,1939 年停刊。该杂志第一期的封面是安德烈·马松(André Masson)创作的一幅绘画作品,作品中的人体没有头部。

③ 杂志《阿塞法勒》1936 年主要由乔治·巴塔耶、皮埃尔·克罗索斯基以及安德烈·马松三位艺术家共同创立。

④ 摄影师罗伯特·卡帕在奥马哈海滩拍摄的 1944 年 6 月 6 日诺曼底登陆的照片是最著名的资料。

⑤ 左朗·穆西克,1909 年出生于意大利,1944 年被关押进达豪集中营。2005 年去世。

弗洛伊德到莱昂·戈吕布或是埃里克·菲什尔等。

通常恐惧和暴力都融入进了非历史仪式的象征性环境。为此我们可以解释战后数年内艺术的"暴力"，尤其是机遇剧以及 1960 年代和 1970 年代维也纳行动派激进艺术家们的行为，或者是 1980 年代和 1990 年代部分拜物教、施虐受虐狂作品（比如美国摄影家罗伯特·马普勒多尔普的作品）。

当然也有直视恐惧的，特别是继承了《耶稣受难》与《耶稣受难像》传统的弗朗西斯·培根的作品，而其中"给哥雅"的信息表明世界是一个屠宰场。1946 年，继《耶稣受难像》之后，他以悬挂于屠宰场钩子上的牛骨架为背景创作了一个身体扭曲变形的人物形象。

然而艺术作品中对于身体所实施的凌辱并不直接具有政治意义：它们是宗教仪式范围内的一种自我处罚性凌辱，或者是对于存在的一种证明。

3) 身体制造者，半机械人，变异人

伴随着我们习惯称之为"生物技术工程学"的到来，即整形外科和各种形式的身体整形的发展以及节食、健美运动和服用兴奋剂的出现，机械人的主题再次出现了，但它是以一种"后人类"[①]人的形式出现的。移植，外科性别整形，生殖干预，靠服用兴奋剂提高竞技水平，基因改变以及克隆技术的前景，"生物技术"的干预等，所有这一切让人感觉到变异人的到来，它是人类自身选择和技术的产物。但同时人们也产生了质疑：这到底是一个去人性化的非人的人，还是一个超越人性并且将人性提到更深更高的水平并且达到这种水平的超人？人们移植心脏，肾脏，肝脏和肺。在人体内植入塑料动脉，髋关节假器，重新缝合断掉的手，人们不断地询问面部器官移植的可能性。人们对胚胎的遗传性疾病进行诊断并进行干预。因为数字技术，人们可以看见完全不可能看见的现象并引导外科医生如同格列佛在小人国般自如地进行手术。人们远距离进行手术和诊

---

① "后人类"是美国独立策展人杰弗里·德切 1992 年在洛桑以及后来在利沃里城堡举行的展览会的名称。

断。因为数字技术，人们可以对人体或面部进行克隆复制。借助于某些视觉和触觉设备，人们可以遨游于虚拟世界，借助"性爱遥控"①同真实自然的金发美女进行远距离的性行为。

不是科幻片中的场景，我们已经感受到我们的身体和以前大不相同。对于我们身体的极限，具有哪些可能或者是否合法，随着身体的改变我们的身份是否也因此被改变，对此我们一无所知。

一些艺术家对这一领域进行了探索。有些人想象出一个世界，在这个世界里所有的交流工具都可以直接移植入人体并带给人信息和新的能力。还有一些艺术家例如马修·巴尼提出了变异人的概念。其他的艺术家如澳大利亚艺术家斯迪拉克致力于研究配备新技术的网络人体：比如斯迪拉克能使自动化并受遥控的第三只手自由活动。在 1970 年代曾进行身体艺术研究后来转向身体整形研究的法国艺术家奥兰②，从相同的虚—实逻辑出发，1990 年开始决定接受一系列的外科整形手术，并将整形手术过程进行录像并现场转播。根据不同的大画家们的审美标准，她的身体具有了诸如达·芬奇、提香等大师笔下人物相似的五官。这些方法与"伟大的"艺术似乎不沾边。处于先锋派和色情艺术领域边缘的身体制造者、表演者或是演员都施行了多少有些激进的身体艺术整形，这些整形包括文身、穿洞、变性、制造恐怖或畸形③。1930 年代的机械人似乎又回来了，但是形式和时代都发生了变化。此时，体育或管理的效率规则已经消失，只有表演逻辑或个体幻影逻辑才最重要。恐怖的场景体现出这种没有规则的完美。

4）美：永远都在瞬间迸发且挥之不去

尽管有这些加工后形成的、令人恐怖或变形的身体图像，但 20 世纪的

---

① "télédildonique"是本人从美国用语"teledildonics"（"性爱遥控"）一词翻译过来的，意思为远距离的虚拟性行为。

② 奥兰，1965 年开始身体表演，1977 年在巴黎当代艺术国际博览会上因为"艺术家之吻"而出名，她拥抱每一位向主办机构捐资 5 法郎的参观者。1990 年她开始接受外科整形手术。

③ 有关这些做法的详细资料，参看洛朗·库洛的《波普艺术变迁与文化冲撞》，罗德兹，勒·鲁埃尔格和尚邦出版社，2004 年。

艺术从来没有终止过对魅力和美的追求。这正是本世纪的第三个特征。

这种说法可能让人觉得惊讶。因为博物馆所认同的艺术品都只对变形的身体感兴趣，所以大部分的艺术史学几乎对整个世纪以来一直存在的美视而不见。他们被突破先驱的想法所萦绕，因而不断地重复"再也不美"（汉斯·罗伯特·姚斯）①这一现代艺术的共同点。事实上，当我们坚信毕加索、德·库宁或是培根作品的同时，我们还应当想到美在 20 世纪同样占有一席之地。在整个世纪，与关于恐惧和表演的作品相比，关于美的作品如果不比它们多但至少与它们同样多。

1910 年代伴随着表现的解体，美似乎已经消失，但自 1920 年代后又重新回到了艺术的中心。1920 年代不仅是回归有序的时代，同时还是超现实主义美的时代。我们记得安德烈·布勒东在诗歌《疯狂的爱情》中写道："痉挛性的美如性爱般遮着薄纱，瞬间迸发且挥之不去，神奇且应时而来，否则就不是美"②。群众想象力的广泛传播，文化与流行艺术，好莱坞梦想，插图画艺术即性感美女的制造者，明星照相术，以及形式丰富多样的美容产品的广告，化妆术与时尚，借助于这一切，美很快得到了展现。总而言之，一切都映射出一个梦想的世界。

在逐渐变成艺术的中心以前，美长期以来处于不受重视或边缘艺术的位置，所以对于美的认同变得更难。这明显地体现在如下摄影师的作品中，如斯蒂格里茨、斯泰肯、贝伦尼斯·阿博特、卡拉汉、佩恩以及阿弗东。此外，我们不应当忘记电影中丰富、充满媚惑与梦想的世界。这种现代美既不同于毕加索时代的扭曲作品，与战争中以及现代抽象主义中变形的面孔也不相同，同时它与"美术"艺术中的美也相去甚远，它与学院式经典作品绝缘，当然极权艺术例外。现代美借助于摄影、电影设备以及各种技巧进入到幻影与梦想的行列。

更加让人惊讶的是，现代美也是（而且越来越）远离欲望的，甚至达到了一种冷漠的程度，比如摄影师赫尔穆特·纽顿的作品。在 20 世纪末

① 汉斯·罗伯特·姚斯：《不再美的艺术》，见 H. R. 姚斯主编：《诗学与注疏学Ⅲ》，慕尼黑，W. 芬克出版社，1968 年，第 143—168 页。姚斯年轻时曾是纳粹党卫军的军官，这并非毫无意义。

② 安德烈·布勒东：《疯狂的爱情》（1937），《作品集》，巴黎，伽利玛出版社，"七星诗社"丛书第 2 卷，1992 年，第 687 页。

期,该摄影师因袭色情摄影的惯例并使其具有形式美。

二战之后,波普艺术从两个方面做出了贡献。

首先,波普艺术让美的大众肖像画(明星,室内设计,奢华与现代舒适的象征)跻身伟大艺术的行列,与此同时,它将伟大艺术引入到普通平常的日常生活之中。这一运动不断进行,随着 1980 年代新波普艺术的变化以及艺术和广告之间日益紧密的关系而进展越来越快。总之,我们再也不知道玛丽莲·梦露是否是一个电影符号,广告符号或艺术符号——但是,她就是"神奇而应时"的美,绚丽而脆弱。

5) 展示内心和色情摄影作品的普遍化

在这些演变过程中,有一个现象值得思考,那就是色情摄影作品、暴露癖以及窥淫癖的通俗化甚至是民主化。

自 1980 年以来,丰富的图像制作技术和方法、免去制作过程的电子文字、便捷的数字复制,另外加上强大的作品发行途径都使得以往受法律、复制困难、流通过程中缺少必不可少的中介物等因素影响的色情摄影作品变得普及起来。因为受到即时成形照相机的推动作用,用劳拉·穆尔维[1]的话说,作为艺术创作和艺术消费最根本的原因之一的观察冲动找到了新的满足的可能性。即使是女性同样也能利用窥淫癖。在更为普通的社会想象的环境中,艺术家们借用这些方法思考反叛的前卫艺术。

色情摄影作品曾经以惊人的形式成为现代艺术的起源(库尔贝,波德莱尔,马奈),也曾经是反资产阶级的标志(尤其是超现实主义艺术家),如今再次被社会和艺术所认同,变成了一种普通现象:它成为一种艺术形式,展示内心的艺术形式[2]。

这种从未完全消失的美,对于它"回归"的意义是很难描述的,因为我们很难客观地来看待它。

当然我们可以把对美的怀念作为一般艺术的原则,这是一种因兰波

---

① 劳拉·穆尔维:《视觉愉悦与叙事电影》,《银幕》,第 16 卷,第 3 期,1975 年秋,第 6—18 页。
② 参看伊丽莎白·莱波维西编著的文集《内心》,巴黎,国立美术学院,1998 年。

的反抗而受辱的美的回归形式①。

我们还可以研究存在于艺术中隐秘、持久的欲望所产生的作用，而这种艺术从理论上受到了概念艺术的影响。杜尚的作品就是一个极好的例子，在欲望消失或者说至少欲望脱离现实的情形下，观察以及性欲的冲动依旧存在。

我们还可以从来自远方的、更广阔的发展的视角来研究其他假设，这些发展可能一直都在进行着。

在对当代自我进行伦理研究的过程中，加拿大哲学家查理·泰勒指出，在20世纪下半叶博爱、仁慈的价值观是呈上升趋势的②：这些构成了我们理想道德的重点。社会学家和历史学家理查德·塞内特对社会活动家的减少和消失做了研究。③为了解释对美的持续追求，为了将美同经常与下流的暴露联系在一起的欲望区分开来，还需谈论这些过程。

道德和正确的价值观逐渐地转向了美学的价值观。在20世纪的最后几年里，美学价值观成为社会生活的中心并具有道德价值的意义。包括著名的享乐主义价值观形态在内，凡是美的事物具有善的内涵，为了得到认同并变得有效，善必须具备美的特征——善具有"正确的"政治和道德的特征。

同样我们应当考虑一开始缓慢后来加快的公众与私生活之间所存在的界限的改变，以及内心替代私生活的界限的改变。

在以前的理解里，概念上的私生活总是与公众联系在一起的。只有借助于引起轰动的叛逆行为或者慎重的司法处理和协商，私生活才可能变得公开化。如果私生活被归为内心类别，界限将不再存在。它既可以什么都是也可以什么都不是：隐藏或暴露私生活。如果选择暴露，那么暴露私生活则是另外一种表演，在这种表演中加入了各种无所不在和无所不能的视觉方法。

---

① "一天夜晚，我让'美'坐在我的双膝上。—— 我感到她的苦涩。—— 我污辱了她。"（阿尔蒂尔·兰波：《地狱一季》）

② 查理·泰勒：《自我的起源：现代身份的制造》，坎布里奇（马萨诸塞州），哈佛大学出版社，1989年；法文版，夏洛特·默朗松：《自我的起源》，巴黎，瑟伊出版社，1998年。

③ 里查德·塞内特：《社会活动家的消亡》，纽约，W. W. 诺顿，1974年；法文版，安托万·贝曼和瑞贝卡·福尔克曼：《内心的残暴》，巴黎，瑟伊出版社，1979年。

20 世纪末期,这两种趋势融于一体,即美学取得成功,而同时暴露私人生活也可以得到安静的解脱(太酷了!)。1987 年,美国新波普艺术家,尤其被人称为"酷"艺术家的杰夫·孔斯,展出了名为《天堂制造》的系列摄影图片和雕塑作品,这些作品展示的是他和妻子拉齐齐奥丽娜——意大利前色情女星以及政治激进主义者——做爱时的场景。他选择将宗教(圣绪尔比斯教堂)作为背景,因此色情艺术不仅具有情感、淫秽的特征,而且具有了美学的特征。

3

身体即媒介,身体即作品

技术的身体、受伤的身体以及美的身体,虽然这三大视觉类别不断地重回 20 世纪艺术领域,而且传达出许多关于身体的现代经历和经验的信息,其中当然也包括三者之间的矛盾。至此我还没有谈论到该主题最重要的方面,即 20 世纪的艺术并不是将身体变成潜在的展示对象,而是潜在的生产对象。

主要的创新之处即,在整个 20 世纪的艺术发展中身体本身变成了一个艺术媒介;身体经历了由艺术客体到行动主体、艺术活动载体的身份变化过程。纵观整个 20 世纪,作品丧失了现实感,身体变成了艺术和艺术体验的工具。

始于 1910 年代的这种变化一旦被推至极限就会完全改变艺术场景,因此这种变化对于体现重大的社会变迁具有重要意义。

1) 艺术家的身体

长久以来,艺术家的身体以及生活都是被人忽略或者是边缘化的。无论表达的力度和观点如何,无论是多么伟大的天才或有着怎样的创作抱负,艺术家的身体始终徘徊于作品之外。艺术家的身体可以成为艺术主题,但它从来都不是艺术的材料,也从来没有作为身体生产者的形象出现过。艺术家脱离现实,这预示着将来会有成功的传记作品;人们只能猜测这是一个好偷窥的、贪淫好色的男性。比如人们会想到库尔贝及其作品《世界的起源》中女性的阴户，会想到马奈和充满裸露身体的《歌剧院的化装舞会》，以及罗丹和他的色情绘画作品。

生活方式也可以成为艺术，这一主题早已出现在波德莱尔以及齐克果的作品中。自 1840 年以来，齐克果论述美学存在阶段，而波德莱尔则谈论花花公子。生活替代艺术第一次在世纪末的风雅中得到体现，但是受到花花公子这一主题性质的影响，波德莱尔给人一种看破一切、轻浮的印象，这种轻浮使他最终只能沉浸于个人生活的冒险。

但从 1910 年开始，事情因一种惊人的、决定性的力量而发生了改变。

事实上所有方面都同时得到了探讨，这种探讨在整个 20 世纪带有某种被开发、延伸、加工、过度加工的激进特征。

俄罗斯先锋派画家并不局限于作画：他们排演剧本、布置舞台，进行语音诗①和编舞创作，他们还谈论服装和时尚。艺术与人及人的动作、声音和服装紧密相连。

达达主义在他们的基础上加入了各种不同形式的辛辣、暴力和强度：夜总会演出，类似吼叫的语音诗歌朗诵，权威人士的诉讼案件，乔装改扮，脱位的舞蹈等都是艺术。因此，人们会想到拉乌尔·奥斯曼、雨果·巴尔、斯维特以及 1910 年末期的柏林达达主义和法国达达主义②。

此外，所有这些做法以一种不露痕迹的方式在杜尚的作品中形成一个整体并且被系统化。《罗丝·瑟拉薇》③既是关于杜尚的真实照片，也

---

① 1912—1915 年间俄国立体未来派使用的语言"宙姆"（精神转化）。

② 拉乌尔·奥斯曼宣称语音诗歌（例如"灵魂汽车"，1918 年），试图创造一种想象语言。参看麦克尔·埃尔洛弗编订：《直至 1933 年的文本》，第 1 卷，《对庄严的回顾》，慕尼黑，文本与评论出版社，"现代派的早期文本"丛书，1982 年。雨果·巴尔也加入到此行列当中。参看《达达信件》，巴黎，空地出版社，1958 年。至于巴黎达达，我们会想起皮埃尔·阿尔贝-比罗，"用来叫喊和跳舞的诗歌"，题名为"为了达达"，《达达 2》，1917 年 12 月；"传说"，《SIC》，第 37 期，1918 年 12 月，第 38 期，1919 年 12 月重载于《三奖券》，巴黎，SIC，1920 年；"飞机"和"诗歌Ⅲ"，《SIC》，第 23 期，1917 年 11 月，以及第 27 期，1918 年 3 月，重载于《月亮，诗歌之书》，巴黎，让·比德里出版社，1924 年。关于未来主义，参看 F. T. 马里内蒂：《未来主义自由的句子》，米兰，未来主义出版社，1919 年（例文文章以及更早前的作品重版）。科特·斯维特于 1922 年出版了作品《原始奏鸣曲》，参看 F. 拉赫编订：《科特·斯维特：文学作品》，第 1 卷，《抒情诗》，科隆，M. 杜蒙·绍贝格出版社，1973 年。

③ 1920 年由曼·雷伊为马塞尔·杜尚拍摄的照片，照片上杜尚使用了罗丝·瑟拉薇这一女性名。

是乔装改扮后的他。杜尚还头顶一种"艺术的"剃度,作品中的图像表达出艺术家的双重理论(《我面颊里的舌头》①),他既是伪币制造者也是真品的创造者,是象征性的下棋者。在他的作品中,生活的主题就是艺术,艺术就是艺术家运用"令人失望的"客体而处心积虑创作的作品。

2) 艺术就是行动

本世纪初出现的野兽派和表现主义艺术形式没有理智主义的讽刺,体现出客体和艺术家之间的相互平衡,即绘画作品具有表现作用,这种表现能够激发创作,给予创作野蛮、原初主义以及单纯的特征。

和达达主义一样,表现主义拥有许多的继承者。这种继承因为超现实主义的自动创作、无意识作用而变得更加充实;同时对原初艺术的发现,特别是美国艺术家对印第安艺术的发现也大大丰富了这种继承。

自 1940 年以来,美国抽象表现主义艺术家开始认为他们的作品是一种运动,尽管他们的创作方法并不是单纯的存在主义方式,而是对以往集体记忆和神话象征的寻找。哈罗尔·罗森堡②认为,他们的作品用存在主义的方式来理解就是"行动绘画",其中画家的行动远比实际创作的结果重要,行动的努力远比完成的作品重要。

1950—1970 年间,在表现主义和新达达主义相融合的时期,身体实践得到了相当程度的发展。达达精神的再现体现在以下作品当中:偶发艺术,身体行动即后来的身体艺术,融合了诗歌(福鲁克萨斯运动)、编舞(康宁汉,布朗,瑞娜)以及音乐(凯奇)的艺术,以及所有更倾向于属于表演而不属于持久客体的艺术作品③。在 1970 年代,因为伊基·波普等音乐家这种表演在摇滚界获得成功。

表现主义的这种特点在欧洲更加明显,尤其突出表现在 1960 和 1970 年代维也纳"行动派"艺术家(穆厄,布鲁斯,斯瓦兹科格莱,瑞娜)当中。

---

① 《我面颊里的舌头》是马塞尔·杜尚的另一幅自画像,1959 年用石膏模制完成。

② 哈罗尔·罗森堡:《新事物的传统》(1959),法文版,安娜·玛香,巴黎,子夜出版社,"论据"文丛,1962 年。

③ 关于这些发展,参看劳伦斯·贝尔特朗-多尔莱阿克:《野蛮的秩序:1950—1960 年代艺术的暴力、耗费和神圣性》,巴黎,伽利玛出版社,"艺术与艺术家"丛书,2004 年。

他们运用艺术所具有的狂欢、偏激、叛逆的一面，组织狂热的庆祝仪式，到处充满了暴力、性、倒退和毁灭①。

对于许多艺术家而言，从达达主义中寻找灵感具有某种反抗意味，反对表现主义过多的戏剧性以及所有的夸张做作。在艺术中，最重要的不是富有表现力的身体，而是机械的、自动的身体。

沃霍尔愿意做一个冰冷且毫无表情的机器②。同时，其他艺术家例如皮诺-加里兹约和曼佐尼变成了生产性的机器，直到最后出现了"艺术家的大便"这样的艺术作品。1960 年代末期，布伦，莫塞，帕尔芒蒂耶，托洛尼，维雅拉，奥帕尔卡则变成了生产性的机械，从事可互换的或不断重复的工作③。

20 世纪最后 20 年时间里，人们对身体媒介的优先权没有提出任何质疑。

1970 年代，在性自由浪潮以及艾滋病所带来的逆流的影响下，产生了一批交织着对性的苦恼以及对死亡的焦虑的作品。马普勒多尔普的作品很好地揭示出对生存双重性的思考。这可以用 1994 年一个展览的标题来总结："爱的冬日④"。美的世界被一层隐隐约约的焦虑所笼罩——而不断增加的轻快与挑衅却使它免受焦虑影响。

同时，医药、外科以及基因技术和数字技术的发展带来了新的艺术形式。这与艺术所刻画的后人类人有关。受到其他经验的影响，以及通过女性主义艺术家（南希·斯派罗，朱迪·芝加哥，辛迪·舍曼，芭芭拉·克鲁格）的作品而了解到身体的其他结构所产生的影响，或是因为同性恋艺术家和"古怪"思想的影响，这种后人类的观点对身份肯定以及自我认同都提出了质疑。

----

① 关于维也纳行动主义，参看如下两个目录：《维也纳行动主义：维也纳 1960—1971》，克拉根福，骑士出版社，1989 年；《从行动绘画到行动主义：维也纳 1960—1965》，克拉根福，骑士出版社，1988 年。

② "机器的问题比较少。我愿意成为一台机器。您不想吗?"（安迪·沃霍尔和鲍伯·科拉瑟洛引用：《可怕的人：安迪·沃霍尔精密的观察》，纽约，哈帕-柯林斯出版社，1990 年；此句话出自 1963 年。）

③ 该主题在莫里斯·弗雷许雷的作品《绘画机器》中有深入的分析，尼姆，雅克琳娜·尚邦出版社，1994 年。

④ 《灰色爱情的冬日》目录，巴黎，巴黎现代美术馆，巴黎-博物馆出版社，1994 年。

3）身体：艺术的主体和客体

变化的结果即"世纪末"的身体从此既是艺术行为的主体也是客体。尤其是艺术行为变得无处不在——无论是在摄影图像还是电影录像片中都无处不在。自 1990 年以来，80％甚至 90％的艺术都以身体作为客体。即使不展示身体，也会用创作艺术家的身体进行艺术表演，艺术家除了是作品的创作者以外，自身也变成了一个作品和标签。合成类的工作则是由布鲁斯·诺曼、罗曼·奥帕尔卡、辛迪·舍曼等艺术家来完成的，他们同时既是自己作品的主体也是客体，而一系列关于身份的问题不仅有社会方面的原因同时也有艺术方面的原因。

复杂的变化有其自身特征。

一方面，近 30 年来艺术逐渐改变了体制和时代。几乎替代了宗教、创作出至高无上的作品的艺术，其现代性的一面已经不复存在。现代艺术已经结束。它已让位于一种既不带有预见性也不具备幻想性的艺术，这种艺术是诸多社会思考机制的一部分（表达方面和思考方面一样），是一种思考和收集资料的方式。借助于这些方式，社会如同一个系统一样领会并思考在自己身上所发生的一切。

另一方面，或许并不奇怪，与这种普遍的自反性变化同时存在的是关于多重身份的层层疑虑。总而言之，为了看上去显得多样化，身份变得相当不稳定且具有灵活性。

最后，所有的视觉设备都变得无处不在而且具有入侵性，再也没有所谓"视觉之外的"东西。再也没有什么是可以被隐藏的。

结论：

灵魂变成了身体，而生活不再是生活

在现实条件下，身体似乎提供了最后一个与之紧密相连的固定点。

这个固定点与我们的生活相关，能够让身处他者之中的人或个体理解自我、反省自我、调节自我、改变自我、超越自我——途径则可以借助于

可视化：身体与视觉艺术

1. 马塞尔·杜尚：下楼的裸女n°2，1912年，
费城，费城艺术博物馆。

    各种视觉化的技术手段对于20世纪艺术家
与身体之间的关系影响很大。人们可以不断地
看到新的、更好的事物的出现：从慢镜头到特
写镜头，从X光到内窥镜检查法，从录像机到
扫描仪。1912年，杜尚开始了对陈旧绘画艺术
方法的变革。如果没有电影，他的作品《下楼
的裸女》是难以想象的。

2. 理查德·哈密尔顿：是什么让今天的家变得如此与众不同，如此吸引人？，1956年，图宾
根，艺术馆。

    现代化的室内，现代化的设施，消费——室内中央是强健的、色情的以及媚惑的身体。在1930
年代，运动员成为政治炫耀的一部分。在1950年代，性感美女以及健美运动员成为娱乐及广告的对
象。哈密尔顿是英国最早的波普艺术家之一，他将所有这些元素表现在这一幅拼贴作品中。

3. 曼·雷伊拍摄的照片：爱娃·加德纳所饰演的潘多拉，1950年。

尽管存在对身体的标准化、机械化和歪曲，但在整个20世纪，美在摄影、电影、时尚以及装饰等领域仍然占据着一席之地。超现实主义艺术家曼·雷伊展示出了这种"爆炸性的、坚定"的美，即一个电影明星的美。

4. 拉乌尔·奥斯曼："机械头像"或者名为"我们这个时代的精神"，1919年，巴黎，法国国家现代艺术博物馆。

1919年，柏林达达主义者拉乌尔·奥斯曼创造出了我们这个时代的人类。这是一个面部毫无表情的带编号的模型，表面光滑没有视觉。这是一个标准化的、大众化的孤独的人，但也是一个在感观以及交流方面借助于假器的人，是将会沉浸于下载的音乐中的当代个体。

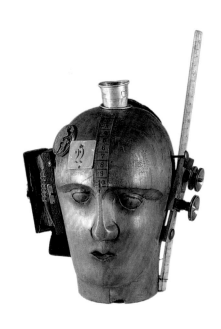

5. 凯瑟琳·克拉拉·克拉克小姐，图像选自《X光摄影姿势摆放》一书，1939年。

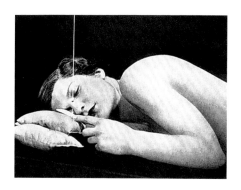

6. 康斯坦丁·布朗居西：沉睡的缪斯，1910年，巴黎，法国国家现代艺术博物馆。

以往与艺术家密不可分的形体科学建立在解剖学知识的基础之上。20世纪，出现了其他形式的研究方式。这是布朗居西非常著名的一个雕塑作品，其姿势与一本经典的X光摄影指南所推荐的姿势形成对比。

7. 李·波维瑞。

自1980年代以来，身体开始得到展示。身体本身变成了艺术品，变成了一个非常关键的艺术活动表演形式。被乔装改扮、装饰的身体最终被推至极限——身体的极限，体面的极限以及挑战的极限。英国表演者李·波维瑞是时尚界和夜生活的宠儿，他很好地诠释了身体的这一新的特征。

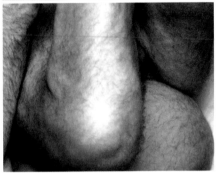

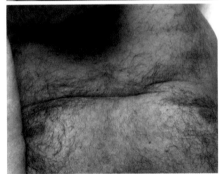

8．约翰·科普兰斯：自画像，倒置n°1，1992年，约翰·科普兰斯信托会，纽约。

通常我们通过身体姿势而拍摄身体，例如模特、演员、政治人物乃至社会新闻中尸体的姿势。在20世纪末期，一种粗暴、露骨、不符合常规的身体拍摄的方式出现了。美国人约翰·科普兰斯拍摄下自己苍老、笨重且满是皱纹的身体。我们称之为证明、宿命或自我活组织检查。

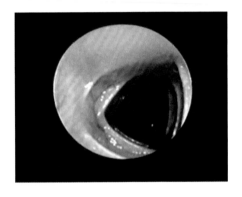

9．莫娜·哈透姆：奇怪的身体，细节：肠道，1994年。圆柱形木质结构的摄像机设备，摄像聚光灯，录像放像机，放大器，四个扬声器，350×300×300厘米，伦敦，白色立方美术陈列馆。

通常裸体保留了一个传统特征，即学院式裸体的特征。20世纪最后20年里，因为内窥镜检查技术的入侵性或非入侵性的作用，身体得到了深入细致的研究。人体内部再也不是大脑的问题，而是有关内脏的问题。这就是莫娜·哈透姆如何将内窥镜检查运用于他自己身体的一个部位。

10. 奥斯卡·史雷梅尔：包豪斯舞蹈：棍棒舞，1927年，舞蹈家阿芒达·冯·克雷比，摄影师T.吕克斯·费宁格，奥斯卡·史雷梅尔档案馆。

由包豪斯艺术家史雷梅尔编舞的这张摄影照片，展示出被诸多线条牵引、激活的身体所呈现出的方向。灯光和棍棒共同勾勒出身体。即使在舞蹈艺术中，1930年代的纪律制度也得到了体现。

11. 亚历山大·罗谦柯：活的徽章，1936年。

在罗谦柯的这张摄影照片中，一切都一览无余：社会主义的炫耀，运动员的身体，标志与机械齿轮。规范将这一场景调整好并固定下来。艺术反映出对身体的支配。

12. 波里斯·塔斯里兹齐：布痕瓦尔德小集中营，1945年，巴黎，法国国家现代艺术博物馆。

　　关于集中营的资料非常少。原因就不用说了。场景既不宜凝视，也不会带来任何美感。少量的用作证据的图片不仅是为了保留残迹，而且是为了保留对人体摧毁、侮辱的记忆。

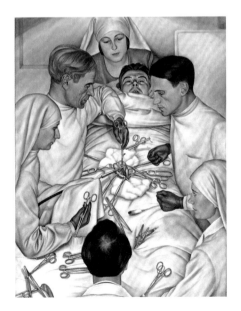

13. 克里斯蒂安·夏德：手术，1929年，慕尼黑，伦巴赫美术馆。

　　六个护理人员围绕在接受外科手术的病人旁边。在这幅作品中，德国新主观主义画家夏德融入了多种隐喻：钢与肉体，病愈的愿望与痛苦，创伤与拯救，技术与生命。

14. 史迪拉克：第三只手，1980年。

　　20世纪的最后20年，随着生物科技的到来，以往控制身体的生物政治逐渐退出历史舞台。身体可以被修复，安装假肢，被移植——因此身体完全变成了超人甚至是超级超人。澳大利亚表演者史迪拉克因此安装了第三只胳膊。

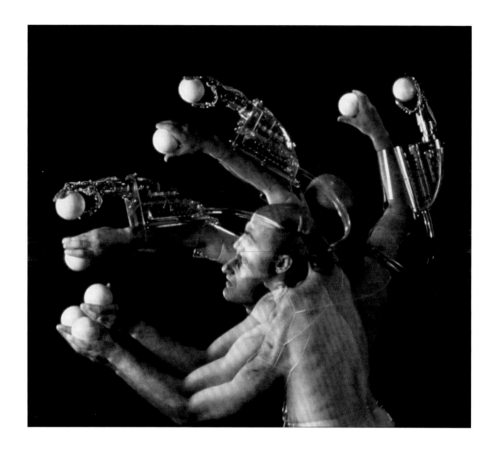

15. 1945年丽塔·海华丝被美国男兵选为性感美女。

梦幻之美以及美的普及：整形外科塑造的女性对象、性感美女以及电影明星。我们游离于时尚摄影、情感报刊、高尚艺术与为士兵服务的色情艺术之间。美仿佛可以被无止境地复制，无论在摄影还是在电影中都一样。

16. 爱德华·斯泰肯：玛莲娜·迪特里茜，纽约，现代艺术博物馆，摄影师捐赠。

伟大的摄影师，伟大的明星。自1920年末开始，摄影技术以及电影共同造就了关于美的传奇，这种美的传奇逃离了时代、疾病和死亡。存在于光面相纸上的是永恒。

17. 让-卢·西弗：伊夫圣罗兰，1970年。

　　这幅照片展示的并非一个女性裸体的美，而是一个年轻、帅气并且富有的男子的美。伊夫圣罗兰不同寻常的姿势充满了挑衅。这幅照片同时也是为其女子时装店以及香水所拍摄的广告。西弗的这部作品包含了现代美的所有元素。

18. 朗读立体派诗歌的雨果·巴尔，1916年。

19. 赫尔曼·尼奇：XII 行动，1965年，维也纳。

1916-1918年间，达达艺术家们（杜尚、奥斯曼、巴尔以及其他艺术家）完全颠覆了艺术作品的概念。艺术家的身体、意图以及观点、行为都可以是艺术。从1950年代至今，身体艺术、表演以及概念艺术都对这些领域进行了探索。该作品中，为了朗读语音诗歌，巴尔化装成了立体派人物。

自1960年代开始，维也纳行动主义者将自己的身体置于充满激情、狂欢、猛烈而且渎神的仪式之中。而在同时代，美国表演者或福鲁克萨斯艺术家们则表现得更加冷静，他们与卓别林、劳埃德以及基顿时代无声电影中的喜剧演员相应合。

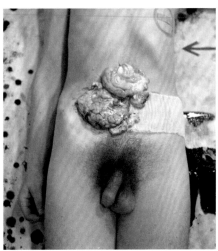

20．玛丽娜·阿布拉莫维奇在表演《节奏4》，45分钟，1974年，米兰，迪亚格拉马艺术馆，征得艺术家的同意。

　　1970年代的表演通常具有危险性。身体被引至极限，服从于刺激。玛丽娜·阿布拉莫维奇处于封闭室内并直面一台叶轮机，叶轮机发出的强大风力使她在拍摄完这幅照片之后的数秒内很快昏倒。

21．南·戈尔丹：被打一个月之后的南，1984年。

　　以艺术家的方式来改变身体只是一个阶段。展示个人身体以及身份在本世纪的最后二十年里变得非常普遍。自我是一个有血有肉的躯体，而有时候则会遭受痛苦、谋杀和侵犯，或者就像一件沉重得难以承受的事物。美国人南·戈尔丹在被朋友暴打之后自己拍下了这张照片。该照片收录于一部名为《性依赖诗歌》的文集中。

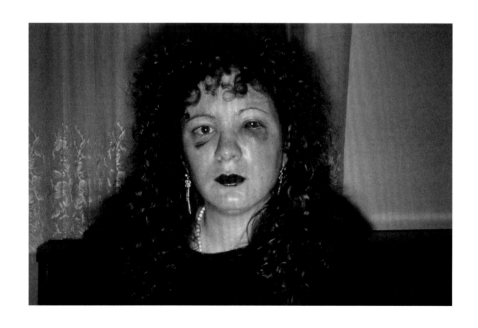

22．托马斯·施特鲁斯：贝蒂娜·娜伯勒尔德，杜塞尔多夫，1984年。

施特鲁斯所拍摄的这位不摆姿势而直面镜头、表情自然的年轻女子体现出世纪末身体在艺术中的呈现，即没有诱惑，没有矫揉造作，如同一个短暂却确定、微不足道却庄重的身份。

23．亚娜·斯泰尔巴克：虚空，为一个患厌食症的白化病人做的肉质衣服，1987年，巴黎，法国国家现代艺术博物馆。

内心不只是通过不庄重的方式展示出来。它也可能以温柔但扰乱的形式出现。加拿大艺术家斯泰尔巴克的这幅穿着生肉制作而成的裙子、如同高级时装模特般摆出优美姿势的摄影作品，展示出患厌食症的人以及流亡国外的人的身体。

外科手术、治疗、服用药物或者是禁欲主义精神的力量。

这个固定点也是一种证明，它能让人运用一种理性、恐怖或是冷漠的客观性，以此来观察、记录并评判因为社会自反性以及时间（时间永不停息地从当下溜走）所带来的变化、变迁与紧张。

只是再也没有具有艺术思想的新颖的身体艺术作品，因为根本不再有什么艺术品的存在。图像让我们突然置于裸露的实体面前，而我们却无法再将其据为己有，因为象征和比喻意义使得艺术作品不复存在。某种程度上而言，身体与自身是一致的，但是却不可能将其主观化和客观化。身体，如同一块肉，一个鬼脸或一个身影，莫名其妙地被放到了它所在的地方。因此才有了奇怪的性的无处不在，但却没有丝毫的欲望、幻想和激情。这一变化对于视觉艺术和戏剧、舞蹈具有同等价值。

1976年米歇尔·福柯在《求知欲》①结尾写道，性已经变成了"想象点，借助于这个想象点每个人最终应该了解自己的心智，自己身体的全体性，以及自己的身份"。心智，全体性，身份：这三个奇怪的人道主义概念出自于一个自称反人道主义的思想家，它们显示出对经典艺术作品的追求。

近三十年已经过去。我们直接面对外形扑朔迷离的身体和性，二者在外形上表现得心神不宁而冷淡，粗暴而熟悉，赤裸而普通。冷漠的拜物主义占了上风：曾经存在意识、灵魂、幻觉以及欲望，但现在只剩下身体及其标记。

与自己面对面变成了与身体的面对面，我们同身体没有丝毫的距离。福柯在同一段落里写道，"性已经变得比我们的灵魂还重要，几乎比我们的生命还重要"。

如果要描述当代的情况，最好用"身体"替代"性"，同时删除"几乎"一词：身体已经变得比我们的灵魂还重要——比我们的生命还重要。

---

① 米歇尔·福柯：《性史》，第1卷《求知欲》，巴黎，伽利玛出版社，"历史图书馆"丛书，1976年，第205—206页。

人名译名对照表

Aaron，Soazig 艾伦，索子格

Abbott，Berenice 阿博特，贝伦尼斯

Abraham，Felix 亚伯拉罕，费利克斯

Achard（professeur）阿夏尔（教授）

Achard，Marcel 阿夏尔，马塞尔

Adams，Bluford 亚当斯，布鲁佛

Adams，Rachel 亚当斯，雷切尔

Adrien，Paul 阿德里安，保罗

Agamben，Giorgio 阿甘本，乔治

Agathon 阿卡东

Aïach，Pierre 阿伊阿齐，皮埃尔

Aimard，Gustave 艾玛德，居斯塔夫

Ajuriaguerra，Julian de 阿朱里古尔热，朱里安·德

Alber（prestidigitateur）阿尔贝（魔术师）

Albert-Birot，Pierre，阿尔贝-比罗，皮埃尔

Albrecht，Gary L. 阿波切特，加里·L.

Alderson，William T. 奥尔德森，威廉·T.

Alexandra（princesse de Galles）亚历山德拉（威尔士公主）

Allen，Woody 艾伦，伍迪

Altick，Richard 阿尔提克，理查德

Amar，Jules 阿玛，儒尔

Amar，Marianne 阿玛，马里亚纳

Ambroise-Rendu，Anne-Claude 安布卢瓦兹-朗杜，安娜-克洛德

Amery，Jean 阿梅利，让

Amiel，Vincent 阿米埃尔，樊尚

Amiot，Jean 阿米约，让

Amiot，Patrick 阿米约，帕特里克

Ancet，Pierre 安塞，皮埃尔

Andersson，Harriet 安德森，哈莉特

André（général）安德烈（将军）

André，Géo 安德烈，热奥

Andreff，Wladimir 安德烈夫，瓦拉迪米尔

Andrews，Bridie 安德鲁斯，布雷迪

Anouilh，Jean 阿努伊，让

Antelme，Robert 安泰尔姆，罗伯特

Antoine（coiffeur）安托万（理发师）

Antoine，Jean 安托万，让

Anzieu，Didier 安齐厄，迪迪埃

Apollinaire，Guillaume 阿波利奈尔，吉约姆

Appel，Toby 阿佩尔，托比

Applebaum，Anne 阿普尔鲍姆，安娜

Apter，Emily 阿普特尔，埃米莉

Aragon，Louis 阿拉贡，路易

Arbus，Diane 阿勃丝，黛安

Arden，Elizabeth 阿尔当，伊丽莎白

Ariès，Philippe 阿里耶斯，菲利普

Aristote 亚里士多德

Arnaud，Pierre 阿尔诺，皮埃尔

Arron，Christine 阿龙，克里斯蒂纳

Arroyo，José 阿诺约，乔斯

Béjin, André 贝基,安德烈

Bell, Daniel 贝尔,达尼埃尔

Bellamy, David 拜拉米,大卫

Bellin du Coteau, Marc 贝兰·杜·戈多,马克

Bellivier, Florence 贝利维埃,弗洛朗斯

Bellmer, Hans 贝尔梅尔,汉斯

Bellochio, Marco 贝鲁奇,玛尔戈

Ben Ytzhak, Lydia 本伊萨克,莉迪亚

Benayoun, Robert 贝纳云,罗伯特

Benjamin, Walter 本雅明,沃尔特

Bennett, Tony 贝内,托尼

Bergala, Alain 伯嘉拉,阿兰

Bergman, Ingmar 伯格曼,英格玛

Bergman, Ingrid 褒曼,英格丽

Bergren, Eric 伯格兰,埃瑞克

Berlivet, Luc 贝尔利维,吕克

Bernard, Claude 贝尔纳,克洛德

Bernard, Jean-Pierre Arthur 贝尔纳,让-皮埃尔·阿尔图尔

Bernard, Michel 贝尔纳,米歇尔

Bernège, Paulette 贝奈热,波莱特

Bernstein, Carol 贝尔斯坦,卡罗尔

Berry, John 贝瑞,约翰

Bertherat, Thérèse 贝尔特拉,泰蕾兹

Berthoz, Alain 贝尔托兹,阿兰

Berthoz, Jean 贝尔托兹,让

Bertillon, Alphonse 贝蒂荣,阿方斯

Bertillon, Louis Adolphe 贝蒂荣,路易·阿道夫

Bertillon, Suzanne 贝蒂荣,苏珊

Bertin, Sylvie 贝尔丹,西尔维

Bertini, Francesca 贝尔提尼,弗朗西斯卡

Bertrand, Claude-Jean 贝尔特朗,克劳德-让

Bertrand-Dorléac, Laurence 贝尔特朗-多尔莱阿克,劳伦斯

Bessy, Olivier 贝斯,奥利维埃

Bidel, Jean-Baptiste-François 比代尔,让-巴蒂斯特-弗朗索瓦

Bilger, Nathalie, 比尔热,娜塔丽

Billard, Pierre 比亚尔,皮埃尔

Billings, Paul R. 比林斯,保罗·R.

Bilton, Michael 比尔顿,迈克尔

Binet, Alfred 毕奈,阿尔弗雷德

Binet-Sanglé, Charles 比内-桑格莱,夏尔

Bircher-Brenner, Maximilian (docteur) 比尔谢-布莱纳,马克西米利安(医生)

Bjorkman, Stig 毕约克曼,史提格

Blairs, Betsy 布莱尔,贝特西

Blaizeau, Jean-Michel 布莱泽,让-米歇尔

Blassie, Michael 布莱西,迈克尔

Blaufox, M. Donald 布劳福克斯,M.多纳德

Bloch, Marc 布洛赫,马克

Blondet-Bisch, Thérèse 布隆代-比什,泰蕾兹

Blöss, Thierry 布洛斯·蒂埃里

Bloy, Léon 布洛瓦,莱昂

Blum, Léon 布卢姆,莱昂

Blum, Virginia L. 布卢姆,弗吉尼娅·L.

Bobet, Louison 伯贝,路易松

Bocchi, Pier Maria 鲍奇,皮尔·玛利亚

Bogdan, Robert 波格丹,罗伯特

Boigey, Maurice 布瓦热,莫里斯

Boisselier, Jackie 布瓦瑟利埃,雅姬

Boltanski, Luc 伯坦斯基,吕克

Bonah, Christian 博纳,克里斯蒂安

Bonaparte, Marie 波拿巴,玛丽

Bonaque, Marie-Louise 博纳克,玛丽-露易丝

Bondeson, Jan 邦德森,杰恩

Bonnefont, Gaston 博纳冯,加斯东

Bonnet, Géraud 博奈,热罗

Borelli, Lyda 波里尼,利达

Borlin, Jean 波尔兰,让

Bosséno, Christian-Marc 博塞诺,克里斯蒂安-马克

Bosworth, Patricia 博斯沃思,帕特里里夏

Botchkareva，Maria［dit Yashka］波赤卡列娃，玛莉亚【又名亚什卡】

Boudou，Eugène Frédéric［dit《l'homme à la tête de veau》］布杜，欧仁·弗雷德里克【又名"牛头人"】

Boudouard-Brunet，Laurence 布杜瓦-布吕奈，洛朗斯

Bouillet，Marie-Nicolas 布耶，玛丽-尼古拉

Boulogne（père）布洛涅（神父）

Boulongne，Yves-Pierre 布隆尼，伊夫-皮埃尔

Bounoure，Gaston 布努尔，加斯东

Bourcier，Marie-Thérèse 布尔谢，玛丽-泰蕾兹

Bourdallé-Badie，Charles 布尔达赖-巴迪，查理

Bourke，Joanna 布尔克，乔安娜

Bourke-White，Margaret 博克-怀特，玛格丽特

Boutet de Monvel，André 布泰·德·蒙韦尔，安德烈

Bow，Clara 鲍，克拉拉

Bozon，Michel 博宗，米歇尔

Bozonnet，Jean-Jacques 博佐内，让-雅克

Braddock，David L. 布拉多克，大卫·L.

Bradley，David 布拉德利，大卫

Brady，Mathew 布雷迪，马修

Braga，Dominique 布拉伽，多米尼克

Branche，Raphaëlle 布朗什，拉斐尔

Brassart，Alain 布拉萨尔，阿兰

Brauner，Victor 布罗纳，维克多

Bray，George A. 布瑞，乔治·A.

Breker，Arno 布瑞克，阿尔诺

Brenez，Nicole 布勒内，妮科尔

Brenner，Sydney 布莱纳，西德尼

Brenot，Philippe 布勒诺，菲利普

Breton，André 布勒东，安德烈

Breton，Jules-Louis 布勒东，儒勒-路易

Breuer，Josef 布勒尔，若瑟夫

Breyer，Victor 布雷耶，维克多

Brian，Éric 布里昂，埃里克

Bringuier，Jean-Claude 布罕基耶·让-克洛德

Brion，Patrick 布里翁，帕特里克

Broadfoot，Barry 布罗德福特，巴里

Broca，Alain de 布洛卡，阿兰·德

Brodsky Lacour，Claudia 布罗德斯基·拉库尔，克劳迪娅

Brooks，Louise 布鲁克，路易丝

Broussais，François-Joseph-Victor 布鲁塞，弗朗索瓦-约瑟夫-维克多

Brown，Carolyn 布朗，卡罗琳

Brown，Louise 布朗，露易丝

Brown，Robert 布朗，罗伯特

Brown，Trisha 布朗，崔沙

Browne，Stella 布朗，斯岱拉

Browning，Christopher 布朗宁，克里斯托弗

Browning，Tod 布朗宁，陶德

Bruge，Roger 布吕热，罗歇

Brus，Günter，布鲁斯，君特

Bruyères，Hippolyte 布吕耶尔，伊波利特

Buber-Neumann，Margarete 布伯-努曼，马格利特

Buffet，Bernard 比费，贝尔纳

Bullock，William 布洛克，威廉

Bunker，Chang et Eng 邦克，昌和恩

Buñuel，Luis 比尼厄尔，路易斯

Burais，Auguste 比雷，奥古斯特

Buren，Daniel 布伦，丹尼尔

Burguière，André 布尔基耶，安德烈

Burns，Stanley B. 彭斯，斯坦利·B.

Burrin，Philippe 布罕，菲利普

Burrows，Larry 伯罗斯，拉里

Burton，Tim 波顿，蒂姆

Bury，Michael 贝里，迈克尔

Cabanes，Bruno 卡巴纳，布鲁诺

Cabrol，Christian 卡布罗尔，克里斯蒂安

Cage，John 凯奇，约翰

Cahn，Théophile 卡恩，泰奥菲勒

Caillavet，Henri 卡耶维，亨利

Caillié，René 迦利耶，勒内

Caillois，Roger 凯卢瓦，罗歇

Calino 卡里诺

Callahan，Harry 卡拉汉，海瑞

Callon，Michel 加隆，米歇尔

Calloux，Jean-Claude 伽鲁，让-克洛德

Calmette，Albert 卡尔梅特，阿尔贝

Caloni，Pierre 卡洛尼，皮埃尔

Calvet，Jean 卡尔韦，让

Cameron，James 卡麦隆，詹姆斯

Camus，Albert 加缪，阿尔贝

Camus，Renaud 加缪，雷诺

Camy，Jean 卡美，琼

Canguilhem，Georges 康吉杨，乔治

Capa，Robert 卡帕，罗伯特

Capdevila，Luc 卡普德维拉，吕克

Caputo，Philip 卡普托，菲利普

Cardon，Dominique 伽尔东，多米尼克

Carol，Anne 卡罗尔，安娜

Carpentier，Georges 卡朋提埃，乔治

Carpentier，Harlean：*voir* Harlow，Jean 卡朋提埃，哈莉安：见哈露，珍

Carr Gom，Francis（sir）凯尔·葛姆，弗朗西斯（爵士）

Carrel，Alexis 卡雷尔，阿莱克西

Carricaburu，Danièle 卡里卡布儒，达尼埃尔

Carrier，Claire 卡里耶，克莱尔

Carton，Paul 卡通，保罗

Caselli，Graziella 格拉齐埃拉·卡色利

Cassavetes，John 卡萨维特，约翰

Cassel，Dana K. 卡塞尔，达纳·K.

Casta-Rosaz，Fabienne 卡斯塔-洛扎，法比亚纳

Castel，Pierre-Henri 卡斯特尔，皮埃尔-亨利

Castel，Robert 卡斯特，罗贝尔

Castorp，Hans 卡斯托普，汉斯

Castries（géréral de）（德）卡斯特里（将军）

Catwomen 猫女

Céline，Louis-Ferdinand 塞利娜，路易-费迪南

Cerdan，Marcel 瑟当，马塞尔

Ceyhan，Ayse 杰伊汗，艾谢

Cézanne，Paul 塞尚，保罗

Chabrol，Claude 夏布罗尔，克劳德

Chakrabarty，Ananda 夏克拉巴提，阿纳达

Chalamov，Varlam 夏拉莫夫，瓦拉姆

Châles-Courtine，Sylvie 沙勒-库尔第纳，西尔维

Chalupiec，Barbara ：*voir* Negri，Pola 夏绿皮克，巴巴拉：见尼格里，波拉

Chandler，Raymond 钱德勒，雷蒙德

Chanel，Gabrielle［dite Coco］香奈儿，加布里埃【又名可可】

Chaney，Lon 钱尼，朗

Changeux，Jean-Pierre 尚热，让-皮埃尔

Chany，Pierre 夏尼，皮埃尔

Chaperon，Sylvie 夏普隆，西尔维

Chaplin，Charles［dit Chalie］卓别林，查理

Char，René 沙尔，勒内

Charcot，Jean-Martin 沙尔科，让-马丁

Charles-Roux，Edmonde 查理-鲁，埃德蒙德

Charney，Leo 沙尔内侬，莱奥

Charreton，Pierre 夏尔东，皮埃尔

Chauchat，Clawdia 肖沙，克劳蒂娅

Chauncey，George 尚塞，乔治

Chauvaud，Frédéric 肖沃，弗里德里克

Chéroux，Clément 谢鲁，克莱芒

Chevallier，Gabriel 舍瓦利耶，伽布里埃尔

Chicago，Judy 芝加哥，朱迪

Chicotot，Georges 希科多，乔治

Chilard，Colette 希拉，柯莱特

Chouinard，Marie 书娜，马丽

Daudet，Alphonse 都德,阿方斯

Daudet，Léon 都德,莱昂

Dauphin,Cécile 多芬,塞西尔

Dausset，Jean 多塞,让

Dauven，Jean 多旺,让

Davidenkoff，Emmanuel 大卫邓可夫,艾玛努埃尔

Dawkins，Richard 达金斯,里夏尔

De Duve，Pascal 德·迪夫,帕斯卡

De Laureniis，Dino 德·劳伦提斯,迪诺

De Vore，Christopher 德·沃尔,克里斯托夫

Dean，James 丁,詹姆斯

Debay，Auguste 德拜,奥古斯特

Debouzy，Marianne 德布兹,玛丽安娜

Debru，Claude 德布鲁,克洛德

Debruyst，Christian 德布吕斯特,克里斯蒂安

Decouflé,Philippe 德库弗雷,菲利普

Defrance，Jacques 德法朗斯,雅克

Degos，Laurent 德高,洛朗

Deitch,Jeffrey 德切,杰弗里

Dekkers,Midas 戴克斯,米达斯

Delait，Clémentine 德莱,克莱芒蒂娜

Delaporte，François 德拉堡特,弗朗索瓦

Delaporte，Sophie 德拉堡特,索菲

Delaunay,Quynh 德罗奈,坎

Delbès，Christiane 戴尔贝,克里斯蒂安

Delsarte,François 德萨特,弗朗索瓦

Demartini，Anne-Emmanuelle 德马尔蒂尼,安娜-埃玛纽埃尔

Demenÿ，Georges 德莫尼,乔治

DeMille,Agnes 德米尔,阿涅斯

Dempsey,Jack 德姆西,杰克

Déniel,Jacques 戴尼尔,雅克

Denis，Georges 德尼,乔治

Denis，Vincent 德尼,樊尚

Derouesné，Christian 德鲁埃内,克里斯蒂安

Desbonnet，Edmond 德斯伯奈,埃德蒙

Descartes，René 笛卡尔,雷奈

Désert，Gabriel 德塞,伽布里埃尔

Desgrange，Henri 岱斯格朗日,亨利

Deslandres，Yvonne 岱斯朗德,伊沃纳

Desmond，Adrian 德斯蒙德·阿德里安

Despentes，Virginie 德斯旁特,维尔日尼

Desrosières，Alain 德罗西埃,阿兰

Detmers，Maruschka 迪特马斯,马鲁斯卡

Detrez，Conrad 德泰,孔拉

Deutsch，Hélène 多伊奇,埃莱娜

Didi-Huberman,Georges 迪迪-于贝尔曼,乔治

Diersch，Manfred 迪施,曼弗雷德

Dietrich,Marlene 迪特里茜,玛莲娜

Dillon,Michael 蒂庸,米盖尔

Dior，Christian 迪奥,克里斯蒂安

Dirks，Nicholas B. 德尔克斯,尼克拉斯·B.

Disney，Walt 迪斯尼,沃尔特

Dix，Otto 迪克斯,奥托

Doan，Dominique 唐,多米尼克

Dobzhanski Theodosius 杜布赞斯基,泰奥多谢斯

Doinel，Antoine 杜瓦内尔,安托万

Doll，Richard 杜尔,理查德

Dorier-Apprill，Élisabeth 多里耶-阿普里尔,伊丽莎白

Douin,Jean-Luc 杜安,让-吕克

Dowd,Irene 多德,伊雷娜

Dower，John 道尔,约翰

Dracula 德古拉

Dreuilhe，Alain-Emmanuel 德勒伊,阿兰-艾玛努埃尔

Dreyer,Theodor 德莱叶,西奥多

Dreyfus，Catherine 德雷福斯,卡特琳娜

Drimmer，Frederick 德里梅,弗雷德里克

Drouard，Christine 德鲁瓦,克里斯蒂纳

Dubroux,Danièle 杜布鲁,达尼埃尔

Duby，Georges 杜比,乔治

Duchamp,Marcel 杜尚,马塞尔

Ducrey，Guy 杜克雷，居伊

Duden，Barbara 杜登，芭芭拉

Dufestel，Louis 杜菲斯戴尔，路易

Dufour，Jean-Louis 迪富尔，让-路易

Dufresne，Jacques 杜弗莱纳·雅克

Dugué，Jacques 杜凯，雅克

Duhamel，Georges 杜阿梅尔，乔治

Dumazedier，Joffre 迪马泽迪耶，若弗尔

Duménil，Anne 迪梅尼，安娜

Duncan，Isadora 邓肯，伊沙朵拉

Dupâquier，Jacques 迪帕基耶，雅克

Dupin，Auguste 迪潘，奥古斯特

Duquesnoy，Jacques 迪凯努瓦，雅克

Durand，Jean 杜朗，让

Durand，Marc 杜朗，马克

Duras，Marguerite 杜拉斯，玛格丽特

Durif，Christine 杜里弗，克里斯蒂纳

Durkheim，Emilie 涂尔干，埃米莉

Durry，Jean 迪利，让

Durville，André 杜维尔，安德烈

Durville，Gaston 杜维尔，加斯东

Dutroux，Marc 杜图，马克

Duvert，Tony 杜威，托尼

Dwyer，Jim 德怀厄，吉姆

Eastwood，Clint 伊斯特伍德，克林特

Edelman，Bernard 埃德曼，贝尔纳

Eder，Franz X. 埃德，弗朗兹·X.

Edison，Thomas 爱迪生，托马斯

Ehrenberg，Alain 艾伦贝克，阿兰

Ehrenbourg，Ilya 爱伦堡，伊利亚

Ehrenfried，Lili 埃朗弗利，莉莉

Eisenman，Charles 艾森曼，查尔斯

Eisenstein，Serguei 爱森斯坦，谢盖尔

Eley，Geoff 埃利，杰夫

Elias，Maurice J. 艾利亚斯，莫里斯·J

Elias，Norbert 埃利亚斯，诺贝特

Ellenberger，Henri F. 埃朗贝热，亨利·F.

Ellis，Havelock 埃利斯，哈沃洛克

Emerson，Ralph Waldo 爱默森，拉尔

夫·瓦尔多

Epstein，Steven G. 爱泼斯坦，斯蒂文·G.

Erler，Fritz 埃勒尔，弗里茨

Erny，Philippe 埃尔尼，菲利普

Erwin，May 埃尔文，梅

Eschbach，Prosper-Louis-Auguste 埃斯巴克，普罗斯珀-路易-奥古斯特

Esquenazi，Jean-Pierre 埃斯克纳齐，让-皮埃尔

Essner，Cornelia 埃斯内，科尔纳利亚

Fabens，Raoul 法邦，拉沃尔

Faber，François 法贝，弗朗索瓦

Faget，Jean 法热，让

Farge，Arlette 法尔热，阿尔莱特

Fassin，Didier 法斯，迪迪埃

Faure，Jean-Louis 弗尔，让-路易

Faure，Michaël 弗尔，米盖尔

Faure，Olivier 富尔，奥利维埃

Feitis，Rosemary 费蒂，罗丝玛丽

Feldenkrais，Moshe 费尔登克莱，莫什

Fellig，Arthur H. : *voir* Weegee 弗利格，阿尔图尔 H. : 见维加

Féré，Charles-Samson 费雷，查理-桑松

Fermanian，Jean 费尔马尼昂，让

Ferrand，Alexis 费朗，阿莱克西

Ferraton（docteur）费拉东（博士）

Ferro，Marc 费罗，马克

Feuillère，Edwige 弗耶尔，埃德威齐

Fielder，Leslie 费德勒，莱斯利

Fischer，Alain 菲舍尔，阿兰

Fischer，Jean-Louis 菲舍尔，让-路易

Fischl，Eric 菲什尔，埃里克

Fitzgerald，Francis Scott 菲茨杰拉德，弗朗西斯·司各特

FitzGerald，William G. 菲茨杰拉德，威廉·G.

Flammarion，Camille 弗拉马里翁，卡米尔

Flaubert，Gustave 福楼拜，古斯塔夫

Fléchet，Anaïs 弗莱舍，阿纳伊斯

Fleurigand，Charles 弗勒利冈，查理

Florescu，Radu 弗洛雷斯科，拉杜

Fontaine，Geisha 丰丹，盖沙

Fontenelle，Bernard Le Bovier de 封特耐，贝尔纳·勒博维埃·德

Ford，Henry 福特，亨利

Forel，Auguste 弗海尔，奥古斯特

Forry，Steven Earl 福瑞，斯蒂文·艾尔

Forti，Simone 福蒂，西蒙

Foucault，Michel 福柯，米歇尔

Fougeron，André 富热隆，安德烈

Fouque，Antoinette 福克，安托瓦内特

Fournel，Victor 富尔内尔，维克多

Fox，Daniel M. 福克斯，丹尼尔·M.

Fox-Keller，Evelyn 福克斯-凯勒，埃弗兰

Frank，Robert 弗兰克，罗伯特

Frankenstein 弗兰肯斯坦

Frayling，Christopher 弗雷灵，克里斯托夫

Frears，Stephen 费尔斯，斯蒂芬

Fréchuret，Maurice，弗雷许雷，莫里斯

Frederick，Christine 弗里德里克，克里斯蒂纳

Freeman，Leonard 弗雷曼，利奥纳

Freud，Lucian 弗洛伊德，吕西安

Freud，Sigmund 弗洛伊德，西蒙

Frot，Natacha 弗洛，纳塔莎

Fuller，Loïe 富勒，洛伊

Fussell，Paul 福塞尔，保罗

Gabolde，Martine 加伯德，马蒂娜

Gaboriau，Philippe 加博里约，菲利普

Gaensslen，Robert E. 根斯伦，罗伯特·E.

Gaille-Nikodimov，Marie 盖尔-尼克迪莫娃，玛丽

Gall，Franz Joseph 加尔，弗兰茨·约瑟夫

Galton，Francis（sir）加尔东，弗朗西斯（爵士）

Garbo，Greta 嘉宝，格里泰

Garcia，Henri 加尔西亚，亨利

Gardey，Delphine 加尔岱，德尔菲娜

Gardner，Gerald 加德纳，杰拉尔德

Garfunkel，Victor S.，加尔芬克尔，维克多·S.

Garin，Maurice 加兰，莫里斯

Garland Thompson，Rosemaire 加兰·汤普森，罗斯玛丽

Garrel，Philippe 卡瑞，菲利普

Garrett，Laurie 加雷，洛里

Garrigou，Alain 伽里古，阿兰

Gately，Iain 吉特里，伊恩

Gauchet，Marcel 戈谢，马塞尔

Gautier，Théophile 戈蒂埃，泰奥菲勒

Gaymu，Jöelle 盖缪，若埃尔

Gebhardt，Willibald 热巴尔，威利巴

Gencé（comtesse de）［Marie Pouyollon］冉西(伯爵夫人)［即玛丽·普庸隆］

Gentile，Emilio 让蒂尔，埃米里奥

Geoffroy Saint-Hilaire，Étienne 若弗鲁瓦·圣-伊莱尔，艾蒂安

Geoffroy Saint-Hilaire，Isidore 若弗鲁瓦·圣-伊莱尔，伊西多尔

Gerbod，Paul 热尔堡，保罗

Gerlach，Christian 盖拉赫，克里斯蒂安

Germa，Aubine 热尔曼，奥比纳

Gervereau，Laurent 热弗罗，洛朗

Giami，Alain 伽米，阿兰

Gide，André 纪德，安德烈

Gidel，Henry 基戴尔，亨利

Giffard，Pierre 吉法，皮埃尔

Gilbert，Steve 吉贝尔，斯特弗

Gilbert，Walter 吉贝尔，沃尔特

Gilman，Sander L. 吉尔曼，桑德·L.

Gina，Arnaldo 吉拿，阿尔那多

Ginot，Isabelle 吉诺，伊沙贝尔

Ginzburg，Carlo 金兹伯格，卡洛

Gish，Lillian 吉许，丽莲

Giulano，François 圭拉诺，弗朗索瓦

Glaum，Louise 格洛姆，路易丝

Glut，Donald F. 葛勒特，唐诺·F.

Godard，Hubert 戈达尔，于贝尔

Godard，Jean-Luc 戈达尔，让-吕克

Godin，Henri(abbé) 戈丹，亨利(神父)

Godin，Marc 戈丹，马克

Godzilla 哥斯拉

Goethe，Johann Wolfgang von 歌德，约翰·沃尔夫冈·冯

Goffman，Erving 顾夫曼，埃维

Gohrbandt，Erwin 高邦德，埃尔文

Goldin，Nan 戈尔丹，南

Goldman，Emma 古尔德曼，艾玛

Golub，Leon 戈吕布，莱昂

Goncourt，Edmond de 龚古尔，埃德蒙·德

Goncourt，Jules de 龚古尔，于勒·德

Gonzalès，Jacques 冈萨雷斯，雅克

Goodmann，Theodosia：voir Bara，Theda 戈德曼，蒂奥多西亚：见巴拉，蒂达

Götz，Aly 戈茨，阿利

Goubert，Jean-Pierre 古贝尔，让-皮埃尔

Gouffé，Toussaint-Auguste 古费，图桑-奥古斯特

Gould，George M. 古尔德，乔治·M.

Goulon，Maurice 古隆，莫里斯

Gourfink，Myriam 古凡克，米里亚姆

Gowing，Lawrence 戈弗安，劳伦斯

Goya，Francisco 哥雅，弗朗西斯科

Graham，Martha 葛莱姆，玛莎

Grateau，Marcel 戈拉多，马塞尔

Gréard，E. 格雷亚尔，E.

Greene，Maurice 格里纳，莫里斯

Grégoire，Menie 格雷瓜尔，麦尼

Gremlins 小魔怪

Grossman，Vassili 格罗斯曼，瓦西里

Grosz，Georg 格罗斯，乔治

Gruber，Francis 格律贝尔，弗朗西斯

Guého，Christian 盖奥，克里斯蒂安

Guérin，Camille 盖兰，卡米耶

Guerrand，Roger-Henri 盖朗，罗热-亨利

Guibert，Hervé 吉贝尔，埃尔韦

Guillermin，John 吉尔勒明，约翰

Guinzbourg，Evguenia S. 甘兹堡，艾弗戈尼亚·S.

Guitry，Sacha 吉特里，萨夏

Gustafsson，Greta：voir Garbo，Greta 古斯塔夫松，格里泰：见嘉宝，格里泰

Guyot-Daubès 居约-多贝斯

Gyger，Patrick J. 吉热，帕特里克·J.

Gys，Leda 吉斯，勒达

Hache，Françoise 阿什，弗朗索瓦兹

Haeckel，Ernst 海克尔，恩斯特

Haffner，Désiré 哈夫纳，德西雷

Hagenbeck，Carl 哈根贝克，卡尔

Hahn Rafter，Nicole 哈恩·拉夫特，尼科尔

Hainline，Brian 安利纳，布里昂

Halken，Elizabeth 哈尔肯，伊丽莎白

Hall，Lesly A. 霍尔，莱斯利·A.

Hall，Radclyffe 霍尔，拉德克利夫

Halprin，Anna 哈普林，安娜

Hammett，Dashiell 哈米特，达希尔

Hanson，Victor Davis 汉森，维克多·戴维斯

Haraway，Donna J. 哈若维，多纳·J.

Hardy，Ed 哈蒂，埃德

Harlow，Jean 哈露，珍

Haroche，Claudine 阿罗什，克洛迪娜

Harris，Neil 哈里斯，尼尔

Hausmann，Raoul 奥斯曼，拉乌尔

Haver，Gianni 海文，基亚尼

Haynes，Todd 海因斯，托德

Hays，William 海斯，威廉

Hayworth，Rita 海华丝，丽塔

Hébert，Georges 埃贝尔，乔治

Heer，Hannes 黑尔，汉内斯

Hekma，Gert 海克马，杰特

Helm，Brigitte 赫尔姆，布里吉特

Helpern，Alice 赫尔彭，艾丽丝

Henri，Florence 亨利，弗罗朗斯

Henry，Edward 亨利，爱德华

Héraud，Guy 埃罗，基

Héricourt，Jules 埃里古，儒勒

Héritier，Françoise 埃里捷，弗朗索瓦兹

Hermitte，Marie-Angéle 埃尔米特，玛丽-安热尔

Herr，Lucien 埃尔，吕西安

Herr，Michel 埃尔，米歇尔

Herriot，Édouard 埃里奥，埃杜瓦

Hershel，William J. 赫谢尔，威廉·J.

Herzlich，Christine 埃泽利克，克里斯蒂纳

Himmler，Heinrich 希姆莱，海因里希

Hippocrate 希波克拉底

Hirschfeld，Magnus 伊斯菲尔德，玛格努斯

Hitchcock，Alfred 希区柯克，阿尔弗雷德

Hite，Shere 哈特，施尔

Hitler，Adolf 希特勒，阿道夫

Hoerni，Bernard 奥尼，贝尔纳

Hoffmanstahl，Hugo von 霍夫曼斯塔尔，雨果·冯

Holm，Hanya 霍尔姆，汉雅

Holmes，Sherlock 福尔摩斯，歇洛克

Holt，Richard 霍尔特，理查德

Hood，Leroy 胡德，勒鲁瓦

Hopkins，Albert A. 霍普金斯，阿尔伯特·A.

Horne，John 霍恩，约翰

Horney，Karen 霍尼，凯瑞

Houareau，Marie-José 瓦阿浩，玛丽-若泽

Houdard，Sophie 乌达尔，索菲

Howard，Martin 霍华德，马丁

Hubert，Christian 于贝尔，克里斯蒂安

Hugo，Victor 雨果，维克多

Humphrey，Donald R. 亨弗莱，唐纳德·R.

Humphrey，Doris 亨弗莱，多里斯

Huntington-Whiteley，James 亨廷顿-瓦特利，詹姆斯

Husserl，Edmund 胡塞尔，埃德蒙

Huxley，Aldous 赫胥黎，奥尔德斯

Iacub，Marcela 亚库，马塞拉

Iggy Pop 伊基·波普

Illich，Ivan 伊利克，伊万

Ingersoll，Robert Green 英格索尔，罗伯特·格林

Ingrao，Christian 因格拉奥，克里斯蒂安

Insdorf，Annette 因斯多夫，安内特

Isherwood，Christopher 埃瑟伍德，克里斯托弗

Ives，George 伊夫，乔治

Iwasaki（opérateur）岩崎（摄影师）

Jacob，François 雅各布，弗朗索瓦

Jacobson，Edmund 雅各布森，埃德蒙

Jacotot，Sophie 亚高多，索菲

Jacques-Chaquin，Nicole 雅克-沙坎，妮科尔

Jaenish，Rudolf 吉尼斯，鲁道夫

Jameux，Dominique 伽莫，多米尼克

Janet，Pierre 伽内，皮埃尔

Jaques-Dalcroze，Émile 雅克·达尔克罗兹，埃米尔

Jardin，André 雅尔丹，安德烈

Jauffret，Jean-Charles 若弗雷，让-查理

Jauss，Hans Robert 姚斯，汉斯·罗伯特

Jay，Ricky 杰伊，雷基

Jeannerod，Marc 让纳罗德，马克

Jekyll，Henry（Dr）［Edward Hyde］杰凯尔，亨利（医生）【爱德华·海德】

Jennings，Andrew 杰宁斯，安德鲁

Jensen，Paul M. 杰森，保罗·M.

Joanne，Adolphe 乔安娜，阿道夫

Johannsen，Wilhelm 乔纳森，威廉姆

Johnson，Earvin：voir Magic Johnson 约翰逊，埃尔文，即魔术师约翰逊

Johnson，Henry《Zip》［dit《What-is-it?》］约翰逊，亨利·"拉链头"【又名"这是什么"】

Johnson，Virginia 约翰逊，维吉尼亚

Juliot-Curie，Frédéric 若里奥-居里，弗里

Labrusse-Riou，Catherine 拉布鲁斯-里约,卡特琳娜

Lacassagne，Alexandre 拉卡萨涅,亚历山大

Lacassin，Francis 拉卡森,弗朗西斯

Lacaze，Louis 拉卡兹,路易

Lacoste，René 拉科斯特,勒雷

Laget，Serge 拉热,塞尔日

Lagrange，Fernand 拉格朗日,费尔南

Lahy，Jean-Maurice 拉伊,让-莫里斯,

Laisné，Napoléon-Alexandre 莱内,拿破仑-亚历山大

Laks，Simon 莱克斯,西蒙

Lalanne，Claude 拉拉纳,克洛德

Landsteiner，Karl 朗斯特纳,卡尔

Lang，Fritz 朗,弗里茨

Lantier，Jacques 朗捷,雅克

Lapize，Octave 拉皮兹,奥克塔弗

Laqueur，Thomas 拉科,托马

Lasch，Christopher 拉什,克里斯托弗

Lasègue，Charles 拉塞格,夏尔

Latour，Bruno 拉图尔·布鲁诺

Laugier，Henri 劳日埃,亨利

Launay，Isabelle 劳内,伊沙贝尔

Lautman，Françoise 罗特曼,弗朗索瓦兹

Lauvergne，Hubert 洛韦尔涅,于贝尔

Lawrence，Christopher 劳伦斯,克里斯托弗

Lawrence，David Herbert 劳伦斯,大卫·赫伯

Le Boulch，Jean 勒布尔克,让

Le Breton，David 勒布勒东,大卫

Le Châtelier，Henry 勒夏特里埃,亨利

Le Germain，Élisabeth 勒日尔曼,伊丽莎白

Le Guyader，Hervé 勒居亚代,埃尔维

Le Naour，Jean-Yves 勒纳乌尔,让-伊夫

Le Roy，Georges 勒鲁瓦,乔治

Le Roy，Xavier 勒鲁瓦,格扎维埃

Leatherdale，Clive 勒泽戴尔,克里夫

Léaud，Jean-Pierre 莱奥,让-皮埃尔

Lebigot，François 勒比戈·弗朗索瓦

Leboutte，Patrick 勒布特,帕特里克

Lebrat，Christian 勒布拉,克里斯蒂安

Lecourt，Dominique 勒库,多米尼克

Lederer，Susan 利德若,苏珊

Leducq，André 勒杜克,安德烈

Lee，Henry C. 李,亨利·C.

Leech，Harvey［dit《le nain-mouche》］里奇,哈维【又名"苍蝇爱人"】

Leenhardt，Maurice 利恩哈特,莫里斯

Lefort，Madeleine 勒福尔,马德莱娜

Léger，Fernand 莱热,费尔南

Legrand，Dominique 勒格朗,多米尼克

Leibovici，Élisabeth 莱波维西,伊丽莎白

Lemagny，Jean-Claude 勒马尼,让-克洛德

Lemire，Michel 勒米尔,米歇尔

Lemkin，Raphael 莱姆金,拉斐尔

Lenglen，Suzanne 勒格雷,苏姗

Léo-Lagrange，Madeleine 莱奥-拉格朗日,玛德莱纳

Léonard，Jacques 莱昂纳尔,雅克

Léonard de Vinci 列奥纳多·达·芬奇

Lepicard，Étienne 勒皮卡,艾蒂安

Leps，Marie-Christine 莱普,玛丽-克里斯蒂娜

Lequin，Yves 勒甘,伊夫

Leriche，René 勒里什,勒内

Lerne，Jean de 莱纳,让·德

Leroi，Armand-Marie 勒鲁瓦,阿尔芒-玛丽

Lesschaeve，Jacqueline 莱斯夏弗,雅克琳娜

Lestienne，Francis，G. 莱斯蒂安,弗朗西斯 G.

Létourneau，Charles 莱图尔诺,查理

Leutrat，Jean-Louis 勒特拉,让-路易

Leveau-Fernandez，Madeleine 勒沃-费南德斯,玛德莱纳

（博士）

Martin，Thérèse［Sainte Thérèse de Lisieux］马丁，泰蕾兹【利兹耶的圣女泰蕾兹】

Martiny，Marcel 马蒂尼，马塞尔

Massis，Henri 马斯，亨利

Masson，André 马松，安德烈

Masson，Philippe 马松，菲利普

Masters，William 马斯特，威廉

Mastorakis，Monique 马斯托拉齐，莫妮卡

Matard-Bonucci，Marie-Anne 马塔-博努齐，玛丽-安娜

Mathieu，Lilian 马蒂厄，莉莉安

Matlock，Jann 马特洛克，詹恩

Matsushita（peintre）松下（画家）

Matthews，Stanley 马修，史丹利

Matzneff，Gabriel 玛兹内弗，伽布里埃尔

Mauclair，Camille 莫克莱尔，卡米尔

Maurras，Charles 莫拉斯，查理

Mauss，Marcel 莫斯，马塞尔

Mayer，André 麦耶，安德烈

Mayer，Louis B. 麦耶，路易·B.

McKeown，Thomas 麦奎恩，托马斯

McLaren，Angus 麦克拉伦，昂古斯

Medawar，Peter 梅达瓦，彼得

Meignant，Michel（docteur）梅尼昂，米歇尔（医生）

Méliès，Georges 梅里埃，乔治

Meller，Helen Elizabeth 梅勒，海伦·伊丽莎白

Mellor，Anne K. 梅勒，安妮·K.

Memmi，Dominique 马米，多米尼克

Mendel，Gregor 孟德尔，格雷戈尔

Meneghelli，Virgilio 梅内盖利，维尔吉利奥

Mengele，Josef（docteur）门格勒，约瑟夫（医生）

Mercader，Patricia 麦卡特，帕特里夏

Meridale，Catherine 米兰黛勒，凯瑟琳

Mérillon，Daniel 梅里永，达尼埃尔

Merleau-Ponty，Maurice 梅洛-庞蒂，莫里斯

Merrick，John［dit《l'homme-éléphant》］梅里克，约翰【又名"象人"】

Merschmann，Helmut 迈尔斯克曼，赫尔穆特

Meslé，France 麦斯莱，法郎斯

Mestadier（docteur）麦斯塔蒂埃（医生）

Meyer，Gaston 梅耶，加斯东

Michaud，Philippe-Alain 米肖，菲利普-阿兰

Michel，Marcelle 米歇尔，马塞尔

Michelet，Edmond 米舍莱，埃德蒙

Migé，Clément 米盖，克莱芒

Mignon，Patrick 米尼翁，帕特里克

Miller，Blair 米勒，布莱尔

Miller，Charles Conrad 米勒，查理·孔拉德

Miller，Lee 米勒，李

Milliat，Alice 米丽亚，阿利丝

Milza，Pierre 米尔扎，皮埃尔

Miquel，André 米盖尔，安德烈

Mitchell，Michael 米特切尔，迈克

Mitterrand，François 密特朗，弗朗索瓦

Mollaret，Pierre 莫拉莱，皮埃尔

Moller，Helen 莫勒，海伦

Moll-Weiss，Augusta 莫尔-魏斯，奥古斯塔

Mondenard，Jean-Pierre de 蒙德纳尔，让-皮埃尔·德

Monestier，Martin 莫内斯捷，马丁

Monod，Jacques 莫诺，雅克

Monroe，Marilyn 梦露，玛丽莲

Montagu，Ashley 蒙塔古，阿斯利

Monteiro，João Cesar 蒙泰罗，若阿奥·恺撒

Montherland，Henry de 蒙泰朗，亨利·德

Montignac，Michel 蒙提涅克，米歇尔

Montmollin，Maurice de 蒙穆兰，莫里斯·德

Moore，John 莫尔，约翰

Morange，Michel 莫朗日，米歇尔

Mordden，Ethan 默登，伊桑

Moreau，P. 莫洛，P.

Moretti，Nanni 莫勒蒂，南尼

Morgan，Thomas 摩根，托马斯

Morin，Edgar 莫兰，艾德嘉

Morlay，Gaby 莫利，盖比

Morley，Henry 莫利，亨利

Morrison，Toni 莫里森，托尼

Morse，Henry 莫尔斯，亨利

Morse，Ralph 莫尔斯，拉尔夫

Morse，Stephen S 莫尔斯，斯蒂芬·S.

Mosse，Georges. L. 莫斯，乔治·L.

Mosset，Olivier 莫塞，奥利维埃

Mosso，Angelo 莫索，昂热落

Mossuz-Lavau，Janine 莫苏－拉沃，加尼纳

Mougin，Nathalie 穆甘，纳塔莉

Moulin，Anne Marie 穆兰，安娜·玛丽

Moullec，Gaël 穆莱克，加埃尔

Mouret，Arlette 穆海，阿尔莱特

Mucchielli，Laurent 墨克契耶里，洛朗

Muehl，Otto 穆厄，奥托

Muller，Hermann 缪莱，赫尔曼

Müller，Jørgen Peter 缪莱，若尔让·皮特

Mulvey，Laura 穆尔维，劳拉

Münsterberg，Hugo 穆斯特博格，雨果

Murnau，Friedrich Wilhelm 穆诺，弗里德里希·威尔海姆

Murphy Dudley 莫菲，杜德雷

Murray，Mae 莫里，梅

Murrell，Kenneth Franc Hywell 缪海尔，肯奈特·弗兰克·海维尔

Music，Zoran 穆西克，左朗

Mussolini，Benito 墨索里尼，贝尼托

Mutter，Didier 缪岱，迪迪埃

Muybridge 迈布里奇

Nahoum-Grappe，Véronique 纳乌姆－格拉普，韦罗妮克

Naimark，Norman M. 奈马克，诺曼·M.

Narboni，Jean 纳波尼，让

Nauman，Bruce 诺曼，布鲁斯

Naumann，Klaus 瑙曼，克劳斯

Navarre，Yves 纳瓦尔，伊夫

Nazimova，Alla 内吉姆瓦，艾拉

Negev，Eilat 内格芙，埃拉特

Negri，Pola 尼格里，波拉

Négrignat，Jean-Marc 内格里尼亚，让－马克

Nelson，Karen 尼尔森，卡伦

Netter，Albert 奈特，阿尔贝

Neufeld，Peter 诺伊菲尔德，彼得

Neuwirth，Lucien 纽沃斯，吕西安

Newton，Helmut 纽顿，赫尔穆特

Nielsen，Asta 尼尔森，阿斯塔

Nietzsche，Friedrich 尼采，弗里德里克

Nijinski，Vaslav 尼金斯基，瓦斯拉夫

Nivet，Philippe 尼韦，菲利普

Noël，Suzanne 诺埃尔，苏珊娜

Norden，Martin F. 诺登，马丁·F.

Nourisson，Didier 努里松，迪迪埃

Nouss，Alexis 努斯，阿莱克西

Nouvel，Pascal 努维尔，帕斯卡

Nye，Robert A. 奈伊，罗伯特·A.

Nyiszli，Miklos 尼兹利，米克洛什

Nys，Jean-François 尼斯，让－弗朗索瓦

Nysten，Pierre-Hubert 尼斯当，皮埃尔－于贝尔

O'Brien，Willis 欧布赖恩，维利斯

Oddos，Christian 奥多，克里斯蒂安

Odell，George C. 欧德，乔治·C.

Odin，Roger 奥丹，罗杰

Ofshe，Richard 奥夫希，理查德

Ogino，Kiasaku 荻野

Ombredanne，Louis 翁布雷达纳，路易

O'Neill，William 奥尼尔，威廉

Onésime 奥纳齐姆

Opalka，Roman 奥帕尔卡，罗曼

Oppenheim-Gluckman，Hélène 奥本海姆-格卢克曼，埃莱娜

Orlan 奥兰

Orlic，Marie-Louise 奥尔里克，玛丽-路易兹

Ortner，Sherry B. 奥特纳，谢瑞·B.

Ory，Pascal 奥利·帕斯卡

Ost，François 奥斯特，弗朗索瓦

Ovitz(Famille)奥维兹(姓)

Ovitz，Shimshon Eizik 奥维兹，希姆雄·艾兹克

Pagès，Michèle 巴热，米歇尔

Paglia，Camille 帕格里亚，卡米尔

Pálsson，Gísli 帕尔松，吉斯利

Pancrazi，Jean-Noël 庞克拉齐，让-诺埃尔

Panné，Jean-Louis 帕内，让-路易

Paré，Ambroise 帕雷，安布卢瓦兹

Parish，Susan L. 帕里什，苏珊·L.

Parmentier，Michel 帕尔芒蒂耶，米歇尔

Passot，Raymond 帕索，雷蒙

Pasteur，Louis 巴斯德，路易

Pastrana，Julia 帕斯特拉纳，朱丽叶

Pastré，Olivier 帕斯泰，奥利维埃

Pasveer，Bernike 帕斯维，贝尼克

Pavlov，Ivan 巴甫洛夫，伊凡

Paxton，Steve 帕克斯顿，史蒂夫

Pearson，Karl 皮尔逊，卡尔

Pearson，Ned 皮尔森，奈德

Pearson，Virginia 皮尔森，弗吉尼亚

Penn，Irving 佩恩，欧文

Perec，Georges 佩雷克，乔治

Perrot，Michelle 佩罗，米歇尔

Perruche，Nicolas 佩吕什，尼古拉

Petit，Georges 珀蒂，乔治

Petit，Jean-Luc 珀蒂，让-吕克

Petrova，Olga 佩特洛娃，欧嘉

Pezin，Patrick 珀赞，帕特里克

Philipe，Gérard 菲利普，热拉尔

Philips，Katharine A. 菲利普斯，卡塔琳娜·A.

Phuc，Kim 福，金

Pianta，Jean-Paul 皮昂塔，让-保罗

Piazza，Pierre 皮亚扎，皮埃尔

Picabia，Francis 皮卡比亚，弗朗西斯

Picard，Jean-Daniel 皮卡，让-达尼埃尔

Picasso，Pablo 毕加索，巴勃罗

Pichot，André 皮绍，安德烈

Pickford，Mary 碧克馥，玛丽

Picq，Louis 匹克，路易

Pidoux，Jean-Yves 皮杜，让-伊夫

Pie XII 保罗十二世

Pierazzoli，Francesco 皮耶拉佐利，弗朗切斯科

Pierre（abbé）皮埃尔（神甫）

Pierre，Arnauld 皮埃尔，阿尔诺

Pietz，William 皮茨，威廉

Pincus，Gregory 潘库斯，格里高利

Pinell，Patrice 毕奈，帕特里斯

Pinot-Gallizio，Giuseppe 皮诺-加里兹约，朱塞佩

Piron，Geneviève 皮龙，热纳维耶芙

Piron，Sylvain 皮龙，西尔万

Pizon，Christelle 比宗，克里斯泰尔

Planiol，Thérèse 普拉尼奥尔，泰蕾兹

Pline 普利纳

Pociello，Christian 博西埃罗，克里斯蒂安

Poiret，Paul 普瓦雷，保罗

Poiseuil，Bernard 普瓦泽伊，贝尔纳

Polignac（comtesse de）伯利涅克（伯爵夫人）

Porret，Michel 波雷，米歇尔

Porter，Roy 波特，罗伊

Portes，Louis 波尔特，路易

Post，Robert C. 波斯特，罗伯特·C.

Postel-Vinay，Nicolas 普斯戴尔-维奈，尼

Rivette，Jacques 里维特，雅克

Robin， Charles Philippe 罗班，查理·菲利普

Rochas，Albert de 罗沙，阿尔贝尔·德

Rodenbach，Georges 罗登巴克，乔治

Rodin，Auguste 罗丹，奥古斯特

Rodriguez， Julia E. 罗德里格斯，朱莉娅·E.

Rodtchenko，Alexandre 罗谦柯，亚历山大

Roelcke， Volker 霍勒克，沃克

Roentgen， Bertha 伦琴，贝塔

Roentgen， Wilhelm Conrad 伦琴，魏尔姆·康拉德

Rohmer， Éric 霍梅，埃里克

Rolf，Ida 罗夫，伊达

Rolland， Janet 洛朗，加奈

Romains， Jules 罗曼，儒勒

Romm， Sharon 若姆，莎朗

Rondolino，Gianni 隆多里诺，基亚尼

Ronsin， Francis 隆桑，弗朗西斯

Roosevelt， Franklin Delano 罗斯福，富兰克林·德拉诺

Rosay，Françoise 罗塞，弗朗索瓦兹

Rosenberg，Harold 罗森堡，哈罗尔

Rossellini，Roberto 罗西里尼，罗伯托

Rossi， Jacques 罗西，雅克

Roudès， Silvain 鲁岱，西尔万

Rougé， Anne 鲁热，安娜

Rouillé， André 鲁耶，安德烈

Rouquet，Odile 鲁凯，奥迪尔

Rousier，Claire 鲁齐耶，克莱尔

Rousselet-Blanc，Josette 鲁斯莱-布朗，若塞特

Rousset， David 鲁塞，大卫

Rousso， Henry 鲁索，亨利

Roynette， Odile 鲁瓦内特，奥迪尔

Rozenbaum， Willy 罗桑堡，威利

Rozet， Georges 罗泽，乔治

Rubinstein， Helena 鲁宾斯坦，埃莱娜

Rudy， Jack 鲁迪，杰克

Russell， Bertrand 鲁塞尔，贝特朗

Russell， Edward Stuart 罗素，爱德华·斯图亚特

Ruyter，Nancy Lee Chalfa 里泰，南希·李·夏法

Rybczynski，Witold 里伯赞斯基，维托

Sadoul， Georges 萨杜尔，乔治

Saëz-Guérif， Nicole 桑兹-盖里夫，妮科尔

Saint Denis，Ruth 圣-丹尼斯，露丝

Saint-Laurent， Yves 圣-洛朗，伊夫

Sajer， Guy 萨热，居伊

Saleeby， Galeb W. 萨利巴，盖勒布·W.

Salisbury，Mark 萨利斯伯里，马克

Sandow， Eugene 桑多，欧仁

Sanger， Margaret 桑杰，玛格丽特

Sansot，Pierre 桑索，皮埃尔

Sassoon， Vidal 沙宣，维达

Savada，Elias 萨瓦达，埃利亚斯

Saxon， Arthur H. 萨克森，亚瑟·H.

Saxton， Alexander 萨克斯顿，亚历山大

Schad，Christian 夏德，克里斯蒂安

Schafft， Gretchen E. 沙夫特，格蕾琴·E.

Scheck， Barry 舍克，巴里

Scheper-Hughes， Nancy 塞泊-胡格，南希

Schilder， Paul 希尔德，保罗

Schittenhelm，Gisele：*voir* Helm，Brigitte 史登赫尔姆，吉塞尔：见赫尔姆，布里吉特

Schlemmer，Oskar 史雷梅尔，奥斯卡

Schneider， William H. 施奈德，威廉·H.

Schueller，Eugène 舒勒，欧仁尼

Schultz，R. Louis 舒尔茨，R. 路易

Schwab， Eric 施瓦布，埃里克

Schwartz，Hillel 舒瓦兹，希利尔

Schwartz，Vanessa 舒瓦兹，范妮莎

Schwartz Cowan， Ruth 施瓦兹·科文，路特

Schwarzenegger， Arnold 施瓦辛格，阿诺

Schwarzkogler，Rudolf 斯瓦兹科格莱，鲁道夫

Schwitters，Kurt 斯维特，科特

Scorza，Carlo 斯柯扎，卡尔罗

Seberg，Jean 塞伯格，让

Seelman，Katherine D. 希尔曼，凯瑟琳·D.

Segal，George 塞加尔，乔治

Segre，Liliana 塞格雷，莉莉亚娜

Sellier，Henri 塞利埃，亨利

Selzer，Richard 塞尔泽，里夏尔

Sénèque 塞涅卡

Sennett，Richard 塞内特，理查德

Sennett，Ted 塞内特，特德

Serres，Michel 塞赫，米歇尔

Seurat，Claude-Ambroise[dit《le squelette vivant》]瑟拉，克洛德-安布鲁瓦兹【又名"活着的皮包骨"】

Seurin，Pierre 瑟罕，皮埃尔

Shahn，Ben 莎恩，本

Sharpe，Sue 夏普，苏

Shaw，Bernard 肖，贝尔纳

Shawn，Ted 肖恩，特德

Shelley，Mary 雪莱，玛丽

Sherman，Cindy 舍曼，辛迪

Sherrington，Charles Scott 谢灵顿，查理·斯柯特

Shoedsack，Ernest 舒扎克，欧内斯特

Showalter，Elaine 修瓦特，伊莲

Shyamalan，M. Night 沙马兰，M. 奈特

Sicard，Monique 西卡尔·莫妮克

Siclier，Jacques 西克里耶，雅克

Siegmund，Gerald 西格蒙，杰拉尔德

Sigaud，Claude 斯高，克洛德

Sikov，Ed 西高夫，艾德

Sim，Kevin 西姆，凯文

Simmel，Georg 西梅尔，格奥尔格

Simon，Marie 西蒙，玛丽

Simon，Pierre 西蒙，皮埃尔

Simpson，O. J. 辛普森，O. J.

Siniavski，Andrei 辛亚夫斯基，安德烈

Sivan，Emmanuel 斯万，艾曼纽尔

Skal，David J. 斯卡尔，大卫·J.

Sledge，Eugene B. 史雷吉，尤金·B.

Snyders，Georges 斯尼德斯，乔治

Sohn，Anne-Marie 宋，安娜-玛丽

Solchany，Jean 索沙尼，让

Soljénitsyne，Alexandre 索尔仁尼琴，亚历山大

Solomon-Godeau，Abigail 所罗门-郭朵，艾碧给欧

Songtag，Susan 桑塔格，苏珊

Soultrait，Gibus de 苏尔泰，吉布斯·德

Sournia，Jean-Charles 苏尼亚，让-查理

Spark，Muriel 斯帕克，穆丽尔

Sparrow，Phil 斯巴鲁，非利

Spencer，Stanley 斯宾塞，斯坦利

Spero，Nancy 斯派罗，南希

Spielberg，Steven 斯皮尔伯格，斯蒂文

Spino，Dyveke 斯比诺，戴维克

Spira，Alain 施皮拉，阿兰

Spitzner，Pierre 斯皮茨内，皮埃尔

Spurzheim，Johann Gaspar 斯普尔茨海姆，约翰·卡斯帕

Srecki，Éric 斯里奇，埃里克

Stallybrass，Peter 斯塔列布拉斯，皮特

Stanton，Jennifer 斯坦东，珍妮弗

Stearns，Peter N. 斯汀，皮特·N.

Stebbins，Genevieve 斯泰宾斯，热纳维耶芙

Steckel，Wilhelm 斯岱科勒，威廉

Steelcroft，Framley 斯蒂尔克罗夫特·弗兰利

Steichen，Edward 斯泰肯，爱德华

Stelarc 史迪拉克

Stengers，Jean 斯坦若，让

Stieglitz，Alfred 斯蒂格里茨，阿尔弗莱德

Stiker，Henri-Jacques 施蒂克，亨利-雅克

Stiles，Grady III[dit《le homard humain》]史戴尔，格雷迪三世【又名"龙虾人"】

Stone，Oliver 斯通，奥利弗

Stopes，Marie 斯多普，玛丽

Stora-Lamarre，Annie 斯多拉-拉马尔，阿尼

Stratton，Charles 斯特拉通，查尔斯【又名"汤姆·拇指将军"】

Strauss，Anselm 施特劳斯，安塞姆

Strauss，Darin 施特劳斯，达林

Stuart，Meg 史都亚特，梅格

Studeny，Christophe 斯都德尼，克里斯托弗

Stulman Dennett，Andrea 史图门·德纳特，安德里亚

Sugden，John 萨格登，约翰

Suleiman，Elia 苏雷曼，伊利亚

Suquet，Annie 叙凯，安妮

Sweigard，Lulu 斯威佳德，路露

Swift，Jonathan 斯威福特，若纳唐

Syer，John 斯耶，约翰

Tabory，Marc 塔伯里，马克

Talbott，Richard E. 塔尔波特，理查德·E.

Tamagne，Florence 塔马涅，弗洛朗斯

Tarde，Alfred de 塔尔特，阿尔弗雷德·德

Tardieu，Ambroise 塔迪厄，安布卢瓦兹

Taschen，Angelika 塔尚，昂热里卡

Tashlin，Frank 塔许林，弗兰克

Taslitzky，Boris 塔斯里兹齐，波里斯

Tati，Jacques 塔蒂，雅克

Taylor，Charles 泰勒，查理

Taylor，Dwight 泰勒，德怀特

Taylor，Frederick 泰勒，弗里德里克

Telotte，Jean-Pierre 特洛特，让-皮埃尔

Temple，Michael 坦普尔，迈克尔

Terminator 终结者

Terret，Thierry 泰雷，蒂埃里

Tesson，Charles 泰松，查理

Thalberg，Irving 塞尔伯格，欧文

Théry，Irène 泰里，伊雷娜

Thibault，Jacques 蒂博，雅克

Thibert，Jacques 蒂贝尔，雅克

Thiesse，Anne-Marie 蒂埃斯，安娜-玛丽

Thiriez，Frédéric 蒂里耶，弗雷德里克

Thomas，François 托马斯，弗朗索瓦

Thomas，Helen 托马斯，海伦

Thomas，Yan 托马斯，扬

Thomass，Chantal 托马，尚达尔

Thompson，Charles J. S. 汤普森，查尔斯·J. S.

Thompson，Rachel 汤普森，拉谢尔

Thooris，Alfred 多利，阿尔弗雷德

Thouvenin，Dominique 杜沃南，多米尼克

Tichit，Philippe 第齐，菲利普

Tiedemann，Rolf 铁德曼，罗夫

Tissié，Philippe 蒂斯埃，菲利普

Tissot，Samuel-Auguste（docteur）蒂索，萨米埃尔·奥古斯特（医生）

Titien（le）提香

Tittmuss，Richard 蒂特缪斯，理查德

Titus，Edward 蒂特斯，爱德华

Tocci，Battista 托克西，巴蒂斯塔

Tocci，Giacomo et Giovanni 托克西，贾科莫和乔万尼

Tocqueville，Alexis de 托克维尔，亚历克西·德

Toepfer，Karl 托普菲，卡尔

Tomaini，Jeanie［dit《la demi-femme》］托麦尼·珍妮【又名"半个女人"】

Tomlinson，Alan 汤姆林森，阿兰

Torak，Joseph 托拉克，约瑟夫

Tordjman，Gilbert 托德曼，吉贝尔

Toroni，Niele 托洛尼，尼热尔

Toubiana，Serge 杜比亚纳，塞尔日

Touchagues，Louis 图卡格，路易

Toulouse，Édouard（docteur）图卢兹，爱德华（医生）

Travaillot，Yves 塔瓦约，伊夫

Trémolières，Jean 泰莫里埃，让

Treves，Frederick（sir）特莱维斯，弗雷德瑞克（爵士）

Truffaut，François 特吕弗，弗朗索瓦

Twain，Mark 吐温，马克

Twiggy 特维吉

Ungewitter，Richard 安热瓦特，理查德

Urbain，Jean-Didier 于尔班，让-迪迪埃

Ut，Nick 黄幼公

Vacher，Joseph 瓦谢，约瑟夫

Vadim，Roger 瓦迪姆，罗杰

Vaïsse，Maurice 韦斯，莫里斯

Valentin，Michel 瓦伦丁，米歇尔

Valéry，Paul 瓦莱里，保罗

Vallès，Jules 瓦莱斯，于勒

Vallin，Jacques 瓦兰，雅克

Van Neck，Anne 冯·耐科，安娜

Van Sant，Gus 范·森特，格斯

Vaughan，David 沃恩，大卫

Vayer，Pierre 瓦耶，皮埃尔

Verneaux，Philippe 韦尔诺，菲利普

Vésale，André 维萨尔，安德烈

Viallat Claude 维雅拉，克洛德

Viallon，Philippe 弗亚隆，菲利普

Viard，Marcel 维亚，马塞尔

Victoria（reine）维多利亚（皇后）

Vidart，Cécile 维达尔，塞西尔

Vigarello，Georges 维加埃罗，乔治

Vignes Rouges，Jean des 维涅·鲁日，让·岱

Vigouroux，Hilarion-Denis 维古鲁，伊拉里翁-德尼

Vincent，Léon 樊尚，莱昂

Virot，Alex 维罗，阿莱克斯

Vivier，Christian 维维埃，克里斯蒂安

Voldman，Danièle 沃尔德曼，达尼埃尔

Voltaire 伏尔泰

Von Gunden，Kenneth 冯·古登，肯尼斯

Voulquin，Gustave 乌尔甘，古斯塔夫

Vucetich，Juan 布塞蒂奇，胡安

Wackenheim，Manuel 瓦谢内姆，曼努埃尔

Wacquant，Loïc 瓦冈，罗伊克

Wadler，Gary I. 瓦德莱，嘉里·I.

Wahl，Alfred 瓦尔，阿尔弗雷德

Waissman，Renée 魏斯曼，雷奈

Waksman，Selman 维克斯曼，瑟尔曼

Walker，Helen 沃克，海伦

Wallace，Amy 华莱士，艾米

Wallace，Irving 华莱士，欧文

Wallach，Daniel 瓦拉赫，达尼埃尔

Wallon，Henri 瓦龙，亨利

Walton，John K. 沃尔顿，约翰·K.

Walvin，James 瓦文，詹姆斯

Wanrooij，Bruno P. F. 汪儒吉，布鲁诺·P. F.

Warhol，Andy 沃霍尔，安迪

Waser，Anne-Marie 瓦泽，安娜-玛丽

Washington，George 华盛顿，乔治

Watson，James 沃森，詹姆斯

Watters，Ethan 瓦特斯，伊桑

Weber，Eugen 韦伯，欧仁

Weber，Max 韦伯，马科斯

Weegee 维加

Wegener，Einar 魏格纳，埃纳

Weindling，Paul 温德林，保尔

Weissmuller，Johnny 维斯穆勒，琼尼

Welles，Orson 威尔斯，奥森

Welzer-Lang，Daniel 维尔泽-朗，达尼埃尔

Werner，Adrian 维尔纳，阿德里安

Werth，Nicolas 韦尔特，尼古拉

West，Mae 韦斯特，梅

Westwood，Vivienne 威斯特伍德，维维安

Wexler，Alice 威克斯勒，艾丽斯

Wexler，Milton 威克斯勒，密尔顿

Wexler，Nancy 威克斯勒，南希

Weygand，Zina 魏刚，济纳

White，Allon 怀特，阿隆

Wigman，Mary 维格曼，玛丽

Wigmore，John Henry 威格摩尔，约翰·

亨利

Willard，Elizabeth Osgood Goodrich 维拉德,伊丽莎白·奥斯高德·高德锐

Williams，Catharine： *voir* **Loy，Myrna** 威廉姆斯,凯瑟琳娜:见洛伊,玛娜

Williams，James S. 威廉姆斯,詹姆斯·S.

Williams，Linda 威廉姆斯,琳达

Wilmore，Jack H. 维尔摩,杰克·H.

Wilmut，Ian 威尔穆特,伊恩

Winter，Jay 温特,杰伊

Withington，Paul 威廷顿,保罗

Witt，Michael 维特,迈克尔

Wolff，Étienne 沃尔夫,艾蒂安

Wood，Eric 伍德,埃里克

Yablonsky，Lewis 亚伯朗斯基,刘易斯

Yashka： *voir* **Botchkareva，Maria** 亚什卡:见波赤卡列娃,玛莉亚

Zafran，Marc 扎弗朗,马克

Zavrel，B. John 扎维尔,B. 约翰

Zbinden，Véronique 兹班登,韦罗妮克

Zemeckis，Robert 泽米吉斯,罗伯特

Zins，Joseph E. 赞,约瑟夫·E.

Zola，Émile 左拉,埃米尔

Zygouris，Radmila 齐古黑,哈德米拉

译 后 记

《身体的历史》(卷三)终于面世了。

作为译者,内心的欣喜与安慰是无以言表的,毕竟它凝结了我们三位译者多年的心血与汗水。写下这些文字时萦绕在我们心头的却是一种惶恐之情,即对自己是否成功地传达出原著的"举重若轻"风格的惶恐,这种惶恐可能是困扰译者的永恒魅影之一。在翻译过程中,我们既意识到了原著之"重",也体验了原著之"轻"。所谓"重",本书堪称当今身体研究最重要的学术著作之一;所谓"轻",本书文笔清晰,分析简明,观点独到,可读性强。我们期待读者能通过我们的译本在对"重"的阅读中与我们一样领略原著之"轻"。

近年来,关于身体的研究在世界上渐成一门显学,先后出版了许多重要的著作,国内学界的态度与视野也日趋开放,引进了不少具有学术前沿性的专著。《身体的历史》皇皇三大卷,史料丰富,角度新颖,论述客观,作者在法国都是相关研究领域举足轻重的权威人士,因此本书的学术重要性自不待言。

人类对自我"身体"的认知,经历了漫长的历史时期。西方学者一直尝试描述人的身体(肉)极限的边界,思考"灵"在有限的"肉"中如何得以无限的可能。所以,对"身体"的认知,本质上是西方学人对"灵""肉"关系的思考,是人类意识到人的有限性的一种表现。

本书前言、第一章到第五章(约 17.8 万字),由国际关系学院法语系孙圣英翻译。第六章到第九章(约 15.2 万字),由浙江工商大学外国语学院法语系赵济鸿翻译。第十章到第十三章(约 9 万字),由北京联合大学旅游学院国际旅游系吴娟翻译。全书由孙圣英负责统稿。

译者才疏学浅,各种谬误及不妥之处在所难免,还望读者海涵并多提宝贵意见。

孙圣英

图书在版编目(CIP)数据

身体的历史. 卷三/(法)让-雅克·库尔第纳主编;孙圣英等译. --修订本.
--上海:华东师范大学出版社,2019
ISBN 978-7-5675-8824-0

Ⅰ.①身…　Ⅱ.①让…　②孙…　Ⅲ.①人体—研究　Ⅳ.①Q983

中国版本图书馆 CIP 数据核字(2019)第 022206 号

华东师范大学出版社六点分社
企划人 倪为国

HISTOIRE DU CORPS
(a three volume-series under the direction of Alain Corbin, Jean-Jacques Courtine and Georges Vigarello)
Tome 3. Les mutations du regard. Le XXᵉ siècle
(under the direction of Jean-Jacques Courtine)
Copyright © Éditions du Seuil, 2006.
Published by arrangement with EDITIONS DU SEUIL through Madam CHEN Feng
Simplified Chinese Translation Copyright © 2019 by East China Normal University Press Ltd.
ALL RIGHTS RESERVED.

上海市版权局著作权合同登记　图字:09 - 2007 - 382 号

身体的历史(卷三)
目光的转变:20 世纪

主　　编　(法)让-雅克·库尔第纳
译　　者　孙圣英　赵济鸿　吴　娟
责任编辑　倪为国　高建红
装帧设计　卢晓红
出版发行　华东师范大学出版社
社　　址　上海市中山北路 3663 号　邮编　200062
网　　址　www. ecnupress. com. cn
电　　话　021 - 60821666　行政传真　021 - 62572105
客服电话　021 - 62865537
门市(邮购)电话　021 - 62869887
地　　址　上海市中山北路 3663 号华东师范大学校内先锋路口
网　　店　http://hdsdcbs. tmall. com
印 刷 者　上海盛隆印务有限公司
开　　本　700×1000　1/16
插　　页　4
印　　张　34.5
字　　数　420 千字
版　　次　2019 年 9 月第 1 版
印　　次　2019 年 9 月第 1 次
书　　号　ISBN 978-7-5675-8824-0/K·530
定　　价　158.00 元

出 版 人　王 焰